LNG 선박의 이해와 실무

장보성 · 추연국 · 박일초 · 한민수 지음

GS인터비전

머리말

우리나라는 1994년 LNG 선박이 처음 도입되어 25년이 지난 현재 28척의 LNG 선박이 운항 중에 있다. 2002년 5월 LNG 선박을 처음 승선했을 때 드는 생각이 '사람의 기술은 대단하다' 는 것이었다. 지금까지 17년간 LNG 선박을 승선 및 관리하면서 아직도 그 생각엔 변화가 없다.

LNG 선박은 영하 162℃ 초저온 상태의 LNG 화물을 은송하는 선박으로써 초 저온에 견딜 수 있는 특수한 화물창, 하역설비 및 LNG를 연로로 사용 가능한 엔진 등 전반에 걸쳐서 최고 수준의 건조 기술이 요구되는 기술 집약적 선박으로 화물의 성질, 선박의 중요성을 고려할 때 고도의 안정성이 요구되므로 이의 운용 및 관리는 어느 선박보다도 전문성이 필요하다.

이러한 LNG 선박을 안전하게 운용하고 관리하기 위해 지속적인 전문가 양성의 필요성을 항상 생각하던 중 국립목포해양대학교 LINC+ 사업단을 통해 LNG 선박에 대한 강의 및 이 책의 집필을 시작하게 되었다.

이 책은 LNG 선박의 기본적인 특징 및 선박에 설치된 설비들과 LNG 화물 제어에 대한 이해에 초점을 맞추었다. 이 책을 통해 전문가가 되기 위해 공부하는 학생들뿐만 아니라, LNG 선박을 위해 일하시는 분들과 LNG 산업에 관심이 있는 모든 분들에게 조그마한 도움이 되었으면 하는 바램 이다.

그동안 휴일마다 책 쓴다는 이유로 함께 해 주지 못했는데 묵묵히 옆에서 응원해준 아내와 우리 두 아들 "한서", "준서" 사랑해!

마지막으로 이 책의 집필에 함께 해주신 국립목포해양대학교 한민수 교수님, 박일초 박사님과 에이치라인해운 추연국 감독님 그리고 편집을 닫아 주신 GS인터비전 출판사의 송기수 대표님, 교재 저술을 지원해주신 극립목포해양대학교 LINC+ 사업단 남택근 단장님께 진심으로 감사드립니다.

2019년 1월

저자 장보성 올림

머리말

국적 LNG운반선은 1994년 첫 취항(就航)을 시작으로 현재 국내 5개 선사에서 28척을 운영 하고 있다. 지난 25년 동안 다양한 경험을 바탕으로 우리나라 LNG운반선의 운영에도 많은 노하우가 축적 되었으나, 선령(船齡)이 20년 이상 된 노후 선박의 운영·관리, 기존 LNG운반선의 주 동력인 스팀 터빈(Steam Turbine)에서 새로 개발된 이중연료 엔진의 적응, 한국형 화물창의 개발과 운용 등 LNG산업에는 아직 해결해 나가야 할 숙제들이 많이 남아 있다.

이러한 현실에 한명의 LNG운반선 관리 전문가로써 책임감을 가지고 우리나라 LNG산업의 미래를 위해 LNG운반선의 관리 노하우 축적 및 경험을 바탕으로 한 지식 공유의 중요성을 고민하던 중 국립목포해양대학교 LINC+ 사업단을 통해 'LNG 선박의 이해와 실무' 저작에 참여하는 기회가 주어져 매우 기쁘고 영광스러웠다.

LNG운반선을 관리하면서 익힌 지식과 실무적인 경험을 이 책에 최대한 담으려고 노력했으며, 이 책을 통해 LNG산업에 관심이 있는 분들에게 도움이 되었으면 하는 바람이다.

항상 내 곁을 지켜주는 사랑하는 아내와 '민건', '민서'에게 감사하며, 이 책의 저술에 노력하신 에이치라인해운 장보성 팀장님과 국립목포해양대학교 한민수 교수님, 박일초 박사님의 노고에 깊은 감사를 드립니다.

2019년 01월
저자 추연국 올림

차례

Chapter 3.

Chapter 4.

Chapter 5.

Chapter 6.

Chapter 7.

1
CHAPTER

천연가스의 정의 및 생산

1.1 천연가스 정의

천연가스(NG, Natural Gas)는 천연적으로 지하로부터 산출되는 탄산가스, 화산 분출물(volcanic product)에 포함된 아황산가스, 황화수소 및 온천가스 등 불연성의 무기가스는 제외되며, 탄화수소를 주성분으로 하는 가연성 가스에 한정한다. 그 산출상황에 따라 유전가스(oil field gas), 가스전(gas field)가스, 탄전가스(coal field gas)로 분류된다. 유전가스는 가연성 천연가스 중에서 지질학적으로 석유의 산출과 직접 또는 간접으로 관련되어 산출되는 가스를 말한다. 즉, 석유와 생성원인이 같고, 원유 속에 용해되어 있는 유용형 천연가스가 채유될 대 산출되는 것을 말한다. 가스전가스에는 원유로부터 유리된 천연가스가 유층 상부 또는 유층으로부터 다른 곳으로 이동하여 특정한 지질구조에 고립된 유리형과 생성원인이 석유와 달라 지하수에 녹아 있는 수용형이 있다. 수용형 가스의 생산규모는 일반적으로 작고, 주로 일본과 이탈리아 일부에서 채취된다. 그 성분은 대부분이 메탄(methane, CH_4)이고 그 밖에는 미량의 이산화탄소, 산소 및 질소를 함유한다. 간단한 정제(purification) 후 연료 및 화학공업용 원료로 사용된다. 탄전가스는 석탄층 속에 갇혀 있는 천연가스가 채탄 때 방출되는 것이다. 세계의 주요 천연가스는 유전가스와 유리형 가스이며, 규모가 거대한 것이 많다.

이런 가스는 정제할 때 액상성분(condensate)을 분리하여 천연가솔린, 그 밖의 석유 유분으로 만들어 이용하는 것 외에 프로판(propane, C_3H_8) 및 부탄(butane, C_4H_{10}) 등을 분리하여 LPG(Liquefied Petroleum Gas)로 제조한다. 에탄(ethane, C_2H_6)을 분리하여 에틸렌(ethylene, C_2H_4)의 원료로 하는 일도 있다. 주성분인 메탄(일부 에탄을 함유한다)은 연료 및 화학공업용 원료로 사용된다. 오래전부터 천연가스는 미국과 러시아에서는 석유와 마찬가지로 중요한 에너지원이었다. 현재는 중동, 유럽 및 북아프리카 등에서 대규모로 천연가스가 생산되어 파이프라인 수송 발달과 액화천연가스(LNG, Liquefied Natural Gas)의 해상수송이 실용화되면서 천연가스 자원이 빈약한 나라들에서도 천연가스를 양질의 1차 에너지로 이용하고 있다.

1.2 액화천연가스의 정의

액화천연가스(LNG, Liquefied Natural Gas)는 천연가스를 정제해서 얻은 메탄을 주성분으로 하는 가스를 냉각시켜 액화한 것이다. 장점은 액화공정 전에 탈황·탈습되기 때문에 그 성질이 천연가스보다 뛰어나고, 청정하며, 유해하지 않다. 천연가스는 유전(oil field)에서 원유를 생산할 때에 함께 방출되는 가스(유전가스 및 유정가스)와 원유가 포함되어 있지 않은 가스전의 가스정으로부터 생산되는 가스(가스논가스 및 가스정가스)등이 있다. 천연가스의 주성분은 파라핀(paraffin)계 탄화수소로, 특히 메탄이 주성분(80~90%로 산지에 따라 다르다)이다. Brunei산은 메탄 90%, 에탄 6%, 프로판 3%, 기타 가스 1%의 조성이다. 일반적으로 발전용 연료, 도시가스용으로서 사용되지만, 해외로 수송하기 위해서는 부피를 축소해야하기 때문에 1기압에서 액화하여 약 1/600(0℃, 1기압 가스 1.4 m^3 → -162℃, 1기압 0.0024 m^3)의 부피로 탱커로 수송하고 있다. -162℃의 액체로 수입기지에 수급한 LNG를 발전 또는 도시가스로 이용하기 위해서는 다시 기화하여 가스 상태로 변환할 필요가 있다. 이 경우에 증발잠열(latent heat of vaporization) 120 kcal/kg과 현열(sensible heat) 80 kcal/kg의 합계 200 kcal/kg의 냉열(cold energy)이 방출된다. 이 냉열(이용할 수 있는 온도는 약 -120℃, 냉열은 200 kcal/kg)은 식품의 동결, 냉장, 동결분쇄, 동결건조, 동결변성가공, 동결탈수, 동결농축 등에 유효하게 이용된다. Brunei산 LNG의 성상은 아래 표와 같다.

표 1.1 LNG(Brunei 산)의 성상

구분	성상
비등점(1 atm)	-160℃
총발열량	10,600 kcal/Nm^3 or 13,000 kcal/kg
증발잠열	118 kcal/kg
가스밀도	0.82 kg/Nm^3
액체밀도	0.47 kg/ℓ
가스비열	0.41 kcal/Nm^3•℃ or 0.50 kcal/kg•℃
액체비열	0.78 kcal/kg•℃

1.3 셰일가스(Shale Gas) 정의

셰일가스는 탄화수소가 오랜 세월동안 모래와 진흙이 쌓여 단단하게 굳은 퇴적암(셰일) 층에 매장되어 존재하는 가스이다. 즉, 탄화수소가 풍부한 셰일 층에서 개발·생산하는 천연가스를 말한다. 셰일이란 우리말로 혈암이라고 하며, 입자 크기가 작은 진흙이 뭉쳐져서 형성된 퇴적암의 일종으로 셰일가스는 이 혈암에서 추출되는 가스를 말한다. 전통적인 가스전과 달리 암반층으로부터 채취하기 때문에 비전통 천연가스로도 불린다. 난방·발전용으로 쓰이는 메탄 70~90%, 석유화학 원료인 에탄 5%, LPG 제조에 쓰이는 액상성분(condensate) 5~25%로 구성되어 있다. 유전이나 가스전에서 채굴하는 기존 가스와 화학적 성분이 동일하기 때문에 난방용 연료나 석유화학 원료로 사용할 수 있다.

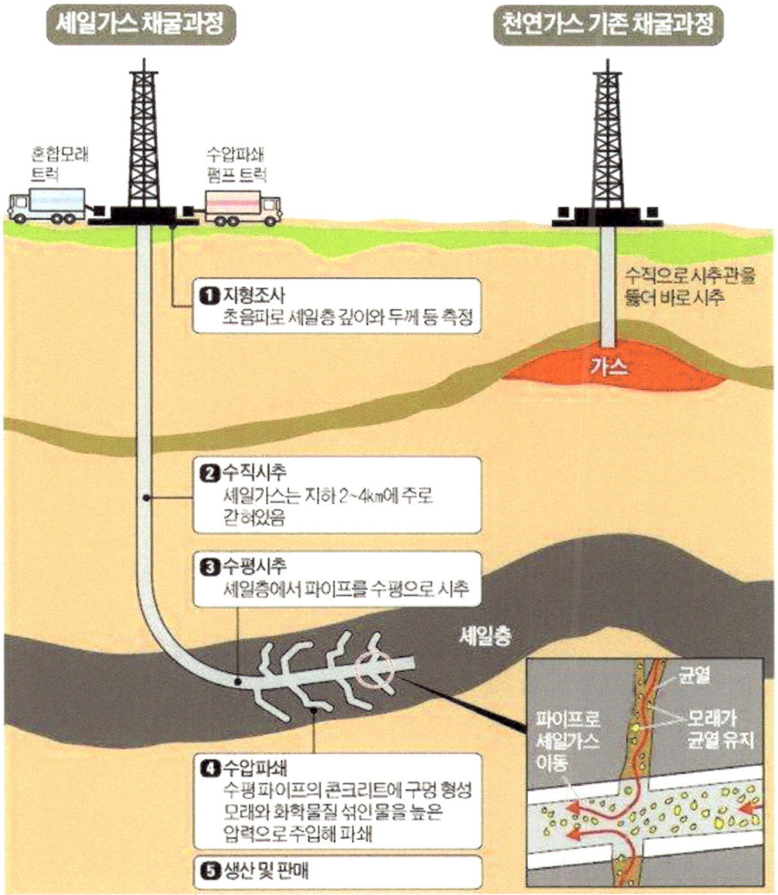

[source: www.materic.or.kr]

그림 1.1 기존 천연가스와 셰일가스의 채굴과정

보통 천연가스는 셰일 층에서 생성된 뒤 지표면으로 이동해 한 군데에 고여 있는 것이지만, 셰일가스는 가스가 투과하지 못하는 암석층에 막혀 이동하지 못한 채 셰일 층에 갇혀 있는 가스이다. 따라서 일반적 의미의 천연가스보다 훨씬 깊은 곳에 존재하고 있으며, 암석의 미세한 틈새에 넓게 퍼져 있는 것이 특징이다. 또한 기존의 천연가스와 같이 수직시추는 불가능하지만 수평시추를 통해 채굴할 수 있다. 따라서 1800년대에 셰일가스가 발견되었음에도 이와 같은 기술적 제약 때문에 오랫동안 채굴이 이뤄지지 못했다.

셰일가스는 미국, 중국, 중동, 러시아 등 세계 31개국에 약 187조 4,000억 m^3가 매장되어 있는 것으로 추정되는데, 이는 전 세계가 향후 60년 동안 사용할 수 있는 양이다. 경제적, 기술적 제약으로 채취가 어려웠던 셰일가스는 2000년대에 들어서면서 미국을 중심으로 물과 모래, 화학약품을 섞은 혼합액을 고압으로 분사하는 수압파쇄법과 수평정시추 등이 상용화되어 새로운 에너지원으로 급부상하고 있다. 2010년 북미 지역의 셰일가스 생산량은 2000년에 비해 15.3배나 확대되었으며, 미국은 2009년 이후 러시아를 제치고 천연가스 1위 생산국에 등극하였다.

그러나 셰일가스를 채취할 때 우라늄 등 화학물질이 지하수에 스며들 수 있고, 일반 천연가스보다 오염물질인 메탄이나 이산화탄소가 많이 발생하기 때문에 지구온난화를 가속화할 수 있다는 지적도 제기되고 있다.

한편 천연가스는 채굴의 난이도와 생산비용에 따라 크게 재래식과 비재래식으로 나눈다. 비재래식 가스는 기술적으로 채굴이 어렵고, 채산성이 낮은 가스를 말한다. 대표적으로 셰일가스, 타이트가스, 석탄층 메탄가스 등이 있다.

1.4 액화천연가스(LNG)의 생산

1.4.1 형성

육지와 해양의 퇴적층에 함유된 석유는 죽은 해양생물이 해저에 침적된 것으로 플랑크톤, 세균 및 식물이 대량의 무기물질과 함께 침적되어 퇴적암 층이 생성되고 이것은 다시 세균의 작용과 광물의 촉매작용에 의해서 고온, 고압의 조건하에서 천연의 탄화수소가 형성된다. 또 하나는 열과 압력의 작용에 의하여 심부에 퇴적한 석탄에서 생성될 가능성도 있다.

1.4.2 탐사

천연가스의 탐사를 위한 물리탐사와 굴착기술의 놀랄만한 발달로 인하여 북극이나 알래스카와 같은 원격지에서도 가스가 발견되었다. 최신 물리탐사의 기술로 지질구조의 변화를 쉽게 확인할 수 있으며, 수 백만년 전에 있었던 지질학적 변화도 규명할 수 있게 되었다. 탄화수소 층을 검층

하는 방법에는 약 20가지의 방법이 있으나 그 중에서 다음 3가지 방법이 주로 쓰인다.

- 전기 검층
- 방사능 검층
- 음파 검층

이런 방법에 의하여 광상의 존재와 암질적 특성에 관한 중요하고 유용한 정보를 제공할 수 있다. 이 방식은 주로 공극률, 투수도, 탄화수소의 포화도 등의 정보를 제공하여 원유전 또는 가스전에 대한 정확한 평가를 가능하게 한다. 천연가스는 사암, 석회암 돌로마이트, 규질암, 백토, 석고 등의 퇴적암 속의 구멍, 빈틈 등에 들어 있다.

1.4.3 분리와 처리

지하에서 채굴된 천연가스에는 주성분인 메탄 이외에 수분이나 포화탄화수소, 질소, 헬륨, 탄산가스와 황화수소 등이 함유되어 있다. 이러한 물질들을 천연가스로부터 분리함으로써 연료로서의 천연가스의 품질을 향상시킨다. 분리된 물질들은 귀중한 자원으로 활용하기 의하여 천연가스의 분리 및 정제 과정을 거쳐야 한다. 언급한 천연가스의 처리공정은 처리 및 정제하려는 물질을 동시 분리 또는 단일성분 분리방법으로 행하여지며, 효율이 중요한 요소가 된다. 또한 이러한 처리정제 시설에 필요한 고정비용과 시설을 가동하는데 필요한 조작비용의 균형을 의하여 최적화 기법이 요구되며, 시설의 보수 용이성 및 안전성에 관한 특별한 주의가 필요하다. 따라서 이러한 사항에 비추어 볼 때 천연가스는 다음과 같이 분리 및 처리공정을 통하여 수요자에게 직접 공급되거나 액화천연가스 상태로 수송되어 저장된 후 수요시기에 적합하게 공급된다.

1) 수분 제거

천연가스 내에 수분이 많이 존재할 경우 시설물에 부식 등을 유발할 뿐만 아니라 연료로서의 가치가 저하된다. 또한 수분이 많이 포함되어 있으면 가스의 평균 밀도가 증가되어 수송 시 추가 비용이 들게 될 뿐만 아니라 특히 천연가스의 냉각공정 때 수분의 응결로 인하여 시설이 심하게 파괴되므로 반드시 한계치 이하로 제거하여야 한다.

수분을 제거하는 방법은 다음과 같으며, 일반적으로 15℃, 1 기압(절대압)에서 가스 10 m^3 당 96~127 g의 범위로 제한한다.

- 물을 어는점까지 냉각시켜 천연가스 내의 수분을 얼음 상태로 분리하는 방법
- 단순 팽창-냉동법(Joule-Thomson effect)
- 용액 흡착, 흡수제(트라이에틸렌 글라이콜, triethylene glycol)를 이용한 방법
- 고체 흡착, 흡수제(분자체, molecular sieve)를 이용한 방법

2) 탄화수소 혼합물 제거공정

지하에서 채굴된 천연가스에 탄소수가 메탄보다 높은 탄화수소 혼합물이 혼합되어 있다. 이러한 각각의 탄화수소들은 서로 혼합이 되어 있어 거시적으로 보면 하나의 상을 이루고 있지만 미시적, 분자론적으로 고찰해 보면 서로 다른 특성을 보이게 된다. 따라서 탄화수소를 분리하기 위하여 쓰이는 흡수제인 기름류는 미시적인 관점에서 선택을 해야 한다. 흡수제인 기름을 선택할 때 다음과 같은 조건이 필요하다.

- 분리하고자 하는 탄화수소보다 비등점이 높은 것
- 유화(emulsification) 또는 고화(solidification)를 유발시키지 않을 것
- 탄화수소에 대한 상대적 용해도와 친화력(affinity)이 좋은 것
- 선택도(selectivity)가 높은 것
- 저 분자량이면서 화학적으로 안정하고 회수가 용이한 것
- 경제적인 것

천연가스에서 주로 분리되는 탄화수소들은 프로판, 부탄, 가솔린 등이 있으며 이것들은 연료 등의 용도로 재활용된다.

3) 탈황공정

천연가스에는 상당한 양(5 g/㎥ 이상)의 황화합물(H_2S)이 함유되어 있으므로 반드시 탈황공정을 행하게 된다. 이러한 황화합물이 공기 중에 방출되면 심각한 공해문제를 유발하게 되므로 효과적으로 황화합물을 제거하기 위한 탈황공정에 상당한 노력을 기울이고 있다. 탈황공정은 황화합물을 선택적으로 흡수하는 아민류(amine)의 흡수제를 이용하여 처리하고 있다. 이러한 공정을 스위트닝(sweetening)이라고 하며, 분리된 황화합물은 황과 황산으로 제조되어 여러 가지 용도로 사용된다.

4) 탄산가스의 제거

채굴된 천연가스에는 최고 체적비 45%까지의 탄산가스(CO_2)를 함유한다. 많은 양의 탄산가스는 질소와 마찬가지로 발열량에 큰 영향을 미치므로 제거되어야 한다. 일반적인 제거 방법은 흡수탑의 하단에 가스를 불어넣고 상단에 탄산가스의 흡수제인 탄산칼륨 용액을 가열한 후 흘러내리면 기체와 액체의 접촉을 통한 선택적 물질전달이라는 메커니즘을 통하여 탄산가스를 분리할 수 있다.

5) 헬륨의 회수

헬륨(He)은 불활성 물질로서 그 용도가 점차 증가하는 반면 공급은 충분하지 못한 것으로 알려져 있다. 특히 최근에는 레이저 튜브 제작, 초전도체(super conductor)를 응용하는 단층 촬영기기 등의 냉매로서 이용되며 부가가치 또한 다른 기체에 비하여 매우 높다. 따라서 이러한 고부가 가치의 부산물을 회수, 이용하는 것이 바람직하다. 앞에서 언급한 천연가스 내에 함유된 여러 가지 기체들은 제 3의 물질과 선택도와 친화도를 이용함과 동시에 또 하나의 중요한 변수를 조절할 수 있다. 이것이 바로 온도와 압력을 변화시켜서 상(phase)을 조절하여 원하는 성분을 선택적으로 분리하는 기법인데 천연가스의 정제뿐만 아니라 모든 화학공학 분야에서 효율적으로 이용되고 있다. 즉, 모든 물질은 그 자체의 비등점, 어는점 그리고 이슬점을 지니는데 이러한 것은 그 물질이 존재하는 상태에서 압력의 변화에 따라 다르게 된다. 따라서 공장에서는 온도와 압력을 조절하여 원하는 물질을 선택적으로 분리하여 적합한 용도로 이용한다.

6) 진애와 유분의 제거

진애(dust)란 천연가스를 지하로부터 채취할 때 함께 토출되는 모래와 이것에 의해 마모된 장치들의 쇠가루를 총괄하여 일컫는 말이다. 이것은 장치를 크게 손상시키며, 특히 고속 회전하는 펌프와 압축기 등의 임펠러에 큰 충격을 주어 이용이 불가능하게 한다. 또한 장치에 이용되는 윤활유 등이 급격한 압력변화가 발생할 때 미세한 입자로 분산된 유분이 형성되어 천연가스 내에 포함되므로 반드시 제거하여야 한다. 일반적으로 사이클론(cyclone), 정전기 침전법이나 기름에 의한 스크러빙(scrubbing)을 이용하여 진애와 유분을 제거시킨다.

1.4.4 천연가스의 액화공정

산지에서 추출하여 정제한 천연가스를 저장 또는 장거리 수송을 위해서는 액화공정을 거쳐 부피를 줄여야 한다. 천연가스를 액화시킨 것을 액화천연가스라고 하며, 상온의 가스를 액화시키면 체적이 가스 상태에 비해 600분의 1로 감소한다. 액화공정은 온도와 압력을 변화시킴으로서 얻을 수 있다. 이렇게 온도와 압력의 변화에 따라 물질의 상태(phase)가 변화하는 것을 '상변화'라고 하며, 모든 산업현장에서 중요하게 다루어지는 분야이다. 한편 천연가스는 임계온도가 낮기 때문에(-82.1℃) 보통의 냉동기로는 액화되지 않으므로 다음의 3가지 방법을 이용한다.

1) 팽창법(turbo expander cycle)

가압된 유체(천연가스)를 급격히 터빈 안에서 단열 팽창시키면 팽창된 천연가스 온도가 급강하되어 상이 액상으로 되는 원리를 이용한 공정이다.

2) 다단 냉동법(cascade cycle)

천연가스를 압축하여 냉각시키는 냉각회로에 에틸렌 냉각기를 사용하고 이 에틸렌 냉동기의 냉각회로에는 프로판 냉각기를 사용하는 방법이다.

3) 혼합 냉매법(multi-component refrigerant cycle)

탄화수소와 질소혼합물을 냉매로 이용하여 응축한 후 팽창시켜서 천연가스를 액화하는 공정이다.

1.4.5 저장탱크(storage tank, 기지)

액화천연가스의 저장탱크는 천연가스의 액화기지 및 인수기지 등에 임시 저장용으로 필요하다. 저장탱크는 거대한 보온병으로 생각하면 된다. 초기의 저장탱크는 금속으로 제조한 이중벽의 구형탱크가 없으나 최근에는 대용량의 콘크리트 외벽으로 이루어진 실린더형이 이용되며, 가스공사의 저장탱크도 이에 해당한다. 따라서 여기에서는 실린더형 탱크에 관하여 살펴보기로 한다. 저장탱크는 설치 형태에 따라 지하 저장조(동토식)와 지상 저장조로 나뉘며 가스공사의 평택과 인천 인수기지에는 지상식 저장조가 설치되어 있다. 먼저 저장조를 설치하려는 장소는 지질검사 후 암반층까지 기초파일을 시공하고, 파일의 끝 위에 저장조를 올려놓은 형태로 시공하며, 파일과 탱크 사이에 강화고무를 설치함으로써 지반의 진동과 충격 등을 배제한 구조로 되어 있다. 저장탱크는 2중 구조로서 외각은 콘크리트(post-stressed concrete walls)로써 모든 힘을 여기에서 받게 되어 있다. 내부 탱크는 액체와 기체 상태인 LNG 또는 증발가스가 새어 나오지 못하도록 스테인리스강(stainless steel) 멤브레인(membrane)으로 이루어져 있고, 외벽과 내벽 사이에는 고분자 재료이며 단열 특성이 우수한 PVC(Polyvinyl-Chrolide) 폼(form)으로 채워 넣어 밖에서 들어오는 열을 차단하다.

1.4.6 수송

산지에서 생산된 LNG는 전용 수송선에 의하여 인수기지까지 운송된다. LNG 수송선은 육상 저장탱크와는 다르게 동적 하중에도 견딜 수 있도록 고려되어 있으며 첨단기술이 집약된 고가의 선박이다.

1.4.7 LNG 하역 및 NG 제조

인수기지란 LNG 수송선으로 부터 LNG를 인수하여 이를 다시 기화기를 이용하여 기화시켜 수요자에게 공급하는 설비를 총칭한다.

1) 인수기지의 기능

LNG의 하역, 저장, 가압 및 기화 그리고 계량 및 송출

2) 천연가스의 생산 설비

(1) 1차 펌프(저압 펌프)

저장탱크 내의 LNG를 펌프로 이송(pumping)하여 저압 기화계통 또는 2차 펌프계통으로 이송하기 위한 설비로서 각 저장탱크 안에 2대씩 설치되어 있다.

- 형식: 수직 원심형
- 용량: 150 ton/hr
- 운전 압력: 13 kg/cm^2

(2) 2차 펌프(고압 펌프)

1차 펌프에 의하여 이송된 LNG를 약 80 kg/cm^{2}의 높은 압력으로 2차 가압하기 위한 설비이며, 여기서 가압된 LNG는 고압 기화기로 보내진다.

- 형식 : 수직 9단 원심형
- 용량 : 80 ton/hr 또는 110 ton/hr

① 기화 설비

액체 상태의 LNG를 기체 상태의 천연가스로 변환시키는 설비로서 열 교환을 위하여 해수를 사용하는 해수식 기화기(ORV, Open Rack Vaporizer)와 버너와 수조를 이용한 연소식 기화기(SMV, Submerged Combution Vaporizer)가 있다.

- **저압 기화기**

1차 펌프에 의하여 13 kg/cm^{2}으로 이송된 LNG를 기화하여 화력발전소에 발전용 연료로 공급하기 위한 설비이며, 해수식 기화기 3대로 구성되어 있으며, 각 기화기는 90 ton/hr의 기화 용량을 갖고 있다.

- **고압 기화기**

2차 펌프에 의해 약 80 kg/cm^{2}으로 가압, 이송된 LNG를 기화하여 수도권 지역의 도시가스로 공급하기 위한 기화 설비로서 해수식 기화기와 비상 공급용 연소식 기화기가 있다.

- 해수식 기화기 용량 : 130 ton/hr 또는 180 ton/hr
- 연소식 기화기 용량 : 68 ton/hr 또는 90 ton/hr

2 CHAPTER

LNG의 특징 및 이해

2.1 LNG의 물리적 구조

통상적인 LNG의 물리적 구조는 아래 설명과 같다.

- 탄소와 탄소 사이 단일결합, C_nH_{2n+2}, 탄소수 어미에 '안'을 붙여 명명한다.
- 탄소수의 증가에 따라 분자 간 인력이 증가하기 때문에 녹는점과 끓는점 증가하고, 이성질체의 수 증가한다.
- 알킬기는 C_nH_{2n+2}에서 수소원자 한 개가 부족한 C_nH_{2n+1} 이다.
- 정사면체 구조이며, 결합각은 109.5° 이다.
- LNG의 주성분인 메탄은 햇빛을 쬐이면 염소와 반응하여 치환반응이 일어나는데 중심의 탄소와 공유결합하고 있는 수소가 차례로 염소와 치환되어 성질이 다른 분자로 바뀌어간다.

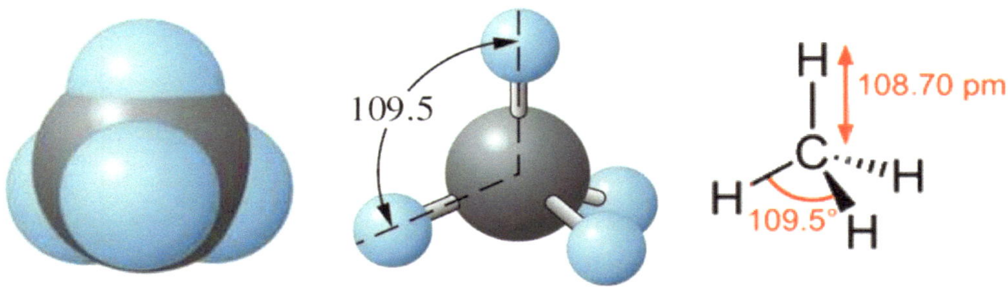

그림 2.1 메탄의 분자 구조

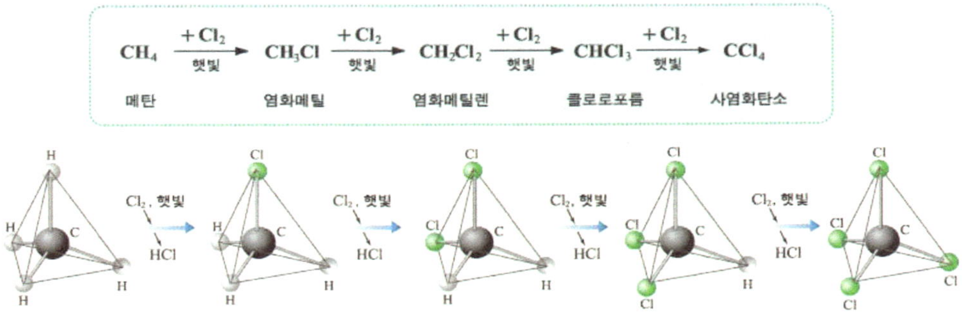

[source: 대교학습백과]

그림 2.2 LNG의 치환반응

표 2.1 탄화수소 분자표

분자식(C_nH_{2n+2})	명명법	끓는점(℃)	녹는점(℃)	상태
CH_4	methane	-162	-183	기체
C_2H_6	ethane	-89	-172	
C_3H_6	propane	-42	-187	
C_4H_{10}	buthane	-0.6	-139	
C_5H_{12}	pentane	36	-130	액체
C_6H_{14}	hexane	69	-95	
C_7H_{16}	heptane	98	-91	
C_8H_{18}	octane	126	-57	
C_9H_{20}	nonane	151	-51	
$C_{10}H_{22}$	decane	174	-32	
$C_{11}H_{24}$	undecane	197	-27	
$C_{12}H_{26}$	dodecane	216	-12	
$C_{16}H_{34}$	hexadecane	288	20	고체
$C_{20}H_{42}$	eicosane	345	37	

2.2 LNG의 성질

LNG의 성질을 정리해보면 다음과 같다.

- 무색, 무취, 무독성 및 부식성이 없다.
- 비점: -161.5℃(초저온)
- 임계온도: -82℃ 이상 상온, 가압상태의 LNG는 존재할 수 없다.
- 메탄 액비중: 0.425, LNG 액비중: 0.43-0.48
- 가스비중: 상온에서 약 0.55, 저온(-140℃)에서 1.28
- 연소범위: 공기 중 5-15%
- 발열량: 13,300 kcal/kg
- 용적비가 약 600으로 메탄가스를 액화하면 체적이 약 1/600로 감소한다.
- 증발 잠열이 크고, 점도가 낮다.
- 기전력이 크고, 전기적으로 부도체이다.
- 물에는 거의 녹지 않는다.
- 표면장력이 작다.

표 2.2는 상업용으로 사용빈도가 높은 메탄, 프로판 그리고 부탄의 성질을 비교한 것이다.

표 2.2 메탄, 프로판, 부탄의 성질

구분	메탄	프로판	부탄
분자식	CH_4	C_3H_8	C_4H_{10}
분자량	16.03	44.09	58.12
가스비중	0.55	1.56	2.01
가스밀도(kg/m^3)	0.714	2.020	2.599
액밀도(kg/ℓ)	0.417	0.528	0.601
액밀도/가스밀도	583	250	232
연소범위(%), AIR	5~15	2.2~9.5	1.9~8.5
발화점(℃)	595	365	470

2.3 LNG의 특성

2.3.1 취성파괴(brittle fracture)

구조용 강재 또는 용접부위가 저온(-80℃ 이하), 충격하중 또는 노치의 응력집중으로 기인하여 파괴되는 현상이다. 취성파괴의 특징은 저온일수록 일어나기 쉬우며, 파면은 연성파괴(ductile fracture)와 달리 벽개파괴(cleavage fracture)에 의해 결정모양의 벽파단면을 나타내며, 파괴방향은 거의 파면에 대하여 수직이고 산맥 모양으로 나타난다. 극저온의 LNG와 선체 강재의 접촉이 발생하면 연성의 선체 재료는 취성 재료로 성질이 변화하기 때문에 파괴 시 항복점 이하의 낮은 응력에서도 빠르게 불안정 상태로 파괴된다.

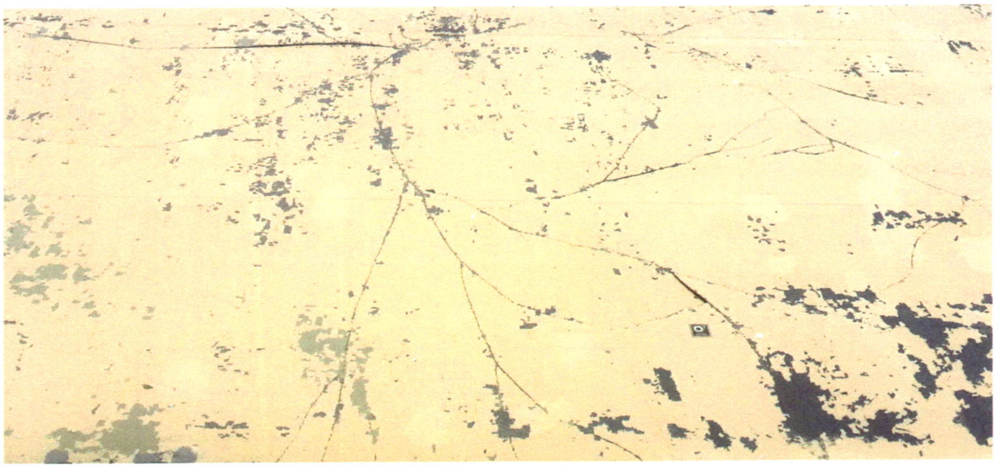

그림 2.3 LNG 누출 사고에 의한 선체의 취성파괴 손상 사례

2.3.2 자기냉각(auto-refrigeration)

단열재는 외부로부터 열을 완전히 차단할 수는 없다. 필연적으로 외부로부터의 열 침입이 LNG를 가열하고 증기를 만들게 된다. 현재 LNG 수송업계의 관행은 LNG를 저장되는 압력(대기압)에서의 끓는점(극저온)으로 저장하는 것이다. LNG가 끓어 증기로 변하고, 이때 상변화에 대한 열이 LNG 상태를 유지할 수 있도록 온도를 낮게 한다. 단열재에 의해 대부분의 열은 차단되기 때문에 상대적으로 소량의 기화만으로도 온도를 유지할 수 있으며 이 현상을 자기냉각(auto-refrigeration)이라고도 한다.

2.3.3 연소반응(combustion reaction)

가연물과 산소가 고온에서 열과 빛을 동반하면서 자동적으로 연소하는 산화반응을 말한다. 연료 중의 주된 가연성분은 탄소원자(C)와 수소원자(H)이며, 연소반응은 메탄(CH_4)을 열분해하여 C와 H가 공기 중의 산소(O)와 결합하는 것으로서 연소의 기초적인 반응은 다음과 같다.

- C가 불완전 연소한 경우: C + 1/2 O_2 → CO + 29,400 ㎉/kmol
  (즉, 탄소 1분자와 산소 1/2 분자가 화합하면 일산화탄소(CO) 1분자로 되며, 탄소 1 kmol에 대해 29,400 ㎉의 열이 발생한다.)
- C가 완전 연소한 경우: C + O_2 → CO_2(탄산가스) + 97,000 ㎉/kmol
- H_2가 완전 연소한 경우: H_2 + 1/2 O_2 → H_2O(수증기) + 57,000 ㎉/kmol

연소하기 위해서는 가스와 공기의 혼합비가 연소할 수 있는 범위 내에 있어야 하고, 그 혼합기체에 점화원이 점화될 수 있는 에너지를 가하여야 한다. 천연가스의 공기 중 연소범위는 5~15%이다. 즉, 공기의 부피가 95%이고 천연가스의 부피가 5%일 때부터 공기의 부피가 85%이고 천연가스의 부피가 15%일 때까지 연소된다. 메탄의 연소 반응식은 다음과 같다.

$$CH_4 + 2O_2 = CO_2 + 2H_2O + \Delta H$$

천연가스의 착화온도는 앞서 언급한 바와 같이 595℃이다. 즉, 천연가스에 순간적인 온도가 약 600℃에 이르지 않으면 불이 붙지 않는다. 불이 붙은 후에 화염이 전파되는 연소속도는 약 40 cm/sec이고, 발열량은 약 7,500 kcal이다. 2 Nm^3 x 1/0.21 = 9.52 Nm^3(공기 중의 산소농도 21%) 즉, 1 Nm^3 메탄의 연소에는 약 10배의 연소공기를 필요로 한다(순수 산소량으로 2배).

2.3.4 폭발범위(explosive range or explosive concentration)

가연성 액체의 증기 또는 가연성 가스가 공기 또는 산소와 적당한 비율로 혼합되어 있을 때 여기에 점화하면 폭발을 일으킨다. 이 적당한 혼합비율의 범위를 폭발범위 또는 연소범위라고 하며, 혼합가스에 대한 용량 %로 표시된다. 이 최저 농도를 폭발 하한계, 최고 농도를 폭발 상한계라고 한다. 폭발범위는 압력 및 온도가 높아지면 넓어지고, 공기 또는 공기 중보다도 산소 중이 넓다. 일반적으로 제시되고 있는 폭발범위는 별도의 설명이 없는 한 공기 중에서 상온 및 상압에서의 값이다. 산화에틸렌, 아세틸렌, 수소, 이황화탄소 등과 같이 폭발범위가 넓은 것과 등유, 이황화탄소, 가솔린, 프로판 등과 같이 특히 폭발 하한계가 낮을수록 위험하다. 이외에 인화성 액체에는 실내온도 부근에서 폭발 혼합기체를 만들고 있는 것도 위험성이 크다. 연소의 조건 3요소는 다음과 같다.

- 산화반응일 것
- 연소열로 연소 생성물과 연소물의 주위 온도가 상승하는 발열반응일 것
- 복사열의 파장이 가시 범위에 달하는 빛을 발생할 것

1) 폭발 하한계(LEL, Lower Explosive Limit)

가스 누설로 인해 공기 중의 가스농도가 증대되어 가면 어느 수준 이상의 농도에서 가스폭발이 일어난다. 가스폭발이 시작되는 가스농도를 폭발 하한계(LEL)라 한다. 가스의 종류에 따라 LEL 값이 달라진다. 또한 LEL에 대하여 폭발 상한계(UEL)가 있다. LNG의 경우 LEL은 5.0(공기 중 vol%)이고, UEL은 15.0이다. 가스경보기는 LEL의 1/5의 값에서 경보를 발하게 조정된다.

2) 폭발 상한계(UEL, Upper Explosive Limit)

공기 중에 함유된 증기나 가스 농도로 그 이상 증기 또는 가스 농도에서는 화염의 확산이 이루어지지 않는 최고 농도이다.

표 2.3 폭발 한계 농도표

분류	명칭	분자식	폭발 한계(vol%)	
			하온	상온
무기 화합물	수소	H_2	4.00	74.20
	이황화탄소	CS_2	1.25	50.00
	황화수소	H_2S	4.30	45.50
	시안화수소	HCN	5.60	40.00
	암모니아	NH_3	15.50	27.00
	일산화탄소	CO	12.50	74.20
	황화카르보닐	COS	11.90	28.50
포화 탄화수소	메탄	CH_4	5.00	15.00
	에탄	C_2H_6	3.00	12.50
	프로판	C_3H_8	2.12	9.35
	부탄	C_4H_{10}	1.86	8.41
	펜탄	C_5H_{12}	1.40	7.80
	헥산	C_6H_{14}	1.18	7.40
	헵탄	C_7H_{16}	1.10	6.70
	옥탄	C_8H_{18}	0.95	-
불포화 탄화수소	아세틸렌	C_2H_2	2.50	80.00
	에틸렌	C_2H_4	2.75	28.60
	프로필렌	C_3H_6	2.00	11.10

2.3.5 LNG의 롤오버(Rollover) 현상

LNG 저장탱크 내 상층부는 경질성분의 LNG가 위치하고 하층부에는 중질성분의 LNG가 존재하기 때문에 서로 다른 밀도의 층을 형성하는 성층(stratification)이 된다. 성층의 상층에서는 측벽으로 부터의 열 침입에 의해 소량의 BOG(Boil Off Gas)가 발생하여 농축되기 때문에 LNG 밀도가 상승한다. 반면 하층 경계면에서는 가압상태로 측벽과 탱크 바닥으로 부터의 열 침입에 의해 LNG 온도가 상승하기 때문에 LNG 밀도가 낮아진다. 그로 인해 상하층의 LNG가 빠르게 혼합되면서 하층에 축적된 열량분의 BOG가 급격하게 발생되는 현상을 롤오버(rollover)라 한다.

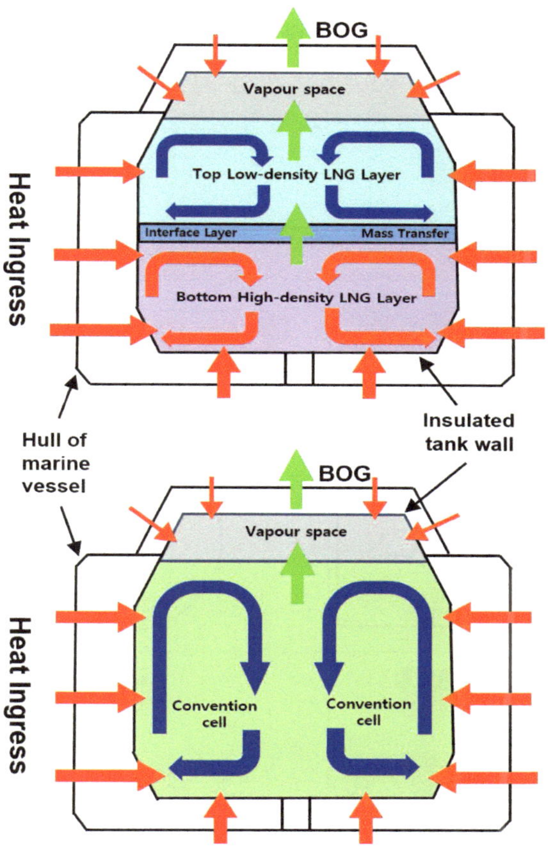

그림 2.4 LNG의 Rollover 현상

2.3.6 슬로싱(Sloshing) 현상

선박의 동요에 의해 화물탱크 내의 액 표면에 발생하는 조파현상을 말한다.

1) 화물탱크 내 액체유동

슬로싱은 화물탱크 내 유체운동에 의하여 일어난다. 유체의 운동방향에 따라 수평방향, 회전방향, 수직방향 슬로싱으로 나눌 수 있고, 이것들은 화물탱크 형상, 액위, 동요의 종류에 따라 좌우된다. 수직방향 슬로싱은 주로 횡 또는 종요에 의해 생기는 상하파에 의해 일어난다. 회전방향 슬로싱은 선체의 와운동(swirling)에 의해 생기는 것으로 구형 화물탱크에서 많이 일어난다. 그리고 수평방향 슬로싱은 진행파(travelling wave)에 의해 생기는 것이다.

슬로싱은 액체의 동요 고유주기 T_L과 선체 동요주기 T_S가 일치하면 일치할수록 크게 일어난다. 일반적으로 각형 화물탱크는 T_S/T_L가 0.8~1.8 사이이고, 구형 화물탱크는 0.8~1.5 사이에서 슬로싱이 최대가 된다.

구분	멤브레인 방식		모스 방식
화물탱크	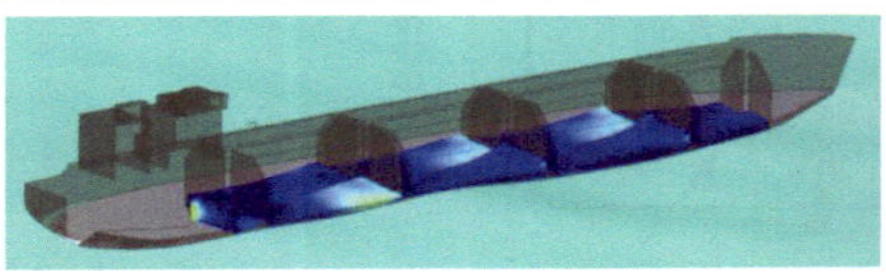		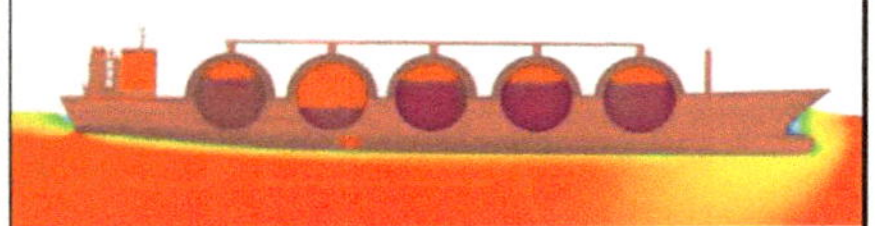
운동방식	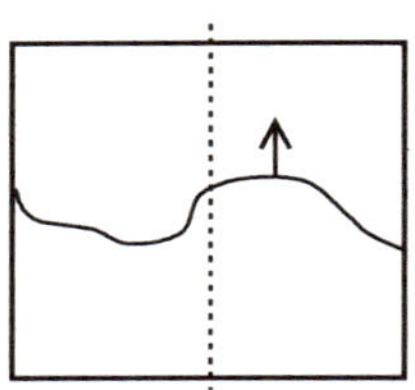	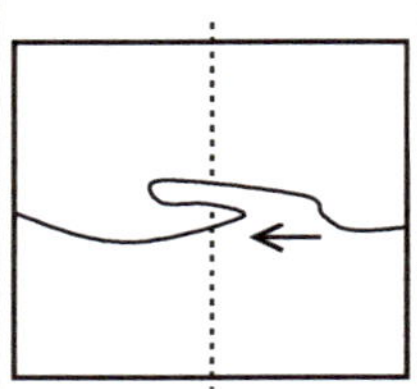	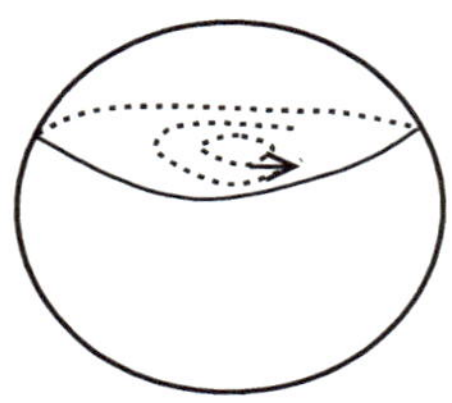
	수직방향	수평방향	와 운동
슬로싱		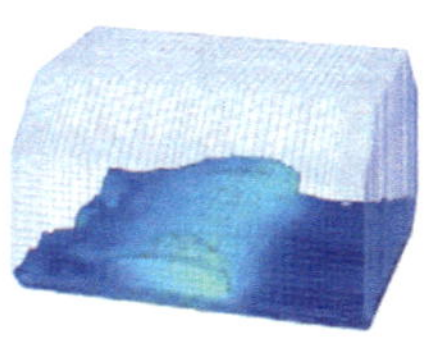	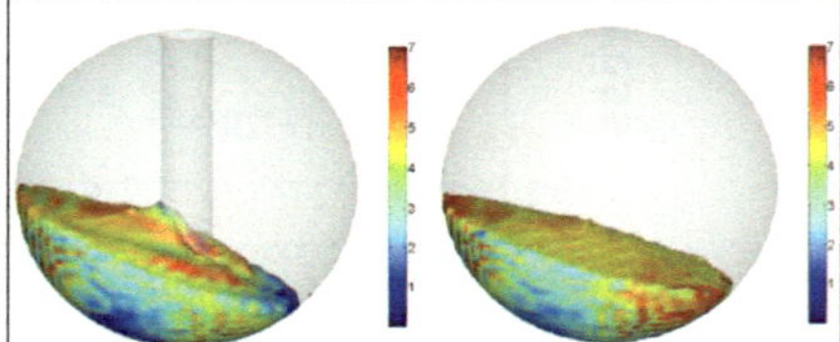

그림 2.5 화물탱크 내 슬로싱 현상

2) 주의 사항

적재 항해 중 황천 조우 시 화물탱크 형상에 기인한 슬로싱 문제가 발생할 우려가 있다. 멤브레인 타입(membrane type) 화물탱크는 내면이 평활하고 화물의 이동을 방지하는 격벽 등이 없어 화물탱크 내 화물의 동요가 심하다. 항해 중 발생하는 화물탱크 내 액위의 감소에 따라 유동될 수 있는 범위는 항해가 지속될수록 더욱 커진다. 화물탱크 내 화물의 자유이동으로 인하여 일어나는 슬로싱 영향은 화물탱크 내 액체 동요주기와 황천에 의한 선체 동요주기가 일치할 때 그 영향이 급격히 커진다.

(1) 화물탱크 내 화물의 허용 액위

멤브레인 타입 LNG 선박에서는 항해 중 화물탱크 내 슬로싱 효과를 감소시키기 위하여 항해 중 또는 선박의 이동 중 화물탱크 내 화물의 액위(level)를 제한하고 있다. 설계사인 GTT사의 운항지침(operation guide line)은 다음과 같다.

- **적재 항해 시**
  화물탱크 높이의 80% ≤ 허용 액위 ≤ 화물탱크 높이의 98%

- **공선 항해 시**
  화물탱크 높이의 0% ≤ 허용 액위 ≤ 화물탱크 높이의 10%

선급 BV사의 sloshing pressure computer 해석에 의하면 멤브레인 타입과 같이 화물창 slope 형상을 채택하더라도 액위가 화물탱크 높이의 95%까지는 sloshing 현상이 상당 수준(약 5~6.4 bar) 발생하는 것으로 분석되었기 때문에 선박 운항 관계자는 영구적인 안전대책의 일환으로 적재 항해 시 액위를 가능한 한 95% 이상 유지토록 노력해야 하며, 공선 항해 시에는 적하 전 화물창 냉각을 위한 coolant를 보유하는 화물탱크의 액위는 해당 화물탱크 높이의 5~6% 수준이 적절할 것으로 사료된다. 참고로 실제 LNG 선박이 적하항을 출항하여 15일간 항해 종료시점에서 화물탱크 적재율은 대략 96.25%(98.5% - 0.15 x 15 days = 96.25%)이므로 두 항구 간의 양하 문제만 없다면 항해 중 상당한 황천을 조우하여도 별 문제가 없을 것으로 사료된다.

(2) 슬로싱 영향을 최소화하기 위한 조치

- 해상상태 7 이상의 황천이 예상될 때는 감속, 변침, 피항 등의 조치를 적절히 하여 화물탱크 내 액유동을 억제시킬 수 있는 방향으로 조선한다.
- 적재 항해 중 장기 체류 등으로 인하여 화물탱크 내 액위가 95% 이하로 감소하면 황천 조우 시 신중한 조선을 행하여야 한다.
- 두 항구 간의 적재 또는 양하는 절대적으로 피하여야 한다.

- 선장은 상기의 액위 제한조건을 어떠한 경우에도 지켜야 한다.
- 선적항에서 긴급사태 발생으로 적하 도중 출항하여야 할 경우, 상기 조건에 만족치 못한 상황이면 가능한 최소거리에 묘박하여 상황이 호전되면 재접안 후 만선하여 출항하여야 한다.

이것은 항해가 종료되는 시점에서도 상기 조건을 만족하여야 하며, 이를 지키지 못할 경우 황천 조우 시 화물탱크의 심각한 손상 등이 일어날 가능성이 있음에 유의하여야 한다.

2.4 LNG 취급 시 주의사항

2.4.1 LNG가 인체에 미치는 영향

TLV(Threshold Limit Value: 자극에 대해 반응이 시작되는 임계점 = 허용농도)란 노동자가 주 40시간, 1일 8시간 노출되어도 안전한 가스의 최고농도이며, 단위는 ppm으로 나타낸다. 가스가 공기 중 고농도로 존재하는 경우에는 단순 질식제로서 작용하나 다른 생리적 영향으로 염증과 함께 작용하는 경우도 있다. LNG나 액화질소(N_2)는 단순 질식제로 알려져 있다. 메탄의 경우, 가스를 흡입하면 폐에서 흡수되나 체내에서 생화학적으로 불활성이기 때문에 대부분 폐에서 배출된다. 또한, 메탄 자체는 독성이 없다. 다만 고농도로 되면 산소결핍에 의한 질식의 우려가 있다.

2.4.2 LNG 접촉 시 주의사항

LNG와 같이 초저온 물체에 피부가 접촉되면 심각한 동상을 입게 된다. 그리고 저온가스나 단열처리가 안된 저온 파이프에 접촉해도 동상을 입게 된다. 이 경우 동상에 의한 손상 정도는 접촉 시간, 접촉된 피부 면적, 빼앗긴 열량에 의해 결정된다. 저온에 의한 증상은 다음과 같다.

- 피부온도가 장시간 0℃ 이하로 되면 조직에 영구적인 손상을 가져 온다.
- 체온이 27℃ 이하로 떨어지면 심장장해를 일으킬 수 있다.
- 저온상태가 더욱 진행하면 사망할 수도 있다.

또한, 초저온액이나 가스에 접촉될 경우 다음과 같이 조치하여야 한다.

1) 가스를 흡입한 경우

코, 입, 폐의 점막을 통하여 몸에 들어가 폐에서 일부 흡수된다. 환자를 신선한 공기가 있는 곳으로 옮기고 상황에 따라 인공호흡을 실시한다.

2) 액체에 닿았을 경우

갑판에 나갈 때 비교적 두꺼운 의복을 입을 필요가 있다. 액에 접촉된 옷은 즉시 벗어 버리고 동상에 걸린 부분이 따뜻해질 때까지 온수에 담가 둔다. 필요하면 의사의 진료를 요청한다.

3) 눈에 들어갔을 경우

LNG나 가스가 눈에 들어가도 자극성은 없다. 그러나 초저온이라 동상의 원인이 되므로 청수로 눈을 잘 씻어 준다.

2.4.3 응급조치

1) 동상을 입었을 때

- 동상부위 혈액순환에 장애를 줄 수 있는 옷은 벗기고, 환자를 병실 또는 병원으로 옮긴다.
- 동상부위를 41℃ 이상 46℃ 이하의 따뜻한 물에 담근다.
- 건조한 열은 절대로 사용해서는 안 되고, 몸을 따뜻하게 하기 전후 동상 부위를 문질러서는 안 된다.
- 만일 동상부위가 넓거나 체온이 하락할 경우에는 욕조에 온몸을 담근다. 이렇게 하여 몸을 따뜻하게 할 때 쇼크를 일으킬 수도 있다.
- 얼어버린 피부 조직은 통증이 없으며, 노란색을 띈다. 그리고 녹을 때에는 통증이 오며, 이때 병균에 감염되기 쉽다. 만일 사고가 나서 병원으로 환자를 옮길 수 없는 경우라던 급히 몸을 녹이려 해서는 안 된다. 몸을 녹이는 일은 15 내지 60분이 소요되며, 창백한 푸른색이 붉은색으로 될 때까지 지속해야 한다. 모르핀과 진정제는 몸을 녹이는 과정에서 환자를 다루기 위해 필요하며, 사용 시 전문의의 지시에 따라야 한다.
- 동상부위가 다 녹게 되면 의학적 처치를 할 수 있으며, 이때 다시 따뜻하게 되지 않도록 한다. 살균 붕대로 동상부위를 덮고 보호붕대로 잘 감싼다.
- 병원 조치 후 환자를 돌본다.
- 환자는 담배나 술을 금해야 한다.

2) 상처받은 부위에 따른 처치

- 눈을 감은 채 비비지 않도록 한다.
- 피부는 움직이지 않도록 한다.
- 옷 위에 액이 묻었을 경우 비비지 않고, 옷을 벗지 않는다. 차갑기 때문에 벗을 필요가 있는 경우, 옷을 가위로 절단하여 상처받은 부위는 남긴다.

3) 화상 재해 시

- 가능한 빨리 상처받은 부위를 냉수로 냉각시킨다.(아프지 않을 때까지 냉각시킨다.)
- 물집이 생겼으면 터뜨리지 말고 가제를 대고 붕대를 느슨하게 감는다.
- 빨리 의사에게 진료를 받는다.

4) 공동처치

- 절대로 상처받은 부위는 손 등으로 비비지 않도록 한다.
- 부상자의 충격을 안심시킨다.(혈압, 맥박, 호흡수를 관찰한다.)
- 가능한 빨리 종합병원으로 이송한다. 이때 의사에게 LNG 동상임을 주지시킨다.
- 병원은 외과, 피부과, 마취과가 있는 종합병원이 좋다.

2.5 용어 정리

1) 밀도(Density)

물질의 양을 표시하며, 물질의 분자 결합이 근접해 있을수록 크고, 단위체적당 물질의 질량으로 표시된다. 체적과 질량 단위를 취하는 방법에 따라 밀도의 단위와 수치는 달라진다. 가스의 밀도는 동일 물질이라도 온도와 압력에 따라 다르다. 단위는 공학상 주로 kg/cm^3이 쓰이며, lbs/ft^3, kg/dcm^3, g/cm^3도 쓰인다. 기체는 보통 압력은 1기압, 온도는 0℃, 20℃, 60℃ 등에서의 밀도로 표시된다.

(1) 밀도 = 물질의 질량 / 물질의 체적(kg/cm^3)

(2) 절대 증기 밀도(absolute vapour density)

정해진 온도 및 압력 상태에서의 가스의 일정 체적의 질량

(3) 상대 증기 밀도(relative vapour density)

표준상태의 온도와 압력에서 동체적의 공기의 중량과 비교한 증기의 중량 즉, 증기 밀도 2.9라고 하는 것은 같은 물리적 조건하에서의 동체적의 공기보다도 2.9배 무겁다고 하는 것을 의미한다.

2) 비중량(specific weight)

단위 체적당 물질의 중량이며, 다음과 같이 정의된다.

비중량 = 물질의 중량 / 물질의 체적(kgf/cm^3)

3) 비중(specific gravity)

어떤 물질의 중량과 같은 체적의 물의 중량비를 말하며, 따라서 비중은 무차원량이다. 액체의 체적은 온도에 따라 변하므로 액체의 비중에는 그 온도를 나타내야 한다. 예를 들면 S.G. 15/4℃는 15℃에서의 물질의 중량과 동일 체적의 4℃의 순수한 물의 중량과의 비를 의미하며, S.G. 60/60°F는 60°F의 물질의 중량과 동일 체적의 60°F의 순수한 물의 중량과의 비를 나타낸다. 가스의 비중은 보통 가스의 공기에 대한 비중, 즉 가스의 질량과 이것과 동일한 체적의 0℃, 1기압(표준상태)의 공기 질량과의 비로 나타내어진다.

아보가드로의 법칙 "모든 기체는 등온, 등압에서 같은 체적 중에 같은 수의 분자(6.024 x 10^{23}개)를 포함한다"에 의해 기체의 비중 = 같은 수의 분자무게 = 분자 1개의 무게비 = 분자량의 비로 나타낼 수 있다. 공기의 조성은 산소(O_2), 질소(N_2)가 주성분이며, 기타 아르곤, 탄산가스, 네온, 헬륨 등으로 구성되나 개략비로는 O_2:N_2, 중량비 23:77, 체적비 21:79이므로 공기 중의 N_2와 O_2의 체적비를 4:1로 두면 공기의 평균 분자량 = ($4N_2$ + O_2)/5 = 28.8이며, 실제의 공기에서는 28.96이다. 또한, "1 g 분자 또는 1몰의 기체는 표준상태(0℃, 표준대기압 760mmHg)에서 22.4L의 부피를 차지한다."에 따르면 표준상태의 공기 밀도는 28.96 g/22.4 ℓ = 1.293 g/ℓ = 1.293 kg/m^3 = 0.001293 g/cm^3이다.

메탄의 공기에 대한 비중은 CH_4의 분자량이 16이므로 16/28.96 = 0.55이다. 메탄가스:공기 비중(1 atm, 공기=1)은 0.55이나 이는 메탄과 공기가 같은 온도인 경우이다. LNG가 증발한 직후의 가스의 온도는 LNG의 온도와 거의 같으므로 상온 공기 보다 무겁다. 그러나 주위 공기에 의해 -112℃ 정도까지 따뜻해지면 공기보다 가벼워져 급속히 대기 중으로 상승 확산해간다. 메탄과 같이 분자량이 작은 가스는 분자 확산계수가 크며, 또 무거운 가스와 가벼운 가스가 교차하여 난류 확산현상도 상당히 일어나므로 공기와 혼합이 빨라 급속히 따뜻해지는 경향이 있다. 이 점은 상온에서도 공기보다 무겁고 지상의 낮은 곳에 체류하기 쉬운 프로판이나 부탄에 비해 안전성이 높은 가스라 할 수 있다. 공기와의 혼합으로 LNG 증기분이 약 20%가 되면 주위 공기보다 가벼워진다.

액체의 비중은 액체의 질량과 같은 체적 4℃ 물의 질량과의 비로 단위는 kg/ℓ, g/cm^2가 쓰인다. 액의 질량은 15℃ 때의 값이 쓰이는 것이 일반적이며, 이를 15/4℃ 비중이라 한다. 또한 60/60°F 비중은 60°F 액과 60°F 물 질량의 비이다.

4) API 비중

1921년 미국석유협회(API, American Petroleum Institute)에 의해 만들어진 석유류의 비중 표

시법이다. API 비중은 60°F의 기준온도를 기본으로 하고 있으며 비중과의 관계는 다음과 같다.

$$\text{API 비중} = 141.5 / \text{S.G } 60/60°\text{F} - 131.5$$

API 비중은 S.G에 반비례하며, API 비중의 수치는 높을수록 낮은 비중(S.G)을 의미한다. 즉, 중유는 API 10~25, 원유는 API 10~65, 가솔린은 API 55~90으로 나타낸다.

5) 상태 변화와 평형

물질의 상태는 온도에 따라 변화한다. 고체와 액체간의 상태 변화를 융해, 응고라 하며, 액체와 기체간의 상태 변화를 기화, 응결(응축)이라 한다. 때로는 고체에서 직접 기체로 또는 그 반대로 변화하는 것도 있어 이를 승화라 한다. 순수 결정질에서는 압력이 일정하면 융해, 응고는 정해진 온도에서 일어나 이런 현상이 진행되고 있는 동안은 변하지 않는다. 이 온도를 융해점(융점) 또는 응고점이라 한다. 액체의 표면에서 기화하는 것을 증발이라 하며 액체 내부에서도 기화가 활발하게 일어나는 것을 비등이라 한다. 그리고 이때에 생기는 기체를 증기라 한다. 증기는 냉각 또는 가압하면 액화되는데, 이것이 응결이다. 증발은 융해와 달리 임의의 온도에서 일어나며 온도가 높을수록 활발해진다. 액체와 증기가 접하고 있을 때는 기화와 액화가 서로 동시에 일어나며 실제로 나타나는 변화는 그 차이가 있다고 생각된다. 액체에 접하는 증기의 압력이 커지면 액화하는 것이 늘어나기 때문에 증발이 일어나기 어려워져 이것이 어느 값에 달하면 기화와 액화의 비율이 같아져 변화는 일어나지 않게 된다. 이 상태를 포화(또는 평형)상태라 하며, 이때의 증기를 포화증기, 그 압력을 포화증기압 또는 단순히 증기압이라 한다.

6) 증기압(Vapour Pressure)

어느 특정 온도에 있어 그 물질의 액체와 평형상태에 있는 그 증기가 나타내는 압력을 말한다. 증기압은 물질의 종류에 관계하여 그 액체온도에 따라 변화한다. 온도가 오르면 증기압은 높아지나 그 상태는 온도가 오를수록 현저해진다. 증기압은 액면에 접하여 타 기체가 존재하여도 값은 변하지 않는다. 일반적으로 "총 압력(total pressure) = 증기압 + 공기압"이고, 개방용기는 "대기압 = 총 압력"이므로 "대기압 = 증기압 + 공기압"이 된다. 액체의 온도가 상승하면 증기압은 증가하여 공기는 증기로 치환하므로 공기압은 감소한다. 따라서 총 압력은 변하지 않는다. 밀폐용기의 경우에는 "탱크 압력 = 총 압력"이며, 총 압력은 증기압만의 관수이다. 가스운반선의 화물탱크는 밀폐용기로 간주되므로 화물탱크 내의 총 압력은 증기압의 관수와 동일하다. 따라서 "화물탱크 압력 = 증기압"이다. 열의 증감이 없는 완전 방열된 밀폐용기를 가정하고 화물탱크 속에 반 정도 비등액을 넣은 경우 이 액체는 화물탱크 압력이 이 액체의 증기압과 같아질 때까지 기화한다. 그리고 이점에서 비등은 멈춘다. 이 상태를 평형(equilibrium)되어 있다 한다.

7) 대기압(Atmospheric Pressure)

지표면에 공기와 수증기에 의해 가해지는 압력으로써 표준대기압은 0℃의 수은주 760 ㎜ 무게에 상당하는 압력을 말하며 1 atm으로 나타낸다.

8) 비등점/비점(Boiling Point)

액체가 평형상태에 있는 중으로 그 액체의 증기압이 총 압력과 같아지는 온도를 그 압력의 비점이라고 한다. 비등하고 있는 동안은 열을 가해도 그 액체의 온도는 변하지 않는다. 비점은 액체가 처음으로 증기를 발생하려 하는, 또는 비등하기 시작하는 상태의 온도라고 말할 수 있다.

9) 융점(Melting Point)

일정 압력 조건에서 어느 온도 이하에서는 고체이나 그 온도에 달하면 액체가 되는 온도를 융점이라고 한다.

10) 임계점(Critical Point)

기체는 어느 온도 이상에서 아무리 압력을 가해도 액화할 수 없다. 이 한계의 온도를 임계온도라 한다. 즉, 증기와 액체간의 상변화가 발생할 수 있는 최고온도이다. 임계온도에 있어 최저압력을 임계압력이라 하며, 기체가 임계온도, 임계압력에 있는 상태를 임계점이라 한다. 이 점에서 기화잠열은 0이 된다.

11) 현열(Sensible Heat)과 잠열(Latent Heat)

상태변화 없이 물질의 온도변화를 일으키고 있는 열을 현열이라 하고, 상태변화를 일으킬 경우에 온도와 압력의 변화 없이 흡수 또는 방출하는 열에너지를 잠열이라 한다. 액상에서 기상으로의 증발인 경우는 기화잠열(증발의 잠열), 고체에서 액상으로의 융해인 경우 융해잠열이라 한다.

12) 노점(Dew Point)

응축기 속에서와 같이 노점 아래로 온도가 조금이라도 내려가면 또는 총 압력이 상승하면 액적이 발생하기 시작하는, 즉 액체가 응축하기 시작하는 온도를 말한다. 순수 물질에서는 비점과 노점이 같다.

일정한 양의 공기가 수증기를 함유할 수 있는 양은 온도에 따라서 증가한다. 예를 들면, 10℃의 공기 1 m^3가 최대로 함유할 수 있는 수증기의 양은 약 9.3 g이며, 온도가 11.1℃(20℉)로 상승함에 따라 2배(18.6 g)의 수증기를 함유할 수 있다. 어떤 온도의 공기가 그 온도에서 함유할 수 있는 최대의 수증기를 함유했을 때 포화되었다고 한다. 이 포화상태를 100%로 하여 실제로 함유하고 있는 수증기의 비율을 상대습도라고 한다. 즉, 노점을 낮춘다는 의미는 습기를 제거한다는 의미와 동일한 것이다.

화물탱크 또는 방열구역(insulation space)에 수증기가 다량 함유하고 있으면 즉, 습도가 높으면(노점이 높으면) 수증기가 저온에서 빙결되어 화물펌프(cargo pump)의 고장이나 단열재(insulation)의 손상을 초래할 수 있으므로 이를 방지하기 위한 작업(drying 등)이 필요하다.

13) BTU(British Thermal Unit)

영국계의 열량 단위로서 질량 1 pound의 순수물의 온도를 1°F 높이는데 필요한 열량이다. 100만 BTU를 MMBTU로 표시하여 실용단위로 사용한다. LNG 거래에서도 BTU가 쓰인다. 이는 LNG 가격이 용적이나 중량으로 결정되는 것이 아니라 열량에 의해 거래되고 있기 때문이다. 그리고 1 kcal는 1 kg의 물을 1℃ 높이는데 필요한 열량이다.

1 BTU = 251.996 cal = 0.251996 kcal

1 kcal = 3.96832 BTU

1 MMBTU = 251.996 kcal

14) 전열(Heat Transmission)

열은 고온의 물체로부터 저온의 물체로 이동하려는 경향이 있어 일반적으로는 열이 공간의 한 곳으로 부터 타 장소로 전해지는(이동하는) 현상을 전열이라 한다. 열전도, 열대류 및 열복사(열방사) 3종류의 다른 과정에 의해 행하여진다.

(1) 열전도(heat conduction)

하나의 정지한 물체 내에 온도차가 있을 때 그 내부에 있어 물질의 이동은 없고 열이 고온부에서 저온부로 전해지는 현상을 말한다. 또는, 직접 접촉하고 있는 2개의 물체 중 한쪽에서 다른 쪽으로 열이 전달되는 현상도 말한다. 현재 일정 방향으로 거리 A(M)인 2점간 온도차를 T1-T2(T1>T2)라 하면, 그 방향에 수직인 단면적 F(m^2)를 지나 시간 H(hr)에 흐르는 열량 Q(kcal)는 다음과 같이 나타내어진다.

Q = IFH·(T1-T2)/A

여기에서, I = (kcal/mh)를 열전도율이라 한다.

열전도에서 각 부의 온도 T가 장소(X, Y, Z)만의 함수로서 시간 H에 무관계인 경우를 정상 열전도, 시간적으로 변화하는 경우를 부정상 또는 비정상 열전도라 한다. 즉, 부정상 열전도인 경우는 물체 내 모든 점의 온도는 끊임없이 변동하므로 물체의 한쪽으로부터 들어간 열량과 다른 쪽으로부터 나오는 열량은 같지 않다. 이에 반해 정상 열전도의 경우는 열이 한곳에 체류하지 않고 물체의 한쪽에 들어가는 열량과 다른 쪽에서 나오는 열량은 같다. 실제 응용에서는 정상 열전도의 경우를 취급할 때가 많다.

(2) 열대류(thermal convection)

온도가 불균일한 유체(기체나 액체) 내부에 유체의 운동을 생성, 물질 이동에 동반하여 열의 이동을 일으키는 현상을 말한다. 유체의 일부가 가열되면 팽창, 가벼워져, 밀도 차에 의해 자연스럽게 생성되는 것을 자연 대류, 또는 펌프 등의 운전에 의해 외부에서 인위적으로 유체를 이동시켜 유체가 열을 가지고 운반하는 것을 강제 대류라 한다.

(3) 열복사(heat radiation)

물질의 매개 없이 물체가 가지는 열에너지가 열선, 적외선, 광선 등의 전자파 에너지로 변화하여 공간 내를 전파하여 타 물체 표면에 도달하면 일부는 흡수되어 열로 바뀌고 나머지는 투과 또는 반사되는 현상을 말한다. 고온의 물체는 흡수하는 것보다도 방사하는 열이 많으며, 저온의 물체는 방사보다 흡수하는 열이 많다. 열복사에 의한 전열은 열전도, 열대류의 경우와 현저히 달라 꼭 도중에 물질이 존재할 필요는 없으며, 게다가 전열이 필요로 하는 시간은 극히 짧다.

15) 열전달(Heat Transfer)과 열관류(Heat Transmission)

실제 전열에서는 전도, 대류, 복사의 3과정이 동시에 행해지는 경우가 많으며 단일과정만 일어나는 경우는 적다. 고체 내부에서는 열전도가 단일로 일어난다. 실제로 취급하는 전열에서는 고체 벽의 표면과 이에 접하고 있는 유체간 전열의 문제가 많다. 이 경우의 전열을 열전달이라고 한다. 열전달에서는 전도, 대류, 복사의 3과정이 동시에 일어나고 있으나 이중에서는 대류의 비율이 제일 크다. 열이 고체 벽을 통해 어느 한쪽에 있는 고온 유체에서 다른 쪽에 있는 저온 유체로 전하는 전열 과정을 열관류 또는 열통과라 한다.

16) 농축(Concentration or Weathering)

LNG는 저장 중에 외부 침입 열에 의해 증발하여 증기(vapour)를 발생한다. 이것이 BOG(Boil Off Gas)이다. BOG는 LNG 성분 중 저비점 부분(질소 및 메탄)이 빨리 증발하므로 저비점 성분의 농도가 높고 이는 거의 모두가 메탄 성분이다. 이 때문에 화물탱크 내 남아있는 LNG에는 BOG 발생에 의해 고비점 성분(에탄, 프로판, 부탄, 펜탄 등)의 비율이 높아진다. 이를 농축이라 한다.

17) 인화점(Flash Point)

가연성 액체나 고체의 표면에 순간적으로 화염을 접근시켰을 경우에 연소시키는데 필요한 만큼의 증기를 발생하는 최저온도를 말한다. 일반적으로 가연성 액체는 항상 그 액면에서 증기를 발생하고 있으며, 증기의 발생이 낮은 온도에서 일어날수록 인화점이 낮고, 연소할 가능성이 높으며 위험성은 많다.

18) 연소점(Fire Point or Burning Point)

인화점에서 액체 상부의 가스는 즉시 연소하여 액체 표면을 가열할 수 없어서 화염과 연소를 지속시킬 수 있는 충분한 새로운 가스를 기화시킬 수 없다. 그러나 온도를 상승시키면 기화속도가 증가하여 화염 전파속도에 이르고 결국 계속적인 연소가 일어날 수 있게 된다. 이때의 온도를 연소점 또는 화염점이라고 한다.

19) 발화점(Ignition Point)

가연성 물질의 온도가 열에 의해 혹은 디젤엔진에서와 같이 단열적으로 상승할 경우 일제히 연소가 일어난다. 이 온도를 자기 연소온도 혹은 발화점이라 한다. 연소는 가연성 물질 자체의 급격한 산화작용에 의한 것이며, 따라서 대기 중에서 보다 산소 중에서의 연소점이 더 낮다. 또한 고분자량의 가연성 물질이 저분자량의 물질보다 낮다. 예를 들면, 가솔린의 발화점은 중유가 약 300℃임에도 불구하고 약 500℃로 알려져 있다.

20) 압력(Pressure)

단위 면적당의 힘을 나타낸다.

pressure = weight/area(PSI & kg/cm^2)

21) 몰(Mole)

중량의 편의적 단위이며, 분자량의 수치에 상응하는 물질의 양을 의미한다. 예를 들면, 프로판은 분자량이 44.1이고, 1 gram-mole은 44.1 grams의 무게이고, 1 pound-mole은 44.1 pounds의 무게이다.

22) 본질안전(Intrinsically Safe)

본질안전 장치·기기 및 배선이란 그것이 어떤 상태가 되더라도 극히 착화하기 쉬운 농도의 특정의 위험성 분위기에서 착화를 일으키는데 충분한 전기 또는 열에너지를 방출하는 일이 없는 장치·기기 및 배선을 본질안전이라고 한다.

3
CHAPTER

LNG 선박의 종류 및 특징

3.1 LNG 선박의 개요

최초로 LNG를 해상 운송하려는 미국의 시도에 의해 LNG 선박 건조는 1950년대 미국의 Conch사로 부터 시작되었으며, 이후 LNG 선박의 대형화가 본격적으로 이루어져 현재 형태의 LNG 선박이 건조된 것은 1975년부터이다. 이후 대형 LNG 선박의 건조를 시작으로 선박 크기의 대형화 및 화물탱크(cargo tank) 형상에 대한 다양한 연구개발이 동시에 이루어졌다. 화물탱크는 크게 멤브레인(membrane) 방식과 독립 화물탱크 방식의 두 방식으로 분류할 수 있다. 멤브레인 방식은 Gaz Transport 방식과 Technigaz 방식이, 독립 화물탱크 방식으로는 모스(moss) 구형 화물탱크 방식이 신뢰성 있는 화물 격납 장치로 인정되어 오늘날 LNG 해상 운송을 위한 LNG 수송선박에 채용되고 있다. 또한 독립 화물탱크 방식에 속하는 SPB(Self-Supporting Prismatic Type B) 방식이 일본에서 개발되어 지난 1994년 실선 건조 완료 후 일본과 알래스카 간의 LNG 운송에 종사하고 있다. 표 3.1과 표 3.2는 LNG 선박의 건조 역사와 선형별 건조 현황을 나타낸 것이다.

표 3.1 LNG 선박의 건조 역사

시기	개발회사	특징	비고
1950년대	CONCH (미국)	5,100 m^3급 LNG 수송 바지 건조(1951)	최초
	전시운반선 (미국)	5,100 m^3급 Methane Pioneer호(1959) 알루미늄 합금재의 독립방형 방식	독립방형 채택
1960년대	CONCH (미국)	27,400 m^3급 Methane Princess, Methane Process호 개발(1964)	최초 상업 LNG 선박
	TG(프랑스)	600 m^3급 Peter Colar호(1964)	최초 Membrane Type
	TG(프랑스)	25,500 m^3급 Jules Verne호(1965) 9% Ni 강재 사용한 독립 원통형 Tank 방식	
	WORMS (프랑스)	71,500 m^3급 Polar Alaska, Arctic Tokyo(1969) 36% Ni 강재 사용한 Membrane 방식	
	CONCH -ESSO	4,000 m^3급 Esso Brega호 외 4척(1969) 4.45% Mn/Al 합금재 사용한 독립 자기 지지형 방식	이중선각 Tank

1970년대	TG(프랑스)	5,000 m^3급 Descartes호(1971)	
	MRV (노르웨이)	29,000 m^3급 Beneta호 및 87,600 m^3급 Norman Lady호(1973)	구형독립 Tank Type

표 3.2 LNG 선박의 선형별 건조 현황

년도	건조 현황
1965년	25,800 m^3 WORMS Type LNG선 CINDERELLA(EX-JULES VERNE)가 프랑스에서 건조되어 ARZEW항에서 프랑스의 LE HAVRE항으로 LNG 운송
1969년	71,651 m^3 METHANE POLAR(EX-POLAR ALASKA) Old GT Type LNG선이 스웨덴 KOCKUMS 조선소에서 건조되어 ALASKA에서 일본으로 LNG 운송
1969년	40,000 m^3 ESSO Type LNG선 SNAM PALMARIA(EX-ESSO LIGURIA)가 LYBIA로부터 ITALY 및 SPAIN에 LNG 운송
1971년	40,900 m^3 TG Mark I Type LNG선 DESCARTES 프랑스에서 건조
1973년	87,600 m^3 Moss Type LNG선(9%Ni) NORMAN LADY 노르웨이 MOSS-ROSENBERG 조선소에서 건조
1975년	124,890 m^3 Moss Type LNG선(6/Al) HILLI 125,000 m^3 Old GT Type LNG선(6/INVAR) E.P.PAUL KAYSER 120,130 m^3 TG Mark I Type LNG선(6/SUS) BEN FRANKLIN 대형 LNG선 건조
1982년	130,000 m^3 Moss type LNG선(5/Al) GOLAR SPIRIT 일본 최초로 KHI에서 건조
1993년	18,800 m^3 TG Mark III Type LNG선(3/SUS) AMAN BINTULU 일본 NKK에서 건조
1993년	89,820 m^3 SPB Type LNG선(4/Al) POLAR EAGLE 일본 IHI에서 건조
1994년	130,000 m^3 GT No.96 Type LNG선(4/INVAR) PUTERI INTAN 프랑스 CHANTIERS DE L'ATLANTIQUE 조선소에서 건조
1994년	128,350 m^3 Moss Type LNG선(4/Al) H.UTOPIA/YK SOVEREIGN 한국 최초로 HHI에 건조
1995년	130,000 m^3 GT No.96 Type LNG선(4/INVAR) 한진 평택 한국 HHIC에서 DHI와 공동으로 건조
1999년	138,000 m^3 TG Mark III Type LNG선(4/SUS) SK SUPEREME 한국 SHI에서 건조
2005년	138,000 m^3 GT No.96 Type LNG선 (4/INVAR) Shell(Exmar) 한국 DSME에서 건조
2007년	150,000 m^3 GT Mark III Type LNG선(4/SUS) BP선사 한국 HHI에서 건조
2008년	153,000 m^3 TG Mark III Type LNG선(4/SUS) STX PanOcean LNG 1호선 HHIC에서 건조

3.2 LNG 선박의 종류

LNG 선박을 구분할 때는 화물을 싣는 화물창(cargo containment system)의 형태와 지지 방식에 따라 분류하는데, 자기 지지형(self-supporting type) 또는 독립 탱크형(independent tank type)과 멤브레인형(membrane type)으로 나눌 수 있다. 이는 어떤 단열재에 화물의 하중이 직접적으로 작용하는지에 따른 분류이며, 이 방법에 따른 LNG 운반 선박의 화물탱크(cargo tank) 분류는 아래 그림과 같다.

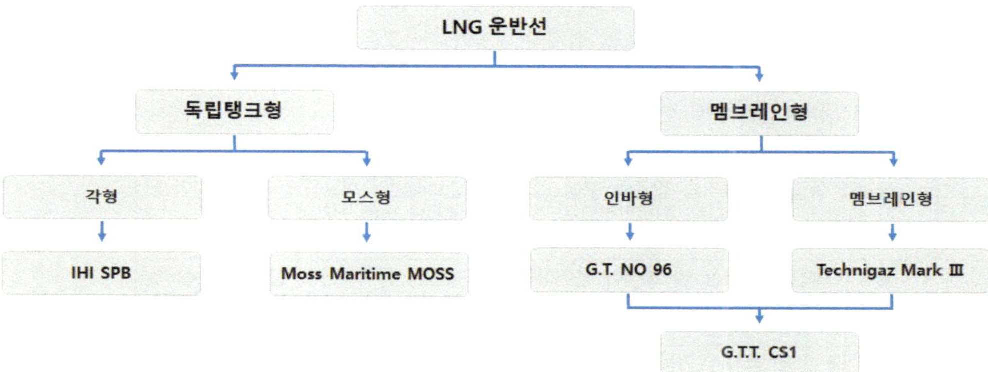

표 3.3 화물창 형태에 따른 LNG 선박의 기본사항 비교

구분	멤브레인형		독립 탱크형	
	GTT Mark-III	GTT NO 96	Moss	IHI-SPB
탱크 구조	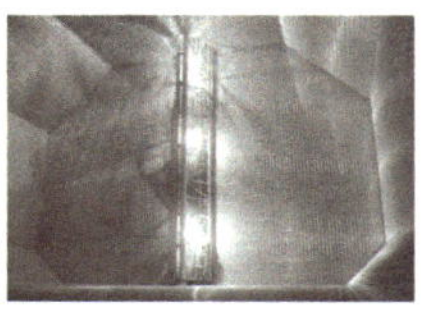		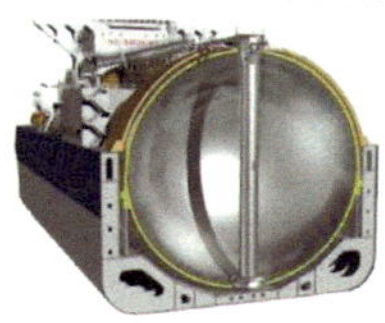	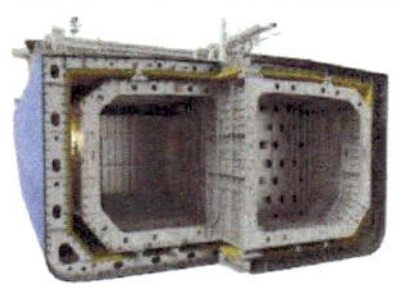
탱크 소재 및 두께	SUS 304L 1.2 mm	Invar 0.7 mm	AA5083 50 mm	AA5083 Max. 30 mm
단열재 및 두께	R-PUF[1)] 270 mm	Plywood+Perlite 530 mm	PUF[2)] 250 mm	PUF 200 mm
Gross Ton (138K 기준)	93,500 (100%)	95,500 (102%)	110,000 (118%)	103,000 (110%)

1) R-PUF: Reinforced Polyurethane Foam 2) PUF: Polyurethane Foam

멤브레인형(membrane type) 탱크의 GT NO 96 Type과 TG Mark III Type은 1995년 Gaztransport사와 Technigaz사가 GTT(Gaztransport & Technigaz)사로 명칭이 변경되면서 각각 GT Type은 GTT NO 96 Type으로, TG Type은 GTT Mark III Type으로 명칭이 변경되었다.

독립 탱크형과 멤브레인형 화물탱크를 비교해보면 구형의 독립 탱크형인 모스방식의 경우 화물의 하중이 화물탱크에서 스커트(skirt)를 통하여 직접 선체에 전달되는 구조로 단열재에는 화물의 하중이 직접 작용하지 않는다. 그에 반하여 멤브레인형의 경우에는 화물의 하중이 1, 2차 멤브레인 및 단열재를 통하여 선체에 전달되는 방식이다. 멤브레인형은 독립 탱크형과 달리 화물탱크가 하중을 받지 않고 단순히 화물을 저장하는 역할만 한다. 따라서 하중은 선각 구조가 맡게 된다. 화물창 안쪽에 단열재 및 얇은 금속재인 멤브레인을 부착해 두 겹으로 만드는 이중구조 형태를 갖추고 있다. 독립 탱크형에 비해 가격이 싸고, 설계의 변형이 자유로운 장점이 있다.

표 3.4 독립 탱크형과 멤브레인형 LNG 선박의 비교

선형	독립 탱크형(Moss type)	멤브레인형
화물탱크 지지 방법	• 선체와 독립된 알루미늄 합금의 구형 탱크가 skirt에 의해 지지됨. 기하학적으로 가장 안전한 내응력 구조임.	• 멤브레인이 화물탱크이며, 이것이 단열재를 통해 선체에 지지됨.
화물탱크 설계 개념	• 설계 기술상 응력계산 및 해석이 용이하며, Leak-Before-Failure 개념에 입각함. • 설계 및 시공되어 손상이 확대되지 않음.	• 정밀한 응력계산이 힘들고, 손상 발생 시 광범위하게 확대될 가능성이 있음.
화물탱크 검사	• 운항 중 항상 검사가 가능하며, 건조 중에는 비파괴검사 등이 가능함.	• 운항 중 검사 방법이 어렵고, 건조 중 비파괴검사가 힘듬.
2차 방벽	• 상대적으로 안전하여 2차 방벽 설치가 필요 없음.(부분적으로 설치)	• 2차 방벽 설치가 필요함.
선체로부터 독립성	• 화물탱크는 선체와 독립되어 선체 결함에 의한 영향이 크지 않음.	• 화물탱크가 단열재로 지지된 구조로 선체 결함에 직접 영향을 받음.
화물적재 제한 여부	• 화물의 움직임에 의한 선체응력 즉, 슬로싱에 영향이 거의 없어 부분 적재가 가능함.	• 화물탱크가 단열재에 의하여 지지를 받아 부분 적재가 곤란함.
화물탱크 수명	• 화물탱크의 수명을 보통 100년으로 보며, 선체의 폐선에도 불구하고 재사용이 가능함.	• 화물탱크의 구조상 선체와 수명이 동일함.
시야	• 선체갑판 상부에 돔(dome)이 돌출되어 있어 선교의 높이가 멤브레인형보다 높음.	• 상대적으로 Moss형보다 낮아도 됨. • 적은 풍압면적으로 조종성능 우수함.
선가	• 멤브레인형에 비해 건조선가 고가	• 건조선가가 상대적으로 저렴
운항문제	• 공선항해 중 화물탱크의 온도를 유지하기 위해 지속적으로 cool down을 실시해야 함. • 장기대기/Dock 후 화물탱크 cool down 시 많은 시간과 LNG가 필요함.	• 항해 중 화물탱크 cool down이 필요 없으며, 상대적으로 시간과 LNG 소모량이 적음. • 총톤수가 적어 운항비가 절감됨.

3.3 독립 탱크형 모스방식(Moss Type)의 이해 및 특징

3.3.1 모스방식의 이해

이 방식은 노르웨이 모스 로젠버그(Moss Rosenberg) 조선소가 노르웨이 선급협회(DNV)의 협력 기반 하에 독자적으로 개발한 것으로 1973년 첫 호선인 "Norman Lady(87.600 m^3)"호가 건조된 이래 전 세계 LNG 선박의 반 이상이 모스방식으로 건조되었다.

모스방식의 화물탱크는 그 자체가 초저온 LNG를 감당할 수 있도록 제작되었으며, 화물의 하중도 탱크 자체가 감당한다. 신조 시에 선체와 화물탱크는 별도의 야드(yard)에서 건조하고 구형 화물탱크를 미리 건조된 선체에 옮겨 설치한다. 구형 화물탱크의 적도부는 원통형 스커트로 지지되어 LNG 중량을 선저부의 대좌구조로 전달한다. 알루미늄 합금 재질의 화물탱크는 가벼운 반면 열팽창 계수가 다른 재료에 비해 크므로 초저온의 LNG를 적재하면 화물탱크가 수축하고 이 열신축에 의한 변형은 스커트에 의해 흡수된다. 단열재 두께는 TG Type과 마찬가지로 200 mm에서 270 mm로 크게 하여 BOR(Boil Off Rate)을 0.15%/day로 유지한다. 그러나 화물탱크가 구형이기 때문에 선창의 공간이용 효율이 나쁘고, 원래 중량보다 큰 체적을 차지하기 때문에 구형 화물탱크의 상부가 상갑판으로 돌출되는 단점이 있다.

그림 3.2는 독립 탱크형 모스방식의 LNG 선박의 개략도를 나타낸 것이다.

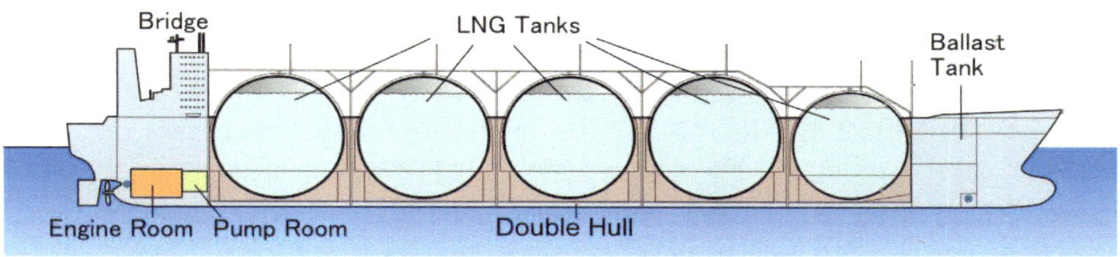

그림 3.2 독립 탱크형 모스방식의 LNG 선박

3.3.2 재질 및 구조

모스방식은 선체와 화물탱크 사이에 단열재가 없는 원통형의 스커트(skirt)로 지지되는 단순한 구조이고 더불어 구형 탱크가 대칭구조이기 때문에 높은 정밀도를 갖는 응력 해석이 가능하다. 따라서 LNG의 누설이 없고, 만약 균열이 생기더라도 매우 천천히 진행되며 누설되는 LNG의 양이 미미하다는 기본적 설계개념(Leak-Before-Failure)이 응력계산과 실험을 통해 검증되었다. 그 결과 2차 방벽이 부분 2차 방벽으로 건조되었고, 드립 트레이(drip tray) 형태의 누출 방지벽(detention wall)이 화물탱크 하부에 설치되어 멤브레인 방식에 비해 2차 방벽이 상당 부분 경감되었다.

모스방식은 구형이기 때문에 응력집중을 피할 수 있고, 원통형의 스커트(skirt) 위에 얹어 있어 열팽창 및 수축에 의한 변형을 흡수할 수 있는 특징을 지닌다. 즉, 구형 화물탱크의 중간 높이인

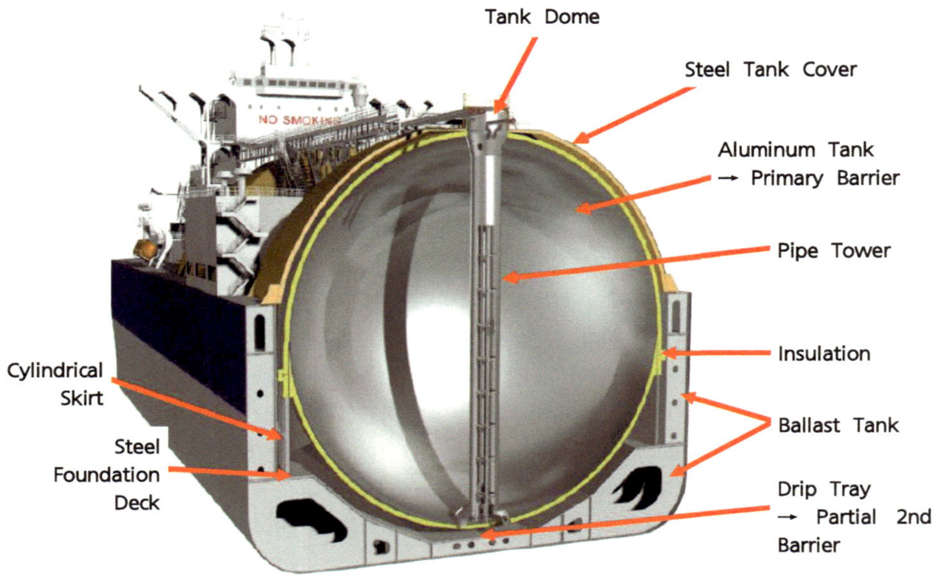

그림 3.3 모스방식 화물탱크의 구조

허리부분 즉, 지구의 적도와 같은 위치만을 스커트로 받쳐서 탱크를 지지하는 구조로 설계되었다. 이는 화물 적재에 따른 화물탱크의 신축이 구형 중간인 적도부(equator)에서 최대가 되기 때문이다. 그래서 화물탱크와 스커트가 연결되는 부분은 열전도 계수가 낮은 열차폐(thermal brake or thermal barrier) 재료인 스테인리스 강재를 사용한다. 또한 스커트는 알루미늄, 티타늄, SUS, 강재를 적절하게 배합하여 화물탱크의 열이 일반 강재인 선체에 미치지 않도록 설계한다. 그래서 스커트 상단은 화물탱크와 같이 저온상태이고 하단은 상온상태가 되어 스커트와 화물탱크 사이에는 완만한 온도구배가 형성되기 때문에 안정적인 열신축이 가능해진다.

1차 방벽 재질은 알루미늄 합금 AA5083 또는 9% Ni강이 사용되며, 단열재로는 발포 폴리스티렌(polystyrene foam) 또는 폴리우레탄 폼(polyurethane foam)으로 구형 화물탱크 외면 및 원통의 스커트 상부에 취부된다.

파이프, 액면계, 그 외 화물탱크 내 의장품 등은 화물탱크 상부에 설치된 돔(dome)을 관통하여 파이프 타워(pipe tower) 내에 설치된다.

3.3.3 모스방식의 장단점

1) 장점

- 열 침입이 작기 때문에 LNG의 증발가스(BOG)가 적게 발생한다.
- 열응력의 집중을 배제할 수 있다.
- 역학적인 구조해석을 완벽하게 분석할 수 있기 때문에 안전성을 확보하면서 부재를 얇게 할 수 있다.
- 슬로싱(sloshing)이 적다.
- 검사나 보수를 위한 공간이 선창 내에서 확보되어 있다.
- 선체 손상이 그대로 탱크의 변형으로 연결되지 않기 때문에 선박 충돌이나 좌초 등의 사고 발생 시 멤브레인 방식 등과 비교하여 누설 등에 대한 안전성이 높다.

2) 단점

- 구형이기 때문에 선창의 공간 이용 효율이 나쁘다.
- 상갑판 상의 돌출부로 인해 배의 전방시야가 나빠진다.
- 구형의 강판 제조에 고도의 기술이 요구된다.
- 열에 의한 신축을 고려하면서 적절한 중량 지지를 수행하는데 어려움이 많다.

3.4 독립 탱크형 IHI SPB 방식(Self-Supporting Prismatic Type B)의 이해 및 특징

그림 3.4는 IHI SPB 방식의 화물탱크 구조를 나타낸 사진이다. 일본의 IHI 중공업이 Conch 방식을 변형한 것으로 화물탱크는 종 방향의 centerline bulkhead와 횡 방향의 swash bulkhead 및 다수의 격실(compartment)로 구성된다.

이 방식은 종래 저온 냉동식 LPG 선박에서 널리 채용되었던 방형 독립 탱크와 같은 방식으로 건조되었으며, 다만 화물탱크의 재질만 초저온에 적합한 재질로 바꾼 것이다. 화물을 직접 감당하는 방형탱크(1차 방벽)는 독립식 구형 탱크에서 사용되는 알루미늄 합금 AA5083이 사용되었고, 화물탱크 내부에는 탱크의 강도를 유지하기 위한 알루미늄 합금 프레임 및 론지 등이 종횡으로 설치되어 있다. 화물탱크 단열시스템(tank insulation system)은 화물탱크 외표면 상에 고착된 조립식 폴리 우레탄폼(PUF, Poly-Urethane Foam) 판넬로 이루어져 있으며, 판넬은 유연한 완충이음(cushion joint)으로 상호 연결되며, 스터드(stud)에 의해 화물탱크에 고정된다.

이 방식은 컴퓨터 해석기법으로 방형탱크에 대한 구조해석이 가능하여 IMO로 부터 구형 탱크와 같이 독립식 Type B로 인정되어 2차 방벽이 경감되었다. 화물탱크 외부에 설치된 단열재는 폴리 우레탄폼(PUF)이 사용되었다. 화물탱크 본체는 여러 개의 support block을 넣어 선체와 맞추고 있고, 탱크의 열신축은 이 support block의 slide 구조로 흡수된다.

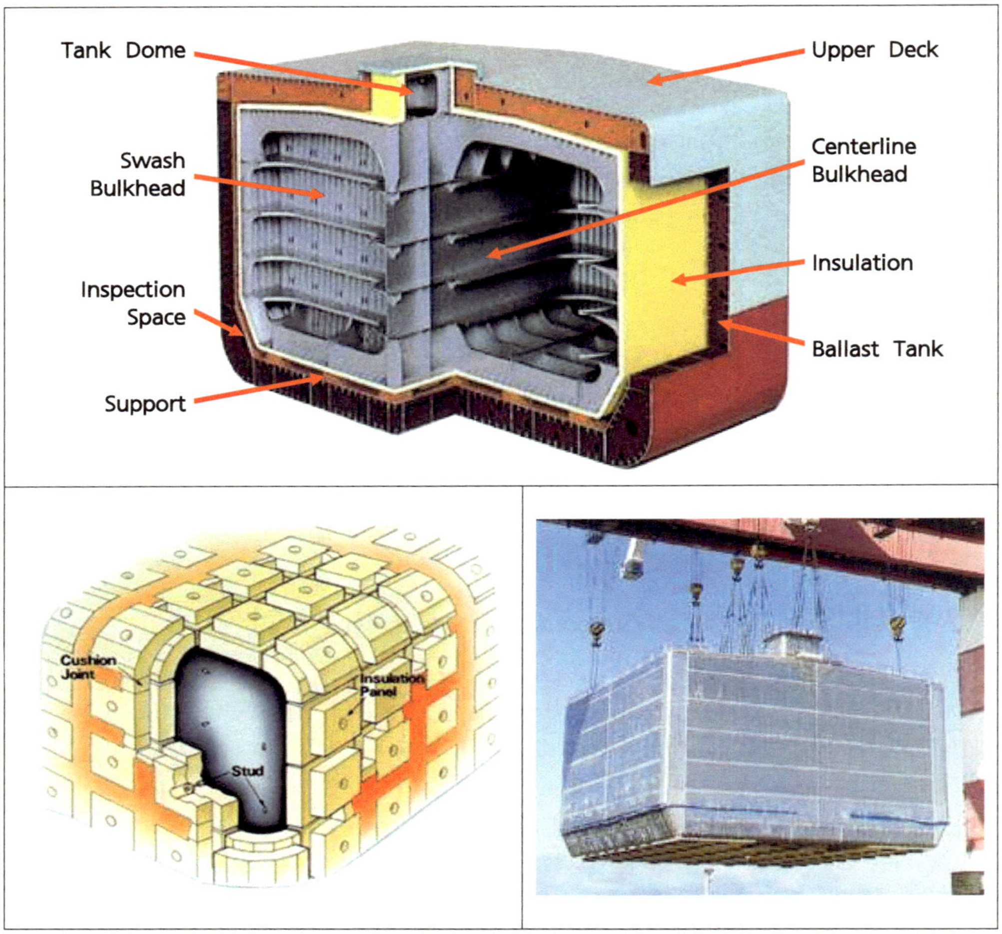

그림 3.4 IHI SPB 방식의 화물탱크

3.5 멤브레인 방식(Membrane Type)의 이해 및 특징

3.5.1 멤브레인 방식의 이해

멤브레인 방식은 구형 독립 탱크의 결점을 개선하기 위해 내부의 LNG 압력과 중량을 화물탱크 뿐만 아니라 선체도 지지하도록 설계되었다. 화물탱크 외벽은 선창 내벽과 밀착되어 있고, 얇은 화물탱크는 밀폐와 초저온을 유지하는 기능만 담당하므로 압력이나 중량의 지지는 선체가 부담한다. 네모진 선창 공간을 낭비 없이 활용할 수 있어 상갑판으로 부터의 돌출이 적고, 탱크의 중량도 가볍게 할 수 있다.

멤브레인 방식은 화물탱크가 박막이라고 불릴 정도로 얇은 두께의 초저온용 인바(invar) 합금으로 제작되었기 때문에 수축에 의한 변형에도 유연하게 대응할 수 있다. 독립식 화물탱크는 자체가 두꺼워(100~200 mm) 화물탱크 강도를 갖고 있는데 비하여 멤브레인 방식은 0.5~1.2 mm 정도의 아주 얇은 박막(membrane)으로 화물의 초저온과 누설방지를 위해 액밀성만 가질 뿐 화물탱크로서의 자체 강도는 없다. 화물 적재에 따른 하중은 멤브레인 바깥에 설치된 단열재를 통하여 이중선체에 전달되어 선체가 직접 지지한다. 그리고 화물탱크와 화물탱크 사이에 열적 특성에 의한 위험성을 피하기 위해 코퍼댐(cofferdam)이 설치되어 있다. 코퍼댐 내부의 공기온도는 코퍼댐 측 선체 내판의 저온 취성을 막기 위해 5℃ 이상으로 유지해야 하고, 이를 위하여 일반적으로 증기 또는 고온수(glycol water)와 같은 열원을 이용한 히팅 코일(heating coil)이 설치되어 있다.

멤브레인 방식의 구조는 화물탱크와 이를 둘러싸고 있는 1차 단열재(primary insulation)와 2차 단열재(secondary insulation)로 구성되며, 화물탱크를 구성하고 있는 멤브레인의 재질 및 형상 그리고 1차, 2차 방벽 단열재의 구성에 따라 GTT사의 Mark III, NO 96, CS1 Type이 있고, 현재 개발 완성 전 단계인 NO 132 Type이 있다. 또한 최근 개발된 한국형 화물창인 KC1 Type이 있다.

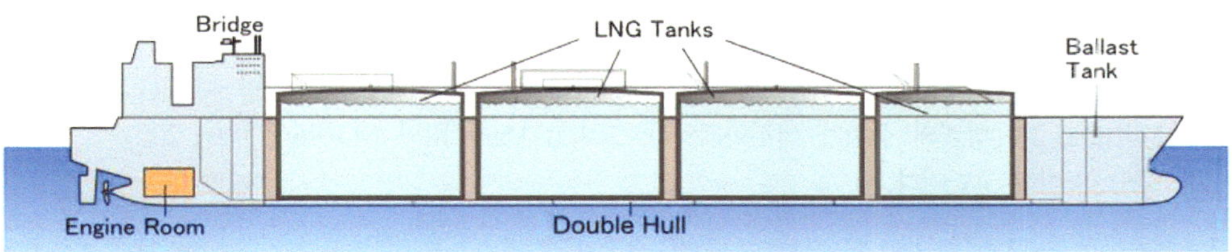

그림 3.5 멤브레인 방식 LNG 선박의 구조

3.5.2 멤브레인 방식의 종류

1) 테크니가스(Technigaz) 방식

화물탱크는 화물의 선적 전 상온과 선적 후 초저온이라고 하는 급격한 온도 변화에 의해 팽창과 수축을 반복해도 고정 및 설치에 영향을 받지 않도록 1.2 mm 두께의 주름(corrugation)이 잡힌 스테인리스 강재 멤브레인을 1차 방벽으로 채용하고 있다. 이 방법은 1960년대에 테크니가스사가 개발했기 때문에 테크니가스 방식이라고도 불린다.

2) 가스 트랜스포트(Gaz Trasport) 방식

GT 멤브레인 방식의 특징은 화물을 직접 감당하는 1차 방벽의 손상으로 누설이 발생할 경우 일정기간 동안 누설된 LNG를 감당해야 하는 2차 방벽이 1차 방벽과 동일한 0.5~0.7 mm 두께의 36% Ni강(Invar, Invariable Steel)을 사용한다는 것이다. 니켈 합금인 인바는 열에 의한 선팽창 계수가 극히 적은 특징을 갖고 있기 때문에 열신축에 의한 영향을 거의 받지 않는다. 이러한 인바의 특성을 이용하면 멤브레인 금속판에 주름 형상의 가공작업 없이 평판의 금속을 그대로 사용할 수 있기 때문에 용이하게 용접을 수행할 수 있게 되었다. 이 방법은 1960년대에 가스 트랜스포트사가 개발했기 때문에 가스 트랜스포트 방식(GT 방식)으로 불린다.

3) GTT 방식

멤브레인 방식은 GTT사(가스 트랜스포트사와 테크니가스사가 1994년에 합병)가 설계한 형식이 대부분을 차지하기 때문에 GTT 방식이라고 불린다. 1960년대에는 모스(moss) 이전의 독립 탱크 방식으로 멤브레인 방식이 채용되었다. 그러나 멤브레인 방식은 저액위 및 고액위에서 슬로싱(sloshing)에 의해 파손이나 크랙이 발생하였고, 특히 배가 노후되면 보수작업 과정에서 평가가 크게 하락하였다. 멤브레인 방식의 문제점을 보완할 수 있는 모스의 구형 독립 탱크 방식이 1970년대에 등장하면서 독립 탱크 방식이 우세하게 되었다. 21세기 초에는 멤브레인과 모스가 각축을 벌이면서 멤브레인 방식의 하나인 GTT 방식과 모스 방식으로 갈리게 되었다. GTT 방식은 IGC 코드에서 기본적으로 2차 방벽의 설치가 의무화되었다. 그리고 Mark III와 NO 96에 이어 2007년에는 GTT CS1 방식이 고안된다.

(1) GTT Mark III 방식

그림 3.6은 GTT Mark III 방식의 화물탱크 내벽 구조를 나타낸 것이다. 화물탱크 높이 10~70% 사이는 슬로싱(sloshing) 충격에 의한 화물탱크 내벽의 손상을 회피하기 위 해 LNG 적재가 금지되고 있다. 멤브레인의 두께는 1.2 mm로 스테인리스 강재이고, GE사제의 유리섬유 강화형 발포 폴리우레탄 방열상자는 1층만으로 270 mm이다. 이 폴리우레탄이 접착된 합판이

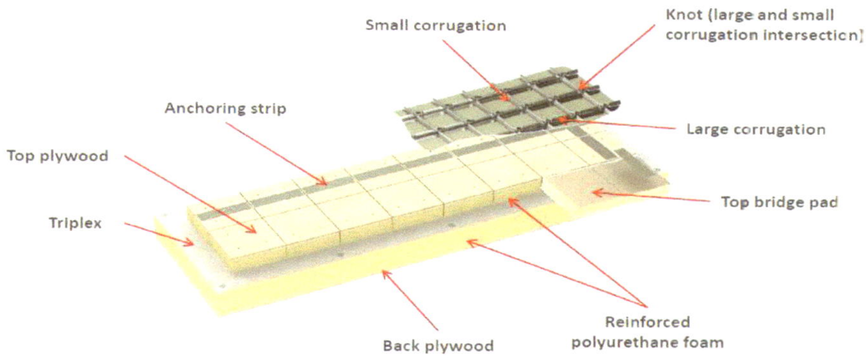

(a) 구조

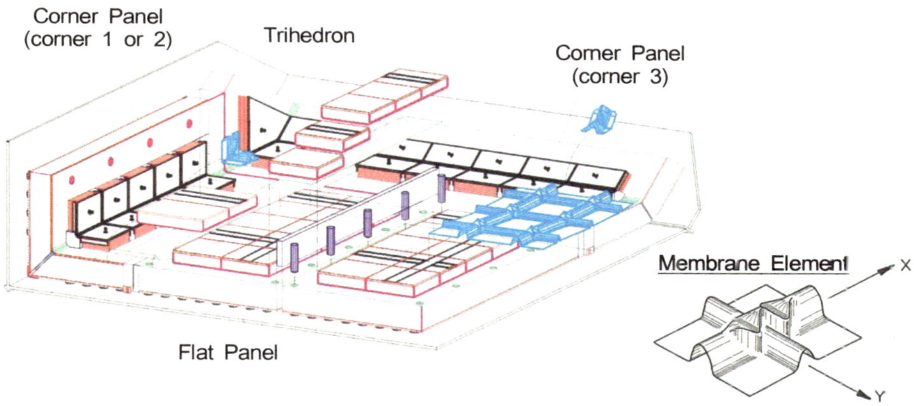

(b) Corner Part

그림 3.6 GTT Mark III 방식의 화물탱크

선창 내벽에 볼트로 고정된다. 1차 방벽은 304L 스테인리스강 재질로서 -163℃의 화물이 직접 접촉되기 때문에 열응력에 잘 견디게 주름진 구조로 시공된다. 그리고 polywood는 1차 및 2차 멤브레인과 단열 판넬(panel) 사이에 설치되며, 단열 판넬의 균일 배치로 멤브레인에 일정한 하중을 받을 수 있도록 도와주고, 수직방향 하중에 의한 변위를 완화시켜 준다. Triplex는 2차 방벽으로서 1차 방벽인 1차 멤브레인이 파손되었을 경우 일정기간 동안 화물의 누설을 방지하는 기능을 가지고 있으며, Al foil의 양면에 glass cloth가 접착되어져 있다.

(2) GTT No.96 방식(가스 트랜스포트 No.96 방식)

최대 200,000 m^3의 LNG 선박이 건조되고 있으며, GTT Mark III 방식과 동일하게 슬로싱 충격을 대비하여 화물탱크 높이의 10~70% 사이는 화물 적재를 금지한다. 멤브레인 두께는

(a) 구조

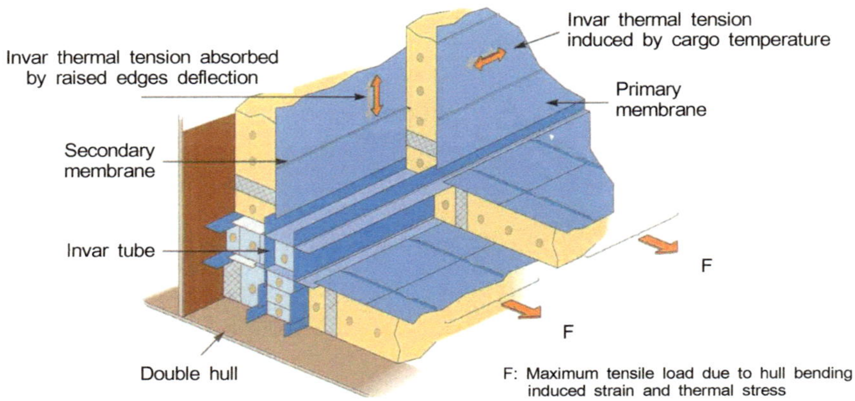

(b) Corner Part

그림 3.7 GTT No. 96 방식의 화물탱크

0.7 mm로 36% 니켈강재 인바를 사용하고, 발포 펄라이트 방열상자는 2층으로 구성되어 안쪽의 1차 방벽은 230 mm, 2차 방벽은 300 mm이다. 이 방열상자는 coupler에 의해 이중선체(inner hull)에 고정된다. 이 방식의 특징은 1, 2차 방벽이 같은 정도의 액밀성 및 강도를 갖고 있어 화물이 1차 방벽에서 누설될 경우 상당한 기간 동안 2차 방벽만으로도 화물을 안전하게 지탱 및 운송할 수 있다는 것이다. invar tongue는 단열재 상자에 설치되며, 멤브레인 시트(sheet)와 멤브레인 시트 사이를 3겹으로 용접되어 이들을 연결하며, 멤브레인과 단열재 상자를 연결시켜 준다. mastic rope는 화물탱크의 하중을 선체에 전달하는 역할을 한다.

(3) GTT CS1 방식

GTT Mark III와 GTT NO 96 방식의 장점을 활용한 신개념의 화물창 시스템(cargo containment system)으로 단열재(insulation)는 Mark III 방식을 채택하고, 1차 멤브레인(primary membrane)은 NO 96의 인바(invar)를 사용하였으며, 2차 단열재(secondary insulation)는

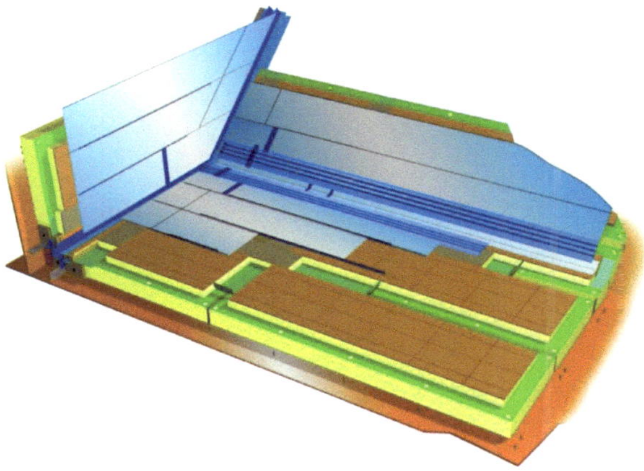

그림 3.8 GTT CS1 방식의 화물탱크

표 3.5 CS1과 기존 멤브레인 방식의 비교

	MARK III	NO 96	CS1
단열재 두께 (BOR 0.15% 기준)	270 mm	530 mm	285 mm
화물창 무게	73 kg/cm^2	138 kg/cm^2	67 kg/cm^2
단열재	R-PUF (Reinforced Polyurethane Foam)	Plywood and Perlite	R-PUF (Reinforced Polyurethane Foam)
1차 멤브레인	1.2 mm Corrugated Stainless Steel	0.7 mm Invar	0.7 mm Invar
2차 멤브레인	0.6 mm Triplex	0.7 mm Invar	0.6 mm Triplex
용접	TIG/Plasma	Seam-Welding	Seam-Welding
단가	화물 용량의 단위 체적(m^3)당 동일		감소

Mark III 방식의 Triplex를 사용한 구조이다. GTT CS1은 건조비용이 약 15% 정도 절감될 뿐만 아니라 동일선형에서 비해 더 많은 LNG를 선적할 수 있는 장점을 가지고 있다. 그러나 현재까지 사용된 실적은 미비하며, 프랑스에서 일부 사용되고 있다.

4) 한국형 KC-1 방식

그림 3.9는 한국형 KC-1 방식의 화물탱크와 그 내벽 구조를 나타낸 것이다. 2004년 9월부터 한국가스공사 및 조선 3사(현대중공업, 대우조선해양, 삼성중공업) 공동으로 한국형 화물창 시스템(cargo containment system)인 KC-1을 개발하기 시작하여 2007년 말에 완료하였다. KC-1 방식의 근원은 한국가스공사에서 개발한 육상 멤브레인형 LNG 저장탱크 기술이다. KC-1 화물창은

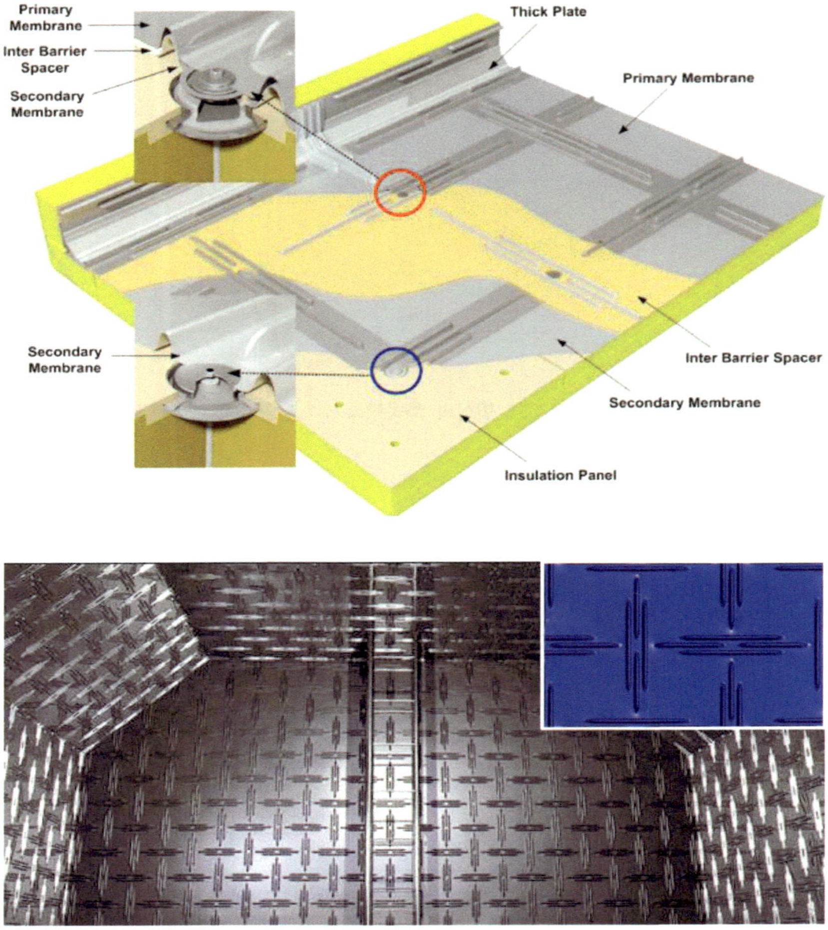

그림 3.9 한국형 KC-1 방식의 화물탱크

기존 GTT Mark III처럼 멤브레인형으로 분류되는 기술로 기존 기술에 비해 안전성이 크게 강화되었다. KC-1 기술의 가장 큰 특징은 동일한 형상의 주름을 가진 금속 멤브레인으로 1차 방벽과 2차 방벽을 근접 배치하고 단열층을 하나로 구성해 시공성과 운영성을 크게 향상시킨 것이다. 1차 방벽과 2차 방벽의 근접구조는 운전 시 두 개의 멤브레인이 비슷한 온도에서 운전되기 때문에 유사 시 LNG가 누설되더라도 2차 방벽에 열 충격이 가해지지 않는 특성을 갖는다. 2017~2018년도에 한국형 KC-1 방식 화물창을 탑재한 2척의 LNG 선박이 건조되었다.

3.5.3 멤브레인 방식의 장단점

멤브레인 화물창 시스템(membrane cargo containment system)은 다음과 같은 장단점이 있고, 현재 건조되는 많은 선박에 적용되고 있으며, 특히 크기 제한이 적어 대형 LNG 선박 건조에 적합하다.

1) 장점

- 선창의 공간이용 효율이 좋기 때문에 탑재량 증대와 상갑판 상의 돌출을 최소화할 수 있다.
- 탱크의 열용량이 작기 때문에 화물 적재 시의 열의 유입이 적다.
- 고가의 저온강재 사용량이 적어 건조 비용이 경감된다.
- 박판의 인바 멤브레인(invar membrane) 혹은 스테인리스강 사용으로 화물탱크의 cool down 시간이 단축된다.
- 열용량이 적어 적하 준비 및 입·출항 작업 시 시간이 단축된다.
- 선교(bridge)에서 충분한 시야 확보 및 갑판 접근이 용이하다.
- 화물탱크 크기 및 설계 변경이 용이하다.
- 총톤수가 적어 운항 경비가 절감된다.

2) 단점

- 화물탱크 외부로 부터 검사·보수가 어렵다.
- 멤브레인, 단열재, 2차 방벽의 설치에 고정밀의 작업이 요구된다.
- 선체는 규칙에 의해 이중선각, 옆 격벽 뿐만 아니라 갑판도 이중 선체 구조로 건조되어야 한다.
- 화물 적재 액위(filling level)가 제한된다.
- 선체와 화물탱크가 직접 연결되어 있어 사고 시 화물탱크의 손상 우려가 많다.
- 화물탱크와 방열구역(insulation space)의 압력조절에 대한 주의와 유지보수가 중요하다.

4
CHAPTER

LNG 선박의 CARGO CONTAINMENT SYSTEM 이해

4.1 CARGO CONTAINMENT SYSTEM의 설계 개념

4.1.1 LNG 선박의 설계온도 및 압력

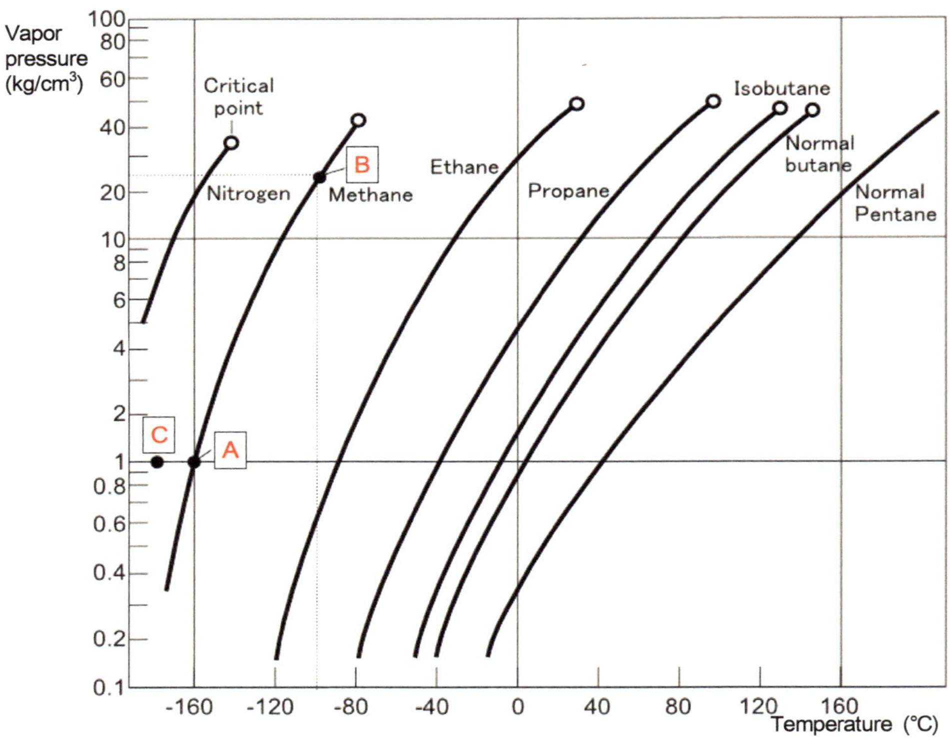

그림 4.1 액화가스 증기압 곡선

그림 4.1에서 메탄 증기압 곡선에서 곡선의 좌측은 액체 상태이다. 실제는 A점(비점, 대기압 상태에서 -162℃)을 설계점으로 한다. A점은 초저온이지만 기술적으로 대처할 수 있으며, 상압이므로 기술적 문제를 초저온 문제로만 국한시킬 수 있다.

만약 B점(-100℃, 25기압)을 설계점으로 정할 경우 설계온도는 높아지나 -100℃ 자체도 초저온이므로 초저온 재료에 대한 경감효과가 거의 없다. 니켈강의 경우 9% 니켈강이 3.5% 니켈강으로 변하는 정도이기 때문이다. 한편 25기압은 대형 화물탱크 설계상 과대한 설계압력으로 문제가 된다. 소형 가압식 LPG 선박에 있어서도 설계압력은 20기압 이하이다. 이와 같이 B점은 초저온(-100℃)과 초과압(25기압) 문제가 중첩되므로 대형 화물탱크 건조에 적합하지 못하다.

C점은 A점 좌측에 위치하여 비점보다 낮게 과냉각하는 경우이다. A점은 증기압 곡선 상에 위치하여 화물탱크 내의 LNG 잠열 이상의 열이 침입하면 증발한다. 이것을 방지하기 위해 과냉각하여 운송해야 하지만 과냉각을 위해서는 부가적인 냉동에너지가 필요하다. 그러나 보다 중요한 것은 LNG 증발에 의한 화물탱크 내압을 정압, 즉 대기압보다 높은 압력으로 유지하는 것이 화물탱크의 강도 측면에서 유리하다. 다시 말해, 과냉각에 의하여 화물탱크 내가 부압상태로 되면 외부 공기가 화물탱크 내로 침입할 우려가 있기 때문에 부압의 설계압력은 현실적으로 채용하지 않고 있다. 결과적으로 LNG는 통상 A점으로 설계하여 운송하므로 운송 중에 LNG 증발이 일어나게 된다.

LNG 화물의 초저온, 증발성, 가연성 그리고 저비중에 따른 설계상 또는 구조상 요구되는 조건을 충족시키는 것이 LNG 선박 건조에 있어 주된 대책이라 할 수 있다. 이를 종합하면 그림 4.2와 같이 정리할 수 있다. 그림에서 2차 방벽과 이중선각 구조는 안전상 규칙에 의해 요구된다.

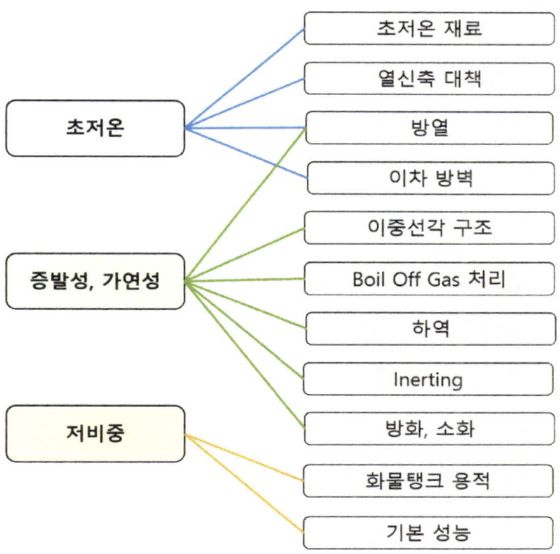

그림 4.2 LNG 선박의 설계 요건

4.1.2 규칙요건

1) 화물탱크의 위치

그림 4.3과 같이 Type 2G/2PG 선박(LNG 선박)은 외판에서 선내방향 전 개소에서 760 mm 이상 내측으로 위치하여야 한다.

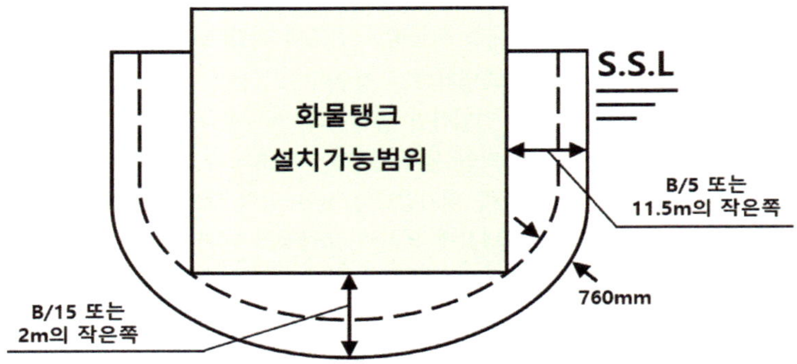

그림 4.3 화물탱크의 위치

2) 화물탱크의 격리

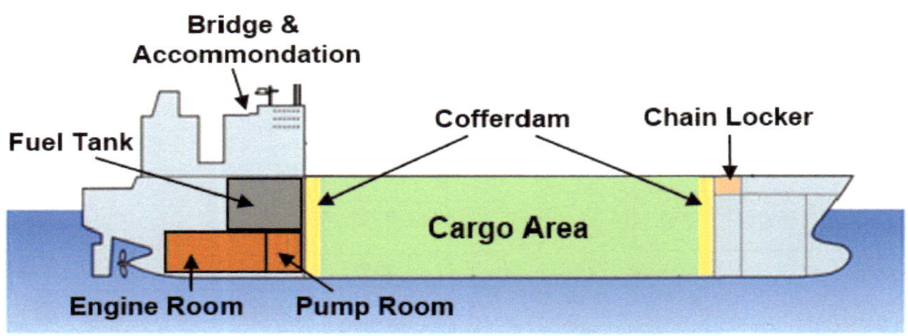

일반	화물탱크는 기관실, 거주구역, Chain locker 등으로 부터 격리해야 함.
2차 방벽이 필요 없는 경우	상기 격리는 Cofferdam, 연료유 탱크, Pump room으로 대체 가능함.

<table>
<tr>
<td>2차 방벽이 요구되는 경우 (LNG선)</td>
<td>화물온도가 -10℃ 이하일 때 이중저에 의해 격리됨.
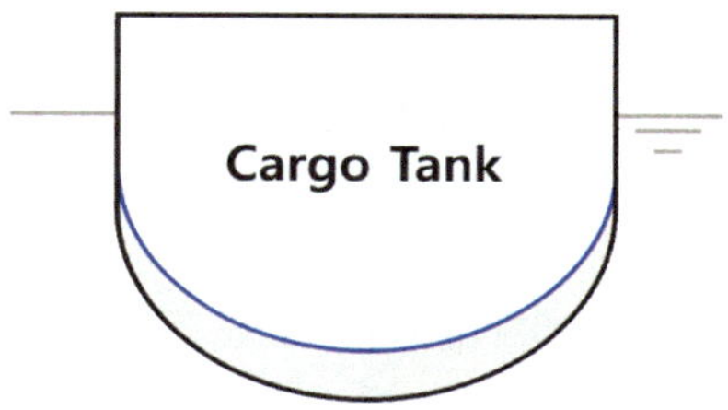

[이중저]</td>
<td>화물온도가 -55℃ 이하일 때 이중저 및 이중선각에 의해 해수와 격리됨.
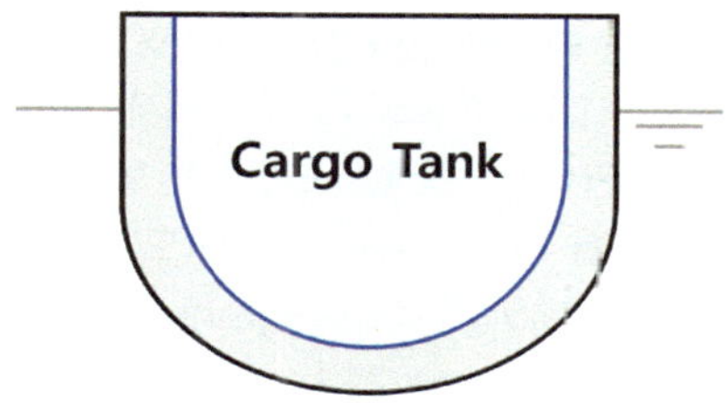

[이중저 및 이중선각]</td>
</tr>
</table>

그림 4.4 화물탱크의 격리

4.1.3 초저온 대책

1) 초저온 재료

화물탱크, 화물용 기기, 배관 등과 같이 LNG와 접촉하는 재료는 초저온에서 취성파괴를 일으키지 않고 인성(toughness)을 갖는 재료를 사용하여야 한다. 또 양호한 공작성과 용접성이 요구된다. IGC Code에 의해 다음 표 4.1과 같이 9% 니켈강, 오스테나이트 강(Stainless steel), 알루미늄 합금, 36% 니켈강이 LNG 온도에 적합하다고 인정되고 있다.

표 4.1 초저온용 재료의 분류

최저 설계온도	화학 성분
-60℃	• 1.5% 니켈강
-65℃	• 2.25% 니켈강
-90℃	• 3.5% 니켈강
-105℃	• 5% 니켈강
-165℃	• 9% 니켈강 • 오스테나이트 강(SUS 304, SUS 316, SUS 316L) • 알루미늄 합금(5083 Al 합금) • 오스테나이트 Fe-Ni 합금(36% 니켈강)

2) 열신축 대책

LNG 선박은 입거 중에는 상온이며 만재상태에서는 초저온으로 된다. 화물의 부분적재(partial loading), 발라스트 항해(ballast voyage) 그리고 하역작업 중에는 액위에 따라 화물탱크 온도가 크게 달라진다. 따라서 Cool-Down과 Warm-Up 시 화물탱크의 내부 온도가 불균일한 상태로 된다. 이와 같이 LNG 화물탱크는 상온에서 초저온 사이의 온도변화를 감당하며 온도분포가 불균일함에 따른 여러 가지 형태의 열신축이 발생한다. 이때 열응력이 과대하지 않도록 지지하는 것이 필요하며 LNG를 다루는 기기 및 배관도 마찬가지이다.

열응력을 완화하기 위해서는 화물탱크 및 배관을 고정시키지 않고 열신축을 자유롭게 허용하는 것이 좋다. 그러나 선체운동, 선체변형, 화물 슬로싱(cargo sloshing)에 대해서는 화물탱크 및 배관의 이동을 억제하여야 한다. 이와 같이 자유변형과 지지의 상반된 두 가지 요구를 만족시키는 열신축 대책이 LNG 선박 최대의 과제이다.

3) 방열 대책

화물탱크 및 배관에 시공되어 외부로 부터의 열 침입을 방지하고 LNG 증발(boil-off)을 억제하는 것이 방열의 본래 목적이다. 더불어 방열은 LNG 냉열에 의하여 주위 선체가 과냉각 즉, 취성화(embrittlement)되는 것을 방지한다. 화물탱크는 방열을 시공하여도 화물탱크 내의 열 침입을 완전히 차단하는 것은 불가능하다. 문제는 어느 정도까지 BOR(Boil-Off Rate)을 감소시키는가에 달려있다고 할 수 있다.

4) 2차 방벽(Secondary Barrier)

LNG 선박은 신뢰성이 높은 선박임에는 틀림없으나 취항조건이 가혹하며 만약 사고 시 그 영향도 대단히 크다. 따라서 화물탱크에서 LNG가 누설된 경우에는 선체가 과냉각되어 취성파괴 손상을 일으키지 않도록 화물탱크 내부에서 적어도 15일간(회항 및 양하에 요구되는 항해일수) LNG를 격납할 수 있도록 조치한 것이 2차 방벽이다.(IGC CODE)

화물탱크 종류에 따른 2차 방벽 요구조건은 표4.2와 같다.

5) 이중선체 구조

IGC Code에 의해 요구되는 안전대책이다. LNG 선박의 화물온도는 표 4.2에서와 같이 -55℃ 이하이므로 이중저 및 이중선측을 갖도록 요구되고 있다. 이와 같은 이중선체 도입으로 인하여 충돌 및 좌초에 대한 안전성이 대폭 향상되었다. 동시에 화물탱크 주변의 이중저 및 이중선측은 발라스트 탱크(ballast tank)로 사용될 수 있으며, 선체강도를 유지하는데도 유효하게 작용한다.

표 4.2 화물탱크 종류에 따른 2차 방벽 요구조건

화물온도(대기압)	-10℃ 이상	-10~-55℃ 사이	-55℃ 이하
기본형 탱크	2차 방벽 필요 없음.	선체구조를 2차 방벽으로 이용이 가능함.	규칙에 의해 요구된 경우 별개의 2차 방벽이 필요함.
Membrane	-	완전 2차 방벽이 요구됨.	완전 2차 방벽이 요구됨.
Semi-Membrane	-	완전 2차 방벽이 요구됨.	완전 2차 방벽이 요구됨.
독립형 탱크 A	-	완전 2차 방벽이 요구됨.	완전 2차 방벽이 요구됨.
독립형 탱크 B	-	부분 2차 방벽이 요구됨.	부분 2차 방벽이 요구됨.
독립형 탱크 C	-	2차 방벽 요구 없음.	2차 방벽 요구 없음.

4.1.4 증발성과 가연성 대책

LNG는 초저온이라 증발하기 쉽고, 증발된 가스는 가연성이므로 이에 대한 대책이 필요하다.

1) BOG(Boil Off Gas) 처리

화물탱크 외부 방열재로 부터 화물탱크 내에 열이 침입하고 침입된 열량이 LNG 잠열 이상이면 BOG를 발생시켜 화물탱크 내압이 설계압에 가깝게 상승한다. 따라서 BOG를 화물탱크로 부터 처리하여야 하며, 처리방법은 선박의 연료로 사용하는 것이 보편적이며 재액화시키는 방법도 있으나 일반적이지는 못하다.

2) 하역

LNG 적·양하 시에 LNG 선박과 LNG 기지 간에는 적·양하 중 액위의 변화에 따른 화물가스 반송시스템이 설치되어 있어 하역작업 중에 화물가스 또는 공기가 시스템 내에 침입 또는 방출되지 않도록 하고 있다.

3) 불활성화(Inerting)

Dock 전·후, 화물탱크, 배관(pipe) 내를 LNG에서 공기 또는 공기에서 LNG 가스로 치환할 때 직접 치환하지 않고 일단 불활성 가스(inert gas)로 치환한다. 이는 치환작업 중 화물탱크 또는 시스템 내부에 폭발성 가스의 형성을 피하기 위함이다.

4) 방화 및 소화

LNG는 위험성 화물이므로 IGC Code상 화물구역 및 일반구역 간의 격리, 방화, 소화 설비요건이 규정되어 있다.

4.1.5 저비중 대책

1) 화물탱크 용적

LNG 비중이 0.43~0.48 정도로 적어서 화물 단위 중량당 화물탱크 용적이 크기 때문에 설계 조건이 엄격하여 선폭과 건현이 상대적으로 크다. 또 LNG 선박은 IGC Code상 선저와 선측을 이중으로 건조해야 하므로 화물탱크 용적 설계 시 어려움이 있다. 그러나 화물탱크 강도, 선체 강도, 복원성, 화물펌프(cargo pump) 능력 등의 계산 시에는 LNG 비중을 0.5로 하여 실무에 적용하고 있다.

2) 기본성능

상기 '1) 항'에서 언급한 바와 같이 LNG 선박은 흘수에 비하여 선폭과 건현이 크다. 따라서 조종성, 선체저항, 복원성, 계류 등 기본성능에 관하여 신중한 검토가 요구된다. 이외에도 규칙 요건상 2구획 침수 시 잔존능력이 요구되고 있다.

4.1.6 화물탱크(Cargo Tank)의 요건

1) 선체운동

육상 화물탱크와는 달리 LNG 선박의 화물탱크는 선체운동에 따른 영향을 감안하여야 한다. 선박은 파랑 중에 있을 때 전후, 좌우, 상하 3축에 대하여 회전, 비틀림, 롤링운동을 한다. 횡요, 종요, 상하운동 또한 가혹하다. 또 이러한 운동은 복합적으로 일어나기도 한다. LNG 화물탱크는 상기 언급한 바와 같이 열신축을 자유로이 허용하여야 한다는 대전제와 여기서 언급하는 선체운동에 대하여 변형 방지를 강구하여 지지하여야 한다.

2) 슬로싱(Sloshing) 대책

선체운동에 수반하여 화물탱크 내에 화물액의 슬로싱이 일어난다. 즉 화물탱크 내에 화물액의 격동현상이다. 이 현상은 적재 중인 화물의 고유 유동주기와 선체 운동주기가 동조하면 슬로싱 충격압은 크게 증폭되므로 특별한 주의 및 대책이 필요하다.

3) 선체변형

새깅(sagging)과 호깅(hogging)에 따른 선체의 굴신 및 국부변형이 일어난다. 황천 시 대형선의 굽힘 정도는 500 mm, 국부변형은 50 mm에 달한다. 또 선체와 파랑과의 조우 주기는 약 10초로 그때마다 변형이 일어난다. 따라서 황천 시 격심하고 복잡하게 변형을 되풀이하는 선체에 LNG 화물탱크를 어떻게 지지시킬 것이며, 선체와 화물탱크의 상호 간섭을 어떻게 감소시킬 것인가가 중요한 고려사항으로 남아 있다.

4) 기타

만일 방열구역(insulation space)이 침수되는 경우를 대비하여 화물탱크의 부상 방지대책 또한 필요하다. 그리고 cold spot 검사 등에 관한 대책 및 경로 확보도 고려사항이다.

4.2 CARGO CONTAINMENT SYSTEM 종류

IMO의 Gas Carrier Code에 의하면 해당 화물의 화물탱크 내에 게이지(gauge) 압력이 0.7 kg/cm^2 이상이 되면 압력식, 그 이하가 되면 Normal Integral Tank, Membrane Tank 또는 Rectangular Independent Tank의 냉동식으로 운반하도록 규정하고 있다. 액화가스 탱커는 운송되는 화물의 종류 및 운송 상태에 따라 다음과 같이 구분할 수 있다.

- 완전 가압식 선박(fully pressurized ship)
- 반가압 또는 반냉동식 선박(semi-pressurized or semi-refrigerated ship)
- 완전 냉동식 선박(fully refrigerated ship)
- Ethylene 선박
- LNG 선박

4.2.1 완전 가압식 선박(Fully Pressurized Ship)

화물이 상온에서 운송된다는 점에서 액화가스 운송선박 중 가장 간단한 형태이다. 화물탱크는 Type C로 45℃에서 프로판(propane)의 포화압력에 상당하는 압력 17.5 Bar.G로 설계되어 있다. 화물탱크는 일반 탄소강(carbon steel)으로 주조된 압력용기이다. 현재는 보다 높은 설계압력을 갖춘 선박이 운항 중에 있으며, 주로 18 Bar.G에서 운송되나 20 Bar.G에서 운송되는 것도 있다. 이러한 고압 하에서는 액온도가 상온 이상이므로 방열재 및 재액화 설비가 필요 없다. 양하 시는 펌프를 이용하거나 컴프레서(compressor)를 이용하여 양하하기도 한다.

설계압력이 매우 높으므로 화물탱크는 대단히 무겁다. 따라서 완전 가압식 액화가스 선박은 화물용적이 4,000 m^3으로 제한되고 있으며, 주로 LPG나 암모니아 운송에 사용되고 있다.

4.2.2 반가압 또는 반저온식 선박(Semi-Pressurized or Refrigerated Ship)

Gas Code상 Type C라는 점에서 가압식 탱크와 비슷하다. 이 방식은 화물탱크의 설계압력이 5~7 Bar.G 정도이다. 주로 LPG 운송에 사용하고 있으며, 크기는 7,500 m^3까지가 거의 한계이다. 가압식 탱크에 비하여 압력이 감소된 만큼 탱크 두께가 감소되었다. 사용 강재는 -10℃에 견디는 강재를 사용하고 있다. 형태로는 원통형, 원추형, 구형, Bi-Lobe형 등이 있다.

4.2.3 완전 냉동식 선박(Fully Refrigerated Ship)

이 방식의 선박은 대량의 LPG를 대기압 상태에서 운송할 수 있도록 설계된 선박이다. 화물 격납시스템은 이중선체를 갖춘 독립식 탱크, Semi-Membrane식 탱크 등이 있다. LPG 선박에서는 0.7 Bar.G에서 작동압력을 설정하고 있으며, 화물탱크 자체는 Prismatic Self-Supporting Type A Tank가 주종을 이루고 있고, 선형 크기는 10,000~100,000 m^3 정도이다. 화물탱크 재질은 -48℃에서 화물을 운송할 수 있도록 저온용 강재를 사용하고 있다. 이 방식은 본래 저온 냉동식 육상 탱크에 적·양하가 적합하도록 되어 있으나 본선 또는 육상에 cargo heater, booster pump 등을 갖추어 가압식 육상 탱크에도 양하가 가능하도록 하고 있다.

4.2.4 초저온 액화가스 선박

1) Ethylene 선박

Ethylene 전용선으로 사용되고 있으며, 크기는 1,000~30,000 m^3 정도이다. Ethylene은 비등점(boiling point)이 -104℃로서 대기압 하에서 운송되고 있다. 만약 화물탱크 형태가 Type C일 경우 2차 방벽이 필요 없으나 Type B일 경우 부분 2차 방벽이 요구되고 있으며, Type A일 경우 완전 2차 방벽이 요구되고 있다. 운송되는 화물온도가 IGC Code상 -55℃ 이하이므로 LNG 선박과 같이 완전한 이중선체가 요구되고 있으며 boil off를 감소하기 위하여 방열재가 필요하며 대용량 재액화 장치를 설치하고 있다.

2) LNG 선박

LNG 선박은 대기압 하에서 비등점(boiling point)이 -163℃인 LNG를 대량운송이 가능하도록 특별히 건조된 선박을 말한다. 현재 운항되고 있는 선형은 120,000~175,000 m^3이 주종을 이루고 있다. 모든 LNG 선박은 화물탱크 전반에 걸쳐 이중선체를 갖추고 있으며, 이곳에 발라스트(ballast)를 적재하고 있다. Membrane Type LNG 선박은 화물탱크의 누설을 감당하기 위하여 완전 2차 방벽이 요구되어지나 구형 독립식 Type B 화물탱크는 2차 방벽이 경감되어 드립 트레이(drip tray) 형태의 누출 방지벽(detention wall)을 화물탱크 하부에 설치하고 있다. 한편 천연가스는 대기 중에 방출되면 공기보다 가벼워지므로 규칙에서는 기관구역에서 화물가스를 연료로 사용하는 것을 허용하고 있다. 화물탱크 주위의 구획(hold space)은 화물누설 시에 폭발을 방지하기 위하여 비 폭발범위(inerting)로 유지하여야 한다.

현재 LNG 선박에는 증발가스를 재액화시키는 장치가 거의 설치되어 있지 않다. 그 이유는 천연가스를 재액화시키는데 드는 장비의 설치 및 유지비용이 막대하여 화물로부터 증발된 가스를 선박의 연료로 사용하는 것이 보다 경제적이기 때문이다. 그러나 LNG의 가격이 상승하여 증발에 의한 화물손실을 줄일 필요가 있을 경우 LNG 선박에 재액화 설비를 설치할 것이며 이 경우 주기엔진(main engine)은 디젤엔진(diesel engine)이 될 것이다.

5
CHAPTER

LNG 선박의 CARGO SYSTEM

5.1 INTEGRATED AUTOMATION SYSTEM

5.1.1 개요

LNG 선박은 영하 162℃의 초저온 상태의 LNG를 화물로 운반하는 선박으로 극저온에 견딜 수 있는 특수한 화물창을 건조해야 한다. 즉, 조선공업 전반에 걸쳐서 최고 수준의 건조기술이 요구되는 기술 집약적인 선박이다. LNG 선박 화물창의 내부 온도는 영하 162℃임에 반하여 하절기 열대지역을 항해하는 경우 외기 온도와 복사열로 인하여 40℃ 이상이 되기도 한다. 이때 탱크 내부와 외부의 온도차가 200℃ 이상에 달하게 되기 때문에 단열구조로 설계하더라도 탱크 내부에서는 온도차에 의한 증발가스(BOG, Boil Off Gas)가 발생하게 된다. BOG는 강한 폭발성을 가지기 때문에 LNG 화물탱크 내부의 온도와 압력뿐만 아니라 가스 누설 여부를 지속적으로 감시해야 한다. 항해 중에는 지속적으로 가스압축기와 열교환기 등을 작동시켜 BOG를 처리하여 LNG 화물탱크 내부의 조건이 안전하게 유지되도록 제어할 수 있어야 한다.

LNG 선박의 안전을 확보하기 위해 기관실 및 화물구역에 설치되는 모든 장비의 상태를 감시할 수 있어야 하고 원격 자동제어로 운전되어야 하며 동시에 각각의 장비들은 독립적으로 운전될 수 있어야 할 뿐 아니라 독립적인 시스템들이 유기적으로 연결되어 구성된 전체 시스템의 안전이 확보되어야 한다. 통합 자동화시스템(IAS, Intergrated Automation System)에서는 각각의 독립적 운전은 물론이고 전체시스템으로도 최적의 안전운전이 이루어지도록 하는 전산응용 제어시스템을 구축하고 있다. IAS에서는 제어계통과 통신체계에 예비 계통을 마련하여 하나의 계통이 고장을 일으키더라도 예비 계통이 자동적으로 작동, 전체 시스템이 안전 상태에서 벗어나는 일이 없도록 대비하고 있다.

IAS는 다양한 기기의 모니터링 및 제어를 위한 시스템으로써 유연성과 모듈(module)형 조직구조로 인해 선박에 탑재된 광범위한 애플리케이션을 대상으로 확장되어 있다. IAS 시스템은 광범위한 하드웨어 및 소프트웨어 모듈에서 모든 요구사항에 맞는 최적의 해결책을 구성하기 위해 구축되어 있다. IAS 시스템의 기본 구성에는 기계제어(machinery control)와 모니터링(monitoring), 추진 & 스러스터 제어(propulsion & thruster control) 및 모니터링뿐만 아니라 동일한 장비에 통합된 화물 및 밸러스트 제어(cargo & ballast control)와 모니터링이 포함된다. 연결된 모든 장비는 선박 내의 모든 operator station에서 제어할 수 있다.

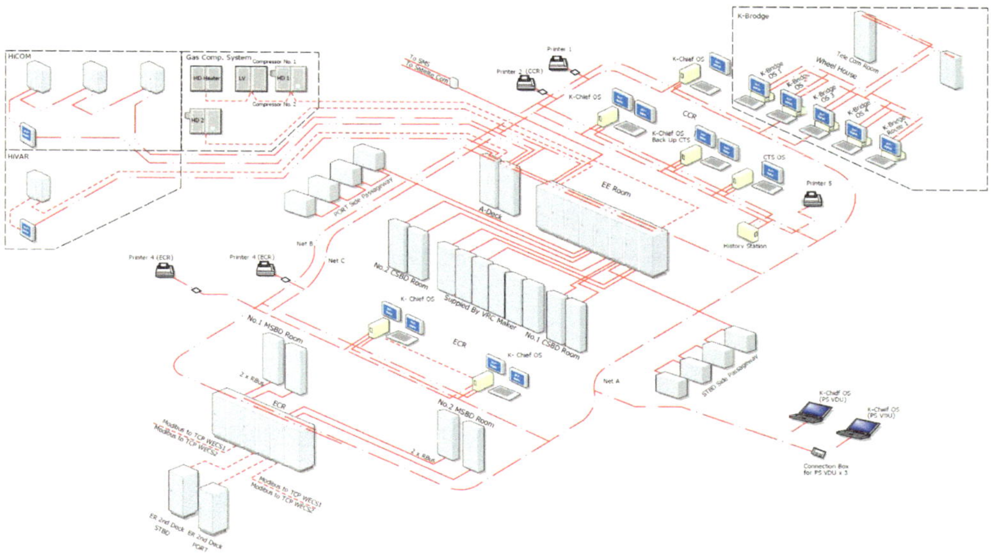

그림 5.1 IAS의 전반적인 개략도

모든 operator station과 field station은 자립적인 장치(unit)이며 다른 장치(unit)와 독립적이다. 즉, 한 station의 고장이 다른 station에 영향을 주지 않는다. 장비안전 및 제어기능을 포함한 모든 process logic은 각각의 field station controller에 포함된다.

각 operator station에는 모든 시스템 구성이 포함된 하드 디스크가 들어 있으며 시스템 시동 중에 서로 백업 역할을 한다. 시스템 구성 및 업데이트는 추가 장비 없이 온라인으로 수행할 수 있다.

정교한 로그인 및 암호 시스템은 시스템 오작동을 방지한다. IAS는 trend, alarm 및 event 기록을 지원한다. 프로세스 event와 alarm 기록은 하드 디스크에 저장되며 필요 시 확인할 수 있다.

이더넷(ethernet) 원칙을 기반으로 중복 네트워크가 표준으로 설치되어 있다. 두 통신망(networks)은 가능한 한 다른 케이블 경로에 설치된다. 각 장치는 양쪽 통신망에 모두 연결되며, 한 통신망에 고장이 감지되면 시스템이 자동으로 정상 통신망을 사용하게 된다.

5.1.2 IAS 시스템의 기능

LNG 운반선의 경우 화물의 성질 및 선박의 중요성으로 인해 고도의 안정성이 요구되는 선박으로서 이의 운용체계는 어느 것보다도 신뢰성이 요구된다. 이러한 요구에 부응하여 개발된 시스템이 IAS이다. 이러한 IAS는 다음과 같은 기능을 지닌다.

1) 시스템 감시

IAS가 정상적으로 작동되고 있는지를 감시하는 자가진단 및 감시기능을 수행한다.

2) 시스템 통제 조작 및 운영

control panel에서 여러 가지 조작을 동시에 할 수 있는 기능으로 예를 들면 한쪽에서 화물펌프(cargo pump)를 가동하고, 다른 한쪽에서는 컴프레서(compressor)를 가동시키거나 탱크압력을 감시할 수 있는 기능을 수행할 수 있다.

3) 알람 통제, 정리 및 인지

작동 중 혹은 감시 중에 발생되는 여러 가지 알람 등을 알려주고, 이러한 알람들을 정리하며 인지하는 기능을 수행한다.

4) 데이터 기록 및 지속적 추적

미리 지정되어 있어서 출력해야 하는 모든 데이터를 기록하고 지속적으로 나타내는 기능이다.

5) 장비 간 데이터 통신

IAS는 관련 여러 장비와 연결되어 있어 이들 장비와 데이터를 주고받을 수 있다.

6) 확장 알람

IAS에서 발생되는 알람을 통제실뿐만 아니라 필요에 따라 모든 구역에 알람을 발할 수 있는 기능이 있다.

[IAS 시스템의 주요 기능]

- Cargo control system
- Propulsion monitoring
- Gas handling(compressor ↔ heater ↔ vaporizer)
- Engine room alarm and monitoring
- Cargo system alarm and monitoring
- Alarm & event recording
- Alarm extension & patrol man system
- Power management system

- Ballast control system
- Trend function
- Rapport function

5.1.3 IAS 시스템의 구성

1) Operator Station

operation system을 운용할 수 있는 장치이며, 컴퓨터로 구성되어 있다.

IAS 시스템에는 각 통제실(화물통제실 및 기관통제실)에 여러 대(약 2~8대)의 operator station이 설치되어 있다. 또한 선교(bridge) 및 거주구역 등 다양한 장소에 연결할 수 있는 extension alarm system용 노트북 컴퓨터가 있으며 노트북 컴퓨터는 모니터링용으로만 사용된다.

2) Field Station

field station은 IAS의 중심장비로써 안전, 제어 및 모니터링과 관련된 모든 논리(logic)을 수행한다.

- RCU(Remote Controller Unit) 여분(Redundancy)

모든 field station에는 RCU 세트가 이중으로 설치되어 있다. 하나는 main controller(master)로 다른 하나는 backup controller(slave)로 사용된다. 두 컴퓨터 모두 I/O 카드(Input/Output card)에서 동일한 입력을 읽지만 main controller만 출력 신호를 설정할 수 있다. backup controller는 main controller와 동일한 데이터(I/O, network, operation, parameter change)로 계속 업데이트 된다. main controller가 문제가 생기면 backup controller가 프로세스에 아무런 영향을 주지 않고 자동으로 main controller로 전환된다.

모든 이중 field station에는 이중 전원공급 장치가 설치되어 있다. 2세트의 UPS (Uninterrupted Power Supply)로 부터 230 V 공급 전원이 2개의 24 V DC 전원장치에 공급된다. 정상 운전 중에는 2개의 전원공급 장치가 부하(load)를 공유한다. UPS 공급 장치 또는 전원공급 장치 중 하나에 문제가 발생하는 경우 나머지 전원공급 장치는 자동으로 전체 부하를 받는다. 전원공급 장치 및 230 V UPS 공급 장치의 상태를 모니터링하고 문제 발생 시 경보가 발생된다.

각 RCU에는 net interface 또한 이중으로 설치되어 있어 통신망(network)의 단일 장애는 RCU 정상 운용에 영향을 주지 않는다.

3) 프린터(Printer)

IAS 시스템에는 프린터 4대가 설치되어 있다. 그 중 2대는 알람(alarm)용 프린터이고, 나머지 2대는 하드 카피(hard copy)용 프린터이다. 알람용 프린터는 표준 병렬 포트와 직렬 라인을 통해 operator station에 연결되고, 하드 카피용 프린터는 IAS 관리 네트워크를 통해 operator station에 연결된다.

4) Extension Alarm System

통제실(화물통제실 및 기관통제실)외 다른 장소(선교 및 거주구역)에서 선박의 전반적인 상태를 인지하고 문제 발생 시 알람(alarm)을 바로 확인할 수 있도록 각 지정된 장소마다 extension alarm system용 노트북, 알람 판넬(alarm panel), 알람 부저(alarm buzzer), 알람램프(alarm lamp)가 설치되어 있다.

5.2 CARGO PIPING SYSTEM

5.2.1 개요

액체화물(liquid cargo)은 선박의 중심선(midship) 상부에 위치한 2개의 crossover line을 통해 적재(loading) 및 배출(discharging)되며, trunk deck를 따라 앞뒤로 흐르는 liquid header를 통해 각 화물탱크(cargo tank)의 liquid dome으로 전달된다. midship 상부의 각 crossover line은 2개의 적재(loading) 및 배출(discharging) 연결부(좌현 및 우현)로 분리되어 선박의 각 측면에 총 4개의 적재 및 배출 연결부를 형성한다.

화물탱크의 vapour dome은 trunk deck를 따라 앞뒤로 흐르는 vapour header에 의해 서로 연결되어 있다. 또한 vapour header에는 적재 및 배출 시 탱크 압력조절에 사용할 수 있는 교차 연결부(cross connection)가 있다. vapour header는 각 탱크의 vapour dome을 연결하여 BOG(Boil Off Gas)를 연소하기 위해 BOG compressor를 통해 기관실로 가스를 전달한다. 비상 시 vapour header는 No.1 LNG vent mast를 통해 대기로 과도한 BOG를 배출하는데 사용된다.

화물적재 시 vapour header 및 vapour crossover는 HD(High Duty) compressor와 함께 화물탱크에서 배출된 가스를 다시 육상설비(탱크)로 되돌리는데 사용된다. 반대로 화물배출 시에는 vapour header는 vapour crossover 또는 기화기(vaporizer)와 함께 연결되어 가스를 탱크에 공급하여 배출되는 액체 화물을 대체한다.

stripping/spray line은 liquid crossover line에 연결할 수 있으며, 적재(loading) 완료 후 stripping/spray header 및 sprayer를 통해 LNG를 drain하거나 각 화물탱크를 냉각시키고 LNG

기화기(vaporizer)를 통해 증기(vapour)를 생성하며 liquid header를 냉각하는데 사용할 수 있다.

vapour header와 stripping/spray header는 모두 각 탱크의 vapour dome에 연결된다. vapour dome에는 탱크 안전밸브(safety valve), 가스 감지기(gas detector), 압력 송신기(pressure transmitter), 압력 픽업(pressure pick up) 및 5개의 샘플 지점(sample point)이 장착되어 있다. 각 탱크의 spray line은 주입된 액체를 여러 개의 spray nozzle로 분배하기 위해 화물탱크 상단에 2개의 spray assembly로 구성된다. 이러한 spray assembly는 증발에 도움이 되므로 더 효과적인 냉각능력(cooldown rate)을 달성할 수 있다.

stripping/spray, liquid & vapour header에는 다양한 보조기능을 위해 압축기, 히터 및 기화기와 연결되는 분기점(branch)이 있다. 탈부착이 가능한 배관 spool piece는 dry dock 준비 및 dry dock 후 recommissioning 등 간헐적인 용도로 다양한 파이프 간의 교차연결이 필요한 경우 장착을 위해 제공된다.

또한 vapour dome을 연결하는 vapour header는 항해 시 화물탱크에서 BOG를 제거할 수 있다. 정상적인 상황에서는 DFDE(Dual Fuel Diesel Engine) 혹은 보일러(Boiler)의 연료로 사용 되거나 GCU(Gas Combustion Unit) 내 연소로 BOG를 사용하여 BOG를 처리할 수 있으며, 비상 상황에서는 forward vent mast를 통해 BOG를 대기 중으로 배출할 수 있다.

기관실에 위치한 비활성가스(inert gas) 및 건조공기(dry air) 시스템은 이중의 역류방지 스윙밸브(non-return swing valve)를 통해 주 화물 시스템과 연결되는 배관을 거쳐 비활성가스 또는 건조공기를 화물탱크에 공급하는데 사용된다. 이 밸브들은 가스가 기관실로 역류하는 것을 방지한다.

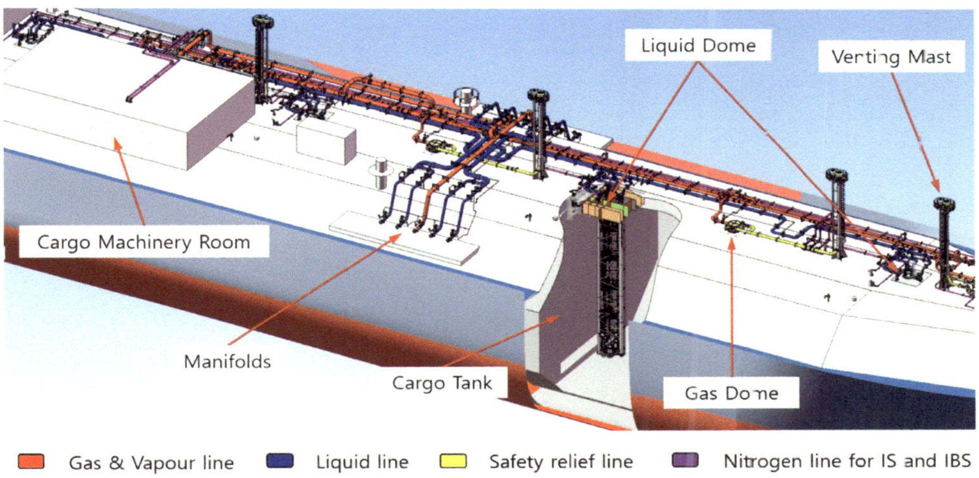

그림 5.2 LNG 선박의 Cargo Piping Arrangement

모든 액체화물 배관은 연결부(joint) 누출 가능성을 줄이기 위해 용접으로 연결되어져 있다. 또한 액체와 증기 시스템 모두 팽창과 수축이 배관 구성에 흡수되도록 설계되었다. 이것은 액체와 증기 배관에 각각 팽창 루프(expansion loop)와 벨로우스(bellows)를 사용하여 이루어진다. 파이프 응력이 허용 가능한 한계 이내로 유지되도록 고정 및 슬라이딩 파이프 지지대 및 가이드가 설치되어 있다.

격리가 가능한 즉 밸브와 밸브 사이에 액체화물이 갇힐 수 있는 배관의 모든 부분에는 가장 가까운 vapour dome으로 과도한 압력을 완화할 수 있도록 안전밸브(safety valves)가 설치되어 있다.

좌현 및 우현 매니폴드 밸브(manifold valve)와 개별 탱크 적재 및 배출 밸브와 같은 모든 주요 밸브는 IAS(Integrated Automation System)에서 원격으로 작동된다. 이를 통해 모든 일반적인 화물작업을 CCR(Cargo Control Room)에서 수행할 수 있다. ESD(Emergency Shut Down)가 활성화되면 매니폴드 밸브가 닫혀 적재 및 배출작업을 중단한다.

역류방지 밸브(non-return valve)는 각 cargo pump의 토출 플랜지에 장착되어 있다. 밸브 디스크에 6 mm의 구멍을 뚫어 화물탱크 배출 라인을 drain down하고 gas free를 한다. 역류방지 밸브는 compressors의 배출 플랜지에도 장착된다. stripping/spray pump 및 emergency cargo pump 배출 라인에는 유압 작동식 배출 밸브 바로 다음에 역류방지 밸브가 장착되어 있다.

또한 소형 6 mm 직경의 spray nozzle이 화물탱크 내부의 각 화물펌프 배출 라인 상단에 장착되어 배출이 완료되는 동안 저온을 유지하기 위해 pump tower leg를 냉각한다.

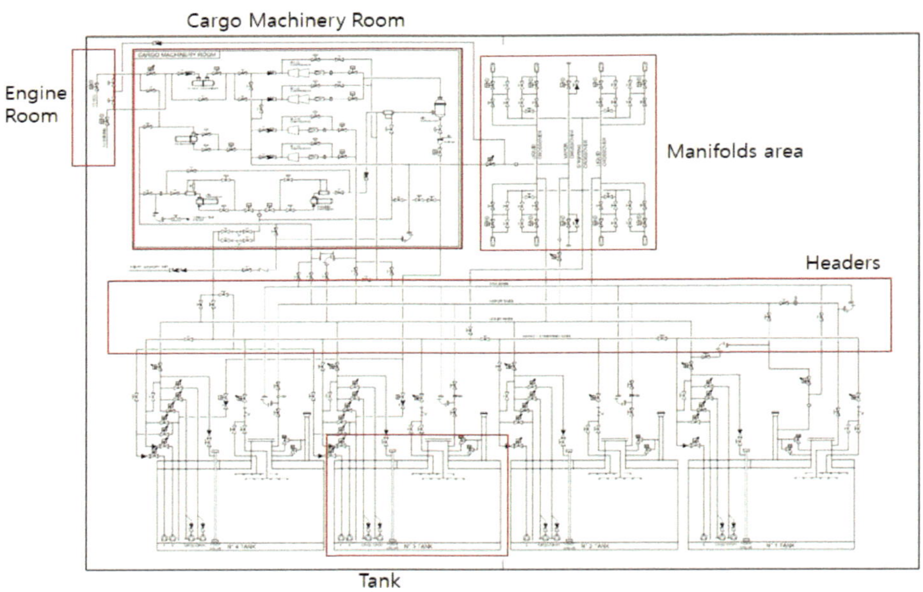

그림 5.3 Cargo Piping Diagram

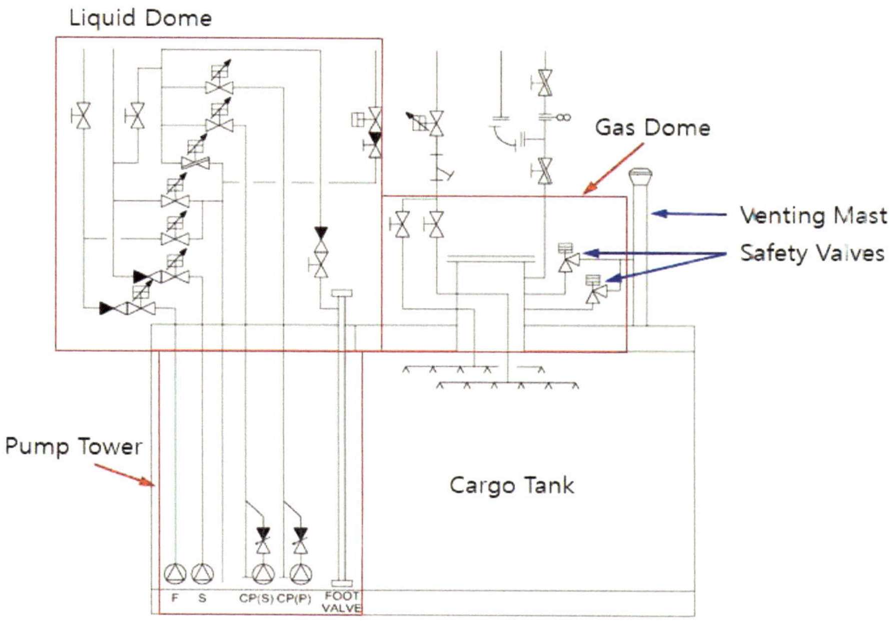

그림 5.4 Cargo Piping Diagram of Cargo Tank Area

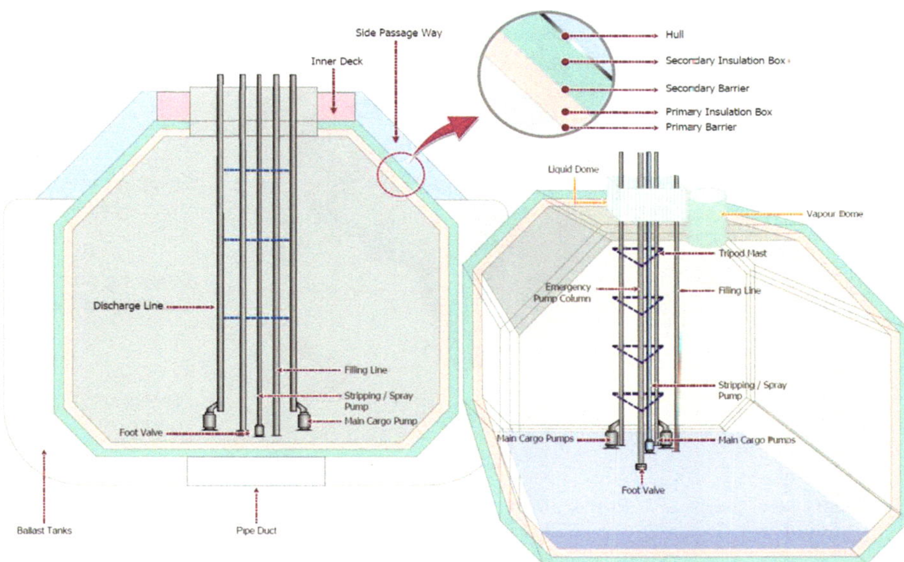

그림 5.5 Cargo Tank General

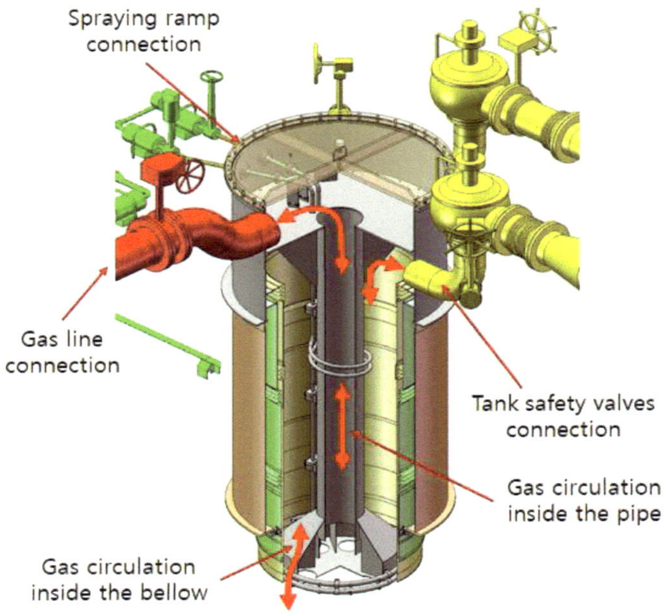

그림 5.6 Gas Dome Arrangement

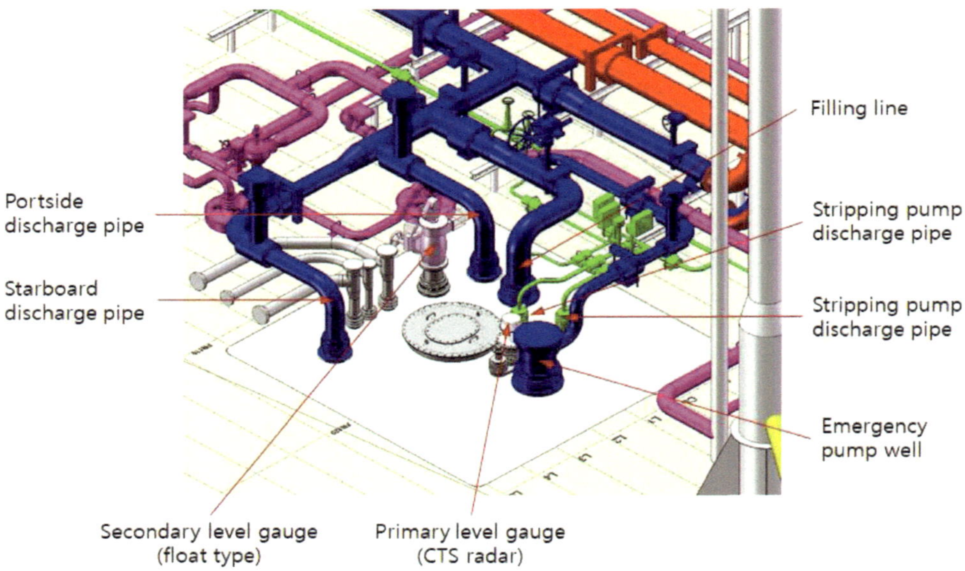

그림 5.7 Liquid Dome Arrangement

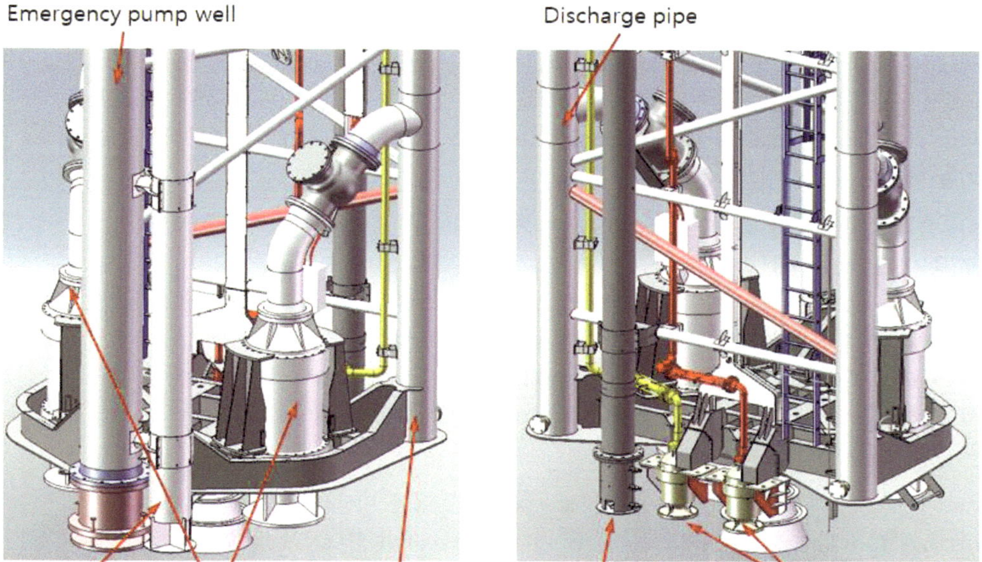

그림 5.8 Pump Tower Arrangement

5.2.2 Cargo Piping System

cargo pipe를 inerting과 aeration 시키기 위해 liquid line을 따라 특정 지점에 빈 플랜지(blank flange)와 샘플 포인트(sample point)가 장착되어 있다.

화물탱크 외부에서는 liquid line의 모든 부분이 견고한 폴리우레탄 스티로폼으로 단열되며, 외부 차단막 역할을 하는 GRP(Glass-Fibre Reinforced Polyester)로 덮여 있다.

1) Liquid Line

이 시스템은 공통 라인을 통해 4개의 화물탱크 각각을 선박 측 적재 및 배출 매니폴드(loading & discharge manifold)에 연결하는 600/400/350A의 맞대기 용접(butt weld)된 극저온 스테인리스강 파이프 라인으로 구성되어 있다. 각 탱크 liquid dome에서 화물을 적재하고 배출할 수 있도록 화물탱크의 적재 및 배출 라인에 연결되는 매니폴드가(manifold) 있다. 이 매니폴드는 좌현 및 우현 cargo pump, loading line, emergency pump well 및 살수 라인(spray line)으로 부터 탱크 배출 라인(discharge line)으로 연결된다.

2) Vapour Line

이 시스템은 선박 측 증기 매니폴드(vapour manifold), compressor room 및 forward vent mast에 연결되는 공통 라인을 통해 4개의 화물탱크를 각각 연결하는 600/550/400/350A 초저온 스테인리스강 파이프 라인으로 구성된다. cargo compressor room으로 가는 라인을 통해 증기(vapour)를 다음과 같은 방식으로 사용할 수 있다.

- 화물을 적재하는 동안 화물탱크의 압력을 제어하기 위해 HD compressor를 통해 육상기지로 증기(vapour) 전달
- ballast 및 laden 항해를 하는 동안 DFDE(Dual Fuel Diesel Engine) 혹은 보일러(Boiler)에서 연료가스로 사용하기 위해 BOG compressor 및 heater를 통해 기관실로 BOG를 전달
- dock 수리 전에 HD compressor 및 HD heater에서 온 가스(warm gas)를 순환시켜 남은 화물(heel)을 증발시키고, 탱크 구조물(tank structure)을 주변 온도(ambient temperature)로 가열한 후 inerting 및 aerating 한다.

forward vent mast의 라인은 정상운항(normal operation) 동안 비상시 탱크압력 조절을 위한 역할을 한다. 메탄은 환경오염 물질이므로 가능한 대기방출은 피해야 한다.

3) Stripping/Spray Line

이 시스템은 LNG를 공급하여 다음 기능을 수행하기 위해 stripping/spray pump를 stripping spray header에 연결하는 100/80/65/40A의 맞대기 용접된(butt welded) 극저온 스테인리스강 파이프로 구성된다.

- 화물탱크 cooldown 및 가스 발생에 사용되는 각 탱크의 spray rail & nozzle에 LNG 공급
- 육상 기지로부터 증기가스의 회수 없이 LNG를 배출하기 위해 화물탱크 공급용 가스발생 기화기(vaporizer)에 LNG 공급
- DFDE(Dual Fuel Diesel Engine)의 연료 사용을 위한 HP pump & HP vaporizer에 LNG 공급
- 보일러(boiler)의 연료 사용을 위한 forcing vaporizer에 LNG 공급

4) Gas Line

이 시스템은 300/200A 파이프 라인으로 구성되며, '단일 화물탱크 작동(one tank operation)'이 필요할 때 사용할 수 있도록 vapor line과 forward vent mast에 연결할 수 있다. 이 라인을 사용하면 남은 화물탱크를 warming up 및 inerting하지 않고도 단일 화물탱크를 격리하고 수리 작업을 수행할 수 있다. 각 개별 화물탱크와의 연결은 vapor 및 gas header와 각 vapor dome에 위치한 200A 빈 플랜지(blank flanges) 사이에 spool piece를 통해 설치하여 연결된다. 단일 화물탱크 작동 중에는 블라인드 플랜지 밸브(blind flange valve)를 사용하여 IGG(Inert Gas

Generator)에 연결할 수 있다. 단일 화물탱크 작동을 위한 물리적 분리를 위해 spectacle flanges가 제공된다.

그림 5.9 spectacle flange

5) Fuel Gas Line

해상에서 LNG를 운송하는 동안 BOG는 외부 바다와 공기로부터 화물탱크 단열재(insulation)를 통한 열전달로 인해 생성된다. 또한 선박의 이동으로 인해 에너지가 화물 움직임으로 부터 흡수된다. 정상 조건에서 BOG는 배의 주 엔진(ME-GI) 및/또는 주 발전기의 연료로 사용된다.

BOG는 vapor header에서 가져와 부분 재액화 장치(partial re-liquefaction unit)를 통과한 다음 선박의 ME-GI 엔진 및/또는 DFDG로 이동하기 전에 BOG compressor로 전달된다. 기관실로 연결되는 fuel gas line의 지름은 40A이며, fuel gas master valve가 장착되어 있다.

6) Vent Line

정상 운항 중에는 화물탱크 압력은 DFDE(Dual Fuel Diesel Engine) 혹은 보일러(Boiler)에서 연료로 또는 GCU(Gas Combustion Unit)를 사용하여 제어된다. 비상수단으로서 forward vent mast에 대한 common vent line의 압력제어 시스템이 화물탱크 압력을 제어한다.

또한 각 화물탱크에는 vapor dome에서 자체 파일럿 작동 방출밸브(pilot operated relief valve)까지 2개의 250A 라인으로 구성된 독립적인 venting 수단이 장착되어 있다. 여기서 기체(gas)는 300A 라인을 통과하여 대기 중으로 배출되는 자체 vent mast로 들어간다. 모든 vent mast는 N_2 purge fire smothering system에 의해 보호된다.

7) Inerting/Aeration Line

이 시스템은 450A 플랜지가 설치된 라인으로 구성되며, 이 라인은 수리작업 기간(refit period) 동안 비활성가스(inert gas) 또는 건조공기(dry air)를 화물탱크 및 파이프 라인에 공급하여 비활성화(inerting) 및 건조(drying)시킨다.

비활성가스(inert gas) 또는 건조공기(dry air)는 기관실에 위치한 IGG에서 공급된다. 이 라인은 블라인드 플랜지 밸브(blind flange valve) 및 spool piece를 통해 gas header, vapor header 및

liquid header에 연결된다. spool piece 및 spectacle flange를 선택적으로 사용하면 모든 또는 단일 화물탱크를 inerting 및 aeration할 수 있다.

vapour return line과 cargo compressor room line은 spool piece 및 라인의 차단밸브(isolation valve)를 사용하여 공기 또는 비활성 가스로 purging할 수도 있다. cargo compressor room은 또한 고정 엘보우(fixed elbow)와 2개의 차단밸브(isolation valve)로 자체 불활성 가스 공급 라인을 사용하여 작동할 수 있다.

또한 밸러스트 공간(ballast space)은 차단밸브(isolation valve)와 spool piece를 통해 밸러스트 메인에 연결되는 불활성가스 시스템(inert gas system)에 연결할 수도 있다.

5.3 CARGO TANK PRESSURE CONTROL SYSTEM (for MEGI)

5.3.1 Gas Management System

1) 개요

가스관리 시스템(GMS, Gas Management System)의 목적은 다양한 가스 사용기기에 대한 설정점과 명령을 계산하기 위해 화물탱크 측정에 대한 최고 수준의 제어 기반을 확보하는 것이다. 가스의 주요 소비는 MEGI와 DFDG에서 이루어진다. 또한, 부분 재액화(partial re-liquefaction) 및 GCU는 초과된 BOG를 소비하는데 사용될 수 있다. 이 맥락에서 초과 BOG는 ME-GI/DFDG의 소비 가스량 보다 높은 경우이다. ME-GI/DFDG에 가스를 공급하기 위해 HiCOM 또는 HiVAR 시스템을 사용할 수 있다. HiCOM은 화물탱크의 BOG를 사용하여 소비 기기에게 가스를 공급하는 반면, HiVAR는 화물탱크의 액체를 사용한다. 이는 HiCOM이 화물탱크 압력에 영향을 미친다는 것을 의미한다. 액체를 사용하는 HiVAR은 화물탱크 압력에 영향을 미치지 않는다.

HiCOM이 작동 중일 때 GMS에는 탱크 압력을 원하는 범위 내에서 유지하기 위한 몇 가지 컨트롤이 포함되어 있다. ME-GI에는 지정된 이중연료(SDF, Specified Dual Fuel) 모드 또는 cruise control이라는 2가지 가스 소비 제어(gas consumption control) 방법이 있다. 또한 HiCOM 작업은 GCU에 의한 BOG 연소 또는 부분 재액화(partial re-liquefaction)에 의해 초과된 BOG를 처리한다. 선박은 LNGC 또는 sLNG 모드로 운영될 수 있다.

2) 주요 역할

GMS의 주요 역할은 다음과 같다.

- Tank pressure control
- Overall fuel mode control

- Fuel supply control to DF engines according to demand
- Fuel supply control to ME-GI engines according to demand
- Fuel supply control to GCU according to tank pressure
- Vent control

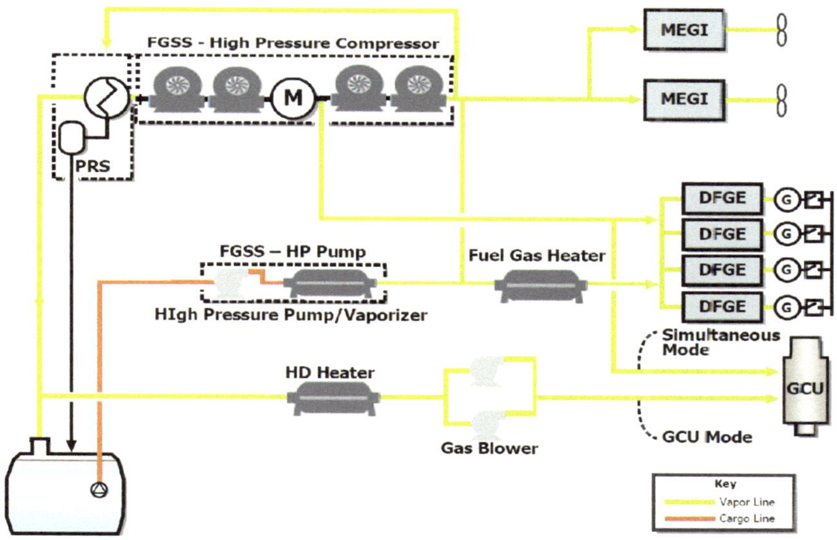

그림 5.10 Gas Management System의 개략도

5.3.2 Operation Mode

다음과 같이 2가지 유형의 boil-off가 있다.

- NBO: Natural boil off which is vapour generated from the cargo tanks
- FBO: Gas made from LNG by HiVAR

- **HiVAR Operaton Mode**

  LNG는 고압펌프(high pressure pump)와 기화기(vaporizer)에 의해 연료가스로 공급된다. 이 모드에서는 FBO가 사용된다.

- **HiCOM Operaton Mode**

  BOG는 고압 피스톤 컴프레서(high pressure piston compressor)에 의해 연료가스로 공급된다. 이 모드에서는 NBO가 사용되며, PRS(Patial Re-liquefaction System) 또는 GCU로 초과 BOG를 처리할 수도 있다.

- **Combined Operaton Mode**

HiVAR과 HiCOM의 조합된 모드로 연료가스를 HiVAR는 ME-GI에, HiCOM은 DFGE에 공급한다. 이 모드는 FBO와 NBO의 조합하여 사용한다.

1) GMS Operation 화면

그림 5.11은 operator station GMS 메인 페이지의 operation 화면이다.

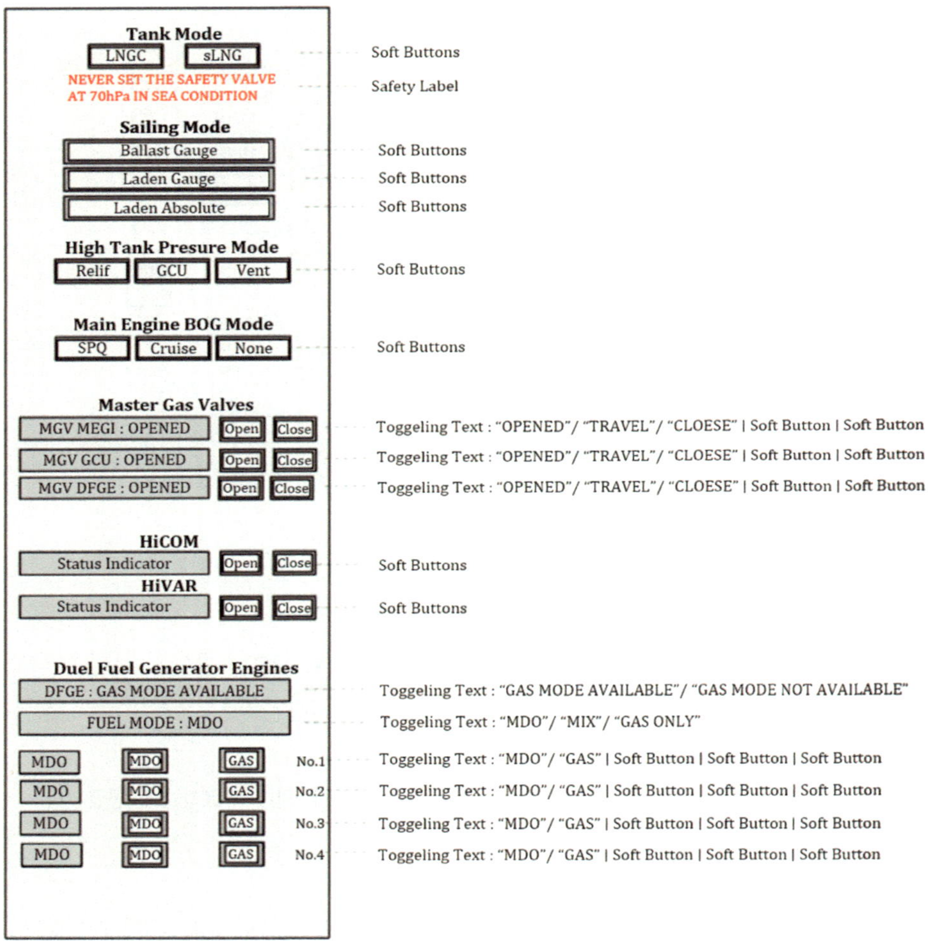

그림 5.11 GMS operation 및 indication 개략도

2) HiVAR Opreation

HiVAR 운영 시 ME-GI에는 화물탱크의 액체에 의해 만들어진 가스가 공급된다. DFGE에는 이 모드에서 가스가 공급될 수도 있다. 이 모드에서는 화물탱크 압력제어는 되지 않는다. HiVAR 시스템의 운전 및 정지작업은 운영자의 결정에 따라 작동된다. Gas/MDO 모드 간 DFGE 변경도 운영자의 결정이다.

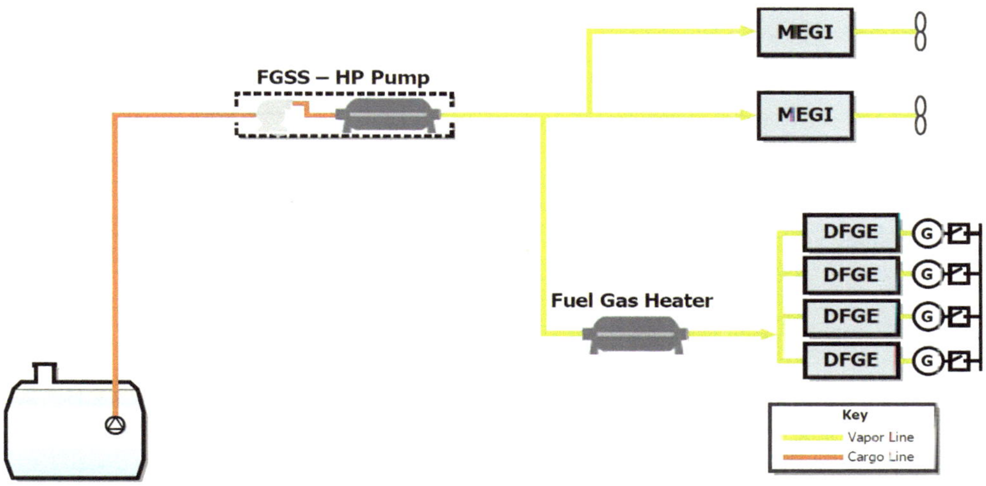

그림 5.12 HiVAR Operation

3) HiCOM Operation

HiCOM 운영 시 화물탱크로 부터 BOG가 MEGI에 공급된다. DFGE에도 BOG가 공급될 수 있다. 이 모드에서 탱크 압력은 다음 기능으로 제어할 수 있다.

- Specified Dual Fuel Mode(SDF)
- Cruise control

BOG가 MEGI 및 DFGE에 대한 가스 소비량보다 높은 경우, 초과 BOG는 다음 기능으로 처리할 수 있다.

- PRS(Partial Re-liquefaction System)
- GCU(Gas Combustion Unit) in simultaneous mode

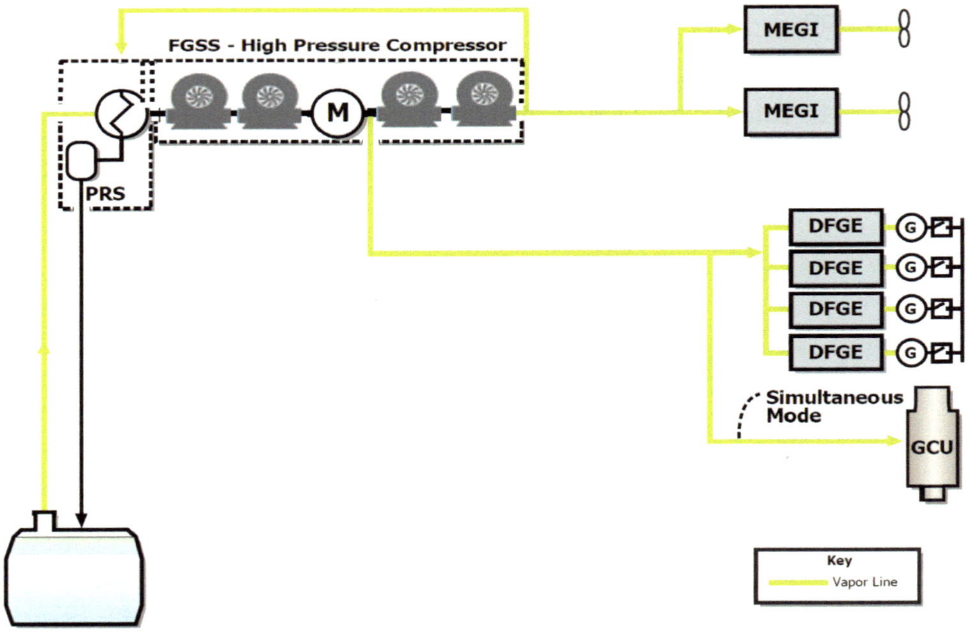

그림 5.13 HiCOM Operation

HiCOM 시스템의 운전 및 정지작업은 운영자의 결정이다. Gas/MDO 모드 간 DFGE 변경도 운영자에 의해 결정된다. 자동 모드로 선택하면 부분 재액화(partial re-liquefaction) 및 GCU가 자동으로 시작될 수 있다.

4) Combined Operation

BOG가 MEGI에 필요한 양만큼 충분하지 않거나 MEGI가 Gas 사용을 원하지 않는 경우, 복합모드(combined mode)로 작동할 수 있다. 복합운전에서 HiVAR 시스템은 MEGI에 화물탱크내의 액체로부터 만들어진 가스를 공급한다. 그리고 HiCOM은 DFGE에 BOG를 공급한다. BOG가 DFGE의 가스 소비량보다 높은 경우, 다음 기능을 통해 초과 BOG를 처리할 수 있다.

- PRS(Partial Re-liquefaction System)
- GCU(Gas Combustion Unit) in simultaneous mode

BOG가 과도할 경우 압력제어는 첫 번째 PRS, 두 번째로는 GCU에 의해 처리된다.

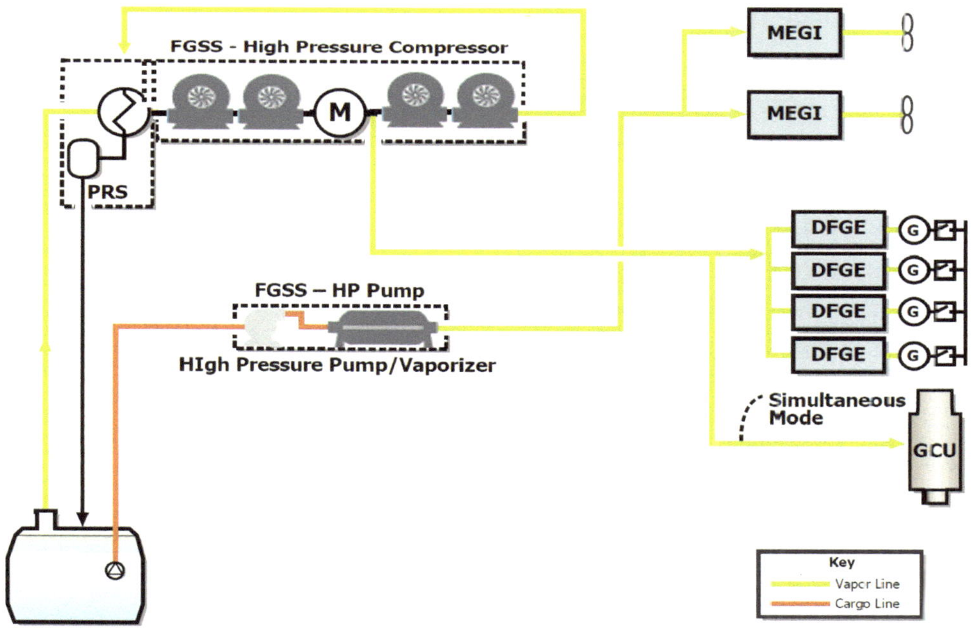

그림 5.14 Combined Operation

5.3.3 Cargo Tank Pressure Control

이 장에서는 다양한 화물탱크 압력제어 방법 및 탱크 보호 기능에 대해 설명한다.

1) Tank Pressure Controller

(1) sLNG/LNGC 탱크 압력 설정

운영자에게 sLNG 또는 LNGC 설정 중에서 한 가지를 선택할 수 있는 soft switch가 제공된다.

① Over Pressurizing(과압)

BOG로 인해 화물탱크가 과압되는 것을 방지하기 위해 MEGI/DFGE에 BOG를 공급하여 연료로 소모하고, 초과 BOG는 재액화, GCU 연소 또는 대기방출로 해소시킨다. HiCOM은 MEGI/DFGE에 자연 발생된 BOG를 연료가스로 공급한다. MEGI/DFGE가 자연적으로 비등하는 것보다 적은 연료가스를 필요로 하는 경우 vapour header 압력이 증가한다. 이 압력 증가를 방지하려면 남은 NBO를 처리하기 위해 부분 재액화 또는 GCU 연소를 해야 한다.

② Under Pressurizing(저압)

화물탱크의 압력저하로 부터 탱크를 보호하기 위해 MEGI의 가스 소모를 조정하는 화물탱크 저압 제어장치(low cargo tank pressure controller)를 사용한다. DF 엔진은 특정 시점에 MDO 모드로 전환된다. GMS는 DFGE 제어 시스템에 대한 MDO 요청을 시작한다.

③ Normal Mode(정상 모드)

이 모드에서는 MEGI에 필요한 양의 가스를 공급하기 위해 BOG compressor(HiCOM)가 사용한다. 화물탱크 압력은 PRS에 의해 유지된다. 화물탱크의 압력저하를 방지하기 위해 화물탱크 보호 제어장치(cargo tank protection controller)가 제공된다. 이 모드가 활성화된 경우 가스 소비를 줄이기 위해 "부하 제한(load limit)" 신호가 MEGI로 전송된다.

④ Cruise Mode

cruise 모드 제어장치가 활성화되면 화물탱크 압력 조건에 따라 프로펠러 속도를 증가 또는 감소시키기 위해 MEGI telegraph로 RPM 조정 신호가 전송된다.

화물탱크의 압력저하를 방지하기 위해 화물탱크 저압 보호 제어장치(low cargo tank protection controller)가 제공된다. 이 제어장치는 MEGI 연료 제어장치(MEGI fuel controller)와 연동(interface)되어 "최대 유량(max flow rate)" 신호를 계산한다. 화물탱크 압력이 보호 제어장치(protection controller) 설정값(set point)보다 낮아지면 "최대 유량"이 실제 FG 소비량보다 낮아져 FG 비율이 감소한다.

⑤ Specified Dual Fuel Mode(지정된 이중연료 모드)

이 모드에서 MEGI는 이중연료 모드(dual fuel mode)에서 작동하며, 화물탱크 압력 제어장치(tank pressure controller)가 소비되는 가스의 양을 결정할 수 있다. 원하는 RPM을 유지하기 위해 필요한 나머지 연료는 MEGI 연료 제어장치에 의해 자동으로 back-up 된다.

화물탱크의 압력저하를 방지하기 위해 화물탱크 저압 보호 제어장치(low cargo tank protection controller)가 제공된다. 이 모드가 활성화된 경우 가스 소비를 줄이기 위해 "부하 제한(load limit)" 신호가 MEGI로 전송된다.

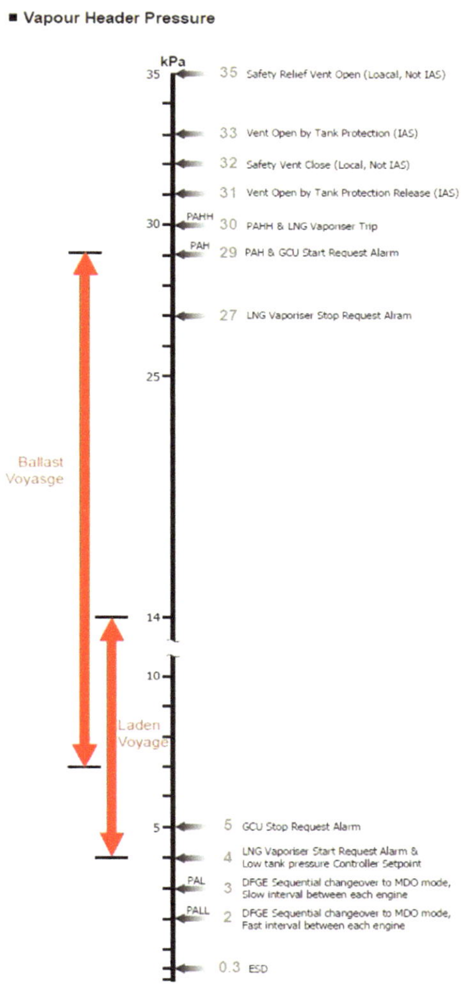

그림 5.15 Pressure Table for Vapour Header Pressure(LNGC Mode)

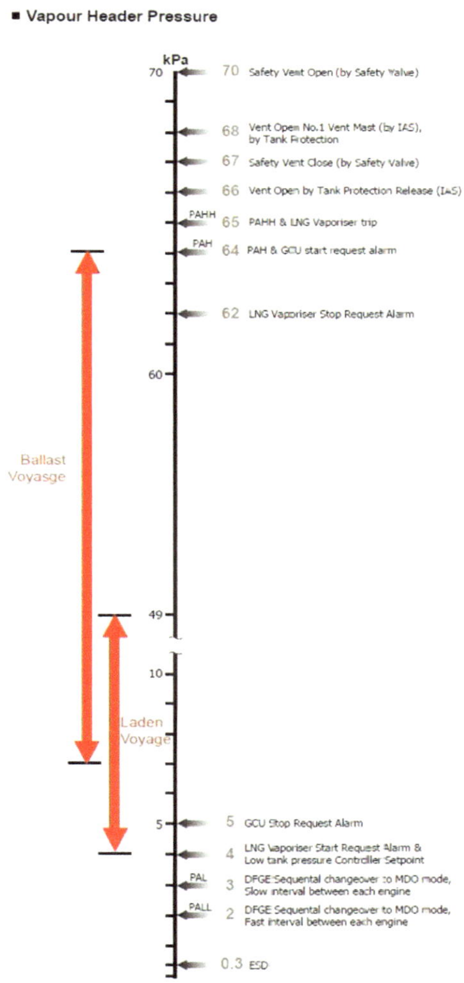

그림 5.16 Pressure Table for Vapour Header Pressure(sLNG Mode)

2) Tank Pressure Controller System

화물탱크 압력 제어장치 시스템에는 다음 3가지 모드가 장착되어 있다.

- Ballast gauge
- Laden gauge(Controller is using the differential pressure transmitter)
- Laden absolute(Controller is using the absolute pressure transmitter)

Ballast 항해에서 제어장치는 kPa 단위의 vapor header 압력을 운영자가 설정한 설정 값과 비교한다. Laden 항해에서 운영자는 절대 센서(absolute sensor) 또는 게이지 센서(gauge sensor) 중에서 선택할 수 있다. 제어장치는 측정된 압력과 설정 값을 비교하여 출력을 계산한다. 이 시스템은 다음 PID 제어장치로 구성되어 있다.

- Specified Dual Fuel Mode tank pressure controller
- Cruise Mode tank pressure controller
- Partial Re-liquefaction tank pressure controller

그림 5.17은 화물탱크 압력 제어장치 시스템의 전반적인 블록선도를 나타낸 것이며, 그림 5.18, 그림 5.19, 그림 5.20은 화물탱크 압력 제어장치 시스템의 3가지 모드에 대한 각각의 블록선도를 나타낸 것이다.

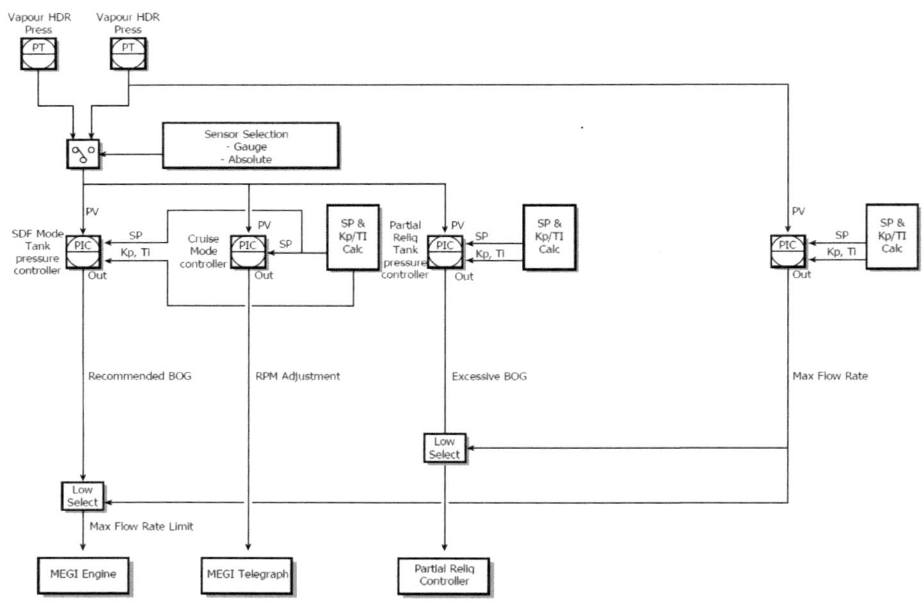

그림 5.17 Tank Pressure Controller

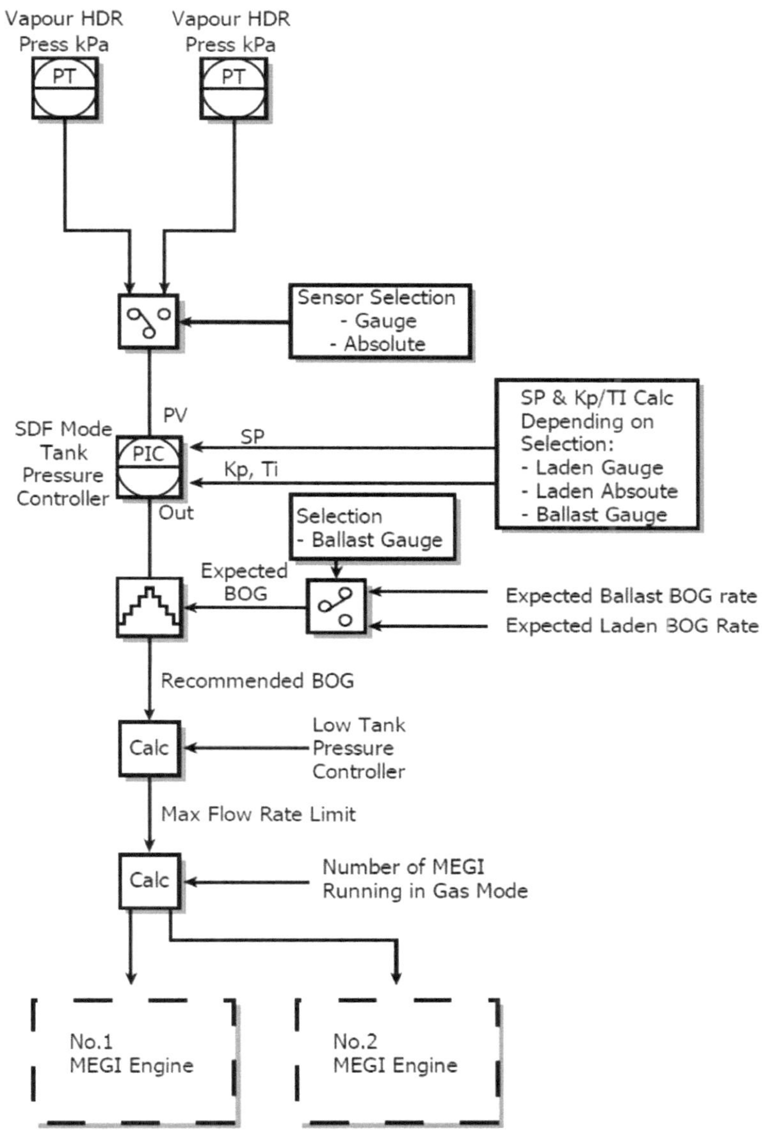

그림 5.18 Specified Dual Fuel Mode Tank Pressure Controller

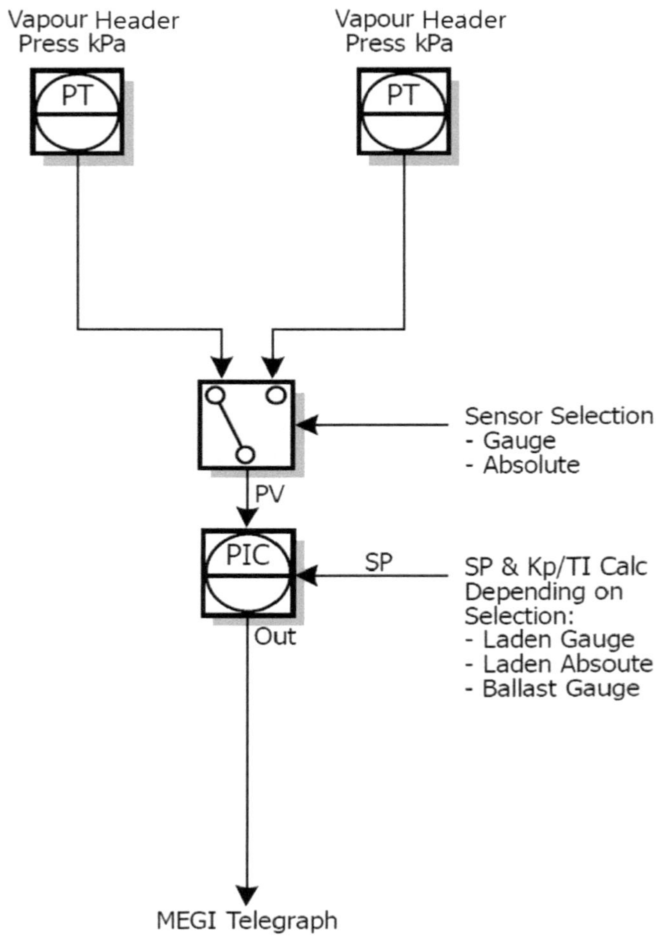

그림 5.19 Cruise Mode Tank Pressure Controller

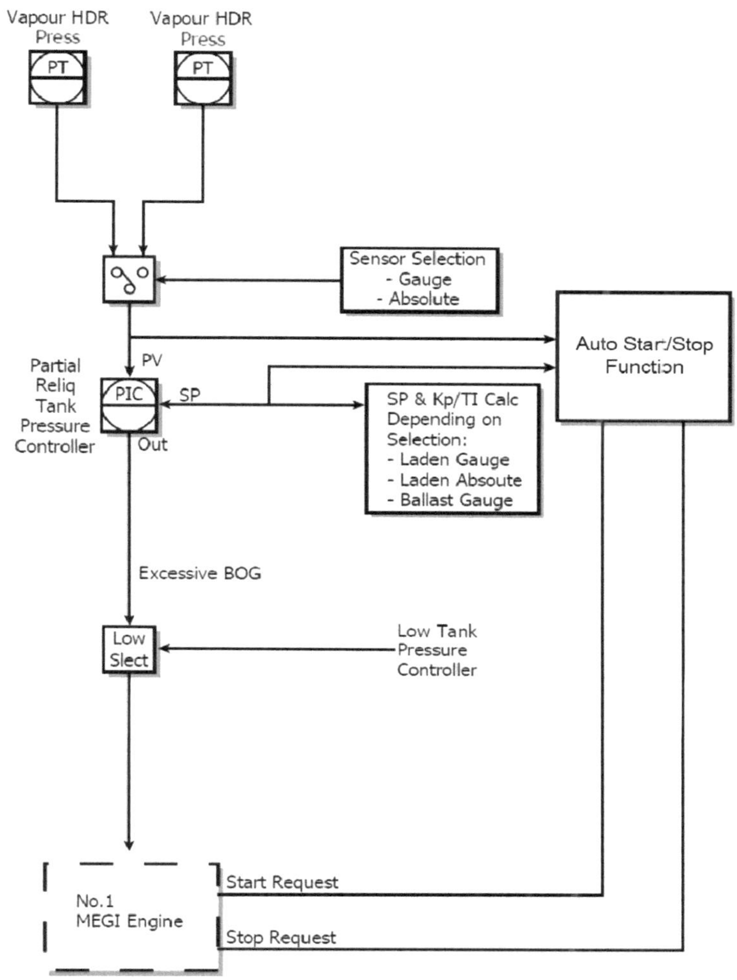

그림 5.20 Partial Re-liquefaction Tank Pressure Controller

(1) Partial Re-Liquefaction Tank Pressure Controller

◆ Partial Re-Liquefaction Auto Start/Stop

- Auto Mode

부분 재액화 시스템(partial re-liquefaction system)은 다음 조건이 충족되면 Auto(자동) 모드로 선택할 수 있다.

- HiCOM is running
- Partial re-liquefaction available

- **Auto Start**

화물탱크 압력이 제어 설정값을 초과할 경우 부분 재액화 시스템(re-liquefaction system)이 자동으로 시작된다.

- **Auto Stop**

화물탱크 압력이 PRS 제어장치의 설정값 아래로 떨어질 경우 부분 재액화 시스템(re-liquefaction system)이 자동으로 정지된다.

(2) GCU Control

GCU 용량 제어는 IAS에서 제어가 불가능하며, IAS는 GCU Start/Stop 기능만 있다. 초과 BOG를 처리하는데 사용할 수 있는 모드는 다음과 같다.

- GCU Mode: GCU는 gas blower 및 HD heater를 통해 가스를 공급받는다.
- Simultaneous Mode: GCU는 HiCOM으로 부터 가스를 공급받는다.

◆ GCU Auto Start/Stop

- **Auto Mode**

GCU는 자동 모드로 선택되어 있을 것이다. 다음 조건이 충족되면 자동 모드를 사용할 수 있다.

- **GCU Mode**
  - HiCOM is running
  - GCU master gas valve opened
  - GCU line-up for GCU mode fulfilled
  - GCU BOG burning available

또는

- **Simultaneous Mode**
  - GCU master gas valve opened
  - GCU line-up for simultaneous mode fulfilled
  - GCU BOG burning available

- **Auto Start**

화물탱크 압력이 GCU 시작 설정값을 초과할 경우 GCU가 자동으로 시작된다. 조정 가능한 시작 타이머가 제공된다.

- **Auto Stop**

화물탱크 압력이 GCU 정지 설정값 아래로 떨어질 경우 GCU가 자동으로 정지한다. 조정 가능한 정지 타이머가 제공된다.

◆ **GCU Start/Stop Request Alarms**

- **GCU Start Request Alarm**

화물탱크 압력이 특정 한계를 초과하고 GCU가 시작되지 않은 경우 GMS는 운영자에게 GCU 연소를 시작하도록 알리는 알람을 발생시킨다.

- **GCU Stop Request Alarm**

화물탱크 압력이 일정 한계 이하로 떨어지고 GCU가 여전히 작동 중인 경우 GMS는 운영자에게 GCU 연소를 중지하도록 알리는 알람을 발생시킨다.

(3) LNG Vaporizer

LNG vaporizer는 운영자가 수동으로 작동/정지한다.

◆ **LNG Vaporizer Start/Stop Request Alarms**

- **LNG Vaporizer Start Request Alarm**

화물탱크 압력이 특정 한계 이하로 떨어지고 LNG vaporizer가 작동되지 않은 경우 GMS는 운영자에게 LNG vaporizer를 작동하도록 알리는 알람(alarm)을 발생시킨다.

- **LNG Vaporizer Stop Request Alarm**

화물탱크 압력이 일정 한도를 초과하고 LNG vaporizer가 여전히 작동 중인 경우, GMS는 운영자에게 LNG vaporizer를 중지하라고 알리는 알람(alarm)을 발생시킨다.

3) Vent Control

vapour header에서 vapour는 No.1 tank vent mast를 통해 대기로 방출 할 수 있다. IAS는 vent valve를 조작하여 vapour header 압력을 제어한다. 이 방법은 탱크 보호를 위한 것이며, 일반적인 경우가 아닌 비상시에만 사용된다. "Tank Mode" 선택항목(LNGC or sLNG)에 따라 Open/Close 설정이 변경된다. vent control은 다음 3가지 모드로 운용된다.

- Vent inhibit
- Vent mode
- Manual vent

(1) Vent Inhibit

vent inhibit 모드에서는 vent valve가 닫힌 상태를 유지한다. 단, "Vent valve open by tank protection limit"가 작동되면 inhibit 여부와 상관없이 vent valve 개방 명령이 주어진다.

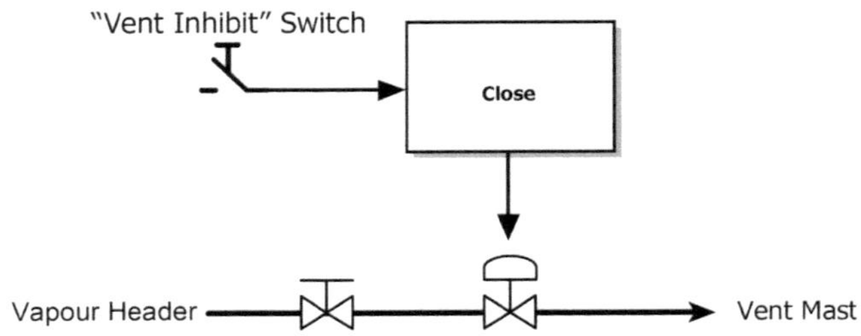

그림 5.21 Vent Inhibit Mode 개략도

(2) Vent Mode

이 모드에서는 화물탱크 압력이 화물탱크 압력 제어장치(main tank pressure controller)의 설정값(운영자 조정가능) 보다 높을 경우 vent valve가 열리며, 화물탱크 압력이 close 설정값 이하에 도달하면 닫힌다. 이 모드에서 vent valve는 full open 되거나 full close 된다.

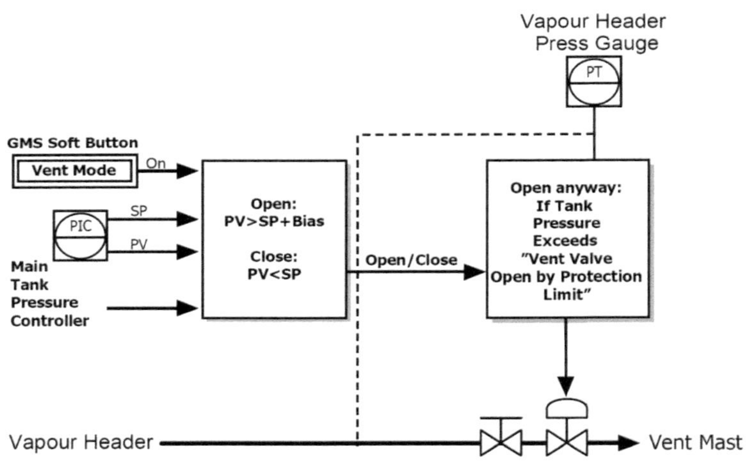

그림 5.22 Vent Mode 개략도

(3) Manual Vent

manual vent는 dry-dock 전/후 각종 운용을 위해 사용된다. manual vent 모드에서 운영자는 수동으로 IAS에서 vent control valve를 열고, 밸브 개도를 제어할 수 있다.

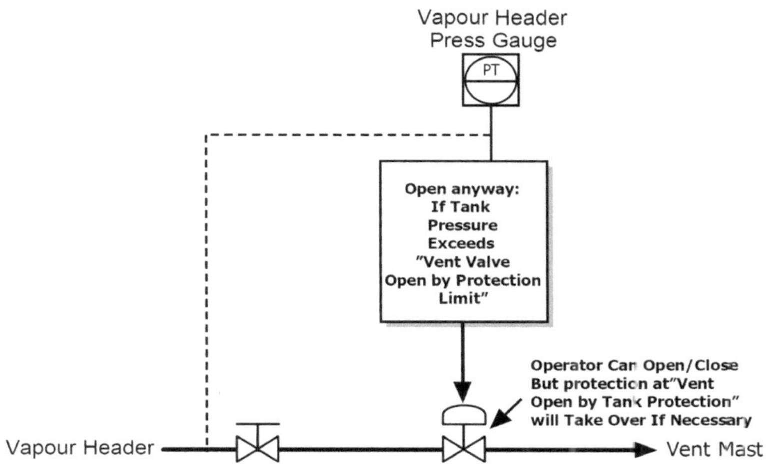

그림 5.23 Manual Vent Mode 개략도

4) Tank Pressure Low Protection

정상적인 화물탱크 압력 제어장치 취급 시 "low tank pressure controller"로 MEGI의 가스 소비 비율을 줄이거나 DFGE를 MDO 모드로 전환하여 화물탱크를 저압으로부터 보호할 수 있다.

(1) Low Tank Pressure Controller

MEGI에 사용되는 가스 비율를 줄여 화물탱크의 압력저하를 방지하는 것이 목적이다.

(2) Tank Pressure Sequential Changeover of DFGE to MDO

화물탱크 압력이 너무 낮아지면 DFGE의 연료사용이 Gas에서 MDO로 전환되, 다음과 같이 2가지 단계로 진행된다.

① Slow Changeover

화물탱크의 압력이 3 kPa 이하로 떨어질 경우 DFGE는 5분 간격으로 1대씩 MDO로 자동 변경된다.

② Fast Changeover

화물탱크의 압력이 2 kPa 이하로 떨어질 경우 DFGE는 30초 간격으로 1대씩 MDO로 자동 변경된다.

4대의 DFGE중 변경 순서는 운영자에 의해 조정될 수 있다.

5.3.4 DFGE Interaction

1) DFGE Gas Mode Available

GMS는 DFGE의 가스 작동을 위해 PMS(Power Management System)에 의해 사용되는 DFGE Gas 모드 사용가능 신호를 전송한다. 기관실로의 가스 공급설정이 충족되면 가스 모드 사용가능이 설정된다.

2) DFGE Sequential Changeover to MDO

일부 process event는 Gas에서 MDO 모드로 자동 전환된다. 전환 시퀀스는 하나의 DFGE를 Gas에서 MDO 모드로 변경한다. 일정 시간(일반적으로 30초) 후 process event 원인이 복구되지 않으면 시스템이 다른 DFGE도 MDO로 계속 전환합니다. 이는 화물탱크 압력제어 부분에서 언급된 것과 유사한 기능이지만, 여기에서는 MEGI에 FG 공급을 유지하는 것이 목적이다.

(1) HiCOM 과부하

HiCOM이 100% 용량이거나 최대 모터 전류에 도달한 경우, GMS는 MDO로 순차적 전환을 시작한다. 이 event는 가스 모드로 있는 마지막 DFGE는 MDO로 전환하지 않는다.

(2) DFGE의 FG 압력저하

DFGE FG 압력이 낮을 경우 GMS가 순차적 전환을 시작한다. 운영자 선택에 따라 DFGE1 → DFGE2 → DFGE3 → DFGE4 또는 DFGE4 → DFGE3 → DFGE2 → DFGE1의 사전에 설정된 전환 시퀀스를 사용할 수 있다.

3) DFGE Auto Fuel Mode

여러 대의 DEGE에 대하여 DFGE 자동 연료 모드를 사용할 수 있다. 또한 화물탱크 압력에 따라 각각의 DFGE에 대하여 자동 모드로 선택할 수 있으며, 선택된 엔진은 MDO와 가스 모드 사이에서 전환된다. 모든 DFGE가 동시에 전환될 수 없고, DFGE의 각 전환 간에는 차단시간

(blocking time)이 있다. 이 기능은 HiCOM이 작동 중이고 DFGE에 연료가스 공급이 설정된 경우에 사용할 수 있다.

(1) Gas로 변경

실제 화물탱크 압력이 화물탱크 압력 제어장치의 설정값 보다 높은(일반적으로 1 kPa) 경우 1대의 DFGE가 MDO에서 가스 모드로 변경된다. 다음 DFGE 전환하는 사이에 차단시간(blocking time)이 있다.

(2) MDO로 변경

실제 화물탱크 압력이 화물탱크 압력 제어장치의 설정값 보다 낮은(일반적으로 1 kPa) 경우 1대의 DFGE가 MDO에서 가스 모드로 변경된다. 다음 DFGE로 전환하는 사이에 차단시간(blocking time)이 있다.

5.4 CARGO PUMP

5.4.1 Main Cargo Pump

1) 개요

각 화물탱크에는 2대의 주 화물펌프(main cargo pump)가 장착되어 있다. 이 펌프는 흡입 측에 inducer가 장착되어 있고, 전기모터(electric motor)에 의해 구동되는 수직의 단단계 수중 원심펌프(vertical single-stage submerged centrifugal pump)이다. 각 펌프는 LNG 수두 160 m에서 1750 m^3/h의 토출량을 가진다. 최적의 토출효율을 위해 대량 배출은 8대의 펌프를 병렬로 가동하여 실시한다. 펌프 토출밸브는 최적의 성능을 보장하기 위해 조절되며, 펌프성능 그래프로 표시된다. 정상 조건에서 화물펌프의 토출속도는 화물탱크 액위(level)가 0.9 m(기준선으로 부터)에 도달할 때까지 최대이다. 단, 전류가 낮을 경우 캐비테이션(cavitation)과 흡입 손실이 발생할 수 있으며, 이는 토출압력 게이지와 전류계 지시바늘의 변동에 의해 표시된다. 토출밸브는 첫 번째 화물펌프가 정지하기 전(0.80 m) 상태가 안정할 수 있도록 밸브개도가 조절되어야 한다. 나머지 펌프들도 점진적으로 밸브개도를 조절하여 정지 액위까지 흡입상태를 유지해야 한다. 선박은 By stern trim을 유지하며, 필요한 경우 화물탱크에 남아 있는 액체의 양을 최소한으로 줄일 수 있어야 한다.

화물펌프는 보충밸브(filling valve)를 열어 흡입된 액체를 화물탱크 내로 재순환할 수 있다. 이는 화물탱크 내의 액위가 낮을 때 토출이 일시적으로 중단되는 문제를 방지할 수 있다.

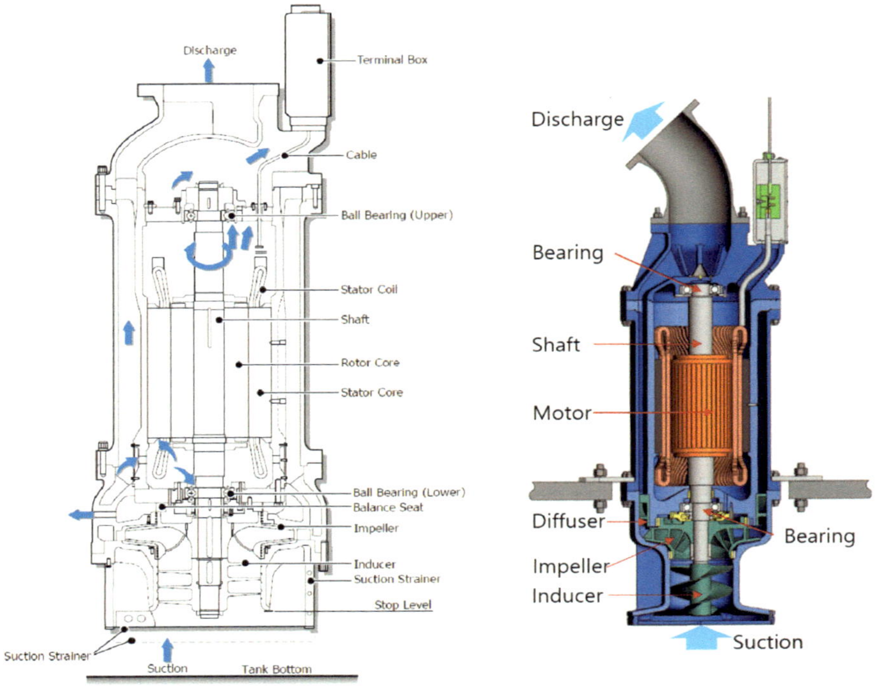

그림 5.24 Main Cargo Pump의 구조

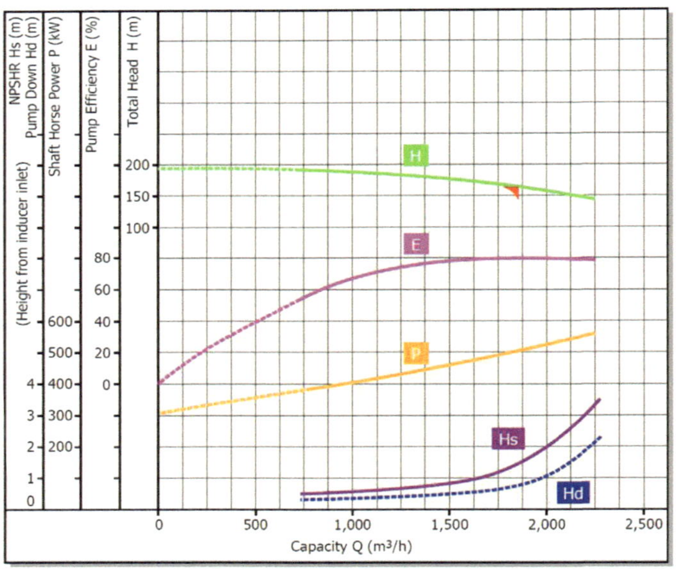

그림 5.25 Main Cargo Pump의 성능곡선

2) 운전준비(운전조건)

(1) 절연저항은 5 MΩ 이상이어야 한다.

스타터에 제공된 전원 스위치를 끈 후 1000 V 메가(megger) 테스터기를 사용하여 스타터의 전원 케이블 단자와 접지 사이의 절연저항을 측정하고 기록해야 한다. 측정값이 5 *MΩ* 미만일 경우 모터 코일(motor coil)이 손상될 수 있다. 이 경우에는 모터를 기동해서는 안 된다. 절연저항이 요구조건 보다 낮은 경우 모터 코일을 일정시간 기동하지 않고 습기 제거를 위해 방치하면 회복될 수 있다. 따라서 모터 코일의 절연저항은 하역 전 다시 측정해야 한다. 5 *MΩ*의 절연저항 값은 모터 시동을 위한 최소값이며, 적절한 절연저항 값은 50 *MΩ* 이상이다. 측정값이 최소값보다 낮을 경우 절연저항의 저하 원인을 추적하고 조치를 취해야 한다. 또한 마지막 운전 시 측정한 값에 비해 절연저항이 너무 많이 낮아진 경우에도 절연저항 저하 원인을 추적 후 조치하는 것이 바람직하다.

(2) 화물탱크의 액체 수위는 다음보다 높아야 한다.

① gas trial 및/또는 gas free 후 첫 번째 펌프 운전 시

흡입 여과기(suction strainer) 하단부로 부터 약 1.78 m 이상

② 정상 운전(상기 운전 제외)

흡입 여과기(suction strainer) 하단부로 부터 약 0.6 m 이상

(3) 펌프와 모터를 충분히 냉각시킨다.

LNG에 펌프를 담근 후 최소 1시간 30분을 경과해야 한다(1.5시간 이내에 펌프를 작동시키지 않는다). 펌프 운전 전에 펌프와 모터의 각 부분을 충분히 냉각할 필요가 있다. 냉각이 불충분한 상태에서 펌프를 운전할 경우 베어링 파손이나 펌프의 각 부속품간의 작은 간극에 의한 접촉이 발생할 가능성이 있다. 그리고 화물탱크 내부 온도가 -130℃ 이하가 될 때까지 냉각속도는 50 ℃/h 미만이어야 한다. 펌프온도가 -130℃에 도달한 후에는 냉각속도에 제한이 없다. 냉각이 너무 빠르면 각 부분이 불규칙하게 수축되어 부분적으로 과도한 응력이 발생하여 펌프의 부속품 및 볼 베어링이 손상될 수 있다.

(4) 직통(direct on line) 운전 시, 펌프 기동 전 주의사항

화물펌프의 토출라인은 stripping/spray pump를 사용하여 냉각해야 하며, water hammer를 줄이기 위해 화물펌프를 운전 전에 LNG로 채워야 한다.

(5) 화물펌프 토출밸브는 약간 개방되어야 한다.

운전 시 water hammer를 줄이려면 토출밸브를 약 18~25% 정도 개방해야 한다. 단, water hammer를 가능한 작게 만들기 위해서는 실제 운전조건을 반영하여 밸브 개도를 조절해야 한다.

5.4.2 Stripping/Spray Pump

1) 개요

화물탱크의 냉각, stripping 및 HiVAR 운전을 위해 HP pump로 LNG 공급하는 용도로써 stripping/spray pump가 각 화물탱크에 1대씩 장착되어 있다. 펌프의 정격 유량은 60 m^3/h이며, LNG의 수두(head)는 140 m이다. 펌프는 원칙적으로 주 화물펌프와 유사하며, 유사한 운전절차를 사용한다. spray pump는 ballast 항해를 마친 후 적재(loading)하기 전에 화물탱크의 냉각(cooldown)을 위해 사용된다. 펌프는 CCR에서 IAS를 통해 운전 및 정지된다. 비상 시 비상정지 시스템(ESDS, Emergency Shutdown System) trip 조건이 되면 모든 펌프가 정지된다. stripping/spray pump의 용도는 다음과 같다.

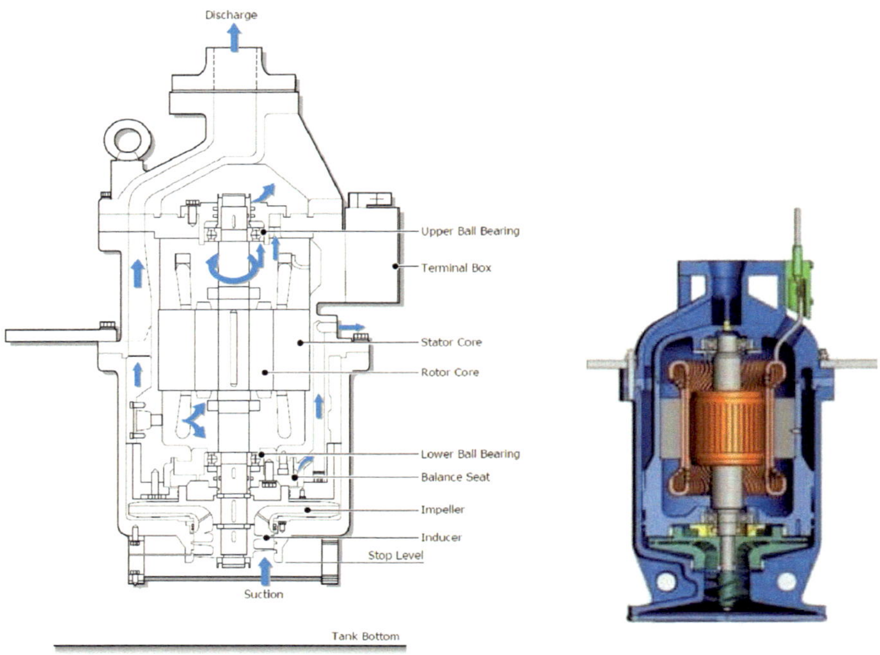

그림 5.26 stripping/spray pump의 구조

- 배출(discharging) 전에 liquid header의 냉각(cool down)
- 적재 터미널(loading terminal)에서 화물탱크의 냉각(cool down)
- 화물탱크 stripping
- MEGI 엔진의 연료를 위해 LNG vaporizer 또는 HP pump에 LNG 공급

화물탱크 stripping 시에는 매우 낮은 액체 수위로 인한 주 화물펌프의 운전문제가 있으므로 stripping/spray pump를 이용해야 한다.

2) 운전준비(운전조건)

(1) 절연저항은 1 MΩ 이상이어야 한다.

스타터에 제공된 전원 스위치를 끈 후 500 V 메가(megger) 테스터기를 사용하여 스타터의 전원 케이블 단자와 접지 사이의 절연저항을 측정하고 기록해야 한다. 측정값이 1 *MΩ* 미만일 경우 모터 코일(motor coil)이 손상될 수 있다. 이 경우에는 모터를 기동해서는 안 된다. 절연저항이 요구조건보다 낮게 떨어질 경우 모터 코일을 일정시간 기동하지 않고 습기 제거를 위해 방치하면 회복될 수 있다. 따라서 모터 코일의 절연저항은 하역 전 다시 측정해야 한다. 1 *MΩ*의 절연저항 값은 모터 시동을 위한 최소값이며, 적절한 절연 값은 50 *MΩ* 이상이다. 측정값이 최소값보다 낮을 경우 절연저항의 저하 원인을 추적하고 조치를 취해야 한다. 또한 마지막 운전 시 측정한 값에 비해 절연저항이 너무 많이 낮아진 경우 절연저항 저하원인을 추적 후 조치하는 것이 바람직하다.

(2) 화물탱크의 액체 수위는 다음보다 높아야 한다.

흡입 여과기(suction strainer) 하단부로 부터 약 0.14 m 이상

(3) 펌프와 모터를 충분히 냉각시킨다.

LNG에 펌프를 담근 후 최소 1시간 30분을 경과해야 한다(1.5시간 이내에 펌프를 작동시키지 않는다).

(4) 펌프 토출밸브는 약간 개방되어야 한다.

운전 시 water hammer를 줄이려면 토출밸브를 약 18~25% 정도 개방해야 한다. 단, water hammer를 가능한 작게 만들기 위해서는 실제 운전조건을 반영하여 밸브 개도를 조절해야 한다.

5.4.3 Emergency Cargo Pump

1) 개요

각 화물탱크에는 emergency pump well 또는 column이 장착되어 있다. 이 emergency pump well에는 고부하 스프링에 의해 닫힌 위치(closed position)에서 고정되는 foot valve가 있다. 화물탱크 내 1개 또는 2개의 주 화물 펌프 중 1개 또는 2개의 주 화물 펌프의 고장으로 비상 펌프를 사용해야할 경우, emergency pump well을 질소로 purging 후 비상 펌프를 emergency pump well로 하강시킨다. 비상 펌프의 중량은 스프링 장력을 극복하여 foot valve를 열고 장착된다. 펌프가 설치될 때에는 소량의 질소 공급이 유지되어야 한다. 각 pump well에 인접한 junction box와 전기적으로 연결된다. 전용 스타터(dedicated starter)는 화물용 배전반(cargo switchboard)에 설치된 하나의 회로 차단기(circuit breaker)와 함께 사용할 수 있다. 이 스타터(starter)에는 junction box 4개가 모두 제공된다. 모든 안전장치는 주 화물펌프의 조건과 동일하므로 회로 차단기(circuit breaker)가 작동되면 비상 펌프로 전송된다. 정상 운전 시 펌프의

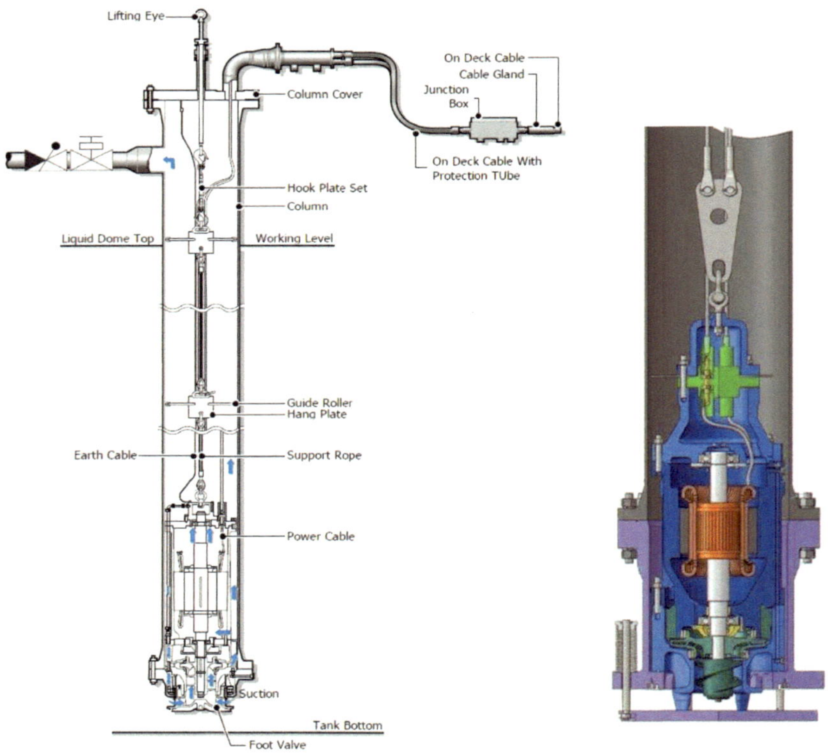

그림 5.27 Emergency Cargo Pump의 구조

재기동은 침수된 전기 모터 위의 액체 수위에 따라 제한된다. 화물탱크 액체 수위가 0.94 m 미만일 경우 펌프를 다시 운전할 수 없다. 모터는 가능한 한번만 기동해야 한다. 불가피하게 재기동이 필요한 경우 모터가 정지한 후 15분 이상 경과한 후 재기동해야 한다.

2) 운전준비(운전조건)

(1) 절연저항은 1 MΩ 이상이어야 한다.

스타터에 제공된 전원 스위치를 끈 후 500 V 메가(megger) 테스터기를 사용하여 스타터의 전원 케이블 단자와 접지 사이의 절연저항을 측정하고 기록해야 한다. 측정값이 1 $M\Omega$ 미만일 경우 모터 코일(motor coil)이 손상될 수 있다. 이 경우에는 모터를 기동해서는 안 된다. 절연저항이 요구조건보다 낮게 떨어질 경우 모터 코일을 일정시간 기동하지 않고 습기 제거를 위해 방치하면 회복될 수 있다. 따라서 모터 코일의 절연저항은 하역 전 다시 측정해야 한다. 1 $M\Omega$의 절연저항 값은 모터 시동을 위한 최소값이며, 적절한 절연 값은 50 $M\Omega$ 이상이다. 측정값이 최소값보다 낮을 경우 절연저항의 저하 원인을 추적하고 조치를 취해야 한다. 또한 마지막 운전 시 측정한 값에 비해 절연저항이 너무 많이 낮아진 경우 절연저항 저하원인을 추적 후 조치하는 것이 바람직하다.

(2) 화물탱크의 액체 수위는 다음보다 높아야 한다.

흡입 여과기(suction strainer) 하단부로 부터 약 0.85 m 이상

(3) 펌프와 모터를 충분히 냉각시킨다.

LNG에 펌프를 담근 후 최소 1시간 30분을 경과해야 한다(1.5시간 이내에 펌프를 작동시키지 않는다).

(4) 펌프 토출밸브는 약간 개방되어야 한다.

운전 시 water hammer를 줄이려면 토출밸브를 약 18~25% 정도 개방해야 한다. 단, water hammer를 가능한 작게 만들기 위해서는 실제 운전조건을 반영하여 밸브 개도를 조절해야 한다.

5.5 GAS COMPRESSOR

5.5.1 HD Compressor

1) 개요

2대의 HD(High Duty) compressor가 cargo compressor room에 설치되어 적재(loading) 및 초기 냉각(initial cool down) 중에 발생된 화물탱크 내의 가스를 육상 탱크로 돌려보내고 탱크 워밍업(warming up) 중에 따뜻한 NG를 순환시키며, BOG를 GCU로 전송하는 역할을 한다.

모터는 cargo compressor room로부터 강재 가스기밀 격벽(steel gas tight bulkhead)에 의해 분리되는 전기 모터실(electric motor room)에 장착된다. 모터와 compressor 사이의 구동축(drive shaft)은 가압된 오일 차단기(oil barrier)로 작동하는 mechanical seal을 통해 격벽(bulkhead)을 통과한다. compressor는 회전속도(RPM)가 일정하며, inlet guide vane (IGV)이 장착되어 있다. compressor 유량은 IGV 위치에 따라 달라진다. IGV 위치를 제어하여 vapour header 압력을 원하는 압력으로 유지할 수 있다. 서지(surge) 방지는 anti-surge controller에 의해 유지된다.

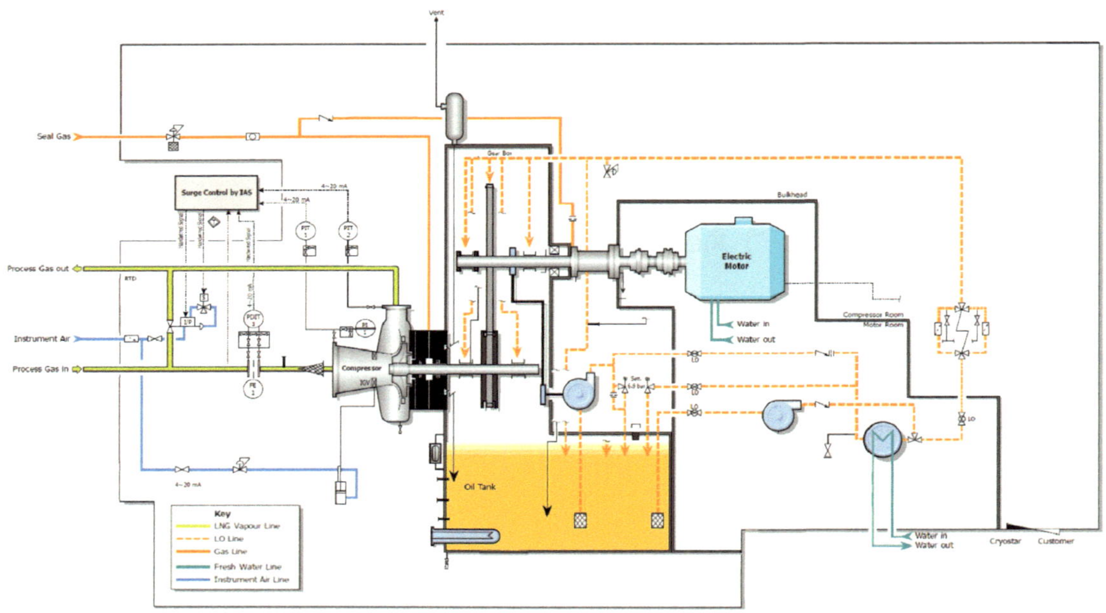

그림 5.28 HD Compressor 시스템 개략도

2) Compressor System

(1) Compressor

skid(목재 또는 금속재 다리가 달린 받침대)에 장착된 compressor는 plug-in closure assembly를 갖추고 있어 회전부분 및 인접한 고정 부속품들을 신속하게 교체할 수 있다. 기기의 compressor 부분은 축방향 유입유형(axial inflow type)이며, 가변 inlet guide vane이 있다. compressor는 압력 및 유량 범위 내에서 작동하도록 설계되었다. compressor shaft 진동을 모니터링할 수 있도록 proximity probe pick-up 센서가 장착되어 있다.

(2) Seal Gas System

seal gas system은 윤활유(lube oil)의 유분(oil mist)이 compressor 내부로 유입되는 것을 방지하고, gear box 내부로 차가운 가스가 유입되는 것을 방지하기 위해 설치되어 있다. 따라서 seal gas는 gear shaft bearing과 compressor wheel 사이에 장착된다. seal gas는 선박의 N_2 generator에 의해 생성된 건조한 질소이다. seal gas system에는 compressor 출구 압력에 의해 제어되는 압력제어 기능이 있다. shaft seal에서 gear box로 유입되는 seal gas는 윤활유 sump tank로 돌아가 오일과 분리되어 대기 중으로 배출된다.

(3) Lube Oil System

gear box 윤활유는 환기 가능한 sump tank 안에 저장된다. sump tank에는 일체형의 침적 steam heater가 설치되어 있다. 윤활유는 별도의 흡입 strainer screen과 2대의 윤활유 펌프를 통해 sump tank로부터 공급된다. 윤활유 펌프 출구에는 체크밸브가 설치되어 있으며, 이는 작동하지 않는 다른 펌프로의 역류를 방지하기 위함이다. 저속 shaft gear에 의해 주 윤활유 펌프(main oil pump) 가 구동되고 주 펌프가 고장 나면 stand-by electric pump가 즉시 작동되고 원격 경보가 발생하며 보조 펌프가 작동 중임을 나타낸다.

윤활유는 열교환기를 통과하여 냉각된다. thermal bypass temperature control valve는 제한된 범위(38~47℃) 내에서 윤활유의 과냉각을 방지하며, 2개의 필터를 통과한다. 필터는 수동 전환밸브(changeover valve)로 선택할 수 있다. clogging indicator는 작동 필터의 압력강하를 나타내며, filter element 상태를 나타낸다. 0.2 MPa 이상의 차압이 발생하면 filter element를 교체해야 한다. flow orifice는 bulkhead seal에 대한 윤활유의 흐름과 압력을 조절한다. 이 윤활유는 bulkhead/shaft seal의 윤활에 사용되며 sump tank로 돌아간다.

pressure control valve는 gear box로의 윤활유 흐름을 조절한다. 이 밸브를 조정하면 베어링에 공급되는 압력이 설정된다. 과도한 윤활유는 기계를 우회하여 sump tank로 바로 들어간다. 펌프 감압밸브(relief valve)는 백업(back up) 밸브로 작동하며, 0.8 MPa로 설정되어 있다. 윤활유 흐름은 윤활유가 베어링에 주입되는 gear box로 유도된다. 별도의 압력 스위치가 설치되어 있다.

한 스위치는 경보(alarm)를 발생하고 보조 윤활유 펌프(auxiliary lube oil pump)를 작동시킨다. 두 번째 스위치는 윤활유 압력이 최소 압력 아래로 떨어지면 시스템을 차단하도록 설정된다. seal gas는 lube oil seal 바깥쪽에 공급되어 lube oil mist가 compressor 내부로 유입되는 것을 방지하고, 차가운 LNG 가스가 gear box로 유입되는 것을 방지한다. main bearing의 온도센서가 bearing의 윤활유 출구 온도를 감지한다. gear bearing의 경우 정상 온도 범위는 12~65℃이며, 고온(60℃ 이상)이 되었을 경우 경보(alarm)가 울린다.

그런 다음 윤활유는 sump tank로 다시 유입된다. 윤활유에는 윤활유와 seal gas가 혼합되어 있고, 이 seal gas는 mist separator에 의해 sump tank에서 배출되고 파이프를 통해 대기로 방출된다.

(4) Surge Control System

surge를 방지하기 위해 automatic surge control system이 장착되어 있다. compressor surge는 불규칙한 compressor의 입·출구 압력과 (일반적으로 소리로 들을 수 있는) 유량 맥동(flow pulsation)로 설명되어 지며, 이는 compressor의 불안정한 흐름 때문에 발생한다. 2대의 compressor에는 automatic surge control system이 장착되어 있으며, process loop 제어에 의해 유체 흐름이 적어지면 bypass valve가 작동된다. 속도와 inlet guide vane이 흐름을 제어한다.

(5) Inlet Guide Vane

가스 흐름을 조절하기 위해 compressor에는 흡입부에 inlet guide vane이 장착되어 있다. inlet guide vane은 flow controller로부터 제어신호를 수신하는 pneumatic actuator에 의해 작동된다. inlet guide vane은 80° ~ -30° 의 각도로 작동되며, vane의 각도는 현장과 CCR(Cargo Control Room)에서 확인할 수 있다.

(6) HD Shaft Vibration Monitoring

gearbox의 high speed shaft에는 진동을 감지하는 근접센서(proximity sensor)가 장착되어 있다. 진동 수준에 따라 다음과 같은 조치를 취한다.

- Vibration high level: alarm
- Vibration high-high level: shutdown

시동(start-up) 중 자연적인 진동으로 인한 알람 및 shutdown을 방지하기 위해 시동 후 약 4~5초 동안 해당 기능이 작동되지 않는다.

(7) Bulkhead Seal

bulkhead seal oil 공급압력과 bulkhead seal 온도를 모니터링하고 다음과 같이 조치를 취한다.

- Supply pressure low: alarm
- Supply pressure low-low: shutdown
- Seal temperature high: alarm
- Seal temperature high-high: shutdown

5.5.2 BOG Compressor(HP Compressor)

1) 개요

HP(high pressure) compressor FGSS의 주목적은 부하에 따라 main engine 및 DFGE에 연료 가스를 공급하고, 부분 재액화설비(Partial re liquefaction plant)에 가스를 공급한다. compressor 장비는 BOG(CH_4)에 대하여 설계 흡입유량이 약 4,700 kg/h 정도이며, -120~40℃ 사이의 흡입 온도와 106~170 kPa 사이의 흡입압력을 가지는 BOG에 대하여 45℃에서 약 30,600 kPa의 토출압력까지 5단계에 걸쳐 가스를 압축한다. compressor는 최대부하 상태 또는 부분부하 상태에서 작동될 수 있다. compressor는 valve unloader(100%/75%/50%)에 의해 부하 변동이 가능하다. 1단계에서는 토출압력이 bypass valve에 의해 제어된다. MEGI의 가스수요에 따라 1단계의 bypass valve가 열리고 닫힌다. compressor 입구에서 압력이 낮은 경우 화물탱크 내부가 진공이 형성되는 것을 방지하기 위해 1단계 이상의 bypass valve가 강제로 열린다. 따라서 MEGI의 가스공급이 감소한다. 또한 중간압력은 1-3단계와 3-5단계에 걸쳐 추가 bypass valve로 제어된다.

3단계에서는 DFGE와 GCU에 가스를 공급하는 공급라인이 제공된다. 라인압력은 pressure control valve에 의해 제어된다.

compressor, 장치 용기 및 배관 시스템은 배관 시스템과 compressor frame에 설치된 기계적 안전밸브(mechanical safety valve)를 통해 예상치 못한 과압으로 부터 보호된다.

2) Process Gas System

맥동댐퍼(pulsation damper)는 각 압축단계 전과 후에 장착되어 파이프 및 보조 장치의 가스맥동을 최소화한다. 1단계와 2단계의 흡입부는 낮은 가스 온도로 인해 스테인리스강(stainless steel)으로 설계되어 있고 나머지 부분은 탄소강으로 설계되었다. 각 단계 이후의 gas cooler(열교환기)는 냉각수(coolant water)를 이용하여 process gas를 냉각시키기 위해 장착된다.

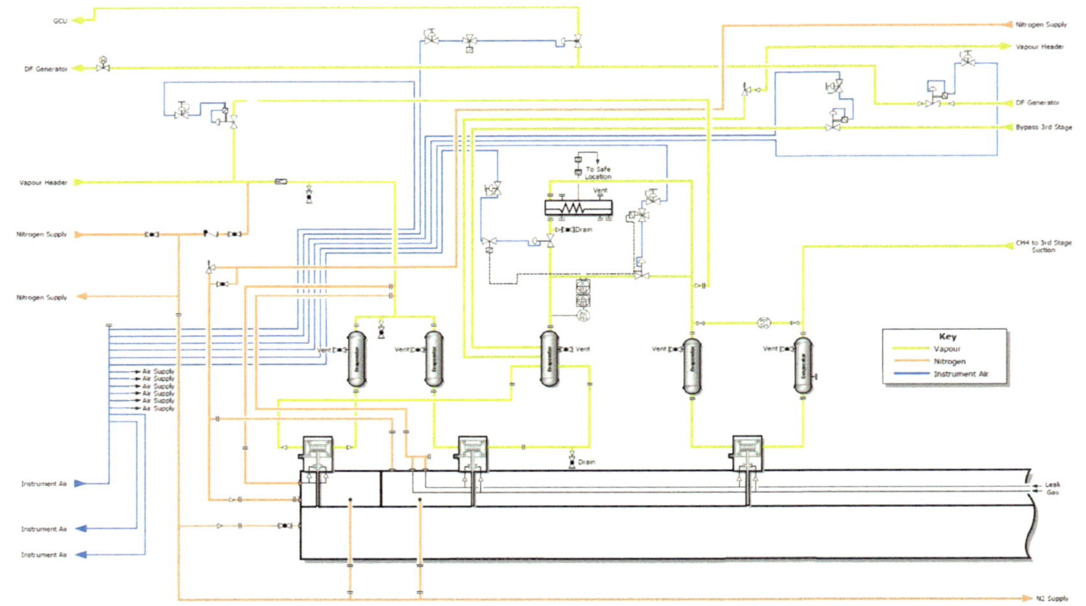

그림 5.29 BOG Compressor 시스템 개략도(1/2)

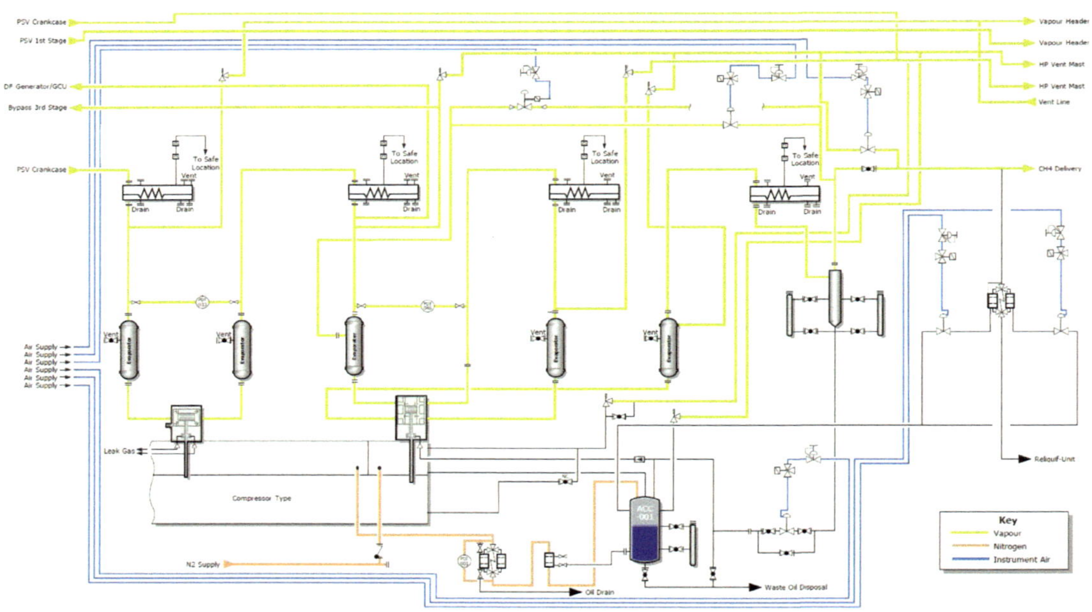

그림 5.30 BOG Compressor 시스템 개략도(2/2)

(1) Pulsation Damper

맥동댐퍼(pulsation damper)는 파이프 및 보조 장치의 가스맥동을 최소로 줄이기 위해 장착되어 있다. 또한 댐퍼의 각 입·출구에는 추가적인 맥동을 줄이기 위해 orifice가 장착되어 있다.

(2) Gas cooler

① 1단계 이후 gas cooler

1단계 이후의 온도에 따라 가스는 1단계 열교환기에 의해 냉각되거나 2단계에 바로 공급된다. 가스온도 변화에 따라 관련 밸브를 조정하여 자동으로 제어된다.

② 2단계, 3단계, 4단계 이후의 gas cooler

이 cooler들은 자동으로 제어되지 않는다. 그러나 개별 cooler의 출구에 있는 globe valve를 throttling하여 물의 흐름을 감소시킴으로써 각 cooler의 가스온도를 수동으로 조정할 수 있다. 냉각수 온도 변화 또는 가스 질량 유량(gas mass flow), 유입온도 및 가스온도 변화가 다양하다.

③ 5단계 이후 gas cooler

5단계 이후의 가스온도에 따라 관련 밸브를 조정하여 자동으로 제어된다. 냉각수 흐름을 제어하기 위한 밸브는 cooler에 최소 유량이 허용되도록 완전히 차단해서는 안 된다.

④ 분리기(separator)

compressor 장비에서 5단계 배출 후 가스 내의 윤활유 함량을 줄이기 위해 분리기가 장착되어 있다.

3) Lubricating System

윤활시스템의 기능은 compressor의 운동부(예: crankshaft main bearing, connecting rod bearings, crosshead)를 윤활하는 것이다. 윤활유는 oil cooler, oil filter 및 compressor의 다양한 윤활 지점을 통해 순환하고 별도의 윤활유 탱크에 저장된다. electrical lubrication pump는 compressor를 시동하기 전, 작동 중 및 윤활 후 compressor를 정지시킨 후에 필요하다. compressor가 stand-by 상태인 경우에는 compressor 시동을 위한 최소 윤활유 온도를 유지하기 위해 윤활시스템을 작동할 수 있다. 윤활시스템은 다음과 같이 구성되어 있다.

- Two electrical lubricating oil pump
- A dual oil filter with 1 integrated differential oil pressure gauge

- An oil cooler(heat-exchange to the cooling water system)
- One analogue temperature transmitter
- One pressure transmitter
- One differential pressure transmitter across dual oil filter
- Two differential pressure transmitters for compressor protection
- One level transmitter mounted on the tank
- Two manometers(pressure gauge)
- Two temperature gauges

4) Cylinder Lubricating System

실린더 윤활시스템은 구동부(moving part)의 윤활성능을 확보하기 위해 piston ring과 cylinder liner 사이 그리고 pressure packing과 piston rod 사이에 윤활유를 충분히 공급한다.

각 윤활지점의 윤활유는 몇 개의 고압 윤활유 펌프를 통해 이송되며, 윤활유 펌프는 common crankshaft에 의해 기계적으로 작동되고, crankshaft은 전기모터에 의해 구동된다. 실린더 윤활시스템은 다음과 같이 구성되어 있다.

- 1 pump housing with 10 outlet ports(6 used)
- A drop regulator with integrated sight glass for each lubricating point
- Two non-return ball valves for each lubricating point, one installed at the compressor
- An oil tank(capacity 240L total, usable capacity 200L)
- A gear train with electric motor
- A lubricating oil heater with controller and a limiter
- A guided radar level transmitter on the tank
- A temperature sensor
- A gear train motion sensor and a lube oil volume pulse generator with a reed contact
- A connection for oil refill
- A temperature gauge on the Tank

5) Coolant System

compressor cylinder와 packing 그리고 윤활유시스템 열교환기와 gas cooler는 수냉식이다. 냉각수 물 처리를 주의 깊게 수행해야 하며, 수질을 정기적으로 점검해야 한다. 오염, 불순물 및 침전물(펌프의 mechanical seal 손상 및 열전달 방해)로 인한 부식 및 손상을 방지하기 위해 시스템 전체에 대한 양호한 수질관리는 매우 중요하다. 전체 냉각시스템은 다음과 같이 2개의 냉각 회로로 구성된다.

- Fresh water open cooling circuit
- Glycol water cooling circuit

6) Operation Mode

다음은 HiCOM 시스템의 작동 모드에 대한 설명이다. 연료가스 공급시스템 및 MEGI의 경우 다음과 같이 4가지 작동 모드가 있다.

- HiVAR operation
- HiCOM operation
- Combined operation
- Fuel oil operation

아래의 작동 모드는 HiCOM 시스템이 가스를 사용하는 장비와 상호작용하는 방식을 나타낸다. 예를 들어, DFGE는 HiCOM 운전에서만 main engine과 함께 가스를 소비한다. 운전방식은 표 5.1과 같다.

표 5.1 HiCOM 시스템의 작동 모드

No.	MEGI Engine			DFGE			Operation
	HiCOM	HiVAR	FO	HiCOM	HiVAR	FO	
1	○			○			HiCOM only
2	○					○	HiCOM and FO
3		○		○			HiVAR & HiCOM combined
4		○			○		HiVAR only
5		○				○	HiVAR and FO
6			○	○			HiCOM and FO
7			○			○	FO only
8				○			HiCOM only
9						○	FO only

5.6 GAS HEATER(HD HEATER)

HD heater의 주목적은 GCU에 사용되는 비활성가스와 천연가스(inert gas & natural gas) 혼합물의 연소 또는 dry dock 전에 화물탱크 워밍업(warming-up)을 위해 BOG를 가열하는 것이다. 화물탱크를 예열해야 할 경우 HD heater를 사용하여 가스를 가열한다. 가스 처리량(gas rate)이 많아져 히터 한대로 처리가 불가시 두 히터를 동시에 사용하여 필요한 작업을 수행한다. 제어는 기본적으로 BOG mode와 동일하다. 설계상 heater는 최대 부하로 작동하며, cold gas는 bypass 되지 않는다(그림 5.31 HD Heater 시스템 개략도).

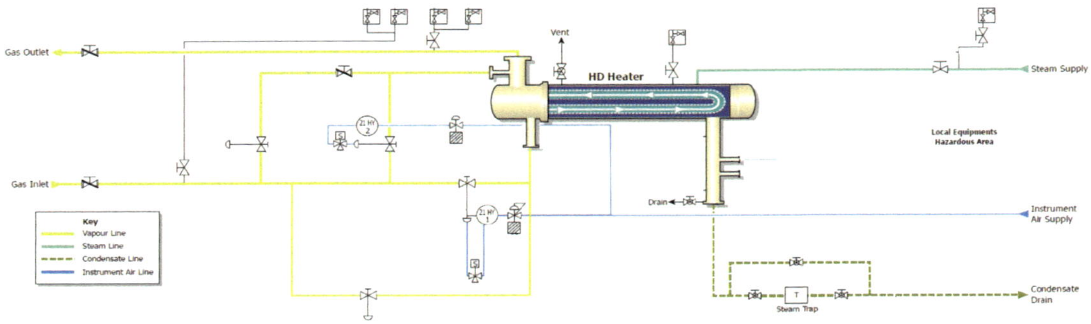

그림 5.31 HD Heater 시스템 개략도

5.7 LNG VAPORIZER

LNG vaporizer는 증기가열 shell & tube형 열교환기로 cargo compressor room에 설치되어 있다. 하역 시 적하(unloaded)되는 LNG 부피만큼 vapour crossover를 통해 육상에서 대체하거나 LNG vaporizer를 사용하여 대체해야 한다. LNG vaporizer는 화물탱크 purging을 위한 질소(N_2)의 기화에도 사용된다. LNG vaporizer를 통과하는 유체의 흐름은 유량 제어장치(flow controller) 또는 압력 제어장치(pressure controller)를 통해 제어할 수 있다. 유량 제어장치는 vaporizer의 하부유량(downstream) 비율을 판독하고 입구밸브를 조작한다. 압력 제어장치는 vapour manifold의 압력을 읽고 동일한 밸브를 조작한다. 압력제어와 유량제어 간의 전환은 언제든지 수행할 수 있다. 출구 온도는 출구 온도를 측정하고 bypass valve를 조작하는 제어장치에 의해 제어된다. emergency forcing mode에서 권장되는 출구 온도는 -25℃ 이다(그림 5.32 LNG Vaporizer 시스템 개략도).

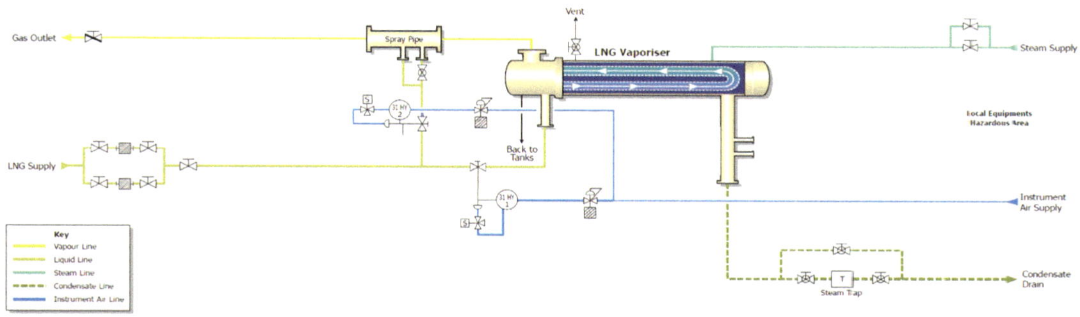

그림 5.32 LNG Vaporizer 시스템 개략도

5.8 HP PUMP & HP VAPORIZER(for MEGI)

5.8.1 개요

2대의 HP pump가 cargo compressor room에 설치되어 있으며, HP pump는 왕복형이고 유량은 펌프에 연결된 모터의 RPM에 의해 제어된다. 이 펌프는 31.5 MPa로 stripping/spray pump에서 공급된 LNG를 가압하는데 사용되며, 일반적으로 stripping/spray pump는 LNG를 HP pump의 필요한 유량보다 약 20% 더 많이 제공한다. 따라서 HP pump의 압력조절을 위해 stripping/spray pump의 잉여 LNG는 condensate return line을 통해 화물탱크로 다시 보내진다. HP pump 시스템은 각각 변속기를 통해 전기모터에 의해 직접 구동되는 2대의 SL-type cryogenic pump, 즉 HP pump와 변속 장치(gearbox)의 warm end(crankcase)에 윤활유를 공급하는 윤활 시스템, 극저온 액체를 기체로 변환하는 기화기 시스템(vaporizer system), 필요한 모든 제어, 안전장치 및 각종 계측장비로 구성된다.

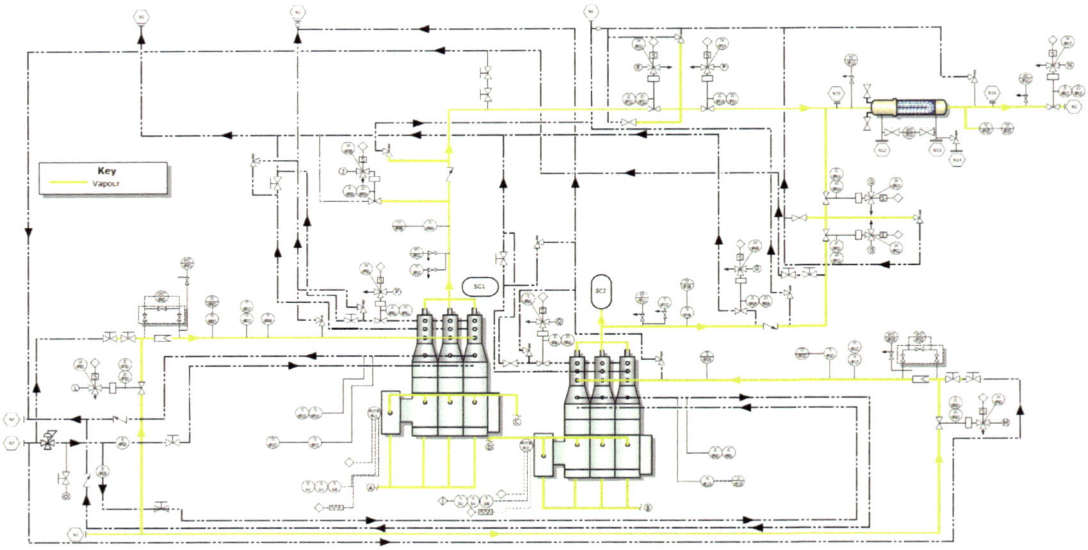

그림 5.33 HP Pump & Vaporiser 시스템 개략도(1/2)

5.8.2 HP Pump

HP pump 2대중 1대는 right-hand drive이고, 다른 1대는 left-hand drive라는 점을 제외하면 모든 측면에서 동일하다. 1대의 펌프로 모든 성능(흐름 및 압력)을 발휘할 수 있으며, 다른 펌프는 필요한 경우 즉시 사용할 수 있도록 설치된 예비 펌프이다. 두 펌프 모두 primary pump 또는 standby pump로 선택할 수 있다. 윤활 시스템은 한 번에 하나의 펌프와 변속기만 작동하고 윤활 되도록 설계되어 있다. LNG 선박을 위한 HP pump assembly는 3개의 cylinder로 구성된 수평 방향의 단동 용적형 왕복식 초저온용 펌프(single-acting positive displacement reciprocating cryogenic pump)로서 변속기를 통해 전기모터에 의해 구동된다. 펌프는 구동 메카니즘(drive mechanism)이 들어 있는 warm end 또는 drive assembly와 극저온 액체가 실제로 저압에서 고압으로 이송되는 cold end으로 구성된다.

5.8.3 Warm(Drive) End Assembly

warm end housing은 3개 실린더의 구동장치를 포함하는 조립식 구상흑연 주철(ductile cast iron)로 구성된다. intermediate housing은 각 cold end cylinder housing에 warm end housing을 연결한다. 이 intermediate housing은 cold end를 warm end에서 열적으로

분리한다. warm end는 main bearing에 지지되는 crankshaft와 thrust bearing에 의해 제어되는 end play를 포함한다. 회전운동을 왕복운동으로 변환하는 connecting rod, wrist pin 및 crosshead는 각 실린더의 구동장치를 완성한다. warm end 구동장치(bearing, crosshead 및 wrist pin)는 외부 윤활 시스템에 의해 윤활된다.

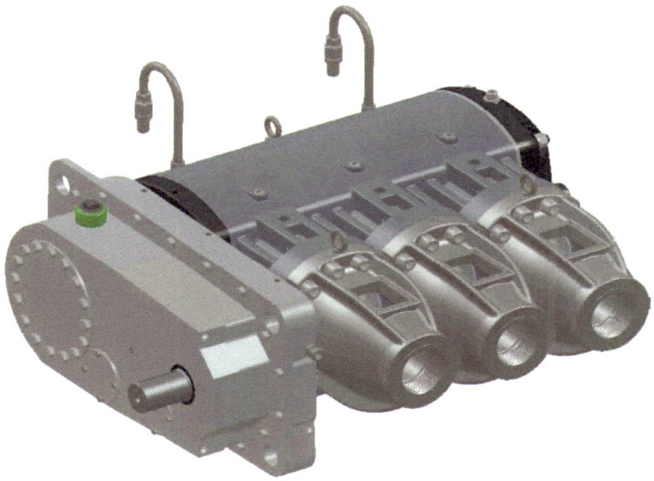

그림 5.34 HP Pump Drive Assembly and Gearbox

5.8.4 Intermediate Housing

intermediate housing은 대기로부터 완전히 밀폐되어 있으며, purge를 위한 별도의 가스 입·출구가 설치되어 있다. purge gas는 cold end packing이 누출되어 LNG가 침투할 경우 안전한 상태를 유지하고, 또한 dry N_2 purge gas는 노출된 저온 피스톤 표면에 결빙 형성을 방지한다. purge gas와 주입된 natural gas는 선외로 배출된다.

5.8.5 Cold End Assembly

원하는 유량과 압력이 유연하게 대응할 수 있도록 cold end를 서로 다른 직경으로 사용할 수 있다. 각 cold end는 모두 스테인리스강 housing 내부에 있는 cylinder sleeve, suction & discharge valve 및 warm end crosshead에 의해 구동되는 piston rod로 구성된다. suction valve는 piston chamber 끝에 위치한 flat plate 유형이며, 이 위치는 손실 수두(head)가 가장 적은 실린더로 가장 직접적인 경로를 제공한다. discharge valve 또한 piston chamber 끝에 위치하며, 실린더의 압력이 시스템 압력보다 높을 때 자동으로 열리는 flat-faced poppet 유형이며, 흡입행정 시 다시 닫힌다.

피스톤에는 pumping chamber를 housing의 나머지 부분으로 기밀을 유지하기 위해 여러 세트의 piston ring이 장착되어 있다. 스테인리스강 피스톤은 적절한 방열을 위해 충분한 길이를 가지므로, 액체 내부로의 열 누출을 제한하는 동시에 warm end 근처에 위치한 piston packing을 상대적으로 따뜻하게 유지할 수 있다.

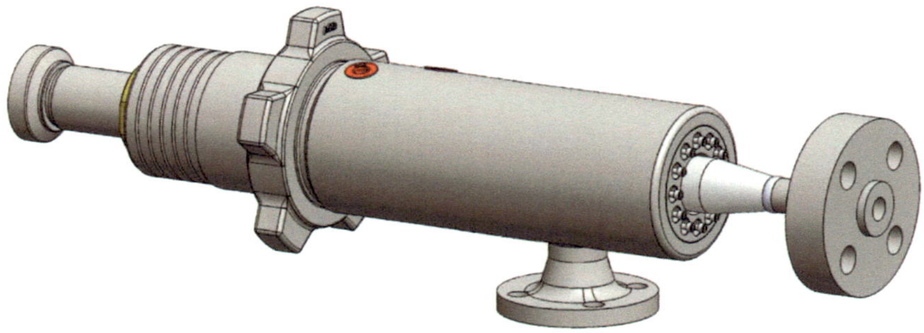

그림 5.35 HP Pump Cold End Assembly

5.8.6 Gearbox and Input Coupling

변속기(gearbox)는 steel housing으로 제조되며 output gear와 연결된 pump shaft를 통해 펌프 구동 end housing에 직접 장착된다. 펌프는 좌측과 우측이 구분되기 때문에 변속장치도 펌프와 일치하게 설치된다. 2.615:1 비율의 변속기는 tapered roller bearing에 지지되는 pressure-lubricated input pinion, idler 및 output gear를 가진 three-gear 타입이다. 변속기의 윤활은 pump assembly에 제공되는 동일한 윤활 시스템에서 공급된다. 전기모터와 변속기 input pinion gear 사이의 input coupling은 탄성중합체(elastomer element)가 두 금속 flange 사이에 연결되는 탄성중합체 유형이다. flange는 taper-lock bushing을 통해 전기모터 및 변속기 샤프트에 장착된다. coupling을 통해 전달되는 동력은 elastomer element에 전단하중을 가하며, 이는 신뢰할 수 있는 고출력 전달을 제공하는 동시에 축 정렬에 유연성을 부여한다.

5.8.7 Pump Drive Motor

두 펌프 모두 동일한 모터로써 가변 주파수 구동(VFD, Variable Frequency Drive) 방식으로 설계되었다. 각 모터에는 단열재를 건조하게 유지하기 위한 single-phase space와 과열보호를 위한 3개의 PTC winding thermistor가 설치되어 있다.

5.8.8 Lubrication System

HP pump 시스템에는 reservoir, pump, accumulator, cooler, filter, local instrumentation, transmitter로 구성된 전체 윤활 시스템이 설치되어 있다. reservoir는 시스템 전체를 순환하며 윤활하는데 충분한 용량으로 설치되어 있다. reservoir 내부의 칸막이(baffle)는 펌프흡입 구역과 윤활유가 다시 유입되는 구역을 분리하여 펌프흡입 구역에서 윤활유의 탈기(deaeration)가 완료되도록 한다. reservoir에는 fill port, breather vent 및 drain port에 밸브가 장착되어 있다. sight glass는 윤활유 레벨을 점검하기 위해 설치되어 있다. 윤활유는 2대의 전기모터 구동 펌프 중 하나에 의해 가압되고 윤활 시스템을 통해 이동한다. 나머지 한 펌프는 backup 용도이며, 윤활유 압력이 설정값 이하로 떨어질 경우 자동으로 운전된다. 각 펌프에는 펌프 토출이 완전히 막힐 경우 펌프를 과압으로부터 보호하는 내부 감압밸브(relief valve)가 설치되어 있다. 두 번째 감압밸브는 각 펌프 출구 측에 장착되어 있으며, 이는 필터 고장 시 출구 파이프 및 구성 요소를 보호하도록 설정되어 있다. 압력 조절기(pressure regulator)는 원하는 값으로 HP pump crankcases에 대한 내부 압력을 제어한다. 모든 relief valve 및 pressure regulator로부터 방출된 윤활유는 다시 reservoir로 돌아온다.

accumulator는 예상치 못한 비상정지(shutdown) 시 HP pump bearing에 윤활유 공급을 유지하기 위해 설치되어 있다. accumulator는 bladder type으로 175 kPa(g)의 질소가 충전되어 있는 고무주머니 또는 bladder 가 내부에 설치되어 있다. 윤활유 펌프가 운전되면 펌프 토출압력은 bladder의 사전 충전압력을 극복하여 이를 압축하고 윤활유 압력과 질소 가스 압력 사이의 평형을 이룰 때까지 accumulator를 부분적으로 채운다. 그런 다음 어떤 이유로든 펌프 토출압력이 사라지면 bladder 내의 압축 충전된 질소가 저장된 윤활유를 accumulator에서 시스템으로 밀어 bearing에 윤활유를 공급한다. 각 펌프 출구 라인에 역류방지밸브(check valve)가 장착되어 accumulator에서 나온 윤활유가 정지된 펌프로 역류하는 것을 방지한다.

윤활유 cooler는 윤활유의 열을 제거하기 위해 설치되어 있다. cooler는 shell & tube type 열교환기로써 냉각수(coolant)로 청수를 사용한다. 온도 조절 밸브(thermostatic valve)는 윤활유가 cooler를 통해 흐르거나 우회하여 HP pump bearing에서 적절한 온도를 유지하도록 유량을 제어하는 밸브이다. HP pump bearing으로 들어가기 전에 윤활유의 불순물을 제거하기 위해 filter 한 쌍이 장착되어 있다. 이중 filter의 배치는 작동 중 filter를 청소/교환할 수 있도록 장착되어 있다. 기기 운전 중 filter 전환이 가능하도록 적절한 밸브가 포함되어 있다. filter의 막힘으로 인한 윤활유 압력강하를 측정하기 위해 DPIT(differential pressure indicator/transmitter)가 장착되어 있다.

5.8.9 HP Vaporizer

HP vaporizer는 HP pump에서 토출되는 고압용액을 고압가스로 지속해서 전환하기 위해 설치되어 있다. HP vaporizer는 shell & tube type으로 tube는 작은 공간에서 매우 큰 표면적을 제공하는 나선형 코일로 설치되어 있다. 부동액(glycol)과 물의 혼합물을 shell 내부와 코일 주위로 순환시켜 액체를 비등점까지 데운 다음 증발시켜 시스템에 필요한 온도로 더 가열한다. shell 측에는 vent 및 drain valve가 설치되어 있다. 혼합물 출구에 설치된 relief valve는 HP vaporizer의 shell 측을 과압으로 부터 보호하는 반면, NG 배관에 설치된 relief valve는 tube을 보호한다.

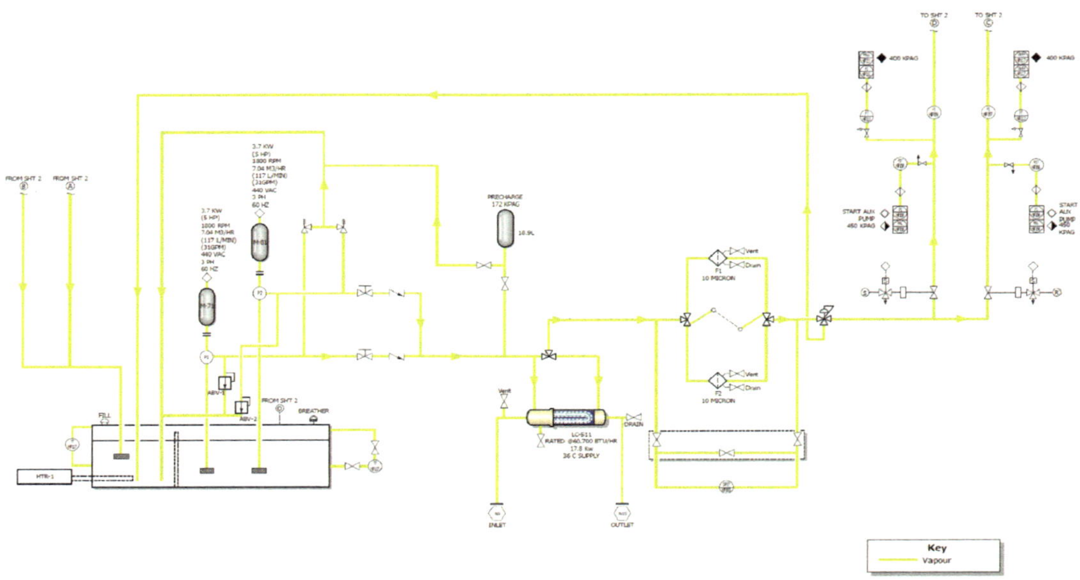

그림 5.36 HP Pump & Vaporiser 시스템 개략도(2/2)

5.9 FUEL GAS HEATER

fuel gas heater에서 냉각시스템(cooling system)의 용도는 다음과 같다.

- 5개의 청수 cooler를 사용하여 HP compressor의 중간단계 및 최종단계 후 압축 BOG를 냉각
- 청수를 통한 HP compressor motor 냉각
- BOG compressor 전용 청수 cooler를 사용하여 HP compressor frame 및 cylinder에 공급되는 glycol water 냉각

fuel gas heater에서 가열시스템(heating system)의 용도는 다음과 같다.

- 2대의 jacket water heater를 사용하여 LNG HP vaporizer에 공급되는 glycol water을 가열(No.1 glycol water J.W heater & No.2 glycol water J.W heater)
- steam heater를 이용하여 LNG HP vaporizer에 공급되는 glycol water을 가열 (No.1 glycol water steam heater)
- glycol water vaporizer(LNG HP vaporizer)를 사용하여 MEGI 엔진에 공급되는 고압 LNG의 기화와 가열
- glycol water vaporizer(FG heater for DFGE)를 사용하여 DFGE에 공급되는 고압 LNG의 기화와 가열
- 2대의 HP pump에 대한 윤활유 가열

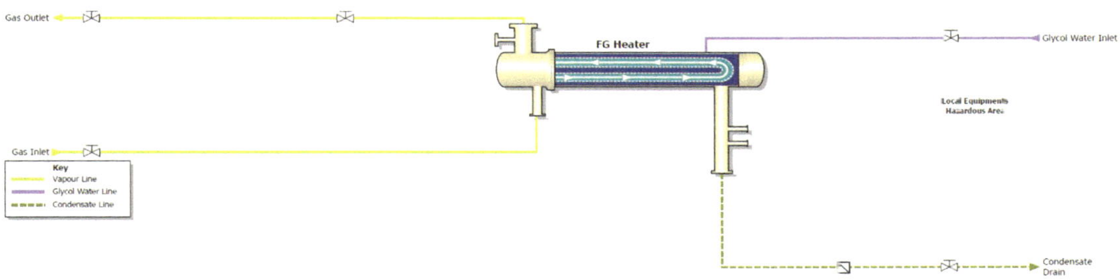

그림 5.37 Fuel Gas Heater 시스템 개략도

5.10 VACUUM PUMP

5.10.1 개요

2대의 진공펌프(vacuum pump)는 dry dock 후 방열구역(insulation space)의 불활성(inerting) 상태를 만들기 위한 작업에 사용된다. 진공펌프는 선박의 정상 운항 중에는 사용되지 않으며 dry dock 후 방열구역을 비활성 상태로 복원하는 경우에만 사용된다.

5.10.2 구조

1) Screw Shaft

screw shaft는 고급 구상흑연 주철(high-grade spheroidal graphite cast steel)로 제작되며, 정밀하게 가공되어 가공 완료 시 완벽한 dynamic balance 테스트를 거친다.

2) Timing Gear

timing gear set는 screw 타입의 진공펌프에서 가장 중요한 부분이며, screw들을 서로 일정한 간격으로 회전시켜야 한다. tooth 표면은 열을 가한 다음 소음을 낮추기 위해 특수 고정밀 tooth-polishing machine으로 연마한다.

3) Bearing

고정 측 bearing은 double row angular contact ball bearing, 팽창 측에는 무거운 부하 용량의 roller bearing이 장착되어 있다. 이러한 bearing은 고속의 과부하 운전을 견디고 gear와 rotor 사이의 간극을 정확하게 유지하기 위해 선택되어 졌다.

4) Shaft Seal

shaft seal은 펌프 출구 측의 bellows-type mechanical seal과 흡입 측의 double lip seal로 구성된다. 이러한 seal은 front end plate의 윤활유와 rear end plate의 그리스(grease)가 pump case 내부로 유입되는 것을 방지한다. front end plate와 drive rotor shaft의 모터 측면은 oil seal 또는 mechanical seal에 의해 기밀이 유지된다.

5) Oil Level Sight Gauge

2개의 oil level sight gauge가 있으며, front end cover의 양쪽에 위치한다.

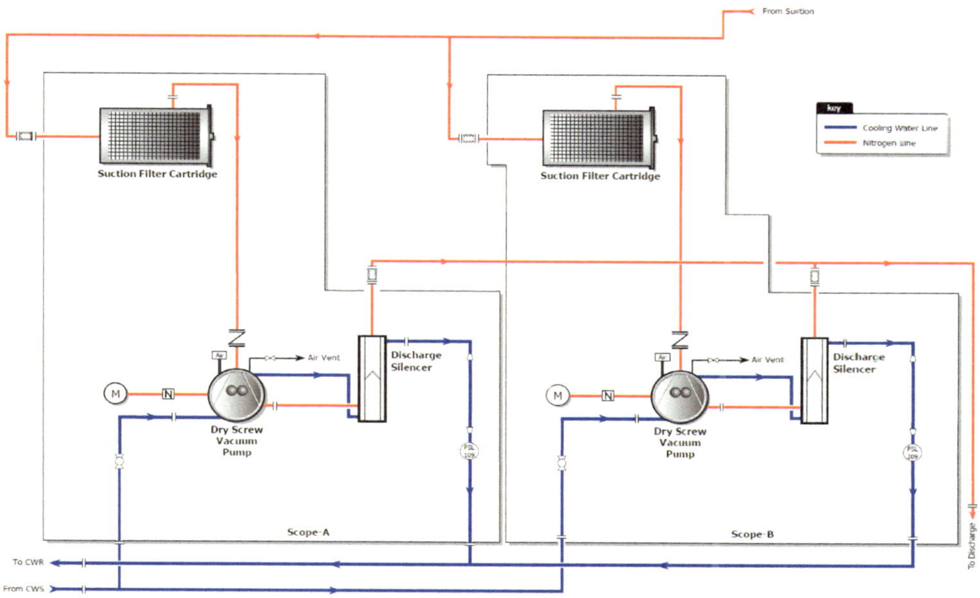

그림 5.38 Vacuum Pump 시스템 개략도

5.11 PARTIAL RELIQUEFACTION SYSTEM UNIT(for MEGI)

부분 재액화에 대한 전체적인 설계는 전용 밸브에 대한 Joule Thomson 효과를 통해 BOG를 액화하려는 의도로 이루어진다. 가스는 열역학 법칙에 따라 밸브 통과 후 압력강하로 인해 즉시 냉각된다. 이는 JT-Valve 제어로 이어진다. 열역학에서 압력과 온도는 밀접하게 관련되어 있다. 즉, 압력이 증가 또는 감소하면 이슬점(dewpoint)과 액체 온도가 변하게 된다. 제어는 fuel gas header로 공급되는 압력에 따라 JT-Valve를 개폐하여 이루어진다. 압력강하는 두 밸브 사이에 분할되며, 압력강하의 약 50%인 지점은 각 밸브를 통과해서 이다. process value는 fuel gas header 압력이기 때문에 process value을 빠르게 변경하면 PRS 시스템이 fuel gas header 압력에 대한 damper로 사용된다. 이 적용방식에 있어서 열역학 법칙으로 모든 가스를 재액화할 수는 없다. 액체의 양은 유입되는 가스의 온도에 의해서만 조절된다. PRS로 유입되는 가스온도는 HP compressor system(HiCOM)을 통과하는 유량에 따라 달라진다.

가스는 보통 main engine에 의해 소비된다. 실제로 재액화해야 하는 것은 초과 BOG의 양이다. 즉, 가스가 고압으로 압축되고 MEGI 엔진은 HiCOM이 공급하는 것보다 낮은 가스 소모량을 가질 경우 JT-Valve가 열리고 부분 재액화가 이루어진다. MEGI에 의해 가스 소모량이 다시 증가하면 JT-Valve가 닫힌다. 압력이 계속 상승하고 PRS가 용량에 도달하거나 JT-Valve가 열 수 있는 것보다 더 빠르게 상승하는 경우, 정상 제어장치보다 약간 더 높은 설정값을 가진 제어장치가 HP compressor의 1단계 재순환 밸브를 열어 compressor를 통과하는 유량을 감소시키기 때문에 압력은 저하된다. 화물탱크 압력이 증가하면 운영자가 수동으로 조절해야 한다. 수동조절은 valve unloader 조정을 통해 수행한다.

그림 5.39는 화물탱크에서 발생하는 NG의 열역학적 원리에 따른 대략적인 경로를 보여준다. 이 수치는 LNG와 성분이 거의 유사한 메탄을 사용한다.

- Point 0: 가스는 대기압이고 약 -130℃이다. 이는 작동 모드에 따라 달라질 수 있다.
- Point 1: 가스가 열교환기를 통해 열이 교환되고 HiCOM 시스템을 통해 가압된다. 이 가스는 약 300 barg 정도이고, 약 25℃이다.
- Point 2: 가스가 -100℃에 이르고, 약 300 barg로 가압된 상태이다.
- Point 3: 가스가 첫 번째 JT-Valve를 통과하여 2단계 영역으로 진입했다. 일부 가스는 이제 액화되었다. JT-Valve 중간 압력은 약 150 barg(압력강하의 50%)이며, 약 -115℃의 온도이다.
- Point 4: 가스가 2차 JT-Valve를 통과하여 2단계 영역으로 계속 이동한다. 이제 압력이 2 barg(압력강하의 50%)이고 약 -155℃의 온도가 된다. cold box 압력은 액화가스를 화물탱크로 다시 운반하기에 충분해야 한다. 일부 맥동현상(flashing)은 cold box에서 화물탱크로의 압력 차이로 인해 화물탱크에서 발생한다.

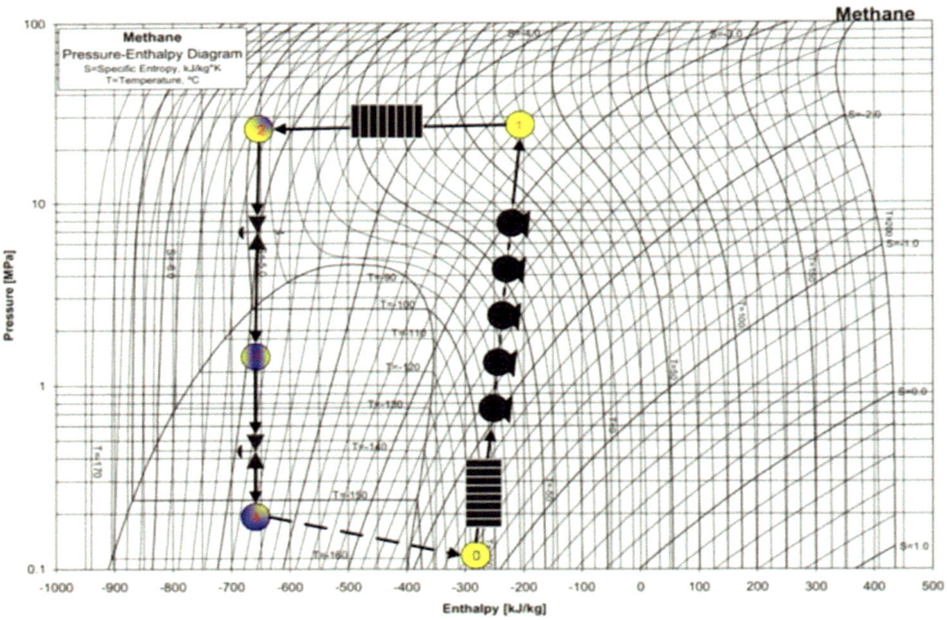

그림 5.39 메탄의 압력-엔탈피 곡선

5.12 CUSTODY TRANSFER SYSTEM

5.12.1 Custody Transfer System

1) Principle of Operation

RTG(Radar Tank Gauge)는 주파수 변조 연속파(FMCW, Frequency Modulated Continuous Wave) 개념을 사용한다. 광범위 마이크로파 주파수 신호(frequency sweeping microwave signal)는 고정된 파이프를 통해 RTG에 의해 방출된다. 고정된 파이프에는 환기구멍이 있어 파이프 내부 및 외부의 압력이 안정화되므로 액체가 압력에 의해 방해받지 않고 파이프 내를 상승 또는 하강할 수 있다. RTG는 액체 표면에서 반사 신호를 수신한다. 수신된 신호는 AutroCAL® 원리를 사용하여 신호처리 장치에서 처리된다. RTG 전자장치에는 최적의 신호 정확도를 보장하는 신호감지 방법이 포함되어 있다.

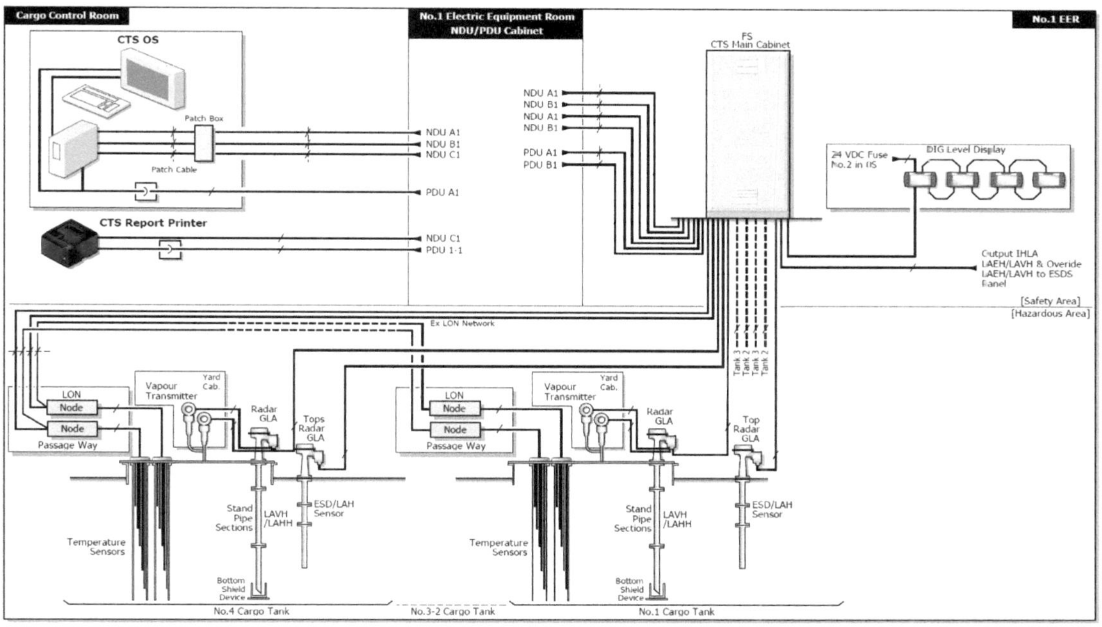

그림 5.40 Custody Transfer System

- AutroCAL®

고정 파이프는 6 m 길이의 조각으로 각 화물탱크 높이에 따라 표준 길이로 설치되어 있고 각 파이프 6 m 구간에는 teflon(PTFE) signature plate로 된 flange가 설치되어 있다. 이 plate는 표시(marker) 역할을 하며, 액체 수위와 marker는 동시에 측정된다.

설치 전에 파이프 구간 길이를 세심하게 calibration하면 marker 위치가 알려지고 시스템에 저장된다. 액체 표면에 가장 가까운 marker가 기준(reference)으로 사용된다. 액체 초음파(echo)와 marker 초음파의 비교에 의해 연속 자동 측정이 수행된다. 이는 증기 밀도나 온도의 영향과 무관하다.

2) Level Measurement

수위 측정은 화물탱크와 dome 상부에 radar antenna를 설치하여 수행한다. 액체 화물 표면에서 반사되는 마이크로파 파동(microwave pulse)이 고정된 파이프 안을 통해 전송되어 radar antenna의 process unit이 화물탱크 수위를 계산한다. 고정 파이프의 reference signature 및 process unit를 포함한 radar unit의 calibration과 관련된 기준 데이터(reference data)는 시스템 메모리에 저장되며, 화물탱크 수위가 계산되고 값으로 표시될 때 고려되어 진다. 수위가 시스템에 저장되고, 화면에 표시되는 평균수위는 15초 간격으로 측정된 마지막 5회 계측 값의 산술 평균값이다. 시스템에서 측정시간 간격은 변경 가능하다.

membrane tank에서 측정된 수위는 고정 파이프의 온도 보정계수로 보정된다. 이는 화물탱크 내부의 평균 증기 온도와 관련된 고정 파이프 signature의 이동으로 인해 필요하다. 그런 다음 선박의 trim 및 list에 대해 수위를 보정한다. 이 값은 경사계(inclinometer)에서 얻은 값이며, ship draft system에서 계산되거나 시스템에 수동으로 입력한다.

3) Temperature Measurement

측정 원리는 Pt100 온도 감지 센서의 설치에 의해 측정된다. 이 센서는 외부 온도가 증가하면 resistor element가 감소하는 저항 값을 제공한다. 0~100℃에서 공칭 저항은 100~138.5 Ω이며, 0℃에서 ±0.03℃의 정확도를 가지고 있다. 필요한 정확도를 얻기 위해 각 온도 센서는 calibration할 수 있다.

LNG의 액체 및 증기 온도를 측정하기 위해 각 화물탱크에는 5개 이상의 온도 센서가 장착되어 있다. 일반적인 경우 6개의 온도 센서를 사용하며, 1개의 센서는 비상용으로 예비 센서로 준비되어진다. 2개 센서(예비용 포함)가 각각 액체와 증기 온도를 지속적으로 측정하기 위해 탱크 하단과 탱크 상단에 장착되며 나머지 3개의 센서는 탱크 하단과 상단 사이의 일정한 거리를 두고 장착된다. 6번째 센서가 장착된 경우 이 센서는 가능한 하단(하단 50 mm)에 가깝게 장착된다. 액체와 증기에 대한 평균 및 개별 온도 값은 모니터 화면에서 모두 사용할 수 있다.

- **화물탱크 내 센서 위치**
  - Top tank(always in the vapour space)
  - 95% level
  - 80% level
  - 50% level
  - 10% level
  - Bottom(approximately 5% level)

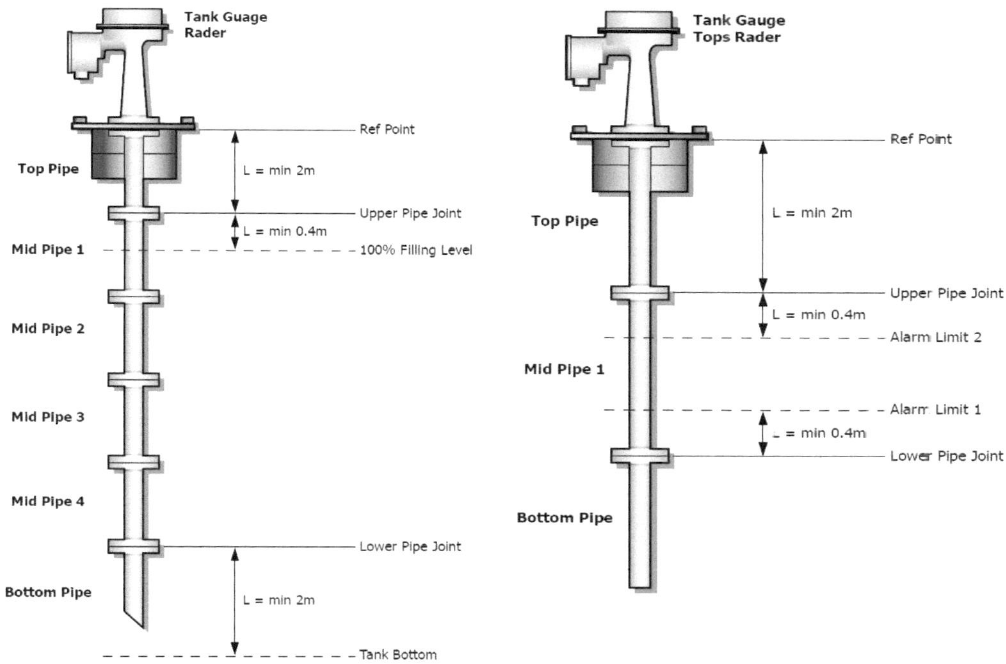

그림 5.41 Cargo Tank Level Measurement

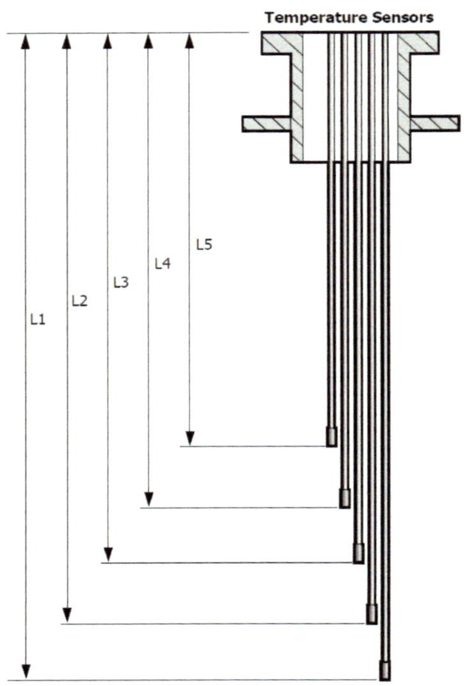

<Temperature Sensor Arrangement>

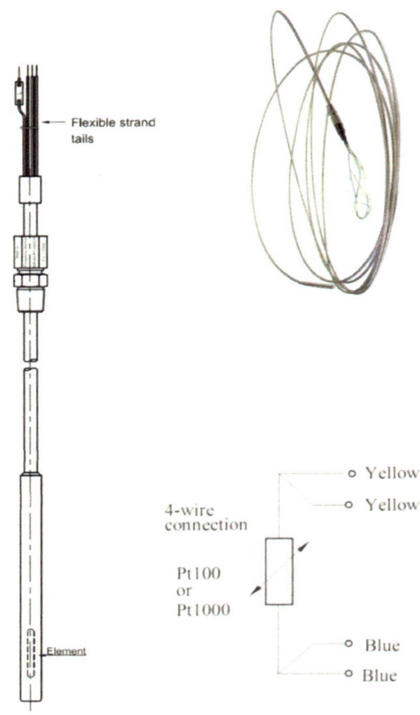

<Temperature Sensor Connection>

<Temperature Connection Box>

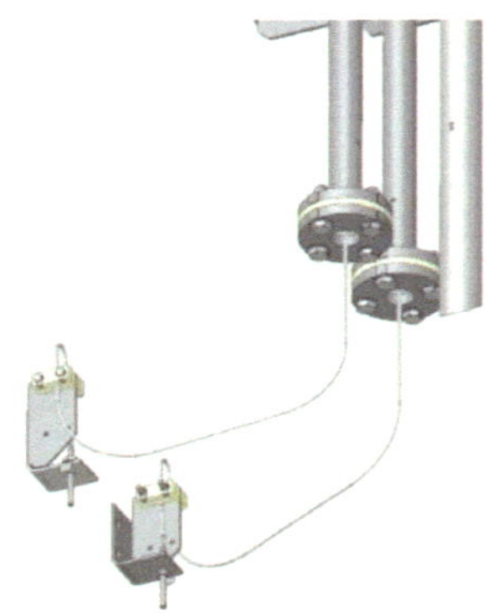

<Dual Bottom Temperature Sensor>

그림 5.42 Cargo Tank Temperature Measurement

4) Pressure Measurement

압력 측정은 용량성 압력 송신기(capacitive pressure transmitter)를 기반으로 한다. transmitter는 용량성 압력 감지 셀(capacitive pressure-sensing cell)과 transmitter 본체에 캡슐화된 전자장치로 구성된다. ceramic diaphragm은 유리분말(glass frit)을 통해 solid ceramic substrate에 연결된다. ceramic diaphragm과 ceramic substrate에 있는 gold plate는 콘덴서(capacitor)를 포함한다. 압력이 인가되면 diaphragm이 변형되고 해당하는 캐패시턴스(capacitance) 변화가 센서 전자장치에 의해 출력신호로 변환된다. 가스 증기 압력을 측정하기 위해 각 화물탱크에 pressure transmitter가 1대씩 장착된다. transmitter는 화물탱크 상단에 장착되고 ceramic diaphragm만 화물탱크 내부에 노출된다.

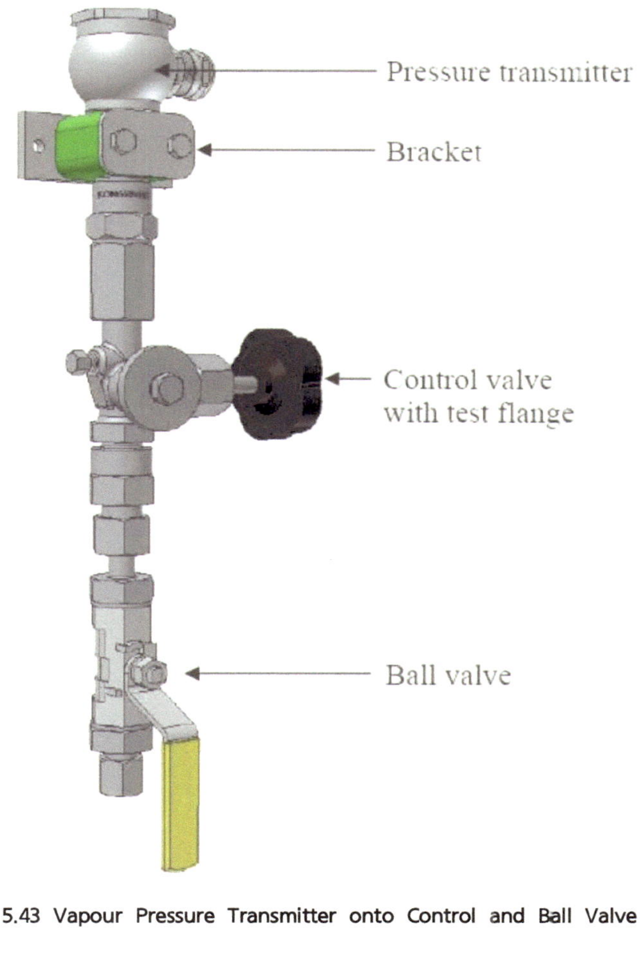

그림 5.43 Vapour Pressure Transmitter onto Control and Ball Valve

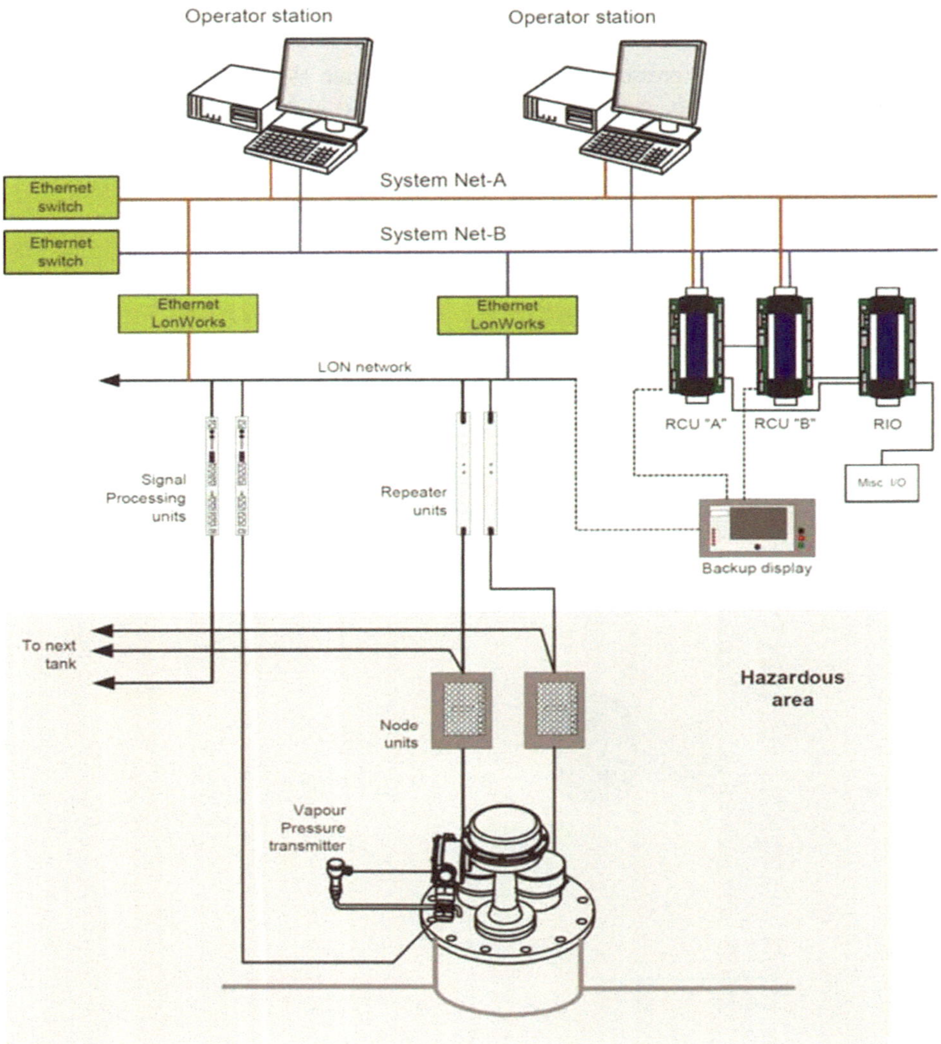

그림 5.44 CTS System Overview 예시

5.12.2 Float Level Gauge

float level measurement system는 CTS 장비와는 달리 별도의 보조적인 화물측정 장비이다. 이 시스템은 온도 변화를 보상하기 위해 SUS wire를 사용한다. 각 liquid dome에는 gauge head(mechanical indicator, 스프링에 의해 장력을 받은 Invar wire 및 wire 하부 끝단에 부착된 127 mm 직경의 float을 포함)가 장착된다. gauge에서 확인할 수 있는 최소 수위는 145 mm 이다. 액체 수위를 측정하기 위해 float는 release lever를 사용하여 보관위치에서 해제되어 액체 표면으로 자유 낙하할 수 있다. float level gauge system은 아래와 같이 구성되어 있다.

- Float well
- Isolating valve and float inspection chamber
- Level gauge assembly
- Remote display system
- Level transmission

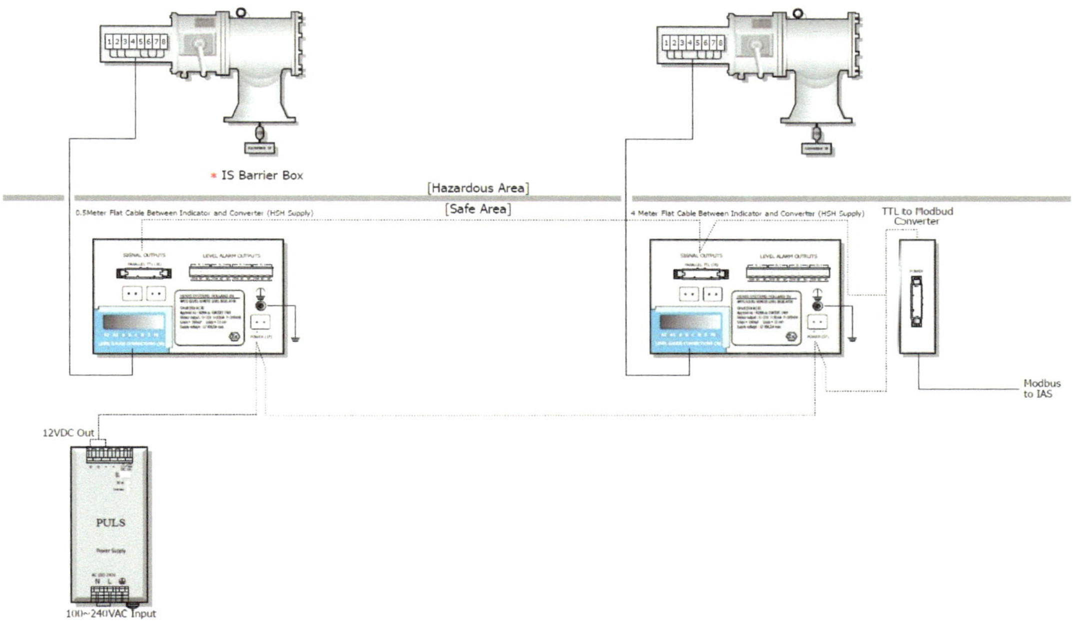

그림 5.45 Float Level Gauge System

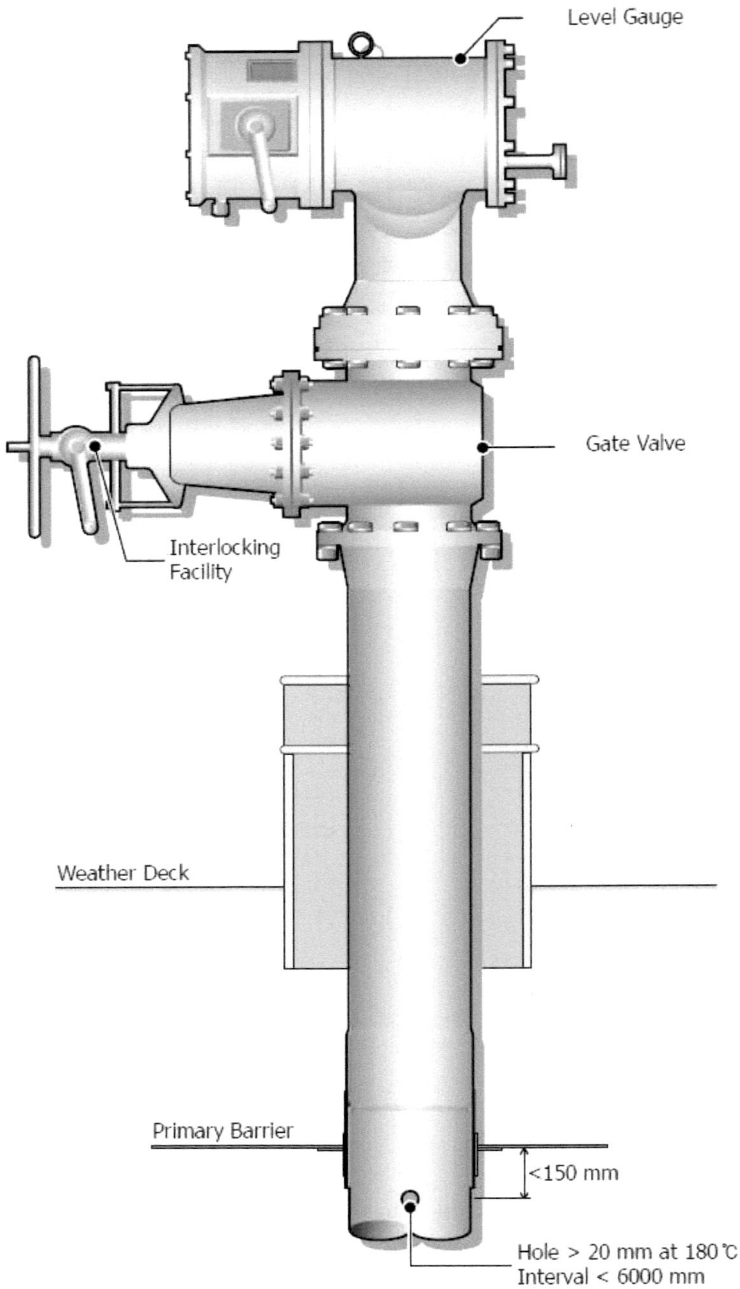

그림 5.46 Float Level Gauge

5.13 NITROGEN PRODUCTION SYSTEM

기관실에 2대의 N_2 generator가 설치되어 있으며, 모두 기체 형태로 질소를 생성하는데 사용되며, LNG 선박에서는 다음과 같은 용도에 사용된다.

- To supply nitrogen gas into the insulation spaces.
- To purge cargo liquid line, vapour line, gas line and vent risers.
- For sealing of casing shaft or bulkhead shaft of HD compressors and BOG compressor, if any.
- To purge fuel gas line from ESD valve to inlet GVU room, if necessary.
- To purge fuel gas line in GVU room.
- To purge fuel gas line with double pipe in ER(MEGI engine & GE)

이 시스템은 공기를 질소와 산소로 분리하기 위해 hollow fiber membrane을 사용한다. 분리원리는 질소와 산소의 선택적 투과에 기초한다. 각각의 가스는 서로 다른 침투율을 가지고 있다. 질소는 membrane을 통해 천천히 침투하는 반면 산소, 이산화탄소 및 물은 빠르게 침투한다.

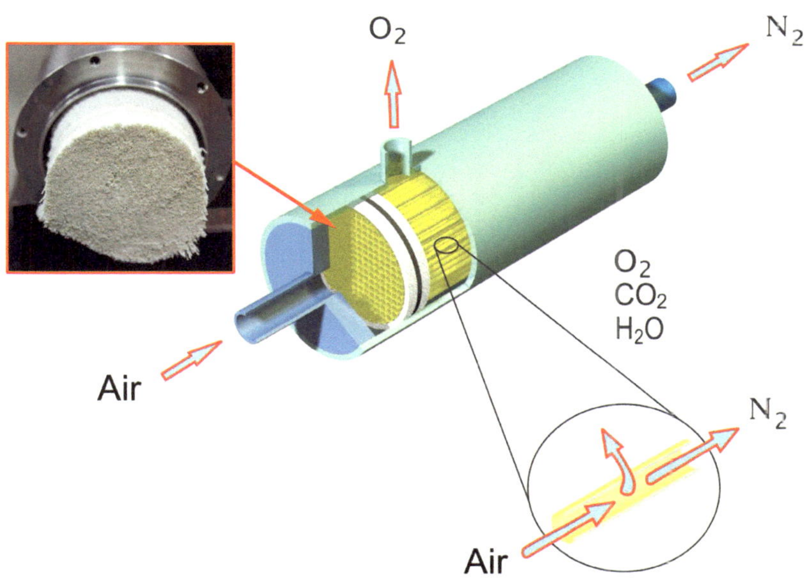

그림 5.47 Principle of Nitrogen Generator

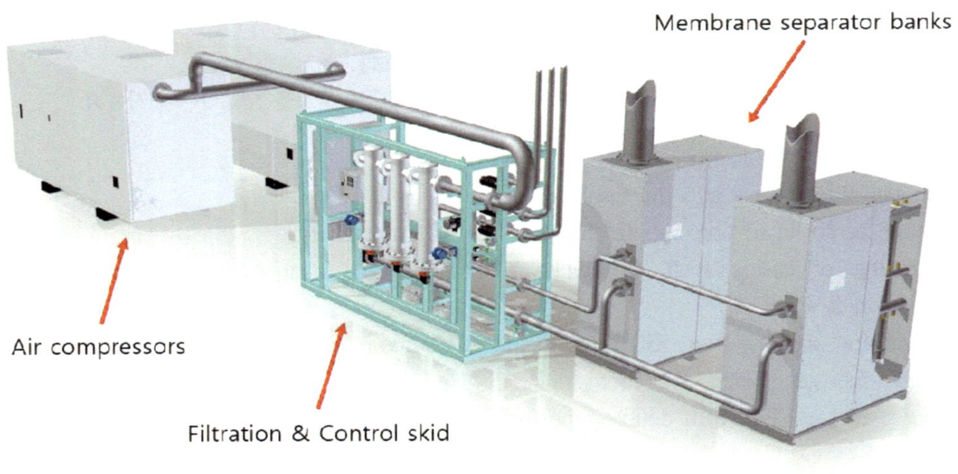

그림 5.48 Typical Shipboard Membrane Nitrogen System

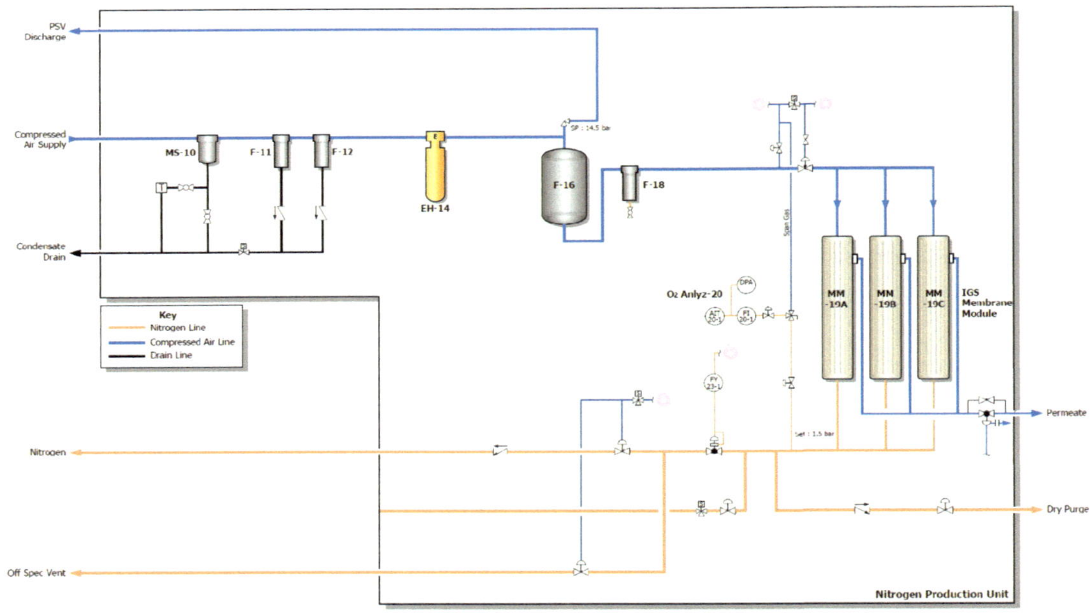

그림 5.49 Nitrogen Generator System(1/2)

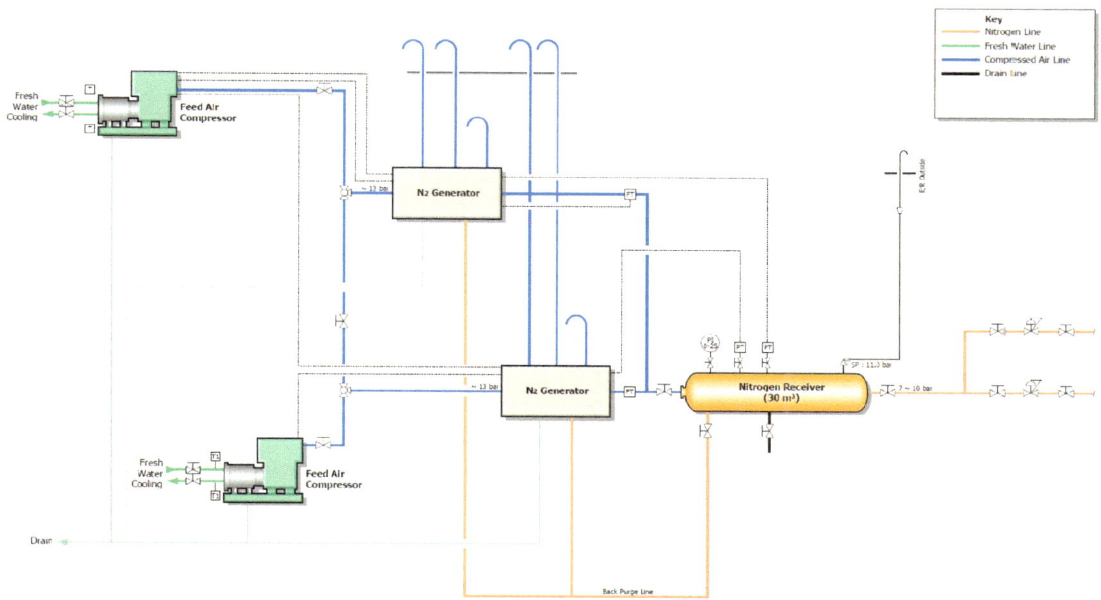

그림 5.50 Nitrogen Generator System(2/2)

5.14 COMBINED IGS & GCU(for MEGI)

combined IGG & GCU 장치는 기관실에 설치되어 dry dock 전후 또는 선박의 검사기간 동안 화물탱크 및 배관 내 유체를 치환하는데 사용되는 건조한 공기(dry air) 또는 불활성 가스(inert gas)를 생산한다. 작동 원리는 낮은 황 함량 연료의 연소를 통해 생성된 배기가스를 세척 및 건조 과정을 거쳐 불활성 가스를 생성한다. IGS(Inert Gas System)은 inert gas generator, scrubbing tower unit, two stage centrifugal fan, effluent water seal, fuel injection unit, intermediate dryer unit(refrigeration type), final dryer unit(adsorption type) 및 instrumentation & control system으로 구성된다.

combined IGG & GCU는 현장에서 작동되어 진다. cargo piping system에 대한 연결은 일반적으로 닫혀 있는 2개의 역류방지 밸브(non-return valve)와 blind flange valve를 통해 이루어진다. combined IGG & GCU는 combustion air blower, boost BOG blower, fuel oil pump, inert gas generator unit, oxygen analyser, cooling unit 및 dryer unit으로 구성된다.

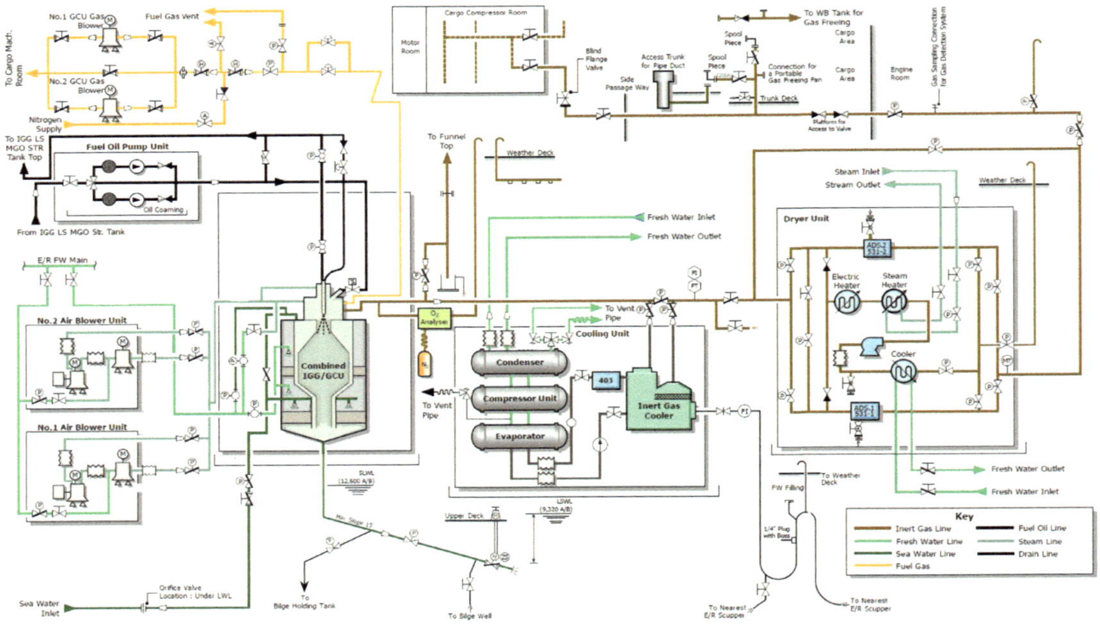

그림 5.51 Combined IGS and GCU System

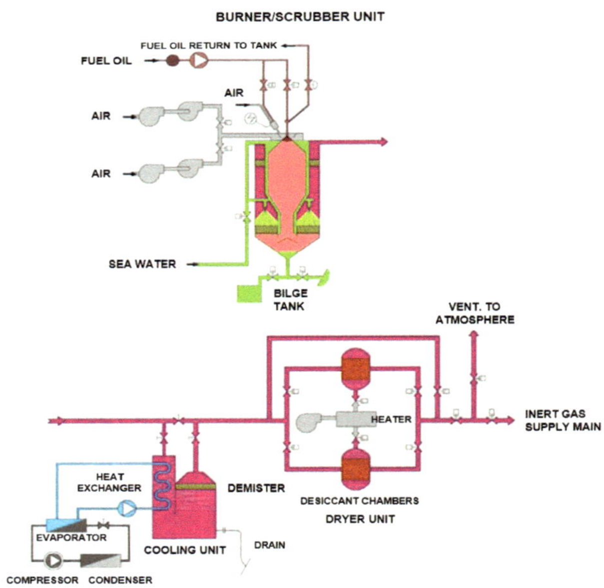

그림 5.52 IGS Process

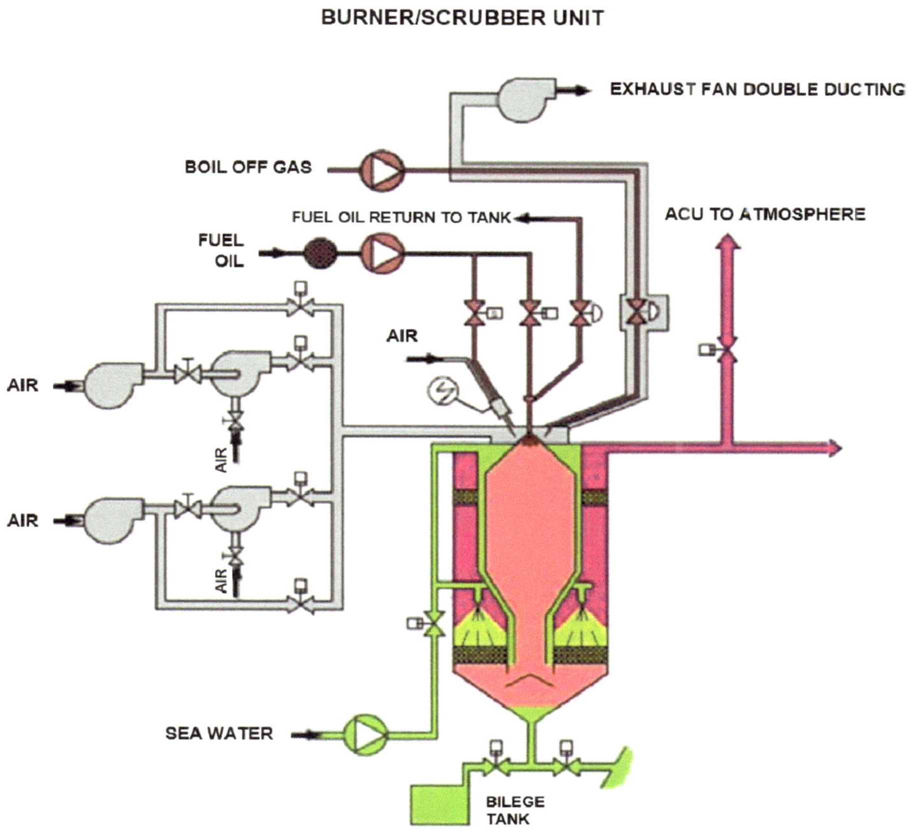

그림 5.53 GCU Process

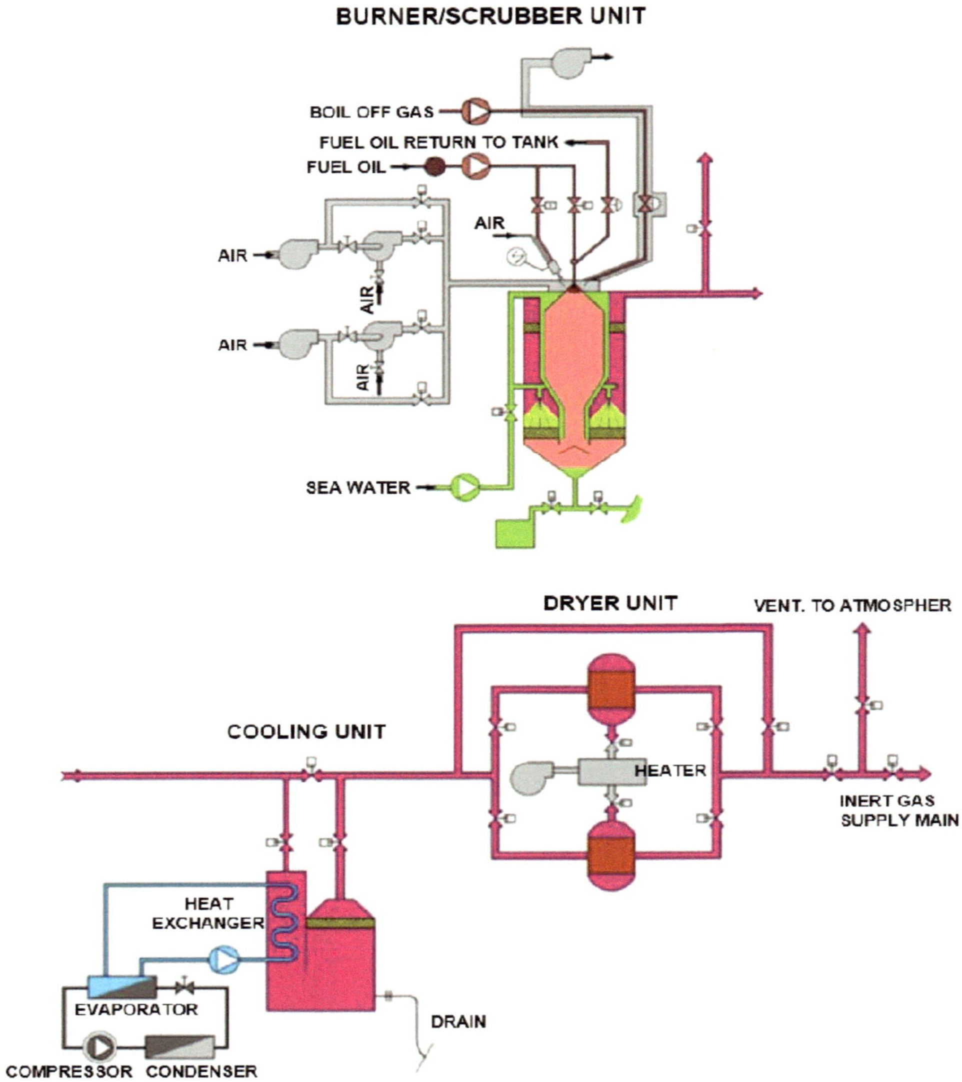

그림 5.54 IGS & GCU Simultaneous Process

5.15 GAS DETECTION SYSTEM

5.15.1 개요

고정식과 휴대식 가스 검지기가 있으며, 고정식의 경우 가스검출 가능성이 있는 화물구역 및 거주구역 곳곳에 센서가 부착되어 지속적으로 가스(CH_4) 누설을 감시한다. 휴대용 가스 검지기는 작업의 용도에 따라 필요한 검지기를 각각 작업자가 사용한다.

5.15.2 Type별 가스 분석방법

고정식 gas detection system은 가스 검출방법에 따라 IR type과 CC type로 구성되어 있다.

1) IR(Infrared) Type Gas Analyzer

수리 및 접근이 어려운 곳에 설치되며, 펌프에 의해 각 측정 장소에서 흡입되어 가스 분석기로 보내진다. 이때 가스 분석기에서 발생된 적외선은 측정할 가스를 통과하면서 분자 내 진동과 회전 등의 에너지를 변화시켜 가스 온도를 상승시킨다. 이 시스템은 무분광 적외선 방법을 이용한다. 광원으로부터 방사된 적외선은 chopper(광선단속기)에서 차단되고 chopper 상의 band-pass filter 부분에서 가스를 흡수하는 파장으로 선택되어 전달되는데 이 파장의 적외선은 detection cell과 comparison cell을 통과하고 light receiver에 의해 전기 신호로 전환된다. 만약 가스가 detection cell에 접촉되면 적외선 중 일부가 가스 농도에 따라 흡수되고 약화된 적외선의 차이만큼의 전기 신호가 얻어진다.

2) CC(Catalystic Combuston) Type Gas Detector

sensor가 능동소자(detection element)와 수동소자(compensatory element) 2개의 구역으로 구성되어 있다. 각각 1개의 금속 코일을 가지고 있고 detection element는 촉매를 포함한 세라믹에 싸여져 있으며 wheatstone bridge 회로로 전기적 평형을 이루고 있는데 가연성 가스가 이들 filament를 통과하면 detection element는 가연성 가스와 촉매 속의 산소 사이에서 반응이 일어나고(산화) 이에 의한 반응열(연소열)이 발생한다. 이 반응열은 금속 코일의 온도를 상승시키므로 금속 코일의 저항 값이 변하는 반면 반대쪽의 compensatory element는 아무런 변화가 없어 가스가 그냥 통과하므로 bridge 회로의 균형이 깨어지며 가스 농도에 해당하는 전기 신호가 증폭되어 가스 농도를 지시하게 되는 원리이다. CC type 가스 검지기는 전기식으로 상대적으로 IR type에 비해 고온의 전기에 직접 노출 되므로 위험이 비교적 적은 LNG 가스 누설이 없는 gas free 구역에 설치된다.

5.15.3 Fixed Gas Detector 측정 개소

- Primary barrier space(각 tank 당 2곳)
- Secondary barrier space(각 tank 당 2곳)
- Tank의 vent mast(각 tank 당 1곳)
- Steam drain tank
- Air lock of cargo motor room
- Cargo compressor room
- Liquid dome casing
- Side passage way
- Duct keel
- Bosun store
- Bow thruster room
- Forward pump room
- Cargo motor room
- 기관구역
- 거주구역
- Gas detection panel
- Gas box

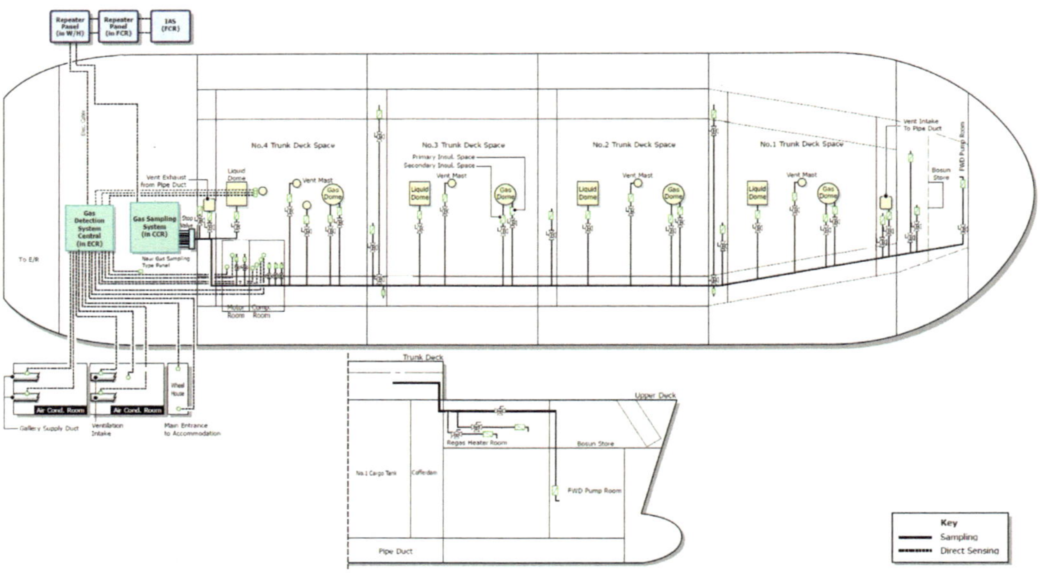

그림 5.55 Cargo Area Gas Detection System(1/2)

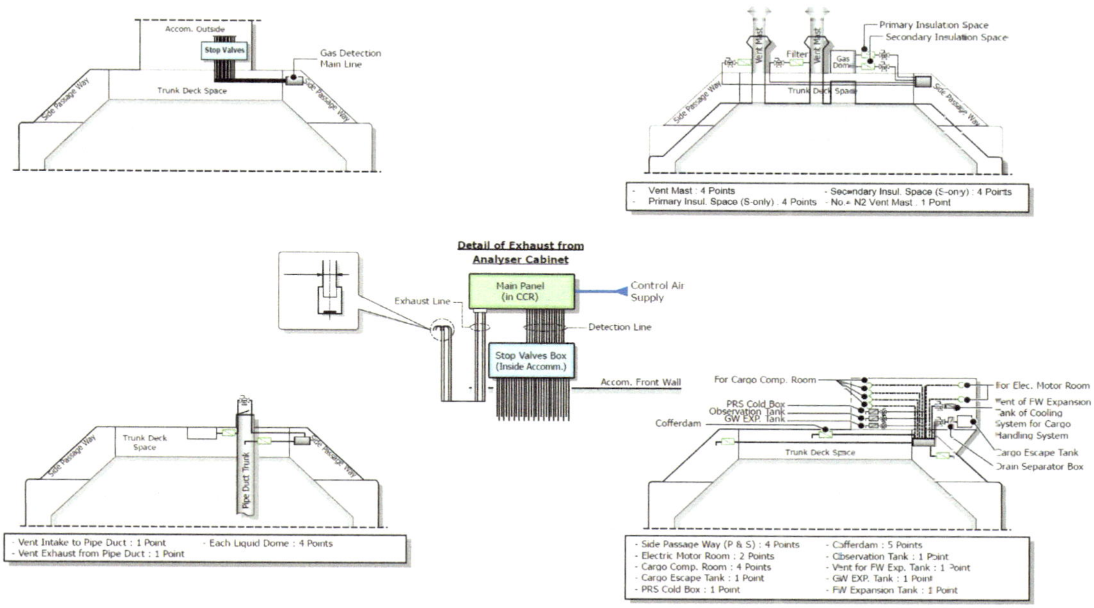

그림 5.56 Cargo Area Gas Detection System(2/2)

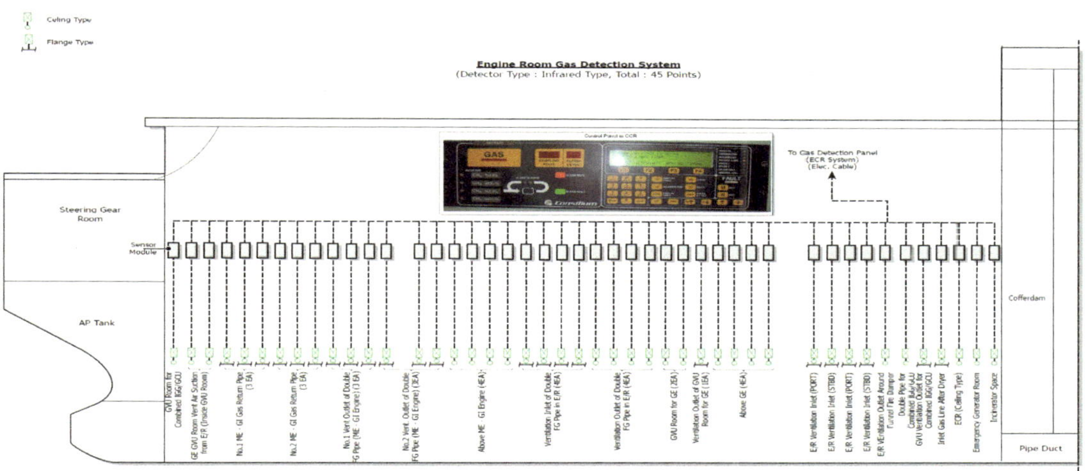

그림 5.57 E/R Gas Detection System

5.16 CARGO & BALLAST VALVE CONTROL

화물 및 밸러스트 시스템의 작동에 필요한 모든 밸브는 기관실에 위치한 별도의 hydraulic power pack에 의해 유압식으로 작동된다. hydraulic power pack 및 밸브작동 제어는 CCR의 IAS에서 작동할 수 있다.

5.16.1 Cargo & Ballast Valve Control System

1) 개요

각각의 화물 및 밸러스트용 hydraulic power pack은 2대의 main pump와 1대의 topping-up pump로 구성되어 있다. 정상적인 작업 중에는 펌프 1대로 충분히 운용이 가능하며, 두 번째 펌프는 자동 대기 모드로 설정되어 시스템 압력에 따라 자동 운전 및 정지된다. 일반적으로 선박이 운항 중에는 topping-up pump만 사용된다.

2) Hydraulic Power Pack

hydraulic power pack은 cargo system 밸브를 작동시키기 위한 유압(토출 압력: 13.5 MPa)을 형성한다. 펌프는 self-regulating type으로써 자동적으로 운전 및 정지되어 사전에 설정된 유압을 유지한다. hydraulic power pack은 IAS에서 원격으로 또는 현장에서 수동으로 운전할 수 있다.

3) Pump and Motor

main pump 2대 및 topping-up pump 2대가 설치된다. 각 main pump(flow rate: 27.84 l/min)는 60초 이내에 2개의 가장 큰 밸브를 닫거나 열 수 있는 충분한 용량이다. 하나의 main pump를 선택하면 다른 main pump가 stand-by pump 역할을 하며, topping-up pump(flow rate: 13.92 l/min)는 밸브가 작동하지 않을 때 시스템을 가압할 수 있도록 설계되었다.

4) Accumulator

accumulator 장치의 총 용량은 유압회로 누유(oil leakage) 시 5분 동안 보충하는데 충분해야 한다.

5.16.2 Cargo Valve Remote Control System

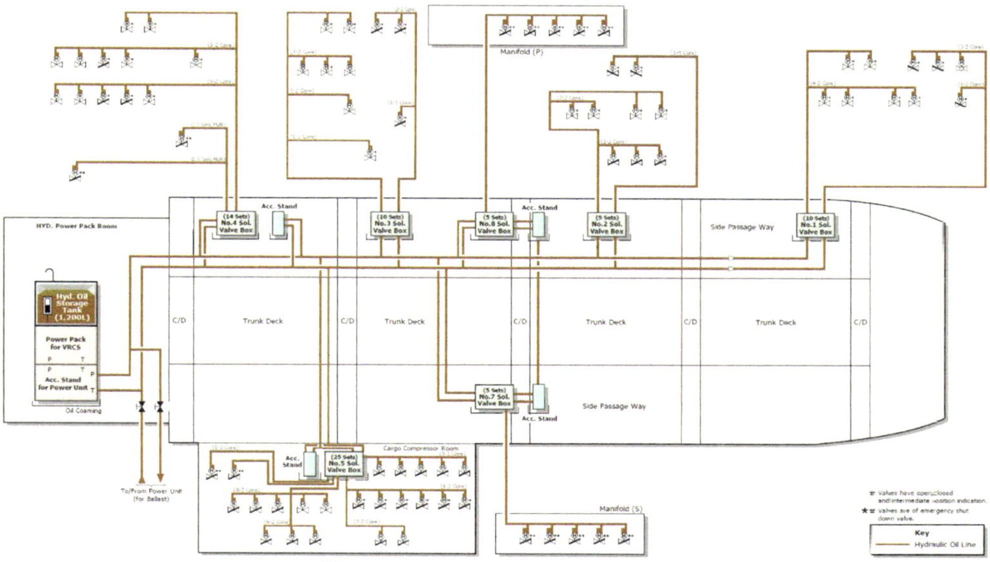

그림 5.58 Cargo Valve Hydraulic Lines

5.16.3 Ballast Valve Remote Control System

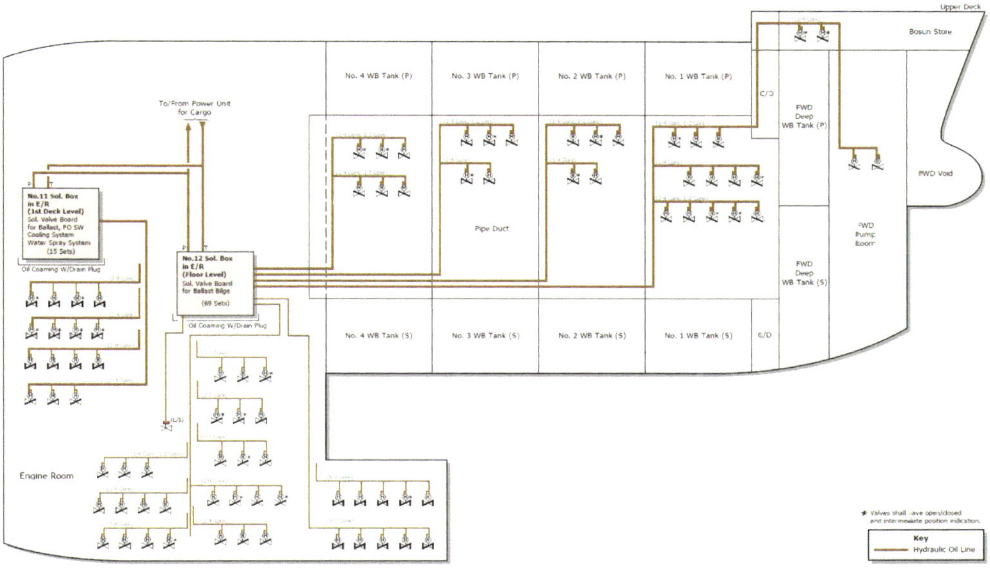

그림 5.59 Ballast Valve Hydraulic Lines

5.17 EMERGENCY SHUTDOWN SYSTEM

5.17.1 개요

비상차단장치 ESDS(Emergency Shut-Down System)는 화물의 이송 특히, 적재 및 적하(loading & unloading) 작업 중 여러 가지 원인에 의하여 선박 또는 육상 설비에 이상이 발생하였을 때 각종 화물 관련 기기를 정지시키고, 관련 밸브들을 차단시킴으로써 화물의 흐름을 즉시 정지시키는 장치이다. ESDS 장치의 작동은 수동 스위치를 돌려서 직접 작동시킬 수 있으며, 또한 이 시스템이 실행될 수 있는 여러 가지 조건들 중 어느 한가지만이라도 만족이 된다면 자동으로 이루어지게 되어있다. LNG 선박의 화물관련 기본 안전설비이자 가장 중요한 설비로서 각 작동조건은 화재, 기기 이상 등의 조건에서 자동 작동하거나 사람에 의해 수동 작동할 수 있도록 곳곳에 센서와 버튼이 설치되어 있다.

5.17.2 ESDS의 종류

1) 공기식(Pneumatic System)

ESD manual switch를 누르든지 또는 ESDS가 작동할 수 있는 조건 중 어느 하나라도 만족할 경우 pneumatic pipe에 연결된 solenoid valve가 열리고, 이때 pipe 내의 공기는 배출되면서 공기압이 설정치 이하로 떨어지게 되고 압력 스위치가 이를 감지하여 ESDS 제어장치에 신호를 보내어 관련 시스템을 정지시킨다. 정상작동 시 공기압은 15 kg/cm^2를 사용하며 각 터미널마다 공기압 설정치가 다르다.

2) 전기식(Electric System)

전기 신호를 직접 ESDS 제어장치에 보내어 ESD를 작동시킨다.

3) 광케이블식(Optical Fiber System)

전기식과 동일하나 더 많은 회선과 빠른 전파속도를 가졌으며, 최근 들어 가장 많이 사용되는 시스템이다.

5.17.3 Emergency Shutdown 작동 조건

1) ESD Manual Push Button Function

- Liquid dome(No.1~4): (4)
- Manifold Port/STBD side: (2)
- Forward area: (1)
- Aft area: (1)
- Cargo Comp. room: (1)
- Cargo motor room: (1)
- Fire control station: (1)
- Wheel house: (1)
- Cargo control room: (1)

manual switch를 "ON"하게 되면 전기신호가 ESDS control panel로 보내져 ESDS가 작동하게 된다.

2) ESD Fusible Element Function

- Liquid dome(No.1~4): (4)
- Vapour dome(No.1~4): (4)
- Manifold Port/STBD side: (2)
- Cargo Comp. room: (1)
- Electric motor room: (1)

화재에 의해서 fusible fuse가 녹아서(98~104℃) 단선되면 ESDS가 작동된다.

3) Cargo Tank의 High Level

cargo tank의 liquid level이 tnak level의 99%에 도달되면 ESDS가 작동되며, 98.6%에서 해당 tank의 filling valve가 먼저 닫히게 된다.

4) Cargo Control Air Press Low

control air의 압력이 설정압력 이하가 되었을 때 작동하게 된다.

5) Differential Press Low

cargo tank의 압력과 primary insulation space의 압력 차이가 5 mbar 이하인 경우, 즉 tank 압력 ≤ primary 압력 +5 mbar인 경우 작동한다.

6) Differential Press Low-Low

cargo tank의 압력과 primary insulation space의 압력의 차이가 0 mbar 이하인 경우, 즉 tank 압력 ≤ primary 압력인 경우 작동한다.

7) Differential Press Low(Gas HDR & Prim. N_2 HDR)

gas header 압력과 primary insulation space의 N_2 header 압력과의 차이가 0 mbar인 경우, 즉 gas header 압력 ≤ Prim. N_2 header 압력인 경우 작동한다.

8) Differential Press Low(Gas HDR & 대기압)

gas header 압력과 대기압과의 차이가 3 mbar 이하인 경우, 즉 gas header 압력 ≤ 대기압 + 3 mbar인 경우 작동한다.

9) Electric Power Fail

발전기의 black out으로 인하여 전력이 상실되었을 때 작동한다.

10) Hydraulic Oil Pressure

HYD. oil 압력이 83 Bar 이하로 낮아지면 ESDS가 작동된다. 이때 ESDS valve의 close 동작은 HYD. accumulator에 가압되어 있는 유압에 의해서 이루어진다.

11) ESDS Test Mode

항해 중 ESDS 작동 test 시 test mode로 작동시키면 기관실의 gas burning이 중단되지 않도록 해당 compressor, GCU 또는 master gas valve를 trip 시키지 않고 그 외의 ESDS와 관련된 모든 기기와 valve들은 정상적으로 trip 되고 차단된다.

12) CTS의 Shut Down 시 ESDS 작동

ESDS 작동조건은 아니지만 본선에 설치되어 있는 화물량 계측장치인 CTS Equip.을 power off 하면 ESDS가 작동된다.

5.17.4 Emergency Shutdown 작동 시 정지되는 기기 및 차단되는 밸브

- Cargo pumps (8) - 2 in each cargo tank
- Cargo stripping/spray pumps (4) - 1 in each cargo tank
- Emergency cargo pump
- High duty compressors (2)
- HP pumps (2)
- GCU
- Main engine (4)
- Master gas valves (2)
- Cargo manifold valves
- Terminal ESD system via ship-to-shore ESD link

자동 또는 수동 ESD 작동 시 다음 장치 및 밸브들을 trip 시킨다. 또한 육상 터미널에 화물 운영 관련 장치 및 밸브를 잠그도록 요청한다. 육상으로 부터의 ESD 활성화 시에는 기관실의 gas burning이 중단되지 않도록 main engine, 해당 compressor, GCU 및 master gas valve를 trip 시키지 않는다.

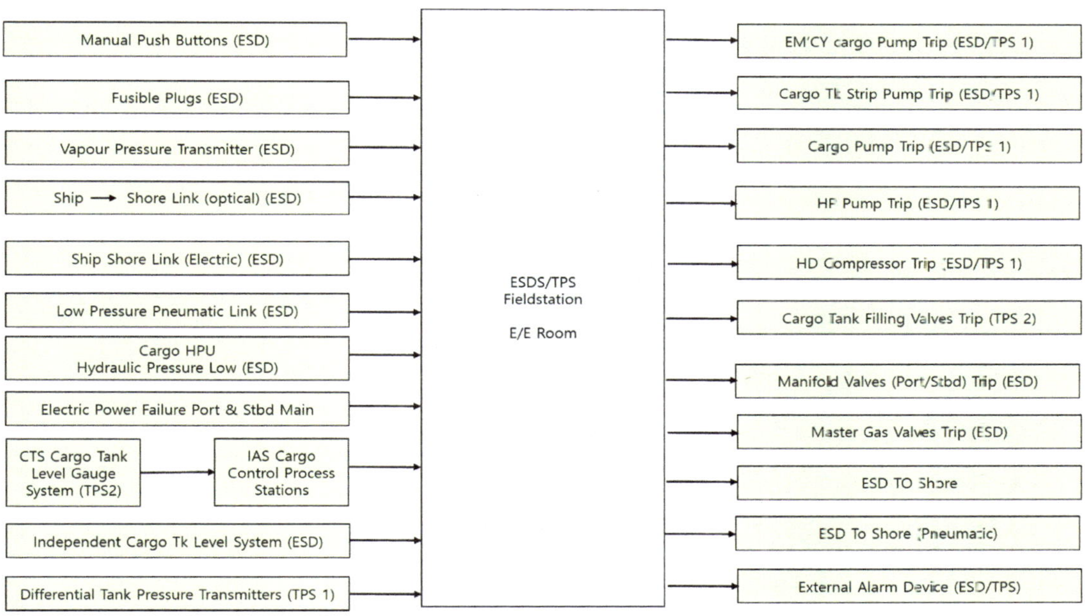

그림 5.60 Emergency Shutdown System

5.18 RELIEF SYSTEM

각 화물탱크에는 각 탱크마다 2개의 압력 & 진공 감압밸브(pressure & vacuum relief valve)가 장착되어 있으며, 1차 방열구역(primary insulation space) 및 2차 방열구역(secondary insulation space)에도 각각 2개의 감압밸브가 장착되어 있다.

5.18.1 Cargo Tank Relief Valve

화물탱크 감압밸브는 각 탱크의 gas dome에 장착되어 관련 vent mast riser로 배출된다. 화물탱크 압력감지 라인은 압력을 직접 pilot operating valve에 전달한다. 이러한 방식으로 탱크 내부의 저압에서 정확한 작동이 보장된다. 감압밸브는 선박 제조업체의 요구사항에 따라 초기에 설정된다. 만약 선박 엔지니어가 밸브를 분해 점검했다면 밸브를 확인하고 초기 설정상태로 다시 설정해야 한다. vent mast를 정기적으로 점검하고 물이 고이지 않도록 관리하는 것이 매우 중요하다. 이는 감압밸브가 설정상태에서 정확하게 작동하는 것을 보장하기 위한 것이며, 그렇지 않으면 vent mast에 고인 물이 valve assembly로 흘러 들어갈 경우 설정상태가 변경된다.

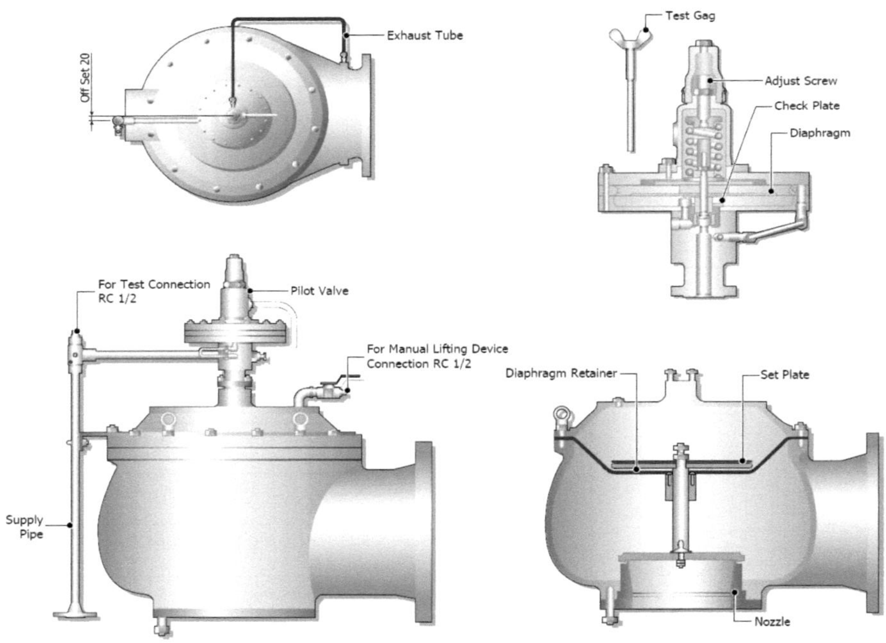

그림 5.61 Cargo Tank Relief Valves

5.18.2 Insulation Space Relief Valve

1차 및 2차 방열구역은 화물탱크 당 4개의 감압밸브로 보호된다. 가스 감지 라인은 밸브 아래에서 가스 모니터링 시스템으로 연결된다(화물탱크 당 1차와 2차 방열구역 각 1개 지점). 이는 1차와 2차 방열구역 내부의 대기(atmosphere) 상태를 지속적으로 확인하기 위한 것이다.

1차 방열구역 감압밸브의 증기 배출구는 별도의 배출라인을 가지며, 관련 vent mast로 연결된다. 이는 화물탱크 감압밸브를 들어 올리거나 nitrogen snuffing system에서 main vent mast의 counter pressure 또는 back flow를 방지하기 위한 것이다.

방열구역 감압밸브 역시 vent mast를 정기적으로 점검하고 물이 고이지 않도록 관리하여 밸브가 제대로 작동하도록 하는 것이 매우 중요하다.

2차 방열구역 감압밸브는 아래로 향하는 tail pipe를 통해 deck로 바로 배출된다. 방열그역에 LNG 증기의 존재 가능성이 매우 낮기 때문에 이 감압밸브들은 vent mast로 연결할 필요는 없다.

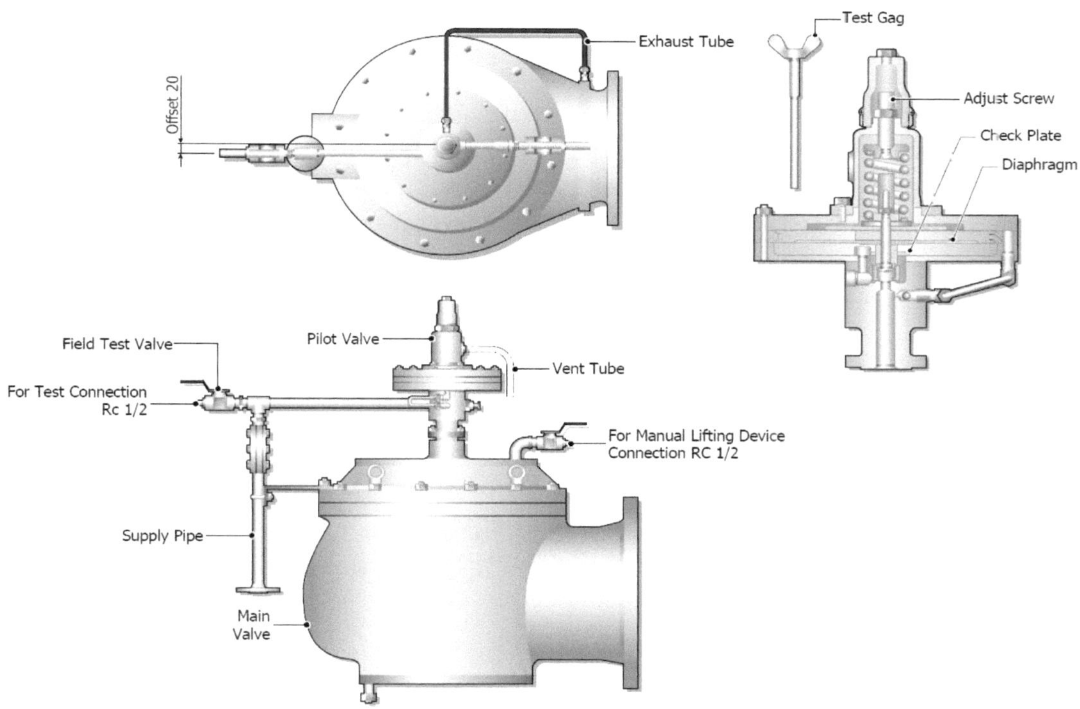

그림 5.62 Insulation Space Relief Valves

5.18.3 Cargo Tank and Insulation Space Relief Valves Operating Principle

[약어 정리]

- PO: System pressure
- PD: Main valve dome pressure
- PS: Pilot sensing pressure
- PB: Pilot boost pressure
- AO: Pressure receiving area of main valve disc
- AD: Pressure receiving area of main valve dome
- AS: Pressure receiving area of sensing diaphragm
- AB: Pressure receiving area of boost diaphragm

1) Over Pressure Function

(1) Valve Closed Condition

primary pressure는 adjusting needle (A)와 fixed needle (B)를 통해 primary pressure intake line에서 main valve dome chamber로 공급된다. 그런 다음 adjusting needle (A)에서 sensing chamber로 공급된다. 또한 pressure intake line에서 boost chamber로 바로 유입되어 항상 system pressure와 동일한 압력을 제공한다. 이 상태에서는 system pressure (PO), dome pressure (PD), sensing pressure (PS), boost pressure (PB)가 모두 동일하며, 이는 다음 공식으로 표현된다.

$$PO = PD = PS = PB$$

main valve는 pressure receiving area of the piston (AD)가 pressure receiving area of the disc (AO) 보다 크도록 설계되었으므로, main valve disc는 (AD-AO)에 의해 얻어진 하중에 의해 nozzle seat에 단단히 닫힌다. pilot valve에서 sensing chamber와 boost chamber는 압력이 균형을 이루고 있다. pilot valve를 열기 위해 작용하는 힘은 pressure receiving area of sensing diaphragm (AS)와 sensing pressure (PS)를 곱하여 구한다. pilot valve에 대해 다음 관계가 유지된다.

$$\text{Spring Load } F > AS \times PS$$

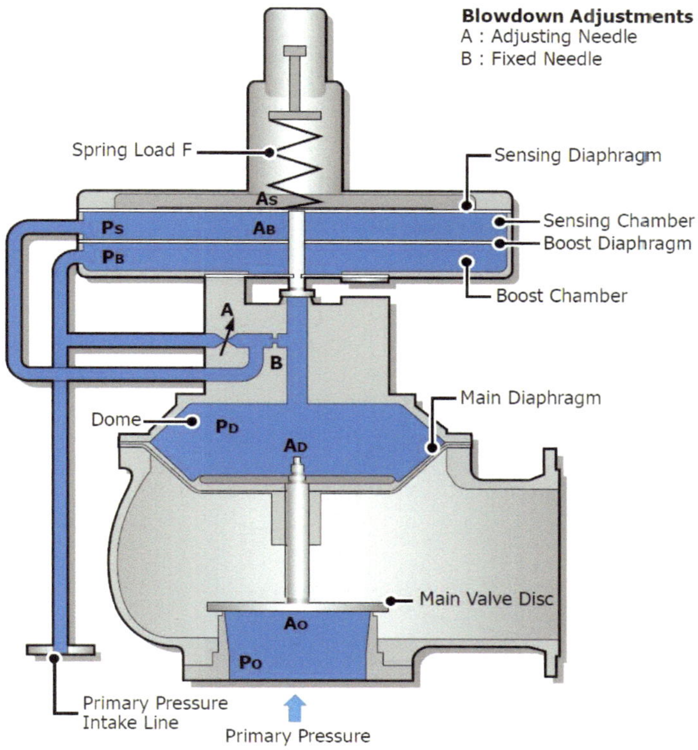

그림 5.63 Valve Closed Condition

(2) Operation of Pilot Valve

primary pressure가 설정 압력에 도달하면 다음 관계가 형성된다.

$$\text{Spring Load } F < AS \times PS$$

그 결과, pilot valve disc는 강제로 약간 열린다. 따라서 pilot line으로 소량의 유체가 흐를 수 있으며, 이 흐름은 pilot valve 출구를 통해 배출된다. 이 배출 과정에 의해 발생한 흐름은 adjusting needle (A)에서 압력 손실을 초래하고 sensing chamber에서 압력강하를 유발한다. 이 압력강하는 sensing chamber와 boost chamber 사이의 압력 균형을 무너뜨리고 상승방향 하중 [AS x PS + AB(PB-PS)]을 유발한다. 그 결과, pilot valve가 완전히 열리고 다음과 같은 관계가 설정된다.

$$F + \Delta F < AS \times PS + AB(PB-PS)$$

ΔF: increased portion of load lift on the pilot valve

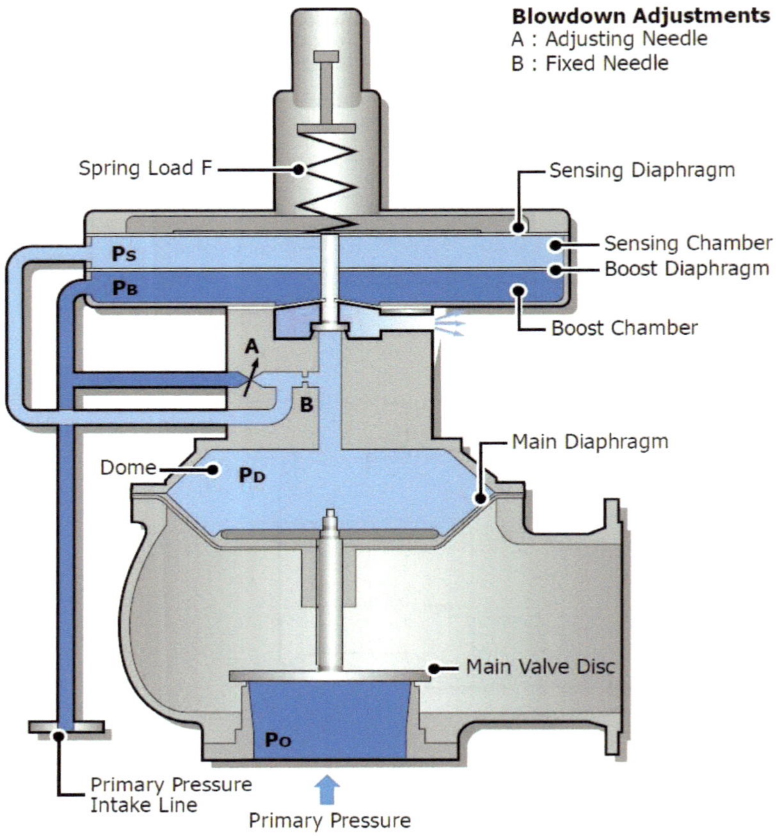

그림 5.64 Operation of Pilot Valve

(3) Operation of Main Valve

이제 pilot valve에서 방출되는 유체의 유량이 adjusting needle (A)와 fixed needle (B)을 통해 dome chamber로 유입되는 유체의 유량보다 커지면 pilot valve가 완전히 상승하기 때문에 dome chamber 압력이 떨어진다. dome chamber의 이 압력강하로 인해 main valve disc는 system pressure에 의해 들려지고 설정 압력에서 완전 개방된다.

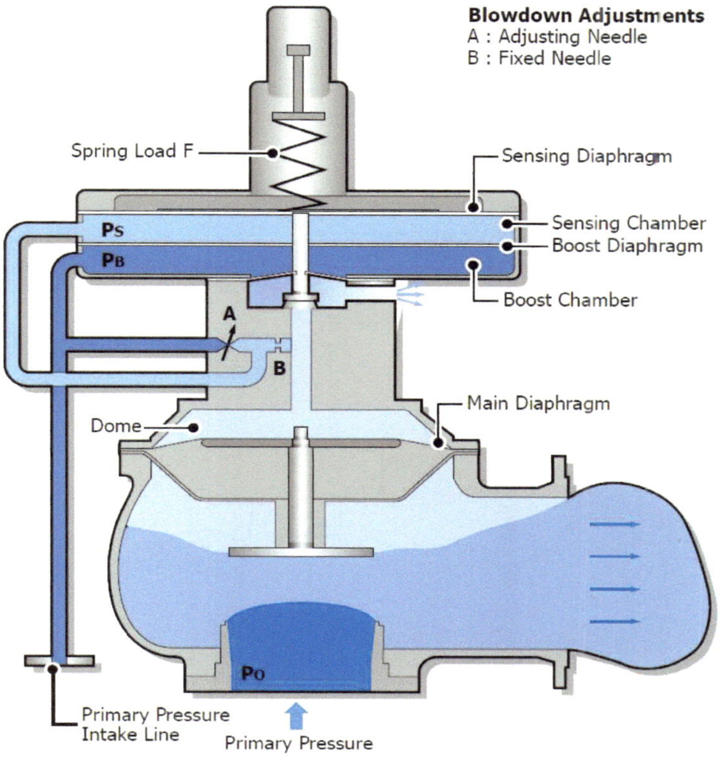

그림 5.65 Operation of Main Valve

(4) Closing of Pilot Valve

system pressure이 설정된 재장착 압력(reseating pressure)에 도달하면 스프링 하중이 system pressure를 다시 극복하기 시작하여 pilot valve disc가 내려가 다시 장착된다. disc가 nozzle seat에 도달하면 sensing chamber와 dome chamber의 압력이 system pressure으로 복구되고 그에 따라 main valve disc가 nozzle seat에 다시 위치하여 원위치로 돌아간다.

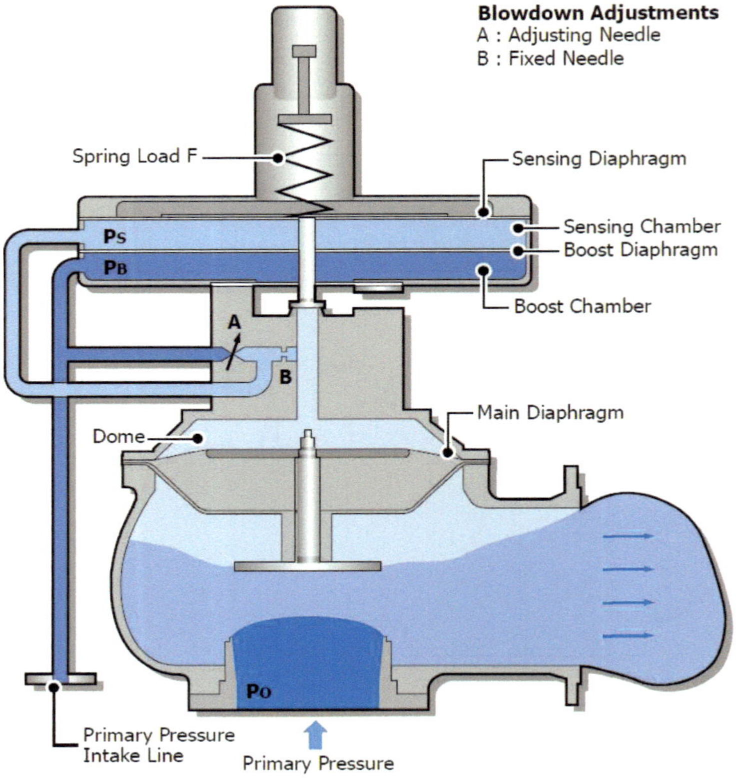

그림 5.66 Closing of Pilot Valve

2) Vacuum Pressure Function

(1) Valve Closed Condition

primary pressure은 adjusting needle (A)와 fixed needle (B)을 통해 primary pressure intake line에서 main valve의 dome chamber로 공급된다. 그런 다음 adjusting needle (A)에서 sensing chamber로 공급된다. 또한 pressure intake line에서 boost chamber로 바로 유입되어 항상 system pressure과 동일한 압력을 제공한다. 이 상태에서는 system pressure (PO), dome pressure (PD), sensing pressure (PS), boost pressure (PB)가 모두 동일하며, 이는 다음 공식으로 표현된다.

$$PO = PD = PS = PB$$

main valve는 pressure receiving area of the piston (AD)가 pressure receiving area of the disc (AO) 보다 크도록 설계되었으므로, main valve disc는 (AD-AO)에 의해 얻어진 하중에 의해 nozzle seat에 단단히 닫힌다. pilot valve에서 sensing chamber와 boost chamber는 압력이 균형을 이루고 있다. pilot valve를 열기 위해 작용하는 힘은 pressure receiving area of sensing diaphragm (AS)와 sensing pressure (PS)를 곱하여 구한다. pilot valve에 대해 다음 관계가 유지된다.

$$\text{Spring Load } F > AS \times PS$$

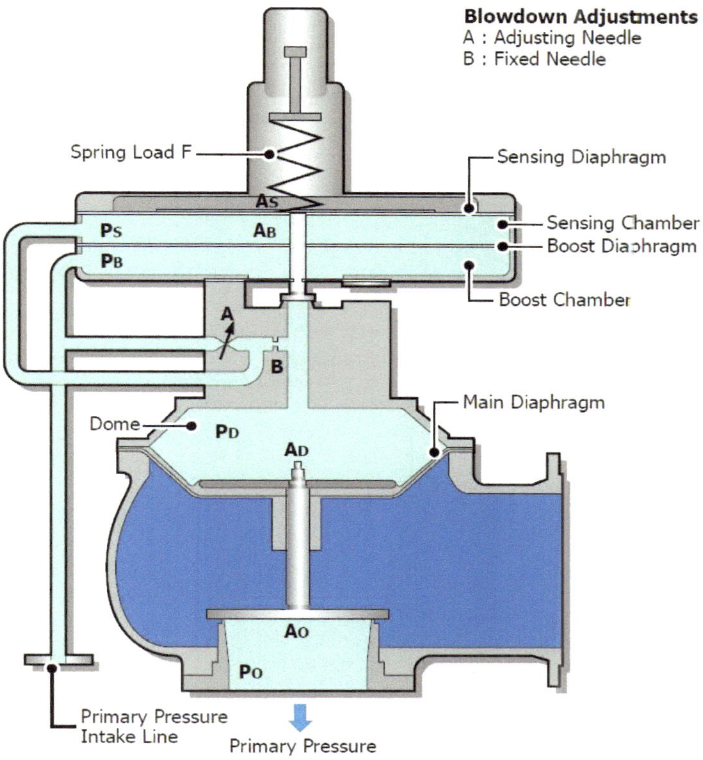

그림 5.67 Valve Closed Condition

(2) Operation of Main Valve

primary pressure가 진공의 설정압력에 도달하면 다음과 같은 관계가 형성된다.

Spring Load F 〉 AS x PS

그 결과, AS x PS 값은 마이너스이며, pilot valve는 작동하지 않는다.

(AD-AO) x PO 〉 dead weight of the disc assembly

main valve disc는 대기압에 의해 상승되어 설정된 압력에서 완전 개방된다.

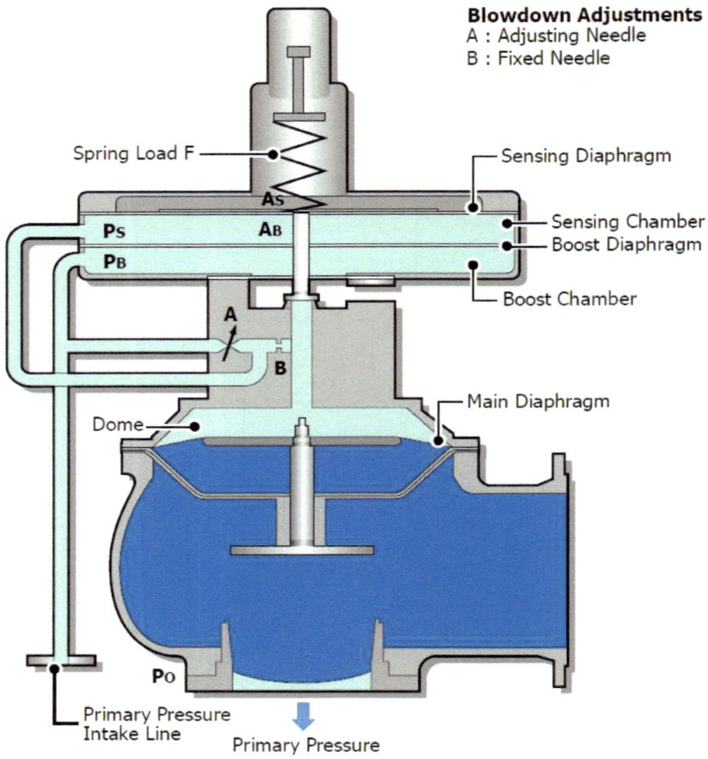

그림 5.68 Operation of Main Valve

5.18.4 Pipe Relief Valve

압력이 상승하기 쉬운 cargo pipe의 각 부분에는 감압밸브가 장착된다. 이러한 감압밸브는 일반적으로 스프링 타입이며, 설정압력은 1000 kPa G이다. 이 안전밸브의 배기는 가장 가까운 화물탱크 gas dome으로 모인다.

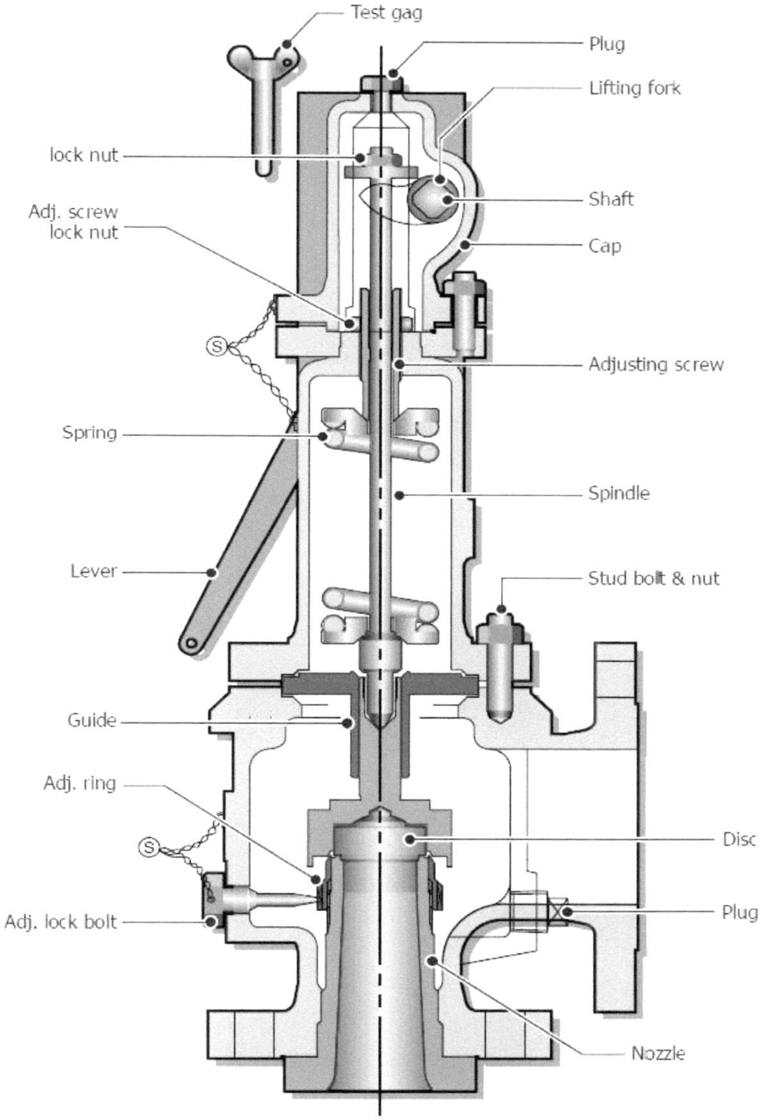

그림 5.69 Cargo Pipe Relief Valve

6
CHAPTER

LNG 선박의 CARGO AUXILIARY & BALLAST SYSTEM

6.1 TEMPERATURE MONITORING SYSTEM

2차 방열구역(insulation barrier) 내부 온도를 측정하고, CCR(Cargo Control Room)에 모니터링 장비가 설치되어 단열이 실패하거나 1차 방열구역(insulation barrier)이 누출될 경우 알람을 발생시킨다. 센서는 PT100 resistance type이다. 이 센서는 2차 방열구역에 장착되어 있으며 각 화물탱크 내부 선체를 따라 여러 개소에 장착되어 있다. 각 센서의 온도 범위는 -200~+100℃이다. 센서는 2개씩 장착되어 있으며, 첫 번째 센서가 고장 나면 두 번째 센서를 수동으로 선택하여 작동 시킬 수 있다. 온도 측정값은 사용 중인 각 센서별로 IAS를 통해 CCR에 표시되며 온도에 대한 기록도 IAS를 통해 확인할 수 있다.

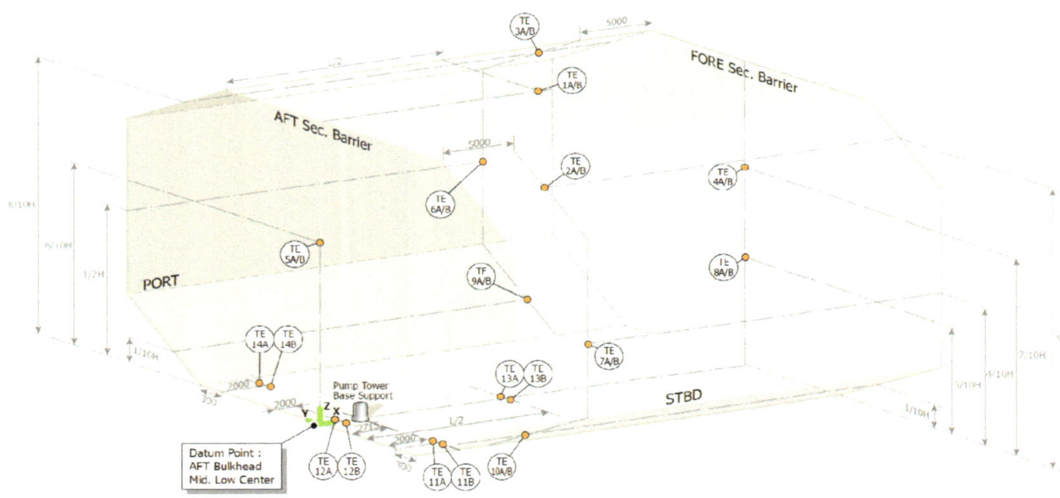

그림 6.1 Temperature Sensors on Secondary Space

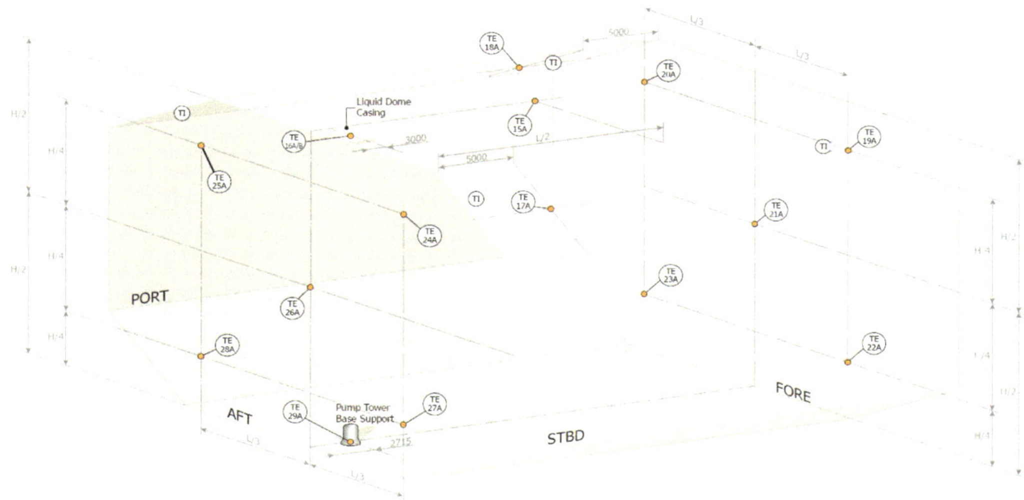

그림 6.2 Temperature Sensors on the Double Hull

6.2 INSULATION SPACE NITROGEN CONTROL SYSTEM

6.2.1 개요

그림 6.3은 방열구역의 전반적인 질소 제어 시스템을 나타낸 것이다. 질소는 기관실(E/R)에 있는 N_2 generator에 의해 생성되고 buffer tank에 저장된다. 보충 조절밸브(make-up regulating valve)를 통해 cargo 측 질소 가압 헤더(N_2 pressurisation header)로 공급되고, pressurisation header에서 각 화물탱크의 1 & 2차 방열구역으로 분배 및 충전된다. 초과 공급된 질소는 exhaust pressure control valve에 의해 1 & 2차 방열구역에서 No.2 nitrogen vent mast로 배출된다. 또한 질소는 기관실의 연료가스 라인을 purge 하는데도 사용된다.

1) Control

방열구역의 내부 부식을 방지하고, 방열구역 내벽이 손상되고 균열이 발생할 경우 각 방열구역의 가스누출을 감지하기 위해 방열구역을 통한 연속적인 질소 흐름이 필요하다. 따라서 질소공급 측 압력이 배기 측 압력보다 약간 낮게 유지된다. 그림 6.4는 방열구역의 질소 공급과 배출 시스템이 적용된 현장사진을 나타냈으며, 그림 6.5와 그림 6.6은 1 & 2차 방열구역의 질소공급 시스템의 모식도를 나타낸 것이다. 만약 압력이 2차 방열구역 0.2 kPa, 1차 방열구역 0.4 kPa 미만으로 떨어지면 공급밸브가 열리고, 2차 방열구역 0.4 kPa, 1차 방열구역 0.5 kPa 이상이 되면 배기밸브가 열린다.

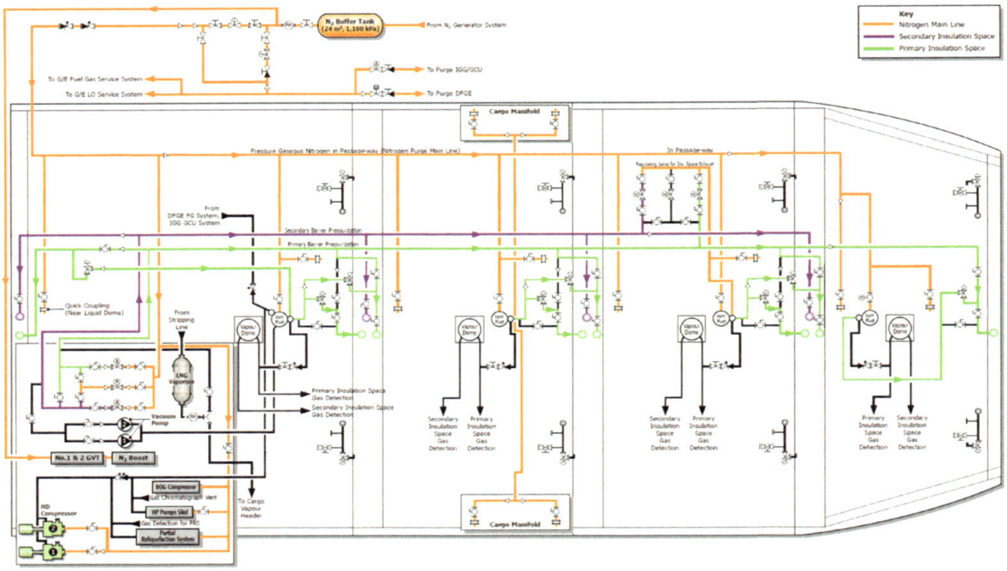

그림 6.3 Insulation Space Nitrogen Control System

2) Safety

각 화물탱크의 1 & 2차 방열구역에는 모두 일정 설정압력에서 개방되는 감압밸브(relief valve)가 각 2개씩 설치되어 있다. 질소는 다음과 같은 목적을 위해 공급된다.

- LNG 누출 시 가연성 혼합물 형성 방지
- 방열구역 내 LNG 누출 시 감지
- 부식 방지

Supply System (located in CMR)　　Exhaust System (connected to mast 2)

그림 6.4 Insulation Space Supply and Exhaust System

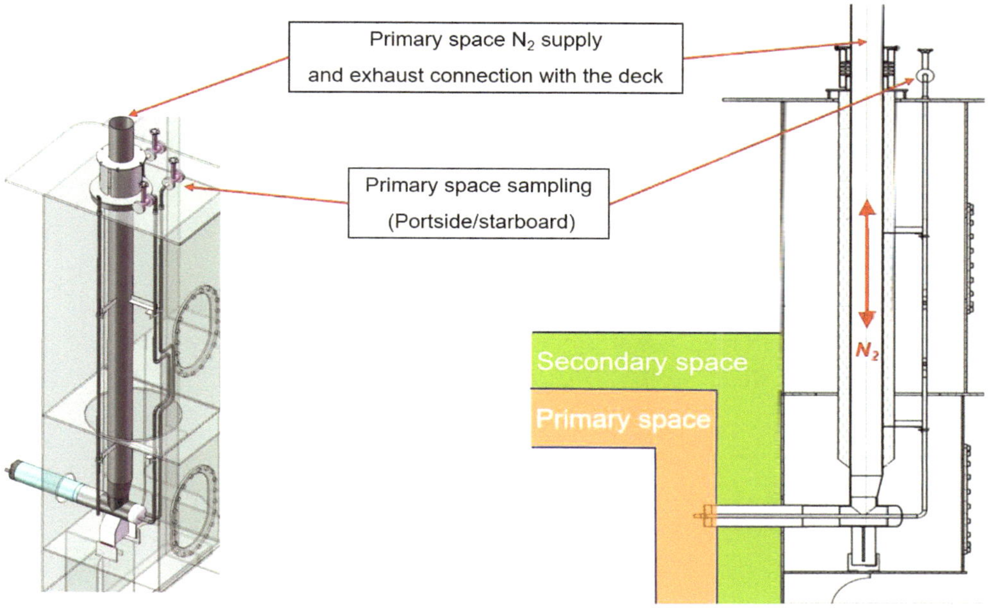

그림 6.5 Primary Insulation Space

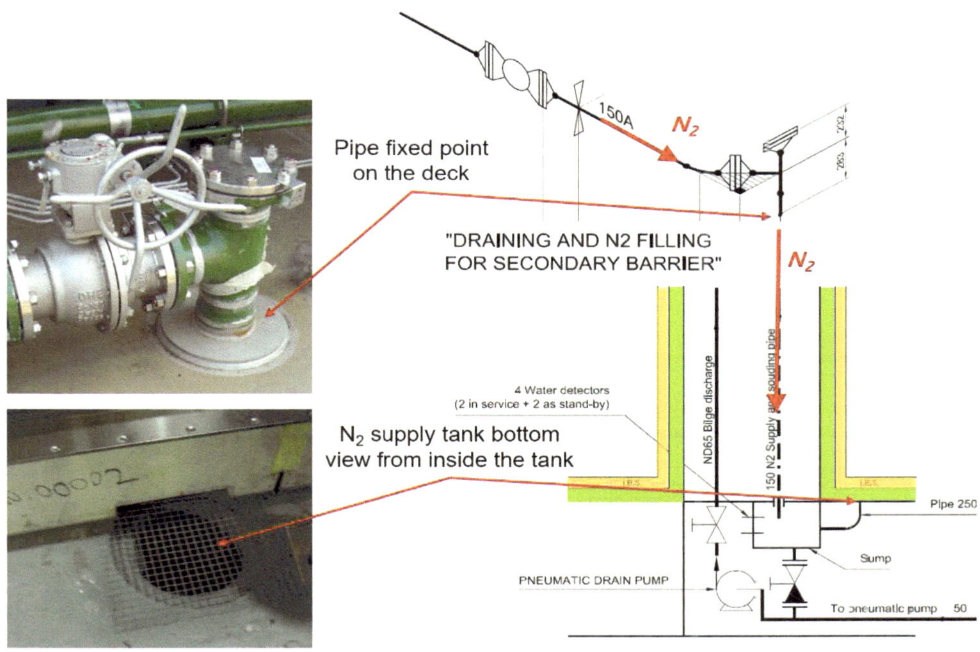

그림 6.6 Secondary Insulation Space

6.2.2 N_2 Supply & Discharge Pressure Control

그림 6.7과 그림 6.8은 방열구역의 질소 공급 및 배출 시스템을 각각 도식화한 것이다. IAS는 방열구역의 압력을 제어하기 위해 N_2 manifold에서 측정한 압력에 따라 제어되는 3개의 PID controller를 질소 공급측과 배기측에 각각 제공한다. 하나는 1차 방열구역용이고 다른 하나는 2차 방열구역용이며, 또 다른 하나는 1차 또는 2차용 controller 중 하나가 고장 난 경우 stand-by용으로 사용된다. 1차 방열구역 압력은 0.4~0.6 kPa로 유지되고, 2차 방열구역 압력은 0.2~0.4 kPa로 유지되어야 한다. 설정 값은 작동조건에 따라 조정할 수 있다.

IAS는 기관실의 N_2 generator 출구 압력과 온도에 기초하여 N_2 유량을 계산한다. 계산된 값은 IAS에 current flow와 accumulated flow로 표시된다. accumulated flow는 "Previous Hour", "Previous Day", "Previous Week" 3종류의 기간으로 표시된다.

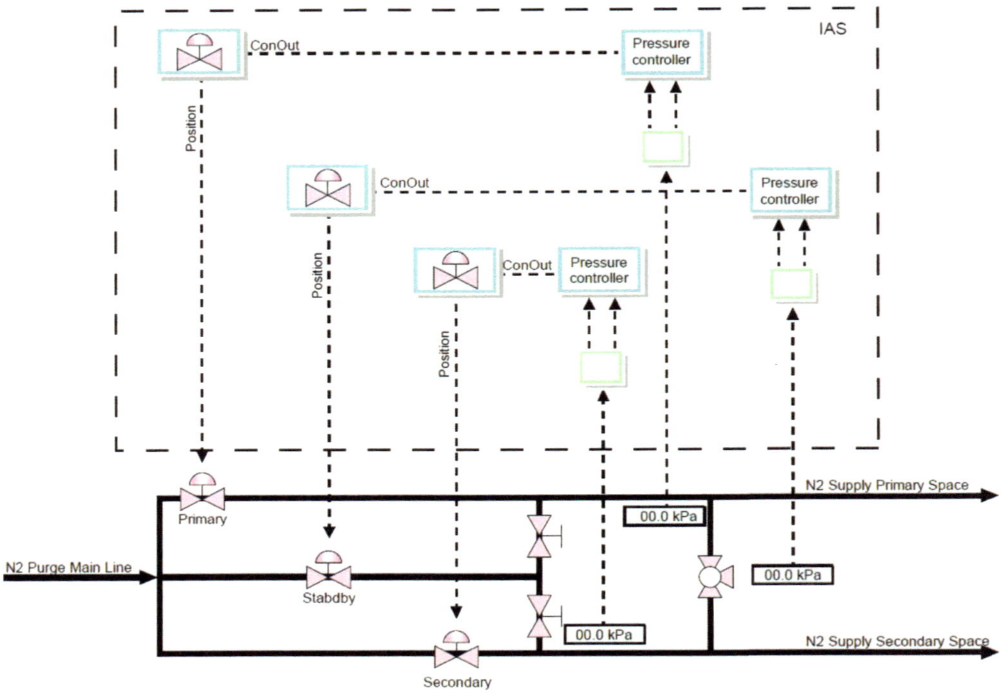

그림 6.7 Nitrogen Insulation Supply Valves

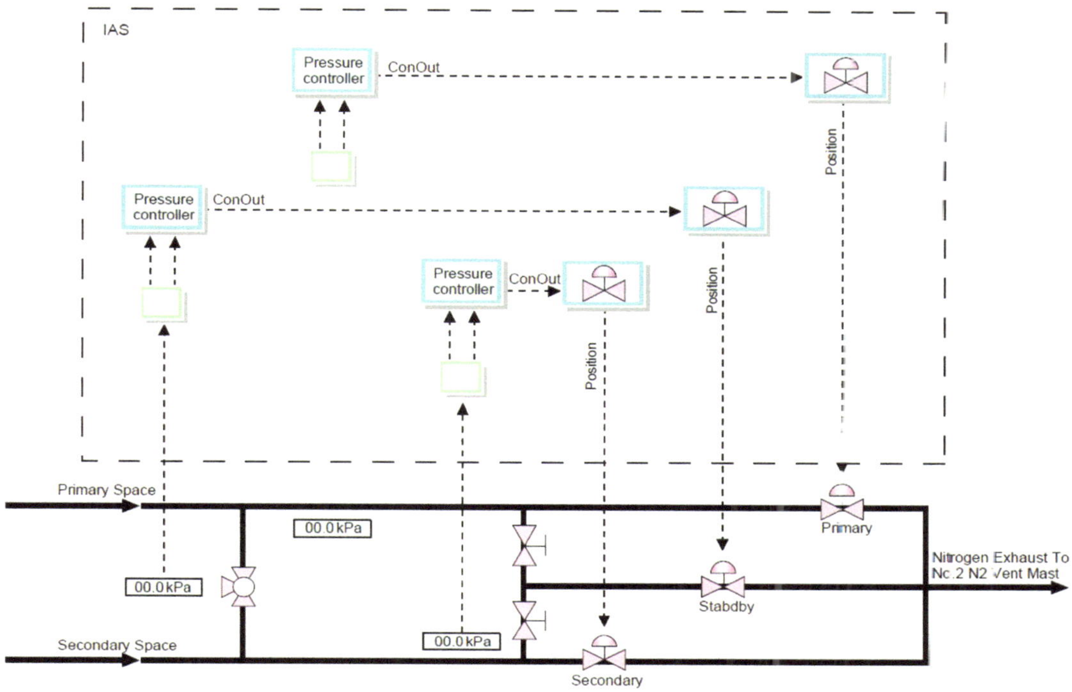

그림 6.8 Nitrogen Insulation Exhaust Valves

6.3 GLYCOL WATER HEATING SYSTEM

6.3.1 개요

glycol water heating system은 화물탱크가 LNG를 저장하고 있거나 저온상태일 때, cofferdam 주위로 공급되는 glycol water를 가열하여 내부 공간 온도를 약 +5℃로 우지함으로써 선체의 저온화 및 저온 취성파괴를 방지한다. 그림 6.9는 glycol water heater의 개략도를 나타낸 것이다. 이 시스템은 다음과 같은 장비로 구성되어 있다.

- Two steam heater
- One electric heater
- Two circulation pump
- Temperature control valve
- One glycol water expansion tank

- One glycol reserve tank
- One glycol mixing tank
- One pneumatic operated expansion tank topping up pump

glycol water heating system은 FGSS(Fuel Gas Supply System)에도 제공되며, 다음과 같은 장비로 구성되어 있다.

- One steam heater for FGSS
- One glycol water expansion tank for FGSS
- Two circulation pump
- Temperature control valve at the outlet of the heater
- One glycol water cooler

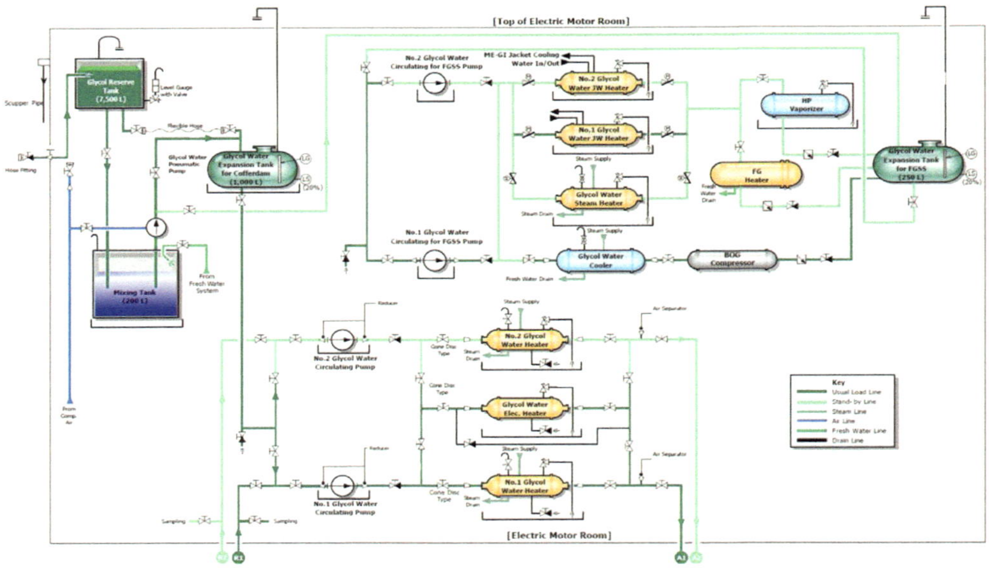

그림 6.9 Glycol Water Heater

6.3.2 Steam Heater Outlet Temperature Control

IAS는 히터 출구온도를 제어하는 2개의 controller를 제공한다. 2개의 steam flow control valve를 설치하여 히터 출구온도를 제어하는데 2개의 controller가 사용된다. 히터 출구의 glycol water 온도가 100℃ 이상으로 증가하면 IAS는 자동으로 고유량 및 저유량 제어밸브를 닫고 알람을 발생시킨다.

6.3.3 Electric Heater

electric glycol water heater 한 세트가 stand-by용으로 설치되어 있다. 히터의 작동은 heater starter panel에서 선택하는 electric heater control position에 따라 local control panel 또는 IAS에서 제어할 수 있다. IAS에서 자동 또는 수동제어를 위해 'AUTO' 또는 'MAN' 모드를 선택하여 사용할 수 있다. 'AUTO' 모드를 선택하면 cofferdam 및 liquid dome temperature controller의 출력 값에 따라 히터가 자동으로 켜지거나 꺼진다. 'MAN' 모드를 선택하면 수동으로 히터를 켜거나 끌 수 있다. 'AUTO' 모드에서 전기히터에 이상이 발생할 경우 sequence control이 종료되고 제어모드가 'MAN' 모드로 변경되며 히터의 현 상태(ON 또는 OFF)가 그대로 유지된다.

6.3.4 FGS Heating & Cooling System

FGSS에서 냉각 시스템(cooling system)의 용도는 다음과 같다.

- fresh water cooler를 사용하여 HP compressor의 압축 BOG 냉각
- HP compressor를 위한 motor 냉각
- fresh water cooler(GW cooler for BOG compressor)를 사용하여 HP compressor frame 및 cylinder에 공급되는 glycol water 냉각

FGSS에서 가열 시스템(heating system)의 용도는 다음과 같다.

- 2대의 jacket water heater(No.1 & 2 glycol water J.W heater)를 통한 LNG HP vaporizer에 공급되는 glycol water 가열
- steam heater(No.1 glycol water steam heater)를 통한 LNG HP vaporizer에 공급되는 glycol water 가열
- glycol water vaporizer(LNG HP vaporizer)를 통한 MEGI 엔진에 공급되는 그압 LNG의 기화 및 가열
- glycol water vaporizer(FG heater for DFGE)를 통한 DFGE로 공급되는 고압 NG의 기화 및 가열

HP vaporizer, DFGE용 FG heater 및 BOG compressor용 FG cooler에 GW(Glycol Water) 공급 및 순환을 위한 2대의 GW circulation pump가 장착되어 있다. GW J.W heater는 MEGI 엔진 jacket 냉각수의 열을 활용한다. HiVAR FGS 시스템의 HP Vaporizer는 GW 시스템에 의해 가열된다. GW는 GW circulation pump에 의해 GW J.W heater와 GW steam heater에 공급된다. 운전 중인 GW circulation pump 중 1대가 정지 되거나 토출압력이 낮은 경우 다른 펌프의 stand-by 기능에 의해 자동으로 운전된다.

6.3.5 Cofferdam Glycol Heating System

그림 6.10은 cofferdam glycol heating system의 전반적인 개략도를 나타낸 것이며, 이 시스템의 목적은 화물탱크가 저온상태일 때 cofferdam 내부 온도를 항상 +5℃ 이상 유지하는 것이다. 각 cofferdam 은 2개의 독립된 시스템에 의해 가열될 수 있다. 통상적인 경우 하나는 사용 중이고 다른 하나는 stand-by 중인 시스템이다. 이 시스템은 다음과 같은 조건에서 요구되는 온도 환경을 유지할 수 있도록 설계되어 있다.

- LNG against the secondary membrane: -163℃
- Air temperature: -18℃
- Sea water temperature: +0℃

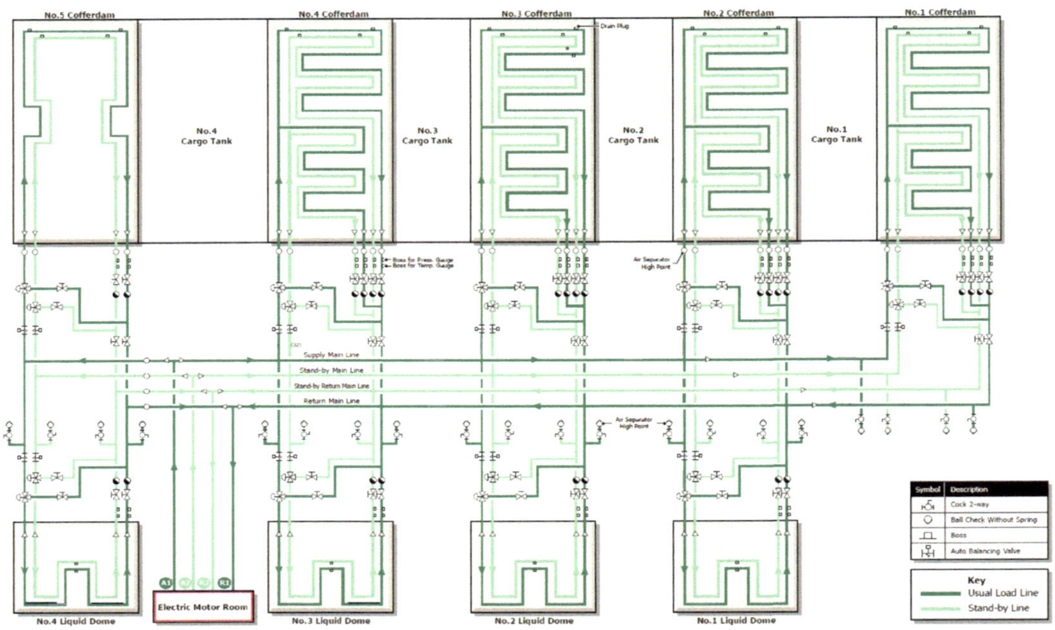

그림 6.10 Cofferdam Glycol Heating System

6.4 AUXILIARY FW COOLING SYSTEM

그림 6.11은 auxiliary FW cooling system을 도식화한 것으로 아래와 같은 cargo machine을 냉각하는데 사용된다.

- HD compressor LO coolers
- HD compressor motor coolers
- Vacuum pump
- IGG/GCU thermo-siphon vessels
- LO cooler for HP pump
- Cargo compressor room steam drain cooler
- Glycol water cooler
- BOG compressor gas coolers, motor & oil coolers

이 시스템은 cooling FW pump, FW cooler 및 expansion tank로 구성되어 있다. FW cooler는 기관실의 보조 냉각 해수펌프에 의해 공급되는 해수에 의해 직접 냉각된다. cooling FW pump는 2대가 설치되어 있으며, 1대의 펌프가 시스템의 압력을 유지하지 못할 경우 stand-by 펌프가 자동으로 운전된다.

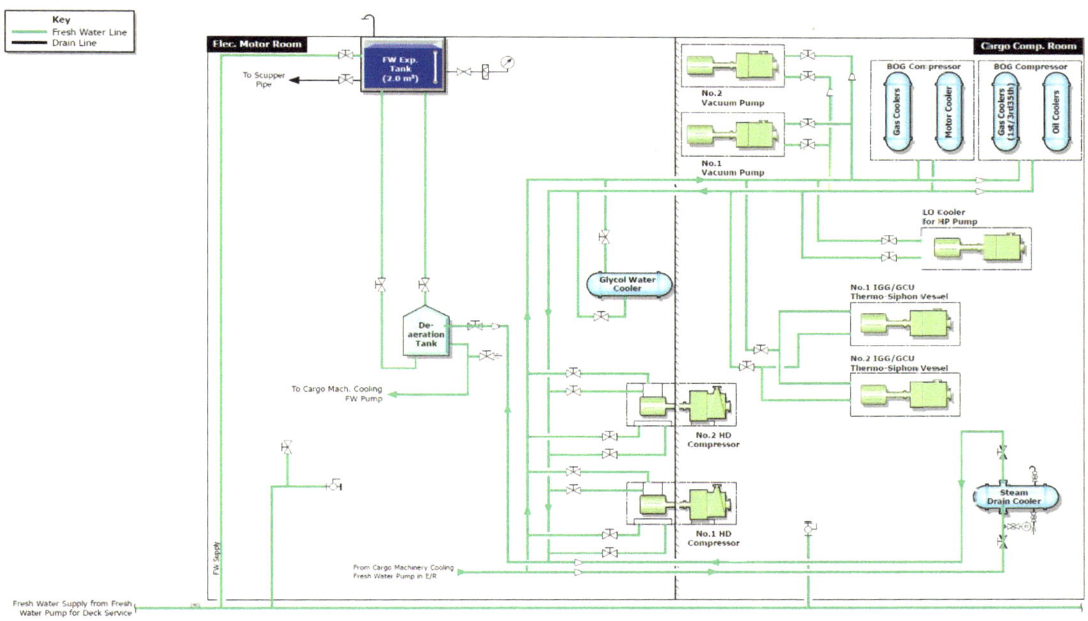

그림 6.11 Auxiliary Fresh Water Cooling System

6.5 BALLAST & BALLAST WATER TREATMENT SYSTEM

6.5.1 Ballast System

그림 6.12와 그림 6.13은 ballast system을 도식화한 것이다. 화물탱크의 주변 공간은 선박의 다양한 하중 조건에서 draft, trim 및 list를 최적화하기 위해 ballast tank로 사용된다.

1) Ballast Tank

- 8 main water ballast tanks(4 port and 4 starboard)
- Port/Starboard forward deep water ballast tanks
- AFT peak water ballast tank

2) Ballast Pump

기관실에는 전기 구동식 ballast pump 3대가 설치되어 있으며, 다음 용도로 사용된다.

- Ballasting of ballast tank
- De-ballasting of ballast tank
- Supplying seawater to the combined IGG/GCU

3) Ballast Stripping Eductor

ballast tank를 stripping하기 위해 2개(좌·우현)의 eductor가 장착된다.

4) Ballast Valve

ballast system의 모든 밸브는 유압식으로 작동하는 butterfly valve 이다. 각 ballast tank에는 탱크로의 보충 및 배출을 위한 butterfly valve가 각 하나씩 장착되어 있다. 이 밸브는 개도 조정이 가능하다. 단, ballast pump 입·출구 밸브의 경우는 throttle type 이다.

5) Ballast Pump Control

pump cavitation을 방지하기 위해 minimum suction pressure controller가 설치되어 있다. 이 controller는 펌프의 출구밸브를 자동으로 조정함으로써 펌프 출력이 조정되어 cavitation을 방지한다.

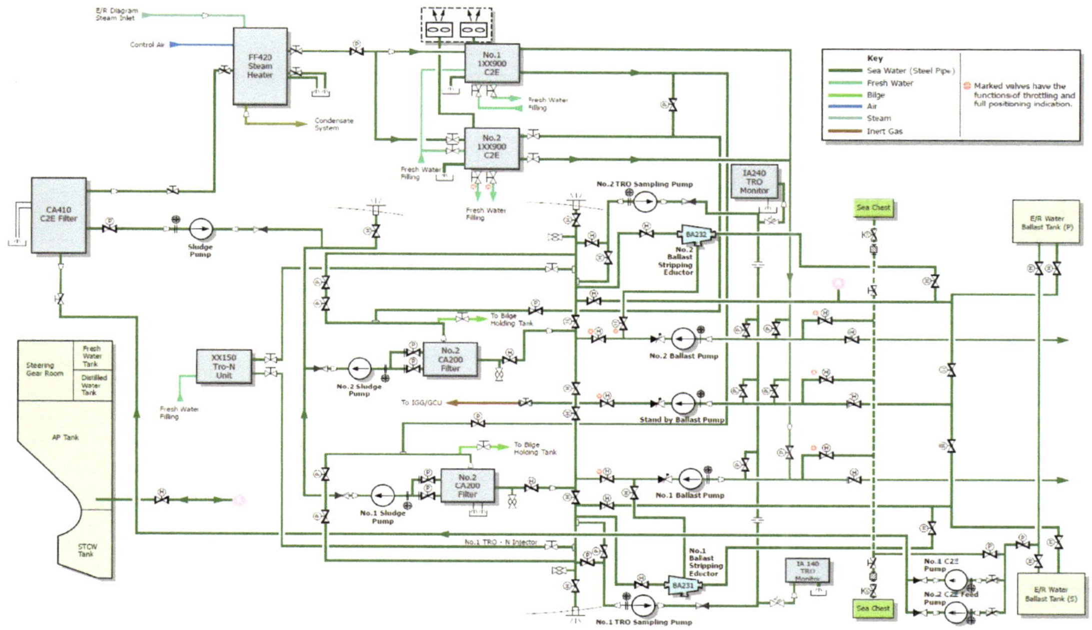

그림 6.12 Ballast System(1/2)

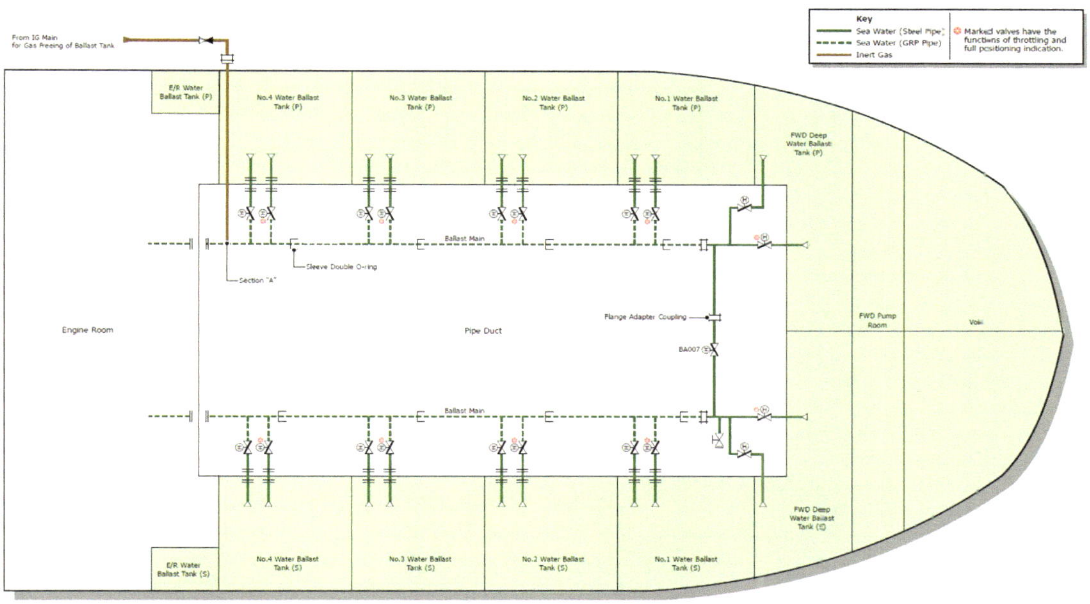

그림 6.13 Ballast System(2/2)

6) Hammering Warning

ballast line 압력이 10 kPa 미만으로 떨어질 경우 "Hammering Warning"가 IAS 화면상에 표시된다.

7) Tank Level Measurement

4~20 mA tank level sensor가 각각의 ballast tank에 설치되어 있어 IAS를 통해 각 탱크의 상태, 즉 탱크 내의 level, volume, weight를 확인할 수 있다.

6.5.2 Ballast Water Treatment System(BWTS)

ballast water 안의 수중 생물과 미생물 등을 제거 또는 살균처리 함으로써 타 지역으로 부터 외래종 유입을 차단하기 위해 선박에 장착된 장비이다. 즉, 선박의 ballast water 이동에 따른 해양 생태계 파괴와 교란을 방지하기 위해 ballast water에 포함된 유해 수중생물과 병원균 제거, 무해화 또는 그 유입이나 배출을 방지하기 위한 장치나 설비를 말한다.

국제해사기구(IMO, International Maritime Organization)에서는 유해 수중생물과 병원균의 이동으로 발생하는 환경, 인간건강, 재산 및 자원에 대한 위험방지 및 최소화의 필요성을 위해

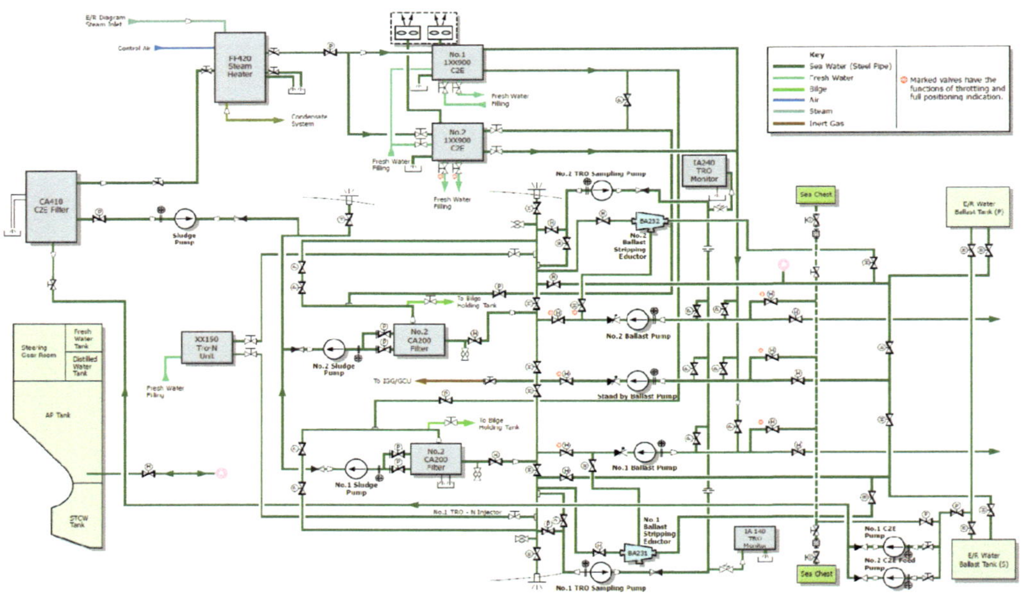

그림 6.14 Ballast Water Treatment System

2004년 선박평형수관리협약(International Convention for the Control and Management of Ship's Ballast Water and Sediments)를 채택하여 BWTS의 장착을 의무화하였다. 세계적으로 개발 및 판매되고 있는 BWTS의 기술적인 방식은 크게 자외선, 전기분해, 오존분사로 대표되는 3가지 방식으로 나뉘며, 이 외에 플라즈마, 하이브리드 등 새로운 방식의 BWTS가 가세하고 있다. 그림 6.14는 BWTS의 적용 사례를 도시한 것이다.

1) Ballast Water 처리 절차

바닷물 흡입 → 바닷물을 처리장치로 이송 → 바닷물 살균처리 → ballast tank로 바닷물 이송 → 살균처리 된 바닷물 중화 → 외부로 배출

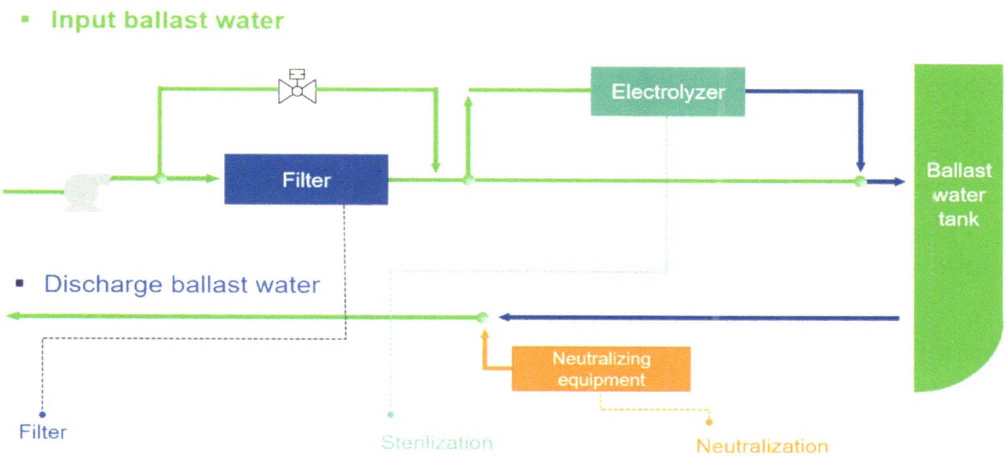

그림 6.15 Ballast Water Treatment Process

2) 전기방식 BWTS 기기 구성

(1) Common Equipment

- Control system(computer terminal & electric cabinet)
- Salinity sensor
- Electrode cell feed pump
- Electrode cell self cleaning filter
- Electrode cell heater unit
- Electrode cell unit

(2) Ballast Water System Equipment

- Self cleaning filter
- TRO monitoring
- TRO neutralization
- Constant pressure valve

3) BWTS

(1) Ballast

ballast water는 ballast pump를 사용하여 선박으로 공급된다. ballast water는 불순물 입자와 유기체의 분리를 위해 필터(filter)를 통과한다. 여과(filtration) 후 ballast water에 소독제(disinfectant)를 주입한다. 소독제는 electrode cell 장치에서 생산된다. electrode cell 공정은 전해질(electrolyte)로서 설치된 BWTS 정격용량의 약 1.6% 바닷물을 사용하여 전기분해 membrane cell를 통과시켜 물 활성화(water activation)를 적용한다. 이 장치는 농축 산화제(AWAC, Activated Water Acidic)와 희석액(AWAL, Activated Water Alkaline)을 생성한다. AWAC는 여과 후 main line으로 다시 주입되고, AWAL은 ballast pump 흡입 측에 주입된다. 소독제 주입은 정확한 주입량을 보장하기 위해 TRO(Total Residual Oxidant) 센서에 의해 지속적으로 모니터링된다. 소독제 주입이 완료된 물은 ballast tank로 들어간다.

(2) De-Ballast

ballast pump를 사용하여 De-ballast 작업을 시작한다. ballast water의 잔여 소독제 농도를 모니터링 한다. 농도가 최대 한계치 이내일 경우 중력을 사용하여 탱크를 De-ballast할 수 있다. 농도가 최대 한계치를 초과하면 TRO Neutralization 시스템이 체결되고, De-ballast 전에 ballast water를 중화시킨다. 후자의 경우 ballast pump에 의해 De-ballast 작업을 수행해야 한다.

(3) Control System

BWTS control system은 PLC platform을 기본으로 사용하여 독립 실행형 시스템(standalone system)으로 설계되었다. 원칙적으로 BWTS는 독립적으로 관리된다. BW pump, isolation valve, overboard valve, BW tank valve 등과 같은 장비는 BWTS control system에 의해 관리되지 않는다.

(4) Ballast Water Filter

ballast water filter는 자동의 self cleaning filter 이다. 즉, BWTS 운전에 방해가 되지 않도록 압력강하를 최소화하면서 flushing을 수행한다. ballast water의 filter screen separation size 이상이 되는 대부분의 유기체와 입자는 분리된다. 더러운 면과 깨끗한 면 사이의 필터에 대한 압력 차이가 차압 설정 값에 도달하면 필터가 자동으로 self-cleaning 모드를 시작하고, 필터에 걸러진 잔여물은 별도의 라인 또는 overboard 라인을 통해 바다로 바로 배출된다. 배출 중에는 필터가 작동하지 않는다.

(5) Disinfection-Electrode Cell Unit

electrode cell 장치는 염수(saline water)의 일부분에 전기화학적 활성원리를 적용하여 소독제(disinfectant)를 생성하며, 이 소독제는 전체적인 생물학적 유효성을 향상시키기 위해 여과 후 주입된다. 필요한 유량을 충족하기 위해 electrode cell 장치는 모듈식으로 구성되며, 다수의 동일한 정류기(rectifier)에 의해 전원이 공급되는 다수의 동일한 셀(cell)로 구성된다. 따라서 electrode cell 장치의 크기는 시스템 용량에 따라 달라진다.

(6) TRO(Total Residual Oxidant) Monitoring

TRO는 TRO 센서를 사용하여 모니터링 한다. 센서는 처리 중 ballast water 내 총 잔류 산화물(Total Residual Oxidant)을 측정한다. 그런 다음 필요에 따라 electrode cell 장치에서 셀 전류(cell ampere) 설정을 교정하기 위해 이러한 측정값을 적용하며 ballast water 배출 시 TRO의 최대 배출 한도가 초과되지 않도록 TRO 측정값을 적용한다. 예를 들어, 극단적으로 짧은 항해 또는 유기물질의 극히 낮은 함량으로 물을 처리할 때, 배출되는 물은 TRO의 최대 배출 한도를 초과할 수 있다. 이 경우 TRO 중성화가 시작된다.

(7) TRO Neutralization(TRO-N) System

TRO의 정상 배출농도는 일반적으로 0.0~0.2 mg/L 범위에 있다. 그러나 어떤 경우에는 배출 전에 분해가 충분히 되지 않고 배출 시 농도가 더 높을 수 있다. 높은 TRO 농도로 처리된 ballast water의 배출을 방지하기 위해 TRO 수치는 처리 중과 배출 중에 모두 모니터링 된다. 사전 설정된 최대 허용 배출농도 보다 높은 수준이 감지되면, 중성화 시스템이 활성화된다. 이것은 미리 설정된 농도에서 물로 희석된 중화제(neutralizing agent) 공급원과 중화제 주입을 위한 dosage pump로 구성된다. ballast pump 흡입 측에서 배출되는 동안 중화제가 main line으로 직접 주입된다.

(8) Neutralizing Agent and Dosage System

비교적 짧은 시간 내에 De-ballast 작업을 수행한 경우 electrode cell 소독제 장치가 생성하는 ballast tank의 TRO 수준이 너무 높을 수 있다. TRO-N 장치는 이 문제를 해결하기 위해 De-ballast 작업 중에 실행된다. 중화제는 염소가 없는 음용수로 희석된 Sodium Thiosuphate Pentahydrate($Na_2S_2O_3 \cdot 5H_2O$)이 사용된다. ballast pump 흡입 측 또는 Bilge/Fire/GS 펌프를 통해 ballast water 라인으로 분사된다. 따라서 펌프는 중화제가 ballast water에 적절히 혼합되도록 한다. 중화 시스템은 각 주입지점에 있는 주입장치(dosing unit)와 주입밸브(dosing valve)로 구성된다. dosing unit은 희석된 중화 용액, 1대 또는 2대의 dosage pump 및 혼합제를 보관하는 탱크로 구성된 모듈식 장치(modular unit)이다.

(9) Steam Heater

electrode cell의 최적화된 효율과 전력 소비를 위해 해수 온도는 20℃에 가까워야 한다. steam heater는 electrode cell 근처에 위치하여 필요할 때 온도를 이 수준으로 상승시키는 역할을 한다. steam heater는 항상 전원이 공급되고 있는 stand-by 상태이며, 외부 해수 온도가 16℃ 이하로 떨어졌을 때 작동을 시작한다.

6.6 LOADING COMPUTER

6.6.1 개요

loading computer는 화물의 적양하 및 선박의 감항성과 복원성을 위한 draft 조정에 필요한 선박의 각종 정보를 계산하는 장비이다. 그림 6.16, 그림 6.17, 그림 18은 loading computer에 의한 “Tank Plan”, “Loading Status” 그리고 “Stability Result”를 각각 나타낸 것이다.

6.6.2 주요 기능

1) Displacement/Deadweight/Trim & Draft(aft and fore) 계산
2) 해수 밀도 차이로 인한 draft(fore/aft/mean) 보정
3) LCG/VCG/TCG/Metacentric height/Angle of heel 계산
4) Cargo/Ballast/F.O/D.O/L.O/F.W tanks shall have maximum free surface moment 계산
5) Cargo/Ballast/FO/DO/ LO/FW & DW의 Volume/Weight/Tank level 계산
6) Trim & Heeling 계산
7) Intact stability 계산
8) Shear force 및 bending moment 계산

9) Shear force 및 bending moment 최대값 계산
10) Damage stability 계산
11) Propeller immersion 계산
12) Forward draft limit 계산
13) GM limit 계산
14) Cargo oil filling restrictions against sloshing effect 계산
15) GZ curves for loading conditions 계산
16) Specific gravity, percentage filling, tank level, volume and weight 계산
17) Interface with level gauge by on-line

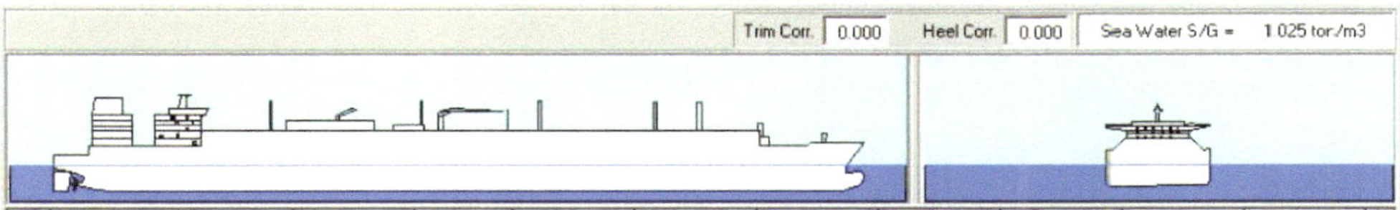

	COMPARTMENT	CAPACITY (CuM)	SND/ULG (m)	VOLUME (CuM)	VOLUME (%)	S/G (Mt/CuM)	WEIGHT (Mt)	LCG (m)	VCG (m)	TCG (m)
1	NO.1 CARGO TANK	32,781.20	0.00	32,289.48	98.50	0.4420	14,271.95	275.379	17.344	0.000
2	NO.2 CARGO TANK	57,570.90	0.00	56,707.34	98.50	0.4420	25,064.64	233.450	17.505	0.000
3	NO.3 CARGO TANK	57,570.90	0.00	56,707.34	98.50	0.4420	25,064.64	183.850	17.505	0.000
4	NO.4 CARGO TANK	57,570.90	0.00	56,707.34	98.50	0.4420	25,064.64	134.250	17.505	0.000
5	NO.5 CARGO TANK	57,570.90	0.00	56,707.34	98.50	0.4420	25,064.64	84.650	17.505	0.000
6	FWD.DEEP.W.B.TK(P)	2,143.70	0.05	0.00	0.00	1.0250	0.00	305.857	0.001	1.808
7	FWD.DEEP.W.B.TK(S)	2,114.20	0.05	0.00	0.00	1.0250	0.00	304.738	0.001	-1.919
8	NO.1 W.B.TK(P)	6,608.30	0.00	0.00	0.00	1.0250	0.00	271.787	0.001	6.637
9	NO.1 W.B.TK(S)	6,608.30	0.00	0.00	0.00	1.0250	0.00	271.787	0.001	-6.637
10	NO.2 W.B.TK(P)	7,766.40	0.00	0.00	0.00	1.0250	0.00	229.485	0.001	12.093
11	NO.2 W.B.TK(S)	7,766.40	0.00	0.00	0.00	1.0250	0.00	229.485	0.001	-12.093
12	NO.3 W.B.TK(P)	8,098.80	0.00	0.00	0.00	1.0250	0.00	182.150	0.001	13.408
13	NO.3 W.B.TK(S)	8,098.80	0.00	0.00	0.00	1.0250	0.00	182.150	0.001	-13.408
14	NO.4 W.B.TK(P)	8,096.70	0.00	0.00	0.00	1.0250	0.00	132.644	0.001	13.362
15	NO.4 W.B.TK(S)	8,096.70	0.00	0.00	0.00	1.0250	0.00	132.644	0.001	-13.362
16	NO.5 W.B.TK(P)	7,068.50	0.12	44.88	0.64	1.0250	46.00	85.046	0.027	10.404
17	NO.5 W.B.TK(S)	7,068.50	0.15	44.88	0.64	1.0250	46.00	85.046	0.027	-10.404
18	E/R W.B.TK(P)	1,594.20	0.00	0.00	0.00	1.0250	0.00	51.303	2.864	13.331
19	E/R W.B.TK(S)	1,594.20	0.00	0.00	0.00	1.0250	0.00	51.303	2.864	-13.331
20	A.P.TK	1,790.00	0.00	0.00	0.00	1.0250	0.00	0.000	0.000	0.000
21	FWD DEEP H.F.O.TK.(C)	2,820.30	14.74	2,763.89	98.00	0.9800	2,708.62	311.175	13.607	0.000
22	AFT DEEP H.F.O.TK.(C)	2,937.70	22.47	2,549.59	86.79	0.9800	2,498.60	303.085	12.359	0.000
23	H.F.O.TK(P)	1,094.50	7.54	800.31	73.12	0.9800	784.30	53.929	17.355	21.247
24	H.F.O.TK(S)	1,737.00	15.85	1,426.84	82.14	0.9800	1,398.30	49.520	16.976	-21.079
25	LOW SULPHUR TK(P)	642.50	4.56	629.65	98.00	0.9800	617.06	44.097	16.551	20.866
26	H.F.O.SETT.TK(P)	90.65	1.89	88.84	98.00	0.9800	87.06	52.275	19.100	19.850

그림 6.16 Tank Plan

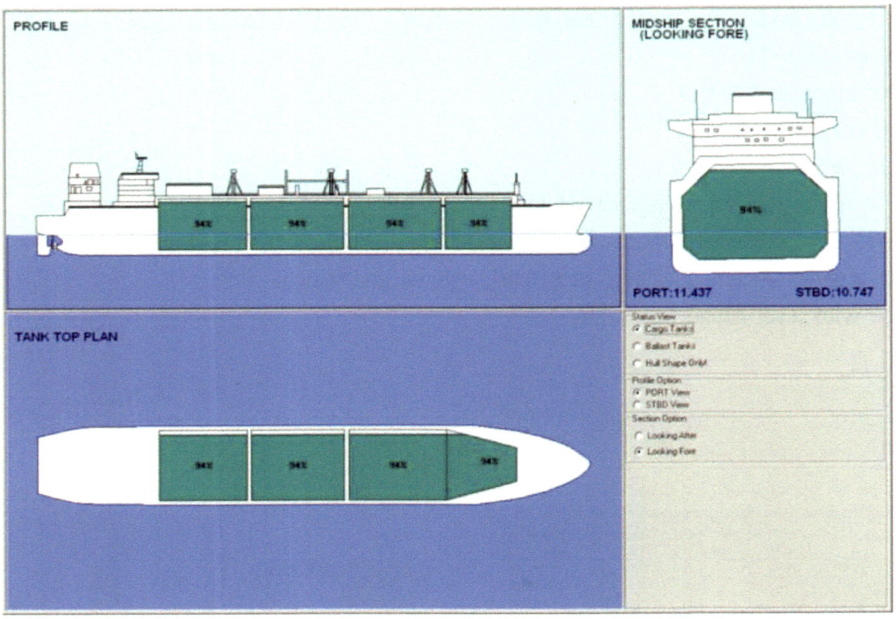

그림 6.17 Loading Status

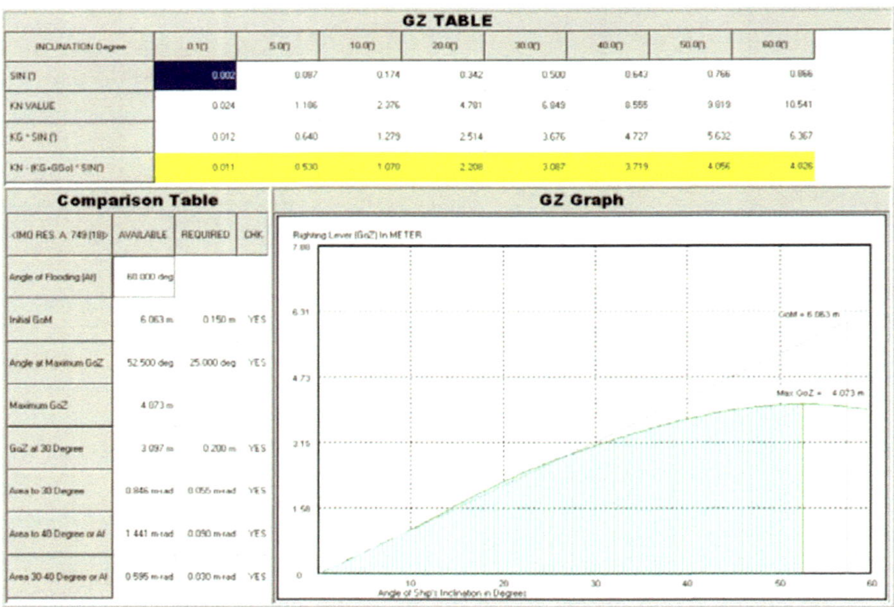
GZ TABLE

INCLINATION Degree	0.1(°)	5.0(°)	10.0(°)	20.0(°)	30.0(°)	40.0(°)	50.0(°)	60.0(°)
SIN (°)	0.002	0.087	0.174	0.342	0.500	0.643	0.766	0.866
KN VALUE	0.024	1.106	2.376	4.781	6.849	8.555	9.819	10.541
KG * SIN (°)	0.012	0.640	1.279	2.514	3.676	4.727	5.632	6.367
KN - (KG+GGo) * SIN(°)	0.011	0.530	1.070	2.208	3.087	3.719	4.056	4.026

Comparison Table

<IMO RES. A. 749 (18)>	AVAILABLE	REQUIRED	CHK
Angle of Flooding (Af)	60.000 deg		
Initial GoM	6.063 m	0.150 m	YES
Angle at Maximum GoZ	52.500 deg	25.000 deg	YES
Maximum GoZ	4.073 m		
GoZ at 30 Degree	3.097 m	0.200 m	YES
Area to 30 Degree	0.846 m-rad	0.055 m-rad	YES
Area to 40 Degree or Af	1.441 m-rad	0.090 m-rad	YES
Area 30-40 Degree or Af	0.595 m-rad	0.030 m-rad	YES

그림 6.18 Stability Result

6.7 기타 CARGO AUXILIARY SYSTEM

(1) Steam Condensate System

스팀(steam)이 사용되는 cargo 설비(각종 히터 및 기화기 등)의 응축수 관리를 위해 별도의 drain cooler와 팽창탱크(expantion tank)가 설치되어 있다. 그림 6.19, 그림 6.20 및 그림 6.21은 cargo용 steam condensate system을 나타낸 것이다.

(2) Bilge & Scupper System

그림 6.22와 그림 6.23은 cargo용 bilge & scupper system을 나타낸 것이다.

(3) Instrument Air System

그림 6.24와 그림 6.25는 cargo 설비에 필요한 instrument air system을 나타낸 것이다.

(4) Air System for Ship/Shore Pneumatic ESD

그림 6.26은 ESDS(Emergency Shut-Down System)의 공기식 시스템(pneumatic system)을 나타낸 것이다.

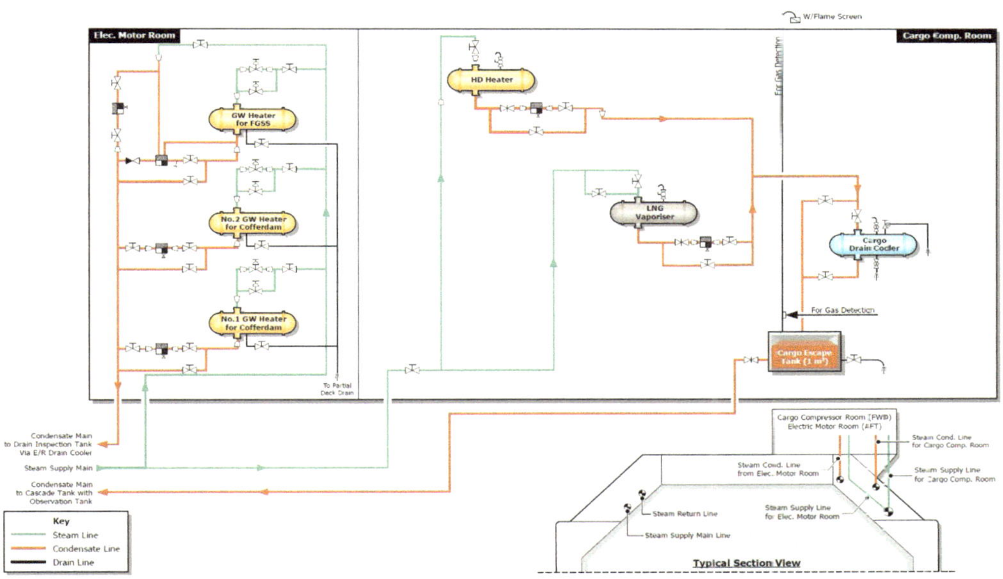

그림 6.19 Steam Condensate System (1/3)

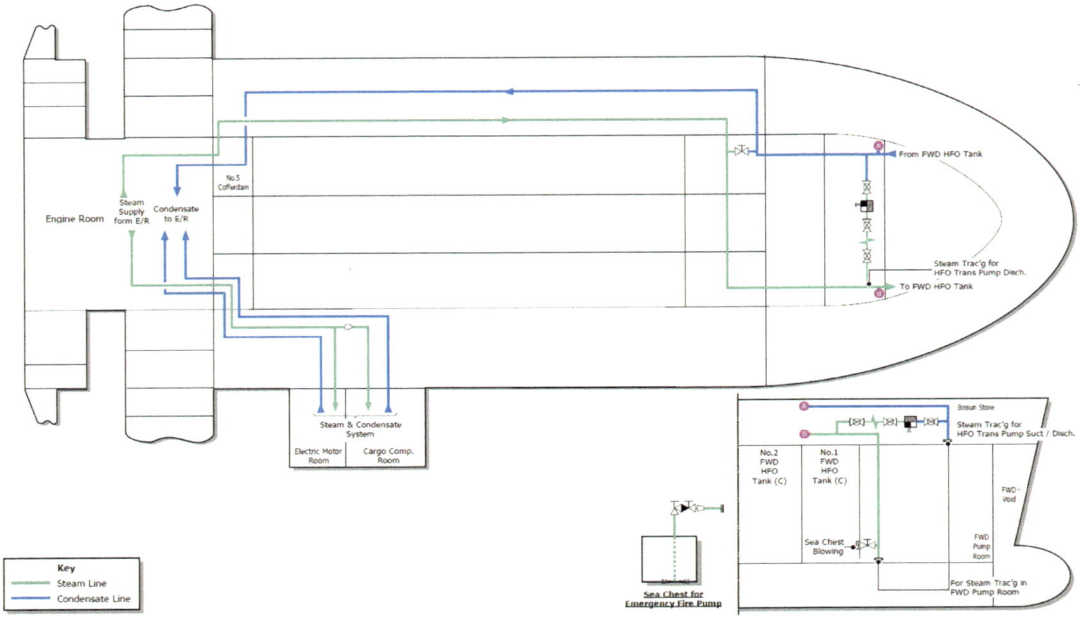

그림 6.20 Steam Condensate System (2/3)

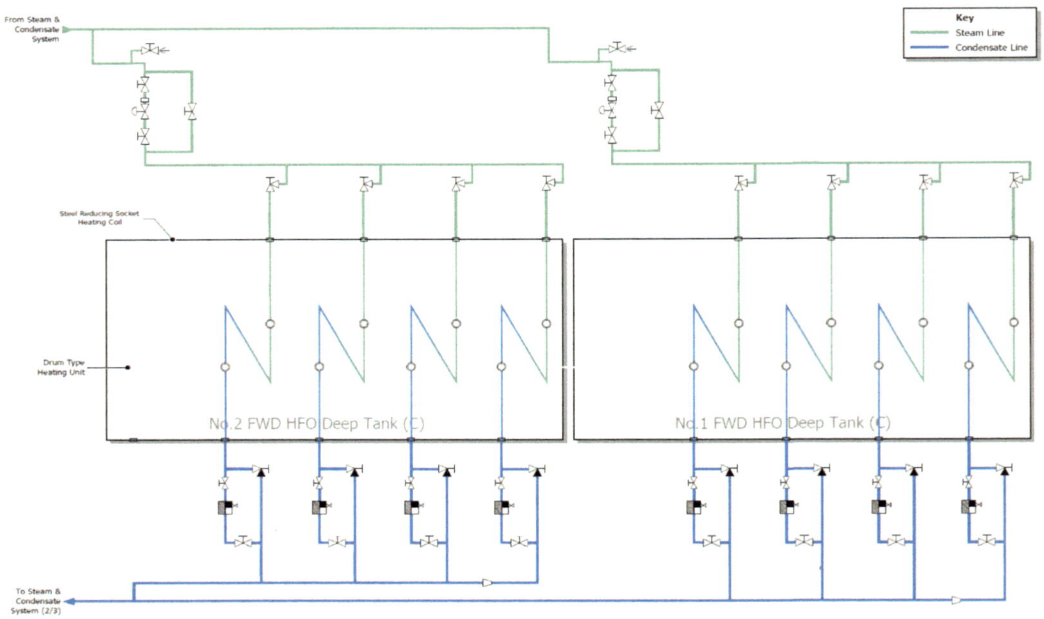

그림 6.21 Steam Condensate System (3/3)

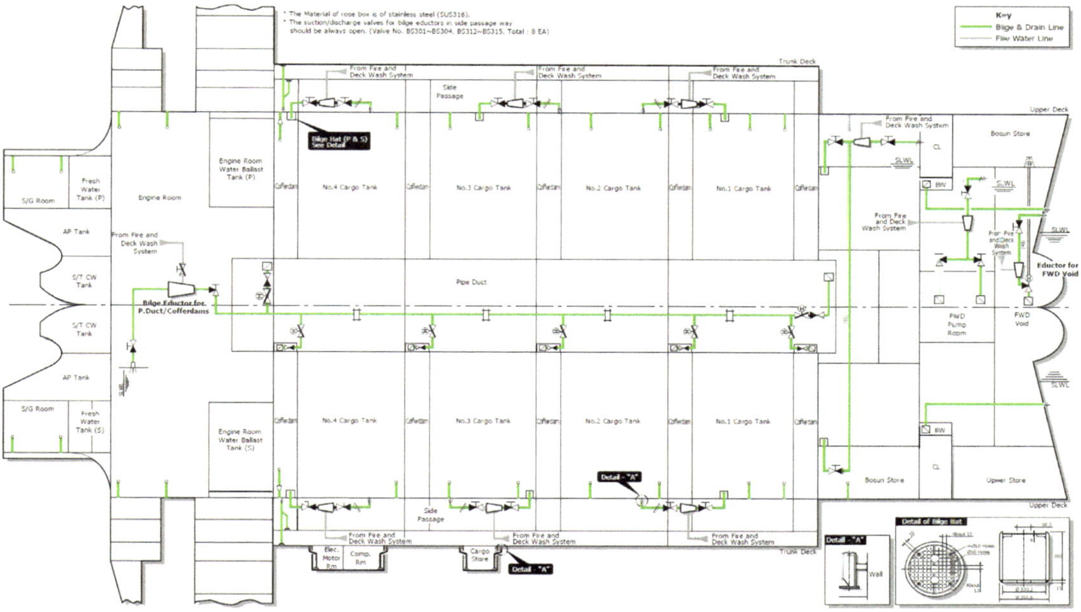

그림 6.22 Bilge and Scupper System (1/2)

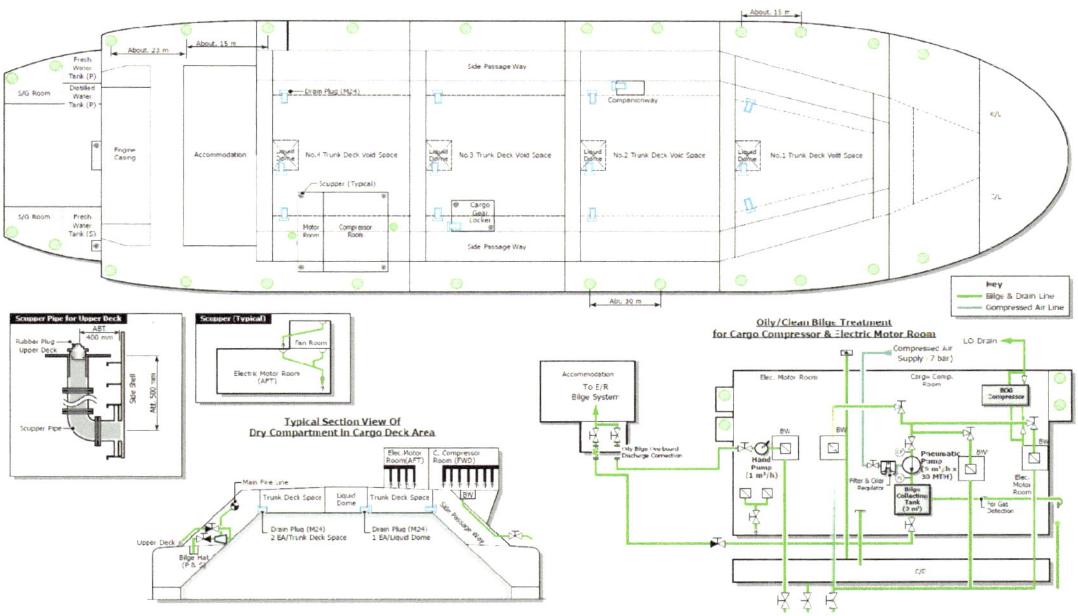

그림 6.23 Bilge and Scupper System (2/2)

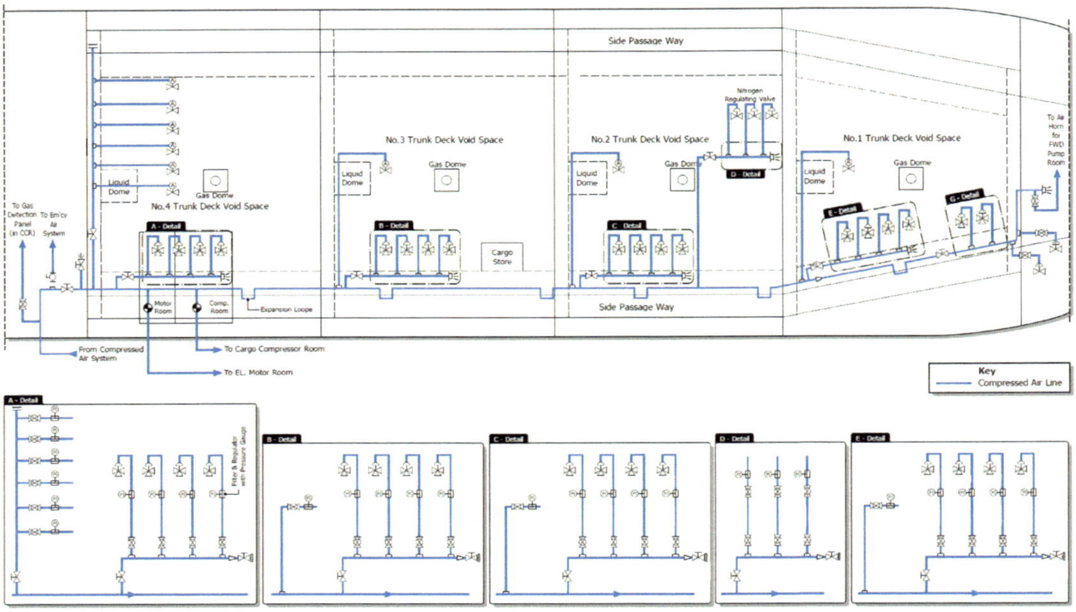

그림 6.24 Instrument Air System (1/2)

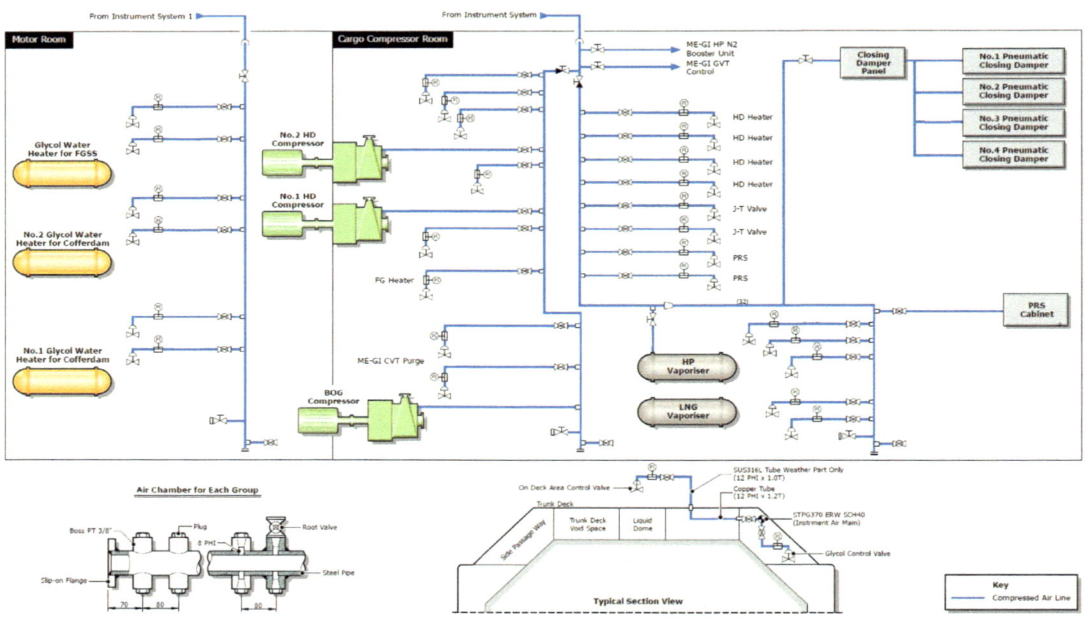

그림 6.25 Instrument Air System (2/2)

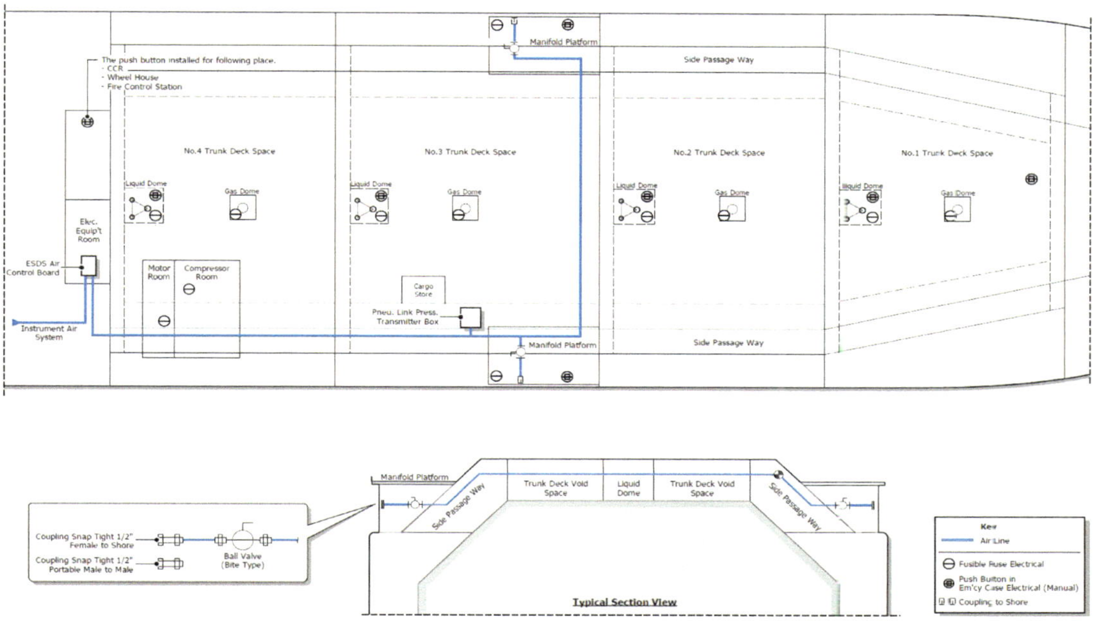

그림 6.26 Air System for Ship/Shore Pneumatic ESD

7
CHAPTER

LNG 선박의 CARGO OPERATION

7.1 NORMAL VOYAGE CARGO OPERATION

그림 7.1은 정상 항해 중 LNG 선박의 화물관리에 대한 전반적인 개략도를 도시한 것이다. 화물관리는 크게 Loading, Laden voyage, Discharging, 그리고 Cooling down이 포함된 Ballast voyage로 구분할 수 있다.

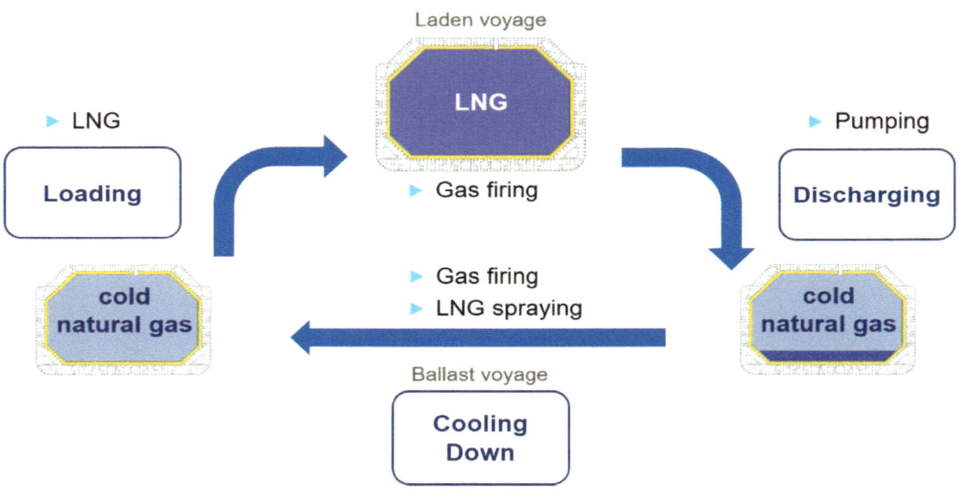

그림 7.1 정상 항해의 전반적인 운항 개략도

7.1.1 Loading

LNG 선박 화물창에 약 12시간 동안의 적하 과정을 그림 7.2에 묘사하였다. 육상기지(shore)로부터 LNG가 선박 화물창에 수급되는 동시에 화물창의 과도한 압력 형성을 방지하기 위해 HD compressor를 이용하여 cold natural gas를 육상으로 적절하게 반출한다.

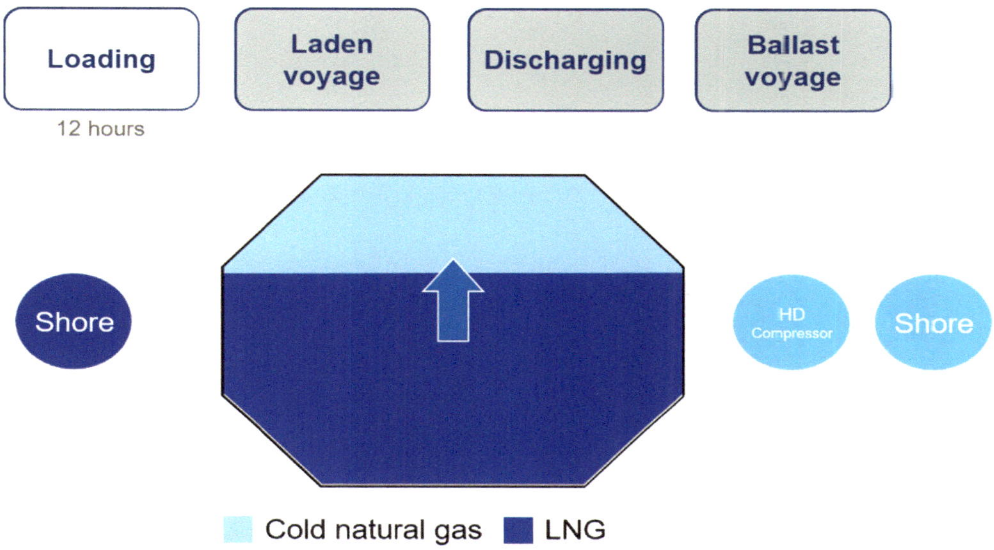

그림 7.2 Cargo Tank Operation Principle (Loading)

1) 적하(Loading) 준비

LNG 선박이 적하항에 입항하면 다음 절차에 따라 적하준비를 진행한다.

- 육상 Gangway 설치 및 ESD(Emergency Shut Down)/Bonding line 연결
- Loading arm 연결
- Open meeting
- Leak test & line purge
- Water curtain 실시 확인
- Safety check

적하항에 따라 항만법규가 다르므로 해당 항만법규를 잘 이해하고 그에 따라 사전 준비를 철저히 해야 한다.

그림 7.3 LNG 선박의 하역작업 (Loading)

2) Cargo Tank Cooldown 종료 확인

화물탱크 온도는 상/하 평균 -130도 이하를 확인해야 하며, 가능한 한 -140도 이내로 유지하여 과냉각에 의해 불필요한 coolant 소모가 없도록 해야 한다.

3) Opening CTMS

선박의 가스 사용(엔진, 보일러 또는 GCU 등)을 정지하고, 화물 보유량 및 flowmeter에서 BOG to Shore의 현재 값을 기록한다. 이때 gas burning 정지 시 화물탱크 압력이 급격히 상승하므로 탱크 압력을 지속적으로 주시한다. loading 전/후 화물 보유량을 측정하며, 그 차이에 의해 적하량을 계산한다.

4) ESD Trip Test(Warm)

비상 시 본선과 육상 간의 LNG 이송을 차단하는 장치인 ESD 시스템이 정상작동 하는지 확인하는 절차로 arm cooldown 전/후 각 1회 실시한다.

5) 육상 Arm & Cargo Line Cooldown

본선 화물탱크는 적하할 수 있는 준비가 완료되어 있으나 본선으로 LNG를 운용하는 육상 line과 본선의 liquid line은 여전히 상온상태이다. 따라서 LNG를 이송하는 line을 cooldown하는 작업이 필요하다. 이는 육상의 저용량 펌프에 의해 소량의 LNG가 육상 line을 차갑게 식히면서 결국은 본선의 화물탱크까지 들어오게 함으로서 liquid line을 cooldown하게 된다. 육상 뿐만 아니라 본선의 liquid line과 filling valve도 cooldown 될 수 있도록 현장의 서리 상태에 따라 valve 개도를 적절히 조절해야 하며, 통상 약 80분 정도 소요된다.

6) ESD Trip Test(Cold)를 실시한다.

7) Rate Up

육상의 loading pump를 차례로 가동시키는 절차로서 본격적인 적하작업의 시작이다. 육상 pump start는 opening meeting에서 결정된 간격에 따라 순차적으로 시행되며 본선에서는 매니폴드와 화물탱크 압력을 고려하여 적절히 조절하면 된다. 적하 시 화물탱크 내에는 본격적인 LNG 유입에 의한 BOG가 급격하게 발생하게 되는데 HD compressor를 사용하여 탱크 내 BOG를 흡입 및 육상으로 강제 배출하여 탱크 내 압력을 일정하게 유지해야 한다.

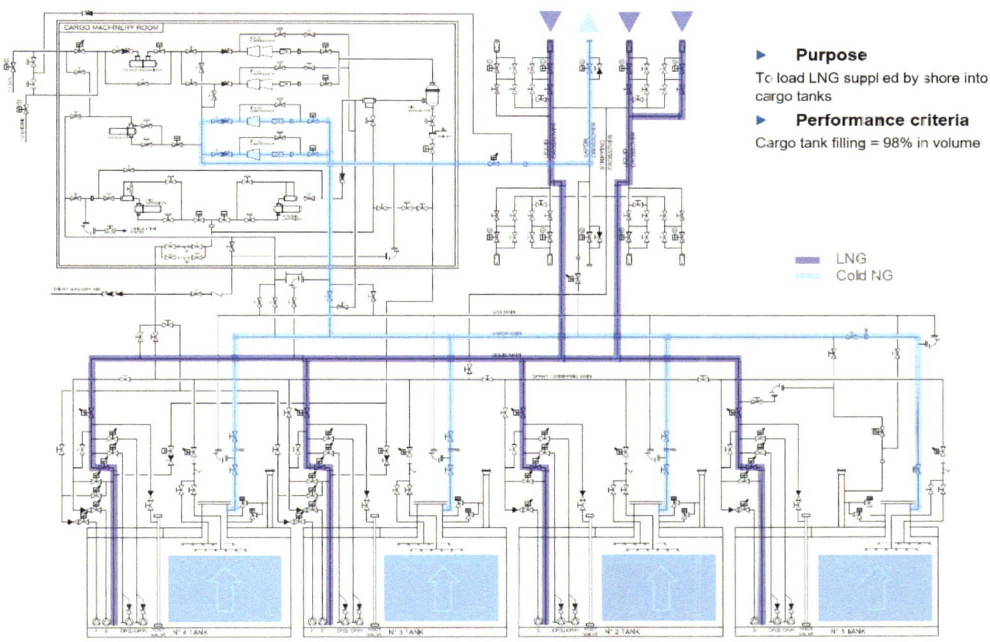

그림 7.4 Cargo Pipe Diagram (Loading)

8) Full Rate

육상 loading pump가 모두 가동되어 최대로 적하를 시행하는 상태이다. 통상 시간당 11,000 CBM 내외로 수급되며 약 11시간 정도 소요된다. 그림 7.4는 적하 시 선박의 cargo pipe line diagram을 나타낸 것이다.

9) Vapour Return to Shore

적하 후 일정기간 동안 설계치 이상의 BOG가 발생하고 이때 운항속도(RPM)에 따라 화물탱크의 압력이 상승하는 정도를 최소로 하여 탱크 압력을 허용범위 내로 유지하기 위해서는 선적항 LNG 적하 중 가능한 탱크 압력을 낮게 유지하면서 적하하는 것이 유리하다. 적하가 본격적으로 시작되면 탱크 내 BOG 발생이 급격히 늘어남과 동시에 vapour 공간이 줄어들면서 압력이 올라가므로 HD compressor를 이용하거나 free flow valve(Ship to Shore)를 조절하여 탱크 압력(60~80 mbar.G)를 유지한다.

그림 7.5와 같이 HD compressor를 사용하지 않을 경우에 비해 HD compressor를 사용하면 BOG 강제 배출에 의해 방열구역(특히 LNG와 접촉이 적은 탱크 상부측)에 차가운 vapour가 접촉하는 횟수가 많아지므로 방열구역 냉각에 도움이 되며, 탱크 압력 하강에 따른 LNG 온도 상승 억제 효과가 있어 결국 출항 후 탱크 압력 조절에도 도움이 될 수 있다.

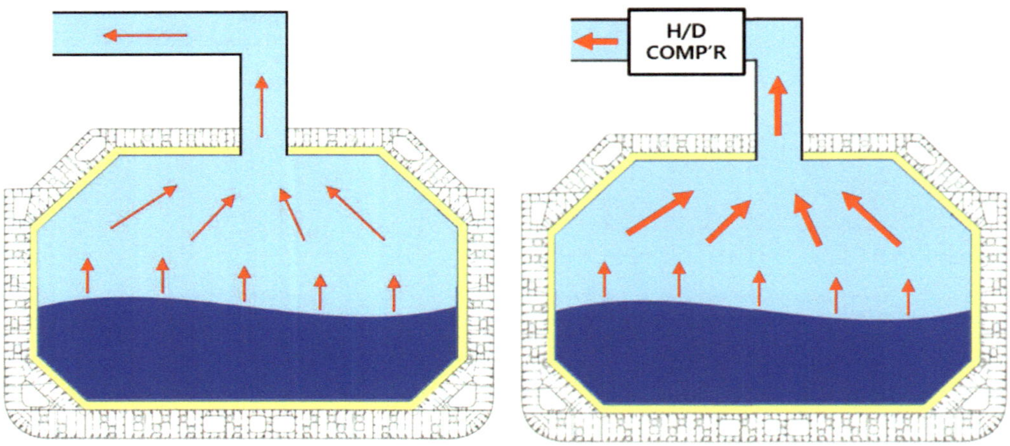

(a) 자연 발생 BOG (b) 강제 배출 BOG

그림 7.5 Vapour Return to Shore

10) Loading Rate 조절

full rate 중 각 탱크의 filling valve를 적절히 조절하여 각 탱크의 topping off 시간차가 10~15분 정도 생길 수 있도록 해야 loading pump 정시 시 시간적 여유를 가지고 작업에 임할 수 있다.

loading rate는 펌프 성능, Trim/List, 탱크 압력 등 여러 요소에 의해 변하게 되므로 통상적인 full rate으로 적하작업을 하더라도 각 탱크별로 종료시점이 상이하게 된다. 따라서 매 시간 종료 시점을 점검하고 filling valve를 적절히 조절해 가면서 종료시점을 맞추도록 해야 한다.

11) De-Ballasting

그림 7.6은 de-ballasting을 위한 sea water ballast piping system을 나타낸 것이다. 밸러스트 탱크 level 약 12 m 까지는 중력을 이용하여 배출하고 그 이하가 되면 밸러스트 펌프를 가동하여 배출한다. eductor를 이용한 stripping이 이루어지기 때문에 잘못된 line up에 의해 stripping line에 과대한 압력이 가해질 경우 eductor나 stripping line이 손상될 수 있음에 유념해야 한다.

12) Rate Down(Topping Off)

육상의 loading pump를 정지시키는 작업으로서 LNG 선박은 화물탱크 용적의 98.5% 까지 적하할 수 있으므로 최대 적하량인 98.5%에 맞춰 육상 loading pump를 순차적으로 정지하게 된다.

13) Line Drain & Purge

drainage 작업에서 적하(loading)/양하(unloading) 시 매니폴드의 line up은 동일하나 양하 시 drain은 coolant 보유 탱크인 4번 탱크에 실시하고, 적하 시에는 당시의 탱크 상태에 따라 임의의 탱크에 실시하게 된다. drainage 작업은 다양한 line up 방법이 있으며, 밸브의 상태 및 육상 터미널 측과의 협의에 따라 여러 방식으로 실시할 수 있으므로 작업 시작 전 작업방법을 명확히 하고 실시할 방법에 대해 작업자와 협의해야 한다.

14) 출항준비

- 기관실 가스 사용 중지 및 vapour line shut 확인
- Closing CTMS(Custody Transfer Measurement System): 적하 후 화물 보유량 측정
- Closing CTMS가 이상 없이 완료되면 기관실 가스 사용을 재개해도 된다.
- 출항 draft 조절을 위한 ballasting
- Loading arm 분리
- 육상 Gangway/ESD line 철거

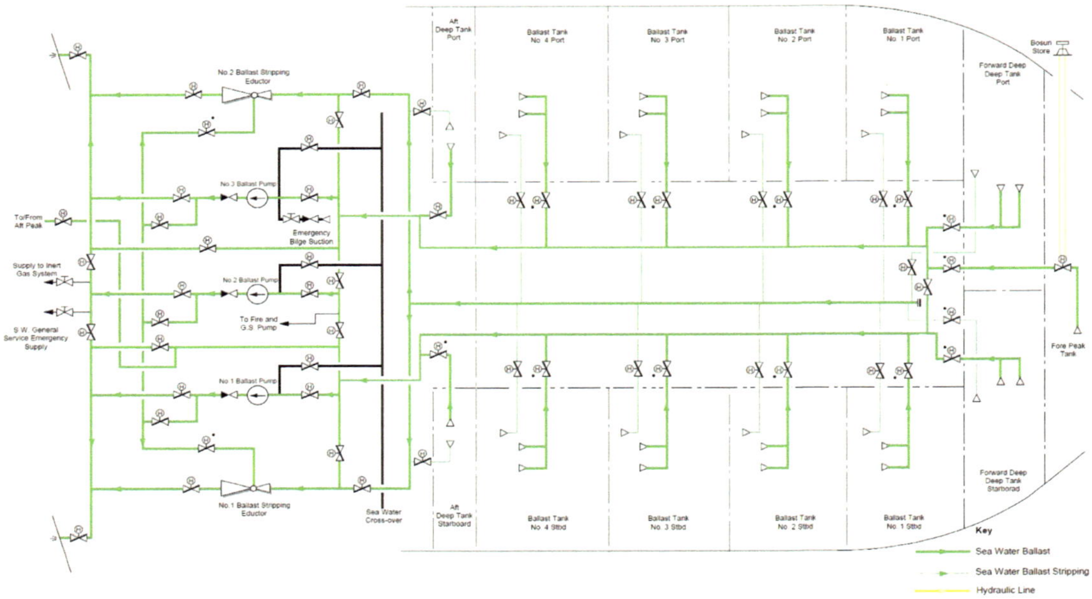

그림 7.6 De-Ballasting

7.1.2 Laden Voyage

그림 7.7은 laden voyage 시 LNG 선박의 화물관리 시스템을 도시한 것이다. 적하 후에는 탱크 내 vapour 공간이 적고 방열구역은 상대적으로 뜨거운 상태이므로 BOG 발생이 많아지게 된다. 특히 탱크 상부는 LNG와 접촉시간이 적어 갑작스런 BOG 발생의 우려가 있으며, 출항 직후 선체 운동이 예상될 경우 이에 대비하여야 한다. 멤브레인형 LNG 선박은 방열구역의 성능 상 화물탱크에 화물이 만적되고 일정시간이 경과하여야 방열구역의 냉각이 완료된다. 적하항 입항직전 화물탱크의 냉각작업을 진행하지만 화물탱크의 냉각속도에 비하여 방열구역의 냉각은 천천히 이루어진다. 따라서 방열구역의 온도는 선적항에서 화물을 적재 완료 시점에서 약 -40℃ 부근까지 하강하며, 출항 후 약 48~72시간에 걸쳐 냉각이 진행되어 최종적으로 -75℃ 부근에서 냉각이 완료된다. 즉, 출항 후에도 방열구역의 열이 화물탱크로 이동하기 때문에 일정기간 동안 정상운항 상태의 설계 BOR(Boil Off Rate)을 초과하여 BOG가 발생하게 된다. 이러한 현상은 멤브레인형 LNG 선박의 구조적인 특징으로 이해하여야 한다.

선적항 출항 직후는 방열구역의 안정화 시기까지 탱크압력 상승 속도가 빠르므로 그림 7.8과 같이 기관실 엔진 또는 보일러에서 BOG를 최대한 소모시켜야 한다. 엔진 또는 보일러 사용만으로 BOG 처리가 어려우면 부분 재액화 설비, GCU(Gas Combustion Unit) 또는 보일러 steam dumping을 이용하여 BOG를 처리한다. laden voyage 중 BOG 발생량을 줄이기 위해서는 화물 선적 작업 시 가능한 화물탱크 압력을 낮은 상태(약 60 mbar.G)로 유지하여야 한다.

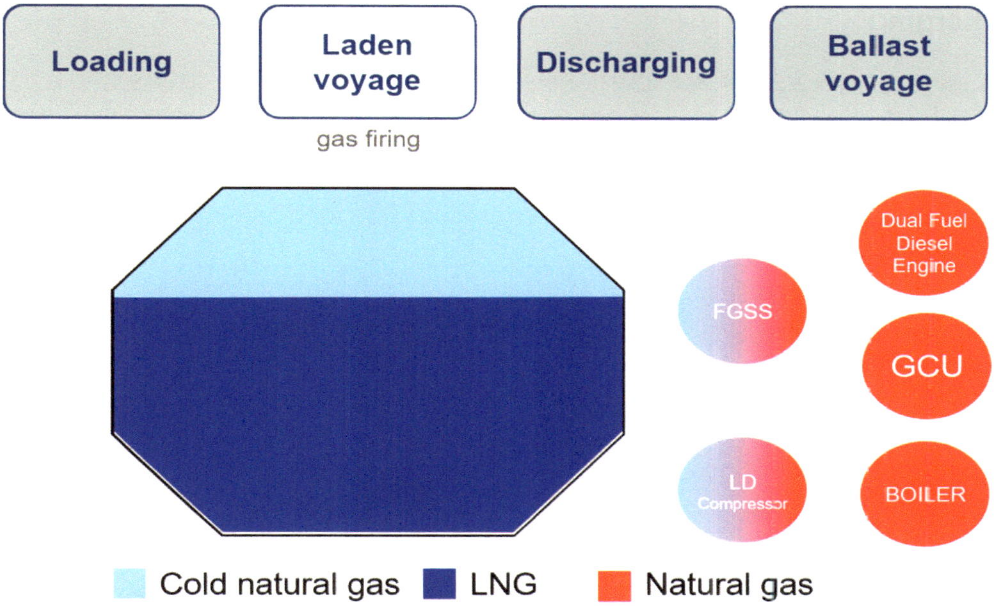

그림 7.7 Cargo Tank Operation Principle (Laden Voyage)

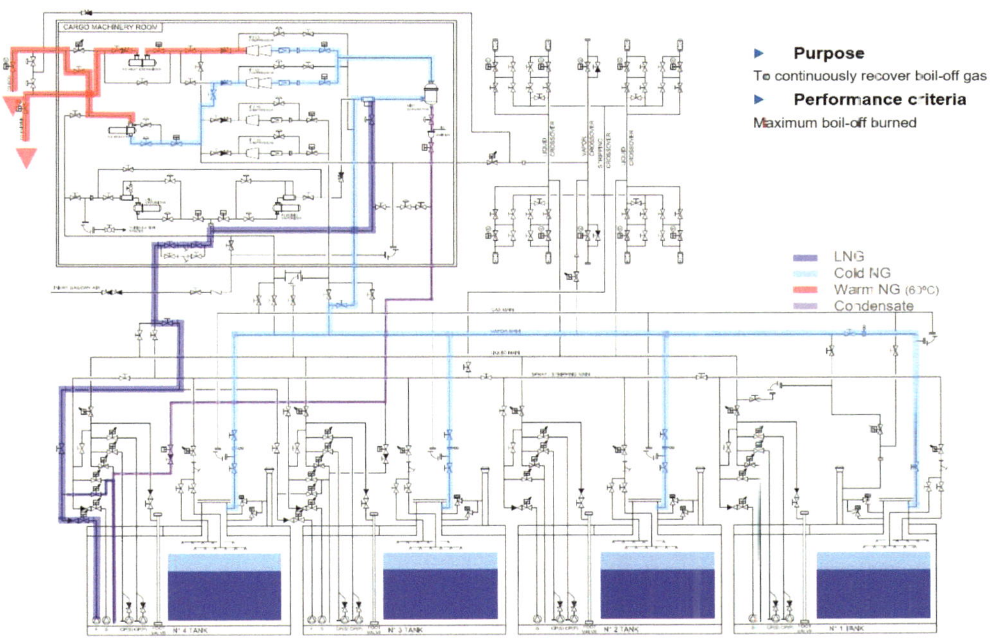

그림 7.8 Cargo Pipe Diagram (Laden Voyage)

7.1.3 Discharging

LNG 선박이 양하항에 도착하여 최소 12시간 동안의 화물 양하 과정을 그림 7.9에 개략적으로 도시하였다. 선박의 cargo pump와 stripping pump를 이용하여 화물창의 LNG를 육상기지(shore)로 이송하는 동시에 화물창의 급격한 압력 감소를 방지하기 위해 육상기지로부터 cold natural gas를 화물창에 적절하게 공급한다.

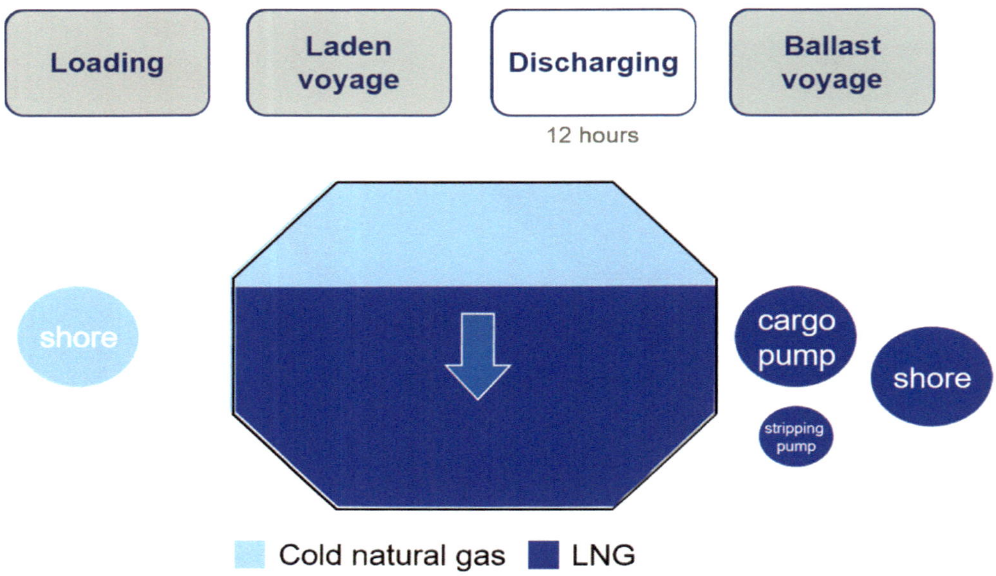

그림 7.9 Cargo Tank Operation Principle (Discharging)

1) Discharging(Unloading) 준비

LNG 선박이 양하항(기지)에 입항하면 다음과 같은 절차에 따라 양하 과정을 진행한다.

- 육상 Gangway 설치 및 Telephone/ESD/Bonding line 연결
- Loading arm 연결
- Water curtain 실시 확인
- Opening meeting: 육상 터미널 측과 작업에 대해 협의
- Leak test & Line purge

arm 연결을 확인하기 위해 leak test를 실시하며, vapour arm은 0.5~1.0 bar, liquid arm은 3.0~5.0 bar로 확인한다. 이상 없을 경우 N_2 가스를 이용하여 산소농도 1% 이내가 될 때까지 치환작업을 실시한다.

2) Opening CTMS

CTMS를 위해 선박 가스 사용(엔진, 보일러 또는 GCU 등)을 정지한다. CTMS는 LNG나 NG의 흐름이 없는 상태에서 본선의 화물량을 측정해야 하기 때문이며, 이때 flowmeter에서 BOG From Shore의 현재 값을 기재한다. 그러나 opening CTMS 이후에도 선박 가스 사용을 재개하지 않는데 이것은 양하(unloading)항에서 NG 역시 화물로 취급하기 때문이다. 즉, 화물인 NG를 불필요하게 본선에서 사용하는 것을 인정하지 않기 때문에 양하항에서는 선박 가스 사용을 시행하지 않는다.

3) ESD Trip Test(Warm)

비상 시 본선과 육상 간의 LNG 이송을 차단하는 장치인 ESD 시스템이 정상작동 하는지 확인하는 절차로 arm cooldown 전/후 각 1회 실시한다.

4) 육상 Arm & Cargo Line Cooldown

입항 후 본선 spray/strip pump를 이용하여 매니폴드를 포함한 본선 및 육상 line을 차갑게 식혀(약 -130℃ 이하) 초저온의 LNG가 양하될 수 있는 환경을 만드는 작업이다. 통상 약 90분간 작업하며 각 delivery valve와 fill-up valve의 서리상태를 파악하면서 LNG가 이동하는 모든 line과 valve가 충분히 냉각되도록 적절히 line up을 해야 한다.

5) ESD Trip Test(Cold)를 실시한다.

육상 arm과 모든 cargo line이 충분히 냉각되었다고 판단되면 ESD trip test를 실시하여 최종적으로 안전점검을 실시한다.

6) Rate Up

본선의 main cargo pump 8대를 차례로 가동시키는 과정이며, 본격적인 하역작업의 시작이다. rate up 절차는 크게 4 step과 8 step으로 나뉘며, 이는 매 작업 시 마다 육상 터미널의 작업 책임자인 dock master와 협의하여 결정된다.

7) Full Rate

rate up 완료, 즉 각 탱크의 모든 main cargo pump가 가동되어 최대로 하역을 진행하는 것으로 full rate 상태가 되면 manifold, trunk deck 및 machinery room 현장의 상태(압력/온도 등)를 확인 및 기록한다. 화물탱크 압력을 지속적으로 허용범위 이내로 유지하기 위해 관련 valve 개도를 적절하게 조절해야 한다. 또한 탱크별 10~15분 간격으로 하역이 종료될 수 있도록 하역

rate를 적절히 조정해야 한다. 그림 7.10은 실제 양하 시 manifold 현장을 촬영한 것이며, 그림 7.11은 양하 시 선박의 cargo piping system을 개략적으로 도시한 것이다.

그림 7.10 LNG 선박의 하역작업 (Unloading)

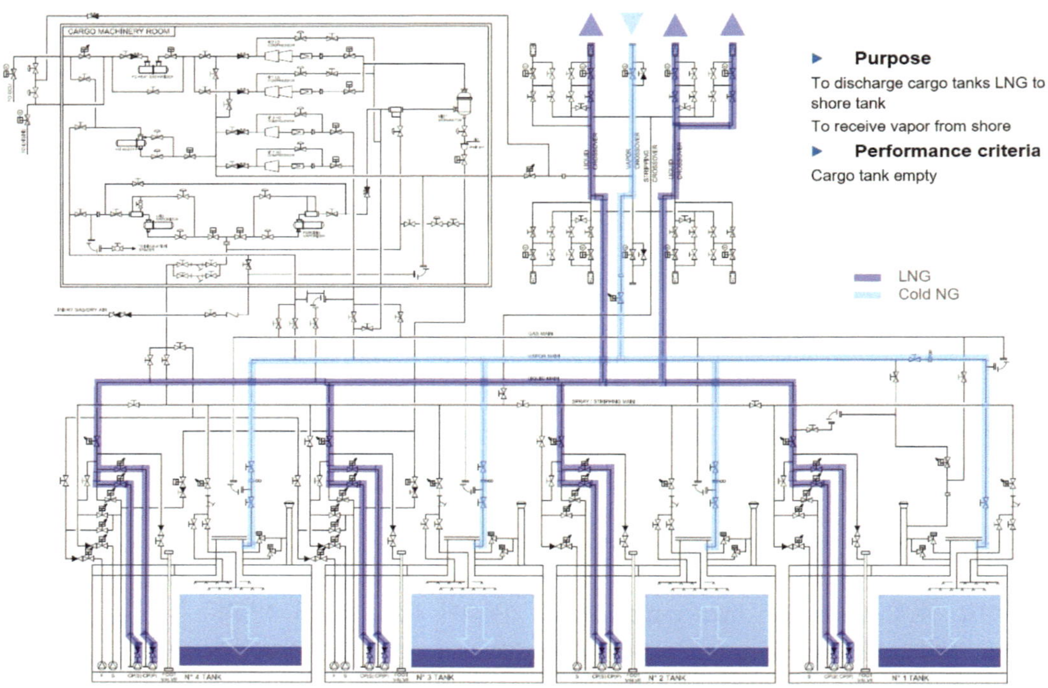

그림 7.11 Cargo Pipe Diagram (Unloading)

8) Ballasting

LNG 선박의 화물탱크 및 밸러스트 탱크는 선체를 중심으로 보면 선수쪽에 위치하므로 ballasting 시 선수 trim이 발생하며, 반대로 하역이 진행되면 선미 trim이 발생한다. 따라서 밸러스트 작업 시 이를 고려하여 적절히 작업해야 과도한 trim이 발생하지 않는다. 특히 bunkering 작업이 병행되는 경우 list 조절도 동시에 계속 조절 되어져야 하며 rate down 전 밸러스트 종료 시점에 -3.0~-3.5 m By the stern trim/up-light 상태로 만들어야 되므로 trim/list 조절에 유의해야 한다. 그림 7.12는 양하 시 선박 ballasting 작업을 위한 sea water ballast piping system을 나타낸 것이다.

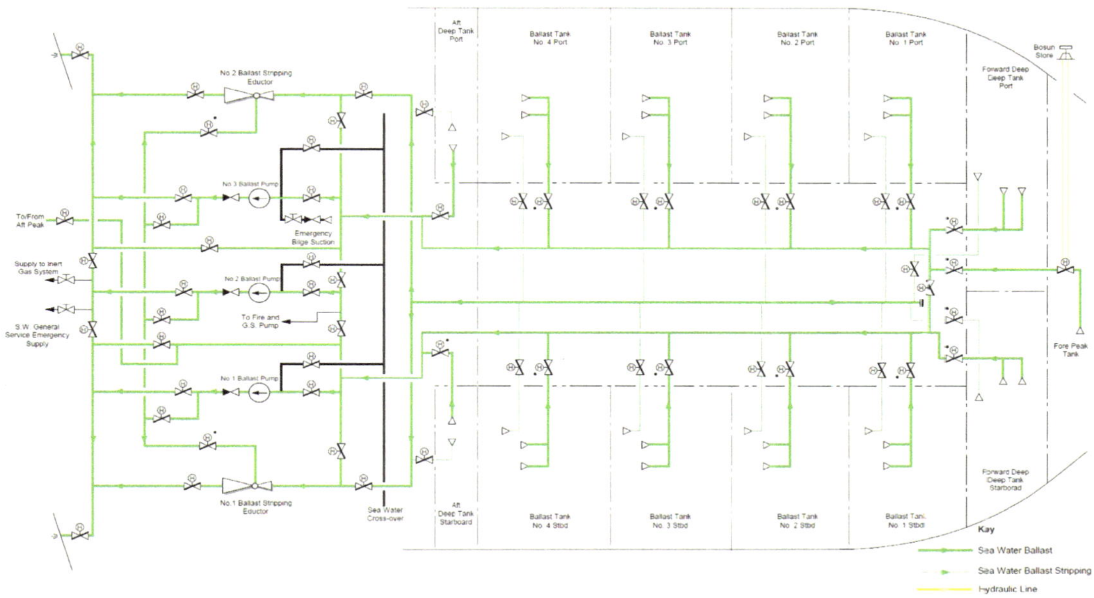

그림 7.12 Ballast Piping

9) Rate Down

본선의 main cargo pump를 순차적으로 정지시키는 과정으로서 밸러스트 항해 시 필요한 coolant 량에 맞게 각 탱크별 펌프 정지시기를 적절히 조정해야 한다.

10) Line Drain & Purge

drain과 purge 작업은 arm 분리를 위한 사전작업으로서 line 내 잔존하는 LNG를 제거하고 화재 예방을 위해 잔존하는 가스(CH_4)를 제거하는 작업을 말한다. drain & purge 작업 중 line blocking 현상이 일어날 수 있으므로 적절한 순서대로 valve를 open/shut 해야 한다.

(1) Drain

main cargo pump 정지에 따라 화물의 이송은 중단되었으나 liquid line 내에는 여전히 잔액이 존재하는데 이렇게 남은 잔액을 N_2 압력을 이용해 탱크로 불어넣는 작업을 drain이라 한다. 그림 7.13과 같이 drain은 line 내 압력을 약 3~4 bar까지 올린 다음 valve를 빠르게 열어주어 압축된 N_2 압력에 의해 잔액을 탱크로 불어넣는데 이런 작업을 약 3~5회 연속 실시하여 완전히 잔액이 없는 것을 확인 후 종료한다.

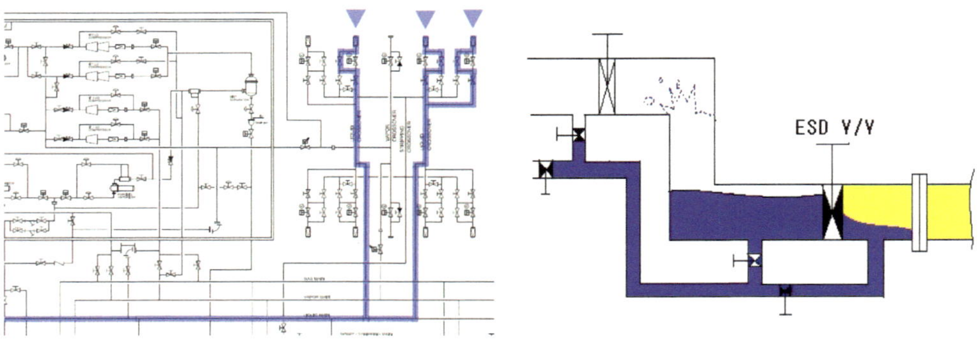

그림 7.13 Drain Line

(2) Purge

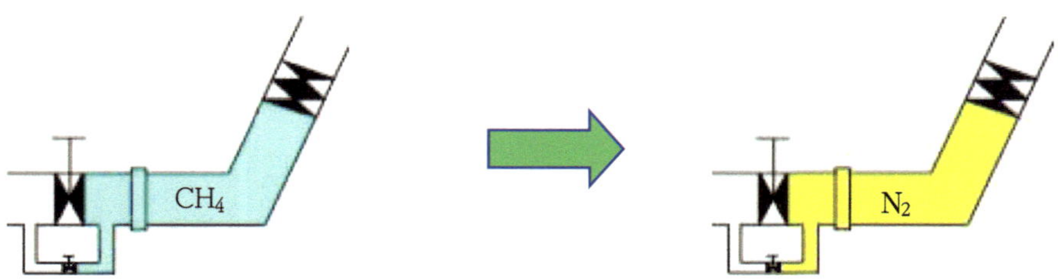

drain으로 잔액은 없지만 여전히 line 내에는 CH_4가 존재하므로 flange 분리 시 화재 위험이 있다.

CH_4 농도를 낮추기 위해 N_2를 계속 주입하여 CH_4 농도가 1% 이내가 되도록 한다.

그림 7.14 N_2 Purge

11) 출항준비

(1) 기관실 가스 사용 중지 및 vapour line shut 확인

(2) Closing CTMS: 양하 후 화물 보유량 측정

(3) Closing CTMS가 이상 없이 완료되면 기관실 가스 사용을 재개해도 된다. 출항 draft 조절을 위한 ballasting

(4) Loading arm 분리

(5) 육상 Gangway/ESD line 철거

7.1.4 Ballast Voyage

양하항을 출항하여 공선인 상태로 선적항을 향해 항해하는 동안 LNG 선박의 화물관리 시스템을 그림 7.15에 나타내었다. 밸러스트 항해 시의 화물탱크의 압력은 약 100 mbar.G로 일정하게 유지한다. 양하항 출항 직후 양하 시 유입된 육상의 가스는 온도가 높으며, 또 양하 중 화물펌프의 운전으로 남아 있는 잔액이 불안정하기 때문에 BOR(Boil Off Rate)가 높아져 화물탱크의 압력이 높아진다. 따라서 출항 직후에는 그림 7.16과 같이 가스연소를 많이 하여 탱크 압력을 안정시켜야 한다.

멤브레인형 화물탱크의 특징은 탱크 하단에 일정량의 LNG가 남아 있는 한 탱크 상단(tank top)의 온도가 -50℃ 이하로 유지된다는 것이다. 하지만, 밸러스트 항해가 너무 길어지면 액체의

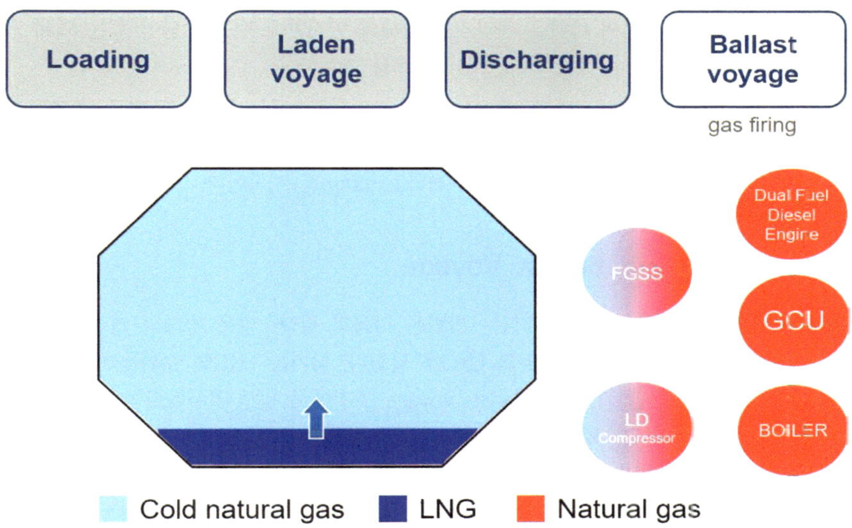

그림 7.15 Cargo Tank Operation Principle (Ballast Voyage)

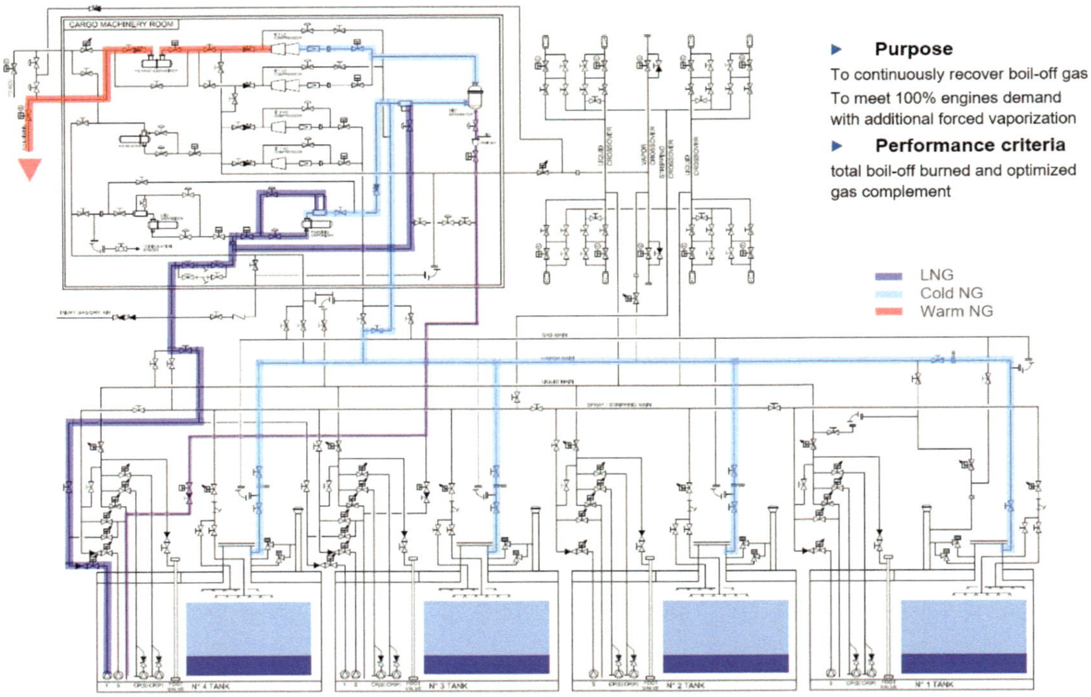

그림 7.16 Cargo Pipe Diagram (Ballast Voyage: Gas Firing)

대부분이 증발할 것이다. 결국 대부분의 메탄은 사라지고 항해의 마지막에 탱크에 남아 있는 액체는 고온 및 높은 비중을 가진 LPG이며, 이는 이송(pumping)을 저해한다.

재료 특성 및 멤브레인 화물창(cargo containment) 설계상 이론적으로는 적재 전 탱크 냉각은 필요하지 않다. 그러나 과도한 증기 발생을 줄이고 펌프 타워(pump tower)와 같이 무거운 구조물의 열 충격을 방지하기 위해 탱크가 '냉각상태'일 때 적하(loading)를 시작한다.

1) Cold Maintenance during Ballast Voyage

밸러스트 항해 중 화물탱크를 저온으로 유지하는 방법은 다음과 같다. 짧은 항해의 경우 화물 양하(discharge)가 끝날 때 각 탱크에 적절한 양의 LNG를 남긴다. 남기는 LNG의 수위는 탱크 높이의 10%를 초과해서는 안 되며, 남기는 양은 laden voyage 조건에서 발생되는 boil-off 비율의 약 45%를 boil-off 한다고 고려하고 적하항구(loading port) 도착 시 탱크 높이 10 cm 정도 LNG가 남도록 계산하여 남긴다. 그러나 이 실제 양은 몇 번의 항해 후에 확인되어야 할 것이다.

LNG 육상 터미널 요구사항인 ATR(Arrival Temperature Requirement)은 다음과 같다.

Average temperature of the mean top and bottom conditions: ≤ -130℃

$$\text{ATR: (top + bottom)/2} \leq -130℃$$

ATR이 충족되지 않을 경우(예: 평균 온도가 -130℃ 이상일 때) LNG 육상 터미널 에서 추가 냉각(cooldown)이 수행되어야 한다.

2) Cooling Down Tanks Prior to Arrival

적하항에 입항 전 화물창의 열충격을 방지하기 위해 cooldown이 필요하며, 그림 7.17에 cooldown 작업 과정을 개략적으로 도시하였다. 양하항 출항 후 시간이 지나면서 서서히 화물탱크로 열이 침투하며 12일 이상의 항해 후엔 4번 탱크를 제외한 각 탱크온도는 0℃ 가까이 오르게 된다. 이런 상태로 적하작업을 진행할 경우 화물탱크는 열응력에 의한 심각한 손상을 입을 수 있으며, 따라서 적하작업 전 화물탱크의 온도를 미리 낮춰주는 작업이 필요하다. 그림 7.18에서와 같이 4번 탱크에는 coolant를 보유하고 있으므로 소량의 LNG 운용에 사용되는 4번 탱크 stripping pump를 사용하여 뜨거운 상태의 각 탱크상부에 -160℃의 LNG를 spray하게 된다. 이는 탱크 상/하 평균온도가 -130℃(ATR, Arrival Temperature Requirement)가 될 때까지 시행되며 선적항 입항 전까지 완료되어야 한다.

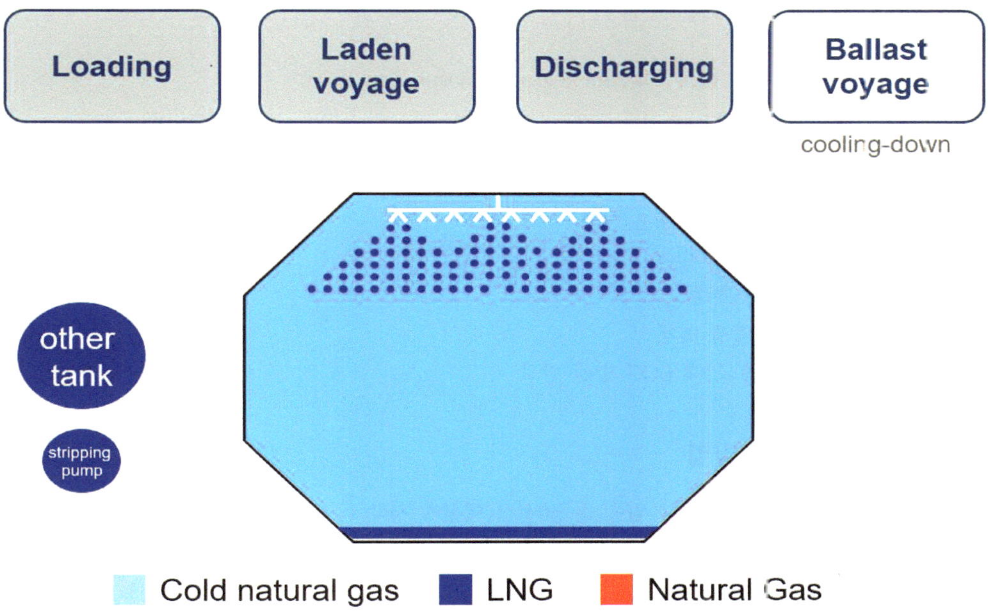

그림 7.17 Cargo Tank Operation Principle (Ballast Voyage: Cooldown)

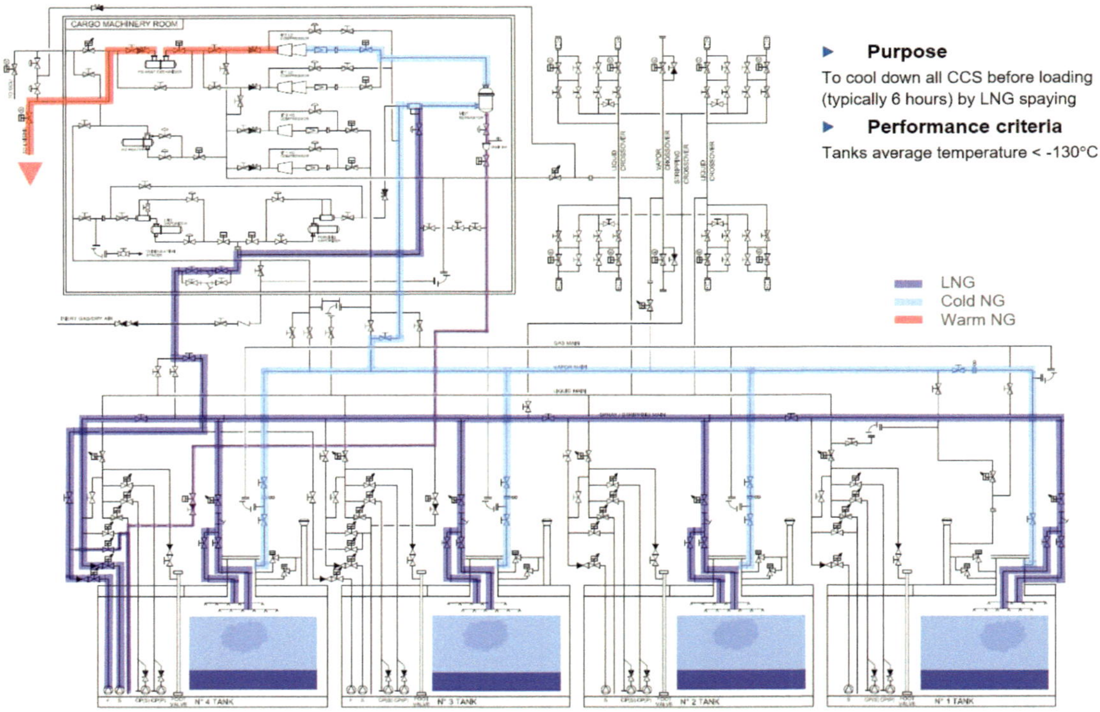

그림 7.18 Cargo Pipe Diagram (Ballast Voyage: Cooldown)

(1) Cargo Tank Cooldown 목적

- ATR 충족: LNG 터미널 입항 조건을 만족
- 열응력에 의한 화물탱크 손상 방지
- Heel 최소화에 의한 적하 최대화
- 적하작업 중 과대 BOG 발생 억제
- 방열구역 예냉 및 출항 후 과대 BOG 발생 방지

(2) Cargo Tank Cooldown 방법

- 작업 소요시간은 30시간으로 통상 입항 전 30시간 이전에 시작 하며 상황에 따라 시작 시점은 변동될 수 있다.
  - No.1/No.2/No.3 Tank CooldowN: 24~26시간
  - No.4 Tank And Keep Cool No.1/No.2/No.3 Tank: 1시간
  - Keep Cool All Tanks: 3~5시간(총 30시간)

- POB(Pilot On Board) 및 입항 스케줄 확인
- 작업 전 탱크 압력 60 mbar.G 이하 유지
- Trim/List 조절 (trim 〉 2.0 B/S / list: zero)
- IAS Alarm Setting, 비상 Venting Line-Up

(3) Cargo Tank Cooldown 시 주의점

① Spray Pump Load 조절(통상 Load 70%)

pump load 조절은 화물탱크의 nozzle inlet 압력을 원하는 수준까지 조절하면서 재순환은 가능한 한 최소로 줄여준다. 재순환이 많아질수록 coolant에 열 침입이 많아지고, 다라서 탱크에는 불필요한 BOG가 추가로 발생하게 된다. 또한 경질성분의 메탄 등이 기화되고 중질성분의 비율이 많아지기 때문에 장시간 cooldown 시 spray pump 및 HD compressor의 운전이 불안정해 질 수 있다. spray pump load를 줄일 때는 low current trip에 유의해야 하며, 특히 선체운동이 많을 경우 주의해서 load를 조절하도록 한다.

② tank cooldown 시 기관실 엔진 부하를 적절히 조정하여 가스 소모를 증가시켜 cooldown 시 발생하는 대량의 BOG를 기관실 엔진에서 연소시켜 화물탱크 압력을 적절하게 유지시켜야 한다.

③ 탱크 온도/압력 변화 추이

cooldown 시작 후 약 16~18시간이면 tank average -110℃에 도달되며, 이후 천천히 진행되어 총 24~26시간 후면 모든 탱크가 ATR에 도달한다. 통상 cooldown 시작 직후 순간적으로 탱크 압력이 하강하고 약 13~14시간까지 탱크 압력이 상승하며 이후 일정 압력 유지 후 keep cool이 시작되면서 본격적으로 하강하게 된다.

(4) Keep Cool at No.1/No.2/No.3 Tank

- **No.1/No.2/No.3 Tank ATR 도달 시 Keep Cool 시작**

keep cool 시간은 화물탱크 압력을 낮추는 시간으로 이해해도 무리가 없다. 이 시간이 길면 길수록 탱크 압력을 조절할 수 있는 여유가 많아진다. 따라서 spray pump는 화물탱크 온도를 유지할 수 있는 최소의 탱크 nozzle inlet 압력(통상 1.0~1.2 bar)을 유지할 수 있다.

(5) No.4 Tank Cooldown

keep cool 동안 coolant circulation에 의해 이미 화물탱크 온도가 하강하게 되며, 탱크 상부 온도를 약간만 하강시켜주면 ATR에 도달된다.

(6) All Tank Keep Cool & Circulation

- No.4 tank ATR 도달 시 전 탱크 keep cool을 시작한다.
- 과대한 cooldown이 되지 않도록 탱크 온도에 따라 spray control valve와 spray return valve를 조절하고 필요 시 only circulation만 실시한다.

(7) Cooldown 시 Tank 압력조절에 실패하여 Venting하게 될 경우 조치사항

- 침로를 변경하여 풍향 조절
- 거주구역 문단속 및 선내 안내 방송(외부 출입금지)
- 현장 ST-BY, Gas Venting Line-Up
- Gas Heater를 통할 경우 시간당 약 3 ton 내외 배출

7.2 DOCK CARGO OPERATION

7.2.1 Primary and Secondary Insulation Space Pressurising

신조 또는 입거수리(Dry-dock) 후 화물탱크를 사용하기 전에 방열구역의 습한 공기를 건조한 질소로 교체해야 한다. 이는 진공펌프(vacuum pump)로 방열구역을 비우고 그 공간을 질소로 충전하여 진행된다. 해당 공간의 산소 농도를 2% 미만으로 감소할 때까지 절차를 반복해야 한다. 모든 방열구역의 배출(evacuation)에는 약 8시간이 소요되며, 산소 농도를 2% 미만으로 줄이기 위해서는 보통 세 번의 치환작업이 필요하다.

온도 또는 기압의 변화는 밀폐된 방열구역에 자연적으로 3.0 kPa을 훨씬 초과하는 내부 압력 변화를 줄 수 있다. cargo system이 작동하지 않고 비활성 상태일 때는 항상 2차 방열구역 압력을 1차 방열구역 압력 이하로 유지해야 한다. 배압(back pressure)이 3.0 kPa을 초과할 경우 방벽(membrane)이 심각하게 손상될 우려가 있으며, 비상시에는 1차와 2차 방벽을 연결(common)시켜야 한다.

1) First Step: Evacuation of Insulation Space

질소로 충전하기 전에 방열구역을 절대압력 20 kPa로 조정해야 한다. 또한 이 압력은 방열구역의 정기시험 중 장벽의 무결점을 점검하기 위해 사용된다. 2차 방벽의 손상을 방지하려면 1차 방열구역 압력 제거 전에 2차 방열구역 압력을 먼저 제거해야 한다. 진공펌프 흡입 파이프는 1차 방열구역의 배출이 2차 방열구역을 먼저 비우지 않고는 이루어질 수 없도록 설계되거나 동시에 두 곳을 모두 배출하도록 되어 있다(그림 7.19 참조).

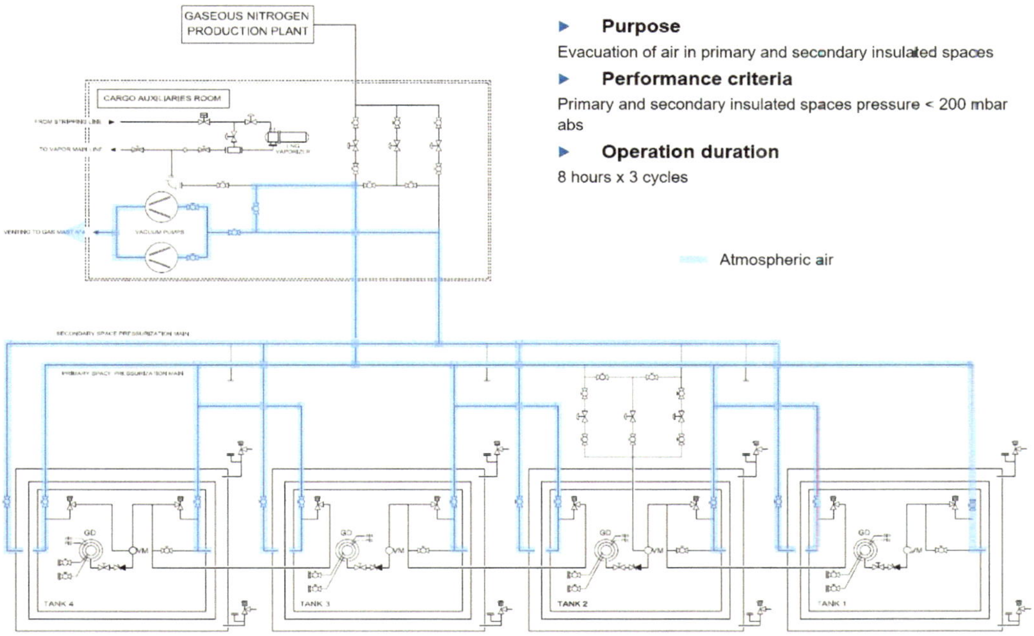

그림 7.19 Cargo Pipe Diagram (Vacuum Process)

2차 방벽의 심각한 손상을 방지하려면 2차 방열구역에 압력이 있는 상태에서 먼저 1차 방열구역의 압력을 제거하면 안 되며, 또한 1차 방열구역이 진공 상태인 동안에는 2차 방열구역에 압력을 먼저 채우면 안 된다.

방열구역의 배출 중에는 1차 및 2차 방열구역의 감압밸브(relief valve)가 누설이 없는지 확인해야 하며 누설이 의심되는 경우 작업이 완료될 때까지 맹판(blind flange)을 삽입하여 누설을 막아야 한다. blind flange 삽입 여부는 명확히 표시하고 게시해야 한다.

2) Second Step: Initial Filling With Nitrogen

대기 상태의 1차 및 2차 방열구역에 처음 질소가스를 공급하는 경우 대량의 질소가 필요하므로 그림 7.20과 같이 액화질소를 이용하여 방열구역에 질소를 공급한다. 이후 건조 질소가스(dry nitrogen gas)로 충전되어 있는 1차 및 2차 방열구역은 대기압이 상승하거나 온도가 상승/하강할 때 자동으로 질소가스를 보충 및 방출함으로써 대기압 보다 0.2~0.5 kPa 높은 압력으로 유지된다. 질소는 다음과 같은 목적으로 공급된다.

- LNG 누출 시 가연성 상태를 방지하기 위해
- 방열구역을 통한 LNG 누출을 쉽게 감지하기 위해
- 부식을 방지하기 위해

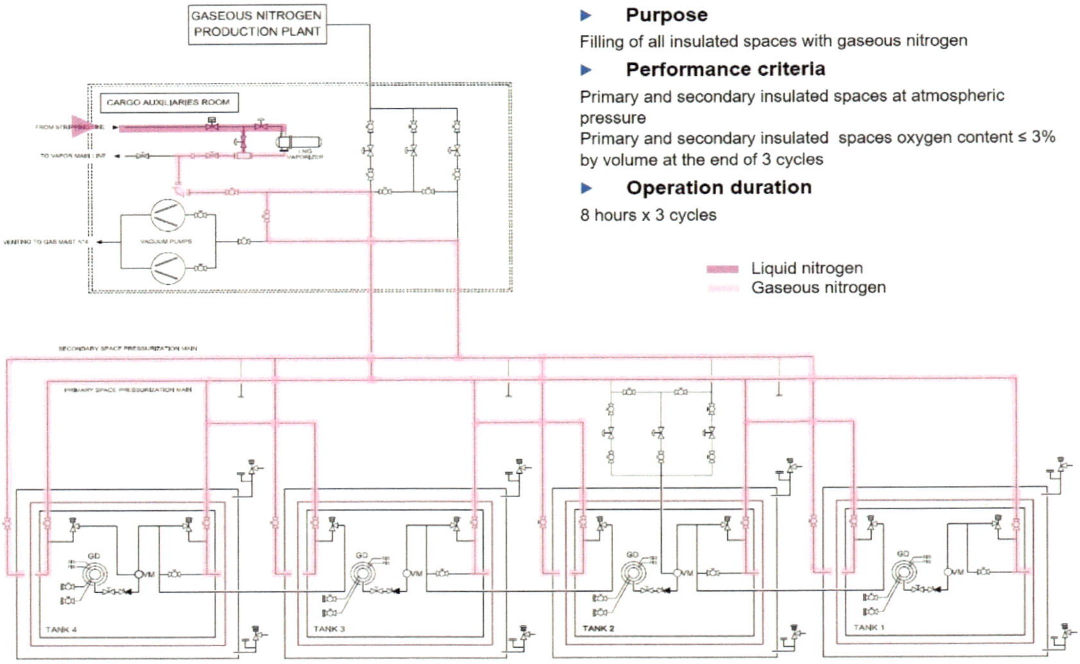

그림 7.20 Cargo Pipe Diagram (Nitrogen Filling)

그림 7.21과 같이 2대의 N_2 generator에 의해 생산되고 가압 완충탱크(pressurised buffer tank)에 저장되는 질소는 cargo compressor room에 위치한 make-up regulating valve를 통해 pressurization header로 공급되며, header에서 각 화물탱크의 1차 및 2차 방열구역으로 분리/공급된다. 방열구역의 과잉 질소는 exhaust regulating valve를 통해 vent mast로 배출된다.

각 탱크의 1차 및 2차 방열구역에는 모두 대기압 보다 1 kPa 높은 압력에서 개방되는 pressure relief valve가 각 2개씩 설치되어 있다. cut-out valve 및 ball valve가 장착된 line이 1차 방열구역에서 N_2 vent mast로 연결되어 필요할 경우 방열구역을 수동으로 환기할 수 있다.

N_2 generator는 자동 모드로 운전된다. 일반적인 경우 1대의 N_2 generator는 시스템에 대한 정상 소모량을 충족하며, 질소 소모량이 정상 이상으로 감지되면 2번째 N_2 generator가 자동으로 병렬운전 된다.

화물가스가 방열구역으로 누출되는 경우, 방열구역의 토출밸브를 열고 질소 공급을 지속적으로 함으로써 퍼지 기능을 가능하게 한다. 이 공간에서 가스 분석기를 자세히 모니터링 해야 한다.

다른 소모 장치가 방열구역에 대한 질소 가용성을 감소시키는 경우, 압력은 일시적으로 대기압 아래로 떨어질 수 있다. 2차 방열구역 압력(P)과 1차 방열구역 압력(Pp) 사이의 차압(P - Pp)이 3.0 kPa을 초과하지 않도록 주의해야 한다.

$$(P - Pp) < 3.0 \text{ kPa}$$

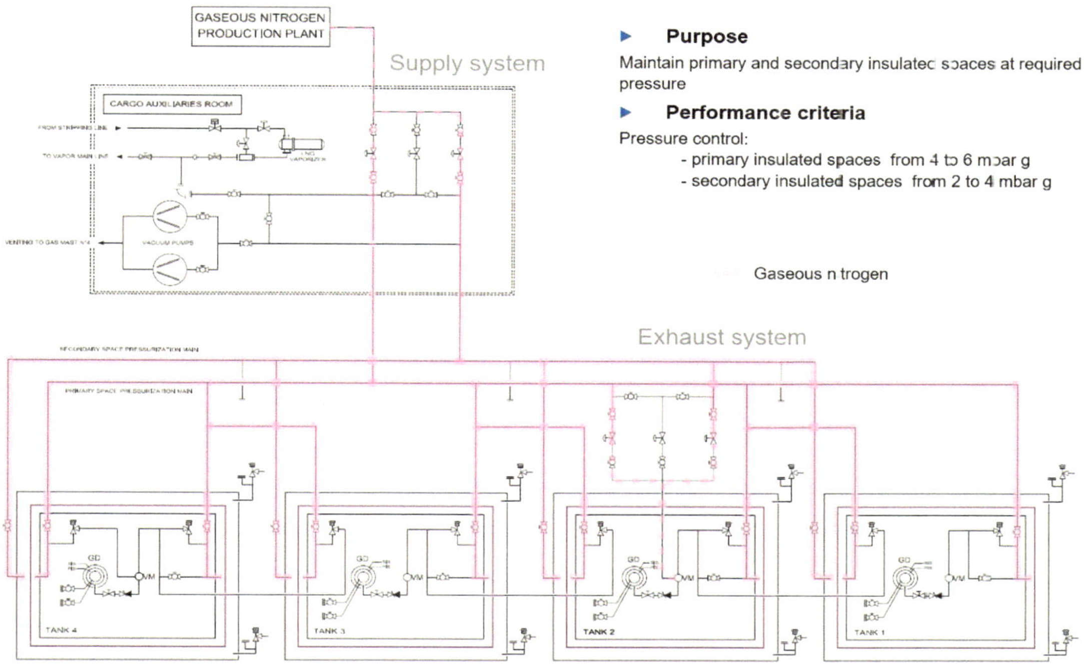

그림 7.21 Cargo Pipe Diagram (Nitrogen Normal Service)

2차 방열구역에 대한 1차 방열구역의 차압이 3.0 kPa에 도달할 경우 두 방열구역은 즉시 상호 연결되어야 한다. 동일한 질소 압력을 받는 경우 1차 및 2차 방열구역은 손상 없이 높은 압력을 견딜 수 있다. 화물탱크가 완전히 적재된 경우에도 1차 방열구역의 대기압보다 낮은 압력은 1차 방벽(primary membrane)에 손상을 주지 않는다.

7.2.2 Pre Docking(Dock-In) Operation

그림 7.22와 같이 화물탱크의 Pre Docking(Dock-In) 작업은 "Stripping → Warming-up → Inerting → Aerating" 순으로 진행된다.

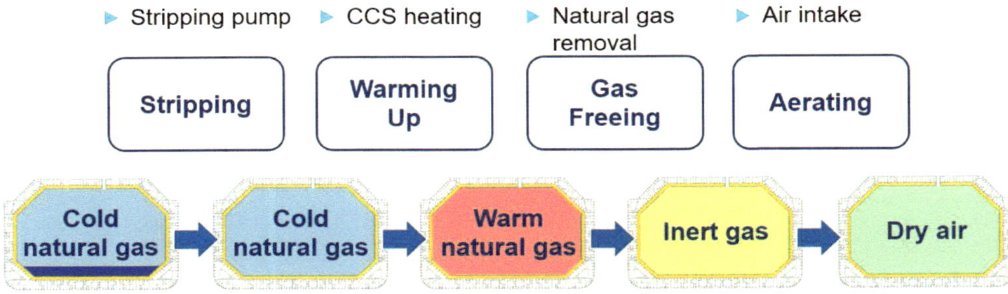

*CCS(Cargo Containment System)

그림 7.22 Pre Docking 작업의 진행절차

1) Stripping

화물탱크의 stripping이란 화물탱크에 남아있는 LNG 잔량(heel)을 stripping/spray pump를 이용하여 배출하는 작업을 말한다. 그림 7.23은 화물탱크 stripping 작업 과정을 개략적으로 도시하였으며, 그림 7.24는 stripping piping system을 나타낸 것이다. stripping/spray pump을 이용하여 LNG heel을 육상기지(shore)로 송출하는 동시에 화물탱크의 과도한 압력 저하를 방지하기 위해 육상기지로부터 cold natural gas를 화물탱크에 공급한다. 일반적으로 stripping 작업에는 약 3시간이 소요된다.

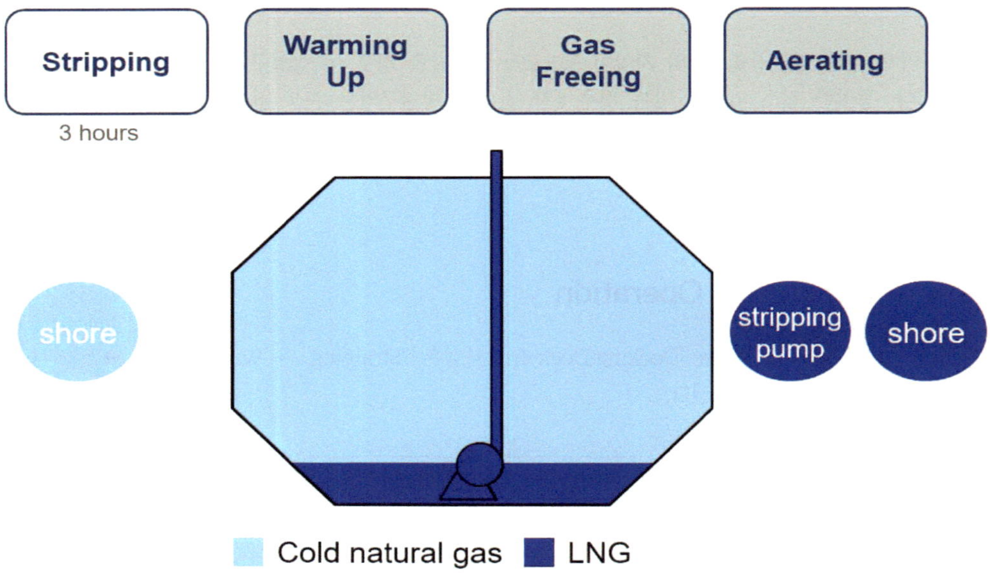

그림 7.23 Cargo Tank Decommissioning Principle (Stripping)

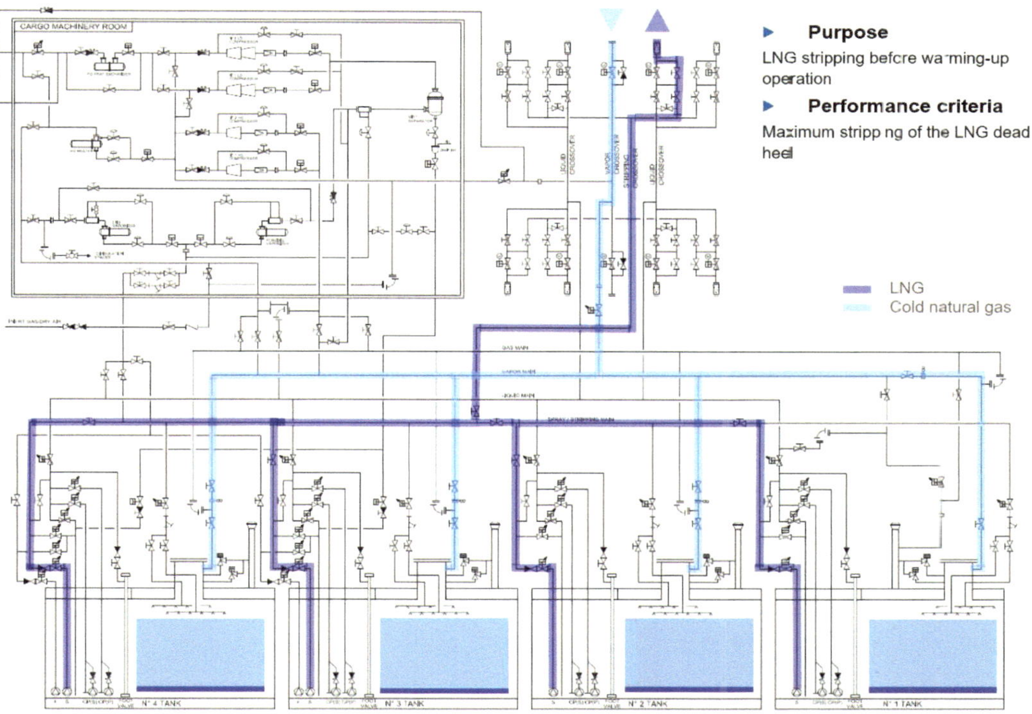

그림 7.24 Cargo Pipe Diagram (Stripping)

2) Warming-Up

화물탱크 warming-up 작업 과정을 그림 7.25에 개략적으로 도시하였다. 화물탱크 warming-up이란 화물탱크에 사람의 진입을 위해 입거수리(Dry-dock) 전 수행되는 가스 치환/배출작업(gas freeing operation)의 일부이다. 그림 7.26과 같이 화물탱크는 가열된 LNG vapour를 재순환시켜 warming-up한다. LNG vapour는 HD compressor에 의해 재순환되고, cargo heater를 사용하여 사전 설정된 값으로 가열된다(1단계: 0℃, 2단계: 75℃). 1단계에서 고온 vapour는 탱크의 filling line을 통해 탱크 하단에 유입되어 탱크에 남아있는 LNG를 증발시킨다. 2단계에서는 탱크 온도가 안정화되는 경향이 있을 때 탱크 상단의 vapour 배관을 통해 고온 vapour가 유입된다.

warming-up은 각 탱크의 2차 방열구역의 모든 지점에 온도가 5℃ 이상에 도달할 때까지 계속된다. warming-up 작업은 탱크에 남아있는 LNG의 양과 구성, 탱크 및 방열구역의 온도에 따라 일정시간이 필요하다. 일반적으로 warming-up에는 남은 LNG를 증발시킨 후 약 48시간이 필요하다. 초기에는 LNG의 증발이 진행되면서 많은 양의 vapour 생성으로 인해 탱크 압력은 가파르게 상승하나, 탱크의 온도는 천천히 상승한다. 증발이 완료되면 탱크 온도가 급격히 상승하고 탱크 압력은 천천히 상승하다가 증발이 완전히 완료되면 압력은 일정하게 유지되거나 떨어진다.

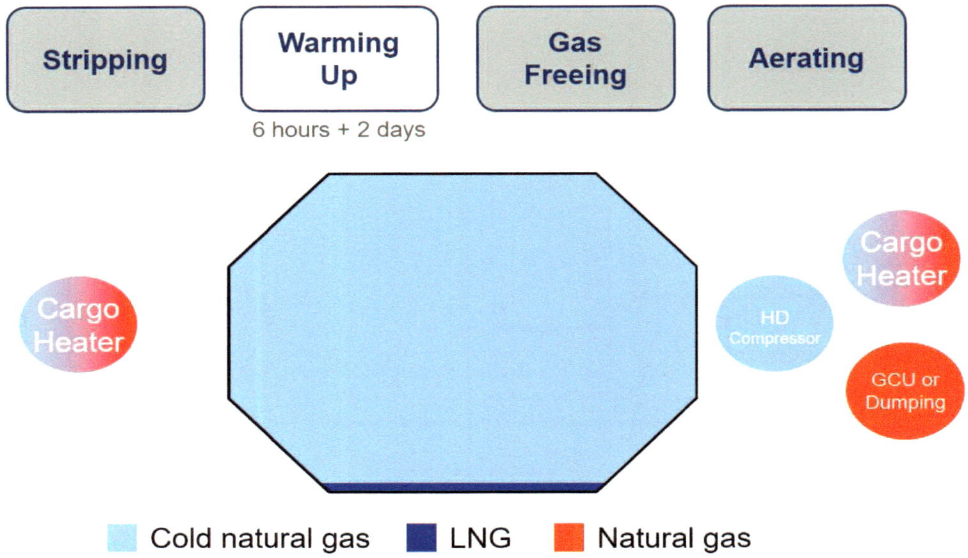

그림 7.25 Cargo Tank Decommissioning Principle (Warming Up)

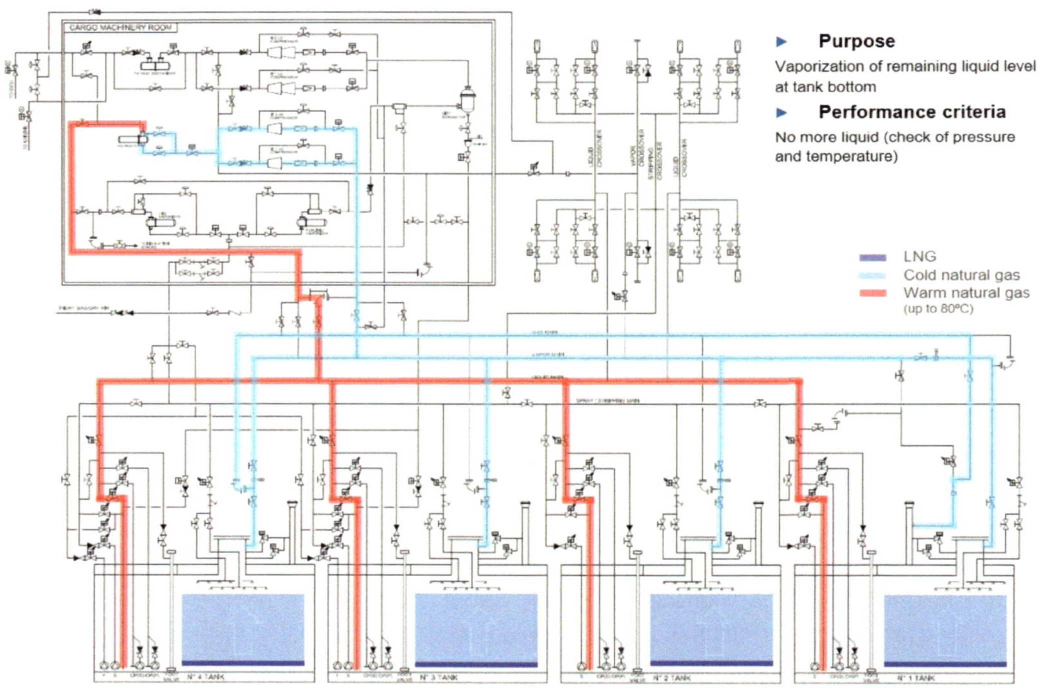

그림 7.26 Cargo Pipe Diagram (Warming-Up)

3) Gas Freeing(Inerting)

그림 7.27과 같이 화물탱크가 warming-up된 후 LNG vapour는 불활성 가스(inert gas)로 대체된다. 이 과정을 화물탱크의 gas freeing(inerting)이라고 한다. 그림 7.28에서와 같이 dry air/IGG(Inert Gas Generator)에서 만들어진 불활성 가스는 탱크의 LNG filling line을 통해 탱크 하부에 주입된다. 탱크에서 나오는 가스는 vapour dome과 vapour header를 통해 탱크 상단에서 vent mast로 배출된다. gas freeing은 탱크 내의 공기와 LNG vapour 혼합물이 가연성 범위에 있지 않도록 하기 위함이다. 이 과정은 탄화수소(hydrocarbon) 함량이 1.5% 미만으로 감소할 때까지 진행되어야 하며, 일반적으로 약 20시간이 소요된다. 화물탱크의 gas freeing 과정을 수행하면서 동시에 화물탱크 외에 모든 화물 관련 배관 또한 불활성 가스 또는 질소로 치환작업을 진행한다.

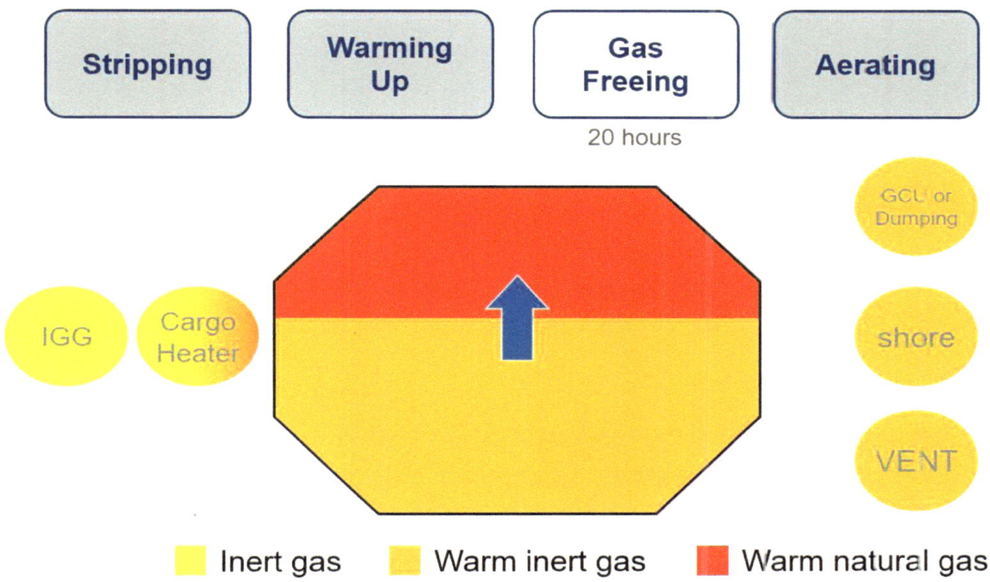

그림 7.27 Cargo Tank Decommissioning Principle (Gas Freeing)

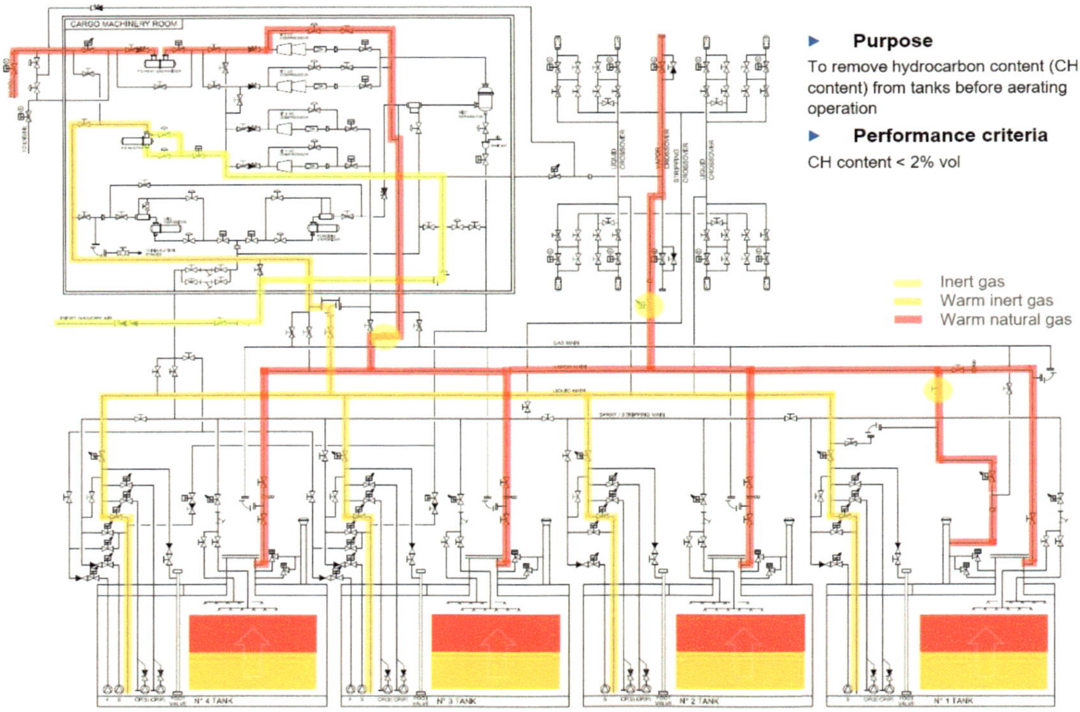

그림 7.28 Cargo Pipe Diagram (Gas Freeing)

4) Aerating

그림 7.29와 같이 화물탱크가 불활성화(inerting)된 후 사람이 진입하기 위해 불활성 가스를 공기(air)로 교체해야 한다. 이 과정을 화물탱크의 aerating이라고 한다. dry air/IGG는 -45℃ 이하의 이슬점을 가진 건조한 공기(dry air)를 생성한다. 그림 7.30에서와 같이 건조한 공기는 vapour header를 거쳐 각 탱크의 vapour dome을 통해 탱크 상부로 주입된다. 불활성 가스/건조 공기 혼합물은 탱크의 LNG filling line, liquid header 및 spool piece를 통해 탱크 하단에서 vent mast로 배출된다.

그림 7.31과 같이 공기 주입 중 piston effect를 극대화하려면 탱크 압력을 낮게 유지해야 한다. 모든 탱크의 산소 농도 값이 20% 이상이고 메탄(CH_4) 함량이 0.2% 미만이고, 이슬점(dew point)이 -40℃ 미만인 경우 이 작업은 완료된다. 일반적으로 약 20시간이 소요된다.

화물탱크의 aerating 작업 완료 후 사람의 탱크로 진입하기 전에 불활성 가스의 성분일 수 있는 유해가스(용량 기준으로 0.5% 미만의 이산화탄소 및 50 ppm 미만의 일산화탄소)의 농도를 측정하고, 기준치 이상 감지되면 적절한 조치를 수행한 후 재측정 하여 그 결과가 기준치 이하로 떨어진 경우에만 진입을 수행해야 한다.

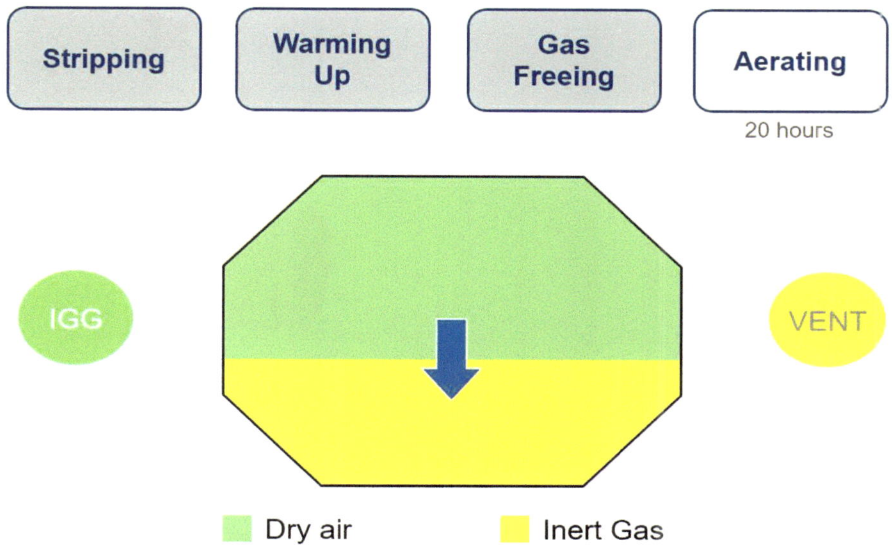

그림 7.29 Cargo Tank Decommissioning Principle (Aerating)

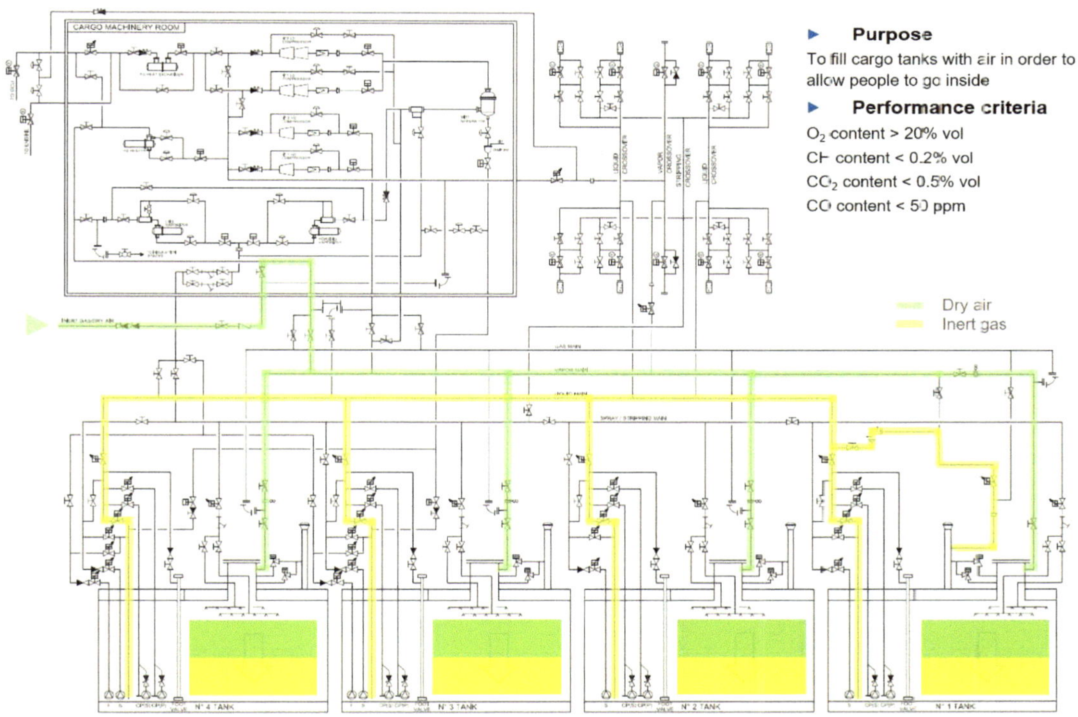

그림 7.30 Cargo Pipe Diagram (Aerating)

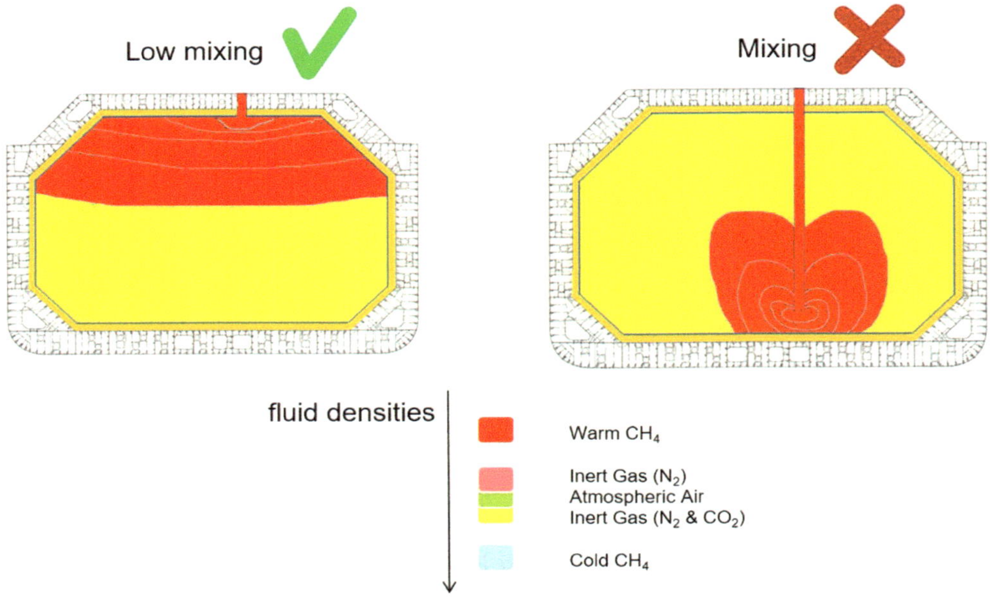

그림 7.31 Piston Effect

7.2.3 Post Docking(Dock-Out) Operation

그림 7.32와 같이 화물탱크의 post docking(dock-out) 작업은 "Drying → Inerting → Gassing Up → Cooling Down" 순으로 진행된다.

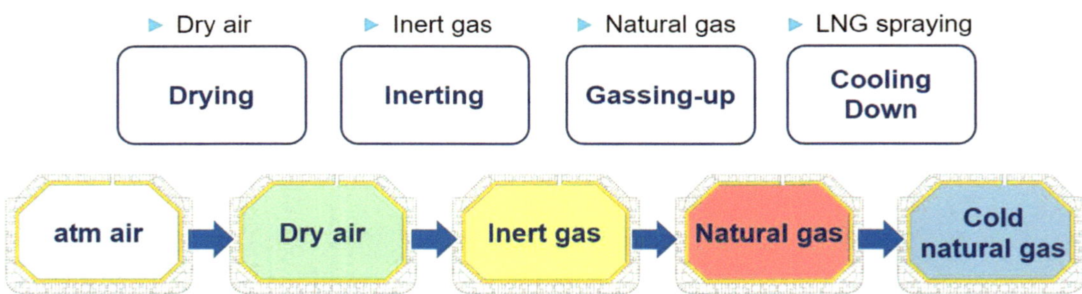

그림 7.32 Post Docking 작업의 진행절차

1) Drying

화물탱크 개방(신조/검사/입거수리 등) 시 대기 중의 습기가 유입되었으므로 다음 사항을 방지하기 위해 화물탱크 내 불활성화 및 LNG를 선적하기 전에 화물탱크를 건조시켜야 한다.

- 화물탱크 내 습기의 냉각으로 인한 얼음 형성(icing) 방지
- 화물탱크 내 습기의 황과 질소 결합을 통한 부식요인 방지

그림 7.33과 같이 보통의 습한 공기(humid air)는 dry air/IGG에서 생성된 건조한 공기로 치환된다. 그림 7.34와 같이 건조한 공기는 탱크의 filling line을 통해 탱크 하부로 주입되며, 기존의 습한 공기는 각 탱크 상단의 vapour dome과 vapour header를 거쳐 vent mast에서 배출된다. 모든 탱크의 이슬점이 -40℃ 미만인 경우 이 작업은 완료되며, 일반적으로 약 20시간이 소요된다.

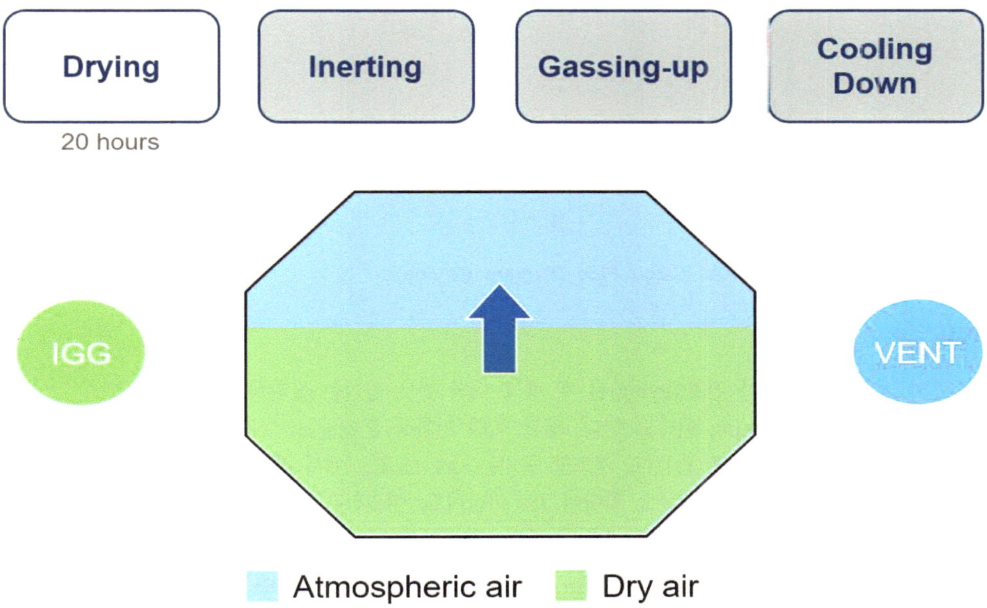

그림 7.33 Cargo Tank Decommissioning Principle (Drying)

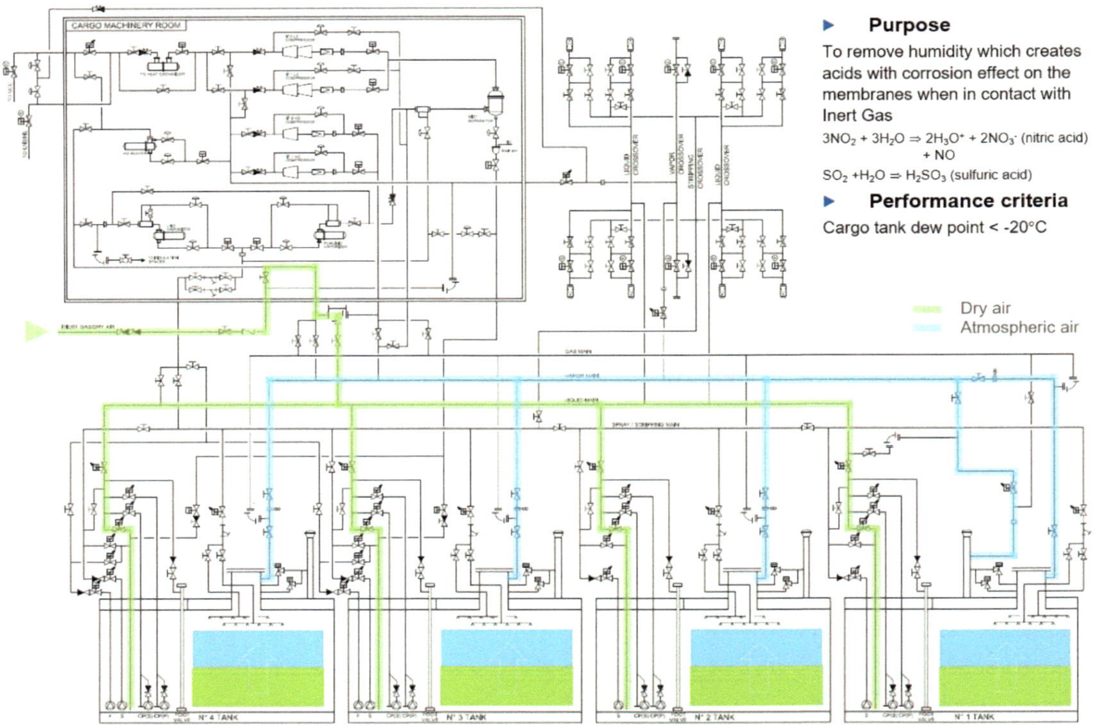

그림 7.34 Cargo Pipe Diagram (Drying)

2) Inerting

그림 7.35와 같이 화물탱크가 건조(drying)된 후 탱크 내의 건조 공기는 불활성 가스로 대체된다. 이 과정을 화물탱크의 Inerting 이라고 한다. 탱크 내의 인화성 혼합물(air/LNG)의 형성 가능성을 방지하기 위해 불활성 상태로 만든다. 건조한 공기는 dry air/IGG에서 생성된 불활성 가스에 의해 치환된다. 이 불활성 가스는 산소 함량이 1% 미만이고, 이슬점은 -45℃이다. 그림 7.36과 같이 불활성 가스는 탱크의 LNG filling line을 통해 탱크 하부에 주입되며, 불활성 가스/건조 공기 혼합물은 vapour dome과 vapour header를 통해 탱크 상단에서 vent mast로 배출된다. 이 과정은 산소 농도 값이 2% 미만, 이슬점이 -40℃ 미만으로 감소할 때까지 진행되어야 하며, 일반적으로 약 20시간이 소요된다.

탱크 건조 및 불활성화를 위해 dry air/IGG가 가동 중인 동안 불활성 가스는 탱크 건조(-40℃ 미만)/불활성화 및 기타 모든 LNG 및 vapour 배관을 불활성화하는 데에도 사용된다. LNG 또는 vapour를 운용하기 전에 불활성 가스로 purge 되지 않은 모든 배관은 질소로 purge 해야 한다.

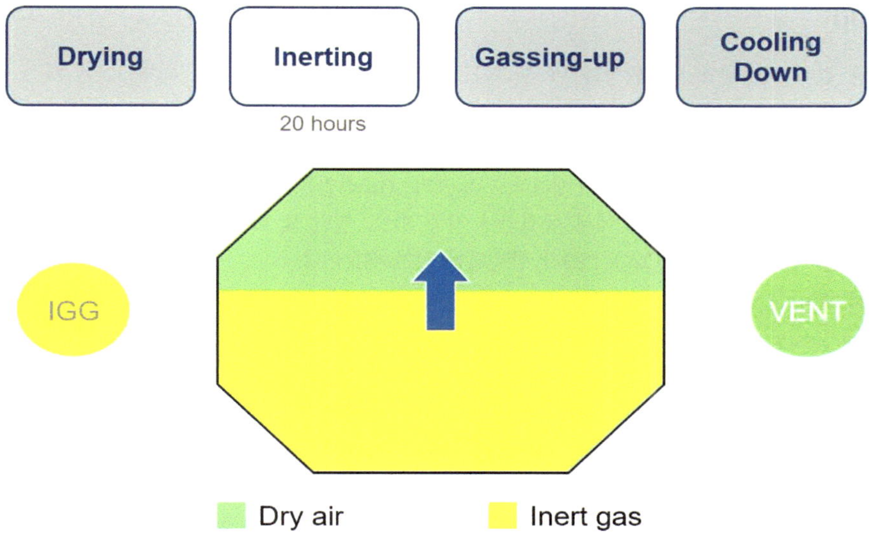

그림 7.35 Cargo Tank Decommissioning Principle (Inerting)

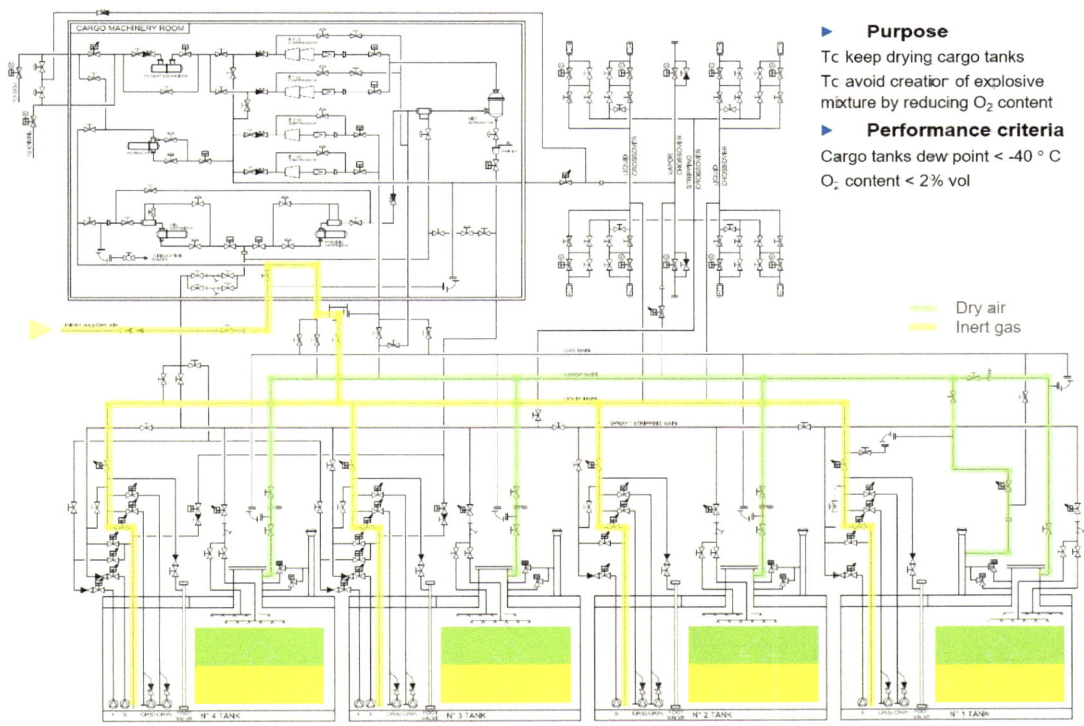

그림 7.36 Cargo Pipe Diagram (Inerting)

3) Gassing-Up

그림 7.37과 같이 화물탱크가 불활성화 된 후 탱크 내의 불활성 가스는 NG로 대체되어야 하며, 이 과정을 gassing-up 이라고 한다. LNG를 선적하기 전에는 화물탱크를 상온의 NG로 치환하고 냉각(Cooling Down) 해야 한다. 화물탱크의 불활성 가스는 따뜻한 NG로 대체된다. 이는 이산화탄소(CO_2)와 같은 freezable gas를 제거하고 탱크의 건조작업을 완료하기 위해 수행된다. 불활성 가스에는 질소와는 달리 -60℃에서 동결되어 각종 밸브, 필터 및 노즐을 차단할 수 있는 흰색 분말을 생산하는 이산화탄소(CO_2) 15%가 함유되어 있기 때문이다.

그림 7.38과 같이 LNG는 육상에서 liquid manifold로 공급되며, 여기서 ESDS 밸브를 통해 stripping/spray header로 이동한다. 그런 다음 LNG vaporizer에 공급되고 생성된 LNG vapour는 +20℃에서 vapour header를 거쳐 vapour dome을 통해 각 탱크로 공급된다. LNG vapour는 불활성 가스보다 가볍기 때문에 화물탱크의 상부 vapour dome에서 공급되며, 불활성 가스는 탱크하부에 설치된 filling line을 통해 liquid header로 이동하여 vent mast를 통해 대기로 배출된다. vent mast로 배출되는 가스를 측정하여 5% 이상의 메탄이 검출되면 vent mast로의 배출을 중지하고 육상으로 보내거나 가스 연소 line을 통해 기관실로 보내진다. 이 작업은 필요한 적정 유량에 따라 compressor 없이 기존 압력을 이용하여 수행되거나 1대 또는 2대의 HD compressor를 사용하여 수행한다. 가능하면 탱크 내부의 난류를 방지하기 위해 compressor를 사용하지 않는 것이 좋다. 이 작업은 화물탱크 filling pipe의 상단에서 측정한 메탄 함량이 부피 기준으로 99%를 초과하는 경우 완료된 것으로 간주되며, 일반적으로 약 20시간이 소요된다. N_2 가스 및 불활성 가스에 포함된 CO_2농도의 목표값은 1% 이하이다. gassing-up이 완료되면 화물탱크에 LNG 선적작업 전 냉각(cooling down) 작업을 수행해야 한다.

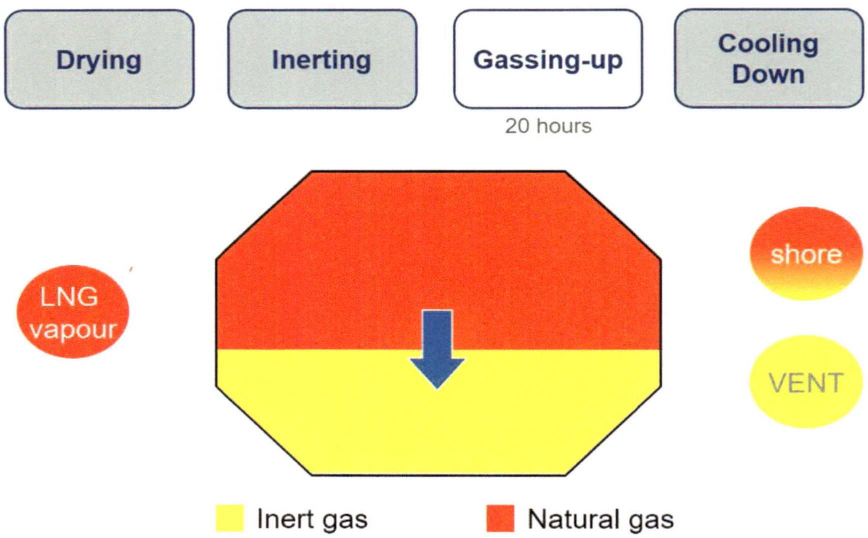

그림 7.37 Cargo Tank Decommissioning Principle (Gassing-Up)

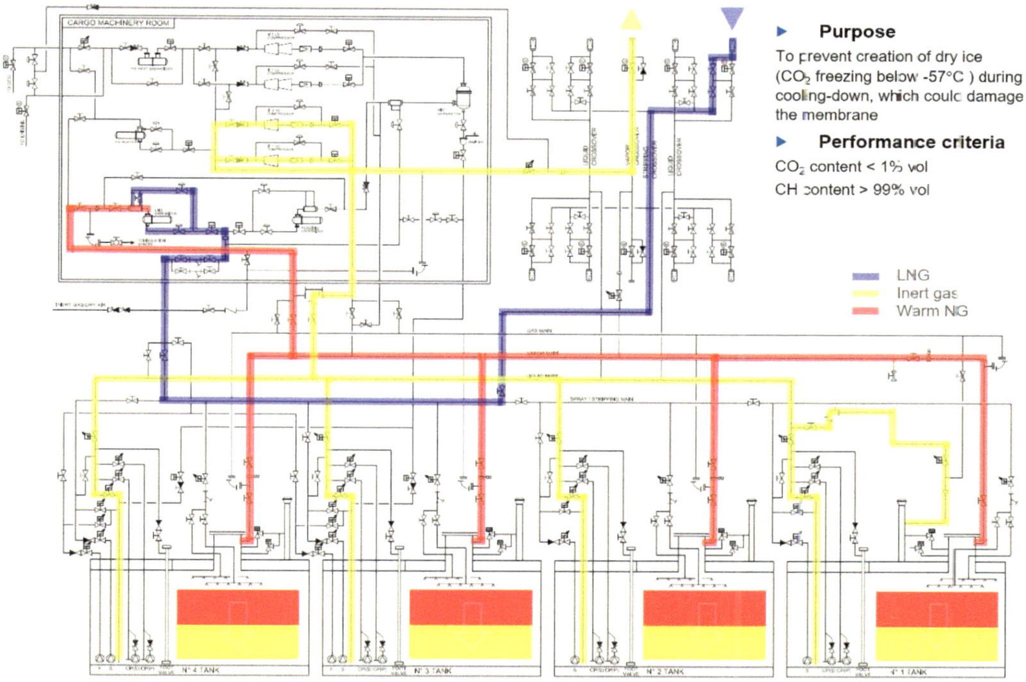

그림 7.38 Cargo Pipe Diagram (Gassing-Up)

4) Cooling Down

화물탱크를 건조(drying) → 불활성화(inerting) → 가스주입(gassing-up)한 후에는 급작스런 온도변화에 따른 손상을 방지하지 위해 그림 7.39와 같이 탱크를 냉각(cooling down)한 후 LNG 선적을 시작해야 한다. 냉각작업은 gassing-up 완료 후 육상 터미널에서 공급되는 LNG를 사용하여 이루어진다. 냉각속도는 다음과 같은 이유로 제한된다.

- 과도한 펌프 타워(pump tower) 응력을 방지하기 위해
- 기화되는 LNG vapour의 증발량이 화물탱크를 적절한 압력(약 7 kPa 또는 108.5 kPa absolute)으로 유지하기 위한 HD compressor의 운전성능 범위 내로 유지하기 위해
- 1차 및 2차 방열구역을 일정한 압력으로 유지하기 위한 N_2 generator의 운전성능 범위 내로 유지하기 위해

그림 7.40과 같이 LNG는 육상 터미널에서 manifold cool down line으로, 그리고 그곳에서 화물탱크로 연결된 spray header로 직접 공급된다. 화물탱크의 cooling down이 거의 완료되면 liquid manifold cross-over, liquid header 및 loading line을 냉각한다. 각 탱크의 상부 및 하부의 평균 온도가 -130℃ 이하일 때 화물탱크 cooling down이 완료된 것으로 간주된다. 이 온도

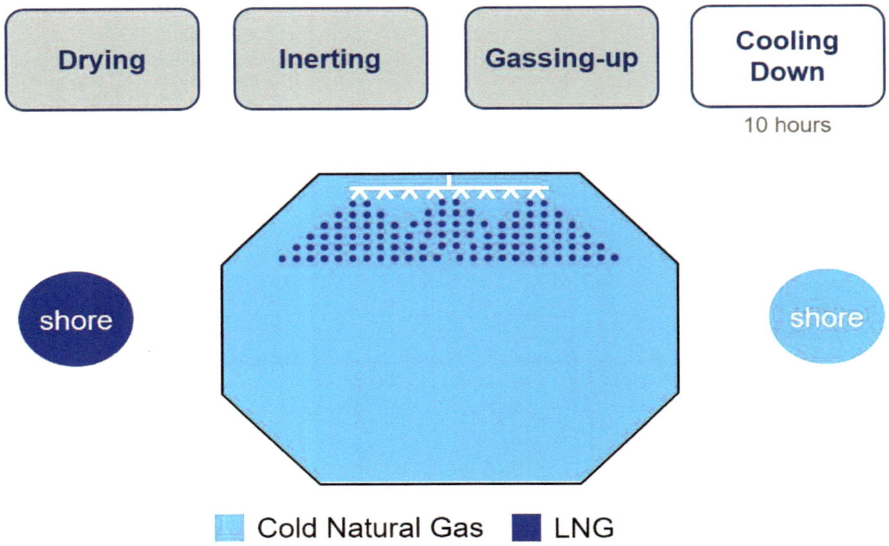

그림 7.39 Cargo Tank Decommissioning Principle (Cooling Down)

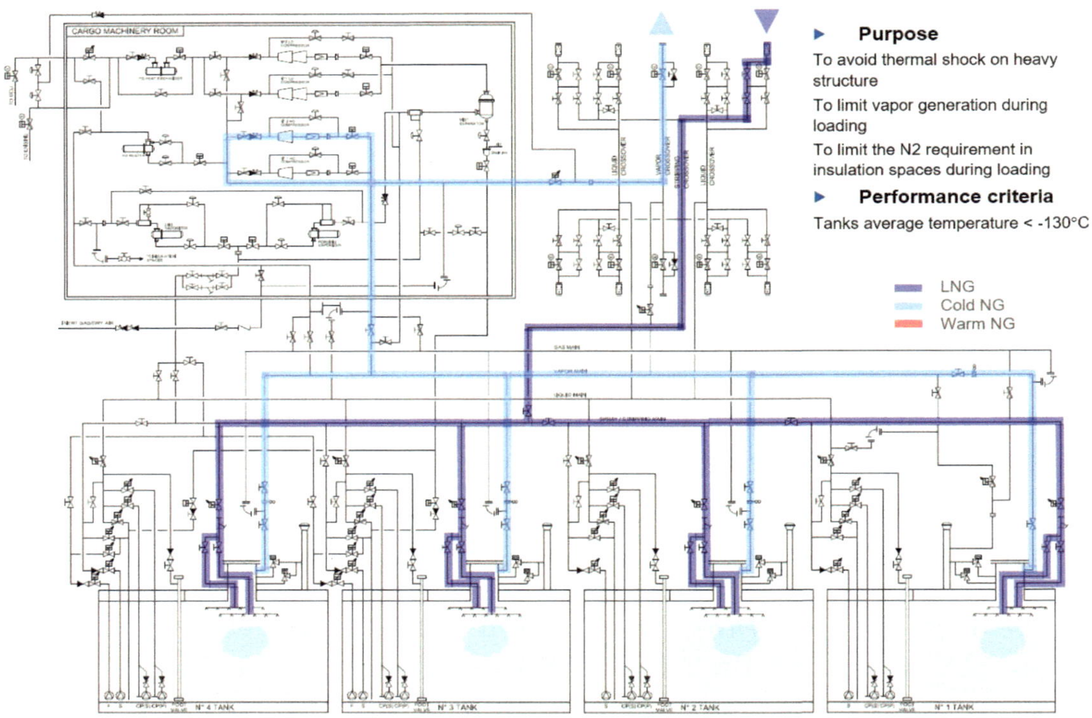

그림 7.40 Cargo Pipe Diagram (Cooling Down)

에 도달하면 적하작업을 시작할 수 있다. 탱크 냉각 중에 발생하는 vapour는 일반적인 적하작업과 마찬가지로 HD compressor 또는 free flow를 통해 vapour manifold를 거쳐 육상 터미널로 돌려보낸다.

cooling down 중에 1차 및 2차 방열구역으로 공급되는 질소 흐름은 상당히 증가한다. 1차 및 2차 방열구역 압력을 각각 0.4 kPa 및 0.3 kPa로 유지하기 위해 질소 시스템의 운전성능 한계 내에 있도록 냉각속도를 제어하는 것이 중요하다.

화물탱크를 +30℃에서 -130℃로 cooling down 시키기 위해서는 약 10시간이 소요되며, 그 시간 동안 약 800 m^3의 LNG가 증발된다.

7.3 EMERGENCY CARGO OPERATION

7.3.1 운항 중 화물탱크 및 방열구역 Membrane 손상 확인 및 대책

1) Primary Membrane 손상 징후 파악

(1) 1차 방열구역에 설치된 자외선식 가스탐지기에 의해 고농도 가스 경보가 발생한다. 경보는 손상부위와의 거리에 따라 늦게 발생할 수도 있다.

(2) 2차 방열구역에 설치된 온도감지 센서의 온도가 정상온도(-75℃ 부근) 보다 급격히 떨어진다. 이 경우도 손상 구획간의 거리에 따라 다소 시간지연이 있을 수 있다.

(3) 손상 탱크의 압력과 해당 방열구역의 압력이 급격히 상승한다. 특히 1차 방열구역의 압력상승이 급격히 일어나고 안전밸브가 작동하게 된다.

2) 조치 방법

(1) 손상 방열구역의 격리 : 손상된 1차 방열구역을 타 방열구역과 격리, 구역 내 가스 또는 N_2 + gas를 수동밸브를 이용하여 vent mast를 통해 대기방출 시킨다.

(2) 손상 구역의 가스탐지기 sampling valve를 잠근다.

(3) 수동 vent valve를 조절하여 손상구역의 압력을 안전밸브 설정압력(10 mbar.G) 이내에 오도록 한다.

(4) 만약 손상 부위가 예상외로 넓어 수동 vent valve만으로 압력조절이 불가하면 그림 7.41과 같이 gas dome에 설치된 탱크와 1차 방열구역간의 격리 valve를 개방하여 화물탱크 압력과 1차 방열구역 간의 압력 차를 없앤다. 이때 안전밸브는 수동으로 잠근다.

(5) 선체 가열시스템을 steam heater로 전환하여 손상 탱크 전후 cofferdam에 충분한 hot glycol 용액이 통하도록 조치한다.

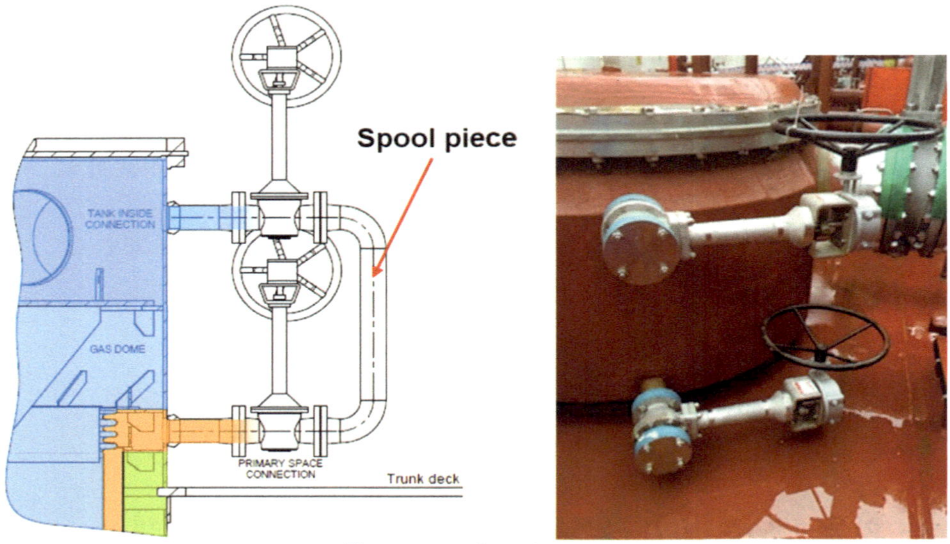

그림 7.41 Equalizer System

(6) 상황이 허락하는 한 손상 화물탱크의 LNG를 신속히 타 탱크로 이송 또는 양하시키고 gas free시켜 둔다.

(7) 만약 수리하지 않고 공선(empty) 상태로 운항할 경우에는 화물탱크를 불활성 가스로 채워 두어야 하며, 적정 탱크압력은 약 100 mbar.G 이다.

3) Barrier Punching System

이 시스템은 그림 7.42와 같이 1차 방벽(primary barrier)의 상부에 중대한 손상이 생겨 화물탱크 내 LNG가 1차 방열구역으로 유입되었을 경우 사용되는 비상설비이다. 불행히도 1차 방열구역에 파공 등의 손상이 발생하면 화물탱크 내 LNG가 1차 방열구역으로 누설될 것이며, 누설이 탱크 상부에서 발생하였다면 탱크 내 LNG 액면과 거의 같은 수두로 방열구역 내에 LNG가 찰 것이다. 한편 양하작업 중 탱크 내의 LNG는 펌프 운전에 수반하여 액면이 신속히 하강하나 1차 방열구역 내에 누설된 LNG는 그대로 남아있게 된다. 탱크 측에서 방열구역 쪽으로 미치는 힘이 없다고 할 때 구역 내의 LNG가 기화하여 압력이 발생하며 이 압력은 방열구역으로부터 화물탱크 쪽으로 멤브레인을 밀기 때문에 중대한 손상을 초래할 수 있으므로 탱크 하부 멤브레인에 인위적으로 파공을 내어 방열구역 내에 누설된 LNG를 탱크 내로 유입시켜 LNG 양하작업 시 함께 배출하기 위한 설비이다. 그림 7.43과 같이 탱크와 1차 방열구역은 자유낙하로 작동되는 punching device에 의해 강제로 탱크 하부 측에 구멍을 내어 방열구역 내의 누설 LNG가 탱크 내로 빠져나갈 수 있도록 되어있다.

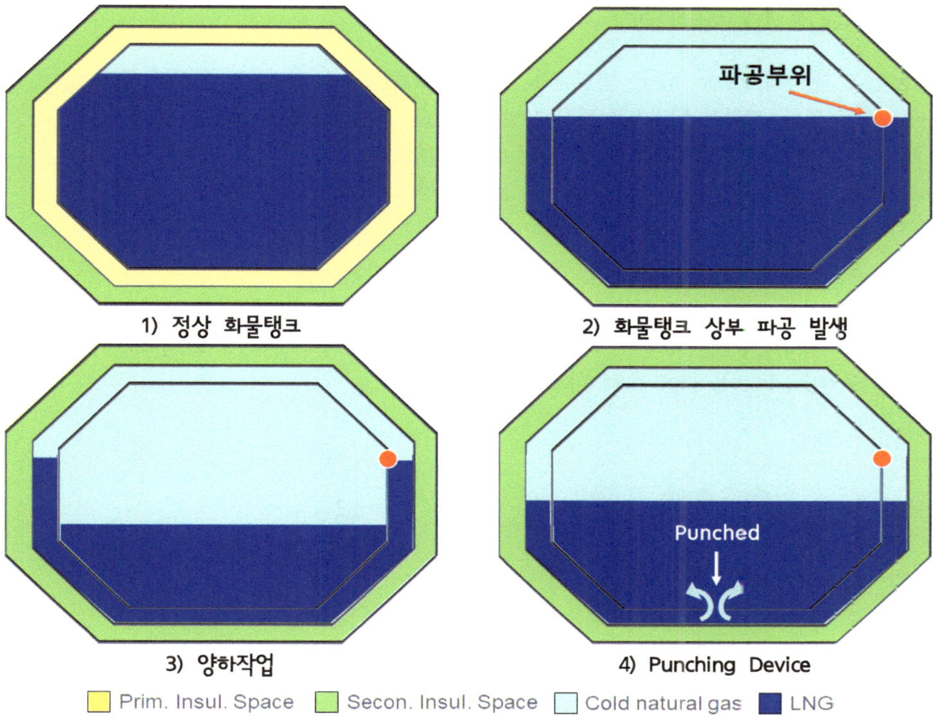

그림 7.42 Punching Device의 활용

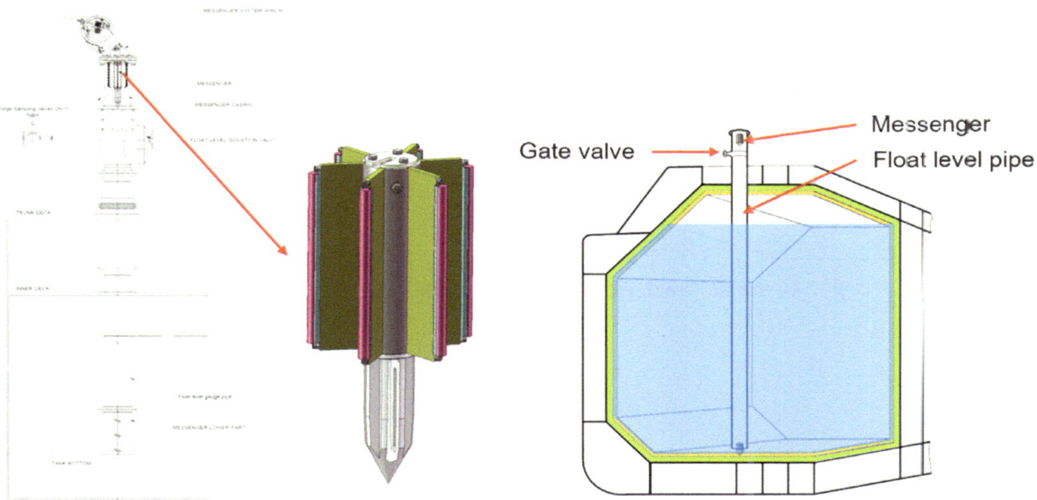

그림 7.43 Barrier Punching System

7.3.2 Water Leakage to Barrier

멤브레인형 LNG 선박의 inner hull은 방열재와 결합하여 화물탱크를 지지함과 동시에 밸러스트 탱크를 구성하고 있다. 따라서 밸러스트 탱크에 발청 또는 충돌 및 좌초 등과 같은 외력에 의해 손상이 발생하면 방열구역 내로 해수가 유입되며, 이때 방열구역 내로 유입된 해수와 그 압력으로 인해 멤브레인 방벽에 치명적인 손상을 줄 수 있다. 따라서 이를 방지하기 위한 감시 및 배출장치가 설치되어 있다.

그림 7.44와 같이 만약 해수가 유입된다면 주로 2차 방열구역으로 유입될 가능성이 높으므로 2차 방열구역 N_2 inlet(supply) pipe 하부에 water detection system이 설치되어 해수의 유입을 감시하고, 이의 경보는 IAS에서 나타난다. 또한 유입된 해수의 배출을 위해 배출용 air pump 및 pipe가 2차 방열구역 N_2 inlet용 pipe duct 하부에 설치되어 있다.

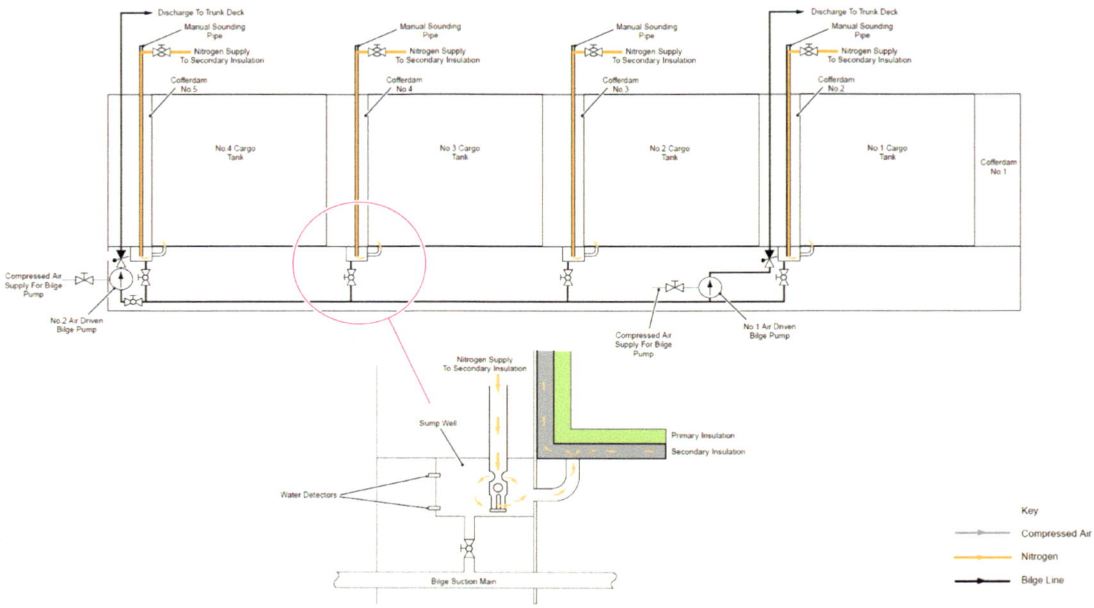

그림 7.44 Water Drain From Insulation Space

7.3.3 Emergency Cargo Pump

그림 7.45와 같이 어떠한 원인에 의해서 main cargo pump가 2대 모두 사용 불가한 경우 해당 화물탱크의 emergency cargo pump column에 설치하여 잔량의 LNG를 양하한다. 단, 잔량의 수위가 emergency cargo pump를 시동시킬 수 있는 최소 수위(0.96 m) 이상이어야 한다. emergency cargo pump는 정상운항 중에 지정된 별도 장소에 보관되며, 설치 방법은 다음과 같다(그림 7.46 참조).

1) column 내부의 LNG 및 vapour를 질소로 purging 한다.

   pump column에 pump를 설치하기 전에 먼저 질소가스로 column 내부를 purging 한다. deck 상에 설치되어 있는 service N_2 gas line에서 pump column의 purging cock를 통해 질소를 주입하여 column 하부의 suction valve를 통하여 화물탱크 내부로 purging 시킨다.

2) pump 설치 전에 절연저항 점검(최소 5MΩ 이상)

3) pump를 수직으로 매단 후 양방향으로 inducer의 회전상태 확인

   천천히 지속적으로 회전하면서 서서히 정지되어야 한다. 회전하지 않거나 불규칙하게 회전하는 경우에는 설치가 불가하다.

4) power cable은 pump에 결선하기 전에 phase meter를 이용하여 시계방향으로 회전하는가를 확인한다.

5) column 내부의 N_2 압력을 제거(대기압과 같은 압력)한 후 column 상부의 blind flange를 개방한다.

6) column flange에 gasket을 취부하고 pump를 설치한다.

7) lifting assembly를 'Closed' 위치에 놓고 head plate를 장착 및 고정시킨다.

8) electrical assembly와 support bracket을 설치하고 power cable을 연결한다. 절연저항을 다시 점검한다.(최소 5MΩ 이상)

9) column 내부를 N_2 gas로 purging하여 pump 설치 시 유입된 column 내의 air를 완전히 제거한다. 이때의 purging은 N_2 gas를 purge cock를 통해 주입하고 배출은 pump column과 화물탱크 간의 압력을 같게 하기 위하여 설치되어 있는 valve를 통하여 실시한다. purge가 완전히 종료되고 난 후에 상기 valve는 반드시 tank top과 공통되도록 spool piece를 연결하고 valve를 open하여 column 내부와 화물탱크 간의 압력이 공통되도록 한다.

10) suction valve가 close 되어있고 pump가 suction valve 상부에 매달려있는 상태에서 pump를 cool down 시킨다.(약 10 시간)

11) pump가 suction valve의 seal plate와 접촉될 때까지 서서히 내린다.
 pump의 자중에 의하여 suction valve가 열리고 column 내부로 화물탱크 내의 LNG가 유입된다.
12) column 내의 액위는 분당 약 75~125 mm 정도로 채워지며 pump가 완전히 LNG에 잠길 때까지(pump 높이 약 2 m) 서서히 valve를 조절한다.
13) pump starting 전에 적어도 1시간 정도는 pump가 LNG에 잠긴 상태로 있어야 한다.
14) pump가 완전하게 제 위치에 설치되고 suction valve가 100% open 되었는지 필히 확인한다.

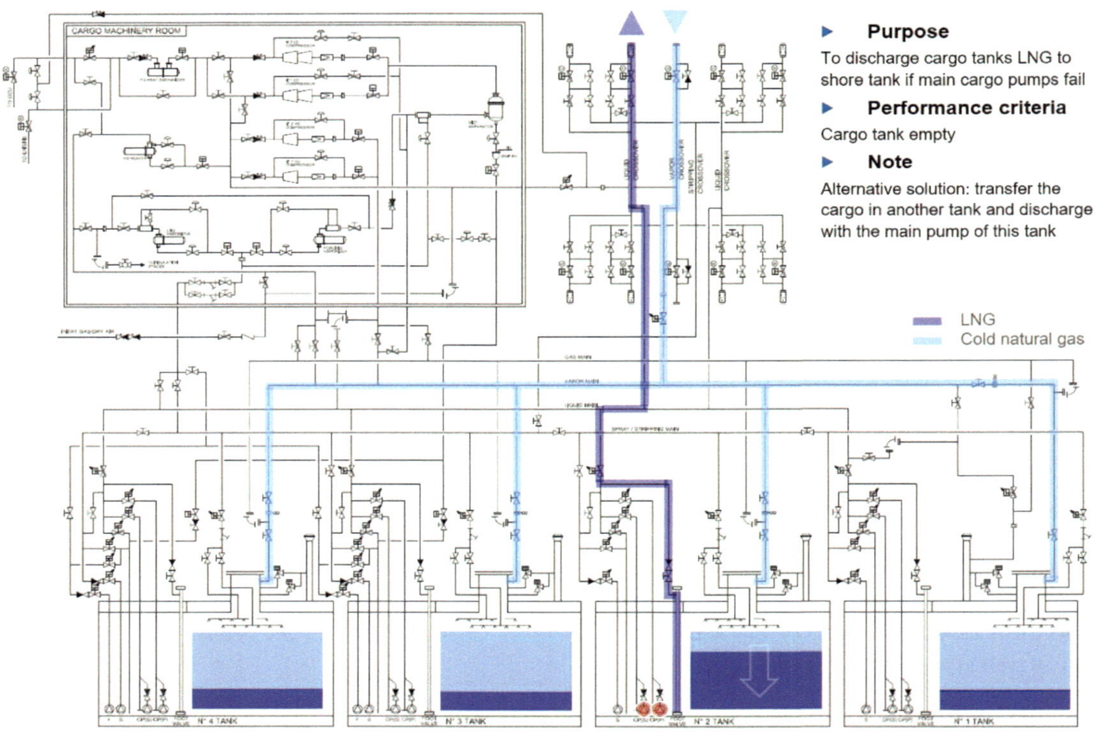

그림 7.45 Cargo Pipe Diagram (Emergency Cargo Pump Operation)

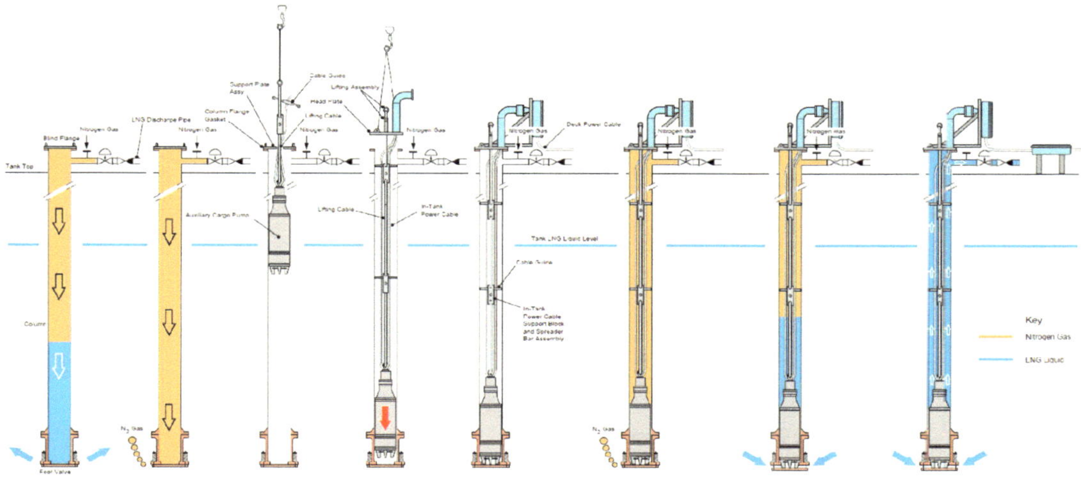

그림 7.46 Emergency Cargo Pump Fitting Sequence

7.3.4 Jettisoning of Cargo

하나 이상의 화물탱크에서 멤브레인 방벽 또는 방열(insulation)에 문제가 발생하면 특별한 비상상황의 경우 해당 화물탱크에서 바다로 화물을 배출할 필요가 있다. 이 작업은 2대의 main cargo pump를 사용하여 수행되며, 그림 7.47과 같이 선박 매니폴드에 장착된 휴대용 노즐을 통해 LNG를 분사/방출한다.

LNG를 분사하면 위험한 상황이 발생하므로 다음 사항을 꼭 수행해야 한다.

1) 모든 문제 상황을 주의 깊게 평가한 후 화물 분사 결정을 해야 한다.
2) 작업과 관련된 모든 소방장비를 준비해야 한다.
3) 모든 거주구역 및 기타 개구부 및 모든 환기구 fan을 정지 및 폐쇄해야 한다.
4) “No Smoking” 규칙이 엄격하게 적용되어야 한다.
5) 배의 구조물을 보호하기 위해 분사하는 주변에는 water curtain을 시행해야 한다.
6) 기상조건을 고려하여 허용 가능한 분사를 적절히 수행해야 한다.

화물의 분사(Jettisoning of Cargo)는 화물탱크 및 내부 선체 구조물에 손상을 입히지 않도록 주의하여 수행되어야 한다.

그림 7.47 Jettisoning of Cargo

7.4 MAJOR INSPECTION의 이해

7.4.1 Major Inspection의 배경

과거에는 탱커를 대부분 석유회사에서 직접 소유하였지만 1970~80년대 사이에 탱커의 소유가 석유회사의 개인선주로 이동하게 되었다. 이는 전 세계적인 원유수요의 다변화와 유조선 용선시장이 장기용선에서 단기용선으로 바뀌었기 때문이다. 또한 메이저 석유회사가 여러 차례 유조선 사고의 경험을 통해 유조선 사고는 엄청난 경제적 손실과 환경 파괴를 가져오고 더불어 메이저 석유회사의 명성에도 막대한 손상을 입힌다는 사실을 인지하면서 유조선을 직접 보유하고 운항하는 것에 대해 부담을 가지게 되었기 때문이다. 그러나 개인 선주들 중에는 기준 미달 선박을 보유하거나 운항경험이 부족한 선주들이 많이 있었다. 이러한 상황에서 메이저 석유회사들은 탱커용선 시장에서 자사 화물의 안전한 선적, 수송, 양하를 위해 양질의 안전한 선박을 용선해야 할 필요성을 느끼게 되었다.

1967년 3월 18일 "토리 케년호" 좌초사고 이후로 각국 정부는 유조선 및 기름오염에 관계된 국제협약과 국내법의 개발을 검토하게 되었고, 이를 위해 석유산업계는 자신들의 전문적인 지식과 기술을 정부나 국제기구에 제공하게 되었다. 이러한 움직임의 일환으로 메이저 석유회사는 1970년 4월 8일 런던에서 OCIMF(Oil Companies International Marine Forum)를 결성하게 되었다. OCIMF는 전 세계 석유회사들의 모임으로 1977년 설립되었다. OCIMF는 1970년대 후반에서 80년대 초반에 걸쳐 안전한 선박의 검증을 위한 메이저 검사 시스템을 개발하기 시작하였고, 여러 메이저 석유회사들의 요구를 수렴하여 1989년에 유조선검사 지침서를 개발하였다. 메이저 검사는 매우 전문적이고 기술적인 선박에 대한 평가시스템으로써 메이저 석유회사가 선박의 소유자, 운항

자, 관리자, 이해 관계자를 대상으로 각종 국제규정 및 그들이 기대하는 요건의 만족 여부를 평가하기 위해 개발되었다. 메이저 검사는 SOLAS 및 MARPOL 협약 등 국제협약을 기본으로 하고 ISGOTT와 같은 기술지침서의 내용 또한 수용하고 있다. 이렇게 개발된 메이저 검사는 1990년 이후 메이저 석유회사들에 의해 본격 시행되고 있다.

7.4.2 SIRE(Ship Inspection Report Exchange Programme)

SIRE는 유조선의 안전성을 평가하는데 사용되는 주요 수단들 중의 하나로 과거 여러 검사기관이 동일한 선박에 대해 동일한 시기에 검사를 시행함으로써 야기된 검사 인력의 낭비와 선박 승무원에게 야기되는 불필요한 부담을 줄이기 위해 도입된 것이다. 이는 탱커선의 상태와 각종 작업절차 및 선박상세에 관한 기술적인 정보들을 쉽게 이용할 수 있도록 만들어진 정보도구이며, 1993년 OCIMF에 의해 개발되었다. 메이저 석유회사들은 SIRE 프로그램을 통해 메이저 검사결과 보고서를 검토 및 평가할 수 있다. SIRE에 등록되어 있는 정보는 OCIMF 회원 및 탱커선의 안전에 대해 관심을 갖고 있는 정부당국에 의해 이용된다. SIRE에 등록된 정보를 이용할 수 있는 기간은 다음과 같다. 우선 선박회사는 메이저 검사결과 보고서를 수령하면 각 지적사항에 대한 원인 및 장/단기 조치사항 등의 comment를 14일 이내 http://www.ocimf-sire.com/comments의 E-mail을 통하여 부여받은 Report Number와 Security PIN을 입력하여 등록해야 한다. 이 보고서는 SIRE에 제출된 날짜로부터 1년 동안 SIRE 문서 목록에 유지된다. 이후 2년 동안 SIRE 데이터베이스에 보관되고 최종적으로 영구 저장소로 이동 보관된다.

7.4.3 VIQ(Vessel Inspection Questionnaire)

VIQ는 메이저 검사의 중복성을 피하고 검사에 소요되는 시간을 줄이기 위해 개발된 표준화된 검사 점검표이다. 기존에는 각 메이저 석유회사가 개별적으로 보유하고 있던 검사 지침서로 검사를 시행해왔기 때문에 중복검사, 검사보고서의 비효율적인 활용, 검사기준의 차이와 같은 문제점들이 발생하였다. 이러한 문제점을 해결하기 위해 OCIMF는 회원들 중에 선박심사 관련 업무를 담당하는 사람들로 구성된 특별팀을 만들어 VIQ의 개발에 착수하게 되었고, 1997년부터 이를 활용하기 시작하였다. OCIMF 회원들은 표준화된 검사보고서의 필요성을 공통적으로 인식하고 있었기 때문에 관계자들이 적극적으로 참여하게 되었고 개발 후에는 많은 구성원들이 이를 적극 활용하였다.

VIQ는 총 12장으로 구성되어 있고, 각 장에서는 하위 점검항목이 상세하게 기재되어 있다. 1장부터 12장까지 각 장에서는 선박의 일반정보, 증서와 서류, 승무원 관리, 항해, 안전관리, 오염방지, 선체상태, 화물 및 밸러스트 시스템, 계류장치, 통신, 기관실과 조타실 및 선박의 일반적인 외관 상태를 다루고, 그 중에서도 안전, 오염방지 그리고 화물 및 밸러스트 시스템과 관련된 요소를 중점적으로 다룬다. 각 장의 상세한 점검항목은 약 480여개의 조문으로 구성되어 있다. 모든 조문은 SOLAS 협약, MARPOL 협약, STCW 협약, USCG, CFR, MSC/Circ, Ship to Ship Guide, IGC Code, IBC code, FSS Code, ISPS Code, COLREG, ISGOTT, Mooring Equipment Guidelines 등의 국제규정과 기술지침서를 기초로 하였다. VIQ는 각 장별 검사항목의 기술적인 정보를 상세하게 포함하고 있기 때문에 SIRE 시스템 이용자는 VIQ를 통해 선박 국제규정 수용 여부를 판단할 수 있다.

메이저 검사는 결국 VIQ에 의한 점검이기 때문에 사전에 VIQ의 각 조문을 충분히 확인하여 미비한 점을 시정, 조치한다면 실제 검사에서는 거의 지적을 받는 상황이 발생하지 않을 수 있다. 다만 VIQ에 모든 점검사항을 기재할 수는 없기 때문에 메이저 석유회사마다 VIQ에 기재되지 않은 항목이지만 매우 중요한 사항으로 간주되어 평가하는 항목이 있을 수 있다. 그래서 승무원들은 기본적으로 선박과 인명의 안전 및 해양오염 방지를 위한 항목과 비상시 절차에 대해 숙지하고 있어야 한다.

OCIMF

Ship Inspection Report (SIRE) Programme

Vessel Inspection Questionnaires for Oil Tankers, Combination Carriers, Shuttle Tankers, Chemical Tankers and Gas Tankers. (VIQ 6)

2014 Edition Rev 1.2

1st February, 2016

Oil Companies International Marine Forum

그림 7.48 Ship Inspection Report (SIRE) Programme

7.4.4 VPQ(Vessel Particular Questionnaire)

VPQ는 선체 치수, 항해장비의 상세, 기관설비의 상세, 증서관련 상세 등 선박 건조 시부터 폐선까지 거의 변하지 않는 선박의 상세 정보를 정리한 표준화된 문서로써 OCIMF에서 개발되어 1997년부터 사용되고 있다. VPQ에 잇는 대부분의 질문들은 Yes/No 또는 한 줄로 간단하게 대답하도록 되어 있고, 약 25개 항목만 정기적으로 수정된다. 이 수정사항은 승무원이 선박회사에 정기적으로 보고하면 선박회사의 담당자가 최종적으로 정리하여 OCIMF에 제출하도록 되어있다.

VPQ는 검사관과 OCIMF의 회원뿐만 아니라 검사 중에 일일이 확인하고 질문하는데 소요되는 시간을 단축시키는 역할을 하였다. 또한 선박회사에서는 자사 선박의 상세 정보를 VPQ를 통하여 쉽게 관리할 수 있게 되었다. 더불어 SIRE 시스템을 사용하는 사람들은 언제든지 선박의 특정한 정보에 쉽게 접근할 수 있게 되었다. 검사관의 경우 검사가 있기 전에 SIRE를 통해 VPQ를 검토함으로써 미리 검사대상 선박의 구조 및 설비에 대해 파악할 수 있게 되었다. 그러나 VPQ에 기재되어 있는 선박의 상세한 정보들 중에 과거에 선적하였던 화물의 종류나 과거 선박의 항로 등의 상업적 정보에 대해서는 자칫 민감한 사항이 될 수 있기 때문에 기재사항에서 제외하고 있다. 한편, OCIMF에서는 CDI(Chemical Distribution Institute)의 VPQ와 호환성이 향상된 HVPQ (Harmonized Vessel Inspection Questionnaire)를 2003년에 개발하여 운영하고 있다.

OCIMF

Oil Companies International Marine Forum

Vessel Particulars Questionnaire
HVPQ4

그림 7.49 Vessel Particular Questionnaire

7.4.5 Major 검사 절차

메이저 수검 절차는 크게 선박 수검 전/후의 과정으로 나누어진다.

1) 선박 수검 전 검사

선박회사는 메이저 검사 유효기간을 확인하여 기간이 만료되기 전에 메이저 석유회사에 검사를 요청한다. 그러면 검사업체가 검사신청을 확인하고 접수한다. 신청이 접수되면 검사업체는 검사관을 수배하고 검사관은 검사대상 선박의 자료를 사전에 검토한 후 검사를 위해 승선하게 된다. 만약 검사관이 부족하거나 방선이 어려운 항구에 선박이 입항하여 검사관의 수배가 여의치 않으면 2차, 3차로 다른 검사업체에 의뢰한다. 그래도 검사관이 수배되지 않으면 최종적으로 독립적으로 활동하는 검사관에게 검사요청을 한다. 마지막 단계에서도 검사관의 수배가 이루어지지 않으면 검사는 진행되지 않는다.

2) 선박 수검 이후 검사

검사관이 본선에 승선하여 검사를 진행하고 그 결과 보고서를 작성하여 SIRE에 제출한다. 그러면 메이저 석유회사의 심사부서에서는 검사관의 결과 보고서 및 선박회사가 기재한 지적사항에 대한 코멘트를 검토하여 검사결과의 승인여부를 결정한다. 만약 승인이 되면 모든 검사절차는 종료되고 최종 결과 보고서를 검사업체가 SIRE에 송부한다. 반대로 검사에 실패하게 되면 모든 검사는 다시 초기화되고 일정 기간이 경과된 다음 다시 검사를 시행한다. 일부 검사의 경우 검사에 실패하게 되면 6개월 동안 수검을 받지 못하게 되어 있다.

8
CHAPTER

LNG 선박의 MAIN ENGINE & POWER PLANT(for MEGI & DFDE)

8.1 MAIN ENGINE

8.1.1 엔진 사양(Engine Particular)

Model		5G70ME-C9.2-GI
Number of cylinder		5
Cylinder bore		700 mm
Stroke		3,256 mm
SMCR	Output	12,520 Kw
	Revolution	69.1 rpm
	MEP	1,740 kPa
	Pmax	18,500 kPa
	Mean piston speed	7.5 m/s
CSR	Output	10,775 Kw
	Revolution	65.7 rpm
	MEP	1,576 kPa
Direction of rotation(ahead)		• No.1 (at starboard side) : Anti-Clockwise(looking from AFT) • No.2 (at port side) : Clockwise(looking from AFT)
Cooling medium	Cylinder jacket	Fresh water
	Piston	Lubricating oil
	Scav. air cooler	Fresh water
Starting system		Compressed air(Max. pressure 3,000 kPa)
Fresh water inlet temperature		36℃
Blower inlet pressure		100 kPa
Blower inlet temperature		45℃
Relative humidity		60%

8.1.2 메인 엔진 상세(Main Engine Detail)

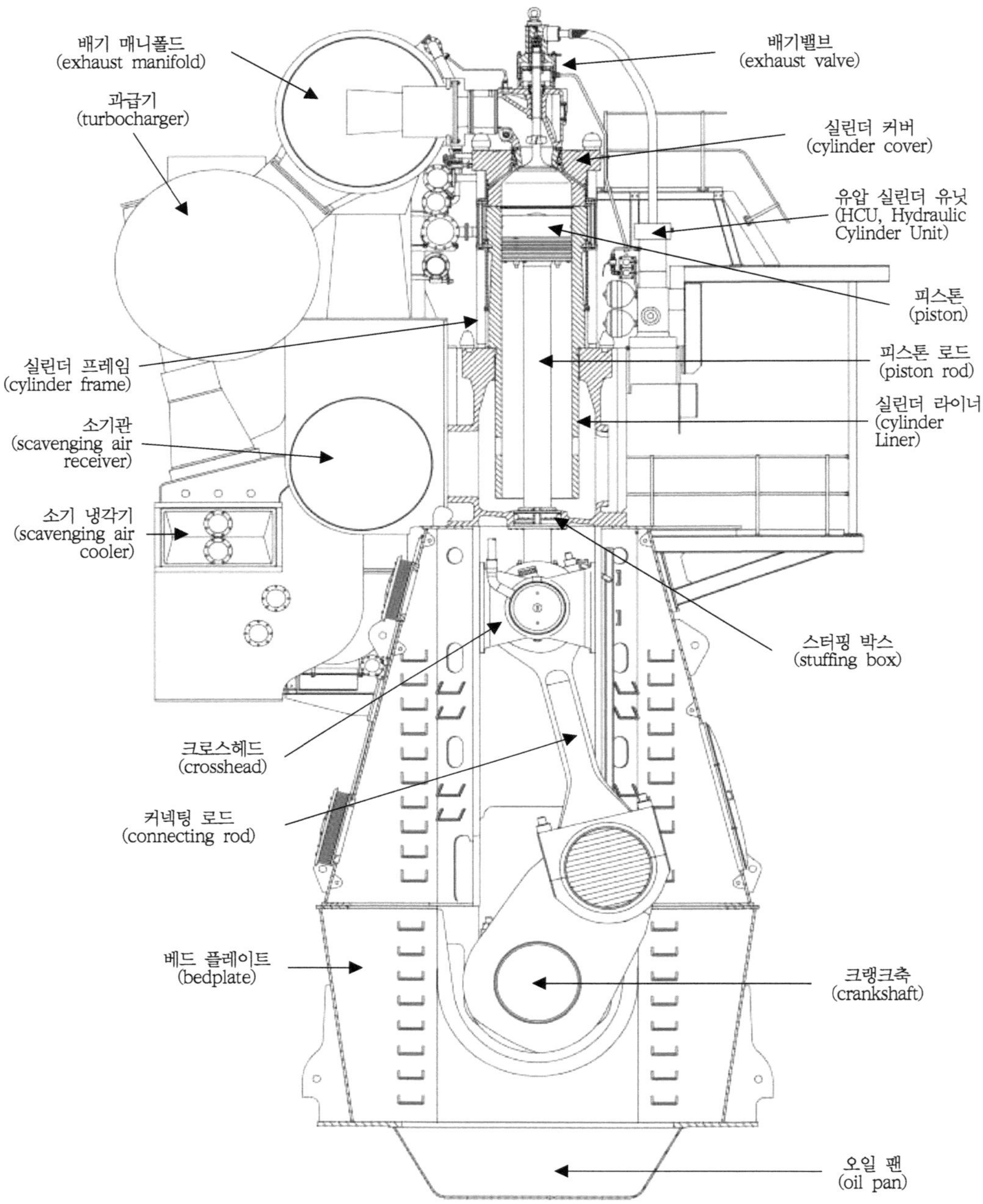

그림 8.1 Main Engine Outline

1) 베드 플레이트(Bedplate)와 메인 베어링(Main Bearing)

그림 8.2와 같이 베드 플레이트는 조립공장의 테스트 베드(test bed)에 조립되는 최초의 부품으로 적절한 크기의 구획(section)으로 나눌 수 있다. 종방향 거더(longitudinal girder)와 베어링(bearing) 지지대가 있는 크로스 거더(cross girder)로 구성된 엔진은 유압공구로 너트를 체결(locking)하는 고정 볼트(holding down and end chock bolt)로 선체에 고정된다(그림 8.3 참조). 베드 플레이트는 에폭시 초크(epoxy chock)를 설치하므로 하단부에 테이퍼(taper) 없이 제작된다.

오일 팬(oil pan)은 베드 플레이트 하부에 강판(steel plate)으로 제작되어 강제윤활과 냉각 오일 시스템에서 회수된 윤활유가 모이는 집합(collection) 장소이며, 배유관(drain) 상부에는 그레이트(grate)가 설치되어 있다.

메인 베어링(main bearing)은 베어링 금속으로 라이닝(lining)된 강재 쉘(steel shell)로 구성된다. 하부 쉘은 크랭크 축(crank shaft)을 들어 올리는 유압공구와 함께 특수공구를 사용하여 회전될 수 있다. 쉘은 베어링 캡(bearing cap)에 의해 제자리에 고정되고 유압공구로 너트를 체결하는 고정 볼트(main bearing stud)로 고정된다.

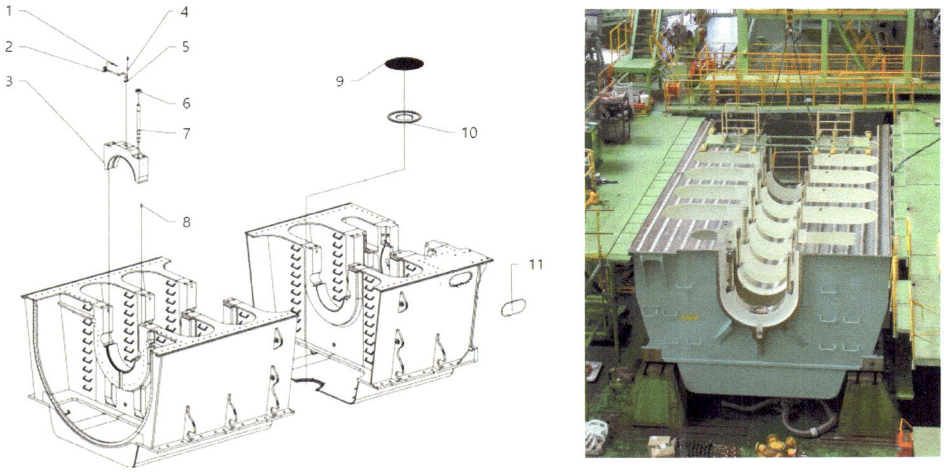

1 Distance pipe
2 Flange
3 Main bearing cap
4 Distance pipe
5 Lub. oil pipe-main bearing
6 Nut for hydraulic tightening
7 Main bearing stud
8 Locating pin
9 Grate
10 Cover plate
11 Cover

그림 8.2 Bedplate

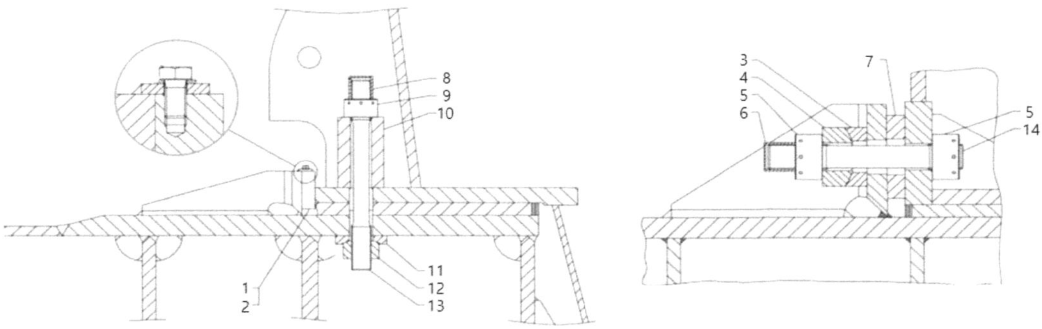

1 Liner for side chock, port side	6 Protecting cap	11 Spherical washer
2 Liner for side chock, starboard	7 Liner for end chock	12 Spherical nut
3 Spherical washer	8 Protecting cap	13 Holding down bolt
4 Spherical washer	9 Nut	14 Stud
5 Nut	10 Distance tube	

2) 추력 베어링(Thrust Bearing)

그림 8.4와 같이 추력 베어링은 주로 크랭크 축(crank shaft)의 추력 칼라(thrust collar), 베어링 지지대(bearing support) 및 베어링 금속이 있는 연강 세그먼트(segment)로 구성된다. 추력 축은(thrust shaft) 크랭크 축(crank shaft)의 일체형 부품이다. 프로펠러의 추력은 추력 칼라, 세그먼트 및 베드 플레이트를 통해 엔진 시트(engine seat) 및 엔드 초크(end chock)로 전달된다. 추력 베어링은 엔진의 메인 윤활유 시스템에 의해 윤활 된다.

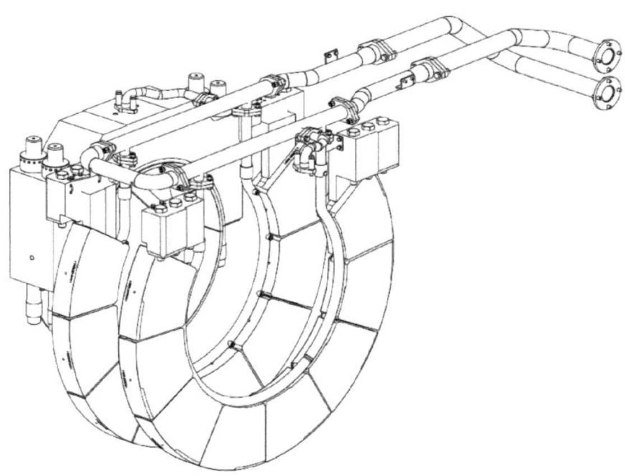

그림 8.4 Thrust Bearing Assembly

3) 터닝 휠(Turning Wheel)과 터닝 기어(Turning Gear)

그림 8.5와 같이 터닝 휠은 원통형 톱니(cylindrical teeth)를 가지고 있으며, 추력 축(thrust shaft)에 장착되어 있다. 터닝 휠은 베드 플레이트에 장착된 터닝 기어의 기어 휠(gear wheel)에 회전하며, 터닝 기어는 기어와 브레이크(brake)가 내장된 전기모터에 의해 구동된다.

터닝 기어는 기어 휠이 맞물릴 때 엔진이 시동되지 않도록 차단하는 안전장치(turning safety device)와 함께 제공된다. 레버(lever)를 축 방향으로 움직이면 회전 기어가 수동으로 체결(engage) 또는 해제(disengage)가 된다.

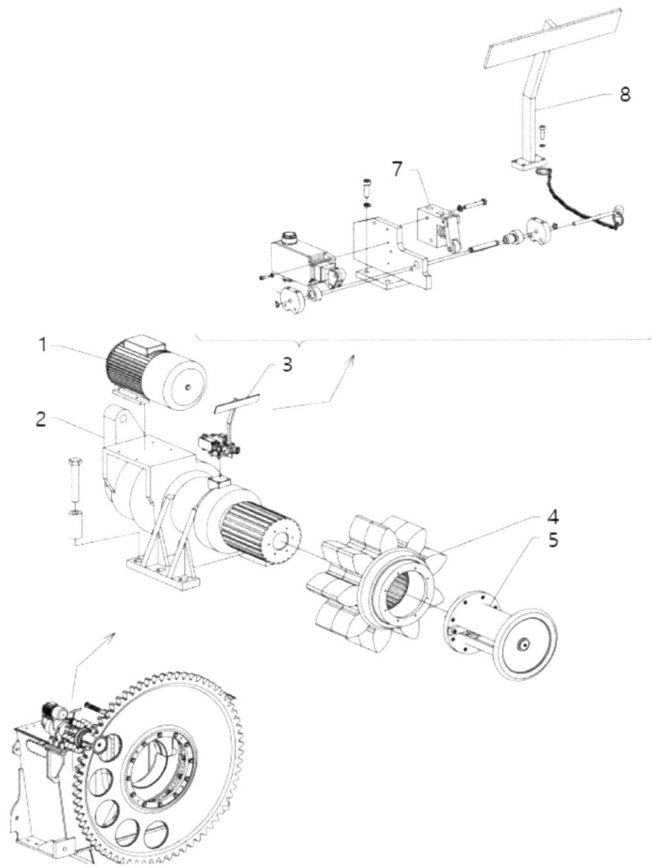

1 El-motor
2 Planet gear
3 Turning safety device
4 Gear wheel
5 Disengaging device
6 Switch 0-110 volts
7 3/2-way valve
8 Lever

그림 8.5 Turning Wheel and Turning Gear

4) 프레임 박스(Frame Box)

그림 8.6과 같이 프레임 박스는 배기가스(exhaust gas) 측에 각 실린더(cylinder)에 대한 안전밸브(relief valve)가 설치되고, 캠축(cam shaft) 측에는 대형 힌지 도어(hinged door)가 설치된다. 실린더 프레임(cylinder frame)과 프레임 박스는 고정 볼트로 베드 플레이트에 고정된다. 고정 볼트는 일체형으로 제작되며, 유압공구로 너트를 체결하는 고정 볼트(main bearing stud)로 고정된다.

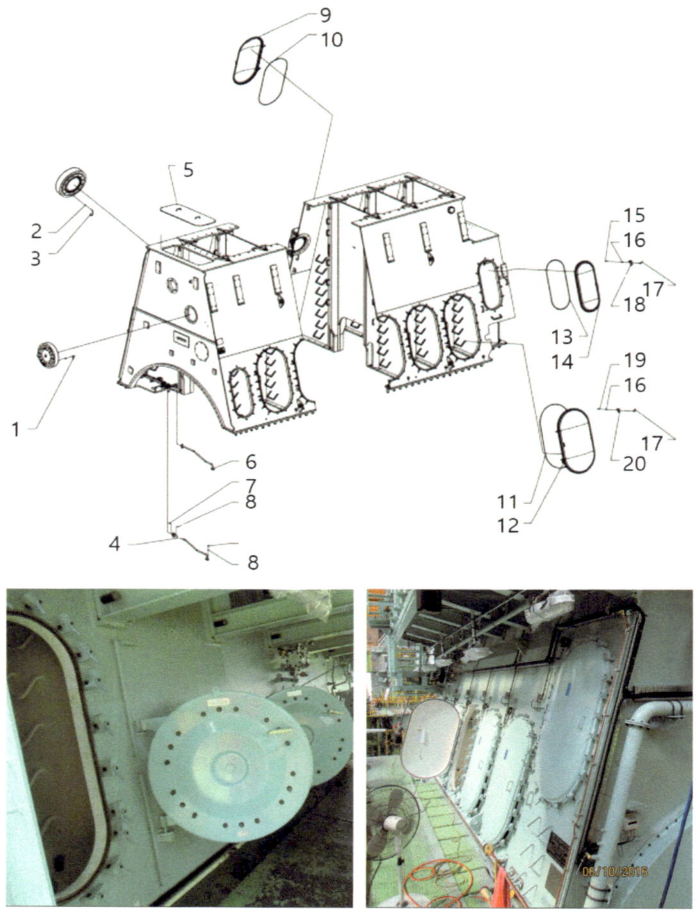

1 Drain pipe
2 Nut
3 Drain pipe
4 Oil pipe for damper
5 Cover
6 Oil pipe for damper
7 Nut
8 Cam lock washer
9 Frame box door
10 Packing material
11 Packing material
12 Frame box door
13 Packing material
14 Frame box door
15 Stud
16 Pressure spring
17 Wing nut
18 Door fastener
19 Stud
20 Door fastener

그림 8.6 Frame Box

5) 실린더 프레임(Cylinder Frame), 실린더 라이너(Cylinder Liner)와 스터핑 박스(Stuffing Box)

그림 8.7과 같이 실린더 프레임은 실린더 라이너와 함께 소기관(scavenging air receiver)을 형성한다. 엔진의 운전적인 측면에서 실린더 프레임에는 소기관을 소제(cleaning)하고, 소기공(scavenging port)을 검사하기 위한 커버가 제공된다. 각 실린더 유닛의 피스톤 로드(piston rod)와 스터핑 박스는 실린더 프레임 유닛의 하단에 장착된다. 이 스터핑 박스에는 소기를 위한 씰링(sealing ring)과 스크래퍼 링(scraper ring)이 제공되어 있어 윤활유가 소기관으로 유입되는 것을 방지한다. 실린더 라이너는 주철 합금으로 제작되고 실린더 프레임에 장착된다. 실린더 라이너의 상단은 주철 냉각 재킷(jacket)으로 둘러싸여 있다. 실린더 라이너에는 실린더 윤활을 위한 드릴홀(drilled hole)과 소기공이 있다.

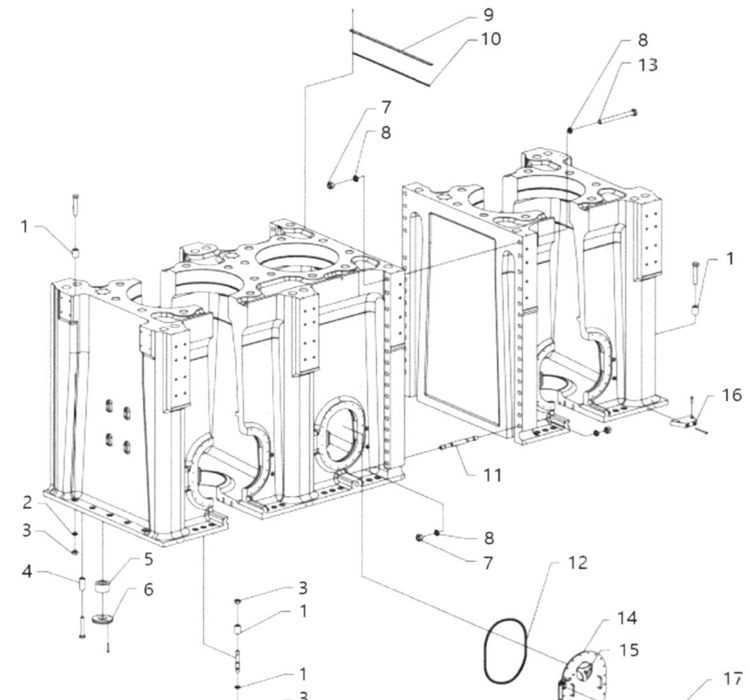

1 Distance pipe	6 Flange	11 Fitted stud, thread b end	16 Plate
2 Distance pipe	7 Nut	12 Sealing ring	17 Distance pipe
3 Nut	8 Distance pipe	13 Screw	
4 Distance pipe	9 Rail for sealing	14 Cleaning cover complete	
5 Distance pipe	10 Packing-rubber	15 Inspection cover	

그림 8.7 Cylinder Frame

6) 실린더 커버(Cylinder Cover)

실린더 커버는 냉각수를 위한 보어(bore)와 배기 밸브(exhaust valve), 연료 밸브(fuel injection valve), 시동 밸브(starting air valve) 및 인디케이터 밸브(indicator valve) 보어가 있다.

그림 8.8과 같이 ELGI(Electronic Gas Injection) 밸브, ELWI(Electronic Window) 밸브 및 윈도우(Window) 밸브를 포함한 가스 컨트롤 블록(gas control block)은 실린더 커버에 장착된다. 실린더 커버는 유압공구로 너트를 체결하는 고정 볼트(stud) 8개로 실린더 프레임에 고정된다.

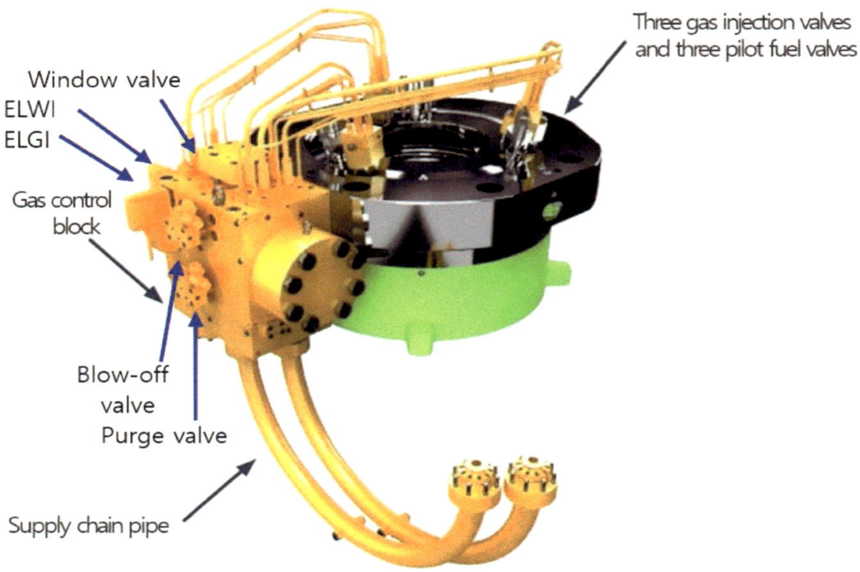

그림 8.8 Cylinder Cover

7) 배기밸브(Exhaust Valve)

그림 8.9와 같이 배기밸브는 밸브 하우징(valve housing)과 밸브 스핀들(valve spindle)르 구성된다. 밸브 하우징은 주철로 되어 있고 냉각수로 냉각된다. 하우징의 하부는 화염에 강한 금속 시트가 적용되어 있으며, 냉각수로 냉각된다. 하우징에는 스핀들 가이드(spindle guide)가 제공된다. 배기 밸브는 스터드 볼트(stud bolt)와 너트(nut)로 실린더 커버에 부착된다. 배기 밸브는 유압에 의해 열리고 공기압에 의해 닫히며, 작동 중 밸브 스핀들은 스핀들에 설치된 작은 베인(vane)에 작용하는 배기가스에 의해 천천히 회전한다.

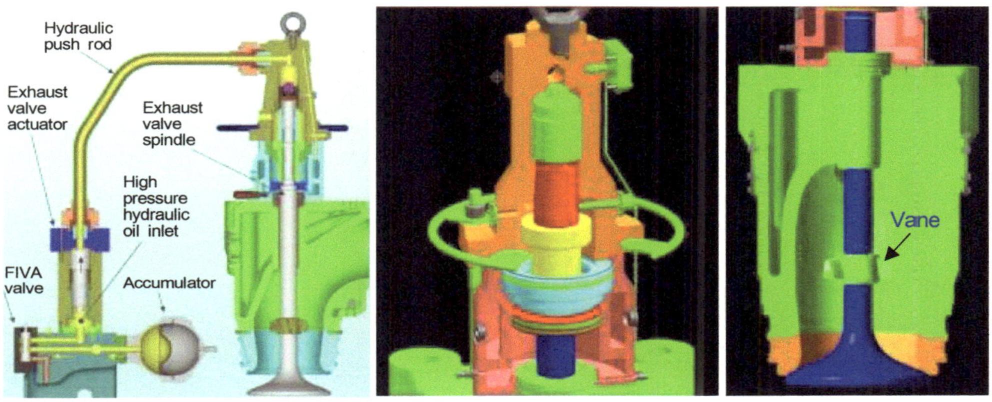

그림 8.9 Exhaust Valve

8) 연료 밸브(Fuel Valve), 가스분사 밸브(Gas Injection Valve), 시동 밸브(Starting Valve)와 인디케이터 밸브(Indicator Valve)

연료 밸브의 개방은 연료유 부스터(fuel oil booster)에 의해 생성된 연료유 압력에 의해 제어되며, 스프링에 의해 닫힌다. 연료 밸브는 슬라이드 타입(slide type)으로 엔진이 정지되어 있을 때 밸브와 고압 파이프를 통해 연료유를 순환시킨다. 또한 밸브 스핀들(valve spindle)이 검춘 경우 연소실이 연료유로 채워지는 것을 방지한다. 가스분사 밸브의 개방은 유압으로 제어되며, 스프링에 의해 닫힌다.

시동 공기는 엔진 제어 시스템(engine control system)의 CCU(Cylinder Control Unit)에 의해 제어되는 각 실린더의 솔레노이드 밸브(solenoid valve)를 통해 공급된다. 엔진 제어 시스템의 CCU는 시동 공기 밸브의 ON/OFF 시점을 제어한다.

그림 8.10은 연료 밸브(fuel valve), 가스분사 밸브(gas injection valve), 시동 밸브(starting valve) 및 인디케이터 밸브(indicator valve)를 각각 도시한 것이다.

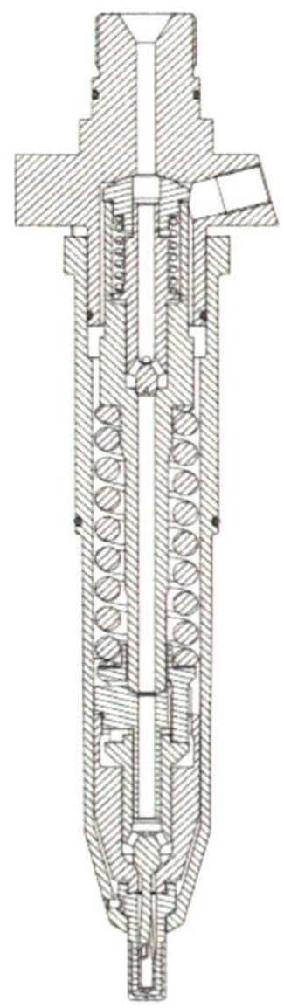

<Fuel Valve>

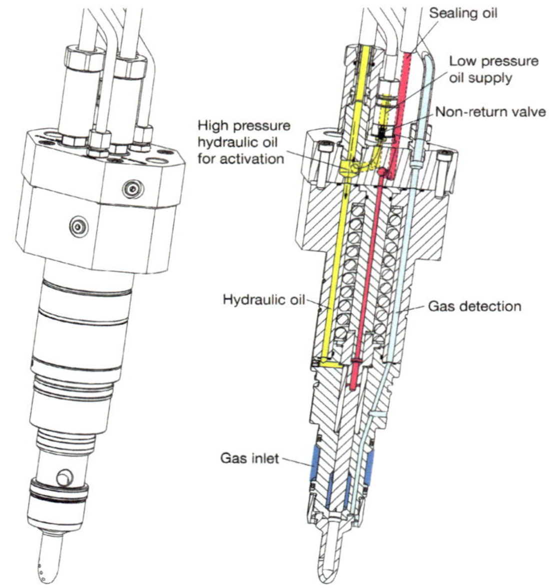

<Gas Injection Valve>

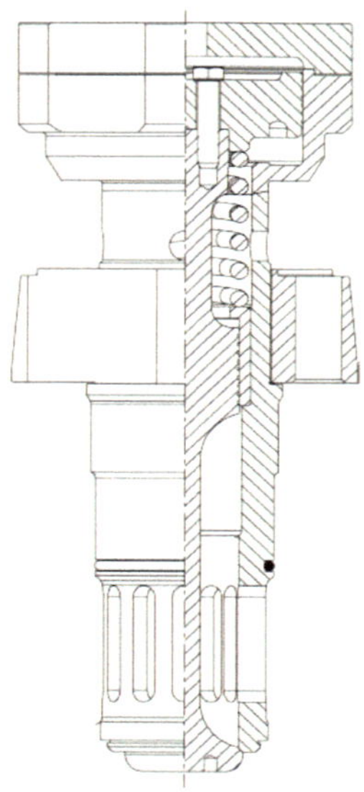

<Starting Valve>

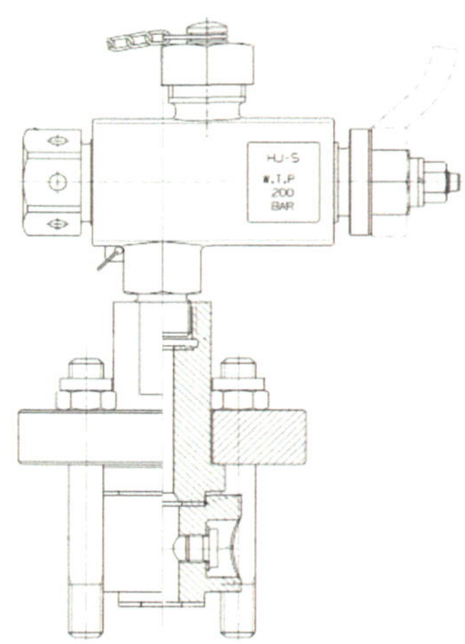

<Indicator Valve>

그림 8.10 Fuel Valves, Starting Valve, Gas Injection Valve and Indicator Valve

9) 크랭크축(Crankshaft)

그림 8.11과 같이 크랭크축은 단조강으로 만들어진 반 조립형(semi-built type)으로 추력 축(thrust shaft)과 일체형이다. 후단에는 터닝 휠(turning wheel)용 플랜지와 중간축과의 연결을 위한 플랜지가 제공되어 있다.

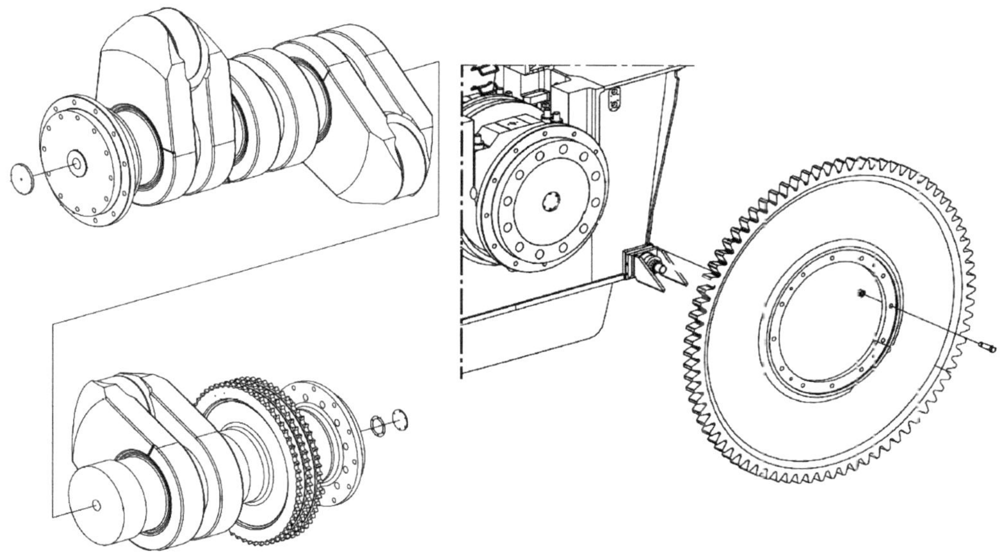

그림 8.11 Crankshaft

10) 축방향 진동 댐퍼(Axial Vibration Damper)

그림 8.12와 같이 크랭크축(crankshaft) 전면에는 축방향 진동 댐퍼가 장착되어 있다. 댐퍼는 피스톤과 분할형 하우징(split-type housing)으로 구성되고 최전방 메인 베어링(main bearing) 앞에 위치해 있다. 피스톤은 메인 저널(main journal)에 일체형 칼라(collar)로 제작되고, 하우징은 메인 베어링 지지대(support)에 고정된다.

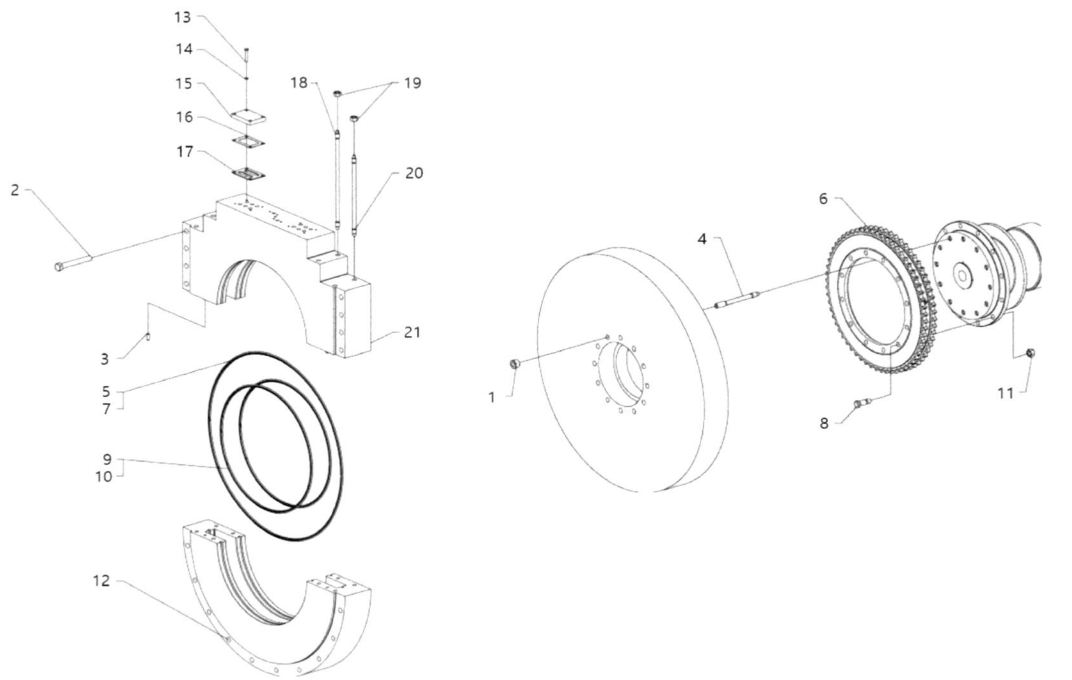

1 Nut for hydraulic tightening
2 Screw
3 Guide pin
4 Stud
5 Oil seal-axial vib. damper
6 Chain wheel
7 Tension spring
8 Fitted bolt
9 Oil seal, axial vibration damper
10 Tension spring
11 Nut
12 Axial vibr.damper,lower p
13 Screw
14 Cam lock washer
15 Restriction for damper
16 Restriction for damper
17 Restriction for damper
18 Stud, axial vibr. damper
19 Nut
20 Stud, axial vibr. damper
21 Axial vibr. damper, upper p

그림 8.12 Axial Vibration Damper

11) 커넥팅 로드(Connecting Rod)와 크로스헤드(Crosshead)

그림 8.13과 같이 커넥팅 로드는 크로스헤드 및 크랭크 핀 베어링(crank pin bearing)을 위한 베어링 캡(bearing cap)이 제공된다. 크로스헤드 및 크랭크 핀 베어링 캡은 유압공구로 너트를 체결하는 고정 볼트(stud)로 고정된다.

크로스헤드 베어링(crosshead bearing)은 베어링 금속으로 라이닝(lining)된 강재 쉘(steel shell)로 구성된다. 크로스헤드 베어링 캡(crosshead bearing cap)은 일체형으로 피스톤 로드(piston rod)에 대한 각도를 고려하여 컷-아웃(cut-out) 가공되어 있다. 크랭크 핀 베어링은 베어링 금속으로 라이닝(lining)된 강재 쉘로 구성된다. 윤활유는 크로스헤드 및 커넥팅 로드의 덕트(duct)를 통해 공급된다.

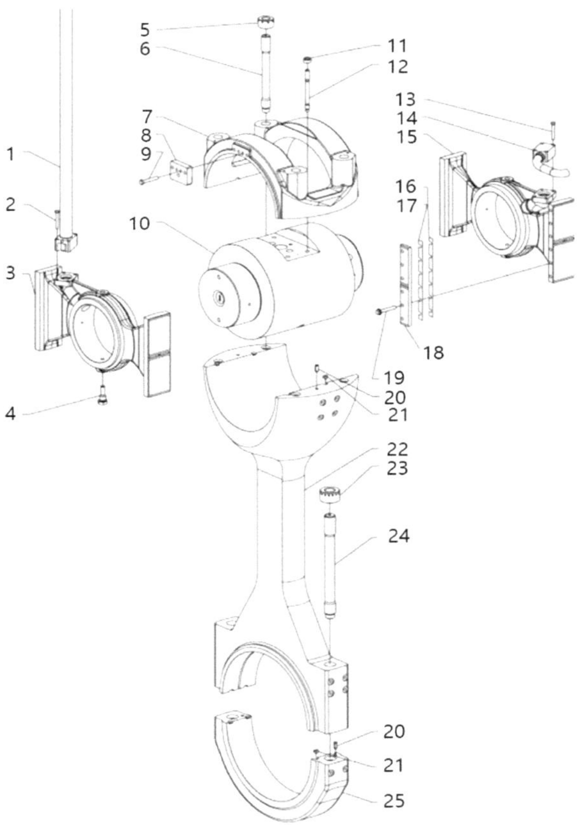

1 Telescopic pipe
2 Screw
3 Guide shoe, fore
4 Stop screw
5 Nut for hydraulic tightening
6 Connecting rod stud
7 Crosshead bearing cap
8 Thrust piece
9 Screw
10 Crosshead
11 Nut for hydraulic tightening
12 Stud, reduced shank
13 Screw
14 Outlet pipe
15 Guide shoe, aft
16 Shim for guide strip
17 Shim for guide strip
18 Guide strip
19 Screw with flange
20 Dowel
21 Screws with special heads
22 Connecting rod
23 Nut for hydraulic tightening
24 Connecting rod stud
25 Crankpin bearing cap

그림 8.13 Connecting Rod and Crosshead

12) 피스톤(Piston)과 피스톤 로드(Piston Rod)

그림 8.14와 같이 피스톤은 피스톤 크라운(piston crown)과 피스톤 스커트(piston skirt)로 구성된다. 피스톤 크라운은 내열성 강재(heat resistance steel)로 제작되며, 링 홈(ring groove)이 있다. 상부 피스톤 링(top ring)은 CPR(Controlled Pressure Relief) 타입인 반면 다른 피스톤 링은 오블리크 커트(oblique cut)로 되어 있다. 피스톤 로드는 단조강으로 되어 있으며, 스터핑 박스(stuffing box)와 접촉부는 표면강화 처리가 되어 있다. 피스톤 로드는 스터드(stud bolt)와 너트(nut)로 크로스헤드(crosshead)에 연결된다. 피스톤 로드의 중앙 보어는 피스톤으로 가는 냉각 윤활유의 입/출구 배관으로 활용된다. 크로스헤드는 단조강으로 되어 있으며, 구동면이 베어링 금속으로 된 가이드 슈우(guide shoe)가 장착된다. 냉각 윤활유 입/출구용 텔리스코픽 파이프(telescopic pipe)는 가이드 슈우에 장착된다.

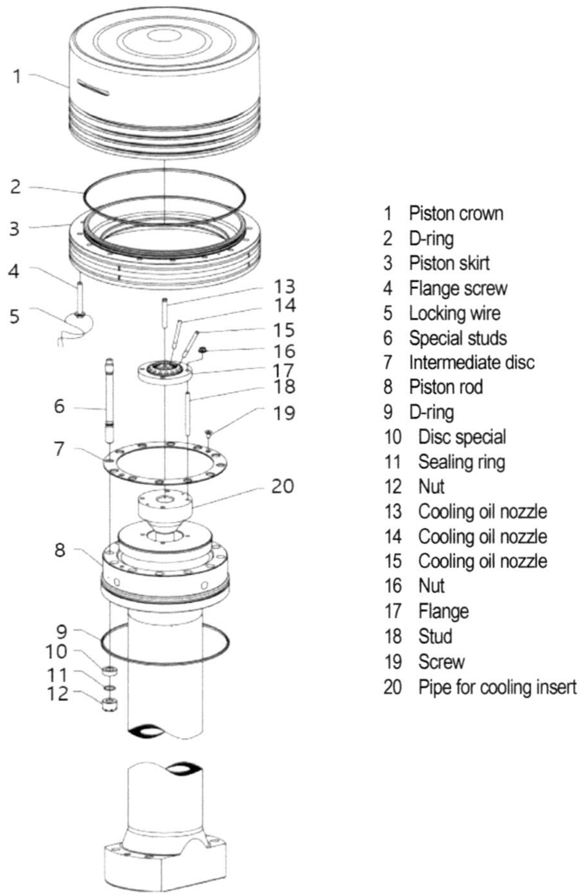

그림 8.14 Piston and Piston Rod

13) 연료유 부스터(Fuel Oil Booster)와 연료유 고압관 (Fuel Oil High Pressure Pipe)

그림 8.15와 같이 각 실린더마다 1개의 유압 작동식 연료유 부스터가 제공된다. 연료분사는 비례제어 밸브에 의해 활성화되며, 비례제어 밸브는 CCU(Cylinder Control Unit)에 의해 전자적으로 제어된다.

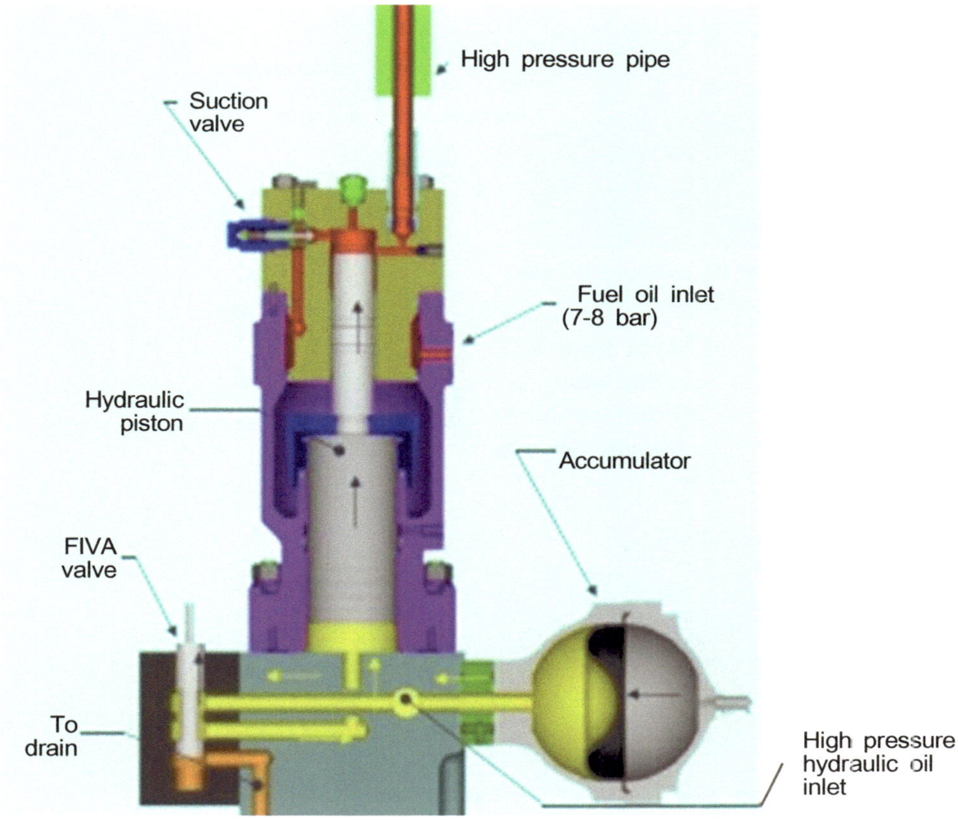

그림 8.15 Fuel Oil Booster and Fuel Oil High Pressure Pipe

14) 역전(Reversing)

엔진 역전은 연료분사 타이밍(fuel injection timing), 배기 밸브(exhaust valve) 및 시동 밸브(starting air valve) 작동을 변경하여 전자적으로 수행된다.

15) 유압 실린더 유닛(HCU, Hydraulic Cylinder Unit)

그림 8.16과 같이 실린더 당 1개의 유압 실린더 유닛과 분배 블록(distribution block)이 장착된 서포트 콘솔(support consol)로 구성된다. 분배 블록에는 필요한 유압의 최대 유량을 사용할 수 있도록 여러 개의 유압 어큐뮬레이터(accumulator)가 장착된다. 분배 블록은 유압 작동식 연료유 부스터(fuel oil booster) 및 유압 작동식 배기 밸브 액추에이터(exhaust valve actuator)를 기계적으로 지원하는 역할을 한다.

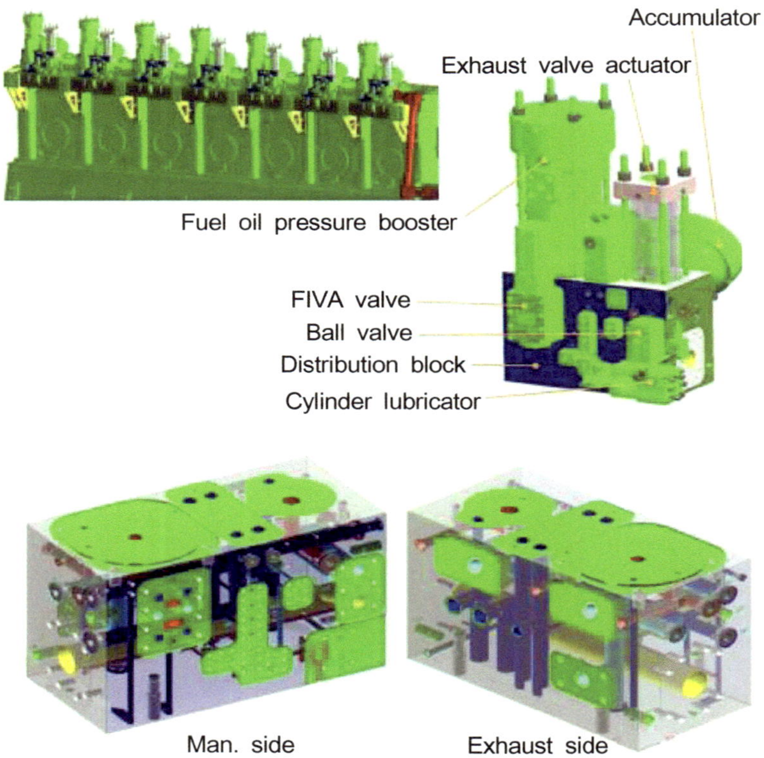

그림 8.16 Hydraulic Cylinder Unit with Distributor Block

16) 알파 실린더 윤활 시스템(Alpha Cylinder Lubricator)

그림 8.17과 같이 알파 실린더 윤활 시스템은 실린더 오일을 일정한 압력으로, 정해진 위치에 전자적으로 제어되는 타이밍과 용량으로 공급한다.

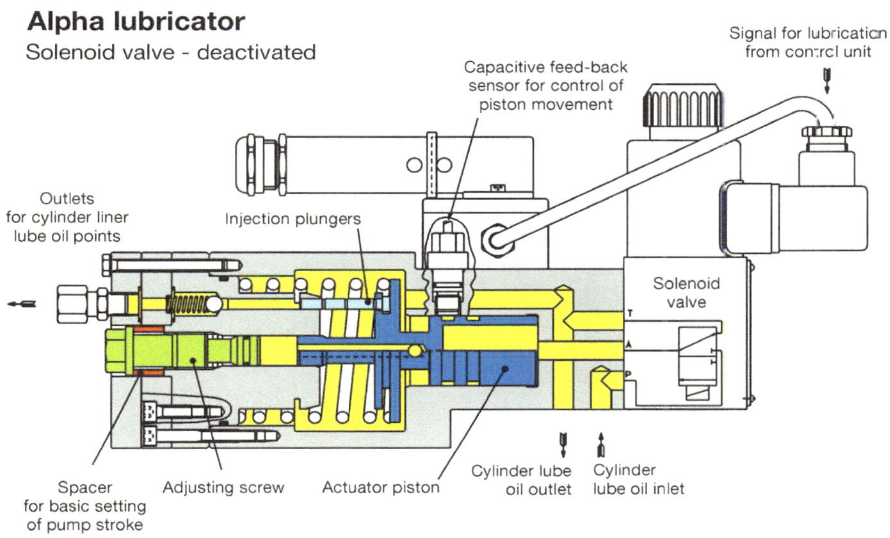

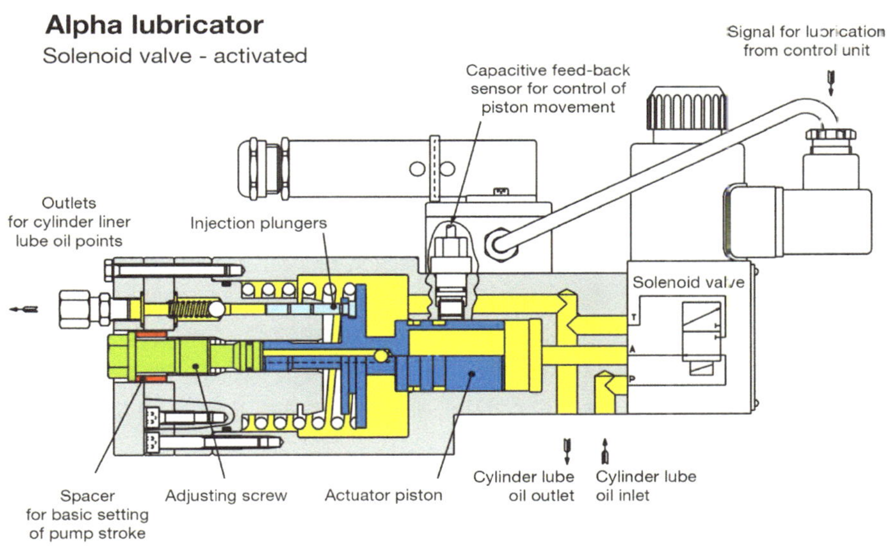

그림 8.17 Alpha Cylinder Lubricator

17) 과급기(Turbocharger)

과급기는 엔진의 배기 측에 배치되며, 전자기의 회전 속도계(electromagnetic tachometer)가 설치되어 있다.

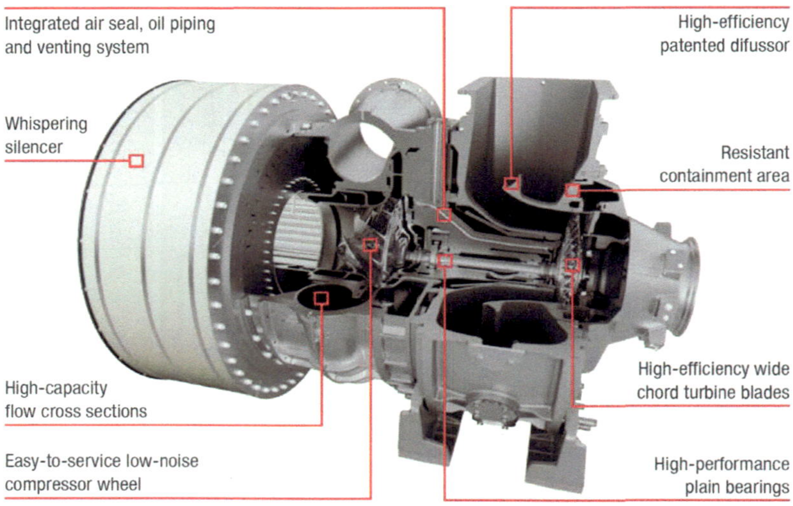

그림 8.18 Turbocharger

18) 전자 제어식 연료분사 시스템 (Electronic Fuel Injection Control System)

전자 제어식 연료분사 시스템은 유압 제어식 연료유 부스터(fuel oil booster), 연료분사 밸브(fuel injection valve), FIVA(Fuel Injection Valve Actuator) 밸브로 구성된다. 그림 8.19와 같이 FIVA 밸브는 연료유 부스터로 공급되는 연료유의 흐름을 빠르고 정확하게 제어한다. 연료유 흐름은 유압 피스톤(hydraulic piston)과 연료분사 플런저(fuel injection plunger)를 밀어 분사 압력을 발생시켜 분사한다. 분사 완료 후 유압 피스톤이 드레인(drain) 라인으로 연결되고 연료공급 압력이 플런저(plunger)를 하강시켜 플런저와 피스톤 모두 시동 위치로 돌아간다. 그런 다음 연료유 압력 부스터가 연료유로 채워지고 다음 분사 시퀀스를 위해 준비된다. 연료 시스템은 연료유 압력 부스터 및 연료유 밸브를 통해 가열된 연료유를 순환시켜 엔진 정지 중에도 시스템이 가열되도록 한다.

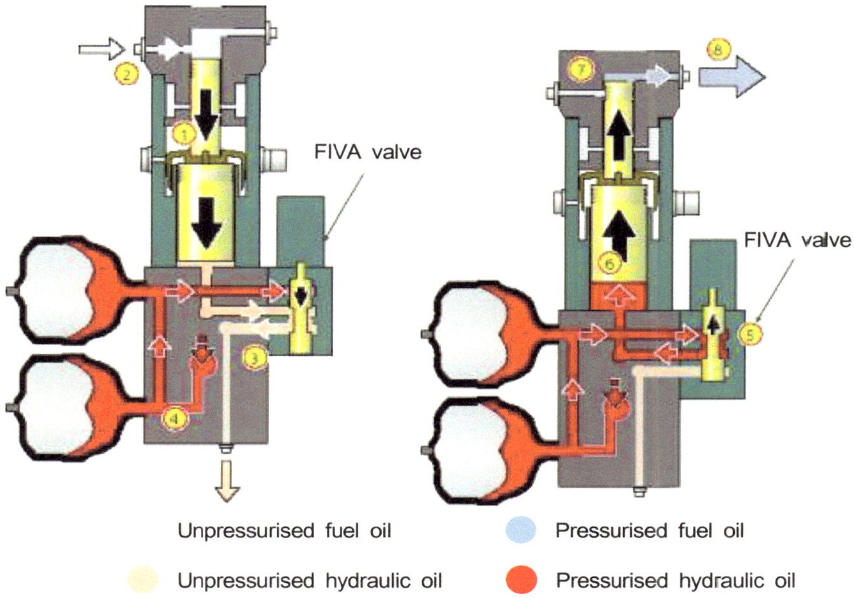

그림 8.19 FIVA (Fuel Injection Valve Actuator)

8.1.3 ME-GI 개념(ME-GI Concept)

1) 분사(Injection)

이중연료(dual fuel)의 운전을 위해서는 첫 번째 파일럿 연료(pilot fuel)를 주입한 후 연소실로 연료가스(fuel gas)를 주입해야 한다. 파일럿 연료 및 가스연료 주입에는 서로 다른 유형의 밸브가 사용되며, 작동에 필요한 보조 매체는 다음과 같다.

- 고압가스(High-pressure gas)
- 파일럿 연료유(Pilot oil by the primary fuel oil system)
- 가스분사 밸브 작동을 위한 컨트롤 오일(Control oil for actuation of gas injection valve)
- 가스와 컨트롤 오일 분리를 위한 씰링 오일(Sealing oil to separate gas and control oil)

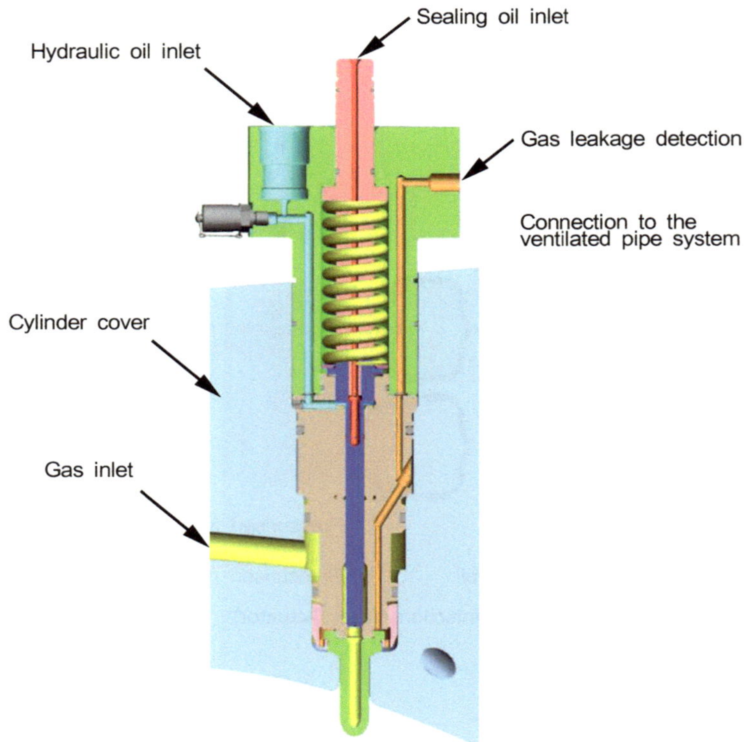

그림 8.20 Gas Fuel Injector

2) GI(Gas Injection) 주요 구성 요소

(1) 체인 파이프(chain pipe) 가스 공급 시스템

각 실린더의 가스 제어 블록으로 고압가스 분배(그림 8.21 참조)

(2) 가스 누출 감지 및 환기 시스템

이중배관의 내부 및 외부 배관 사이의 공간을 환기시키고 가스 누출을 감지, 주입공기는 안전 구역에서 흡입하여 기관실 밖으로 배출(그림 8.22 참조)

(3) 제어 및 안전 시스템

이중가스 배관 내 공기의 탄화수소 함량을 확인

(4) 씰링 오일 시스템

컨트롤 오일과 연료가스를 분리하는 가스밸브로 씰링 오일을 공급(그림 8.23 참조)

(5) 이너팅 가스 시스템

비활성 가스를 사용하여 엔진의 가스 시스템을 퍼지

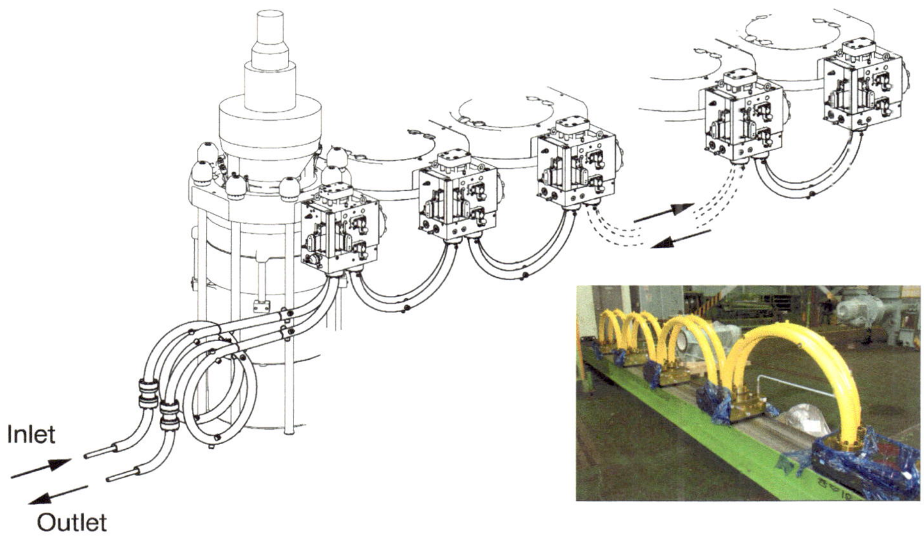

그림 8.21 Chain Pipe

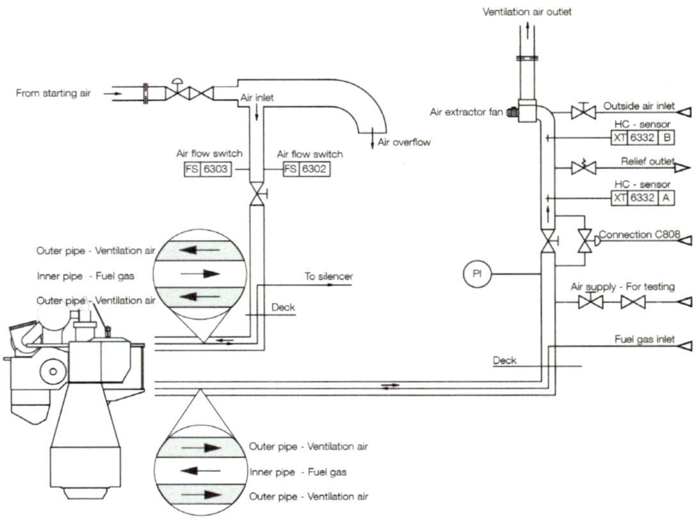

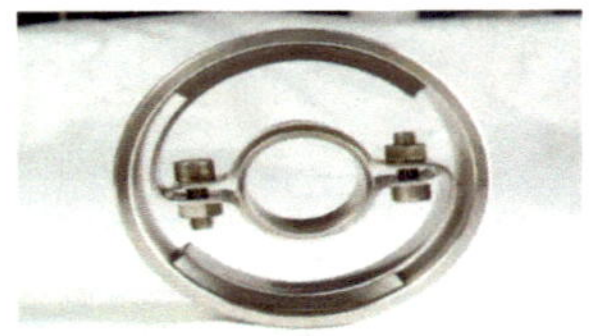

〈Double wall pipe〉

〈Air extractor fan and HC sensor〉

그림 8.22 Outer Pipe Ventilation System

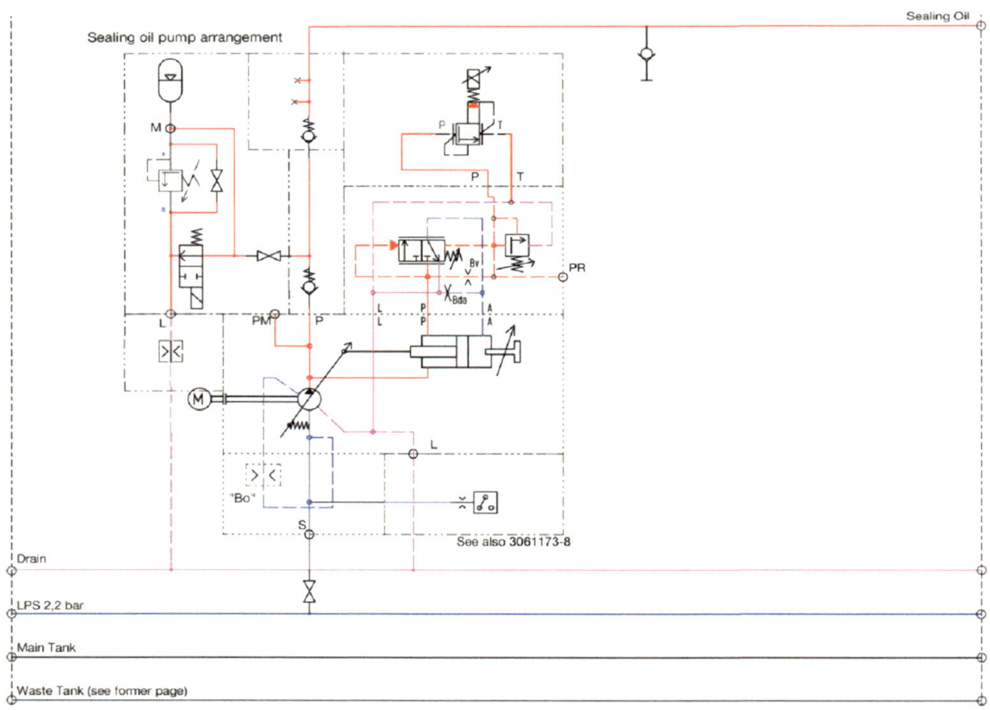

그림 8.23 Sealing Oil Pump Arrangement

8.1.4 엔진 운전 모드(Engine Operating Mode)

ME-GI 엔진은 다음 세 가지 연료 모드로 구성된다.

- 이중연료(HFO + GAS) 운전(SDF, Specified Dual Fuel Operation)
- 가스연료(GAS) 운전(gas operation with minimum pilot oil amount)
- 연료유(HFO) 운전(Fuel oil-only mode)

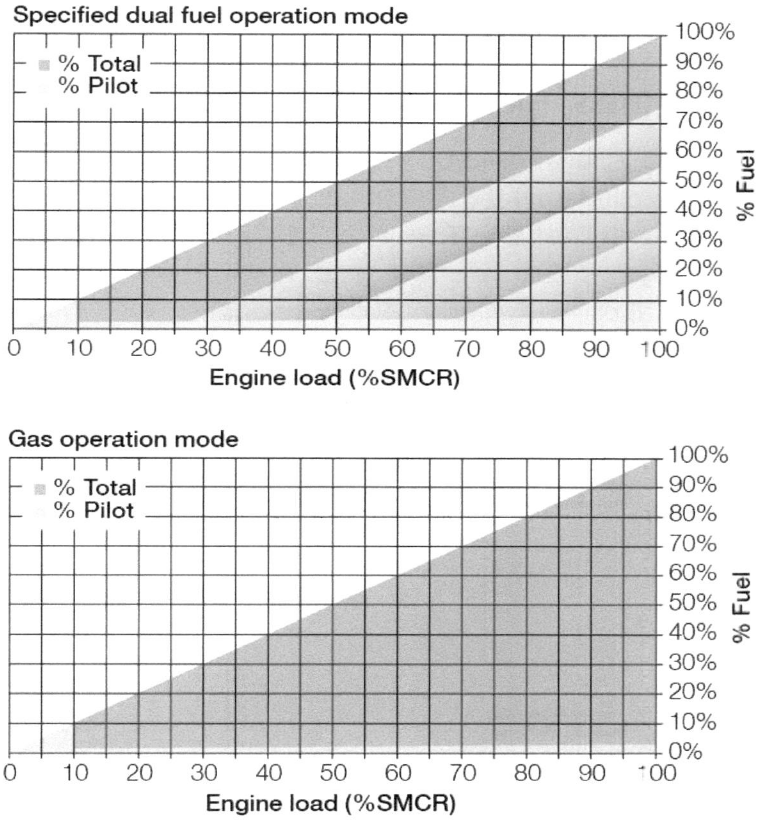

그림 8.24 Engine Operation Mode

1) 이중연료 운전(SDF, Specified Dual Fuel Operation)

이 모드는 연료유 사용에 유연성을 제공하여 가스연료를 일정량만 사용하도록 한다. 제어 시스템은 설정된 엔진 부하에 도달할 때까지 연료유(HFO)를 우선적으로 증가시킨다.

2) 가스연료 운전(Gas Operation)

이 모드는 MOP(Main Operating Panel)에서 선택할 수 있다. 파일럿 연료유(MDO)의 최소 설정 양은 SMCR에서 3%이다.

3) 연료유 운전(Fuel Oil-Only)

엔진에 연료유(HFO)만 공급되며, 이 모드는 '가스 안전'으로 간주되어 엔진이 운전 중일 때도 가스 누출 테스트가 가능하다.

4) 연료가스 공급 시스템(FGSS, Fuel Gas Supply System)

그림 8.25와 같이 FGSS는 엔진 부하에 따라 연료가스를 적절한 압력으로 공급한다. LNG는 저장탱크의 스트립 펌프(strip pump)에서 1차 승압 후 고압 펌프(HP pump)에 적절한 수두로 공급된다. 고압 펌프는 LNG를 30,000 kPa의 압력으로 공급한다. 그런 다음 고압 LNG는 쉘/튜브 열교환기를 통해 기화된 후 엔진에 전달된다. IAS는 FGSS 설비를 원격으로 관리하며, 모니터링 및 제어는 ECR(Engine Control Room)의 OPS(Operator Station)에서 수행된다. 필요한 경우 선교(wheelhouse), 화물제어실(cargo control room) 또는 컴프레서실(compressor room)에 있는 다른 IAS OPS에서 수행할 수 있다. 펌프류와 기화기류의 제어를 위한 프로세스 제어 장비는 EER(Electric Equipment Room)에 설치되어 있다.

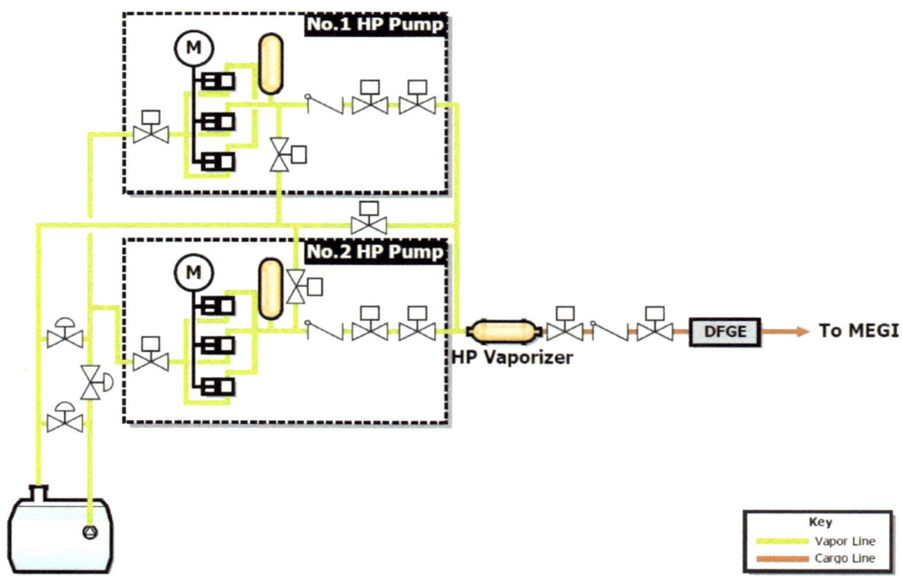

그림 8.25 FGSS(Fuel Gas Supply System)

8.1.5 엔진 제어 시스템(Engine Control System)

그림 8.26과 같이 엔진 제어 시스템(ECS)은 컨트롤러 세트로 구성되며 컨트롤러의 기능은 다음과 같다.

1) EICU(Engine Interface Control Unit)

EICU는 외부 시스템과의 인터페이스를 처리한다.

2) ECU(Engine Control Unit)

ECU는 엔진속도, 작동모드 및 시동순서와 같은 엔진 제어 기능을 수행한다.

3) CCU(Cylinder Control Unit)

CCU는 ELFI(Electronic Fuel Injection)/ELVA(Electronic Valve Actuation) 및 FIVA(Fuel Injection Valve Actuator) 밸브, 시동공기 밸브(starting air valve) 및 실린더 윤활장치(cylinder oil lubricator)를 제어한다.

4) ACU(Auxiliary Control Unit)

ACU는 유압 전원공급 시스템(hydraulic power supply system)의 압력과 펌프 및 보조 블로워(auxiliary blower)를 제어한다.

5) MOP(Main Operating Panel)

MOP는 엔진을 조작하는 엔지니어를 위한 주요 정보 인터페이스이다.

6) 컨트롤 위치(Control Station)

정상운전 중에는 선교(bridge), 기관실(engine control room) 또는 LOP(Local Operation Panel)에서 엔진을 제어할 수 있다. LOP에서는 시동, 엔진속도 제어, 정지, 후진 및 가장 중요한 엔진 데이터와 같은 기본 기능을 사용할 수 있다.

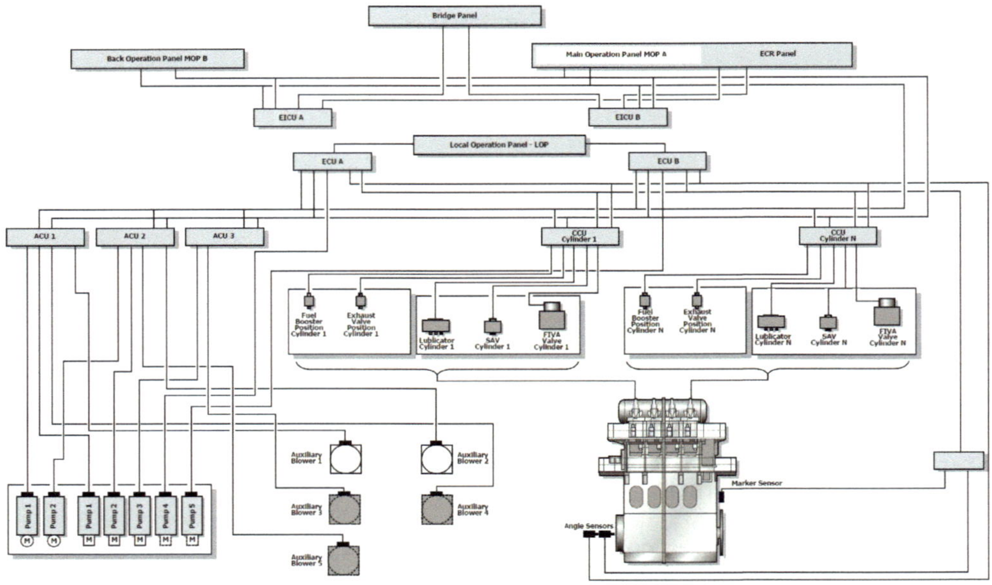

그림 8.26 Engine Control System Diagram

8.1.6 원격제어 시스템(Remote Control System)

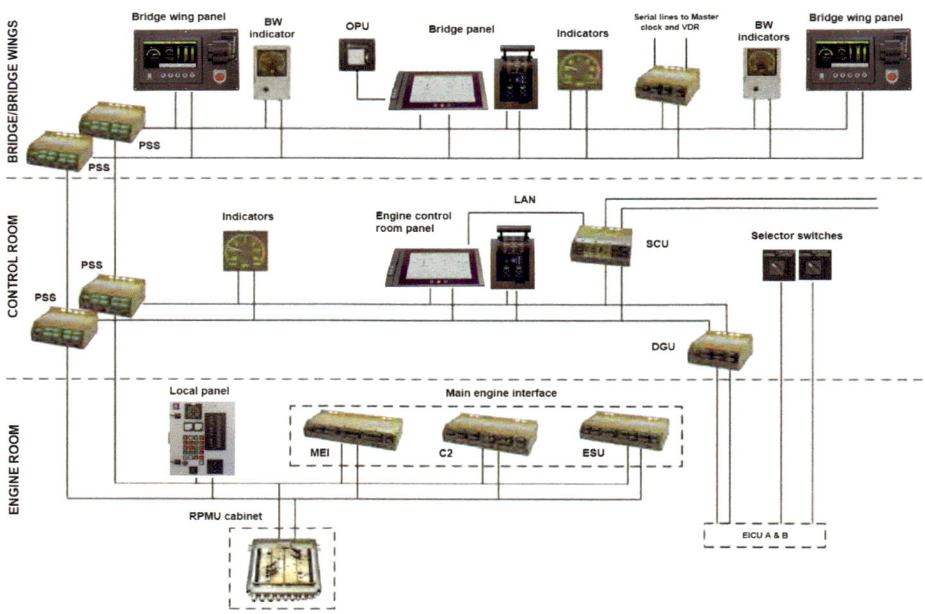

그림 8.27 Propulsion Control System Overview

1) 개요

그림 8.27과 같이 선교(bridge) 및 기관실의 통합 텔레그래프(combined telegraph) 및 머뉴버링 레버(maneuvering lever)로 메인 엔진을 원격으로 제어하도록 설계되어 있다. 이 레버를 움직이면 시스템이 자동으로 메인 엔진의 시동, 후진, 정지 및 설정속도를 변경한다. 주요 구성 요소는 다음과 같다.

- 컨트롤 판넬과 레버(Control panels with lever)
- 원격제어 시스템(Remote control system)
- 엔진 텔레그래프 시스템(Engine telegraph system)
- 엔진 안전 시스템(Engine safety system)
- 머뉴버링 리코더(Maneuvering recorder)
- 분산된 프로세싱 유닛(Distributed processing unit)

2) 컨트롤 판넬(Control Panel)

그림 8.28과 같이 원격제어 시스템과 주변 장비에 대한 정보가 포함된 디스플레이 화면, 계기 및 버튼을 사용자에게 제공한다. 주요 제어 장소로는 선교(bridge)와 기관실(ECR)의 운영자 판넬(operator panel)을 사용한다. 또한 현장(local)에 위치한 운영자 판넬을 사용하여 현장에서 제어할 수 있다.

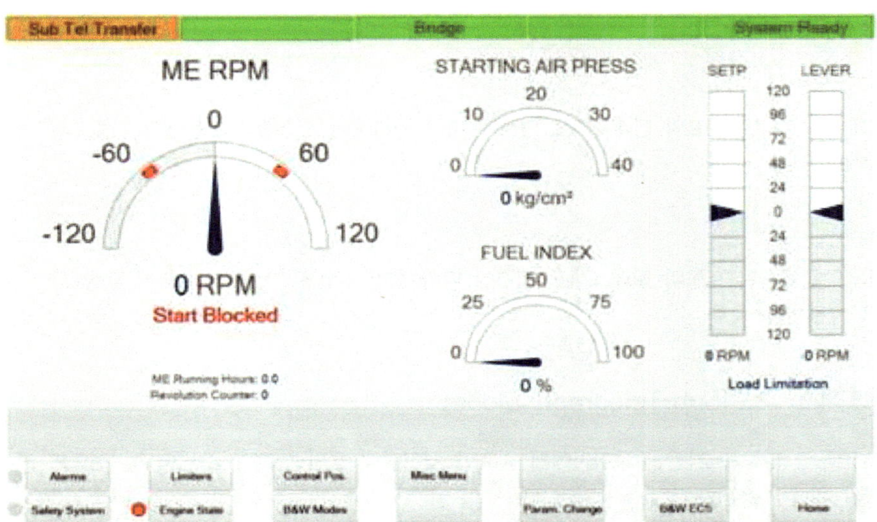

그림 8.28 Control Panel

3) 통합된 레버와 텔레그래프 유닛 (LTU, Combined Lever and Telegraph Unit)

그림 8.29와 같이 LTU는 선교와 기관실에 설치되어 있으며, 통합된 텔레그래프, 머뉴버링 레버와 텔레그래프 핸들, 터치 스크린 및 비상정지 스위치가 있다.

(1) 설정치 조정(Set-Point Adjustment)

LTU는 선교의 당직자가 선박속도와 엔진회전 제어를 통해 선박을 직접 조정할 수 있도록 한다. 통신은 텔레그래프 시스템을 통해 선교, 기관실 및 현장 간에 이루어진다. 레버는 11개의 고정된 단계로 작동하며, 각 단계는 전진 또는 후진 방향의 RPM/추력 명령을 나타낸다.

- Ahead: Navigation Full, Full, Half, Slow, Dead Slow
- Stop
- Astern: Dead Slow, Slow, Half, Full, Emergency Astern

(2) 명령전달(Command Transfer)

명령전달 부분은 LTU(Combined Lever and Telegraph Unit)와 PBT(Push-Bottom Telegraph) 모두에 있으며, 버튼은 현재 명령 위치와 명령 전달을 모두 나타내는데 사용된다.

① 선교

엔진은 원격제어 시스템을 사용하여 선교/브릿지 윙(bridge wing)의 당직자에 의해 제어된다.

② ECR

엔진은 LTU에 표시된 선교의 텔레그래프 명령에 따라 원격제어 시스템을 사용하여 기관실의 당직자에 의해 제어된다.

③ 현장

엔진은 PBT에 표시된 선교의 텔레그래프 명령에 따라 현장제어 시스템을 사용하여 현장 당직자에 의해 제어된다.

(3) 보조 텔레그래프 모드(Sub-Telegraph Mode)

보조 텔레그래프의 기능은 기관실 당직자에게 필요한 경고상태 뿐만 아니라 추진력 및 전력의 필요성을 알리기 위해 사용된다.

① At Sea

동 명령은 기관실 무인화 당직을 허용한다. 선교 당직자는 기관실 당직자에게 선교에서 엔진을 제어할 수 있고 모든 시스템이 원양 항해를 위한 준비와 설정이 되도록 요청한다.

② Stand By

동 명령은 기관실 유인화 당직을 요구한다. 선교 당직자는 기관실 당직자에게 모든 시스템이 대기상태로 준비되어야 하고 엔진 시동 준비가 되도록 한다. 또한 선박이 해협(channel)이나 항구로 들어갈 때 기계 또는 조종 장치에 특별한 주의를 기울여야 할 경우 기관실에 요청한다.

③ FWE(Finished with Engine)

선교 당직자가 기관실 당직자에게 추진력이 필요하지 않음을 알리는데 사용한다. 엔진이 의도치 않게 시동되지 않도록 기관실에서는 안전조치를 취해야 한다. 그런 다음 기관실에서는 FEW 버튼을 눌러 신호를 받았음을 알린다.

(4) PBT(Push-Button Telegraph)

레버 텔레그래프 유닛(LTU) 외에도 그림 8.30과 같이 푸시 버튼 텔레그래프 유닛(PBT)은 간단한 보조 텔레그래프 시스템을 제공한다. 통신은 텔레그래프 시스템을 통해 선교, 기관실 및 현장 간에 이루어진다. 보조 텔레그래프와 명령전달 기능은 LTU와 유사하다.

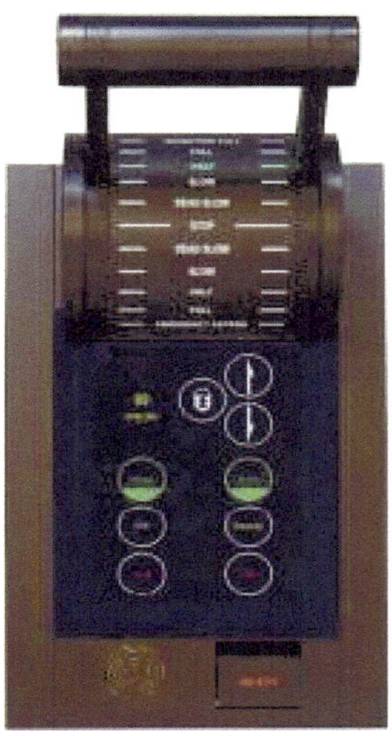

그림 8.29 Combined lever and telegraph unit(LTU)

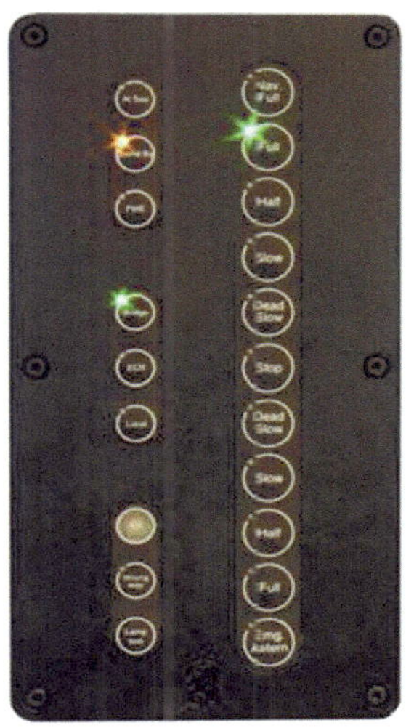

그림 8.30 Push-Button Telegraph (PBT)

- Ahead: Navigation Full, Full, Half, Slow, Dead Slow
- Stop
- Astern: Dead Slow, Slow, Half, Full, Emergency Astern

(5) 브릿지 윙 컨트롤 유닛(BWU, Bridge Wing Control Unit)

그림 8.31과 같이 BWU는 디스플레이 화면, 계기 및 버튼을 사용자에게 제공한다. LCD 화면 메인 페이지에는 기본 기기와 레버 위치 및 필수 상태 메시지가 표시된다. 메뉴는 화면 아래쪽에 있는 푸시버튼 행을 사용하여 작동한다.

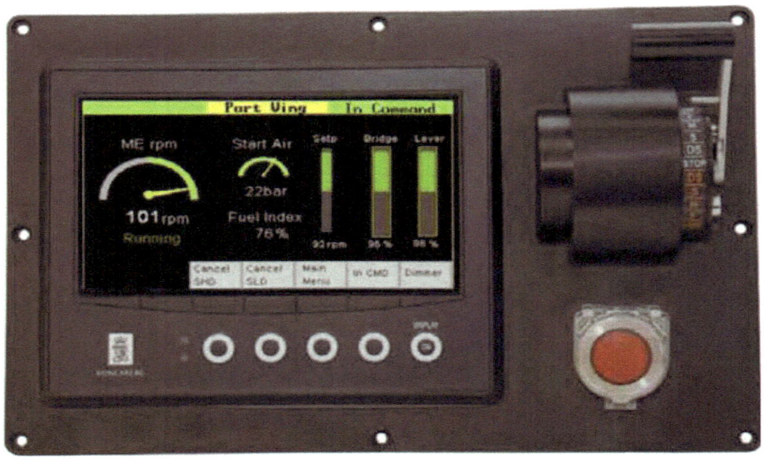

그림 8.31 Bridge Wing Control Unit (BWU)

(6) 기관실의 선택 스위치(Selector Switches ECR)

그림 8.32와 같이 기관실에 위치한 선택 스위치는 엔진 EICU(Engine Interface Control Unit)에 유선으로 연결된다. 원격제어에서 기관실로 강제 전환하기 위한 선택 스위치와 엔진 로드 증가를 제한하는 선택 스위치가 있다.

그림 8.32 Selector Switches ECR

(7) 현장 캐비넷(Local Cabinet)

그림 8.33과 같이 푸시버튼 텔레그래프가 메인 엔진의 현장제어를 위해 제어 다이얼과 함께 현장 캐비닛에 장착되어 있다. 제어 다이얼은 메인 엔진의 현장 시동/정지 및 속도제어에 사용되며, ECU A&B 장치에 직접 연결된다.

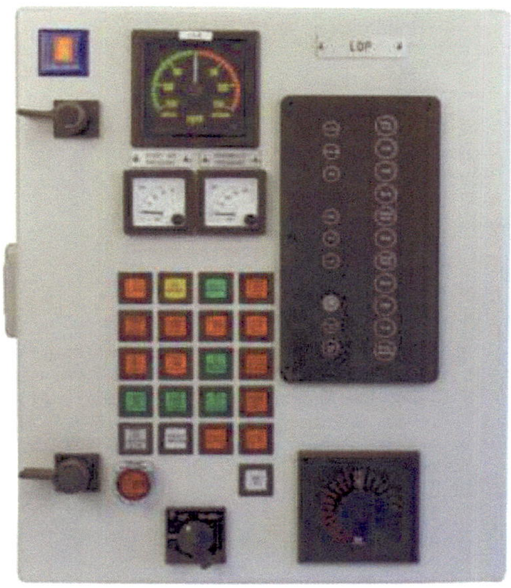

그림 8.33 Local Cabinet

8.2 GENERATOR ENGINE

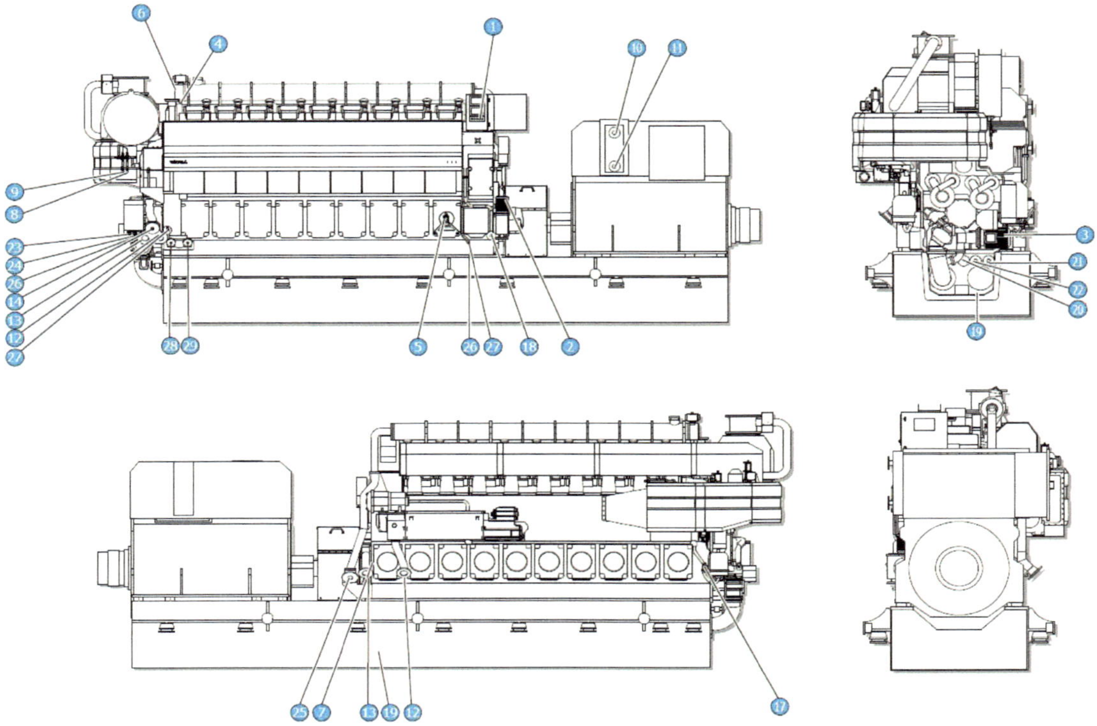

1 Yard Cables to Main Cabinet
2 Turning Device Motor
3 Prelub. Pump Motor
4 Air Inlet to Double Wall Gas System
5 Inlet Gas Inlet
6 Gas System Ventilation
7 Conensate Water After Cooler
8 Cleaning Water to Compressor
9 Cleaning Water to Turbine
10 LT-Water from Generator
11 LT-Water Air Vent
12 LT-Water Outlet
13 LT-Water Inlet
14 Water from Preheater to HT-Circuit
15 HT-Water Outlet
16 HT-Water Inlet
17 Instrument Air Inlet
19 Lube Oil Drain
18 Starting Air Inlet
20 Lube Oil Filling
21 Lube Oil to Separator and Drain
22 Lube Oil from Sparator and Filling
23 Pilot Fuel Outlet
25 Gas Inlet
24 Pilot Fuel Inlet
26 Leak Fuel Drain, Dirty Fuel
27 Leak Fuel Drain, Clean Fuel
28 Fuel Inlet
29 Fuel Outlet

그림 8.34 Dual Fuel Generator Engine (9L34DF)

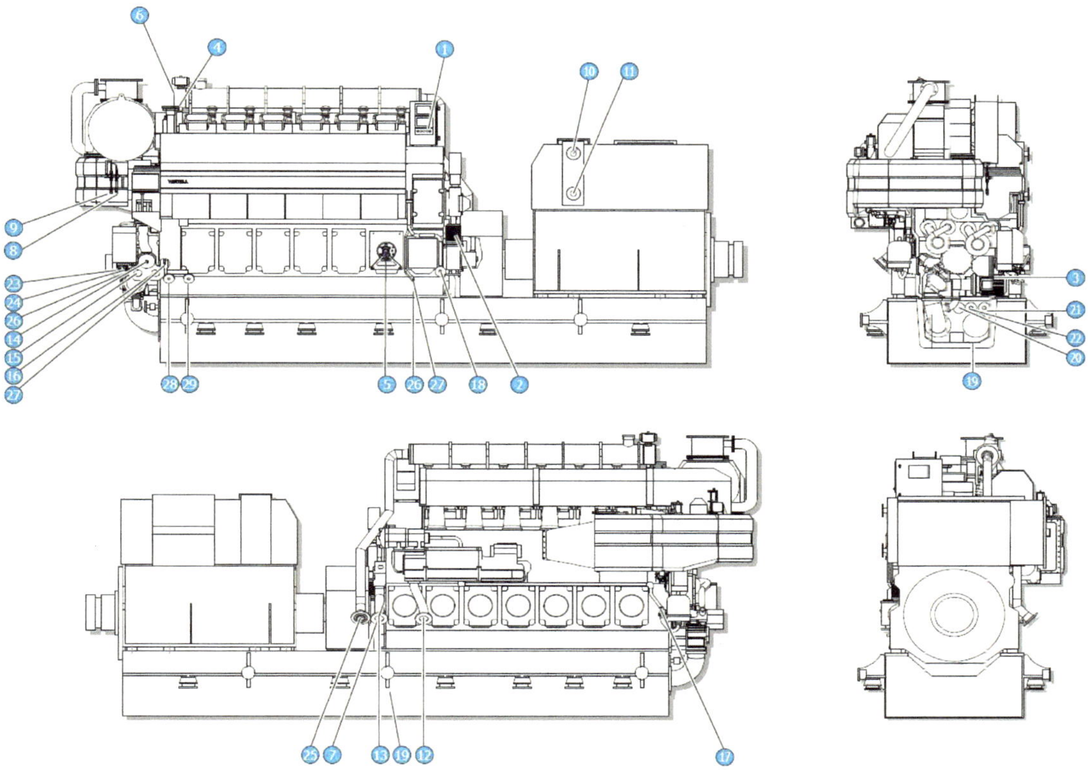

1 Yard Cables to Main Cabinet	2 Turning Device Motor	3 Prelub. Pump Motor
4 Air Inlet to Double Wall Gas System	5 Inlet Gas Inlet	6 Gas System Ventilation
7 Conensate Water After Cooler	8 Cleaning Water to Compressor	9 Cleaning Water to Turbine
10 LT-Water from Generator	11 LT-Water Air Vent	12 LT-Water Outlet
13 LT-Water Inlet	14 Water from Preheater to HT-Circuit	15 HT-Water Outlet
16 HT-Water Inlet	17 Instrument Air Inlet	19 Lube Oil Drain
18 Starting Air Inlet	20 Lube Oil Filling	21 Lube Oil to Separator and Drain
22 Lube Oil from Sparator and Filling	23 Pilot Fuel Outlet	25 Gas Inlet
24 Pilot Fuel Inlet	26 Leak Fuel Drain, Dirty Fuel	27 Leak Fuel Drain, Clean Fuel
28 Fuel Inlet	29 Fuel Outlet	

그림 8.35 Dual Fuel Generator Engine (6L34DF)

8.2.1 엔진 설계(Engine Design)

그림 8.34와 그림 8.35와 같이 이 엔진은 과급(turbocharged) 및 인터쿨링된(intercooled), 4행정(4-stroke) 그리고 이중연료(dual fuel) 엔진으로 직접 파일럿 연료를 주입한다.

1) 엔진 블럭(Engine Block)

엔진 블럭은 대부분의 구성 요소가 장착되는 프레임(frame) 역할을 한다. 크랭크축은 엔진 블럭에 현수식(underslung)으로 장착된다. 메인 베어링 캡(main bearing cap)은 유압공구로 너트를 체결하는 방식으로 메인 베어링 너트(main bearing nut) 2개와 수평 사이드 너트(horizontal side nut) 2개로 고정된다.

과급 공기 리시버(charge air receiver) 및 재킷수 매니폴드(jacket water manifold)는 엔진 블럭으로 주조된다. 크랭크케이스 커버(crankcase cover)는 경량 금속(light metal)으로 제작되며, 고무 실(rubber seal)을 사용하여 엔진 블럭과 기밀(airtightness) 상태를 유지한다. 하부에는 윤활유 섬프(lubricating oil sump)가 용접되어 있다.

2) 크랭크축(Crankshaft)

그림 8.36과 같이 크랭크축은 단조된 일체형으로 편심 질량(eccentric mass)으로부터 베어링의 부하(bearing load)를 상쇄하기 위해 완전히 균형을 이룬다.

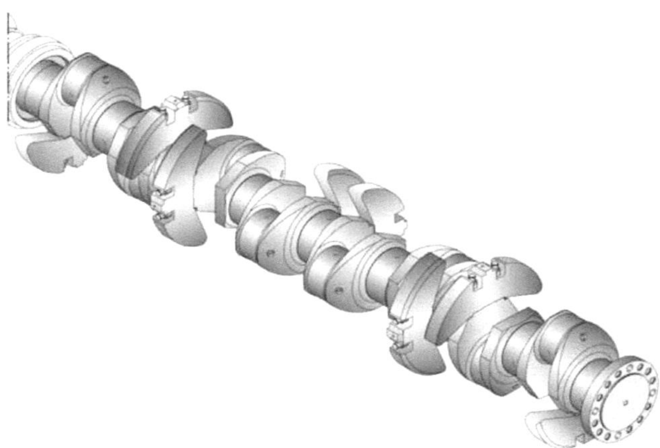

그림 8.36 Crankshaft

3) 메인 베어링(Main Bearing)

그림 8.37과 같이 메인 베어링 쉘(main bearing shell)은 크랭크축 저널(crankshaft journal)에 적합한 미끄러짐 면(sliding surface)을 제공한다. 메인 베어링은 바이메탈(bimetal) 또는 트리메탈(trimetal) 재질의 하프 쉘(half shell)로 구성되어 메인 베어링 캡(main bearing cap)을 분해하면 교체가 가능하다.

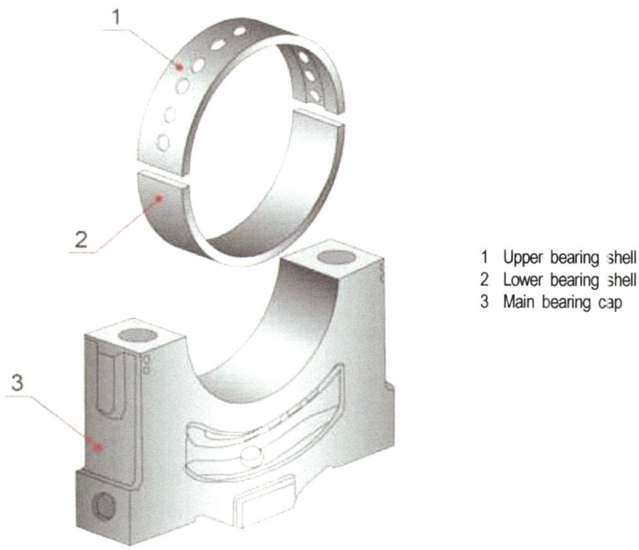

그림 8.37 Main Bearing

4) 커넥팅 로드(Connecting Rod)

커넥팅 로드는 피스톤(piston)의 왕복운동(reciprocating movement)을 크랭크축(crankshaft)의 회전운동(rotating movement)으로 변환한다. 그림 8.38과 같이 커넥팅 로드는 세 가지로 구성되며, 유압공구로 너트를 체결하는 방식으로 고정된다. 하부 끝단은 피스톤과 커넥팅 로드가 실린더 라이너(cylinder liner)를 통해 탈거 되도록 수평으로 분해된다. 빅 엔드 베어링(big end bearing)은 트리메탈(trimetal) 재질의 하프 쉘(half shell)로 구성되어 교체가 가능하다.

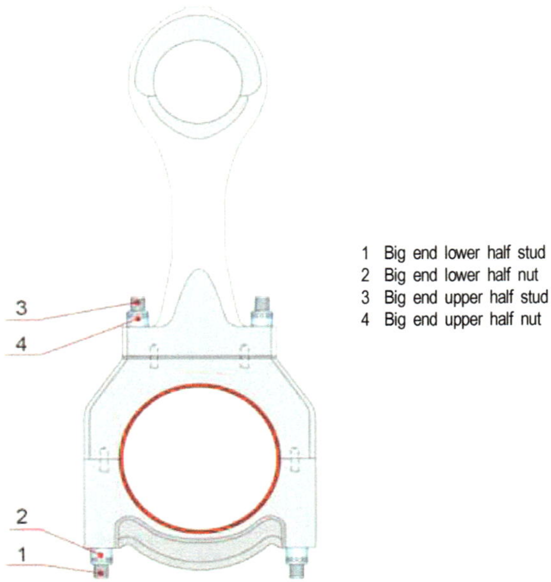

그림 8.38 Connecting Rod

5) 피스톤(Piston)

그림 8.39와 같이 피스톤은 강재 재질의 크라운(crown)과 결절성(nodular) 주철 재질의 스커트(skirt)가 있는 복합형(composite type)이다. 피스톤 스커트 윤활 시스템(lubricating system)은 피스톤 스커트의 홈에 4개의 윤활 보어(bore)를 포함하고 있어 피스톤 스커트와 실린더 라이너를 윤활한다. 피스톤 상부는 "셰이커 효과(shaker effect)"를 통해 냉각된다.

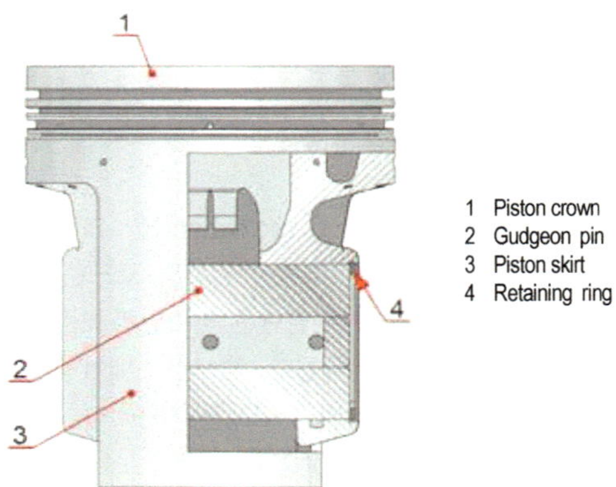

그림 8.39 Piston

6) 실린더 라이너(Cylinder Liner)

실린더 라이너는 특수 합금 주철의 원심형 주물(centrifugally cast)이다. 그림 8.40과 같이 실린더 라이너의 상단 칼라(collar)는 라이너 온도를 효율적으로 제어하기 위해 보어 냉각 기능을 제공한다. 라이너에는 APR(Antipolishing Ring)이 장착되어 있어 보어 마모를 방지한다.

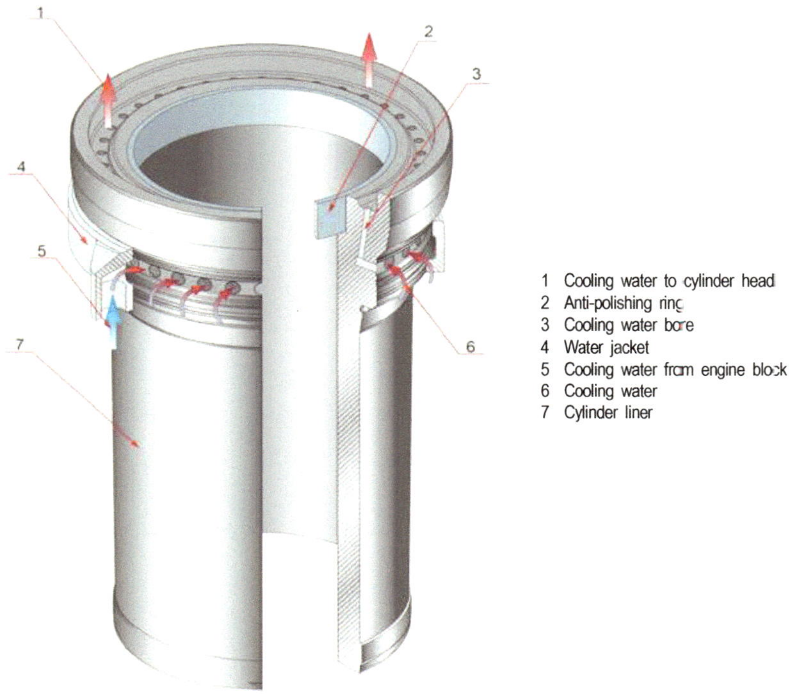

그림 8.40 Cylinder Liner

7) 실린더 헤드(Cylinder Head)

실린더 헤드는 결절성(nodular) 주철 재질로 유압공구로 너트를 체결하는 방식으로 4개의 너트(cylinder head nut)로 고정된다(그림 8.41 참조). 각 실린더 헤드에는 분사 밸브, 흡기 및 배기 밸브, 시동 밸브가 있다.

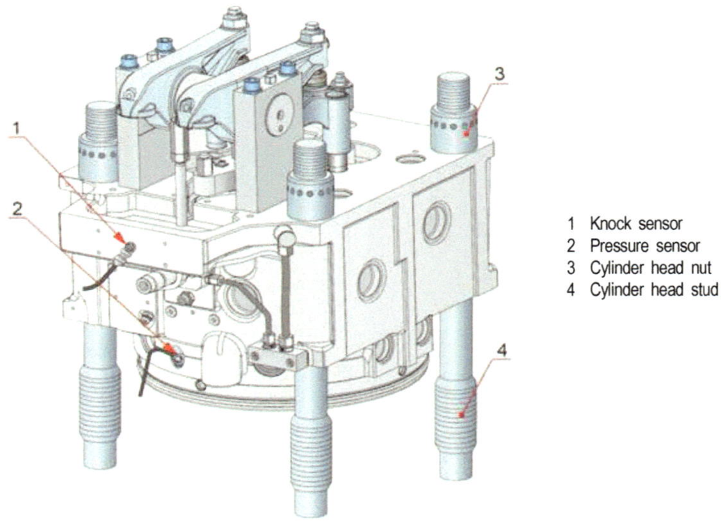

그림 8.41 Cylinder Head

8) 캠축(Camshaft), 밸브 메커니즘(Valve Mechanism)과 중간 기어링(Intermediate Gearing)

캠축은 흡기 및 배기 밸브 메커니즘(exhaust valve mechanism), 연료 분사 펌프(fuel injection pump) 및 시동 공기 분배기(starting air distributor)를 구동한다(그림 8.42 참조). 밸브 태핏(valve tappet)은 회전하는 캠축의 캠 형상(cam profile)을 따라 푸시로드(push rod)를 통해 로커암(rocker arm)으로 이동을 전달한다(그림 8.43 참조). 로커 암은 요크(yoke)를 통해 흡기 및 배기 밸브(inlet and exhaust valve)를 작동한다(그림 8.44 참조). 캠축은 중간기어(intermediate gear)를 통해 크랭크축(crankshaft)에 의해 구동된다(그림 8.45 참조). 캠축은 일체형 캠이 있는 단일 실린더(one-cylinder piece)로 제작되며 베어링 저널(bearing journal)은 별도로 제작되어 탈거할 수 있다.

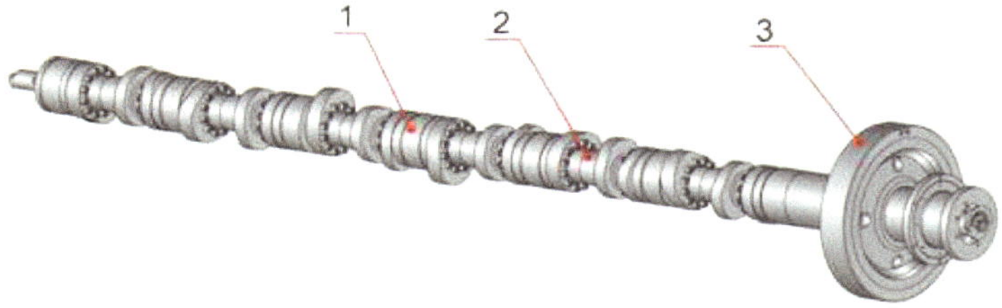

그림 8.42 Camshaft

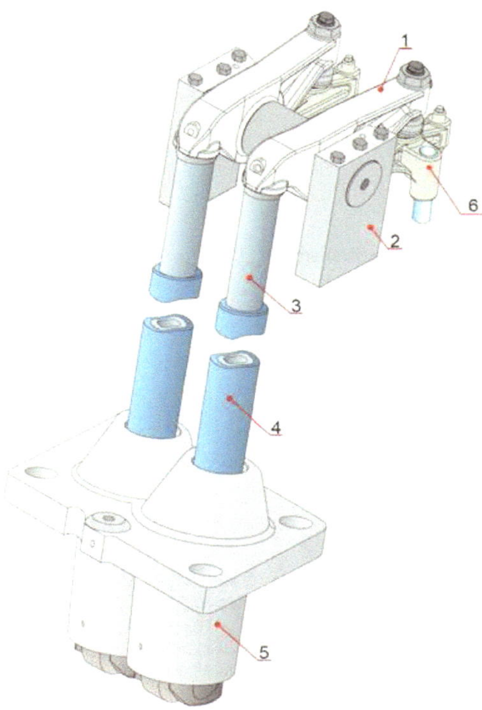

그림 8.43 Valve Mechanism

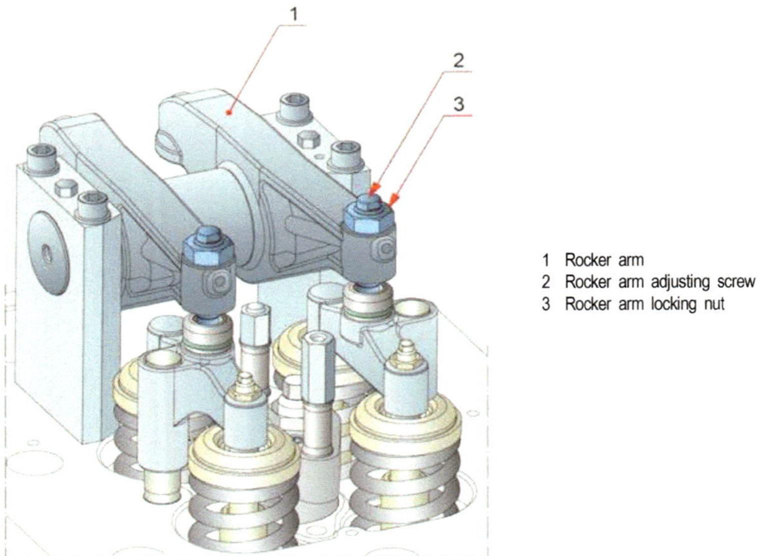

그림 8.44 Rocker Arm Mechanism

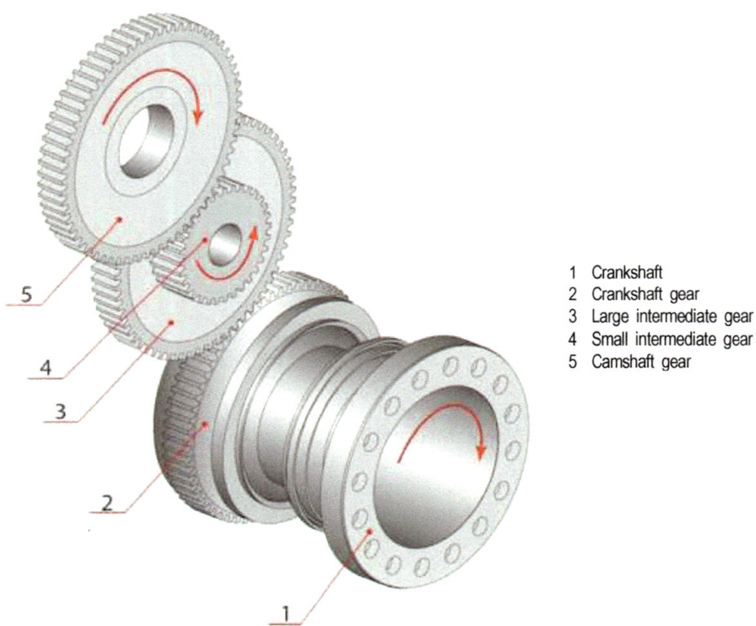

그림 8.45 Intermediate Gearing

9) 엔진 커버(Engine Cover)

크랭크케이스 커버(crankcase cover)는 경량 금속(light metal)으로 제작되며, 고무 실(rubber seal)을 사용하여 엔진 블럭과 기밀(airtightness) 상태를 유지한다. 엔진 후면의 일부 크랭크케이스 커버에는 크랭크케이스 내부가 폭발할 경우 압력을 완화하는 안전밸브가 장착되어 있다.

10) 연료분사 시스템(Fuel Injection System)

이중 연료 시스템(dual fuel system)은 MDO 또는 HFO 사용을 위한 기존 연료분사 시스템과 MDO 사용을 위한 별도의 파일럿 연료 시스템(pilot fuel system)으로 구성된다. 파일럿 연료 주입은 전자적으로 제어된다. 파일럿 연료 펌프는 피스톤 타입(piston type)이며 기계적으로 구동된다. 기존 백업 연료 펌프는 캠축(camshaft)에 의해 구동되며 공기압식 정지 시스템(pneumatic stop system)을 갖추고 있다. 연료분사 노즐(fuel injection nozzle)에는 2개의 니들(needle)이 장착되어 있으며, 하나는 파일럿 연료용(pilot fuel), 다른 하나는 예비 연료용(backup fuel)으로 사용된다. 연료 가스(fuel gas)는 커먼 레일 파이프(common-rail pipe)를 통해 가스 조절 장치(gas regulating unit)를 지나 엔진에 공급된다. 각 실린더 마다 흡기 파이프(air inlet pipe)의 전자식 가스 승인 밸브(gas admission valve)에 이중 배관의 가스 공급 파이프가 연결된다.

11) 윤활유 시스템(Lubricating Oil System)

윤활유 시스템에는 기본 펌프(standard pump), 윤활유 필터(lubrication oil filter), 서모스탯 밸브(thermostat valve)가 장착된 쿨러(cooler) 및 사전 윤활 펌프(pre-lubricating pump)가 포함된다. 윤활유 섬프(oil sump)는 필요한 전체 윤활유 부피를 고려하여 설계되었다.

12) 냉각수 시스템(Cooling Water System)

냉각수 시스템에는 냉각수의 순환을 위한 엔진 내장 구동형(built-on engine driven) 냉각수 펌프 2대와 냉각수 온도제어를 위한 전기 제어식 서모스탯 밸브(thermostatic valve)가 포함된다.

13) 시동 공기 시스템(Starting Air System)

실린더(cylinder)로 공급되는 압축공기(compressed air)는 캠축(camshaft)에 의해 작동되는 시동 공기 분배기(starting air distributor)에 의해 제어된다. 시동 시스템에는 저속 회전 장치가 장착되어 있다.

8.2.2 엔진 연료유, 윤활유, 냉각수, 배기가스 및 시동 공기 시스템

1) 연료 시스템(Fuel System)

엔진이 운전 중일 때 특정 한도 내에서 전력 생산을 중단하지 않고 운전 모드를 변경할 수 있다. 연료 가스(fuel gas) 공급에 실패하면 엔진이 자동으로 디젤운전 모드(diesel operation mode)로 전환된다. 가스운전 모드(gas operation mode)에서 메인 연료는 저압으로 공급되는 연료 가스로 소량의 파일럿 연료유 MDO(pilot fuel)를 주입하면 점화된다. 디젤운전 모드에서 엔진은 HFO 또는 MDO로만 운전된다. MDO 또는 HFO는 기존 디젤 연료분사 시스템(diesel fuel injection system)을 사용하는 연료로 사용된다(그림 8.46 참조). 파일럿 분사(pilot injection)는 가스 및 디젤운전 모드에서 작동되며, 백업운전 모드(backup operating mode)에서는 작동되지 않는다.

디젤 연료 시스템은 다음과 같이 구성된다.

- 파일럿 연료 펌프(Pilot fuel pump)
- 파일럿 연료 안전 필터(Pilot fuel safety filter)
- 압력제어 밸브(Pressure control valve)
- 누설 연료 수집기(Fuel leakage collector)
- 파일럿 연료 필터(Pilot fuel filter)
- 펄스 댐퍼(Pulse damper)
- 연료분사 펌프(Fuel injection pump)

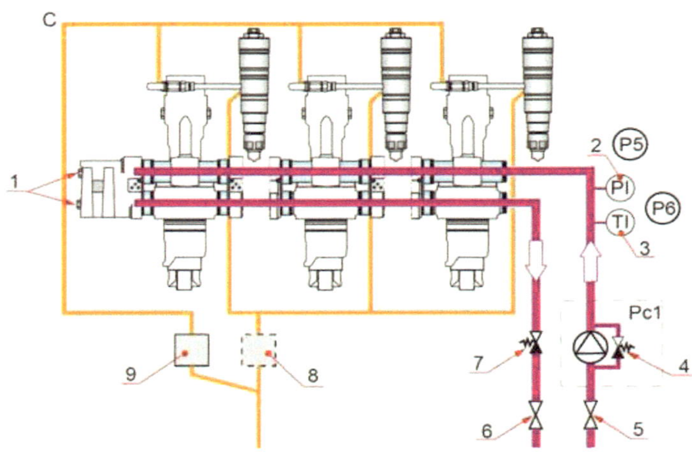

1 Plug
2 Pressure transmitter
3 Temperature sensor
4 Safety valve
5 Valve
6 Valve
7 Pressure control valve
8 Clean leak fuel drain, (optional)
9 Leakage alarm, injection pipe

그림 8.46 Diesel System

연료는 공통된 외부 탱크에서 메인과 파일럿 연료 라인(main and pilot fuel line)으로 모두 공급된다. 파일럿 연료 라인에서 연료는 연료 필터를 통과하여 파일럿 연료 펌프로 공급된다. 연료 시스템이 분사 시스템에 전원을 공급한다. 파일럿 연료 펌프에 의해 공급되는 커먼 레일 압력(common rail pressure)은 펌프의 흡입 조절(suction regulating)로 조정된다.

연료 시스템에는 리턴 및 누설 파이프(return and leakage pipe)가 장착되어 있어 누설이 발생할 경우 누출 경보 장치가 장착된 누출 연료 수집기(leak clean fuel collector)로 유도된다. 연료 누출은 공통 연료 탱크로 돌아가고, 인젝터(injector)의 파일럿 연료 리턴 라인(pilot fuel return line)은 메인 연료 리턴 라인(main fuel return line)과 연결된다.

2) 연료가스 시스템(Fuel Gas System)

그림 8.47은 개략적인 연료가스 시스템을 도시한 것이며, 다음과 같이 구성된다.

- 메인 가스 승인 밸브(Main gas admission valve)
- 셧오프 밸브(Shut-off valve)
- 가스 안전 필터(Gas safety filter)
- 환기 밸브(Venting valve)

메인 가스 압력(main gas pressure)은 엔진의 과급 공기 압력(charge air pressure)에 따라 엔진 제어 시스템(engine control system)에 의해 가스 유닛(gas unit)에서 제어된다. 엔진에는 메인 가스 승인 밸브로의 가스 공급을 위한 메인 가스 매니폴드(main gas manifold)가 장착되어 있다. 각 실린더에는 가스 매니폴드에서 실린더로 가는 가스 플로우(gas flow)를 제어하기 위한 가스 승인 밸브가 있다. 그리고 과급 공기 압력과 가스 압력 간에 저압 차에 대한 경보가 설정된다.

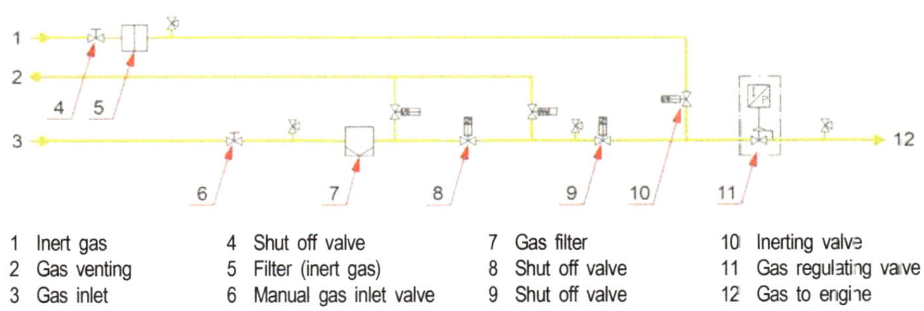

그림 8.47 Fuel gas system

3) 윤활유 시스템(Lubricating Oil System)

그림 8.48과 같이 엔진은 윤활유 펌프에 의해 지속적으로 순환되는 윤활유 시스템에 의해 윤활된다. 윤활유 시스템은 피스톤과 베어링과 같은 엔진부품을 윤활 시킬 뿐만 아니라 열을 전달하고 엔진 내부의 세정작용(cleaning)을 하며, 엔진 구성에 통합되어 있다. 윤활유 시스템은 다음과 같이 구성된다.

- 윤활유 펌프(Lubricating oil pump)
- 윤활유 쿨러(Lubricating oil cooler)
- 윤활유 필터(Lubrication oil filter)
- 원심 필터(Centrifugal filter)
- 사전 윤활유 펌프(Pre-lubricating oil pump)

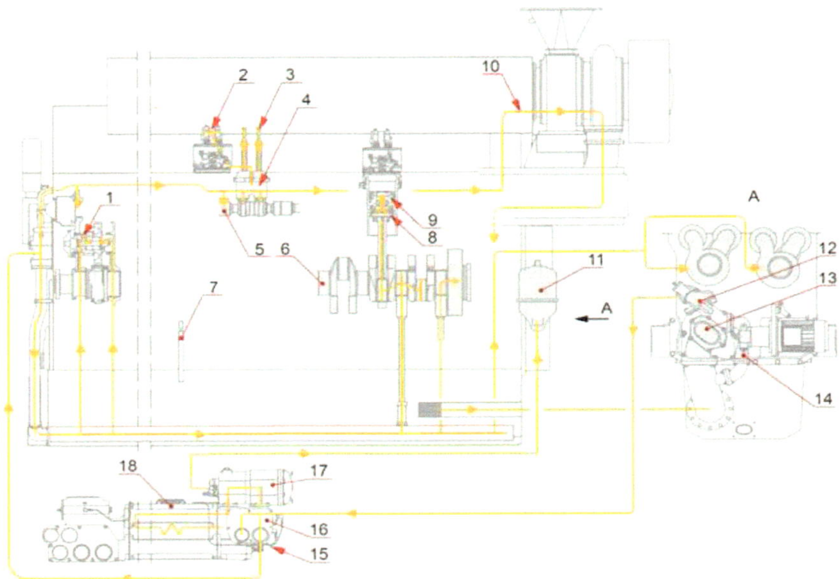

1 Intermediate gear wheel bearings
2 Rocker arms
3 Push rods
4 Valve tappets
5 Camshaft bearings
6 Crankshaft bearings
7 Oil dipstick
8 Gudgeon pins
9 Piston
10 Lubricating oil to turbocharger
11 Centrifugal filter
12 Pressure regulating valve
13 Lubricating oil pump
14 Pre-lubricating oil pump
15 Lubricating oil sample valve
16 Thermostatic valve
17 Lubricating oil automatic filter
18 Lubricating oil cooler

그림 8.48 Lubricating Oil System

엔진에는 크랭크축의 자유단에서 펌프 기어에 의해 직접 구동되는 윤활유 펌프가 제공된다. 이 펌프는 엔진 오일 섬프(engine oil sump)에서 오일을 흡입하고 윤활유 쿨러(lubricating oil cooler)를 통해 윤활유를 공급한다. 쿨러에는 윤활유 온도를 조절하기 위한 서모스탯 밸브(thermostat valve)가 장착되어 있다. 윤활유는 메인 필터(main filter)를 통해 윤활유 섬프의 메인 분배 채널(main distributing channel)과 메인 베어링(main bearing)으로 흐른다. 윤활유의 일부는 크랭크축의 보어(bore)를 통해 빅 엔드 베어링(big end bearing)으로 이동하고 커넥팅 로드(connection rod)를 통해 피스톤 핀(piston pin), 피스톤 스커트(piston skirt) 윤활 및 피스톤 상부를 냉각 이동한다. 또한 별도의 파이프를 통해 다음의 윤활지점으로 공급된다.

- 캠축 베어링(Camshaft bearing)
- 밸브 메커니즘(Valve mechanism)
  - 밸브 태핏(Valve tappet)
  - 밸브(Valve)
  - 로커 암(Rocker arm)
- 캠축 구동 메커니즘(Camshaft driving mechanism)
  - 캠축 기어(Camshaft gear)
  - 중간기어(Intermediate gear)
  - 크랭크축 기어(Crankshaft gear)
- 엔진 구동 펌프 기어(Engine driven pump gear)
- 연료분사 펌프(Fuel injection pump)

분배 파이프(distributing pipe)의 압력은 펌프의 압력조절 밸브(pressure control valve)에 의해 조절된다. 압력은 압력조절 밸브의 설정 스크류(set screw)로 조정할 수 있다. 일반적으로 일정한 엔진속도에서 압력은 올바른 값으로 조정한 후에도 일정하게 유지된다.

엔진을 저온의 윤활유 상태에서 기동하면 압력은 정상 값 이상으로 상승할 수 있지만, 윤활유가 가열되면 정상 값으로 돌아간다. 저온의 윤활유로 인한 문제를 방지하려면 엔진을 최대 40~50℃까지 예열한 후 사전 윤활유 펌프(Pre-lubricating oil pump)를 기동한다. 특히 저속 또는 고부하 상태에서 엔진을 고온의 윤활유, 냉각수로 운전하면 압력이 감소할 수 있다. 압력이 경보 레벨(alarm level)보다 낮을 경우 전기 구동식 사전 윤활유 펌프(electric pre-lubricating pump)가 운전된다. 온도와 압력은 엔진에 연결된 현장 디스플레이 장치(local display unit) 또는 기타 운영자 인터페이스 시스템(operator interface system)에서 확인할 수 있다. 높은 윤활유 온도와 낮은 윤활유 압력을 나타내는 센서가 자동 경보 시스템(automatic alarm system)에 연결된다.

4) 냉각수 시스템(Cooling Water System)

엔진은 고온(HT)과 저온(LT) 폐쇄회로로 구성된 냉각 시스템에 의해 물 처리된 냉각수로 냉각된다.

(1) 고온회로(HT Circuit)

그림 8.49와 같이 고온회로는 실린더 라이너, 실린더 헤드 및 과급 공기를 냉각하고, 다음과 같이 구성된다.

- 냉각수 펌프(Cooling water pump)
- 과급 공기 쿨러의 HT 섹션(HT section of charge air cooler)
- 서모스탯 밸브(Thermostatic valve)

고온 서모스탯 밸브는 회로의 온도를 제어한다. 과급 공기 쿨러의 고온 스테이지 냉각수가 저온 냉각수에 의해 냉각된다. 고온 냉각수 펌프에서 냉각수는 엔진 블럭의 분배 덕트(distributing duct)를 통해 실린더 워터 재킷(cylinder water jacket)과 실린더 헤드까지 흐른다.

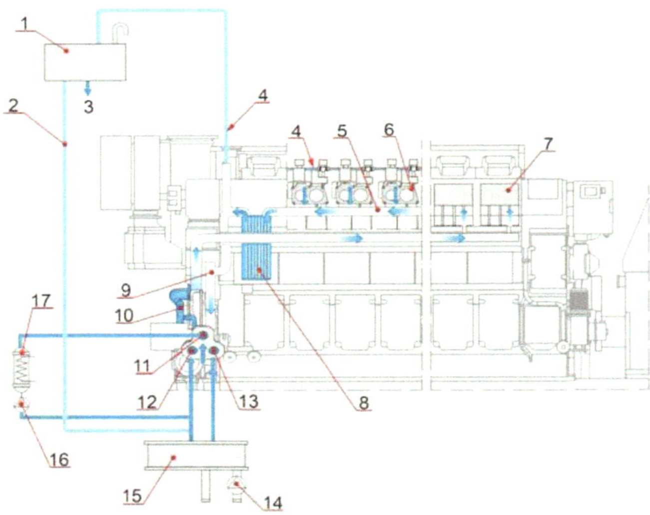

1 Expansion tank
2 Make-up line
3 Over flow
4 Vent pipe
5 HT water return pipe
6 Multiduct
7 Cylinder head
8 Charge air cooler (HT side)
9 Thermostatic valve for HT water
10 HT water pump
11 Water from preheater to HT circuit
12 HT water intlet
13 HT water outlet
14 Water pump
15 Cooler
16 Preheating water pump
17 Preheater

그림 8.49 HT Circuit

실린더 헤드에서 냉각수는 중간 데크(intermediate deck)에 의해 화염 판(flame plate)을 따라 배기 밸브 시트(exhaust valve seat) 및 연료 인젝터 슬리브(fuel injector sleeve)를 통해 위로 흐르게 된다. 냉각수는 실린더 헤드에서 연결 파이프를 통해 수집 파이프로 흐르며, 과급 공기 쿨러의 첫 단계 또는 예열 장치(preheating unit)로 흐른다.

(2) 저온회로(LT Circuit)

그림 8.50과 같이 저온회로는 과급 공기 및 윤활유를 냉각하고, 다음으로 구성된다.

- 냉각수 펌프(Cooling water pump)
- 과급 공기 쿨러(Charge air cooler)
- 윤활유 쿨러(Lubricating oil cooler)
- 서모스탯 밸브(Thermostatic valve)

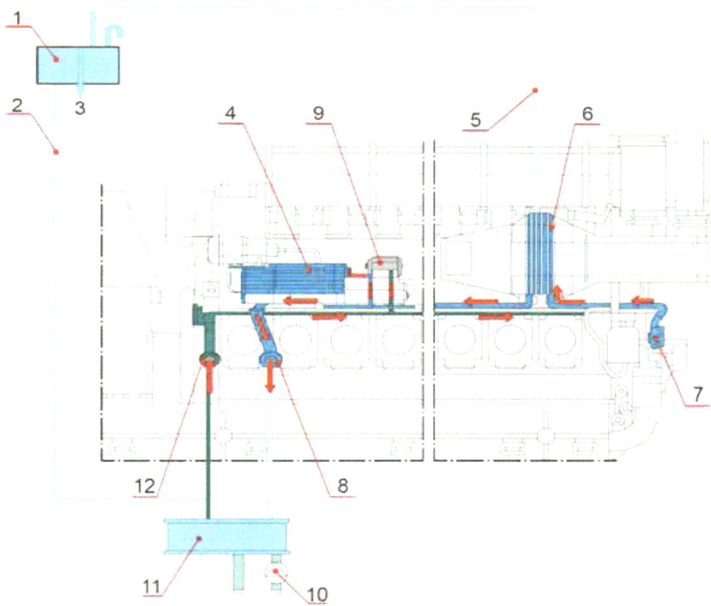

1 Expansion tank	5 Vent pipe	9 Thermostatic valve for LT water
2 Make-up line	6 Charge air cooler	10 Water pump
3 Over flow	7 LT water pump	11 Cooler
4 Lubricating oil cooler	8 LT water outlet	12 LT water intlet

그림 8.50 LT Circuit

저온 서모스탯 밸브는 회로의 온도를 제어하며, 외부 냉각수 시스템에 장착된다. 저온 냉각수는 먼저 과급 공기 쿨러를 거쳐 윤활유 쿨러로 흐른 다음 온도 조절 밸브를 통과한다. 저온 냉각수는 윤활유 쿨러를 거쳐 과급 공기 쿨러의 고온부에 연결되며, 필요한 경우 중앙 쿨러(central cooler)를 통해 냉각된다.

5) 배기 시스템(Exhaust System)

배기 시스템은 단열박스(insulation box)로 둘러싸인 배기 매니폴드(exhaust manifold)로 구성된다. 엔진에는 단일 파이프 배기 시스템(SPEX, Single-Pipe Exhaust System)이 장착되어 있다. 이 시스템은 펄스와 정압 시스템(pulse and constant-pressure system)이 통합되어 단순한 정압식 배기관에서 배기가스의 운동에너지를 유지한다. 따라서 실린더 소기(cylinder scavenging)를 분리하지 않고 압력펄스(pressure pulse)를 사용할 수 있다. 각 실린더의 배기가스는 과급기(turbocharger)에 연결되는 하나의 공통 배기 매니폴드로 연결된다. 각 단부에는 열변형을 방지하기 위해 벨로우즈(bellows)가 제공된다.

6) 시동공기 시스템(Starting Air System)

엔진은 시동 밸브(starting valve)를 통해 압축공기를 실린더로 직접 분사하여 시동하며, 다음으로 구성된다.

- 메인 시동 밸브(Main starting valve)
- 시동 공기 분배기(Starting air distributor)
- 시동 밸브(Starting valve)
- 시동 공기 용기 및 배관(Starting air vessel and piping)
- 공기압 시스템(Pneumatic system)

메인 시동 밸브를 작동하는 제어용 공기(control air)는 솔레노이드 밸브(solenoid valve)를 통해 공급된다. 주의사항으로 터닝기어(turning gear)가 체결되면 메인 시동 밸브로 가는 제어용 공기가 차단 밸브(blocking valve)로 막혀 엔진을 시동할 수 없다. 역류방지 밸브(non-return valve), 안전밸브(safety valve) 및 화염 방지기(flame arrester)가 메인 공급 에어 파이프(main supply air pipe)에 내장되어 있다.

8.2.3 계측과 자동화 시스템(Instrumentation and Automation System)

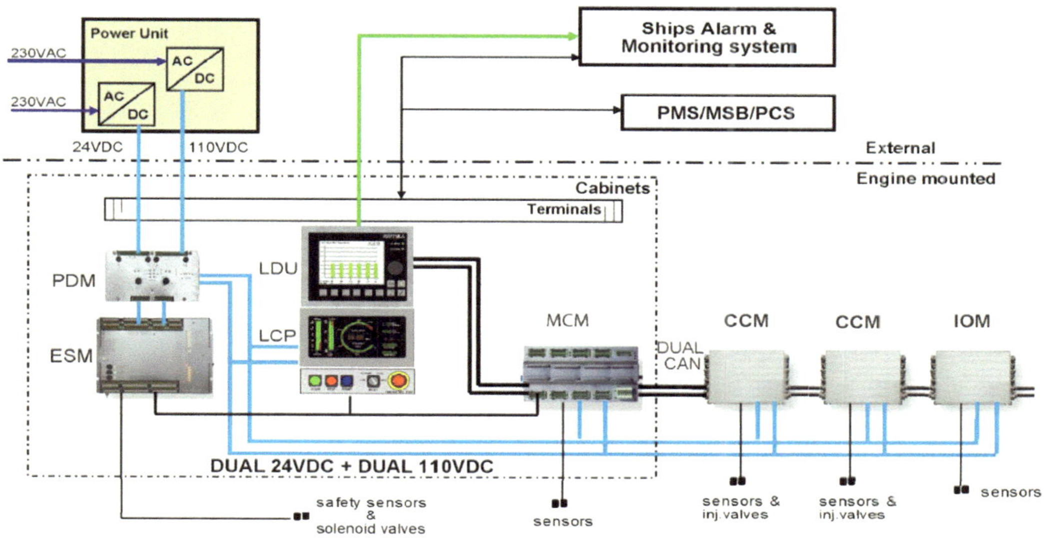

그림 8.51 Automation System

1) UNIC(Wärtsilä Unified Control) 자동화 시스템(Automation System)

그림 8.52와 같이 UNIC 자동화 시스템은 내장된 모듈식 엔진제어 및 모니터링 시스템이다. 분산된 외부 캐비닛 또는 판넬 없이 엔진에 직접 장착된다.

시스템은 다음 작업과 기능을 처리한다.

- 기본 엔진 안전(Fundamental engine safety) : 엔진과속(이중화), 윤활유 압력 및 냉각수 온도에 대해 완전히 하드 와이어드 (Hard- wired)됨.
  - 작동 정지(Shutdown)
  - 비상 정지(Emergency stop)
  - 알람(Alarm)
  - 부하 감소(Load reduction)
- 다양한 운전 모드를 갖춘 고성능 전자속도 및 부하 제어장치
- 엔진 시동 및 정지 관리
- 전체 진단 및 통합 테스트 루틴(Integrated test routine)
- 버스 인터페이스(Bus interface)

- 전자식 연료분사 제어(EFIC, Electronic Fuel Injection Control) 기술
- 가스, 디젤 및 백업 연료 운전 및 이러한 연료 모드 간의 전환을 위한 연료 관리

모든 센서는 자동화 시스템에 연결되며, 엔진의 정보는 현장 디스플레이 장치(LDU)에 표시된다.

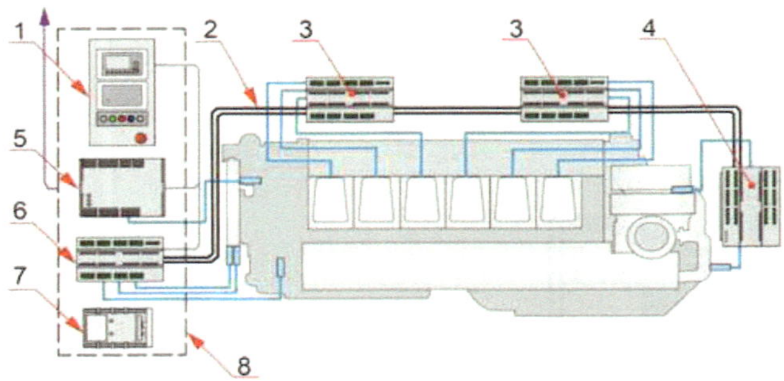

1 Local control panel (LCP)	4 Input and output module (IOM)	7 Power distribution module (PDM)
2 Controller area network (CAN)	5 Engine safety module (ESM)	8 Main cabinet
3 Cylinder control module (CCM)	6 Main control module (MCM)	

그림 8.52 UNIC Automation System

2) 자동화 시스템의 구성

UNIC 자동화 시스템은 다음으로 구성된다.

- 현장제어 기능(local control functionality)을 위해 엔진 제어 푸시 버튼(push buttons)을 포함하고, 가장 중요한 엔진 파라미터(parameter)의 현장 지시치를 표시하는 기능
- 메인 제어 모듈(MCM, Main Control Module): 엔진속도 및 부하를 제어하고 시동 및 정지의 관리
- 엔진 안전 모듈(ESM, Engine Safety Module): 엔진 안전을 처리하며 작동정지 장치(shutdown device)에 대한 인터페이스를 처리 또한 안전 관련 하드웨어 인터페이스를 엔진 외부 시스템에 구성
- 전원 분배 모듈(PDM, Power Distribution Module): 모듈에 공급되는 전원 (2 x 24 VDC)의 퓨즈, 분배기, 필터 역할을 함. 그리고 자동화 시스템은 밸브 구동용 전원(2 x 110 VDC)을 공급하는 두 번째 PDM도 있음.
- 입출력 모듈(IOM, Input and Output Module): 센서와 장치가 위치한 엔진의 특정 영역에서 측정 및 제한된 제어 기능을 처리, CAN을 통해 다른 IOM 및 MCM과 통신
- 실린더 컨트롤 모듈(CCM, Cylinder Control Module): 모듈 당 다수의 실린더에 대한 분사 및 연소의 모니터링을 처리

- 다양한 유형의 센서는 엔진의 중요한 측정값을 자동화 시스템에 제공: 온도센서, 압력센서, 레벨센서, 리미트 스위치, 위치 스위치, 속도 및 위상센서, 가속도계
- 자동화 시스템에 의해 제어되는 밸브 및 제어 장치: 시동 밸브, 정지 밸브, Air by-pass 밸브, Air/배기 폐게이트 밸브(Exhaust waste-gate valve), Slow Turning
- EFIC 인젝터

3) 로컬 컨트롤 판넬(Local Control Panel)

그림 8.53과 같이 로컬 컨트롤 판넬은 엔진 시동 및 정지, 엔진의 측정값을 모니터링하기 위한 현장 인터페이스이며, 다음과 같이 구성된다.

- 하위 메뉴가 있는 현장 디스플레이 장치(LDU, Local display unit)
- 디스플레이
- 스위치 및 버튼이 있는 제어판
- 비상정지 버튼(Emergency stop button)

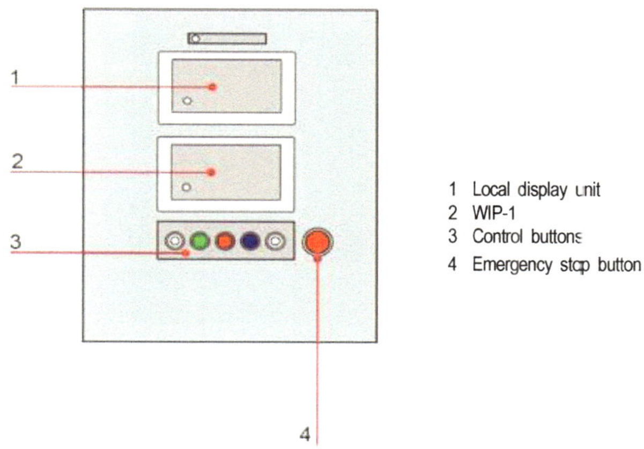

그림 8.53 Local Control Panel

(1) 디스플레이(Display)

그림 8.54와 같이 엔진의 가장 중요한 파라미터(parameter) 값을 디스플레이 하는 장치로 다음과 같이 표시된다.

- 엔진 속도
- 과급기 속도
- 운전시간: 총 운전시간 및 가스 운전시간
- 막대 그래프: 윤활유 압력 및 고온(HT) 냉각수 온도

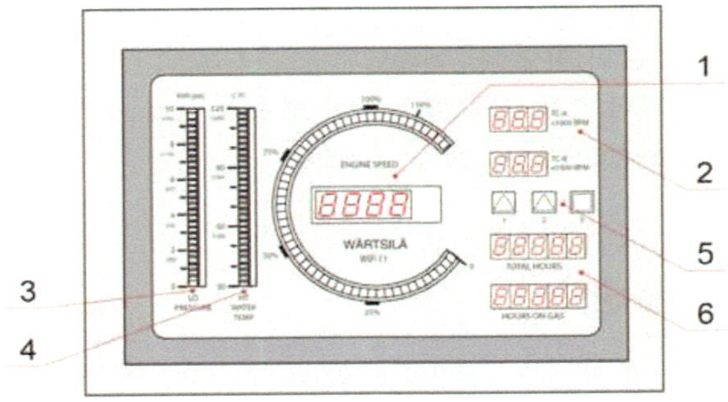

1 Engine speed
2 Turbocharger speed
3 Lube oil pressure
4 HT water temperature
5 System failure indication
6 Hour counters

그림 8.54 Display

(2) 현장 디스플레이 유닛(LDU, Local Display Unit)

그림 8.55와 같이 현장 디스플레이 장치(LDU)에는 다양한 페이지의 활성화를 위한 그래픽과 키패드가 있다. 이 모듈은 CAN(Controller Area Network)을 통해 다른 모듈과 통신하며, LDU 페이지에 표시되는 정보는 다음과 같다.

- 일반적인 시스템 레이아웃
- 센서의 논리적 이름(Logical name of sensor)
- 지시치(Reading)
- 수치(Value)
- 막대 그래프(Bar graph)
- 기타 상태 정보(Other status information)

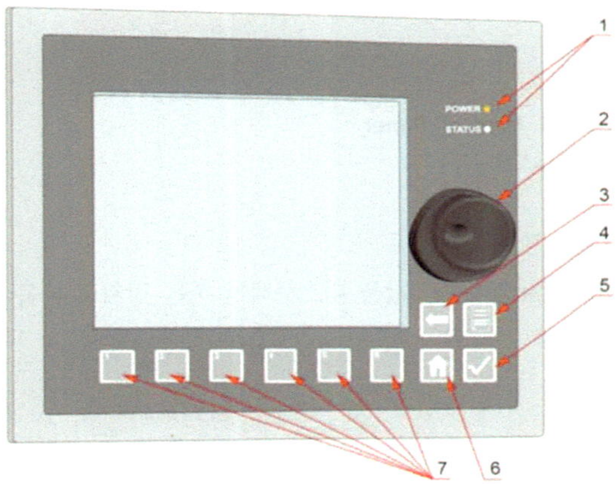

1 Power and status LEDs
2 Rotary knob
3 Escape/back
4 Alarm list page
5 Accept/enter
6 Main page
7 Dynamic function

그림 8.55 Local Display Unit (LDU)

(3) 제어 버튼 및 스위치(Control Button and Switch)

① 엔진모드 선택 스위치(Engine Mode Selector Switch)

이 모드 선택 스위치는 다음과 같은 네 가지 모드가 있다.

- 현장(Local): 엔진 시동 및 정지의 현장제어가 가능하다.
- 원격(Remote): 엔진 시동 및 정지의 원격제어가 가능하다.
- 차단(Block): 시동이 전기적으로 차단된다.(현장 및 원격 시동 모두)
- 블로우(Blow): 활성화되지 않음.

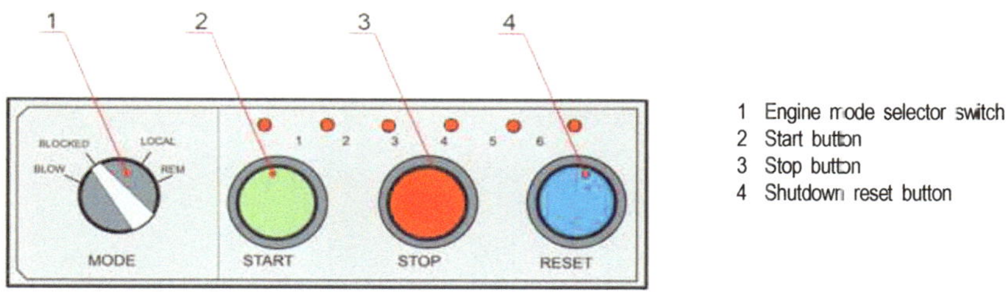

그림 8.56 Control Button and Switch

② 시동 버튼(Start Button)

엔진모드에 따라 선택된 지점에서 이 버튼을 눌러 엔진을 시동한다. 엔진을 시동할 준비가 되면 버튼의 녹색 표시등이 켜진다. 블로우 모드를 선택한 상태에서 Start(시동) 버튼을 누르면 엔진이 회전하지만 시동이 걸리지 않는다. 엔진모드 선택 스위치가 원격 또는 차단으로 되면 현장 시동 신호가 비활성화 된다.

③ 정지 버튼(Stop Button)

엔진모드에 따라 선택된 지점에서 이 버튼을 눌러 엔진을 정지한다.

④ 셧다운 리셋 버튼(Shutdown Reset Button)

엔진의 셧다운 혹은 비상정지(emergency stop)가 작동되면 작동정지 회로가 래칭(latching)된다. 이 버튼을 누르면 작동정지가 리셋(reset)된다. 작동정지는 엔진이 정지한 후에만 리셋할 수 있다. 리셋이 필요하면 버튼에서 파란색 불이 켜진다.

⑤ 비상정지 버튼(Emergency Stop Button)

엔진을 즉시 정지시키려면 이 버튼을 누른다. 이 버튼은 엔진 안전 모듈(ESM)에 직접 연결되어 있어 전기-공기 제어식 정지 솔레노이드(electro-pneumatic stop solenoid)를 작동시키고 메인 컨트롤 모듈(MCM)을 셧다운 모드(shutdown mode)로 전환한다. 푸시 버튼이 래칭(latching)되는 타입으로 버튼을 해제하려면 이 버튼을 돌려야 한다. ESM의 비상정지 기능도 래칭되므로 엔진의 회전속도가 "0"에 도달하면 리셋(reset) 버튼을 눌러야만 이 래칭을 리셋할 수 있다.

4) 메인 제어 모듈(Main Control Module)

메인 제어 모듈(MCM)은 제어 및 데이터 수집 모듈이다. 다양한 아날로그 및 디지털 측정 채널과 아날로그 및 디지털 출력을 제공한다. MCM 모듈의 역할은 다음과 같다.

- 속도 및 부하 제어(Speed and load control)
- 시동 및 정지 관리(Start and stop management)
- 연료 관리(Fuel management)
- 기타 전략적 제어(Other strategic control)

5) 엔진 안전 모듈(Engine Safety Module)

엔진 안전 모듈(ESM)의 역할은 다음과 같다.

- 기본 엔진 안전 및 다양한 속도 측정 기능의 처리
- 엔진정지 장치(shutdown device)에 대한 인터페이스 역할

6) 전원 분배 모듈(Power Distribution Module)

전원 분배 모듈(PDM)의 역활은 엔진의 모든 전자장비에 전원을 공급, 분배하는 것으로 다음을 처리한다.

- 전원 공급장치 필터링
- 과전압(over-voltage) 및 과도전압(voltage transient)으로부터 보호
- 지락(earth fault) 모니터링

7) 입력 및 출력 모듈(Input and Output Module)

입력 및 출력 모듈(IOM)에는 제어 및 데이터 수집 장치가 장착되어 있다. IOM은 아날로그, 디지털 및 주파수 신호로부터 데이터를 수집하기 위해 사용된다. 또한 웨이스트게이트(wastegate), 바이패스 밸브 및 냉각수 자동 온도조절 밸브와 같은 제어에도 사용된다.

8) 실린더 제어 모듈(Cylinder Control Module)

실린더 제어 모듈(CCM)은 아날로그 신호 및 드라이버 출력뿐만 아니라 다수의 아날로그 신호 측정 채널도 장착된 제어 및 데이터 수집용 모듈이다. CCM은 연료분사 제어 및 실린더 관련 측정을 처리한다. CCM은 메인 제어 모듈(MCM)에서 보낸 정보를 기준으로 연료분사 기간 및 타이밍을 계산한다. 이 모듈은 CAN을 통해 MCM 및 기타 모듈과 통신한다. CCM 1개는 최대 3개의 실린더를 제어할 수 있다. 정확한 순간에 분사 명령 신호를 제공하기 위해 CCM은 엔진속도 및 각 위치에 대한 정확한 정보가 필요하다. 따라서 속도 및 위상 신호는 모든 CCM 모듈에 하드 와이어드(hard-wired)되어 있다. 노크(knock), 배기가스 온도 및 실린더 압력센서도 이 모듈에 연결된다. 센서의 정보는 CAN을 통해 MCM으로 전송된다. CCM은 파일럿 연료 인젝터 및 메인 가스 밸브에 고에너지 제어 신호를 제공한다. 이 밸브는 별도의 밸브 구동 공급 장치를 사용하여 제어한다.

인젝터의 신속성 및 정합성이 보장되도록 분사시작 시 더 높은 전류 레벨의 인입전류(pull-in current)가 사용된다. 인젝터가 개방되면 즉시 낮은 전류 레벨의 유지전류(hold-in current)로 바뀐다. 이러한 낮은 전류 및 에너지 레벨은 CCM 구동 회로와 솔레노이드 밸브의 열 발생을 줄여준다. 전류를 조절하기 위해 펄스 폭 변조(PWM)라고 하는 스위칭 방법이 사용된다. 비상정지 모드에서는 엔진 셧다운을 위해 인젝터 밸브 구동 전압이 완전히 차단된다.

9) 센서(Sensor)

엔진의 모든 센서는 자동화 시스템의 모듈과 연결된다. 대부분의 센서는 메인 제어 모듈(MCM), 입력 및 출력 모듈(IOM) 그리고 실린더 제어 모듈(CCM)에 연결된다. IOM 및 CCM에 연결된 센서가 CAN을 통해 MCM으로 정보를 전송하고 여기서 처리된다.

9
CHAPTER

LNG 선박의 STEAM PLANT & TURBINE SYSTEM

9.1 STEAM SYSTEM

9.1.1 Superheated Steam(SH Steam) System

그림 9.1과 그림 9.2와 같이 선박에 필요한 모든 스팀(steam)은 주 보일러(main boiler)에서 생성된다. 보일러 증기드럼(steam drum)에서 나오는 증기는 오리피스(orifice)를 지나 1차 과열기(superheater)로 이동된다.(여기에 설치된 오리피스 전/후로 스팀의 압력 강하를 측정하고 증기흐름(steam flow)을 계산하여 전기신호로 변환되는 transmitter의 입력 값이 된다.) 그런 다음 스팀은 1차 과열기를 통과하여 2차 과열기로 이동한다. 이 과정에서 1차 과열기를 통과한 스팀 일부는 워터 드럼(water drum)안에 위치한 temperature control desuperheater로 순환시켜 스팀의 출구 온도를 조절한다. 제어 밸브(control valve)는 보일러 2차 과열기에서 나오는 증기의 출구 온도에 따라 temperature control desuperheater에서 2차 과열기로 흐르는 스팀의 양을 조절한다. 이 과정에서 만들어진 스팀을 압력 61 kg/cm^2, 온도 515℃의 superheated steam(SH steam)이라고 한다. 보일러에서 만들어진 SH steam은 main turbine, turbine generator, turbo feed pump를 운전하는데 사용된다(그림 9.3 참조).

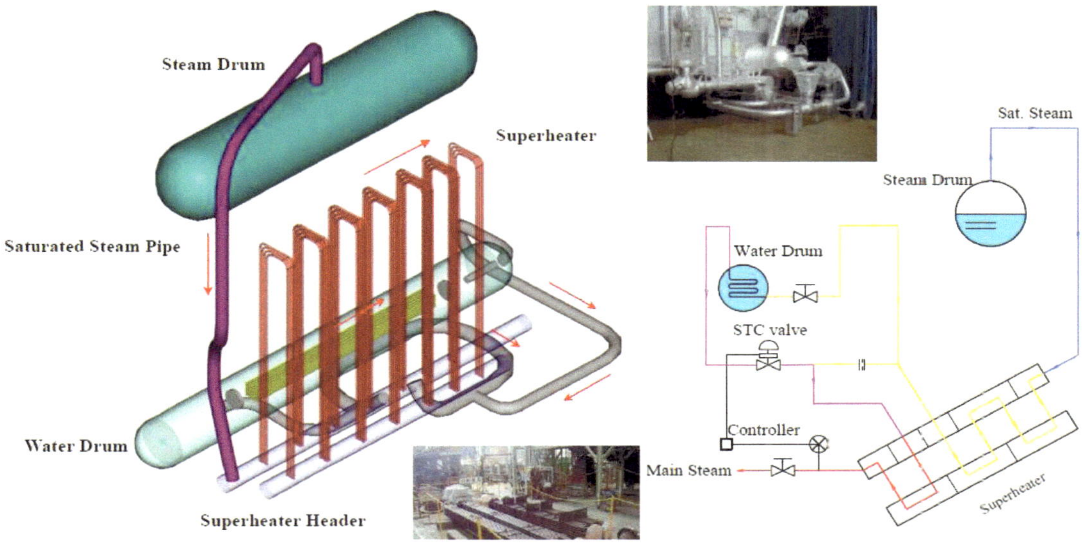

그림 9.1 Superheated Steam System

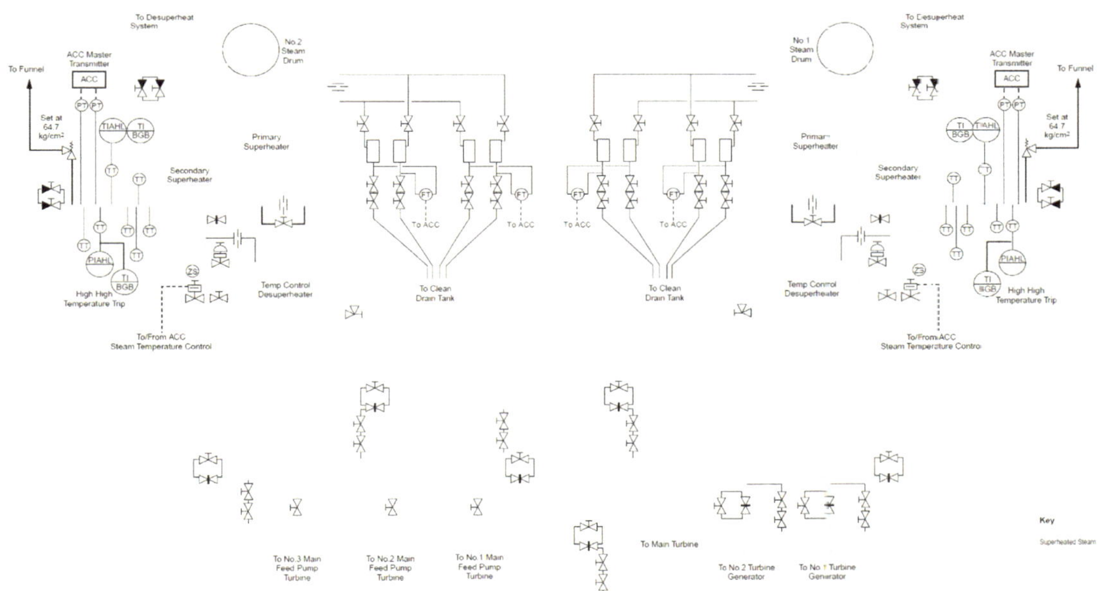

그림 9.2 Superheated Steam

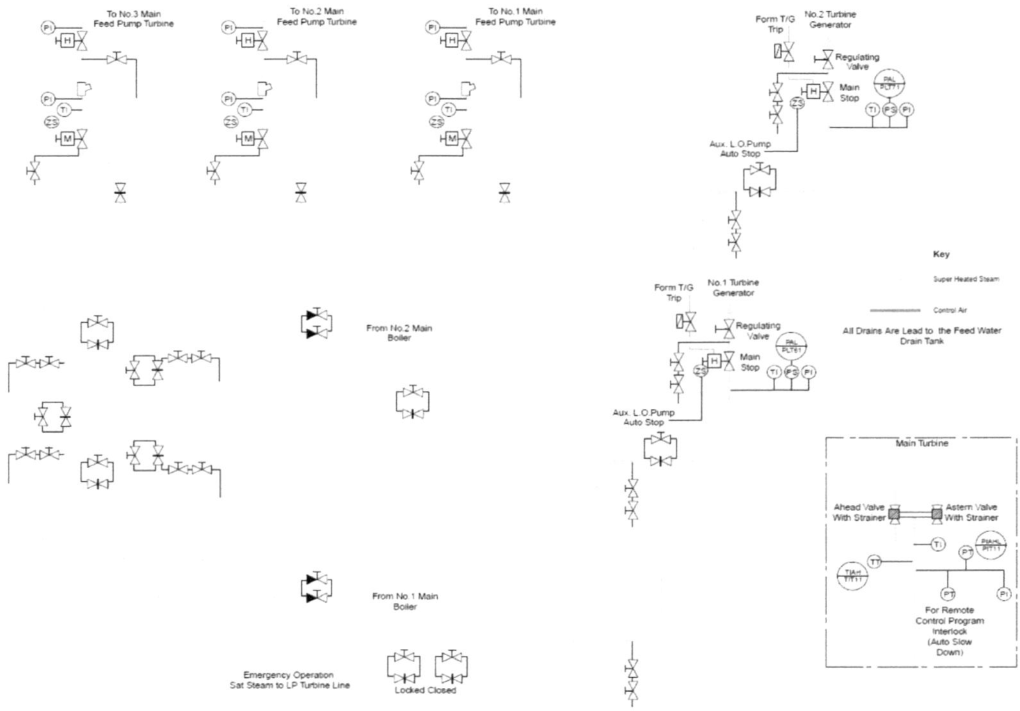

그림 9.3 Superheated Steam to Main Users

9.1.2 Desuperheated Steam(DSH Steam) System

SH steam을 보일러의 스팀드럼(steam drum) 내부에 장착된 internal desuperheater로 통과시켜 압력 61 kg/cm^2, 온도 230℃의 DSH steam을 생성한다. DSH steam은 다음 용도로 사용 된다(그림 9.4 참조).

- Main turbine emergency operation
- Main dump external desuperheaters
- 60/16 kg/cm^2: main boiler soot blowing steam
- 60/11 kg/cm^2: main boiler atomizing steam
- 60/10 kg/cm^2 & HP bleed system: auxiliary services(low pressure steam service), 조수기 ejector steam
- 60/2.6 kg/cm^2 & MP bleed system: deaerator, gland steam, boiler steam air heater, 조수기 heating

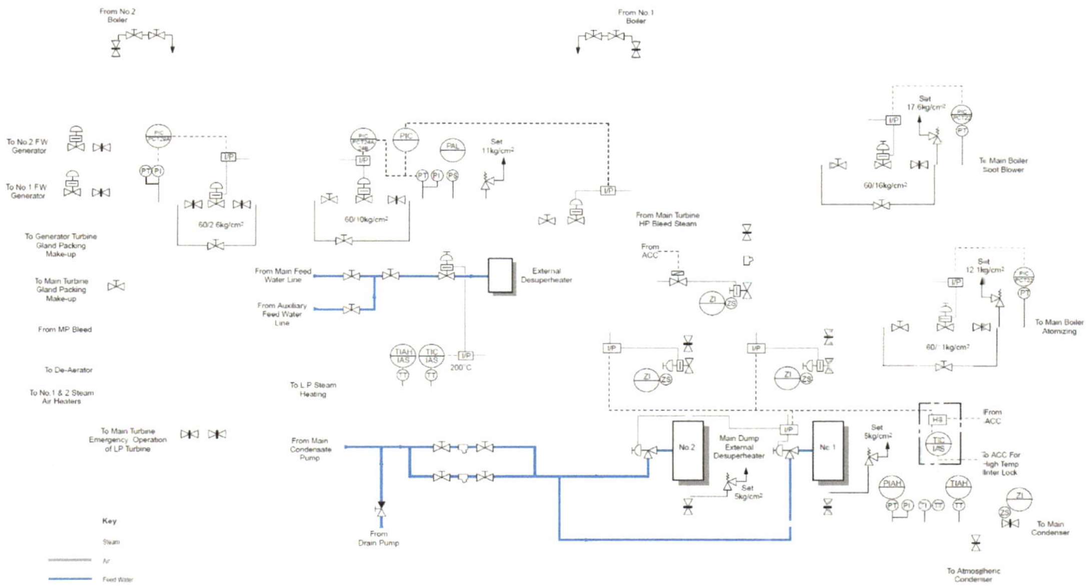

그림 9.4 Desuperheated Steam

9.1.3 Steam Dump and Generator Turbine Exhaust System

1) Dump Steam Desuperheater

주 보일러는 화물로 부터 발생되는 BOG(Boil-Off Gas)를 연소한다. 만약 화물로 부터 발생되는 BOG가 정상 운항에 요구되는 보일러 스팀 생산을 위한 연료량을 초과할 경우 스팀생산은 증가하며, 생산되는 잉여 스팀은 main dump external desuperheater를 통해 main condenser로 버려진다(그림 9.5 참조). desuperheater spray는 main condensate pump 및 drain pump의 출구로부터 공급된다. main condenser를 사용할 수 없을 경우 desuperheater steam은 atmospheric condenser로 방출할 수 있다. desuperheater의 출구 온도를 측정하여 상응하는 신호가 spray control valve로 전송되고 그에 따라 급수량(water supply)이 변화된다.

main dump external desuperheater는 ACC에서 제어된다. 보일러 스팀 압력이 정상 설정 값(약 63.5 kg/cm²)을 초과할 경우 dump control valve가 열려 보일러 스팀을 main condenser로 보내 바로 응축시킨다.

2) MP Exhaust Steam System Dump

MP exhaust steam system의 과도한 스팀 압력은 main condenser로 방출된다. main condenser를 사용할 수 없을 경우 atmospheric condenser로 방출할 수 있다.

3) Generator Turbine Exhaust Steam System

그림 9.5와 같이 generator turbine의 배기스팀은 모두 독립된 파이프 라인을 통해 main condenser로 이동하여 응축된다. main condenser를 사용할 수 없는 경우 atmospheric condenser로 전환할 수 있다.

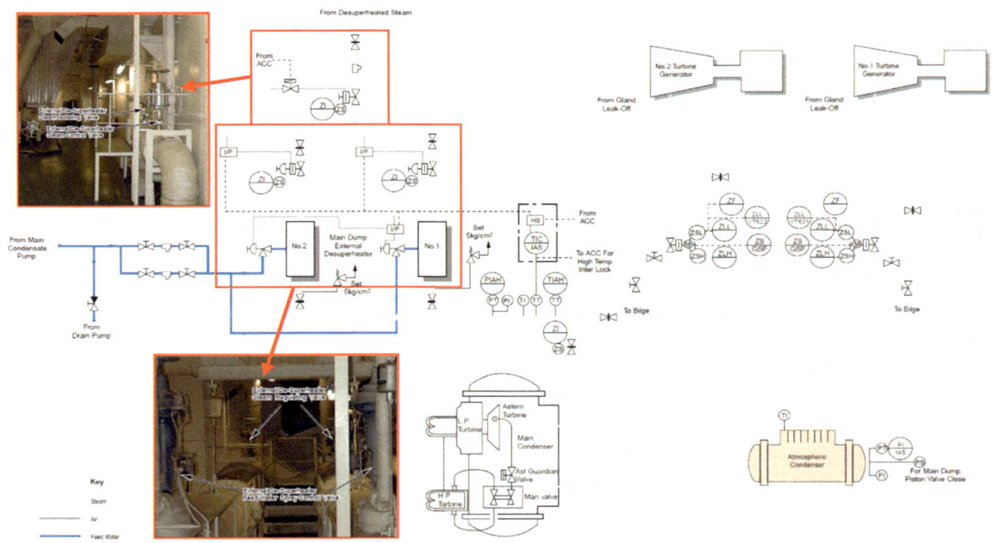

그림 9.5 Steam Dump and Generator Exhaust System

9.1.4 Main Turbine High Pressure, Medium Pressure Bleed Steam and Medium Pressure Exhaust System

1) High Pressure Bleed System(HP Bleed System)

HP bleed steam은 HP turbine의 4번째 날개(blade) 단계에서 분리되어 나온 스팀이다. HP bleed steam의 압력은 main turbine의 부하에 따라 변동되며, 압력 제어 밸브(pressure control valve)에 의해 10 kg/cm^{2}로 조정되어 보일러 internal desuperheater에서 공급하는 60/10 kg/cm^2 스팀과 결합된다. HP bleed valve는 수동으로 열거나 닫을 수 있지만 일반적으로 main turbine의 nozzle lift 개도 신호에 따라 자동으로 작동된다.

2) Medium Pressure Bleed System(MP Bleed System)

MP bleed steam은 HP turbine 출구 및 LP turbine 입구 사이 cross over line 단계에서 분리되어 나온 스팀이다. 그림 9.6과 같이 MP bleed steam의 압력은 main turbine의 부하에 따라

변동되며, 압력 제어 밸브(pressure control valve)에 의해 2.6 kg/cm²로 감압하여 보일러 internal desuperheater에서 공급하는 60/2.6 kg/cm² 스팀과 결합된다. MP bleed valve는 수동으로 열거나 닫을 수 있지만 일반적으로 main turbine의 nozzle lift 개도 신호에 따라 자동으로 작동된다.

3) Medium Pressure Exhaust System(MP Exhaust System)

MP bleed steam 시스템과 turbo feed pump의 exhaust steam을 MP exhaust system 이라고 한다. 이 시스템은 2.6 kg/cm²의 압력으로 제어된다. 압력이 2.4 kg/cm² 까지 떨어지면 보일러 internal desuperheater에서 생성되고 감압밸브(reducing valve)에서 감압된 60/2.6 kg/cm²의 스팀이 보충 공급된다. 압력이 3.5 kg/cm²까지 상승하면 과다한 압력이 main concenser로 방출된다.

MP exhaust system의 스팀은 deaerator, main boiler steam air heater 및 fresh water generator heating steam에 사용된다(그림 9.6 참조).

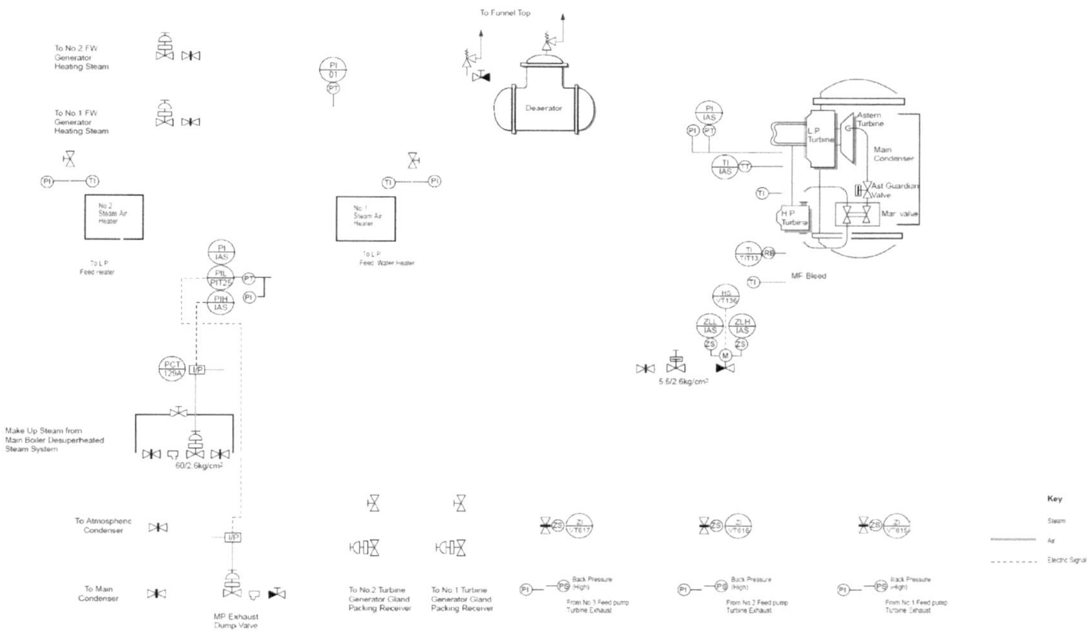

그림 9.6 High Pressure Exhaust Steam, MP and LP Bleed System

9.1.5 Low Pressure Steam Service System

그림 9.7과 같이 low pressure steam service system은 보일러 internal desuperheater에서 생성되고 감압밸브(reducing valve)에서 감압된 60/10 kg/cm^2, 온도 230℃의 DSH steam을 external desuperheater를 거쳐 10 kg/cm^2, 온도 200℃의 스팀으로 공급된다. 이 시스템에서 스팀이 사용되는 용도는 다음과 같다.

- FO & LO tank 및 각종 tank heating
- Boiler fuel oil heater
- Boiler burner cleaning
- Boiler smothering steam
- Boiler fuel oil line tracing
- Oily water separator
- FW generator air ejectors
- FO filling and transfer lines tracing
- 4 kg/cm^2 reducing steam

[4 kg/cm^2 스팀의 용도]

- High and low sea suction chests
- De-oiler
- Calorifier
- Waste oil settling/service tanks
- Accommodation air conditioning plant
- Engine room air conditioning plant
- Heat tracing for incinerator fuel oil lines
- Heat tracing for waste oil lines
- Accommodation services

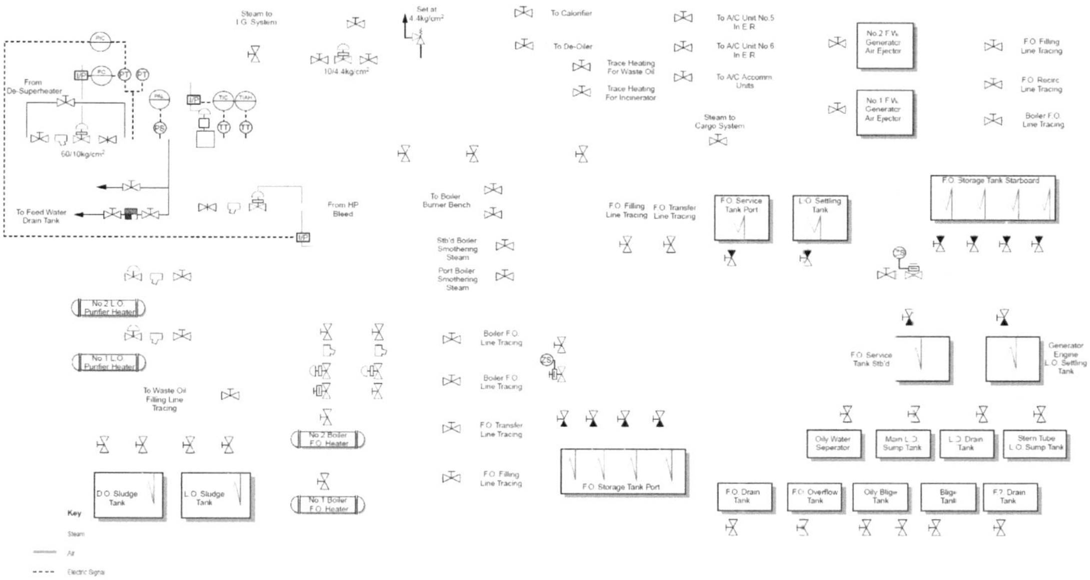

그림 9.7 LP Steam Service System

9.1.6 Gland Packing and Leak Off System

그림 9.8과 같이 main turbine과 turbine generator의 gland sealing을 위한 스팀은 desuperheated steam system과 MP bleed system에서 공급된 2.6 kg/cm^2 스팀에 의해 공급된다.

1) Main Turbine

packing steam은 정상적으로 2개의 공기 작동식 제어 밸브(air operated control valve)에 의해 제어되어 압력 약 0.2 kg/cm^{2}로 유지된다. packing steam 압력이 낮을 경우 보충 밸브(make-up valve)가 열리고 packing steam을 gland에 공급한다. packing steam 압력이 높을 경우 누출 밸브(spill valve)가 열리고 packing steam이 main condenser로 방출된다. packing steam 압력의 hunting이나 cycling을 방지하기 위해 packing steam controller가 설치되어 있어 controller에 의해 보충 밸브(make-up valve)와 누출 밸브(spill valve)를 적절히 제어된다.

packing steam reservoir의 drain은 오리피스(orifice)를 통해 main condenser로 버출된다. packing leak-off reservoir로 수집된 gland packing의 누출된 스팀(leak-off steam)은 gland exhaust fan에 의해 흡입되어 grand condenser로 유입되어 응축되고 응축수는 FW drain tank로 유입된다.

deaerator의 exhaust와 turbo feed pump의 누출된 스팀(leak-off steam)도 gland condenser로 유입된다.

2) Generator Turbine

generator turbine gland sealing도 main turbine과 유사한 방식으로 공급되며, 보충 밸브(make-up valve) 및 누출 밸브(spill valve)에 의해 gland packing steam reservoir에서 압력이 유지된다. 과도한 압력은 각 터빈 배기 라인(turbine exhaust line)으로 배출된다. gland packing steam reservoir drain은 오리피스(orifice)를 통해 각 터빈 배기 라인으로 배출된다.

gland packing의 누출된 스팀(leak-off steam)은 gland exhaust fan에 의해 흡입되어 grand condenser로 유입되어 응축되고 응축수는 FW drain tank로 유입된다.

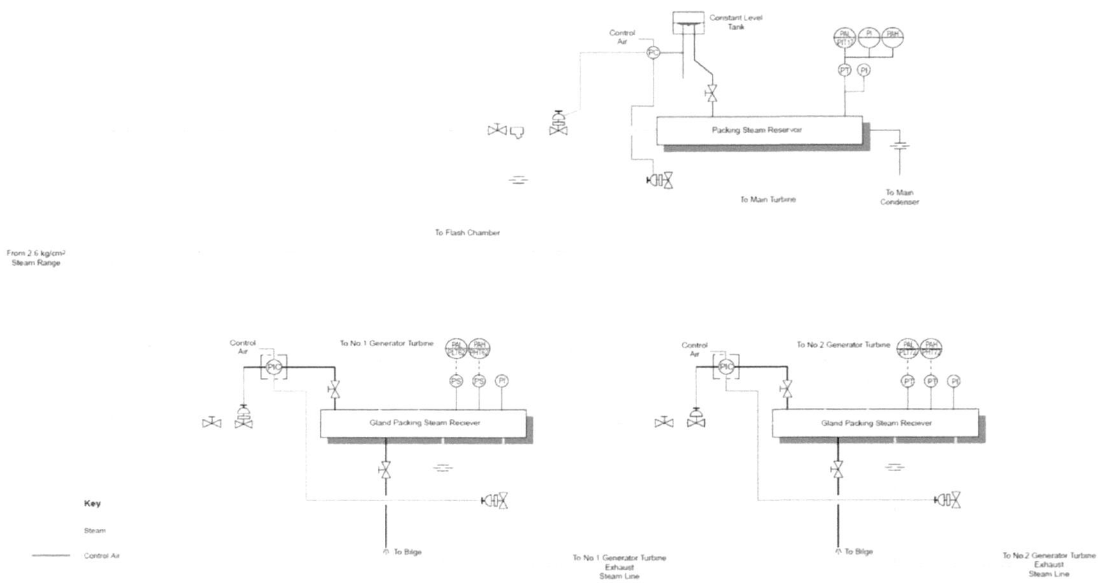

그림 9.8 Gland Steam

9.1.7 LP Bleed and Fresh Water Generator Service System

1) LP Bleed System

LP bleed steam은 LP turbine의 3번째 날개(blade) 단계에서 분리되어 나온 스팀이다. 압력이 0.3 kg/cm^2 이상일 때 bleed valve가 열린다. 밸브는 수동으로 열거나 닫을 수 있지만 일반적으로 자동으로 작동된다. 그림 9.9에서와 같이 LP bleed steam은 LP feed heater로 직접 공급된다. heater의 drain 배출을 control valve로 제어하여 heater 내의 응축수 수위(water level)을 적절히 유지한다. boiler steam air heater의 drain은 일반적으로 LP feed heater를 통해 유도되지만, main condenser 또는 FW drain tank로 직접 배출될 수 있다.

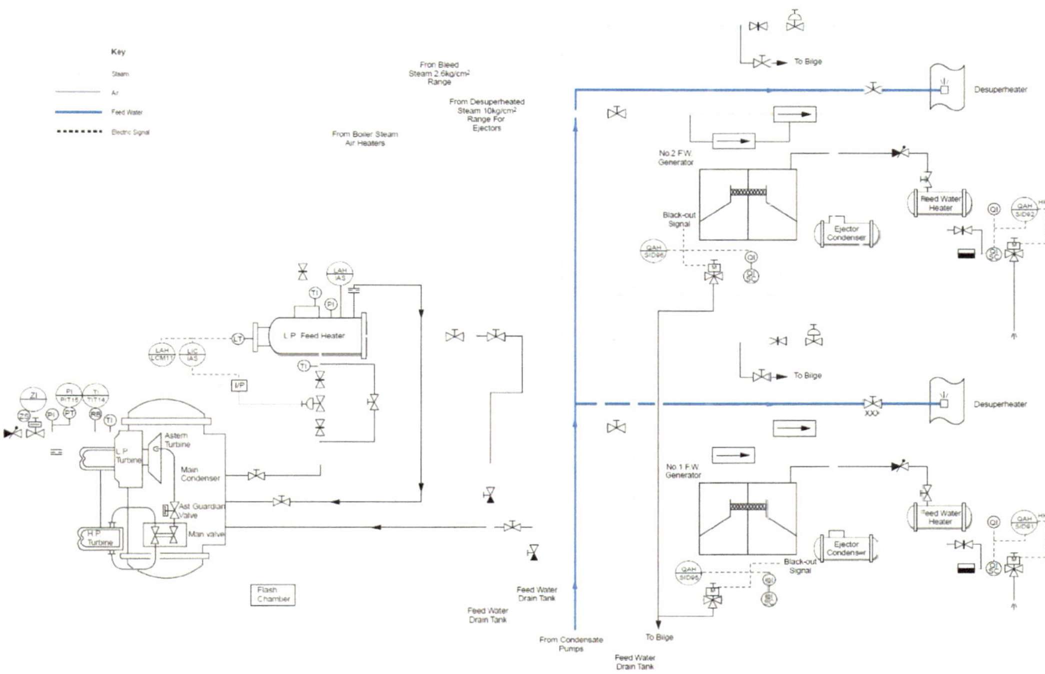

그림 9.9 LP Bleed and Fresh Water Generator Service System

2) Fresh Water(FW) Generator Service System

그림 9.9에서와 같이 10 kg/cm^2 시스템의 스팀은 FW generator air ejector에 공급되며, 여기서 나온 배기스팀은 ejector condenser에서 응축된다. MP exhaust 및 2.6 kg/cm^2 스팀 시스템에서 나오는 스팀은 FW generator의 독립적인 desuperheater를 거쳐 FW generator의 feed water heater에 공급된다. ejector condenser 및 feed water heater에서 drain은 FW drain tank로 이동한다. 이때 높은 염도가 감지되거나 정전(blackout)이 발생할 경우 drain은 bilge로 처리된다.

9.2 CONDENSATE & FEED WATER SYSTEM

9.2.1 Main Condensate System

그림 9.10과 같이 주 응축수 시스템(main condensate system)은 main condenser에서 boiler main feed pump로 공급되는 물의 순환과 관련된 시스템이다. main turbine, turbine generator, dump steam 및 기타 보조 장치의 배기 스팀(exhaust steam)은 해수에 의해 냉각되는 main condenser에서 진공상태로 응축된다. main condenser에서 응축된 응축수는 condensate pump에 의해 토출되어 다양한 열교환기를 통해 예열된 후 deaerator에 공급된다. deaerator의 물은 boiler main feed pump의 입구 측으로 제공된다. main condenser에서 boiler main feed pump 입구로 순환하는 동안 응축수 온도가 대략 32℃에서 138℃로 상승된다. 이러한 온도 증가는 LP turbine의 LP bleed steam 및 boiler steam air heater에서 나오는 drain의 폐열을 이용하는 LP feed heater와 grand condenser에서 열 교환으로 인해 얻어 진다. 또한 main feed pump의 배기 스팀 및 main turbine의 MP bleed steam과 보일러 desuperheated steam system의 2.6 kg/cm^2 스팀은 deaerator를 위한 가열 증기(heating steam)로도 공급된다.

main condenser의 응축수 수위(water level)는 자동 밸브에 의해 제어된다. 이 밸브는 grand condenser 직후 라인에 장착되어 항상 응축수가 흐르도록 한다. 정상 작동 조건에서는 main turbine의 증기 흐름이 높은 상태에서 수위 제어 밸브(level control valve)가 열려 LP feed heater를 통해 deaerator로 이동한다. main turbine 부하(load)가 낮을 경우 이 밸브가 닫히고 재순환 밸브(recirculation valve)가 열려 main condenser로 바로 재순환되며, condensate pump가 dry-running 되지 않도록 한다. condensate pump는 main 및 stand-by로 설치되어 있다. main condenser 수위에 따라 stand-by condensate pump가 자동으로 운전되며 수위가 회복되면 자동으로 정지된다. 또한 condensate pump 출구 압력이 기준압력 이하로 저하되면 자동으로 stand-by condensate pump가 운전된다.

main condenser는 냉각 해수 누출 가능성이 있으므로 응축수 라인 중간 중간에 염분 모니터 시스템(salinity monitor system)이 설치되어 있다.

condensate pump 출구의 응축수 일부는 desuperheating용 spray water 및 기타 다음 용도로 이용된다.

- Water spray to dump desuperheaters
- Water spray to main turbine astern steam supply
- Water spray to dump steam chamber
- Water spray to FW generator evaporator steam supply
- Main feed pump mechanical seal water supply
- Oil content monitor
- No.1 and No.2 main vacuum pump cooling water header tanks

deaerator는 boiler main feed pump에 응축/공급수의 제공뿐만 아니라 급수의 예열, 칼기 및 보관의 역할을 한다.

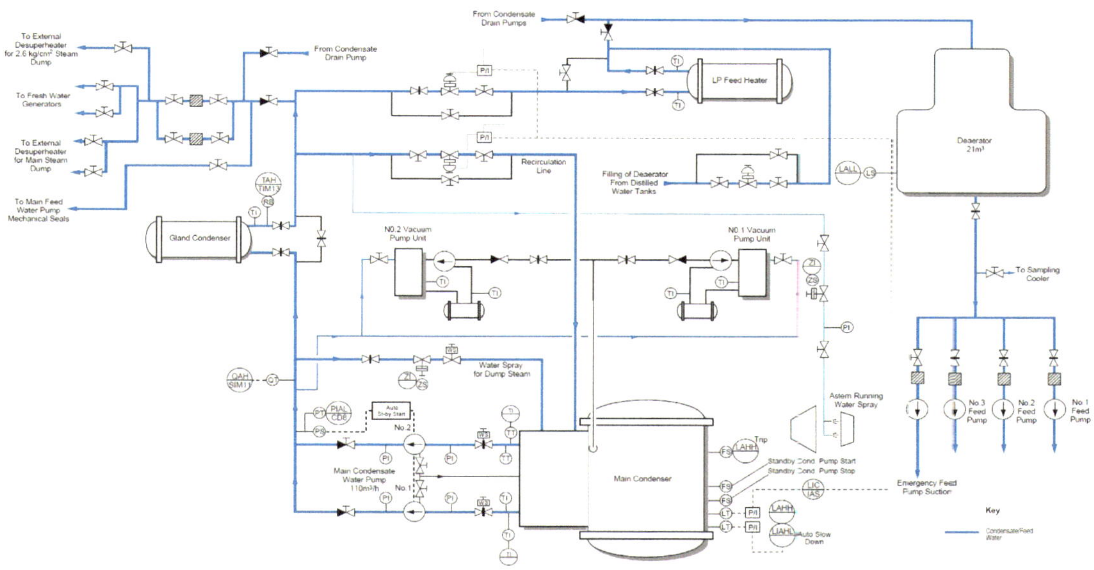

그림 9.10 Main Condensate System

9.2.2 Condensate Water System

그림 9.11과 같이 auxiliary steam service로부터 나온 응축수의 재순환 과정을 condensate water system이라 한다. 오염 가능성이 없는 drain은 FW drain tank로 직접 이동되며, 유분 및 기타 오염 가능성이 있는 drain은 분리되어 적절한 검사 및 조치 후에 FW drain tank로 이동된다. 이 시스템은 주 응축수 시스템(main condensate system)과 연관되어 있으며, 두 시스템의 응축수가 deaerator에 들어가기 전에 결합한다. 증류수 탱크(distilled water tank)에서 이 시스템으로 유입되는 물은 보충 밸브를 통해 FW drain tank로 들어가기 전에 ion exchange unit에서 정수처리 후 보충된다.

condensate water system의 FW drain tank 출구 측에는 2대의 drain pump와 보다 용량이 큰 1대의 dump drain pump가 장착되어 있다. FW drain tank에 모인 응축수는 펌프에 의해 deaerator로 이송되며, 이 과정에서 여러 개의 제어 밸브(control valve)가 설치되어 있어 deaerator 및 FW drain tank 수위를 제어한다. 펌프출구에 오리피스(orifice)가 설치 된 재순환하는 라인이 설치되어 있어 이를 통해 FW drain tank로 재순환하여 펌프가 정지 없이 계속 운전 중 dry-running 되지 않도록 한다.

이 펌프에는 라인 압력이 떨어질 경우 자동 전환 기능이 장착되어 있다. drain pump 1대가 계속 운전 중임에도 불구하고 FW drain tank 수위가 높아지면 두 번째 펌프가 자동으로 운전되고 수위가 정상으로 돌아오면 다시 자동으로 정지된다. 그 다음 공급수는 기름 추출기(grease extractor)를 통과하여 공급수의 기름이나 유류 오염을 제거한다. 그런 다음 파이프라인은 주 응축수 펌프에서 공급되는 응축수와 만나 함께 deaerator로 들어간다.

dump drain pump는 FW drain tank 수위가 매우 높고, FW drain tank로 흐르는 물의 양이 많을 때 사용된다.

drain pump의 출구 측에서 보일러로 가는 보조 공급 라인이 설치되어 있어 수동 밸브를 개방하여 보일러 수 의 초기 충전에 사용할 수 있다.

atmospheric condenser, gland condenser, LP feed heater 및 기타 다양한 라인의 drain은 모두 FW drain tank로 바로 흘러 들어간다. 잠재적으로 오염된(각종 유류 관련 heating steam drain 등) drain은 drain cooler를 통과하고 drain cooler에서 나온 응축수는 duplex strainer 및 de-oiler unit을 통과하여 observation drain tank를 거쳐 마지막으로 FW drain tank로 들어간다. 이러한 drain은 보통 각종 연료유 및 LO 가열, LO purifier(청정기), sludge tank, 갑판 기계 등을 가열하는데 사용되는 스팀으로부터 발생하며, 이 스팀에서는 유류 및 기타 불순물이 drain으로 유입될 가능성이 높다. de-oiler unit 이후 물의 상태를 유류감지 장치(oil detection unit)가 모니터링 한다. 오염 수치가 기준 값 보다 높으면 경보(alarm)가 발생하고, solenoid valve에 의해 모든 drain이 observation drain tank를 우회(by-pass)하여 bilge tank로 배출된다. observation drain tank에는 내부의 상태를 수동으로 검사하기 위한 sight glasse와 수면 상 떠있는 유분을 제거하기 위한 scum valve가 장착되어 있다.

de-oiler unit의 압력차가 1 kg/cm^2 이상일 경우 de-oiler unit 내부를 소제(cleaning)해야 한다.

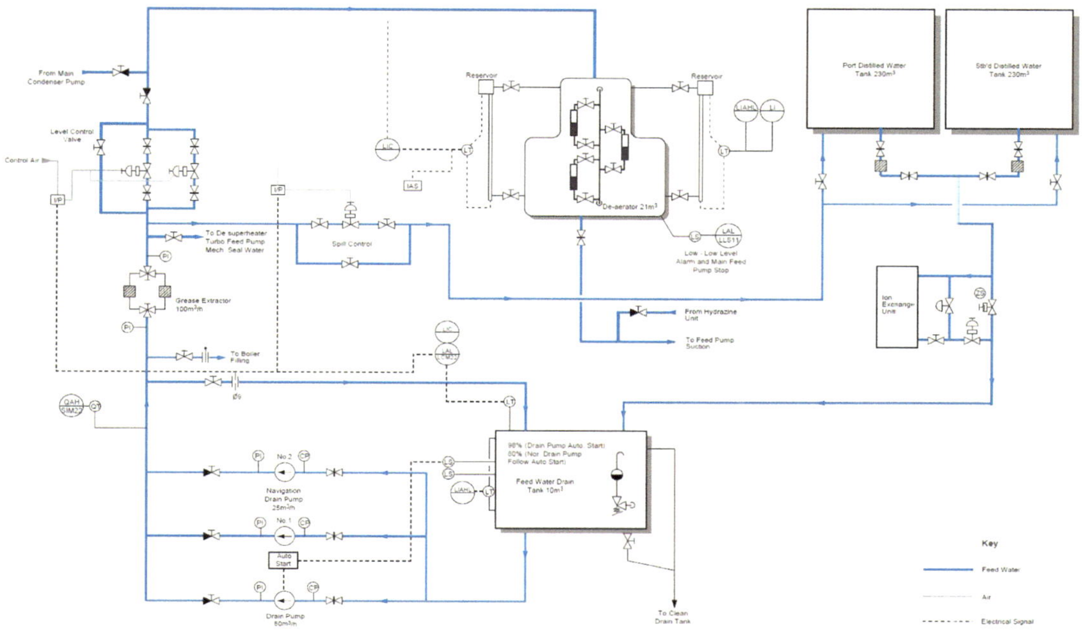

그림 9.11 Condensate Water System

9.2.3 Boiler Feed System

그림 9.12와 같이 boiler(or main) feed system은 feed pump를 통해 deaerator에서 브일러의 증기 드럼(steam drum)으로 공급되는 물의 순환과 관련된 시스템이다. 가열된 공급수(feed water)는 시스템 헤더 탱크(system header tank) 역할을 하는 deaerator에서 수집된다. 기관실 상부에 있는 deaerator의 위치는 feed pump에 양의 흡입 수두(positive suction head)를 제공한다. boiler(or main) feed system의 물 순환을 위해 주 역할을 하는 3대의 turbo feed pump가 설치되어 있으며, 보일러 초기 물 보충 및 비상시 사용되는 1대의 electric reciprocating pump가 추가로 설치되어 있다.

1) Main Feed Line

feed pump에서 방출되는 이 배출 라인의 공급수(feed water)는 제어 시스템(control system)의 공급 흐름을 측정하는 오리피스(orifice)를 통과한다. 그런 다음 공급 수위 제어 밸브(feed level control valve)와 전동 밸브(motor valve)를 통과한다. 그리고 economizer를 거쳐 보일러의 증기 드럼으로 들어간다. 이때의 모든 제어는 자동으로 이루어진다.

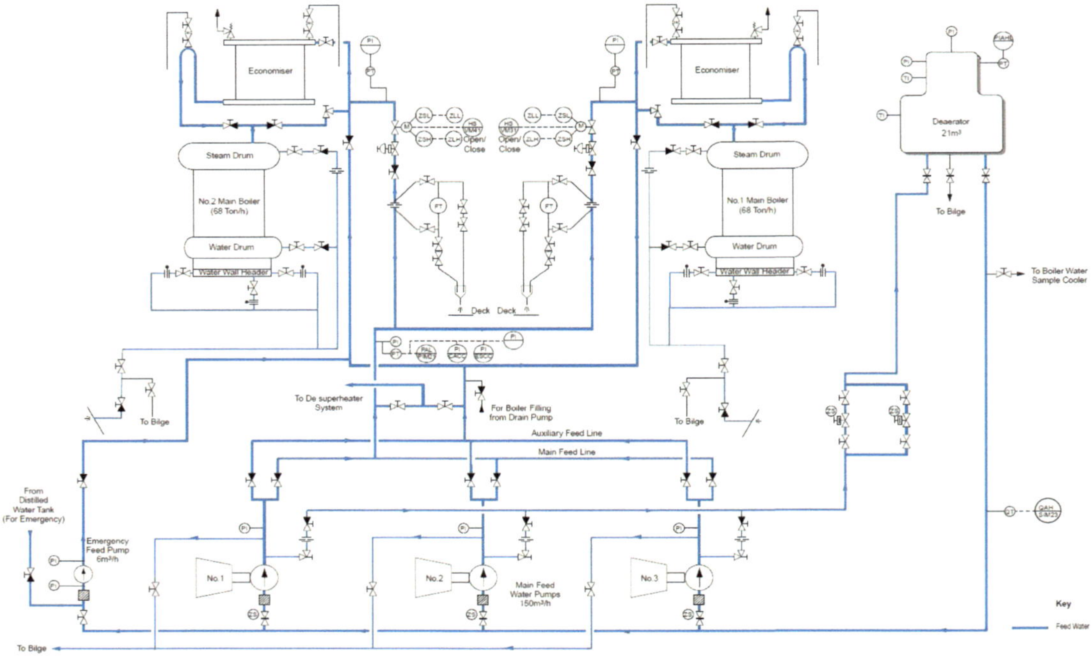

그림 9.12 Feed Water System

2) Auxiliary Feed Line

이 파이프라인(pipeline)은 주로 메인 공급 라인(main feed line)을 수리해야 하는 경우에 사용된다. 공급수는 economizer를 거치거나 우회하여 보일러로 직접 흐를 수 있다. 어떤 경로를 선택하든 보조 공급 라인(auxiliary feed line)을 사용할 때는 보일러 공급 밸브를 수동으로 조작해야 한다.

3) Feed Pump Recirculated Line

공기 작동식 솔레노이드 밸브(air operated solenoid valve)가 열리면 feed pump가 deaerator로 다시 물을 재순환할 수 있다. 보일러가 낮은 부하에서 작동 중일 때 이 밸브는 자동으로 열리며, 펌프 출구 측의 오리피스(orifice)를 통해 deaerator 바닥의 water chamber로 물이 재순환된다.

9.3 MAIN BOILER

9.3.1 제원(참고)

1) 스팀 최대 증발량: 68,000 kg/h, Normal 증발량: 59,000 kg/h
2) 증기 압력
    - 과열 증기: 61.5 kg/cm^2(normal operation)
    - 드럼 압력: 78.5 kg/cm^2(design)
3) 급수 및 증기 온도
    - economizer 입구 급수 온도: 138.8℃(normal operation)
    - 과열기 출구 증기 온도: 515℃(normal operation)
4) 연료유 소모량
    - FO: 최대 출력 4,948 kg/h, 정격 출력 4,299 kg/h
    - Gas: 최대 출력 4,046 kg/h, 정격 출력 3,515 kg/h
5) Burner Capacity
    (1) Gas burner capacity: 1,551 kg/h/burner, 0.65 kg/cm^2/burner
    - 최대: 1,349 kg/h/burner, 0.49 kg/cm^2/burner
    - 정격: 1,172 kg/h/burner, 0.37 kg/cm^2/burner
    - 최소: 221 kg/h/burner, 0.013 kg/cm^2/burner

    (2) Oil Burner Capacity: 1,897 kg/h/burner, 22.3 kg/cm^2/burner
    - 최대: 1,649 kg/h/burner, 18.0 kg/h/burner
    - 정격: 1,519.5 kg/h/burner, 15.4 kg/cm^2/burner
    - 최소: 150 kg/h/burner, 1.8 kg/cm^2/burner

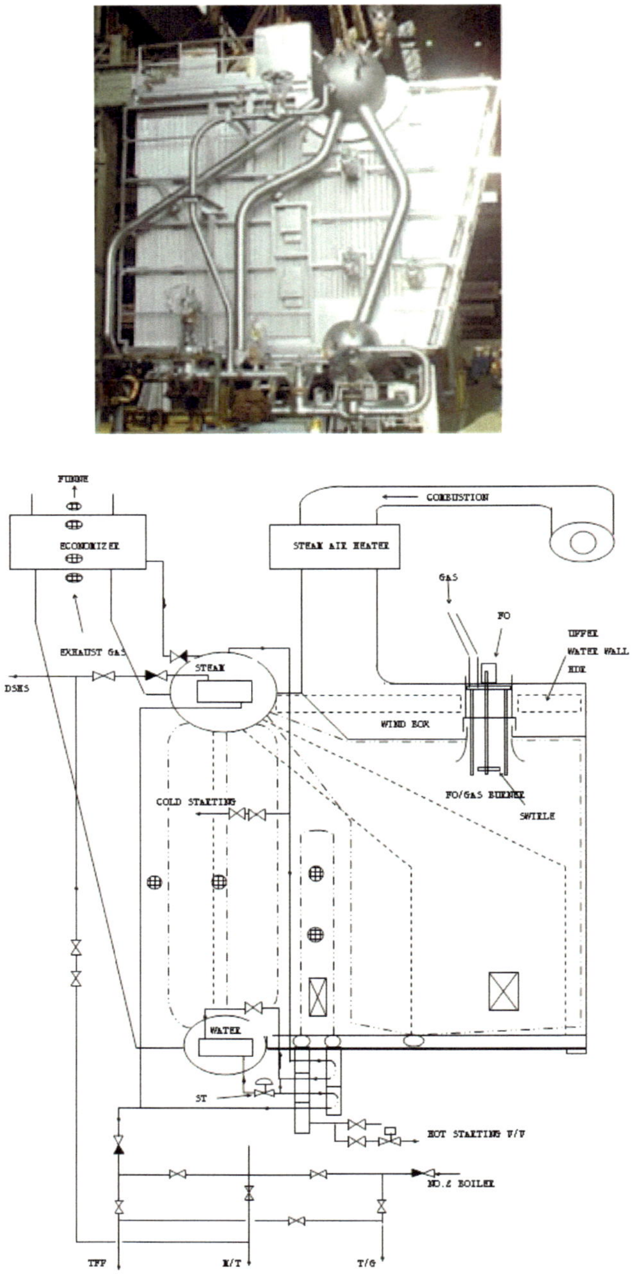

그림 9.13 Boiler Structure

9.3.2 개요

1) 그림 9.14와 같이 상부에 설치된 버너로 FO나 Gas(BOG)를 연소시켜서 물을 60 kg/cm^2, 515℃의 증기를 만드는 고압 용기이다.

2) 노(furnace)에서 연소된 배기가스는 다음 경로를 지나면서 보일러에 열을 공급한다.

Screen Tube → Superheater Tube → Bank Tube, Generating Tube → Economizer → 연돌(대기방출)

3) 보일러 물은 가열됨으로써 물의 밀도 차에 의한 대류에 의해서 순환된다.

Water Drum → Tube 내에서 가열 → Steam Drum → 증기발생 → 증기로 발생되지 않는 물 → 강수관 → Water Drum

4) 보일러를 운전할 수 있는 장소는 제어실(ESCR, CACC) 및 BGB 이다.

5) 모든 시스템은 자동연소제어(ACC)와 버너 조작장치(BMS)에 의해서 전자동 또는 수동으로 제어된다.

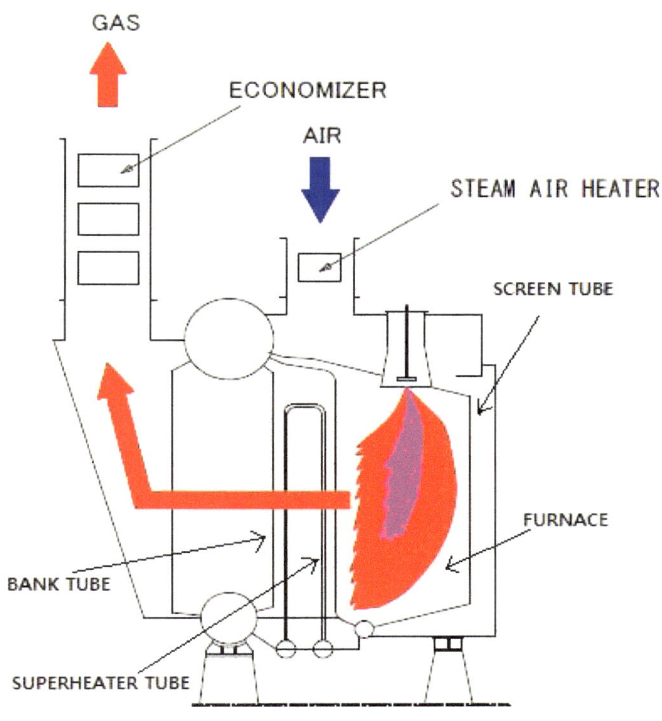

그림 9.14 Exhaust Gas Flow of Boiler

6) 항해 중에는 보일러 내부 및 economizer tube에 부착된 그을음을 증기를 사용해서 연돌 밖으로 불어내는 soot blower가 설치되어 있다.

7) 보일러에서 생성되는 증기는 다음과 같다.

(1) 포화증기(Saturated Steam): steam drum에서 나오는 증기를 말한다.

① 습포화 증기(Wet Saturated Steam): 물에서 발생되는 증기이며, 대부분의 증기는 이에 해당된다.

② 건포화 증기(Dry Saturated Steam): 물이 완전 증발된 증기이며, 이때부터 증기 온도가 올라간다.

※ 대기압 상태에서 물이 끓어서 증기로 되면 약 1650배로 부피가 팽창되며, 60 kg/cm^{2}의 압력 하에서 물이 끓어서 증기로 변하면 약 25배로 부피가 팽창된다.

(2) Superheated Steam(과열증기): 포화증기는 superheater를 통과하면서 온도가 올라가며, 이를 과열증기라 한다. 사용온도는 약 515℃이다.

(3) Desuperheated Steam(감열증기): 과열증기를 압력은 동일하고 온도를 낮게 만든 증기를 말한다.

※ Desuperheated steam을 감압하여 다음 용도로 사용된다.

- 60/10 kg/cm^2: Service steam
- 60/2.6 kg/cm^2: Gland steam, steam air heater
- 60/11 kg/cm^2: Atomizing steam
- 60/16 kg/cm^2: Soot blow steam

(4) Bleed Steam: 정상 항해 중 main turbine의 각 단에서 팽창된 증기의 일부이며, 10 kg/cm^2, 2.6 kg/cm^2 steam 및 급수를 예열(LP heater)하는데 사용된다.

9.3.3 구조

1) 노(Furnace)

(1) 연료와 연소용 공기가 연소되는 곳으로 주위는 워터 월 튜브(water wall tube)와 내화재(refractory)로 둘러싸여 있어서 열 손실을 방지시켜 준다.

(2) 내화재로는 주로 내화 벽돌(fire brick), 반죽이 된 내화재(plastic refractory) 및 분말 상태의 내화재(castable refractory) 이 사용된다.

2) 드럼(Drum)

(1) 스팀 드럼(Steam Drum)(그림 9.15 참조)

- 보일러 상부에 설치된 증기가 모아지는 곳으로 물과 증기가 공존하며, 앞쪽에 manhole이 설치되어 있다.
- 드럼 내부에는 internal desuperheater, 급수 파이프, 약품투입 파이프, steam baffle, surface blow 파이프 및 드라이어 등이 설치되어 있다.
- 드럼 외부에는 각종 수위 감지 장치(water level sensor), 수면계(sight glass), 안전변(safety valve) 및 각종 마운팅 밸브(mounting valve)가 설치되어 있다.

(2) 워터 드럼(Water Drum)

- 물로 가득 차 있으며, 스팀 드럼보다 온도가 낮다.
- 드럼 내부에는 control desuperheater bottom blow 파이프 및 sample water 파이프가 설치되어 있으며, 앞쪽에 manhole이 설치되어 있다.

그림 9.15 The Structure of Steam Drum(1)

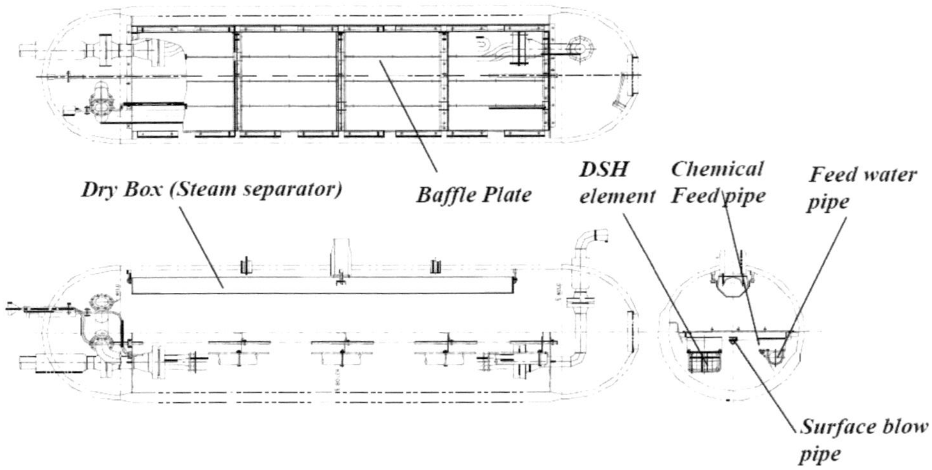

그림 9.15 The Structure of Steam Drum(2)

3) 튜브(Tube)

보일러에서 물이 스팀으로 변화될 수 있도록 연소가스와 열 교환을 하는 용도이다(그림 9.16 참조).

- **제너레이팅 튜브(Generating Tube or Bank Tube)**
  스팀 드럼과 워터 드럼을 직접 연결시키며, 대부분의 증기는 이곳에서 생산된다.

- **스크린 튜브(Screen Tube)**
  연소가스의 방향을 결정하며, 노(furnace) 내에서 연소가스가 제일 먼저 통과하여 역화(back fire) 시에는 다른 튜브를 보호하는 역할을 한다.

- **워터 월 튜브(Water Wall Tube)**
  노(furnace) 주위를 둘러싸고 있는 관으로 보일러와 외부를 격리시키고 있으며, 열 손실을 방지해주는 역할을 한다.

- **슈퍼히터 튜브(Superheated Tube)**
  과열증기(superheated steam)을 생성하는 역할을 하는 튜브로써 노(furnace) 내에 가장 온도가 높은 지점에 설치되어 있다.

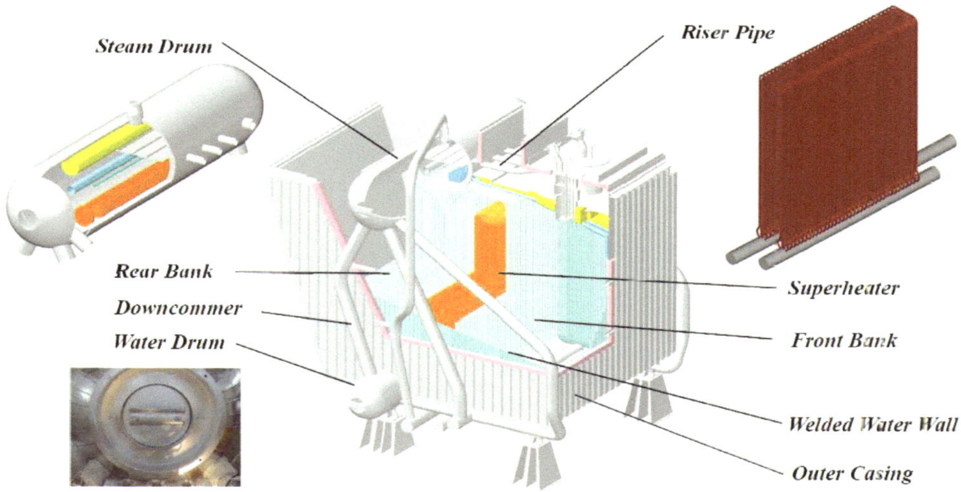

그림 9.16 Boiler Tube

4) 헤더(Header)

여러 개의 튜브가 연결된 굵은 관을 말하며, 여기에는 튜브 누설 시 플러깅(plugging) 작업을 할 수 있는 핸드 홀(hane hole)이 설치되어 있다.

- **워터 월 헤드(Water Wall Header)**
  노(furnace)의 상하 전후에 4개가 설치되어 있다.
- **하부 헤더(Bottom Header)**
  스크린 튜브와 하부 쪽의 워터 월 튜브의 헤더이며, 노(furnace)의 중앙 하부에 1개가 설치되어 있다.
- **슈퍼히터 헤더(Superheated Header)**
  슈퍼히터 튜브의 헤더로써 입/출구로 구성되어 있다.

5) 강수관(Down Comer)

스팀 드럼에서 증기로 발생되지 못한 물은 밀도 차에 의한 대류현상이 발생하여 워터 드럼으로 이송된다. 이때 물이 이송되는 파이프는 보일러 외부에 설치하여 신속한 물의 이동을 돕고 있으며, 각 보일러 당 앞뒤로 각 3개씩 총 6개가 설치되어 있다.

6) 상승관(Riser)

윈드 박스 하부에 설치되어 있으며, 상부 워터 월 헤드의 물은 열을 받아서 부피가 팽창되어 있으므로 이를 신속하게 스팀 드럼으로 보내주는 역할을 한다.

7) 윈드 박스(Wind Box)

forced draft fan에서 공급된 연소용 공기를 모아두는 곳으로 보일러 노(furnace) 상부에 설치되어 있다.

8) 마운팅 밸브(Mounting Valve)

보일러의 드럼에 부착된 모든 밸브를 말한다.

9) 새들(Saddle)

보일러의 본체를 받치는 장치로써 보일러 당 하부 4개소에 설치되어 있다. 수축/팽창에 의한 보일러의 변형을 흡수하며, 총 4개소 중 1개소만 고정되어 있고 다른 3곳은 원활하게 움직일 수 있도록 그리스가 주입되어 있다.

10) 버너(Burner)

연료를 분사시키는 장치로써 그림 9.17과 같이 FO 버너와 Gas 버너 2종류가 함께 설치되어 있으며, 각 보일러 당 2~3세트씩 보일러 상부에 설치되어 있다(그림 9.17).

11) 스와일러(Swiler)

FO 버너 끝단에 설치되어 있으며, 윈드 박스에서 노(furnace) 안으로 유입되는 연소용 공기를 노 전체에 균일하게 퍼지도록 하여 연료의 연소상태를 효율적으로 하는 역할을 한다.

12) 에어 레지스터(Air Register)

버너에 공급되는 공기를 윈드 박스에서 차단시키는 장치이다.

13) 드래프트 팬(Forced Draft Fan)

연소용 공기를 기관실에서 흡입하여 보일러에 공급하는 장치이다. 각 보일러 당 1대씩(NO.1 & 2) 및 stand-by용 1대 총 3대가 설치되어 있다. stand-by용 팬은 비상시 사용된다.

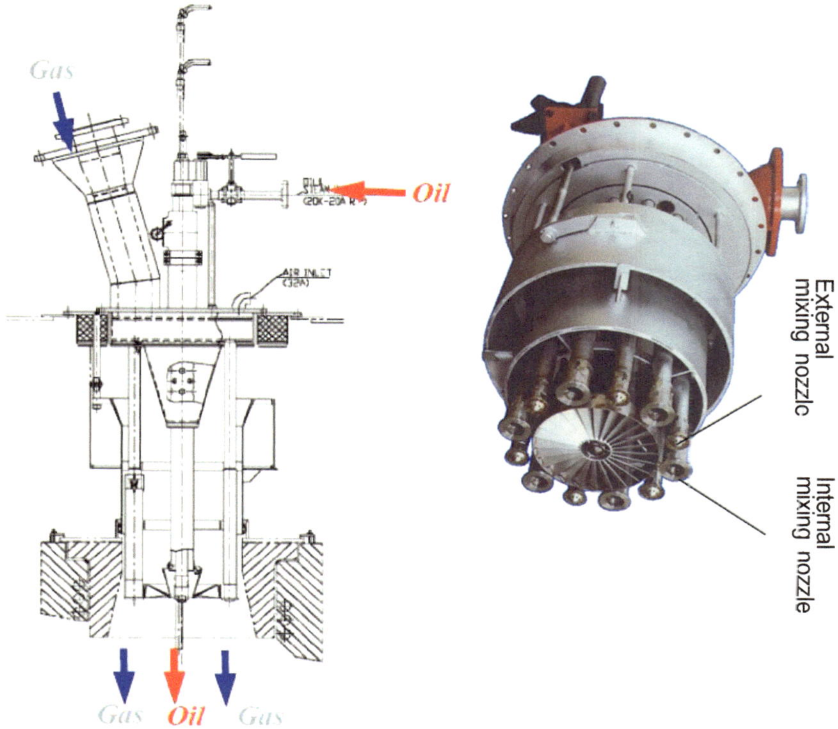

그림 9.17 Boiler Burner

14) 디어에레이터(Deaerator)

보일러에 제공되는 급수를 저장, 공기 제거, 가열 및 가압시키는 압력 용기이다.

15) 스팀 에어 히터(Steam Air Heater)

열효율을 증대시키기 위해 보일러 연소에 필요한 공기를 노(furnace) 내로 공급하기 전 예열하는 장비로써 공기를 120℃까지 가열한다(그림 9.18 참조). 히터에 사용되는 스팀은 60/2.6 kg/cm^2 이다.

16) 에코노마이저(Economizer)

보일러 급수가 스팀 드럼으로 들어가기 직전에 배기가스의 폐열을 이용하여 급수를 예열하는 장치이다(그림 9.19 참조).

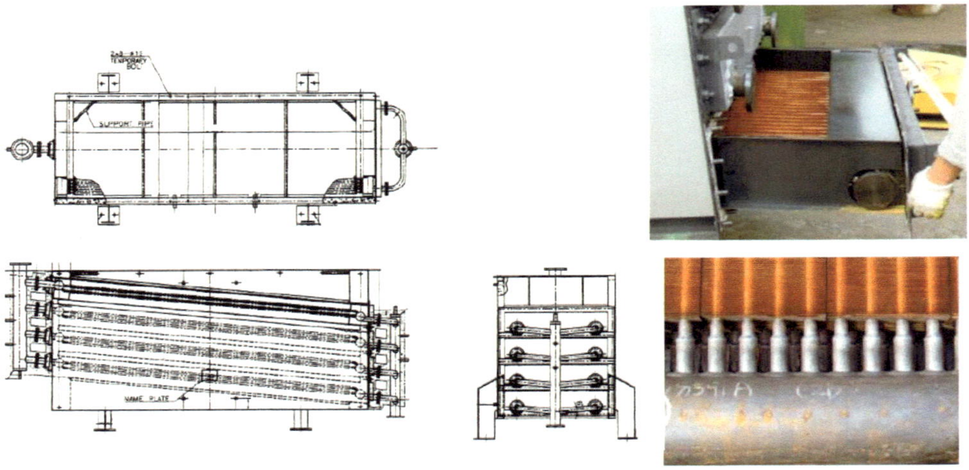

그림 9.18 Steam Air Heater

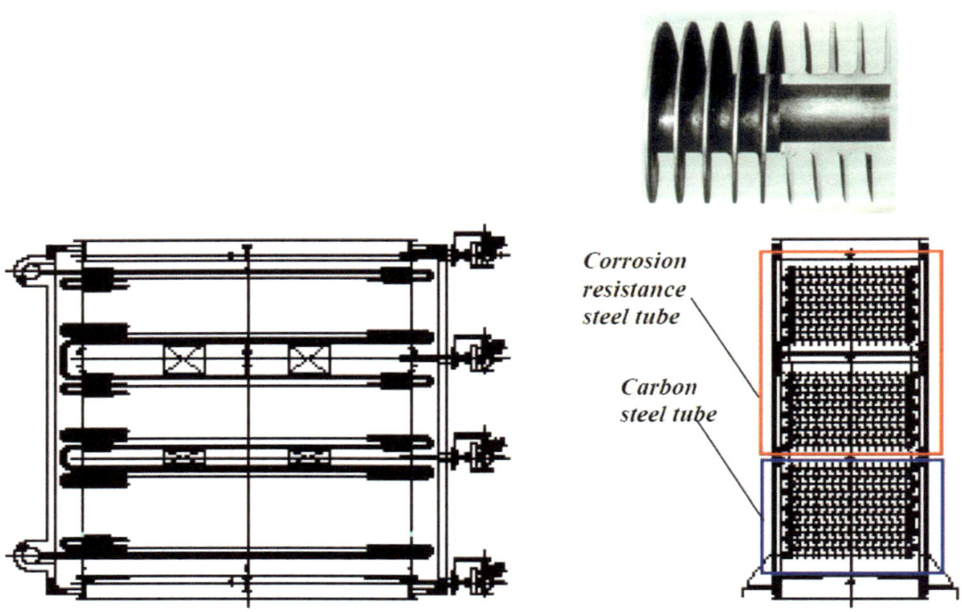

그림 9.19 Economizer

9.3.4 Soot Blower

soot blower는 tube에 퇴적된 그을음을 제거하기 위한 장치이다. 연소가스 중에는 응축되는 성분이 있는데 이 응축되는 그을음의 유황성분이 soot의 생성과 심한 부식을 일으킨다. soot blower는 각 보일러 당 long retractable type 2대와 stationary rotary type 6대가 설치되어 있으며, 원격 또는 현장에서 선택 방식에 따라 완전자동 또는 수동으로 운전할 수 있다.

1) boiler의 부하가 70~80% 정도 일 때 soot blow를 실시하는 것이 바람직하다.
2) soot blow 중 long retractable type은 운전 중 스팀이 중단되어서는 안 된다.
3) 보일러의 fuel mode에 따라 soot blow를 다음과 같은 주기로 실시한다.

- FO only: 1일 1회
- Dual mode: 2일 1회
- Gas only: 3일 1회

9.3.5 화염 감지 장치(Flame Detector)

보일러 버너 연소 중 화염을 감지하는 장치이다. 그림 9.20과 같이 gas 연소 시 화염의 밝기는 FO 연소 시의 화염과 비교하여 상당히 어둡다. FO 연소 시 발생되는 빛의 파장은 가시광선(visual ray) 이상의 긴 파장이며, gas 연소 시 파장은 자외선(ultraviolet ray)으로 짧은 파장이다. 이와 같은 이유로 각각의 보일러 버너에는 CdS type: 2개, UV type: 2개씩 flame detector가 설치되어 있다(그림 9.21 참조).

1) CdS Type Flame Detector

- 긴 파장의 가시광선을 감지한다.
- 전기적 신호 구조가 직렬구조로 신뢰성이 우수하다.
- FO only & Dual mode 시에 적용된다.
- 계속해서 화염을 감지한다.

2) UV Type Flame Detector

- 짧은 파장의 자외선을 감지한다.
- 전기적 신호 구조가 병렬구조로 신뢰성은 CdS 보다 떨어진다.
- Gas only 시에 적용된다.
- ON/OFF 접점을 반복하여 빛을 감지하기 때문에 indicator scanner가 flickering 한다.

3) 사용 범위

- FO 연소 시: CdS type flame detector
- Dual 연소 시: CdS type flame detector
- Gas 연소 시: UV type flame detector

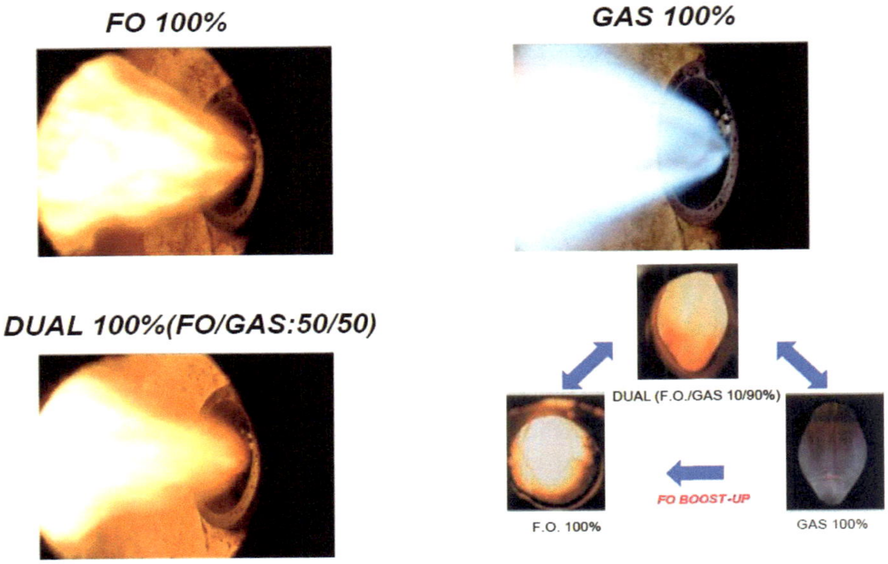

그림 9.20 FO, Gas and Dual Burning Condition

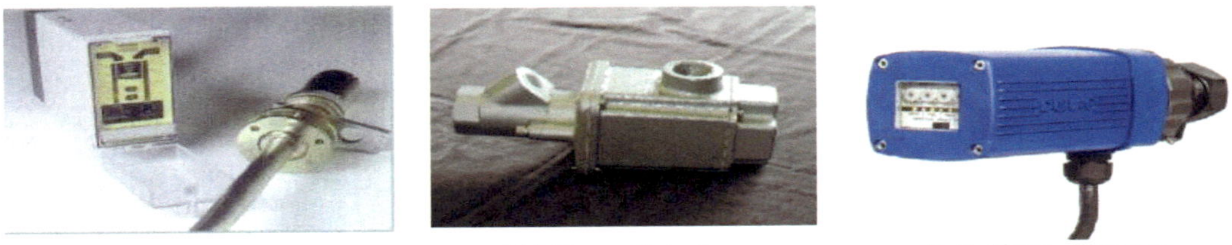

CdS Flame Detector　　UV Flame Detector　　Dual Flame Detector

그림 9.21 Flame Detector

9.3.6 보일러 자동제어 장치

보일러의 운전은 초기 점화 시를 제외하고 정상운전 시에는 ACC와 BMS 등 자동제어 장치에 의해 작동된다.

1) 자동 연소 제어(ACC, Automation Combustion Control)

보일러의 연료, 공기, 수위 등을 종합적으로 제어한다.

2) 버너 제어(BMS, Burner Management System)

버너의 운전/정지는 물론 화염 상태 확인, 저수위에 따른 알람/급수 밸브 잠금, 과열증기의 온도에 따른 보일러의 소화 등 보일러의 모든 안전장치를 제어한다.

3) BGB(Boiler Gauge Board)

보일러의 각종 계기가 설치되어 있으며, 현장에서 보일러를 수동 및 자동으로 운전할 수 있는 장치이다. 다음은 BGB에서만 운전 가능한 경우이며, 초기 최초 운전 시에는 cold starting valve를 열어야 한다.

- FO Temp. by-pass: 사용되는 연료의 온도가 낮을 경우(DO 포함)
- Flame eye by-pass: 화염 상태를 현장에서 확인/운전할 경우
- Stand-by forced draft fan 운전 시

4) 보일러의 Trip 조건

(1) 보일러 Trip(공통)

	Item	Setting Value
1	Manual Trip	BGB, ESCR, CACC
2	Black Out	–
3	All Burner Flame Failure	–
4	Control Air Press Low-Low	4.0 kg/cm^2
5	FDF Stop	S/B FDF 제외
6	Superheated Steam Temp.	545℃
7	Drum Level High-High	Normal +240 mm
8	Drum level Low-Low	Normal −240 mm

(2) FO Shut Valve Trip

	Item	Setting Value
1	Atomizing Steam Press. Low-Low	3.0 kg/cm^2
2	FO Press. Low-Low	1.0 kg/cm^2
3	FO Temp. Low-Low	85℃
4	NO.1 & 2 FO Pump Stop	-
5	BMS Controller Abnormal	-

(3) Gas Shut Valve Trip

	Item	Setting Value
1	Manual Trip	BGB, ESCR, CACC
2	Gas Press. Low-Low	70 mmAq(0.01 kg/cm^2)
3	Gas Press. High-High	7500 mmAq(0.85 kg/cm^2)
4	Master Gas Valve Trip	-

(4) Master Gas Valve Trip

	Item	Setting Value
1	Manual Trip	BGB, ESCR, CACC
2	Gas Shut Valve Cut-Off	-
3	BMS Controller Abnormal	-
4	Gas Temp. Low-Low	5℃
5	ESDS 작동	-
6	양 보일러 Trip	-
7	No.1 & 2 Vent Duct Fan Stop	-
8	Gas Leak Detection(총 6개소)	Gas Box(STBD, PORT, Center) Gas Box Exhaust Cargo Motor Room Main Cabinet
9	No.1 & 2 E/R Exhaust Fan	All Stop
10	Gas Detector의 Main Cabinet Power Fail	2개소
11	CTS의 Power Fail	Independent Level(99%) 작동

9.4 BOILER FEED WATER PUMP

보일러 급수에 사용되는 펌프로써 turbo feed pump, electric reciprocating pump 및 (Dump) drain trans pump가 있다. turbo feed pump는 보일러의 정상 운전 시 급수에 사용하며, 통상 60 kg/cm^{2}의 superheated steam을 사용하지만 보일러 초기 점화 시에는 스팀 압력 20 kg/cm^2 이상에서 feed pump를 기동한다. 최대 토출압력은 113 kg/cm^{2}이다.

electric reciprocating pump는 보일러 초기 점화 시 양 보일러에 스팀이 거의 없는 상태에서 보일러 급수 시에 사용되며, 보일러의 압력이 60 kg/cm^2 이하에서는 스팀 소모량 6톤 정도까지는 사용 가능하다. 최대 토출압력은 85 kg/cm^{2}이다.

drain trans pump는 electric reciprocating pump와 역할이 비슷하지만 보일러 압력이 10 kg/cm^2 이하에 사용 가능하며, 주로 초기 보일러에 물을 짧은 시간에 채울 때 사용한다. 최대 토출 압력은 11 kg/cm^2 이다.

9.4.1 Turbo Feed Pump의 제원(참고)

- RPM: 최대 10,000 RPM
- 용량(정격/최대): 142/164 ton/h
- 특성: 자동 압력 조정 및 자동 운전

9.4.2 Turbo Feed Pump의 구조(그림 9.22와 그림 9.23 참조)

1) Turbine Assembly

- 2단(nozzle, 1ST moving blade, guide blade & 2ND moving blade순)으로 구성된 속도 복합식 충동터빈(velocity compound impulse turbine)이다.
- 운전 효율증대를 위해 nozzle 수를 증감할 수 있는 hand valve가 설치되어 있다. 현재 사용되는 nozzle로는 펌프 용량이 최대 142 ton/h(7,400 RPM)이며, hand valve를 open하면 nozzle 수가 추가되어서 펌프 용량이 최대 164 ton/h까지 늘릴 수 있다.
- throttle valve를 사용하여 펌프 압력을 조정할 경우에는 steam chest의 balanced governor steam valve steam valve가 있어서 압력조정이 용이하다.
- 터빈 측의 밀봉장치(seal)는 래비린스(labyrinth) type 이다.

2) Pump Assembly

2단 원심펌프이며, 밀봉장치(seal)는 메카니칼 실(mechanical seal) type 이다.

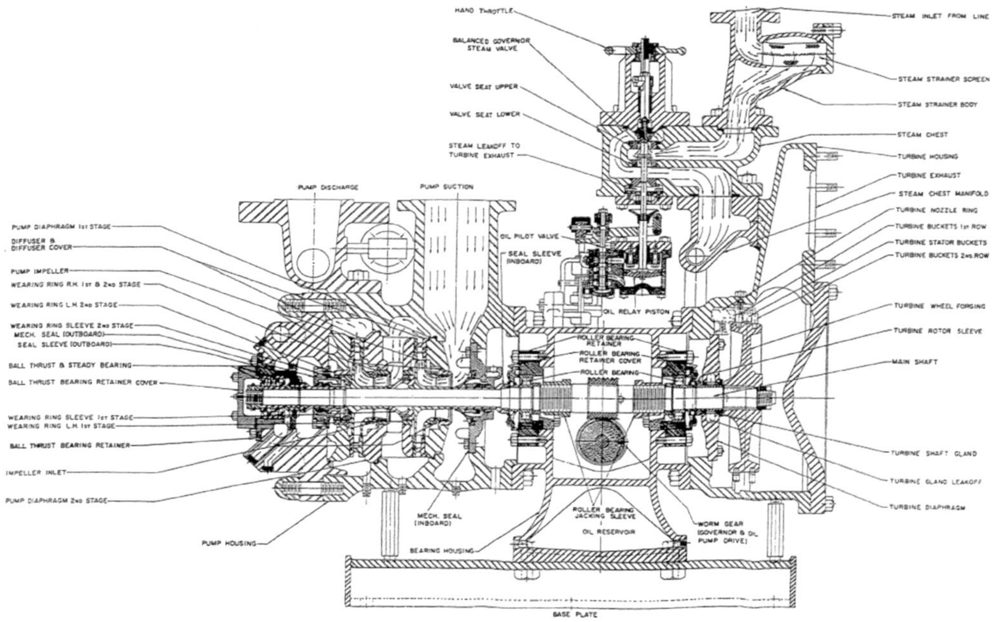

그림 9.22 Boiler Feed Water Pump (1/2)

3) Bearing Housing Assembly

shaft 중앙에 roller bearing(2set), 펌프 측에 thrust bearing이 설치되어 있으며, turbine 측에는 bearing이 없다.

4) Constant Pressure Regulator(CPR)

pump body 측에 부착되어 있으며, feed water pressure controller의 출력이 governor motor를 거쳐 이곳에 전달되면 펌프 출구 압력과 스프링 장력으로 pilot relay를 적절히 조절하여 pressure controller의 출력에 해당하는 압력으로 유지하는 역할을 하는 장치이다.

5) Governor Gear & Oil Pump Assembly

(1) Rotary Actuator

자동압력 조정장치의 최종 신호를 constant pressure regulator에 전달하는 장치로써 electric type이며, 회전수(총 14바퀴) 증감에 따라 급수 압력이 조정된다. 상부에서 바라볼 때 반시계 방향으로 회전하는 것이 급수압력을 증가시킨다.

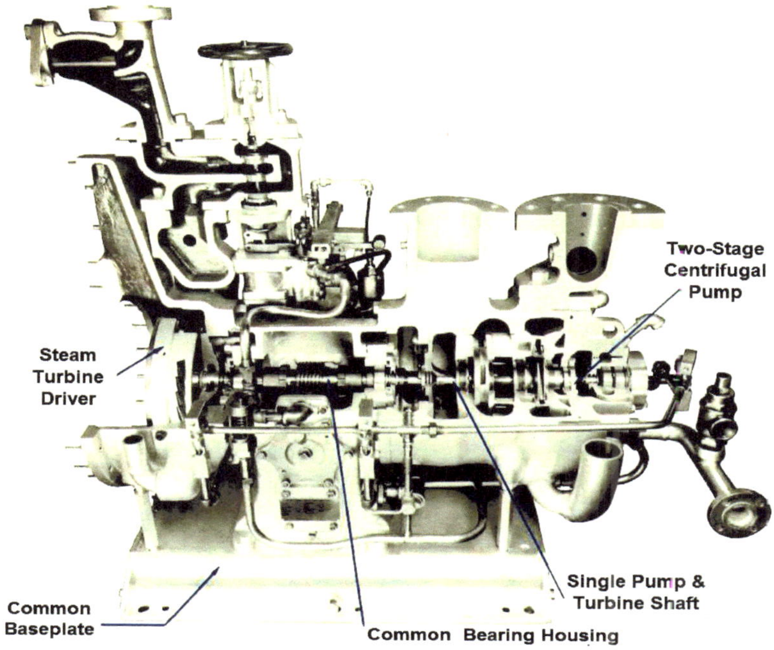

그림 9.23 Boiler Feed Water Pump (2/2)

(2) Auxiliary LO Pump

기동 시 최대 1분 동안 운전되며, 운전 초기에 oil relay cylinder에 oil 압력을 형성하여 balanced governor steam valve를 열어 주는 역할을 한다. Aux. LO pump 운전 후 feed pump가 정상 run signal을 감지하여 LO 압력이 2.8 kg/cm^2 이상이 되면 Press. switch에 의하여 Aux. LO pump가 정지된다.

(3) Main LO pump

turbo feed pump의 윤활을 위한 주 펌프로써 feed pump 축과 기계적으로 연결되어 함께 운전된다. Aux. LO pump와는 시스템에 check valve가 있어서 간섭작용이 없다.

(4) Oil Relay & Oil Pilot Valve

feed water pressure controller의 출력 증감에 따라 constant pressure regulator의 스프링 장력이 변하고 이에 연결된 linkage가 상하로 미세하게 움직이고 이에 의해 oil pilot relay 내의 plunger의 위치가 변경되어 oil cylinder 내의 유압이 가감됨으로 인해서 balanced governor steam valve 개도가 조절되어 feed pump의 출구 압력이 조절된다.

(5) Centrifugal Speed Governor

pump body에 부착되어 있으며 pump overspeed 시 trip 시키는 원심력을 이용한 기계식 governor 이다.

(6) RPM Sensor

magnetic pick up의 pulse signal을 변환하여 펌프 회전수와 운전 signal을 나타낸다.

- 정상 운전 시 회전수: 6,000~6,400 RPM
- 운전 signal 회전수: 3,500 RPM
- LO 압력 형성 회전수: 4,500 RPM

9.4.3 Turbo Feed Pump의 특징

1) 현장 수동운전과 제어실(ESCR 및 CACC 등)의 원격 자동 및 수동으로 운전이 가능하다.
2) 어느 한 펌프가 운전 중일 경우에는 동시에 다른 펌프와 병렬 운전할 수 없다.
3) 운전 중인 펌프는 수동으로 정지할 수 있다.
4) Stand-by 되어 있는 펌프는 수동으로 기동할 수 없다.
5) 운전 중인 펌프와 Stand-by 펌프가 정지될 경우, 제어실(ESCR 및 CACC 등)에서 제 3의 펌프를 원격으로 운전할 수 있다.
6) 보일러 급수 control valve 전의 압력과 boiler economizer 출구 측 급수 압력이 3 kg/cm^2 이상 차이가 나거나 급수 압력이 65 kg/cm^2 이하로 낮아지면 stand-by 펌프가 자동으로 기동된다.
7) Aux. LO pump 운전 후 1분 이내에 펌프의 LO 압력이 일정 압력(2.8 kg/cm^2)에 도달하지 못하면 start fail이 되어 steam valve가 자동으로 잠기고, stand-by 되어 있는 펌프를 기동시킨다.
8) 보일러의 급수량이 저용량일 때 자동으로 재순환 valve가 열린다(그림 9.24 참조). 재순환 라인은 보일러에 급수가 적을 경우 급수 펌프가 과열되는 것을 방지하기 위해 필요하며, telegraph lever와 연계되어 자동으로 제어된다. M/T(Main Turbine)이 normal mode에서는 언제나 close 되며, maneuvering mode에서나 telegraph lever가 normal로부터 full ahead 또는 astern으로 옮겨지면 재순환 valve가 open 된다. 재순환용 오리피스(orifice)의 유량은 약 11 m^3/h이다. 운전 시 1번 또는 2번 valve를 선택한 후, 재순환 valve의 mode를 auto로 두면 보일러 ACC 신호에 의해서 양 보일러의 급수량이 27 ton/h 이하 시 open 되고, 양 보일러의 급수량이 32 ton/h 이상이 되면 close 된다.

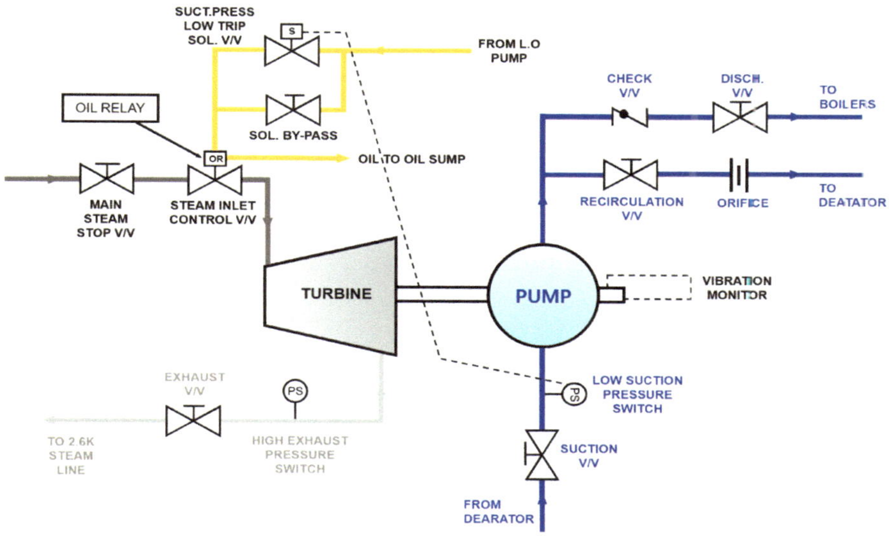

그림 9.24 Boiler Feed Water Pump System

9.4.4 Feed Water Pressure Control

급수 펌프의 압력 조정은 다음의 신호를 종합해서 controller의 출력을 조정한다.

- 급수 펌프의 토출압력
- 보일러 스팀 드럼 압력
- 보일러 드럼 압력이 60 kg/cm^2 이하에서는 항상 급수 압력을 69 kg/cm^{2}로 유지하며, 보일러 드럼 압력이 62 kg/cm^2 이상에서는 드럼 압력 + 7 kg/cm^{2}의 급수압력을 항상 유지한다.

9.4.5 Turbo Feed Pump Trip 조건

- Back pressure trip: 4.0 kg/cm^2
- Over speed trip: 8,200 RPM
- LO low pressure trip: 2.0 kg/cm^2
- Feed water suction low pressure: 3.6 kg/cm^2
- Vibration & axial displacement trip: 8 mm/sec & 5 mil
- LO temperature high alarm: 78℃
- Deaerator low level trip
- Manual governor trip

9.5 MAIN TURBINE(M/T)

9.5.1 M/T 제원(참고)

1) 축마력(SHP)

(1) 최대출력

· 38,900 PS × 83 RPM × 720 mmHg(sea water temp.: 27℃)

· HP turbine: 19,090 PS

· LP turbine: 19,810 PS

(2) 후진출력

전진 최대출력 회전수의 70%에 상당하는 회전수의 출력을 낼 수 있거나 전진 최대출력 회전수의 50%에서 전진 최대출력의 80%의 출력

2) 회전수(RPM)

- 최대 출력 시: 프로펠러 83 RPM(HP turbine: 5,778 RPM / LP turbine: 3,321 RPM)
- 후진 출력 시: 프로펠러 58 RPM(HP turbine: 4,046 RPM / LP turbine: 2,321 RPM)

3) STEAM 압력 및 온도

- HP turbine throttle: 60 kg/cm^2 × 510℃
- LP turbine ahead steam chest: 5.5 kg/cm^2 × 237℃
- LP turbine astern throttle: 60 kg/cm^2 × 510℃

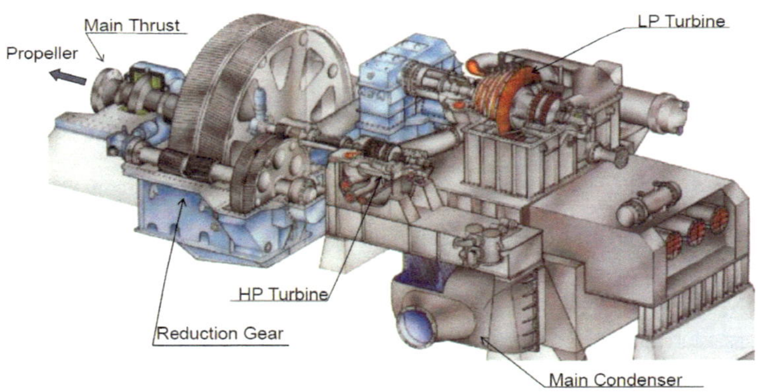

그림 9.25 The Structure of Main Turbine

9.5.2 M/T의 개요 및 특성

보일러에서 생산된 고온/고압 스팀을 이용하여 터빈을 고속으로 회전시킨 후 이를 reduction gear에서 감속하여 프로펠러를 회전시킨다(그림 9.25 참조). 터빈 스팀의 흐름은 다음과 같다.

1) 전진(Ahead) 시

보일러의 과열증기 → valve box의 ahead stop valve → ahead maneuvering valve → steam chest → ahead nozzle valve → HP turbine → LP turbine → main condenser

2) 후진(Astern) 시

보일러의 과열증기 → valve box의 astern maneuvering valve → astern guard valve → steam chest → 후진터빈(LP turbine) → (스프레이 분무) → main condenser

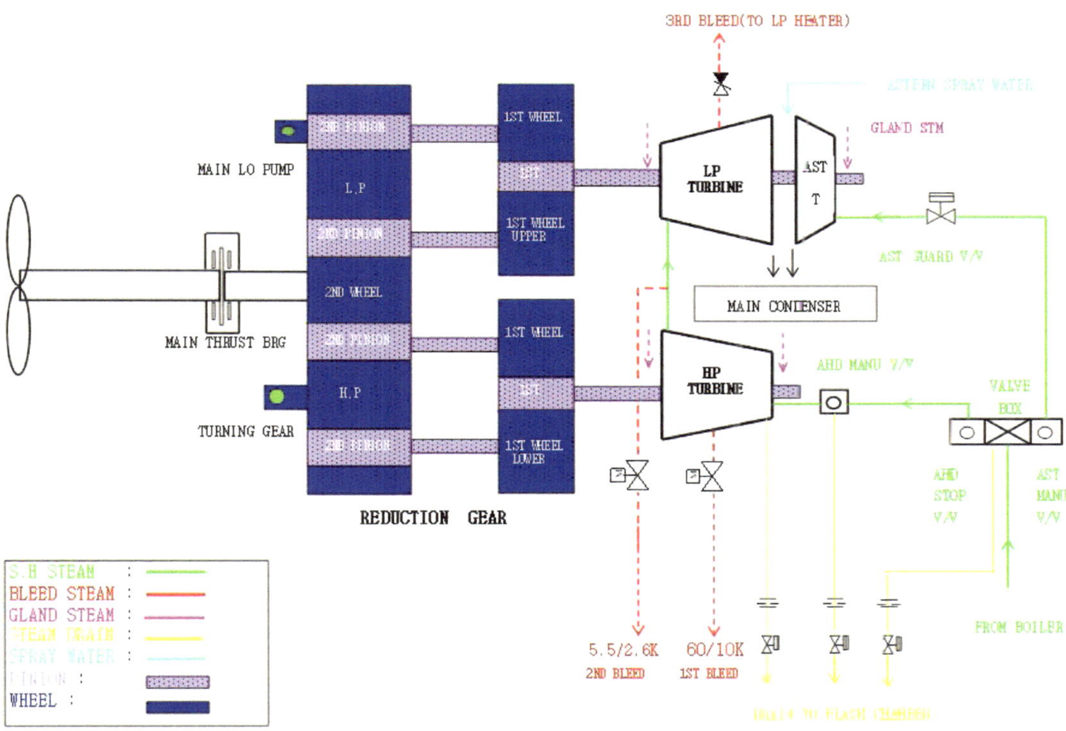

그림 9.26 Steam Flow of Main Turbine

3) ahead steam valve와 astern steam valve는 동시에 열릴 수 없다. astern guard valve가 설치되어 정상 전진 항해 시에는 잠겨 있고, 이 밸브가 잠겨 있으면 후진 스팀을 사용할 수 없다.

4) 전진 터빈은 고압터빈(HP turbine)과 저압터빈(LP turbine)으로 분리되어 있으며, 비상시에는 각각 분리해서 사용 가능하다.

5) 후진터빈 사용할 때 후진터빈 냉각수(astern spray water)가 뿌려진다.

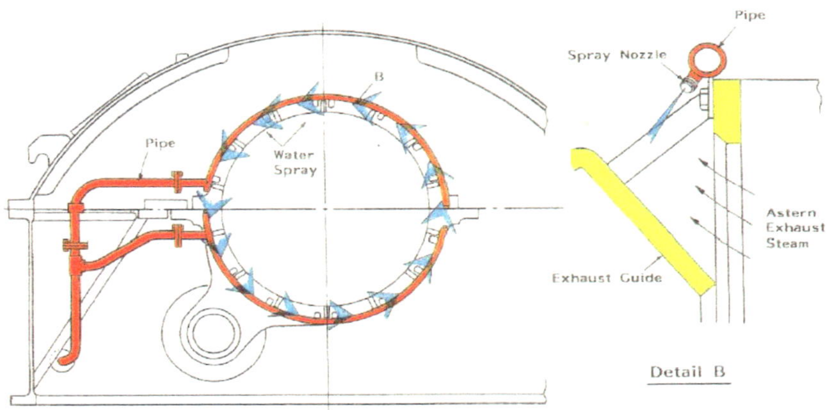

그림 9.27 Astern Water Spray

6) 갑작스런 온도변화에 따른 열응력으로 인한 기기 손상을 방지하기 위해 M/T을 사용하기 위해서는 충분한 워밍(warming) 상태를 유지해야 하며, 정박 중에도 터빈은 터닝 되어야 한다(3분 이상 정지 금지). 선박의 정지 시 M/T에 인위적으로 ahead/astern steam을 반복적으로 공급하여 워밍한다.

7) 디젤선박에 비해 조종 성능이 늦다. 보일러는 한 보일러 당 2~3개의 burner가 있으며 보일러 부하에 따라 점화/소화 동작이 발생되어 스팀 생산량을 조절한다. 프로펠러의 RPM 증가는 곧 많은 스팀을 필요로 함으로써 필요에 따라서는 더 많은 burner가 점화되어야 하는 경우도 발생하는데 추가로 burner가 점화되어 스팀을 생성, M/T까지 공급하기 위해서는 디젤기관에 비해 많은 시간이 필요하다.

9.5.3 M/T의 주요 구성

1) HP turbine: 8단 터빈(그림 9.28)

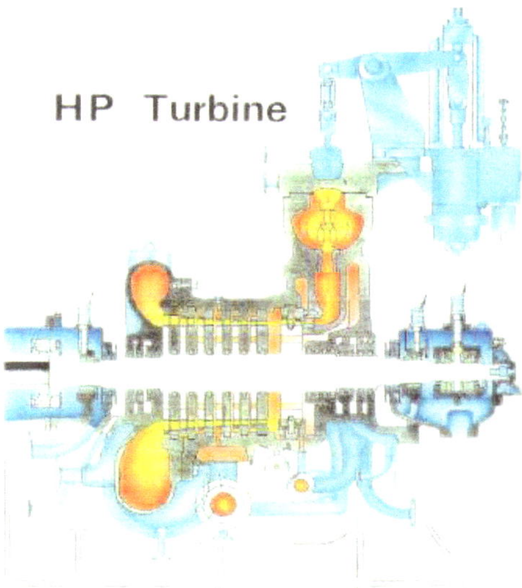

그림 9.28 High Pressure Turbine

2) LP turbine: 전진 8단 터빈, 후진 2단 터빈(그림 9.29)

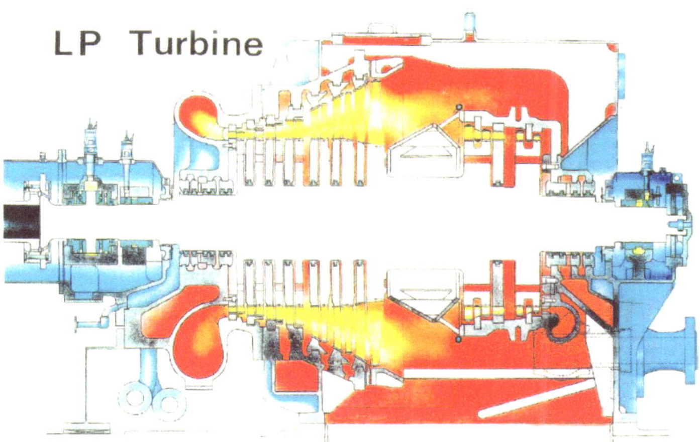

그림 9.29 Low Pressure Turbine

3) Ahead stop valve
4) Ahead maneuvering valve
5) Ahead nozzle valve
6) Astern maneuvering valve
7) Astern guard valve
8) Reduction gear(그림 9.30)

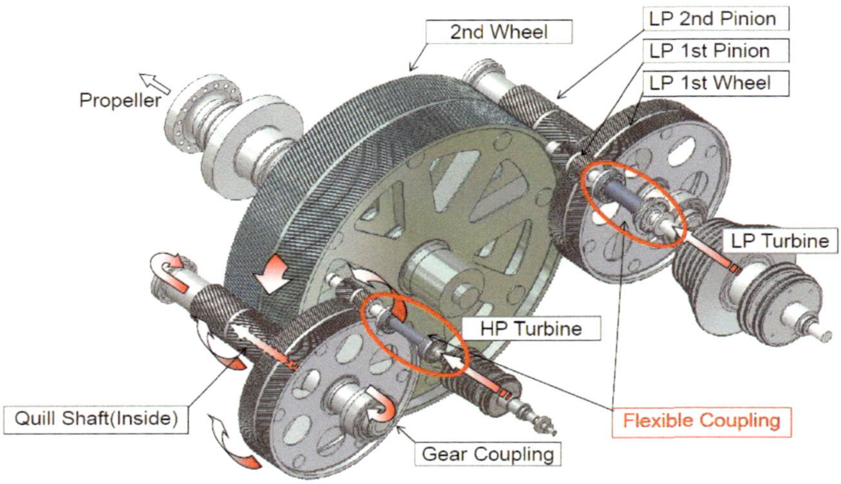

그림 9.30 Reduction Gear

9) Gland condenser: 각종 gland exhaust steam 냉각/응축
10) Gland exhaust fan: gland condenser의 진공을 형성하는 기기
11) Main Condenser(M/C)

M/T 또는 각종 시스템에서 사용된 스팀의 회수효율을 증가시키기 위하여 진공이 형성되어야 한다. 진공 형성을 위하여 vacuum pump가 설치되어 있다.

12) Hot well: 터빈의 응축수가 고여 있는 곳
13) 2 vacuum pumps: M/C의 진공을 형성하는 기기
14) Main LO pump(turbine driven)
15) 2 auxiliary LO pumps(motor driven)
16) LP feed water heater
17) Governor impeller

HP/LP 터빈에 설치, impeller 회전에 따른 LO 압력으로 터빈의 overspeed를 방지하기 위해 설치된 장치

18) LO gravity tank

M/T은 고속으로 회전운동하기 때문에 스팀 공급이 중단되더라도 얼마간 계속 회전된다. 이 경우 Aux. LO pump가 작동되지 않을 경우 bearing에는 심각한 손상을 초래할 수 있다. 이를 방지하기 위해 중력으로 얼마간 LO를 공급할 수 있도록 중력탱크가 설치되어 있다.

19) Flexible coupling: 터빈과 감속기어(reduction gear)를 연결하는 coupling

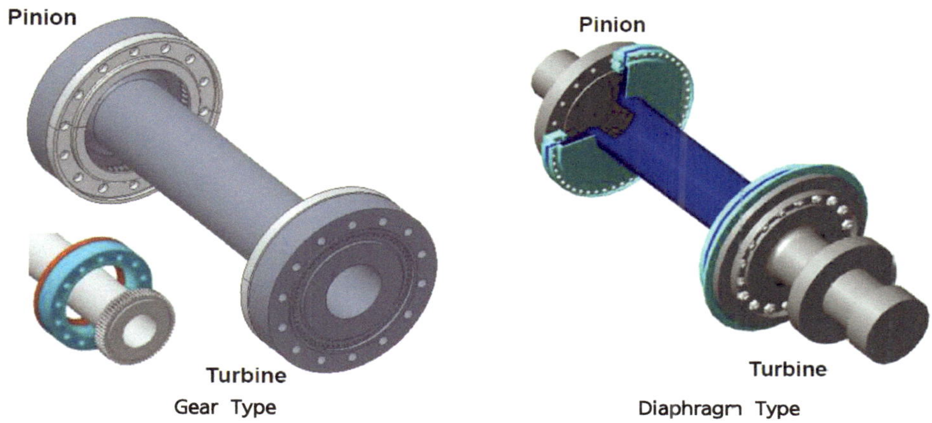

그림 9.31 Flexible Coupling

9.5.4 Main Turbine Remote Control System(MTRCS)의 개요

1) MTRCS는 M/T의 운전과 관련된 모든 기능을 제어하기 위한 시스템이다.
2) 이 시스템은 선교(bridge) 또는 기관 제어실(engine control room)에서 control lever에서 push button으로 M/T의 auto revolution control을 가능케 하며, 제어회로나 신호 전송 등은 전기적으로 이루어지고 실제 valve를 작동하는 actuator는 유압으로 이루어지는 electro-hydraulic type 이다.
3) 원격제어 장치는 control lever와 push button에 의한 조작을 할 수 있다. 제어를 위한 CPU는 2대가 있으며, 1대는 사용 중이며 나머지 1대는 stand-by 상태를 유지한다.
4) 선교(bridge) 또는 기관 제어실(engine control room)에서 control lever의 작동으로 미리 정해진 time schedule에 의해 ahead, astern, stop 등이 제어되는데 maneuvering zone에서는 RPM control을 하고 normal zone에서는 time schedule program과 valve position control을 하며, stop 시에는 main shaft는 자동으로 auto spinning mode로 전환된다. 만일 control lever에 의한 제어가 실패 되었을 경우에는 back up 기능을 위해 설치한 push button으로 직접 valve position control을 할 수 있다.

5) 제어 위치 및 방법

- 선교(wing P & S, W/H): control lever
- CACC(중앙 제어실): control lever, push button
- ESCR(기관 제어실): push button
- Machine side: manual

9.5.5 Main Turbine Remote Control System(MTRCS)의 기능

1) M/T 회전수 제어

(1) RPM Control(프로펠러 Shaft의 회전수에 따른 제어)

M/T의 사용 빈도수가 많은 stand-by 등 "maneuvering"시에 사용하며, telegraph 위치에 따른 신호로 governor motor가 작동되고, 이는 power cylinder가 작동하여 전/후진 nozzle valve를 open하여 M/T에 스팀을 공급한다. telegraph 위치에 따른 프로펠러 shaft 회전수가 높고 낮음을 확인하여 항상 일정한 회전수를 유지하기 위해 전/후진 노즐 밸브를 수시로 움직이게 한다.

(2) Valve Lift Control(Steam Valve 개도에 따른 제어)

"Normal" 항해 시에 사용하며, telegraph 위치에 따른 governor motor의 신호에 의해서 노즐 밸브의 위치가 정해지면 RPM에 관계없이 일정하게 스팀이 공급됨으로써 주기 회전수는 외부조건에 따라 높거나 낮을 수 있으며, RPM을 추종하여 feedback 되지 않는다. 고출력 시 보일러의 부하 변동이 거의 없어서 안정된 시스템을 운전할 수 있다.

2) 운전 모드

(1) RPM 증속 시 ahead 52 RPM을 초과하면 ESCR 및 CACC에 있는 M/T control panel에 희미하게 lamp가 켜진다. 이때 normal button을 누르면 "Maneuvering"에서 "Normal"로 바뀌며, "Normal" 모드로 바뀌면 아래 밸브들이 조작된다.

① Turbine steam drain valve(3 개소) close

② Astern guard valve close

③ 약 10분 후 M/C 냉각수 라인이 main SW Circ. pump에서 scoop line으로 바뀐다.

④ Time schedule 프로그램이 적용된다.

(2) RPM이 전진 52 이하가 되면 자동으로 "NOR"에서 "MANU"로 바뀐다. 상기 NOR에서 작동되었던 밸브와 시스템들은 반대로 작동된다.

(3) 68 RPM(main LO 압력이 1 kg/cm^2 이상 포함)에서 Aux. LO pump에서 자체 기어 구동 LO pump로 바뀐다.

3) Time Schedule

- 갑작스런 회전수 증가는 터빈이 열응력의 불균형에 따른 진동의 원인이 되므로 엔진을 보호하기 위해서 "Normal"영역 이상 회전수를 올릴 경우, 즉 53 RPM에서 83 RPM까지 올리는데 80분이 소요, 후진의 경우에는 약 100초가 소요되도록 "Time Schedule"이 작동한다.
- Full에서 Stop할 경우에도 약 20초 동안의 시간지연을 두고 steam valve가 잠긴다.
- 이를 해제하려면 선교에서 "Time Schedule Bypass"를 누른다.
- 위험 회전수(critical RPM)에서는 프로그램에 의해서 자동적으로 건너뛴다.

4) Braking Steam

터빈 선박은 디젤 선박에 비해 주기 정지 후 shaft가 정지하는데 많은 시간이 소요된다. 이를 조금이라도 개선하고자 Stop Engine을 하게 되면 공급되던 스팀 방향의 반대 방향으로 스팀이 공급되어 터빈 회전을 멈추는 방향으로 작동하게 된다. 이를 braking steam이라 한다. Stop Engine 시 shaft RPM이 2 RPM까지 저하되도록 braking steam이 공급되며, 2 RPM에 도달하면 일시적으로 스팀 공급이 중단된다. 선박의 타력으로 인해 재차 RPM이 상승하여 7 RPM까지 상승하면 다시 braking steam이 공급되며, 이를 반복하여 shaft가 완전히 정지하게 된다. 보통 전진 중에 정선하는 경우가 대부분인데 타력이 충분히 줄지 않은 상태에서 M/T을 정지하게 되면 braking steam이 astern 방향으로 공급/중단을 반복하게 되며, 이는 astern의 과도한 사용과 마찬가지의 결과를 초래하므로 위급한 상황이 아니라면 충분히 타력을 줄인 후 M/T을 정지하는 것이 시스템과 기기 안정에 도움이 된다.

(1) Full Ahead(Astern)시 Stop할 경우

telegraph 위치는 "Stop" 후진(전진) 스팀 밸브는 RPM이 7까지 떨어질 때 까지 어느 정도 계속 열려 있고, RPM이 2 이하로 떨어지면 후진(전진) 스팀 밸브는 잠기며 스팀밸브가 잠긴 후 RPM이 증가되면 이를 반복한다.

(2) Full Ahead에서 Full Astern을 할 경우(Crash Maneuvering)

telegraph 위치는 "Astern", 후진 스팀 밸브는 RPM이 15까지 떨어질 때 까지 어느 정도(약 15%) 계속 열려 있고, RPM이 15 이하로 떨어지면 후진 스팀 밸브는 원하는 Full Astern(58 RPM)까지 열린다.

5) Auto Spinning

터빈의 rotor는 고온의 스팀에 의해서 열이 축적된 상태 하에서 장시간 정지하게 되면 열응력에 의해 축이 휘게 된다. 이를 방지하기 위해서 stand-by 시나 정박 시에 자동으로 rotor를 저속으로 AHD와 AST으로 교대로 스팀을 넣어 회전시킨다. 이를 auto spinning 이라고 한다.

(1) Auto Spin 운전 조건

- Auto spinning bypass SW가 "NOR" 위치에 선택
- Control mode는 "control lever" 선택 – push button은 사용불가
- Control lever는 "Stop" 위치
- 프로펠러 shaft가 1/10 RPM된 후 15초 후에 프로그램이 시작되고 이로부터 2분 후에 전진 스팀 밸브가 열리게 된다.
- Auto spin 중 반대편 스팀 밸브의 열리는 시점

감속기어(후진 터빈 측)에 설치된 RPM detector에 의해서 3~4 RPM에서 1/10 RPM으로 감속되면 그때부터 2분 후(RPM "0")에 반대편 스팀 밸브가 열린다.

(2) Auto Spin 중 Alarm 발생 조건

- Shaft가 정지된 후 3분이 경과
- 전진/후진 스팀 밸브가 30초 이상 열려 있는 경우
- 회전수가 10 RPM 이상 올라간 경우

(3) Stand-by 중에도(장시간 엔진을 사용하지 않아서) auto spin이 적용되고 있을 시에 control lever의 위치가 "Stop"에서 전/후진으로 바뀌면 즉시 auto spin은 해제되고 원하는 회전수가 된다.

(4) auto spin 중에는 astern spray water가 공급되지 않는다.

6) Auto Slowdown

다음 조건의 경우에는 자동으로 일정 회전수까지 회전수가 낮아졌다가 원인이 제거되면 telegraph 조작 없이 자동으로 원래 회전수로 복구된다.

- Superheated steam pressure low/low: 53 kg/cm^2
- Drum level high/high, low/low: ±180 mm
- Main thrust pad temperature high
- M/C vacuum low
- M/C level high/high: 현장 600 mm
- One boiler trip
- Stern tube bearing temperature high: 65℃
  (Control lever를 maneuvering full로 낮추어야 reset 된다.)

7) Emergency Trip

다음 조건의 경우 M/T은 trip 된다.

- Bearing lubricating oil pressure low trip: 0.5 kg/cm^2
- Control oil pressure low trip: 5.0 kg/cm^2
- M/C vacuum low trip: 500 mmHg
- Overspeed trip(HP or LP 터빈): ahead 92 RPM
- Rotor excessive axial movement trip(HP or LP 터빈): 0.5 mm
- Vibration high trip(HP or LP 터빈): 5 mil(125 ㎛)
- Hand trip(선교 or control console)
- Turning gear engaged trip
- No.1 or No.2 boiler drum water level high high trip: 220 mm
- Emergency hand is not in the neutral position
- Both boilers trip
- Auto spinning overspeed trip: 10 RPM
- M/C level high trip

9.5.6 M/C Cooling System

HP & LP 터빈에서 사용된 스팀은 M/C에서 냉각 및 응축되어 다시 보일러로 공급된다. M/C 냉각에는 아래 두 가지 방식이 사용된다. 이 두 방식이 전환될 때는 대용량의 펌프가 기동/정지되며, 직경 1,000~1,800A의 대형 valve가 작동되므로 잦은 시스템 전환은 지양하는 것이 좋다. 참고로 main SW CIRC. pump 또는 scoop에 의한 M/C SW 입구는 선박의 STBD 측에 있으며, 출구는 PORT 측에 위치하고 있다.

Cooling Method	Pump Mode	Scoop Mode
사용 시점	Maneuvering Mode	Normal Mode
냉각 방식	Main SW CIRC. pump	Scoop valve

9.5.7 M/T Bleed Steam

터빈에 사용되는 스팀 중 일부를 본선 스팀 시스템에 사용하는데 이를 bleed steam 이라 한다. HP, MP, LP bleed steam으로 분류되며, 1ST, 2ND, 3RD bleed steam이라 부르기도 한다. bleed steam 사용을 위한 motor valve의 open 시점은 다음과 같다.

- HP bleed open/close: nozzle lift 50 mm/49 mm
- MP bleed open/close: nozzle lift 46 mm/45 mm
- LP bleed open/close: bleed steam pressure로 swing check valve를 open/close 한다.

HP bleed steam은 10 kg/cm^2 스팀 시스템으로 공급되며 각종 tank heating 및 조수기 ejector steam 등으로 사용된다. MP bleed steam은 2.6 kg/cm^2 스팀 시스템으로 공급되며 gland steam 및 조수기 heating steam 등으로 사용된다. bleed valve의 open/close에 따라 본선 main steam과 bleed steam 간의 시스템 전환이 이루어지며, 이때 조수기 진공, SW temp. 및 각부 시스템에 영향을 미친다. 특히 MP bleed steam이 사용되는 2.6 kg/cm^2 스팀 시스템은 feed pump exhaust steam과 직결되어 있어 MP bleed에 의한 시스템 전환 시 2.6 kg/cm^2의 상승은 feed pump back pressure high trip 발생까지 연결될 수 있으니 주의해야 한다.

- 1ST bleed(HP bleed): 16/10 kg/cm^2 → LP steam heating, 조수기 ejector steam
- 2ND bleed(MP bleed): 5.5/2.6 kg/cm^2 → deaerator & 조수기 heating, gland steam 외
- 3RD bleed(LP bleed): LP heater heating

9.6 STEAM CYCLE

그림 9.32는 기관실에서 운용되는 steam cycle을 주된 기기들과 함께 개략적으로 도시한 것이다. 기관실의 steam cycle은 크게 steam 생산, 팽창(expansion), 응축(condensate) 및 feed water로 구분할 수 있다. main boiler에서 생산된 고온·고압의 SH steam은 M/T에서 운동에너지 전환된 후 저온·저압의 steam으로 변환되고, M/C(Main Condenser)에 의해 응축된다. 이 응축수는 condensate pump에 의해 gland condenser와 LP heater를 거치면서 가열되고 deaerator까지 이송되어 저장된다. deaerator에 저장된 물은 main feed pump에 의해 economizer로 이송되어 배기가스에 의해 재차 가열된 후 main boiler에 급수된다.

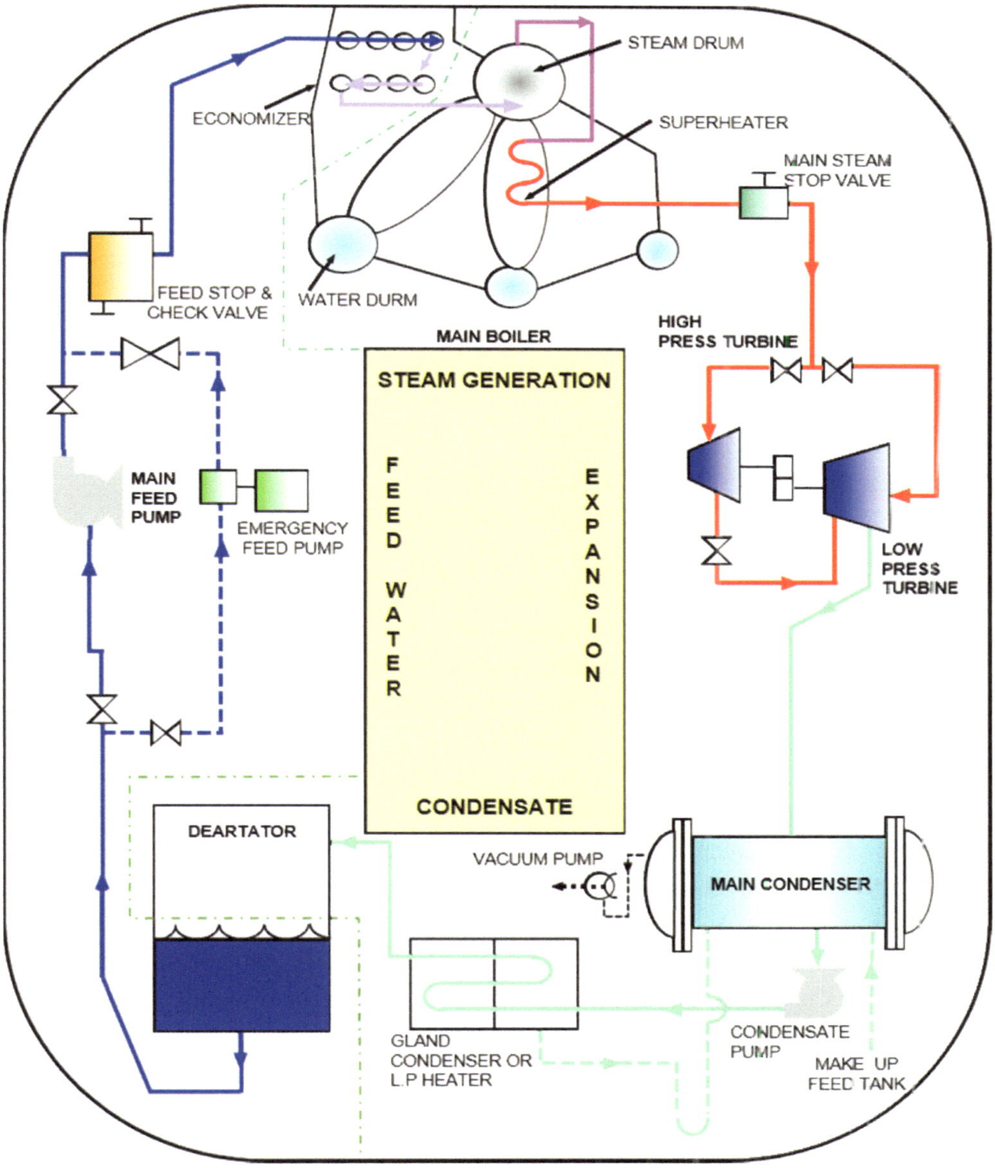

그림 9.32 Steam Cycle of Engine Room

참고문헌

[1] Hanjin Muscat Cargo Operating Manual, Hanjin Heavy Industries & Construction Co. Ltd, Issue: 1

[2] Machinery Operating Manual, CREOLE SPIRIT, IMO No. 9681687, Final Draft 2015.12.24

[3] Technical Documentation, Design Specification: ME/ME-GI generel, MAN B&W

[4] At the Forefront of Green Engine Technology, The MAN B&W ME-GI and ME-LGI dual fuel concepts, MAN Diesel & Turbo

[5] ME-GI Dual Fuel MAN B&W Engines, A Technical, Operational and Cost-effective Solution for Ships Fuelled by Gas, MAN Diesel & Turbo

[6] Marine and Industrial Turbo Pumps(TYPE "DEB" PUMPS), COFFIN TURBO PUMP, INC.

[7] GTT Membrane Cargo Containment Systems, GTT Training

[8] Zalar, M., Malenica, Š., & Diebold, L. (2006). Selected hydrodynamic issues in design of large LNG carriers. In RINA ICSOT Conference, Busan, Korea.

[9] Kim, Y. S., & Kil, S. C. (2016). Latest welding technology for storage and transportation facilities of liquified natural gas. Journal of the Korean Society of Marine Engineering, 40(1), 17-27.

[10] Chun, M. S., Kim, M. H., Kim, W. S., Kim, S. H., & Lee, J. M. (2009). Experimental investigation on the impact behavior of membrane-type LNG carrier insulation system. Journal of Loss Prevention in the Process Industries, 22(6), 901-907.

[11] Yuasa, K., Uwatoko, K., & Ishimaru, J. (2001). Key Technologies of Mitsubishi LNG Carriers-Present and Future. Mitsubishi Heavy Industries Technical Review, 38(2), 200.

[12] Curt, B. (2004, March). Marine transportation of LNG. In Intertanko Safety, Technical and Environmental Committee (ISTEC) Meeting, Dubai.

[13] Fernández, I. A., Gómez, M. R., Gómez, J. R., & Insua, Á. B. (2017). Review of propulsion systems on LNG carriers. Renewable and Sustainable Energy Reviews, 67, 1395-1411.

[14] Wang, K. S. (2010). Loss prevention through risk assessment surveys of LNG carriers in operation, under construction, conversion and repair. BMT Msrine & Offshore Surveys, Tokyo, Japan.

[15] Jie, W. (2009, October). A study on technical development on LNG vessel. In 2009 IEEE International Conference on Systems, Man and Cybernetics (pp. 4936-4939). IEEE.

[16] Ishimaru, J., Kawabata, K., Morita, H., Ikkai, H., & Suetake, Y. (2004). Building of advanced large sized membrane type LNG carrier. Mitsubishi Heavy Industries Technical Review, 41(6).

[17] Gómez, J. R., Gómez, M. R., Garcia, R. F., & Catoira, A. D. M. (2013). On board LNG reliquefaction technology: a comparative study. Polish maritime research, 21(1), 77-88.

[18] Yuki, T., Uchida, I., & Amano, M. (2007). Reheat Boiler for Marine Reheat Cycle Plant. JIME, 42.

[19] Kim, M. H., Lee, S. M., Lee, J. M., Noh, B. J., & Kim, W. S. (2010). Fatigue strength assessment of MARK-III type LNG cargo containment system. Ocean Engineering, 37(14-15), 1243-1252.

[20] Tsolaki, E., & Diamadopoulos, E. (2010). Technologies for ballast water treatment: a review. Journal of Chemical Technology & Biotechnology, 85(1), 19-32.

[21] Veritas, D. N. (2006). Sloshing analysis of LNG membrane tanks. DNV Classification Notes, (30.9).

[22] Park, W. S., Chun, M. S., Han, M. S., Kim, M. H., & Lee, J. M. (2011). Comparative study on mechanical behavior of low temperature application materials for ships and offshore structures: Part I—Experimental investigations. Materials Science and Engineering: A, 528(18), 5790-5803.

찾아보기

LNG선박의 이해와 실무

2019년 3월 1일 초판 인쇄

2021년 6월 28일 3쇄 발행

저 자 장보성 • 추연국 • 박일초 • 한민수

발 행 인 송기수

발 행 처 도서출판 GS인터비전

편 집 처 도서출판 GS인터비전

인 쇄 처 트윈벨미디어

등록번호 제 25100-2016-000050 호

I S B N 979-11-5576-270-7(93530)

주 소 서울 은평구 증산로 15길 69 2층

전 화 02-976-7898

팩 스 02-6468-7898

홈페이지 gsintervision.kr

E-Mail gsinter7@gmail.com

정 가 30,000원

정판

TOURISM RESOURCES

관광자원해설

정찬종 · 곽영대 · 전영철 공저

(주)백산출판사

머리말

사람들이 관광을 하는 이유에는 여러 가지가 있지만 그중에서도 가장 많은 이유는 관광 본연의 의미인 '빛을 보기' 위해서이다. 빛을 본다는 것은 무엇인가? 그것은 미지의 세계, 즉 타국, 타 지역을 탐험하는 여행이다.

탐험을 하려면 우선 많은 것을 준비해야 한다. 어느 길을 통해서 가야 하는지, 어디에서 잘 건지, 무엇을 먹을 건지, 무엇을 보고, 무엇을 살 건지, 궁극적으로는 타국, 타 지역에서 무엇을 보고 배울 건지로 귀착된다.

본 교재에서는 기본적인 이론지식으로 관광자원의 정의 및 관광문화재의 중요성을 인식시키고자 하였으며, 관광자원의 유형별 분류를 기준으로 자연적 관광자원, 문화적 관광자원, 사회적 관광자원, 산업적 관광자원 등 다양한 우리나라의 아름다운 금수강산과 문화유산인 관광자원을 소개하고자 노력하였다.

모쪼록 이 책을 통해 관광관련 학과 학생들이 국내여행안내 지식을 습득하고 산업체에서의 현장적응력을 높이는 데 도움이 된다면 저자로서 더 이상의 기쁨은 없을 것이다.

관광자원에 대해 많은 내용을 기술하려다 보니 욕심이 앞선 나머지 내용과 체제에 다소의 미흡함은 있을 것으로 생각한다. 이 점에 대해서는 선배 · 동학제위(同學諸位)의 지도편달에 힘입어 계속해서 보완할 것임을 약속드린다.

끝으로 이 책을 출판할 수 있도록 허락해 주신 백산출판사 진욱상 사장님을 비롯하여 편집부 직원들의 호의에 깊은 감사를 드리는 바이다.

2022년 10월
공동저자 드림

차례

제 1 장

관광자원과 관광문화재

제1장 관광자원과 관광문화재

1.1 관광자원의 정의

관광자원에 대해서는 이노우에를 비롯하여 많은 학자가 나름대로 정의를 내리고 있는데 우선 이노우에는 관광자원의 정의를 관광대상과 동일시하고 있다.[1]

다나카(田中喜一)는 "관광자원이란 관광객의 욕구충족을 위해 수용지에서 토지 고유의 매력을 가지고 관광객의 흡인대상이 되는 것"이라 정의하고 있다.[2]

쓰다 노보루(津田昇)는 "관광자원이란 관광의 주체인 관광객이 관광동기 내지 관광의욕의 목적물로 삼는 관광대상"이라고 하였다.[3]

아시바(足羽洋保)는 "관광자원이란 관광대상(사람의 관광의욕을 충족시키는 모든 것)에서 관광사업체가 공급하는 재화와 서비스를 제외한 모든 것"이라고 주장하고 있다.[4]

이장춘은 "관광자원이란 인간의 관광동기를 충족시켜 줄 수 있는 생태계 내의 유 · 무형 제 자원으로서 보존 · 보호치 않으면 가치를 상실하거나 감소할 성질을 내포하고 있는 자원"이라고 정의하였다.[5]

1 井上萬壽藏, 觀光と觀光事業, 國際觀光年記念行事協力會, 1967, 127쪽.
2 田中喜一, 觀光事業論, 財團法人 觀光事業硏究會, 1950, 86쪽.
3 津田昇, 國際觀光論, 東洋經濟新報社, 1969, 76쪽.
4 足羽洋保, 觀光資源論, 中央經濟社, 1997, 5쪽.
5 이장춘, 관광자원론, 대왕사, 1983, 73쪽.

이은은 "관광자원이란 인간의 관광동기나 욕구를 충족시킬 수 있는 자연적 · 인문적 대상의 총체로서 매력성과 자력성(磁力性)을 지닌 소재"라고 언급하고 있다.

김병문은 "관광자원이란 관광객의 여행목적물로서 그 지역의 의식주, 생업, 신앙, 연중행사 및 무형의 전통적 풍속이나 관습의 총칭"으로 정의하고 있다.[6] 즉 관광대상이 되는 유 · 무형의 제 자원을 관광자원에 포함시키고 있다.

이들의 정의에서 공통으로 나타난 것을 요약해 보면 관광자원이란 관광의 주체인 관광객으로 하여금 관광동기나 관광의욕을 일으키게 하는 목적물인 관광대상을 가리키는 것임을 알 수 있다. 이제까지는 관광대상이 될 수 없었던 자원도 대중관광의 보급과 함께 새로운 매력을 가진 관광자원으로 주목받기도 하고, 반면 관광매력을 상실해 가는 자원도 있다. 유형물이든 무형물이든, 인공물이든 자연물이든 그것이 관광객을 유인할 수 있고 관광수입을 올릴 수 있는 경제성을 띠고 있는 한 관광자원으로 볼 수 있다.

그러므로 위의 견해들을 종합하여 관광자원을 정의하면 '관광자원이란 관광객의 관광욕구나 관광행동을 유발시키는 유 · 무형의 소재(대상)'라고 할 수 있다.

1.2 관광자원의 분류

관광자원에 대한 분류방법에는 입지나 지역규모 및 이용 정도 등이 가미된 연속체(Continuum)로서의 분류(이용자중심형/자연중심형), 자원의 물리적 특징이나 개발과 관리실태 및 이용 정도나 예상행동 등을 고려한 분광체(Spectrum)로서의 분류(고밀도 위락지역/원시지역), 생성과정에 따른 분류(천연적/인공적), 행동패턴에 따른 분류(주유형/체재형), 토지이용단위별 분류(자연자원/문화자원/혼합형자원), 가시성(可視性)에 따른 분류(유형자원/무형자원), 자원의 이용성격(동적자원/정적 자원)에 따른 분류 등 여러 가지가 있으나, 대다수 학자가 보편적으로

6 김병문, 관광자원학, 백산출판사, 1993, 19쪽.

취하는 자원분류방식에 따라 이를 4가지 자원으로 구분하여 제시하면 〈표 1-1〉과 같이 정리할 수 있다.

표 1-1 관광자원의 분류

종류		내용
자연적 관광자원	지형 · 지질	산악, 하천, 평야, 호소(湖沼), 해안, 계곡, 독포, 도서(島嶼), 산림, 지질, 온천, 사막 등
	천문 · 기상 · 기후	해, 달, 오로라, 눈, 비, 우박 등
	동 · 식물	열대 · 온대 · 한대, 사막에 분포되어 있는 동식물
문화적 관광자원	문화유산	① 유형문화재, ② 무형문화재, ③ 기념물, ④ 민속문화재
	문화시설	① 박물관, ② 미술관, ③ 기타 문화시설
사회적 관광자원	사회형태	① 도시, ② 촌락의 구조, ③ 사회제도, ④ 사회시설(항만, 철도, 도로)
	생활형태	국민성, 민족성, 인정, 풍속, 관습, 예절, 의식주 등 생활형태, 예술 · 예능, 스포츠 등
산업적 관광자원	제1차 산업	농 · 임 · 어업 및 수산관광자원
	제2, 3차 산업	① 상공업 관광자원(공업단지, 유통단지, 박람회, 엑스포, 사회공공시설, 전람회 등) ② 위락적 관광자원(수영장, 스키장, 수렵장, 낚시터, 관광목장, 카지노, 캠프장, 레저타운, 놀이시설, 경마장, 승마장 등)

자료 : 정찬종 · 강인호 · 신동숙, 관광학원론, 형설출판사, 2008, 258쪽.

1.2.1 자연적 관광자원

자연적 관광자원의 개념에 포함될 수 있는 것은 산지 · 하천 · 평야 · 호소(湖沼) · 해안 · 계곡 · 폭포 · 도서(島嶼) · 온천 · 삼림 · 사막 등 지형 또는 지질에 관련된 것, 기후 · 기상 · 일조 · 눈 · 비 · 우박 · 안개 등 천상(天象)과 관련된 것, 열대 · 한대 · 온대 등에 분포한 동식물과 관련된 것 등의 3종류로 구분할 수 있다.

그러므로 자연적 관광자원은 자연경관을 그 대상으로 하며, 매력성 및 자연의 지역차가 관광욕구와 연결되어 관광대상으로서의 관광자원이 된다. 특히 산업사회의 급속한 발전에 따라 각종 공해의 유발과 인간성의 상실 등을 초래하게 됨에 따라 인간의 자연지향 욕구가 점차 증대되어 자연적 관광자원에의 의존도는 더욱 커지고 있다.[7]

1.2.2 문화적 관광자원

문화는 그 개념이 애매할 정도로 폭넓게 사용되는 용어로서 어떤 집단 내지 민족이 공유하는 의식 또는 생활양식을 의미한다. 그러므로 문화의 범위는 지식, 가치관, 신앙, 이념, 예술, 규범전달의 양식과 이를 유지하고 전수하며 또 창조하는 수단이나 교육, 종교, 이념, 예술의 전달매체 등 일체를 포괄한다고 할 수 있다.[8]

따라서 경치, 자연사, 건물, 유물, 전통 및 한 세대에서 다음 세대로 문헌적으로 또는 형이상학적으로 전해 내려오는 것들, 혹은 이러한 것들 사이에서 관광욕구를 충족시킬 수 있는 자원을 문화적 관광자원이라고 할 수 있다. 특히 역사적 · 전통적 가치가 큰 것을 역사적 자원 혹은 전통적 자원이라 부른다.

우리나라 「문화재보호법」이 역사적 기념물에 대하여 천연기념물을, 사적에 대하여 명승을, 유형문화재에 대하여 무형문화재를 각각 문화재로서 그 가치를 동등하게 인정하는 것은 자연의 존엄성과 신비성을 깊이 인식하고 역사와 전통을 중시하고자 하는 데서 그 의의를 찾을 수 있다.[9]

7 서태양, 관광자원론, 기문사, 1989, 63쪽.

8 한국관광공사, 한국문화유산 관광상품화방안, 1996, 19-20쪽.

9 김진섭, 관광학원론, 대왕사, 1990, 131쪽.

1.2.3 사회적 관광자원

문화적 관광자원이 시각적으로 감상할 수 있는 유형적 용구문화의 속성을 가지고 있다면 사회적 관광자원은 이 용구문화를 창조하게 된 배경, 즉 사회규범적인 무형의 생활양식을 말한다. 그러므로 유형문화재인 용구(用具)문화는 사회규범적인 생활양식의 결과적 소산이 되는 셈이다.[10]

이와 같이 사회적 관광자원은 한 나라의 역사와 전통을 비롯하여 집락(集落), 사회제도, 국민성, 민족성 등의 사회형태와 인정, 풍속, 예절, 관습, 생활양식, 음식, 의복, 주거형태 등의 생활형태로 구성된 자원을 말한다.[11]

이와 같이 사회적 관광자원은 과거의 생활상을 추적하고 현재의 발전상을 이해하는 데 귀중한 자료가 될뿐더러 관광객의 다양한 관광행동이나 욕구를 자극하는 데 큰 작용을 하는 자원으로 평가받고 있다. 1988년 서울올림픽 때 한국을 방문하여 민박을 경험했던 외래관광객들이 특히 만족스러워했던 것은 인정 · 풍속 등 한국 고유의 사회적 관광자원에 매료되었기 때문일 것이다.

1.2.4 산업적 관광자원

산업적 관광자원(industrial tourism resources)은 산업관계 유 · 무형의 관광자원으로서 즉 농업 · 임업 · 어업 · 공업 · 상업관계시설과 그 기술수준을 볼 수 있는 산업적 대상이다. 즉 관광객들이 이러한 산업시설을 견학 · 시찰 · 체험 등을 통해 그들 산업에 대한 이해와 지식 확대 또는 교양이나 자기개발욕구를 충족시킬 수 있는 시설이나 기술 및 생산공정과 생산품 등을 산업적 관광자원이라고 할 수 있다.

예를 들면 공장을 방문하여 거기서 설비기술이나 생산공정을 본다든가, 농산물

10 서태양, 앞의 책, 297쪽.

11 김태영, 현대관광학개론, 백산출판사, 1997, 125쪽.

이나 해산물의 가공시설이나 가공공정 등을 보는 것, 그리고 농원이나 목장 등을 찾아가 농산물이나 축산물의 생산기술이나 재배법을 보는 것 등이 이에 속한다. 아울러 경우에 따라서는 자신이 직접 재배 또는 채수, 채취 등을 해보는 것도 포함된다. 우리나라에서도 제철공장이나 자동차 생산공장, 전자제품 생산공장, 조선소 등은 관광객들에게 매우 인기 있는 산업적 관광자원이 되고 있으며, 최근에는 관광농장이나 관광목장 등도 산업적 관광자원으로서 많은 주목을 받고 있다.

1.3 관광문화재

문화재(文化財, Cultural Properties)란 고고학 · 선사학 · 역사학 · 문학 · 예술 · 과학 · 종교 · 민속 · 생활양식 등에서 문화적 가치가 있다고 인정되는 인류 문화활동의 소산(所産)으로서 역사상 또는 예술상 가치가 큰 것과 이에 준하는 고고자료를 말한다. 즉 민족문화의 유산으로 보존할 만한 가치가 있는 것을 말한다. 그러므로 문화재는 생활양식을 내면에 담고 있으면서 가치성을 띠고 있는 모든 것이라고 할 수 있다.[12]

「문화재보호법」에 따르면 '문화재'란 "인위적이거나 자연적으로 형성된 국가적 · 민족적 또는 세계적 유산으로서 역사적 · 예술적 · 학술적 또는 경관적 가치가 큰 것을 말한다"고 정의하고 있으며, 그 종류는 크게 ▲유형문화재, ▲무형문화재, ▲기념물, ▲민속문화재 등으로 나누고 있다.[13]

「문화재보호법」에서 지정문화재란 ▲국가지정문화재(문화재청장 지정), ▲시 · 도지정문화재(시 · 도지사 지정), ▲문화재자료(시 · 도지사 지정) ▲기타문화재 등으로 구분하여 관리하고 있다.

이상의 정의를 종합하여 관광문화재를 정의하면 '관광문화재란 관광객을 끌어

12 이혁진 · 이춘호, 문화재와 관광, 형설출판사, 2003, 25쪽.

13 http://www.law.go.kr/lsInfoP.do?lsiSeq=204807&efYd=20190417#0000

모을 수 있는 민족문화의 유산으로 보존할 만한 가치가 있는 것'이라고 할 수 있다.

문화재 명칭 · 분류체계 개선안

국가유산은 문화 · 자연 · 무형을 포함하는 총체적 유산(遺産)을 지칭한다. 우네스코 세계유산 협약에 따르면 유산은 '과거 조상으로부터 물려받은 것으로, 미래 세대에 전해줄 자산'이다. 정부는 기존에 사용하던 '문화재(文化財)'를 '국가유산'으로 바꿔 부르기로 했다.
'문화재(文化財)'라는 명칭이 1962년 문화재보호법 제정 이후 60년 만에 '국가유산(國家遺産)'으로 바뀐다. 이에 따라 현재 문화체육관광부의 외청인 '문화재청'이란 기관 명칭도 '국가유산청'으로 변경될 것으로 전망된다.
문화재라는 용어가 과거 유물의 재화적(財貨的) 성격이 강하기 때문이다. 이 용어는 1962년 '문화재보호법' 제정 이후 60년간 사용돼 왔다.
한편 '유 · 무형 문화재'로 나누던 기존 분류체계도 문화유산 · 자연유산 · 무형유산으로 개편된다.

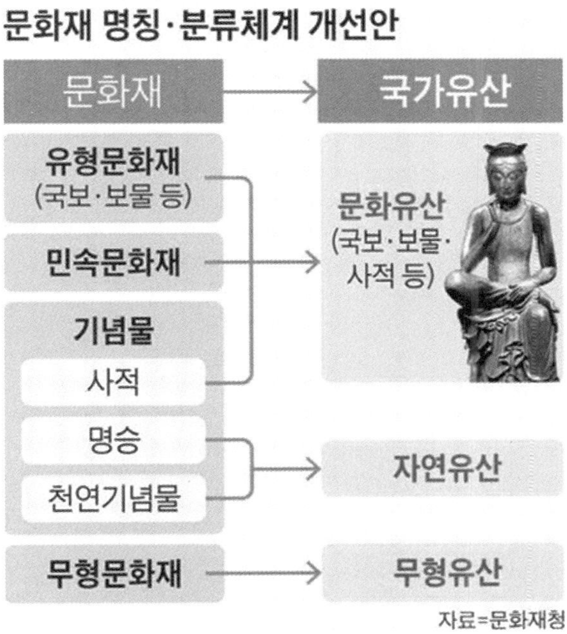

자료 : 문화재청, 2022년 04월 12일자 조선일보

1.3.1 국가지정문화재[14]

국가지정문화재는 〈표 1-2〉와 같이 문화재청장이 「문화재보호법」에 의하여 문화재위원회의 심의를 거쳐 지정한 중요문화재로서 국보 · 보물 · 국가민속문화재 · 사적 · 명승 · 천연기념물 및 국가무형문화재 등의 7개 유형으로 구분된다.

표 1-2 국가지정문화재의 구분

구분	내용
국보	보물에 해당하는 문화재 중 인류문화의 견지에서 그 가치가 크고 유례가 드문 것 (예) 서울 숭례문, 훈민정음 등
보물	건조물 · 전적 · 서적 · 고문서 · 회화 · 조각 · 공예품 · 고고자료 · 무구(武具) 등의 유형문화재 중 중요한 것 (예) 서울 흥인지문, 대동여지도 등
국가민속문화재	의식주 · 생산 · 생업 · 교통 · 운수 · 통신 · 교역 · 사회생활 · 신앙 민속 · 예능 · 오락 · 유희 등으로서 중요한 것 (예) 덕온공주(德溫公主) 당의(唐衣), 안동하회마을 등
사적	기념물 중 유적 · 제사 · 신앙 · 정치 · 국방 · 산업 · 교통 · 토목 · 교육 · 사회사업 · 분묘 · 비 등으로서 중요한 것 (예) 수원화성, 경주 포석정지 등
명승	기념물 중 경승지로서 중요한 것 (예) 명주청학동의 소금강, 상백도 하백도 일원 등
천연기념물	기념물 중 동물(서식지 · 번식지 · 도래지 포함), 식물(자생지 포함), 지질 · 광물로서 중요한 것 (예) 대구 도동의 측백수림, 노랑부리백로 등
국가무형문화재	여러 세대에 걸쳐 전승되어 온 무형의 문화적 유산 중 역사적, 학술적, 예술적, 기술적 가치가 있는 것, 지역 또는 한국의 전통문화로서 대표성을 지닌 것, 사회문화적 환경에 대응하여 세대 간의 전승을 통해 그 전형을 유지하고 있는 것 (예) 종묘제례악, 양주별산대놀이 등

14 「문화재보호법」 제2조 "지정문화재"란 다음 각 호의 것을 말한다. 〈개정 2014.1.28.〉
1. 국가지정문화재 : 문화재청장이 제23조부터 제26조까지의 규정에 따라 지정한 문화
2. 시 · 도지정문화재 : 특별시장 · 광역시장 · 특별자치시장 · 도지사 또는 특별자치도지사(이하 "시 · 도지사"라 한다)가 제70조제1항에 따라 지정한 문화재
3. 문화재자료 : 제1호나 제2호에 따라 지정되지 아니한 문화재 중 시 · 도지사가 제70조제2항에 따라 지정한 문화재

그림 1-1 문화재의 종류(「문화재보호법」 기준)

자료 : 문화재청 국가문화유산포털 홈페이지

· 숭례문(국보 제1호)

국보 1호를 유형문화재 숭례문을 정한 이유를 알아보자.

숭례문은 태조 7년(1398)에 창건되었으나 세종 29년(1447)에 고쳐 지은 조선시대 도성의 남쪽 대문이다. 서울에 현존하는 목조건물 중 가장 오래된 건물로서 서울의 관문이라는 상징적 의미를 가지고 있다. 조선 초기를 대표하는 건축적 특징 및 아름다움을 지니고 있어 국보 1호로 정해졌다. 하지만 지정번호가 문화재 가치의 우선순위를 뜻하지는 않는다.[15]

15 문화재청 국가문화유산포털(https://www.heritage.go.kr/heri/html/HtmlPage.do?pg=/cul/cultureEasySub02_01.jsp&pageNo=1_9_2_0)

문화재 지정번호는 국보나 보물 등 문화재 지정 시 순서대로 부여하는 번호로, 일부에서 문화재 지정순서가 아닌 가치 서열로 오인해 서열화 논란이 제기된 경우가 있었다. 이에 문화재청은 관계전문가와 국민 의견 수렴을 거쳐 제도 개선 계획을 마련하였으며, 「문화재보호법 시행령」 등 관련 규정에서 '지정(등록)번호'를 삭제하고 문화재 행정에서 지정번호를 사용하지 않도록 정책을 개선하였으며, 문화재 지정번호제도를 개선하고, 행정서식 등에도 적용하기 위하여 「문화재보호법 시행령」과 「문화재보호법 시행규칙」을 개정하여 2021년 11월 19일부터 시행하였다.[16]

예) '국보 서울 숭례문', '보물 서울 흥인지문'

1.3.2 시 · 도지정문화재

특별시장 · 광역시장 · 도지사(이하 "시 · 도지사")가 국가지정문화재로 지정되지 아니한 문화재 중 보존가치가 있다고 인정되는 것을 지방자치단체(시 · 도)의 조례에 의하여 지정한 문화재로서 유형문화재 · 무형문화재 · 기념물 및 민속문화재 등 4개 유형으로 구분되며 그 내용은 〈표 1-3〉과 같다.

16 문화재청 국가문화유산포털(https://www.heritage.go.kr/heri/html/HtmlPage.do?pg=/cul/cultureEasySub02_01.jsp&pageNo=1_9_2_0)

표 1-3 시 · 도지정문화재의 구분

문화재	내용
유형문화재	건조물, 전적, 서적, 고문서, 회화, 조각, 공예품 등 유형의 문화적 소산으로서 역사상 또는 예술상 가치가 큰 것과 이에 준하는 고고자료
무형문화재	여러 세대에 걸쳐 전승되어 온 무형의 문화적 유산 중 역사적, 학술적, 예술적, 기술적 가치가 있는 것, 지역 또는 한국의 전통문화로서 대표성을 지닌 것, 사회문화적 환경에 대응하여 세대 간의 전승을 통해 그 전형을 유지하고 있는 것
기념물	패총 · 고분 · 성지 · 궁지 · 요지 · 유물포함층 등의 사적지로서 역사상 · 학술상 가치가 큰 것. 경승지로서 예술상 · 관람상 가치가 큰 것 및 동물(서식지, 번식지, 도래지를 포함한다), 식물(자생지를 포함한다), 광물, 동굴로서 학술상 가치가 큰 것
민속문화재	의식주 · 생업 · 신앙 · 연중행사 등에 관한 풍속 · 관습과 이에 사용되는 의복 · 기구 · 가옥 등으로서 국민생활의 추이를 이해함에 불가결한 것

자료 : 문화재청 국가문화유산포털 홈페이지, 2019.6.

1.3.3 문화재자료

시 · 도지사가 시도지정문화재로 지정되지 아니한 문화재 중 향토문화보존상 필요하다고 인정하여 시 · 도 조례에 의하여 지정한 문화재를 지칭한다.

1.3.4 기타 문화재

기타 문화재에는 등록문화재, 비지정문화재 등이 있다.

1. 등록문화재[17]

문화재청장이 문화재위원회의 심의를 거쳐 지정문화재가 아닌 문화재 중 건설 · 제작 · 형성된 후 50년 이상이 지난 것으로서 보존과 활용을 위한 조치가 특별히 필요하여 등록한 문화재이다.(다만 긴급한 보호조치가 필요한 경우에는 50년 이상이 지나지 아니한 것이라도 등록문화재로 등록할 수 있다.)

▷ 남대문로 한국전력 사옥(등록 제1호), 철원 노동당사(등록 제22호), 경의선 장단역 증기기관차(등록 제78호), 백범 김구 혈의 일괄(등록 제439호) 등이 있다.

근대문화유산의 개념과 범위	역사, 문화, 예술, 사회, 경제, 종교, 생활 등 각 분야에서 기념이 되거나 상징적 가치가 있는 것
	지역의 역사 · 문화적 배경이 되고 있으며, 그 가치가 일반에게 널리 알려진 것
	기술발전 또는 예술적 사조 등 그 시대를 반영하거나 이해하는 데에 중요한 가치를 지닌 것

2. 비지정문화재

「문화재보호법」 또는 시 · 도의 조례에 의하여 지정되지 아니한 문화재 중 보존할 만한 가치가 있는 문화재를 지칭한다. 여기에는 일반동산문화재와 매장문화재가 있다.

동산문화재란 이동이 가능한 모든 문화재를 말한다. 건물과 같이 땅 위에 고정되어 움직일 수 없는 부동산문화재에 대응하는 개념이다. 동산문화재의 구체적인 분류는 ① 전적 · 서적 · 문서, ② 회화 · 조각, ③ 공예품, ④ 고고자료, ⑤ 무구 등으로 구분할 수 있다.

매장문화재는 땅속이나 바다 밑에 묻혀 있는 문화재를 말한다. 고고학에서는 발굴대상이 되는 유물, 유구, 유적을 매장문화재로 각각 구분하고 있다.

유물은 토기, 석기, 철기 등의 출토물을 말하며, 유구는 집터, 고분, 건물터 등

17 「문화재보호법」 제2조 "등록문화재"란 지정문화재가 아닌 문화재 중에서 다음 각 호의 것을 말한다. 〈개정 2018.12.24.〉
1. 국가등록문화재 : 문화재청장이 제53조에 따라 등록한 문화재
2. 시 · 도등록문화재 : 시 · 도지사가 제70조제3항에 따라 등록한 문화재

옛사람들이 이루어놓은 구조물 하나하나를 일컫는 말이다. 유적은 이러한 유구들이 모인 장소로 마을터, 절터 등을 말한다.

그림 1-2 매장문화재

자료 : 문화재청 국가문화유산포털 홈페이지

일반동산문화재 (「문화재보호법」 제60조)	국외 수출 또는 반출 금지 규정이 준용되는 지정되지 아니한 문화재 중 동산에 속하는 문화재를 지칭하며 전적 · 서적 · 판목 · 회화 · 조각 · 공예품 · 고고자료 및 민속자료로서 역사상 · 예술상 보존가치가 있는 문화재
매장문화재 (「매장문화재 보호 및 조사에 관한 법률」 제2조)	– 토지 또는 수중에 매장되거나 분포되어 있는 유형의 문화재 – 건조물 등에 포장(包藏)되어 있는 유형의 문화재 – 지표 · 지중 · 수중(바다 · 호수 · 하천을 포함한다) 등에 생성 · 퇴적되어 있는 천연동굴 · 화석, 그 밖에 대통령령으로 정하는 지질학적인 가치가 큰 것

이상의 내용을 종합하여 정리하면 〈표 1-4〉와 같다.

표 1-4 관광문화재의 종류, 형태 및 내용

종류	형태	세부항목		내용
문화재	유형	건조물	목조	당탑(堂塔), 성문(城門), 전묘(殿廟), 사우(祠宇), 서원, 누정, 향교, 판아, 객사(客舍), 민가 등 역사적 · 학술적 · 예술적 · 기술적 가치가 큰 것
			석조	석굴, 석탑, 전탑, 부도(浮屠), 석종, 비각, 석등, 석교, 석계, 석단, 석빙고, 첨성대, 당간지주, 석표, 석정(石整) 등 역사적 · 예술적 가치가 큰 것
			분묘	분묘 등의 유구(遺構) 또는 그 부분 · 부속물 또는 건조물의 모형으로서 역사적 · 학술적 · 예술적 · 기술적 가치가 큰 것
		전적 · 서적 · 고문서	전적류(典籍類)	한글서적, 한자서적, 저술고문, 종교서적 등의 원본이나 우수한 고사본으로서 인쇄적 가치가 큰 것
			서적류	사경(寫經), 어필(御筆), 명가필적(名家筆跡), 고필(古筆), 묵적(墨翟), 현판, 주련(柱聯) 등으로 서예사상 대표적인 것이거나 금석학적 또는 사료적 가치가 큰 것
		회화 · 조각		① 형태 · 품질 · 기법 · 제작 등에 현저한 특이성이 있는 것 ② 우리나라 문화사상 각 시대의 귀중한 유물로서 그 제작이 우수한 것 ③ 우리나라 회화나 조각사상 특히 귀중한 자료가 될 수 있는 것 ④ 특수한 작가 또는 유파를 대표하는 중요한 것 ⑤ 외래품으로서 우리나라 문화에 중요한 의의를 가진 것
		공예품		① 형태 · 품질 · 기법 또는 용도에 현저한 특이성이 있는 것 ② 우리나라 문화사상 또는 공예사상 각 시대의 귀중한 유물로서 그 제작이 우수한 것 ③ 외래품으로서 우리나라 공예사상 중요한 의의를 가진 것
		고고자료		① 선사시대 유물로서 특히 학술적 가치가 큰 것 ② 고분(지석묘 등 포함) · 패총 또는 사지(寺址, 절터) · 유적 등의 출토품으로서 학술적으로 중요한 자료가 될 수 있는 것 ③ 전세품(傳世品)으로서 학술적 가치가 큰 것 ④ 종교 · 교육학예 · 산업 · 정치 · 군사 · 생활 등의 유적출토품 또는 유물로서 역사적 의의가 크거나 학술적 자료로서 중요하거나 제작상 가치가 큰 것
		무구(武具)		① 우리나라 전사(戰史)상 사용된 무기로서 희귀하고 대표적인 것 ② 역사상 명장이 사용하였던 무구류(武具類)로서 군사상 그 의의가 큰 것

종류	형태	세부항목	내용
문화재	무형	연극	인형극, 가면극
문화재	무형	음악	제례악, 연례악(宴禮樂), 대취타(大吹打), 가곡, 가사 또는 시조의 영창(詠唱) · 산조 · 농악 · 잡가 · 민요 · 무악(巫樂) · 범패(梵唄)
문화재	무형	무용	의식무, 정재무(呈才舞), 탈춤, 민속무
문화재	무형	공예기술	도자공예 · 마미공예(磨美工藝) · 금속공예 · 화각공예 · 장신공예 · 나전칠공예 · 제지공예 · 목공예 · 건축공예 · 피혁공예 · 지물공예 · 직물공예 · 염색공예 · 옥석공예 · 자수공예 · 복식공예 · 악기공예 · 초약공예(草藥工藝)
문화재	무형	기타	의식 · 놀이 · 무예 · 음식제조 등
기념물		사적	패총 · 고분 · 성지 · 궁궐 · 유물포함층 등의 사적지로서 역사상 학술적으로 가치가 큰 것, 유사 이전의 유적, 제사 · 신앙에 관한 유적, 정치 · 국방에 관한 유적, 산업 · 고통 · 토목에 관한 유적, 교육 · 사회사업에 관한 유적, 분묘, 비
기념물		명승(名勝)	명승지로서 예술상 · 관상상 가치가 큰 것으로 저명한 건물이 있는 경승지 또는 원지, 화수 · 화초 · 단풍 또는 조수 · 어충류(漁蟲類)의 서식지 · 도서, 기타 경승지, 저명한 협곡 · 해협 · 곶 · 급류 · 심연 · 폭포 · 호수 · 저명한 해안 · 하안 · 저명한 풍경의 전망지점 · 특색 있는 산악 · 구릉 · 그원 · 덩원 · 하천 · 화산 · 온천지 · 냉광천지 등
기념물		천연기념물 동 · 식물	동물(서식지, 번식지 포함), 식물(자생지 포함)
기념물		천연기념물 지질 · 광물	광물 동굴로서 학술상 가치가 큰 것
기념물		천연기념물 천연보호구역	천연기념물을 보호하기 위해 지정한 구역
민속문화재		의 · 식 · 주	궁중 · 귀족 · 서민 · 농어민 · 천인 등의 의복, 장신구 · 음식용구 · 광열용구 · 가구 · 사육용구 · 관혼상제용구 · 주거 · 기타 물건 또는 그 재료 등
민속문화재		생산 · 생업	농기구 · 어렵구(漁獵具) · 공장용구 · 방직용구 · 작업장 등
민속문화재		교통 · 운수 · 통신	운반용 배, 수레, 역사 등
민속문화재		교역	계산용구 · 계량구 · 간판 · 점포 · 감찰 · 화폐 등
민속문화재		사회생활	증답용구(贈答用具) · 경방용구(警防用具) · 형벌용구 등
민속문화재		신앙	제사구 · 법회구(法會具) · 봉납구(奉納具) · 우상구(偶像具) · 사우(祠宇, 사당) 등
민속문화재		민속지식	역류(曆類) · 점복용구(占卜用具) · 의료구 · 교육시설 등
민속문화재		민속예능 · 오락 · 유희	의상 · 악기 · 가면 · 인형 · 완구 · 도구 · 무대 등

자료 : 한국관광공사, 한국문화유산 관광상품화방안, 1996, 22-27쪽에 의거 재구성

1.4 관광문화재의 중요성

관광문화재는 조상의 슬기로 창조된 값진 문화유산인 동시에 겨레의 숨결과 민족의 정기가 담겨 있는 민족정신의 요체이다. 그러므로 관광문화재는 국가나 지자체 또는 특정인의 소유이기에 앞서 국민 모두의 것이며, 오늘의 우리와 내일의 후손이 함께 지켜야 할 민족 공동재산이라고 할 수 있다.[18]

김홍운은 관광문화재의 중요성에 대해 가치적 측면에서 다음과 같이 주장하고 있다.[19] 즉 그는 ▲민족자긍적 가치, ▲역사/교육적 가치, ▲관광학술적 가치, ▲국제교류/친선적 가치 등을 주장하고 있는데 그 구체적 내용은 〈표 1-5〉와 같다.

표 1-5 관광문화재의 가치

구분		내용
민족자긍적 가치		민족문화에 대한 긍지, 민족주체의식 확립, 애국/애족/애향
역사/교육적 가치		지역화학습, 지방문화재 보호
관광학술적 가치	경제적	내/외국인들의 관광소비를 통한 경제활성화
	사회/문화적	관광동기 자극, 지역문화유산에 대한 자긍심
	환경적	문화와 역사의 체계적 보전, 문화유산을 보호하는 힘
	학술적	모든 문화재가 관광학의 연구대상
국제교류/친선적 가치		교류를 통한 인류이해의 증진, 문화국가로서의 사명에 실질적 기여

18 권오문, "문화재의 효율적 보존관리를 위한 정책적 방향에 관한 연구", 중앙대학교 사회개발대학원 석사학위논문, 1987, 11쪽.

19 김홍운 · 김사영, 문화재해설, 형설출판사, 2003, 62-73쪽.

제 2 장

국내여행안내 행사준비

제2장 국내여행안내 행사준비

2.1 여행자의 문화성향 파악하기

학습목표

* 행사지시서를 통해 확인한 고객 정보에 따라 고객의 주요 문화를 파악할 수 있다.
* 행사지시서를 통해 확인한 고객 정보에 따라 문화성향을 파악할 수 있다.

2.1.1 국내여행안내 업무의 기본적인 이해

1. 국내여행 업무흐름

국내여행안내 업무는 내국인 관광객을 대상으로 이루어지는 경우(intrabound)와 외래 관광객을 대상으로 이루어지는 경우(inbound)가 있다. 이 업무는 법적으로 국내여행업과 일반 여행업을 등록한 여행사가 할 수 있으며, 국외여행업을 등록한 여행사의 경우 국내여행업을 겸업하는 경우에만 할 수 있다.

각 국가에서는 외국 관광객의 유치가 지역의 정치, 경제, 사회, 문화적 측면에 도움이 되므로 이를 극대화하기 위해 많은 노력을 기울이고 있다. 우리나라도 1961년 8월 22일 우리나라 최초의 관광법규인「관광사업진흥법」(이 법은 1975년에 폐지되고,「관광기본법」과「관광사업법」으로 나누어짐)이 제정된 이래 지속적으로 외국인의 국내여행을 촉진시키는 노력을 기울이고 있다. 따라서 외국인의 국내여행 업무는 어떤 여행 업무보다 국가적인 차원에서 중요한 분야라고 할 수 있다.

표 2-1 여행업의 종류[1]

구분	내용
종합여행업	국내 · 외를 여행하는 내국인 및 외국인을 대상으로 하는 여행업 (사증 받는 절차를 대행하는 행위 포함)
국내외여행업	국내를 여행하는 내국인을 대상으로 하는 여행업 국외를 여행하는 내국인을 대상으로 하는 여행업 (사증 받는 절차를 대행하는 행위 포함)
국내여행업	국내를 여행하는 내국인을 대상으로 하는 여행업

☞ 국외여행업만 별도로 등록 가능함

한편, 인바운드 여행상품은 생산과 소비가 국내에서 이루어지는 반면, 판매는 타국에서 이루어지는 특징이 있어, 현지 외국 여행사가 판매에 가장 중요한 역할을 하는 시스템이다. 따라서 인바운드 여행상품의 이상적인 형태는 전 세계 각 도시의 주요 판매 대상 지역에 판매지점(거점)을 설치하는 것이지만 이는 자본, 인력, 효율성, 생산성 등의 측면에서 어려움이 따르므로 해외시장에서의 판매활동은 외국의 현지 여행사를 통해 이루어지고 있다.

인바운드 여행 업무는 국내의 여행업자가 기획한 Package상품을 현지 여행사가 한국을 여행하고자 하는 고객에게 상담을 통해 판매하는 방식이 있고, 또한 주문자 의뢰 방식으로 현지 여행사가 고객이 원하는 국내여행일정을 상담을 통해 의뢰받은 후 호텔, 식사, 교통 및 제반 조건을 결정하여 국내여행업자를 통해 문의하는 방식으로 업무가 진행된다.

따라서 국내여행업자는 그 여정에 따라 고객이 희망하는 조건을 충분히 반영하여 다양한 측면에서 검토하고 결정하여, 이를 외국 여행업자가 최종적으로 여정,

1 「관광진흥법 시행령」 대통령령 제31543호 2021.03.23. 일부개정. 시행일 2021.09.24. 일반여행업의 명칭을 종합여행업, 국외여행업과 국내여행업을 겸업할 경우 국내외여행업으로 명칭 변경

경비 및 여행조건에 대해 수락하면 외국인 대상 판매계약이 성립되며 판매가 이루어지는 것이다. 이러한 과정을 거쳐 외래 관광객이 국내로 여행을 오면 국내여행안내 업무가 진행된다.

2. 국내여행안내 행사준비 업무

국내여행을 할 단체 행사에 있어서 사전에 얼마나 철저하게 준비하느냐에 따라 그 행사의 성패가 좌우된다. 따라서 국내여행안내를 위해서는 사전 준비에 각별한 신경을 써야 한다. 성공적인 국내여행안내를 위해서는 다음과 같은 업무를 사전에 준비해야 한다.

첫째, 관련 서류를 검토하여 여행 계약의 성립과정 및 계약 내용, 특별 요청 사항, 여행자의 명단 및 신상 등에 관하여 점검을 해야 한다.

둘째, 예약된 행사 인원을 확인하여 객실의 수와 객실의 종류 및 호텔 내에서의 식사 여부 등 호텔 예약사항을 꼼꼼히 확인해야 한다.

셋째, 여행객이 이용하는 국제선 항공편과 도착시간을 확인하고, 또한 국내여행을 할 때 사용하게 될 버스, 기차, 국내선 항공, 선박 등의 예약상태를 확인한다.

넷째, 여행자가 휴대한 화물의 상태를 확인하여 운송계획을 마련한다.

다섯째, 행사확정서 및 행사지시서, Rooming List, 관광버스 및 공항 영접용 플래카드, 여행자용 여행일정표, 여행 경비, 미팅 보드 및 회사 깃발 등 여행안내에 필요한 자료를 준비한다.

여섯째, 기타 여행자의 요구사항이 잘 준비되어 있는지를 확인하며, 요금지불방식을 확인한다.

3. 행사지시서

행사지시서는 국내여행안내 업무에 있어서 단체행사를 취급하는 데 필요한 구체적인 지시서이다. 숙박, 교통, 식사, 기타 특별 수배사항, 주의사항 등이 각 항목별로 명기되어 있는 서류이다.

행사지시서는 최종 책임자가 서명 날인을 한 것이기 때문에 명확성과 신뢰성이 있다.

그림 2-1 단체 행사지시서

결재	담당	대리	과장	본부장

단 체 명	여행사 제주도 3박 4일			PAX	M: 12	F: 8
여행기간	2019년 1월 20일~24일					
이용항공사	도착편명		도착시간		CLS	
	출발편명		출발시간		CLS	

1. 지상비 내역

여행지역	기간	인원	1인당 요금	총액	비고
합계					

2. 기타 경비

여행지역	200,000원 * 4일 = 800,000원
안내(기사)팁	50,000원 * 4일 * 2PAX = 400,000원
예 비 비	200,000원 * 4일 = 800,000원
기 타	
합 계	

3. 여행 조건

숙 박	TWIN( ) DBL( ) SGL( ) TRP( ) 기타( )	
교통편 예 비 비	전용차량	
	국내선	
	기 타	
식 사	조식(회) 중식(회) 석식(회)	
여행자보험	포함(√) 불포함( ) 보험사( ) 최대보상액( )	
현지공항세	포함(√) 불포함( ) 해당 없음( )	

2.1.2 여행자의 문화특성 파악

기본적으로 행사지시서에는 여행자의 국적, 여행기간, 목적, 비용, 숙박, 교통, 관광지, 식사, 담당자 및 여행사 연락처 등이 기입되어 있다. 이를 통해 여행객의 문화적 특성을 파악할 수 있다. 더불어 참가자의 연령, 직업, 성격 등을 파악해 서비스 제공 범위 및 수준을 설정하게 된다. 여행객에 대한 파악은 원활한 여행안내를 위해 중요하며 필수적인 사항이다.

따라서 관광객 문화 특성, 관광상품 유형별 특성을 살펴보면 다음과 같다.

1. 관광객 문화 특성 파악(타 문화의 이해)

1) 동양의 수직문화

① 어른을 공경하고 자신의 자세를 스스로 낮추고 상대를 높이는 겸양의 형태이며, 기본적인 예절은 수직적인 문화이다.

② 농경문화의 발달로 탄수화물 음식이 주식이다.

③ 식사방식은 총체적이고 통합적이어서 국그릇을 두고 여럿이 함께 식사함으로써 서로 간의 관계를 형성한다.

2) 서양의 수평문화

① 삶의 다양성과 평등, 창의력을 발달시킴으로써 자유로운 의사전달방식의 형태이며, 기본적인 매너는 수평적인 문화이다.

② 유목문화의 발달로 단백질 음식이 주식이다.

③ 식사방식은 시간을 두고 순차적이고 체계적으로 진행되며 개인적이고 독립적으로 형성한다.[2]

---

2 지희진, 글로벌 매너와 이미지 스타일링, 한올, 2016, 7쪽.

표 2-2 동서양 문화의 발전 비교

구분	동양	서양
주체	중국	유럽
환경	대륙(갇힌 세계)	해양(열린 세계)
자연에 대한 인식	변화	진화
인간과 인간 간의 관계	관계에 중점을 두고 인간사회의 조화	개인에 중점을 두고 대립, 투쟁
인간과 자연 간의 관계	조화(인간은 자연의 일부)	투쟁(인간과 자연의 분리)

자료 : 최영진, 동양과 서양, 지식산업사, 2006 ; 지희진, 앞의 책, p. 7 재인용.

3) 문화 간 커뮤니케이션(문화 차이에 따른 비언어적 커뮤니케이션)

캘리포니아대학교 로스앤젤레스캠퍼스(UCLA) 심리학과 명예교수인 앨버트 메라비언(Albert Mehrabian)은 메시지 전달에 미치는 전체적인 효과를 분석하여 공식화한 적이 있는데('메라비언의 법칙The Law of Mehrabian') 그의 말에 따르면 말이 7%, 청각적 이미지가 38%, 그리고 시각적 이미지가 55%라고 밝히고 있다.

시각적 이미지는 태도, 표정, 제스처 등으로 이는 전체적으로 우리들의 의사 소통에 있어 절대적인 비중을 차지하고 있음을 시사한다. 제스처는 우리가 외국에 나갔을 때 사용할 수 있는 공용어일 수 있지만 때로는 사고나 오해를 불러 일으킬 수도 있다. 동일한 제스처라도 나라나 지역에 따라서는 정반대의 의미를 가질 수도 있기 때문이다.[3]

① 만날 때

- 악수 : 가장 일반적으로 행하여지는 인사법
- 코 비비기 : 뉴질랜드 마오리족의 친밀감 표시
- 포옹 : 러시아에서 친한 남자 친구들은 세게 악수를 하고 나서 포옹하며 상대방의 등을 따듯하게 한두 번 쳐준다. 대부분의 북미인, 북유럽인 그리고 동양인들은 이런 접촉이나 포옹을 불편해 한다.

3 지희진, 글로벌 매너와 이미지 스타일링, 한올, 2016, 21-22쪽.

② 헤어질 때

- 미국인들의 인사 : 손을 위로 올려 손바닥이 보이도록 하고 손목을 세워 손과 팔뚝 전체를 좌우로 흔든다. 유럽에서는 이 제스처가 '안녕'을 뜻하지 않고 대신 'NO'를 의미한다.
- 유럽인들의 인사 : '안녕'이나 '잘 가'라는 표시로 손을 흔드는 방법은 팔을 올려 앞으로 뻗고 손바닥을 아래로 향해서 손만 위아래르 움직인다.

③ 사람을 부를 때

- 검지를 들고 손을 머리 높이나 그보다 조금 높이 올리는 제스처
  - 미국에서는 웨이터를 부를 때, 또는 다른 사람의 주의를 끌 때
  - 일본에서는 사람을 손가락으로 가리키는 것을 불손한 것으로 여긴다.
- 검지를 앞뒤로 구부리는 제스처
  - 미국에서는 '이쪽으로 오세요'라는 신호
  - 말레이시아 등 많은 나라에서는 동물을 부를 때만 사용
- 손바닥을 아래로 하여 손짓
  - 중동 · 극동 지역에서는 누군가를 오라고 하는 의미
  - 서구지역에서는 가라는 의미

④ 손가락으로 하는 링 사인

- 미국, 서유럽 : OK 표시
- 남부 프랑스 : 0이나 '쓸모없다'를 의미
- 한국, 일본 : 돈
- 브라질, 남미 : 외설적인 의미

⑤ 손바닥을 바깥쪽으로 향한 V자 사인

- 두 손가락을 높이 쳐드는 것은 '평화'나 '승리'를 표시
- 그리스는 욕의 의미

⑥ 손등을 바깥쪽으로 향한 V자 사인

- 영국, 프랑스 : '꺼져버려'
- 그리스 : 승리

⑦ 주먹을 쥔 채 엄지손가락만 위로 올리는 행위

- 일반적 : 매우 좋다는 의미
- 그리스 : '입 닥쳐'의 의미
- 러시아 : 동성연애자의 사인

⑧ 머리를 위, 아래로 끄덕이는 행위

- 일반적 : YES, 긍정의 표현
- 불가리아, 그리스 : NO

2. 관광상품의 유형별 특성 파악

여행단체의 목적 및 여행객들에 대한 파악은 원활한 행사 진행을 위하여 필수적인 사항이다. 관광객이 어떤 목적으로 오는 단체인가를 확인함으로써 그 단체성향에 맞는 양질의 서비스를 제공할 수 있기 때문이다.

1) 인센티브 투어의 특성

최근 인센티브 투어(Incentive Tour)는 여행업계에 있어 거대한 시장이 되었다. 인센티브 투어는 기업에서 직원들에게 여행의 기회를 포상형태로 제공함으로써 업무욕구를 북돋아 업무효율을 높이고 생산성을 극대화하는 데 목적을 둔 여행으로 정의된다.(Society of Incentive & Travel Executives, 2007)

인센티브 투어는 단체의 책임자 또는 참가자 개인으로부터 특별한 요구사항, 여행객과 판매 담당자와의 특별한 약속 등이 많으므로, 이를 확인하여 그에 맞는 서비스를 제공해야 한다. 가이드의 경우 두드러진 활동보다는 참가자들에게 정보와 도움을 주는 정도의 역할이 필요하다.

2) 패키지 투어의 특성

패키지 투어(Package Tour)는 여행사에서 일정 및 교통편, 숙식, 비용 등을 미리 정한 뒤 여행자를 모집하여 여행사의 주관하에 실시하는 단체여행을 의미한다. 여러 명의 여행자가 여행사에서 기획한 상품을 선택하여 정해진 일정을 함께하는 투어이다 보니 다른 투어와는 달리, 서로 잘 모르거나 서로 간에 특별한 관심이 없는 관광객들로 투어가 진행된다.

이러한 특성을 지닌 패키지 투어는 각기 다른 개인들 간에 친숙한 분위기를 조성하는 것이 무엇보다 중요하다. 특히 일정이 긴 투어에서는 가이드의 역할과 책임이 더 많이 요구되는 특성이 있다.

3) 특수단체 투어의 특성

소외계층들을 위한 사회복지 차원의 제도 지원 강화로 인해 최근 지체장애인들의 여행이 점점 증가하고 있으며, 향후 이들의 숫자는 더욱 증가할 것으로 보인다. 즉, 관광지에 대한 접근체계 및 지원제도가 강화됨으로써 투어 기회가 확대될 것이기 때문이다. 이러한 특수관광 단체시장의 규모가 아직은 크지 않지만 이들에 대한 기본적인 이해가 필요하며, 특히 관광지 선정 및 이동 동선 등에 각별한 관심과 주의가 요구되는 특성을 보인다.

2.2 현지정보 수집 · 답사하기

학습 목표

* 행사지시서를 활용하여 여행일정을 파악할 수 있다.

2.2.1 여행일정 파악

1. 여행일정의 의의

여행일정(Tour Itinerary)은 무형의 여행현상을 유형의 상품으로 구체화시킨 것으로 여행업과 관련된 숙박업, 교통업(항공 · 육상 · 해상), 레저산업, 유 · 무형의 관광지 상품을 가장 조화롭게 구성한 것이다.

여행일정은 여행 출발부터 귀국까지의 투어 스케줄로 관광 내용, 이동 시의 교통수단, 식사내용, 숙박지 등이 포함되며, 여행객들이 여행 욕구를 느끼게끔 매력을 전달하고, 여행에 대한 다양한 기대에 부응하고 단순한 여가 소비가 아닌 많은 것들을 얻을 수 있다는 가치가 잘 담겨 있어야 한다.

2. 여행일정표의 기본 구성

여행일정표(Tour Itinerary)는 국내여행(Domestic Tour/Intrabound Tour), 국외여행(Outbound Tour), 외국인여행(Inbound Tour)에 따라 약간의 양식에 차이가 있을 수 있으나 여행기간과 일시, 여행목적지, 교통편, 숙박, 식사 등의 내용으로 구성되기 때문에 근본적으로는 비슷한 형태이다.

표 2-3 여행일정표의 기본구성

특성	내용
일정의 구성요소	여행기간, 교통편, 관광지역 및 세부일정, 숙박지, 식사 횟수(MENU)
기타 구성요소	포함사항 및 불포함사항, 참고사항, 공통사항 및 유의사항 등

그림 2-2 국내여행(Domestic Tour) 일정표

일 자	도 시	교통편	시 간	세 부 일 정	식 사
제1일	김 포 제 주	KE1203	08:00 09:10	김포공항 출발 제주공항 도착 ▶ 테지움사파리 ▶ 유리의 성 ▶ 해피타운(오토바이쇼 & 공중곡예쇼) 호텔 투숙 및 휴식	중 : 한정식 석 : 해물전골
				호텔 :	
제2일	제 주		전 일	호텔 조식 후 숙소 출발 ▶ 신비의 도깨비도로–한라산 중턱 ▶ 산방산(용머리해안) 중식 ▶ 주상절리 ▶ 여미지식물원 ▶ 약천사 ▶ 천지연폭포 ▶ 러브랜드(성박물관) 호텔 도착 후 휴식	조 : 호텔식 중 : 그등어구이 석 : 회정식
				호텔 :	
제3일	제 주 김 포	KE1224	16:50 18:00	호텔 조식 후 숙소 출발 ▶선녀와 나무꾼(추억 속의 테마공원) ▶성읍 민속마을 중식 ▶일출랜드 ▶섭지코지 제주공항 출발 김포공항 도착 **감사합니다. 안녕히 가십시오.	조 : 호텔식 중 : 토종돼지 및 좁쌀막걸리
상기 일정은 항공 및 현지 사정에 따라 다소 변경될 수 있다.					

그림 2-3 국외여행(Outbound Tour) 일정표

지 역	교 통	시 간	세 부 일 정
제1일차 – 11월 02일(금)			
인 천 장 사	MU2024	21:50 00:05	인천국제공항 출발[약 3간 15분 소요] 장사국제공항 도착(☞중국 : –1시간) 장사공항 도착 후 가이드와 미팅 호텔 투숙 및 휴식
식사 : : 기내식			
호텔 : Howard Johnson Huachen Plaza Hotel & Resorts			
제2일차 – 11월 03일(토)			
장 사 장가계		전 일	호텔 조식 후 장가계로 이동(약 4시간 소요) ▶ [천문산] ◎케이블카◎ ▶ [천문산사/귀곡잔도(리프트 편도 포함) & 유리잔도] ▶ [매력상서쇼] 호텔 투숙 및 휴식
식사 : : 호텔식 : 버섯샤브샤브 : 한식(삼겹살)			
호텔 : QINGHE JIN JIANG International Hotel			
제3일차 – 11월 04일(일)			
장가계 원가계		전 일	호텔 조식 후 ▶ [보봉호] ◎유람선 및 도보 관광◎ ▶ [천자산] ◎케이블카 편도◎ ▶ [원가계] ▷ [후화원], ▷ [천하제일교], ▷ [미혼대] ▶ [백룡엘리베이터] ▶ [금편계곡] ▶ [십리화랑] ◎모노레일 왕복◎ 호텔 투숙 및 휴식
식사 : : 호텔식 : 소고기 특식 : 현지식(궁중요리)			
호텔 : QINGHE JIN JIANG International Hotel			
제4일차 – 11월 05일(월)			
장가계 장 사		전 일	호텔 조식 후 ▶ [유리다리 코스] ▶ [황룡동굴] ◎보트 포함◎ 장사로 이동[약 4시간 소요] 공항으로 이동
식사 : : 호텔식 : 소고기 특식 : 현지식(궁중요리)			

지 역	교 통	시 간	세 부 일 정
제5일차 – 11월 06일(화)			
장 사 인 천	MU2023	01:20 04:40	장사국제공항 출발 인천국제공항 도착 후 해산[약 2시간 45분 소요] ♡ 즐거운 여행 되세요.
식사 : : 기내식			
■ REMARKS * 상기 일정은 현지 사정에 의해 변경될 수도 있다.			

그림 2-4 외국인여행(Inbound Tour) 일정표

일 자	도 시	교통편	시 간	세 부 일 정	식 사
제1일	인 천 서 울			인천국제공항 1터미널 12번 단체버스 승차장 가이드 미팅 후 ▶ 차이나타운 관광 서울로 이동 후 석식 호텔 투숙 및 휴식 호텔 :	석식
제2일	서 울		전 일	호텔 조식 후 숙소 출발 ▶ 경복궁, 국립고궁박물관 방문 중식 후 ▶ 서촌 일대 갤러리 투어 석식 후 ▶ 한강 유람선 탑승 호텔 도착 후 휴식 호텔 :	조식 중식 석식
제3일	서 울 용 인 서 울		전 일	호텔 조식 후 숙소 출발 용인으로 이동 ▶ 한국민속촌 관광 ▶ ♡♡랜드(자유이용권) 관광 석식 후 서울로 이동 호텔 도착 후 휴식 호텔 :	조식 중식 석식

일 자	도 시	교통편	시 간	세 부 일 정	식 사
제4일	서 울		전 일	호텔 조식 후 숙소 출발 ▶ 인사동 자유시간 중식 후 ▶ 명동 자유시간 석식 후 ▶ 남산 서울 N타워 방문 호텔 투숙 및 휴식	조식 중식 석식
				호텔 :	
제5일	서 울 인 천			호텔 조식 후 숙소 Check-out ▶ 남산골 한옥마을 관광 인천국제공항 1터미널로 이동 출국수속 진행	조식 중식
상기 일정은 항공 및 현지 사정에 따라 다소 변경될 수 있다.					

3. 여행일정 파악

행사지시서의 일정을 일자별로 해당 국가에서의 출국부터 국내에서의 출국까지 정확하게 파악하고 이를 통해 전체 일정의 흐름을 숙지해야 한다. 특히 여행일정에 포함된 관광지에 대해 자세히 파악하고 있어야 한다. 이외에도 투숙할 호텔의 위치 및 호텔 주변사항(편의점, 식당 등), 공항에서 호텔까지의 이동 동선 및 시간, 호텔에서 관광지까지의 이동시간, 관광지에서 머무르는 시간, 선택 관광, 쇼핑 장소 및 시간 등을 파악해야 한다.

2.2.2 현지 정보 수집 및 답사

1. 현지 정보

원활한 국내여행안내 업무 수행과 여행객으로부터 신뢰를 받기 위해서는 누구보다도 현지의 생생한 정보를 습득하고 있어야 한다.

대부분의 국내여행안내 업무는 한 지역만을 전문으로 담당하는 것이 아니라 국내 여러 관광지를 포함하게 되므로 관광지마다 일반적인 사항을 알아두고 각종 정보를 수집해야 한다. 특히 방문도시 및 지역, 관광지, 교통수단과 같은 필요 정보를 수집함에 있어서 일반적인 지역정보 습득은 평상시의 기본적인 정보 숙지를 전제로 하고, 특정 지역에 대해서는 구체적이면서도 최근의 정보를 재확인하는 차원에서 정보 수집이 이루어져야 한다.

방문지역에 대한 전반적인 이해와 정보 숙지는 국내여행안내 업무의 영역을 확대할 수 있을 뿐 아니라 업무의 자신감을 극대화시킬 수 있다. 따라서 평상시에 국내 지역 및 관광정보를 사전에 습득하고 공부하는 자세가 필요하며, 특히 여행자들보다 더 많은 정보를 얻기 위해 노력해야 한다.

1) 전반적인 역사

여행지의 관광자원과 우리나라의 역사에 관해 알아두는 것이 좋다.

2) 정치, 경제, 사회, 문화

우리나라의 정치와 경제, 사회, 문화에 대한 전반적인 정보를 숙지하고 있어야 하며, 관광객들의 국가와 비교해서 알아두면 더욱 좋다.

3) 지리적 위치 및 기후

기후와 지리는 우선적으로 파악해야 할 관광지의 중요사항이며, 여행지를 이해하는 데 있어 가장 기본적인 내용이다. 지리적 위치를 통해 그 지역의 환경적 특성 및 주변 관광지와의 관계를 이해하고, 교통시간 등을 고려할 수 있다.

4) 치안 및 위생

관광지의 치안상태가 어느 정도인지 사전에 충분한 정보를 입수하여 주의해야 한다.

5) 통화, 시차, 국제전화 이용방법 등

여행객들이 현지에서 쇼핑이나 선택 관광 등 소비 지출을 할 경우 가장 중요한 화폐단위와 환율의 정보를 숙지하고 있어야 한다. 또한 대부분의 국가에서 우리나라와 시차가 발생하므로 시차에 대한 정보를 기본적으로 습득하고, 휴대폰 로밍서비스 이외의 국제전화 이용방법에 대해서도 숙지해야 한다.

6) 최근의 뉴스와 화젯거리 등

여행객들은 현지의 모든 것들이 낯설기 때문에 호기심이 많은 것이 일반적이다. 따라서 여행객들의 관심을 끌 만한 뉴스와 화젯거리를 사전에 숙지하여 제공함으로써 여행지에 대한 관심을 더욱 높이고 가이드와의 관계개선을 통한 여행만족도를 극대화한다.

7) 기타 정보

우리나라의 대중교통 정보, 인천공항 출입국 시 세관관련 정보, 선택 관광 및 쇼핑에 대한 정보를 제공함으로써 더욱 유익하고 즐거운 일정을 만들 수 있을 것이다.

2. 현지 관광정보 수집방법

현지 관광정보는 인터넷이나 가이드북(Guide Book), 서적, 또는 최근에 방문했던 업무 담당자를 통해 구체적인 정보를 수집할 수 있다. 특히 국내 각 지방자치단체 또는 유관기관의 홈페이지를 활용하는 것도 좋은 방법이다.

그림 2-5 관광정보 홈페이지 1

자료 : 한국관광공사 홈페이지

그림 2-6 관광정보 홈페이지 2

자료 : 부산관광공사 · 제주관광공사 홈페이지

표 2-4 관광관련 유관기관(정부 및 관련 공사) 홈페이지 주소

순번	구분	기관명	홈페이지
1	정부	문화체육관광부	http://www.mcst.go.kr
2	관광관련 공사	한국관광공사	http://www.visitkorea.or.kr
3		대한민국 구석구석	https://korean.visitkorea.or.kr
4		두루누비	http://www.durunubi.kr
5		한국관광100선	http://www.mustgo100.or.kr
6		경기관광포털	http://www.ggtour.or.kr
7		경상북도관광공사	http://www.gtc.co.kr
8		인천관광공사	http://www.travelicn.or.kr
9		제주관광공사	https://ijto.or.kr
10		부산관광공사	https://bto.or.kr

표 2-5 관광관련 유관기관(정부 및 지방자치단체) 홈페이지 주소

순번	구분	기관명	홈페이지
1	정부 및 지방자치단체	서울특별시	http://parks.seoul.go.kr
2		부산광역시	https://tour.busan.go.kr
3		대구광역시	https://tour.daegu.go.kr/
4		인천광역시	http://itour.incheon.go.kr/
5		광주광역시	http://tour.gwangju.go.kr
6		대전광역시	https://www.daejeon.go.kr/tou/index.do
7		울산광역시	http://tour.ulsan.go.kr
8		전라남도	http://www.namdokorea.com
9		목포시	http://www.mokpo.go.kr/tour/
10		경상북도	http://www.gb.go.kr
11		경상남도	http://tour.gyeongnam.go.kr
12		경기도	http://www.ggtour.or.kr/
13		강원도	http://www.gangwon.to/tour
14		충청남도	http://tour.chungnam.go.kr
15		충청북도	http://tour.chungbuk.go.kr
16		전라북도	http://www.jeonbuk.go.kr
17		제주도	https://www.visitjeju.net/kr/
18		서울관광재단	http://www.seoulwelcome.com/
19		Visit SEOUL	http://www.visitseoul.net
20		남도여행길잡이	http://www.jndadohae.com/

표 2-6 관광관련 유관기관(언론매체) 홈페이지 주소

순번	구분	기관명	홈페이지
1	언론매체	여행신문	http://www.traveltimes.co.kr
2		세계여행신문	http://www.gtn.co.kr
3		여행정보신문	http://www.travelinfo.co.kr
4		한국관광신문	http://www.ktnbm.co.kr

3. 현지답사

현지답사는 현지에 가서 직접 조사하는 것을 말하며, 견학, 면접, 조사, 관찰 등의 실제 활동에 의해 수행된다. 현지답사는 생생한 정보를 얻을 수 있는 장점이 있지만 시간과 비용이 많이 소요되는 단점도 있다.

표 2-7 현지답사 업무 흐름

<table>
<tr><th>업무</th><th colspan="2">내용</th></tr>
<tr><td rowspan="4">현지답사 목적과
답사 내용 결정</td><td colspan="2">여행일정에 따라 현지정보 수집에 필요한 경우 해당 지역을 답사 장소로 선정하고 답사해야 할 내용도 결정함</td></tr>
<tr><td>답사 목적(Why)</td><td></td></tr>
<tr><td>답사 장소(Where)</td><td></td></tr>
<tr><td>답사 내용(What)</td><td></td></tr>
<tr><td>사전 조사하기</td><td colspan="2">답사 장소에 관련된 지도와 책자 등에서 필요한 정보 수집하기
답사 장소 주변의 특징이 잘 드러나는 지도와 사진 수집하기
인터넷이나 문헌자료를 통해 부족한 자료 보충하기</td></tr>
<tr><td>현지답사 방법과
준비물 정하기</td><td colspan="2">업체 방문하기, 설명 듣기, 면담하기, 사진 찍기, 녹음하기 등
(준비물 : 지도, 녹음기, 사진기, 질문지, 필기도구 등)</td></tr>
<tr><td>현지답사 계획서
작성하기</td><td colspan="2">답사 날짜, 답사 참여자, 답사 목적, 답사 장소, 답사 내용이 포함된 계획 수립하기</td></tr>
<tr><td>현지답사하기</td><td colspan="2">답사 계획에 의거 현지 방문하기</td></tr>
<tr><td>현지답사 결과
정리하기</td><td colspan="2">답사 날짜, 답사 참여자, 답사 목적, 답사 장소, 답사 내용
답사 결과 등을 정리하기
현장 답사를 통해 확인된 내용 정리 및 보고서 작성하기</td></tr>
</table>

자료 : 국내여행안내 행사준비 LM1203010302_13v1 학습모듈

제 3 장

관광자원해설

제3장 관광자원해설

3.1 관광자원해설

3.1.1 관광자원해설의 개념

관광자원해설은 관광자원의 대상물, 인공물, 경관 혹은 장소를 대상으로 우리의 자연유산과 문화가 갖는 관련성과 그 의미를 드러내어 방문자에게 직접 전달할 수 있도록 고안한 하나의 의사전달과정이라고 할 수 있다. 즉 관광자원해설이란 '관광대상지의 특징과 상호관련성을 묘사하거나 설명하여 그곳에 대한 방문자의 관심과 즐거움 및 이해를 증진시키는 행위로써 방문자에 대한 교육적 활동이고, 관광지에 대한 인식을 넓혀주는 행동이며, 관광지를 이용하는 방문객들에게 새로운 이해와 통찰력, 열의, 흥미를 불러일으키는 활동'이다.[1]

따라서 해설대상 지역의 특징과 상호 관련성을 묘사하거나 설명함으로써, 그곳에 대한 방문자의 관심 및 즐거움과 이해를 증진시켜 나가는 과정이라고 할 수 있다.[2]

그러므로 해설이란 사실적 정보를 주고받는 것이 아니라 진품을 보여주고, 직접 경험하도록 하거나 적절한 매체를 사용하여 현상에 내재된 의미와 관련성을 표현하는 교육적 활동이다.[3]

1 서철현, 관광자원해설론, 대왕사, 2005, 32쪽.

2 김형미, 문화관광해설사의 역할, 세계여행신문, 2008.11.24.

3 김미옥 · 김민주, "왕릉자원해설 요소에 대한 지각과 방문만족 간의 관계", 관광학연구, 34권 제

방문자는 해설을 통해 ① 인식능력/감상능력/이행능력 배양, ② 자원관리의 목표 달성(관광객의 적절한 행동 유도), ③ 대중의 이해 촉구 등을 할 수 있다는 것이다.

이와 같은 것이 기초가 되어 우리나라에서도 2001년부터 문화유산해설사 제도를 두고 있다.[4]

문화관광해설사 제도는 당초 문화재나 문화유산을 중심으로 운용되어 왔으나, 최근에 해설사의 역할과 기능이 기존의 문화유산뿐만 아니라 관광(단)지, 생태 · 녹색 관광, 농산어촌 체험관광 등 다양한 분야의 관광자원으로 확대되고 있으므로, 2005년 8월 1일부터 기존의 문화유산해설사를 문화관광해설사로 명칭을 변경하였다.[5]

3.1.2 문화관광해설사의 역할

문화관광해설사는 관광현장에서 전문적인 지식을 관광객의 눈높이에 맞추어 쉽게 전달해 주는 역할을 한다.[6]

따라서 방문목적이나 관심분야, 연령층이 매우 다양한 관광객들을 만족시키기 위해서는 일반 시사성 유머와 같은 이야기 위주의 여흥적 해설에서부터 역사, 문화, 자연자원에 대한 전문적인 해설까지 가능하도록 준비하지 않으면 안 된다. 또한 문화관광해설사는 관광정보를 생산 · 확산시키며, 해당지역을 방문한 관광객들의 체류시간을 늘리고, 재방문을 유도하며, 새로운 관광수요를 창출하는 데 적극적인 역할을 담당해야 한다.

한편으로 관광객들의 바람직한 관람예절과 건전한 관광문화를 유도하고, 관광

4호, 한국관광학회, 2010, 61쪽.

4 최정자, "문화관광해설사의 욕구와 직무만족 간의 관계에 관한 연구", 관광연구, 제24권 1호, 대한관광경영학회, 2009, 243쪽.

5 문화체육관광부, "관광동향에 관한 연차보고서", 2008, 43쪽.

6 문화관광연구원, "문화관광해설사 제도 운영실태 및 개선방안", 2008, 95-97쪽.

문화재를 비롯한 관광자원 주변 및 주변환경 보호를 위한 지킴이 역할을 해야 한다.

국내여행안내사가 관광객과 동행하며 이곳저곳을 안내하는 식이라면, 문화관광해설사는 특정 문화유산에 전속하여 방문객을 대상으로 문화유산의 내용을 설명하는 전속 안내사이며, 지역의 문화와 역사를 방문객에게 알림으로써 지역에 대한 자긍심을 굳건히 하고 지역의 이미지를 제고하는 데 기여한다. 또한 대가를 기대하지 않고 봉사차원에서 지속적으로 활동한다는 점, 해설지 주변의 먹을거리 · 볼거리로 방문객을 유도하여 지역경제 활성화에 앞장선다는 점에서 국내여행안내사와는 구분된다.

3.1.3 관광자원해설기법

해설기법은 크게 인적 기법과 비인적 기법으로 나눌 수 있다. 인적 기법은 해설자가 직접 해설하는 안내자 해설기법이며, 비인적 기법은 해설자 없이 관광객이 유인물이나 해설자료를 보면서 오디오, 비디오 등의 장비를 이용하여 해설을 듣는 매체이용 해설이 이에 해당된다.

서철현 등은 해설자들이 해설을 할 때, 열정, 유머와 균형감각, 명료성, 자신감, 따뜻함, 침착성, 신뢰감, 즐거운 표정과 태도 등이 주요하다고 열거하면서[7] 다음과 같이 해설기법을 분류하고 있다.

관광해설의 핵심은 '문화유산에 대한 이해'이지만 문화유산 현장에서 관광객과 문화관광해설사 간의 역동적인 커뮤니케이션이 없다면 이러한 목표에 도달하기 전에 관광객은 흥미를 잃어버리기 쉽다. 이러한 맥락에서 문화관광해설사는 문화유산의 본질적 가치에 충실하면서 적절하게 연출하여 해설할 수 있는 역량도 갖추어야 하며, 다음 사항을 고려하지 않으면 안 된다. ① 관광객 그룹의 연령, 학

7 서철현 · 김영경 · 장경수, 관광자원해설론, 대왕사, 2005, 36-37쪽.

력, 관심사항, 체재기간, 언어적 커뮤니케이션 능력 등을 고려해야 한다. ② 자신만의 해설 콘텐츠와 기법을 개발해야 한다. ③ 설득적 커뮤니케이션 기법을개발해야 한다.[8]

<table>
<tr><th colspan="3">해설기법</th><th>내용</th></tr>
<tr><td rowspan="2">인적 기법</td><td colspan="2">이동식 해설</td><td>넓은 지역을 돌아다니면서 해설서비스 제공. 대규모 박물관이나 야외경관 해설에 적합</td></tr>
<tr><td colspan="2">정지식 해설</td><td>동굴이나 관광안내소에 고정배치되어 해설서비스를 제공</td></tr>
<tr><td rowspan="9">비인적 기법</td><td colspan="2">길잡이식 해설</td><td>해설자의 도움이 없는 상태에서 독자적으로 관람대상을 추적하면서 제시된 안내문에 따라 그 내용을 이해하는 것</td></tr>
<tr><td rowspan="8">매체이용 해설</td><td>모형</td><td>형태를 모방한 기법 : 축소모형, 실물모형, 확대모형</td></tr>
<tr><td>실물</td><td>사실을 그대로 재현하는 기법 : 유적재현, 유명 성인, 사상가, 독립운동가 등 인물재현, 기술재현 등</td></tr>
<tr><td>청각</td><td>방송과 미리 녹음해 둔 녹음테이프, 적절한 음악</td></tr>
<tr><td>시청각</td><td>미리 녹화해 둔 비디오 시설, 터치스크린, 영화 등</td></tr>
<tr><td>멀티미디어</td><td>디오라마(diorama)[9], 애니메이션</td></tr>
<tr><td>시뮬레이션</td><td>가상체험과 게임시설을 통해 생생하고 직접적인 체험을 하는 기법</td></tr>
<tr><td>인쇄물</td><td>리플릿(leaflet), 팸플릿, 안내해설서</td></tr>
<tr><td>기타</td><td>사진, 그림, 지도</td></tr>
</table>

8 김수경, "문화관광해설사의 해설능력이 관광객만족, 충성도에 미치는 영향", 한국관광 · 레저학회, 관광 · 레저연구, 제22권 제2호, 2010, 97-115쪽; 안선희 · 안범용, "문화관광해설에 따른 방문객의 교육적 효과, 지각된 가치, 만족도의 차이에 관한 연구", 한국관광 · 레저학회, 관광 · 레저연구, 제21권 제2호, 2009, 279-296쪽; 진영재, "문화관광해설 프로그램 만족 향상을 위한 커뮤니케이션 방안에 관한 연구", 한국관광정보학회, 관광정보연구, 제20호, 2005, 41-71쪽.

9 배경 위에 모형을 설치하여 하나의 장면을 만든 것 또는 그러한 배치. 파노라마(panorama)와 유사하지만, 파노라마가 실제 환경에 가깝도록 무대 도처에 실물이나 모형을 배치해 전체와 부분의 관계를 명백히 하는 데 비해, 디오라마는 주위 환경이나 배경을 그림으로 하고, 모형 역시 축소 모형으로 배치한다는 점이 다르다.

1. 흥미유발 기법

1) 퀴즈풀이식/질문식 해설

해설의 전달효과를 높이기 위해서는 일방적인 정보전달보다는 적절한 수준의 해설 후에 관광객이 스스로 사고하고 역사적 사실을 논리적으로 추론하도록 유도함으로써 흥미를 유발해야 한다.

2) 이성적/감성적 접근의 조화로운 진행

해설프로그램을 진행하면서 지나치게 이성적 접근(Rational Approach)을 하게 되면 자칫 일방적이고 딱딱한 해설이 될 가능성이 있다. 또한 지나치게 감성적으로 접근할 경우 관광객이 문화유산이 가진 본래적 의미를 왜곡 해석하는 오류를 범할 수 있다. 즉 커뮤니케이션 과정(Process)이 감성적 흐름 속에서 전개되어야 함을 의미한다. 즉 문화유산해설 콘텐츠에 개인적 생각, 유머 등을 곁들여 진행할 경우 관광객들의 흥미를 유발할 수 있다.

3) 현대적 해석을 통해 관광객의 이해와 흥미를 유발

역사적 건축물의 기능에 대한 해설이나 과거의 군사 · 행정조직, 생활양식 등을 현대적 시각으로 해설하는 것이다. 역사적 사실에 충실하되, 관광객의 이해를 위해 현대적 해설을 덧붙여 해설하도록 한다.

2. 해설 프로그램의 진행기법

1) 핵심적 내용의 정확한 해설

해설의 중심테마로서 인명, 지명, 건물명, 연대 등에 대해서는 확실하고 알기 쉽게 전달해야 한다. 문화관광해설사는 관광객이 방문하는 문화유산에 대한 이해를 위해 중요한 부분은 천천히 그리고 명확히 해설하는 습관을 길러야 한다. 특히 발음, 억양, 몸짓, 지방방언 등 때문에 관광객이 해설내용을 이해하는 데 어려움이 없도록 바르게 교정하여 정확히 해설하도록 한다.

2) 전체적인 맥락에서 접근하면서 해설

자신이 해설할 내용의 핵심과 목적을 분명히 하고 전체적인 맥락에서 해설해 나가야 한다. 도입부에서는 전체적인 윤곽을 먼저 설명하고, 중간부분에서는 전체적인 윤곽에 바탕을 두면서 자신이 해설하고자 하는 핵심적인 내용을 구체적으로 해설하고, 마지막으로 대화를 마무리하는 부분에서는 전체적인 내용을 정리하면서 관광객의 이해를 높이도록 해설해야 한다.

3) 문화의 본질에 충실하면서 때로는 연출(演出)기법 도입

해설의 핵심은 '문화관광에 대한 이해'이지만 문화유산 현장에서 관광객과 문화관광해설사 간의 역동적인 커뮤니케이션이 없다면 이러한 목표에 도달하기 전에 관광객은 흥미를 잃기 쉽다. 이러한 맥락에서 문화관광해설사는 문화유산의 본질적 가치에 충실하면서 적절하게 연출하여 해설할 수 있는 역량도 갖추어야 한다.

3. 차별화된 콘텐츠 개발

차별화된 콘텐츠를 개발하기 위해서는 ▲방문자 그룹의 연령, 학력, 관심사항, 체재기간, 언어적 커뮤니케이션 능력 등을 고려해야 하며, ▲자신만의 해설 콘텐츠와 기법을 개발해야 하고, ▲설득적 커뮤니케이션 기법을 개발해야 한다.

또한 발음을 비롯하여, 말하는 속도, 음성의 크기, 음의 높이 등을 적절하게 조절함으로써 해설과정이 설득적이고 신뢰감을 주어야 한다. 특히 사투리를 사용하는 것도 의미전달에 문제가 생길 수 있으므로 표준어를 정확하게 발음하도록 연습해야 한다.

4. 문화관광해설의 효과적 스피치 전달법

스피치가 성공을 거두기 위해서는 스피치의 내용을 잘 준비해야 할 뿐만 아니라 그 내용을 효과적으로 전달할 수 있어야 한다. 내용을 충분히 잘 준비했음에도 불구하고 전달능력이 부족해서 스피치를 망치는 사람이 있는 반면, 내용은 평범하지만 뛰어난 전달기술로 더 효과적인 스피치를 하는 사람도 있다.

1) 좋은 목소리

좋은 목소리란 힘이 실려 있어 잘 들리는 목소리로 입안에서 맴도는 소리가 아닌 밖으로 시원하게 발산시켜 탁 트인 소리를 내야 한다. 목소리에 변화를 주는 방법에는 목소리의 크기(Volume), 빠르기(Rate), 길이(Duration), 높이(Pitch), 쉬기(Phrasing), 힘주기(Emphasis) 등이 있다. 이것을 적절하게 조절하여 듣기 좋은 목소리를 내도록 한다. 또한 바른 스피치를 하기 위해서는 발성, 발음, 억양, 표준어 등을 잘 활용해야 한다.

2) 바른 자세

해설사의 자세는 청중의 시각적 대상이 된다. 해설사의 자세가 바르고, 경박한 잦은 움직임이 없으면 청중에게 시각적으로 침착함과 안정감을 준다. 허리를 곧게 펴고 당당하게 걸어 나가서 청중을 한 번 훑어보고 천천히 해설을 시작한다.

3) 얼굴 표정

가장 이상적인 얼굴 표정은 정색을 하면서도 옅은 미소를 띤 얼굴이다. 얼굴 표정은 내용의 변화에 따라 적절히 변화를 주어야 한다. 즐거운 이야기를 할 때는 즐거운 표정을, 진지한 이야기를 할 때는 진지한 표정을 지어야 한다. 이 경우 손과 몸짓을 병행하면 보다 실감나는 표현이 된다.

4) 시선처리

해설사는 청중을 정면으로 쳐다볼 수 있어야 한다. 청중 개개인의 눈을 자연스럽고 따뜻하게 쳐다보면서 스피치를 하면 좋다. 따뜻한 응시는 미소 띤 얼굴로 부드럽게 쳐다보는 것으로, 서로 간에 거리감을 좁히고 교감을 형성하기 때문에 청중은 프레젠테이션(Presentation)에 더욱더 집중하게 된다. 골고루 응시하되, 천천히 해야 한다. 빠른 속도로 좌우를 쳐다보면 가벼운 인상을 주기 때문이다. 청중이 많으면 청중 전체와 장소를 몇 개로 나누어 천천히 시선을 옮기면서 한 사람 한 사람을 차례로 응시하도록 한다.

5) 몸짓언어(Body Language)

해설사가 전하고자 하는 내용을 전달하거나 강조하기 위해서 몸의 어떤 부분을 의도적으로 움직이는 것이다. 몸짓언어는 청중의 관심과 주목을 확보 · 유지하고, 의미를 명확하게 함은 물론 중요한 것을 강조할 수 있도록 도와준다. 실행할 때 유의해야 할 중요한 몸짓언어에는 자세 · 몸 움직임 · 눈 움직임 · 얼굴 표정 · 제스처 · 외양 등이 있다. 몸짓언어를 적절히 연출하면 스피치의 효과를 배가시킬 수 있지만, 반대로 어색하면 그 효과를 크게 떨어뜨릴 수 있다.

6) 복장

해설사가 깔끔한 복장에 단정한 모습으로 나타나면 청중은 신중하고 준비가 잘된 사람으로 평가하고 호감을 갖고 들으려 한다. 따라서 머리는 잘 깎아 단정하게 빗고 얼굴에 피로가 나타나지 않도록 해야 한다. 복장은 해설사로서 적절한 의상을 갖추도록 한다.

3.2 스토리 발굴하기

학습목표

* 해설할 관광자원에 따라 관련 정보를 수집할 수 있다.
* 해설할 관광자원에 따라 고객들에게 전달할 핵심 스토리를 발굴할 수 있다.
* 해설할 관광자원에 따라 고객들에게 전달할 부가정보를 고안할 수 있다.

3.2.1 관광자원 관련 정보 수집

1. 정보 수집 목적 설정

관광자원해설 관련 정보를 수집하기 위해서는 역사 · 문화 · 지리 · 사회 분야 전반에 걸친 광범위한 조사가 이루어져야 하므로 정보 수집에 앞서 명확한 목적을 정해야 한다.

또한 여러 사람이 정보를 수집할 경우 의도와 방법의 차이가 발생할 수 있기 때문에 모든 조사가 같은 목적의식을 가지고 있어야만 불필요한 정보를 수집하거나 시간을 낭비하지 않을 수 있다.

정보 수집의 목적은 관광자원해설과 관련된 핵심 스토리를 발굴하는 데 초점이 맞추어져야 하고, 수집된 정보를 통해 여행객의 관심을 이끌어내고 참여할 수 있는 정보를 고안해 낼 수 있어야 한다.

조사자에 의해 수집된 정보는 동일한 형식으로 저장 · 보관해야 정보를 활용하는 데 편리하기 때문에, 육하원칙에 따라 다음과 같이 정리할 수 있도록 한다.

표 3-1 관광자원해설 관련 정보 수집 예시

항 목	내 용
언제	20OO년 OO월 OO일 (O요일)
어디서	국회도서관에서 『관광 스토리텔링 : 그 빛을 발한다』, 문화관광부 · 한국관광공사(2006)
누가	조사자 OOO
무엇을	청계천의 역사 1. 1394년 당시 한양의 서쪽에서 동쪽으로 흐르는 실개천 존재 2. 일제강점기 때 청계천으로 명칭 변경 3. 6 · 25전쟁 당시 빈민들의 거주지로 사용 4. 1997년 환경, 위생 등의 문제로 복개 공사 5. 2005년 청계천 복원공사 완료
어떻게	역사와 문화가 살아 있는 청계천을 통해 여행객들의 관심과 흥미를 자극하고 새롭게 변화된 청계천의 명소들을 활용하면 새로운 여행코스로 적합할 것으로 예상됨
왜	여행객들은 관광지 주민들이 실제 사용하는 시설 및 환경에 대한 관심이 많기 때문에 새롭게 변화된 청계천과 연관된 스토리텔링을 발굴하고 관련 상품을 만드는 게 적합하다고 판단됨

자료 : 관광자원해설 LM1203010305_16v2 학습모듈

2. 정보 수집 지역 설정

관광자원해설 관련 정보를 통해 여행객을 위한 여행 코스를 개발해야 하기 때문에 일정한 지리적 범위를 설정하는 것이 바람직하다.

지리적 범위에 따라 여행기간 및 여행비용이 달라질 수 있기 때문에 조사 범위의 기준을 정한다면 보다 효율적인 정보를 수집할 수 있다.

정보 수집을 위한 조사범위가 좁을 때는 시간과 비용을 절약할 수 있는 장점이 있고, 조사범위가 넓을 때는 보다 다양한 정보를 수집할 수 있다는 장점이 있다.

3. 정보 수집 조사자 선정

아무리 좋은 정보라도 필요한 것과 필요하지 않은 것을 구분하고 처리할 수 있는 능력이 없다면 정보를 수집할 수 없다.

다양한 정보를 수집하고 정리해야 하기 때문에 필요한 정보를 선별하는 능력을 갖춘 여행 또는 관광분야의 종사자 또는 전공자를 중심으로 조사자를 선정한다면 보다 능동적이고 수준 높은 정보를 얻을 수 있으므로 정보를 수집하는 사람을 선정하는 것이 중요하다.

4. 정보 수집방법

1) 실내조사

(1) 유관기관 조사

정부행정기관의 자료는 가장 신뢰성이 높고 다양한 자료를 보관하고 있기 때문에 관광자원과 연관 있는 정부행정기관을 중심으로 자료를 수집하는 방법이다. 또는 관광자원이 위치한 지역의 대학교 또는 사적 목적으로 설립된 민간기관을 활용해 자료를 수집하는 방법이다.

(2) 문헌자료 조사

역사적으로 증명된 고서와 자료들을 중심으로 조사하면 자료에 대한 신뢰성을 확보할 수 있다. 문헌자료들은 제목, 저자명, 출판사명, 발행연도 등을 명확하게 표기해 자료 출처의 근거자료로 활용할 수 있도록 한다.

(3) 인터넷 조사

인터넷에는 방대한 양의 자료가 등록되어 있기 때문에 다양한 검색방법과 기술로 자료수집을 해야 한다.

2) 실외조사

(1) 관광지 답사

실외조사는 실내조사를 통해 눈으로 느낄 수 없었던 정보들을 직접 확인할 수 있는 과정이다. 관광지는 계절, 기후, 날씨 등의 조건으로 변화무쌍한 감동과 시련을 줄 수 있기 때문에 여러 차례 답사하는 것이 바람직하다.

(2) 인터뷰

관광자원 주변 또는 관광자원과 유관한 전문가의 인터뷰를 통해 정보를 수집하는 방법으로 녹취를 하는 것이 좋다. 관광자원과 유관한 전문가 인터뷰는 자료에 신뢰성을 주어 활용도가 높으므로 전문가의 소속, 직위 등을 상세히 기록한다.

또한 관광자원 주변에 거주하는 주민을 통해 잘 알려지지 않은 정보를 수집할 수 있다. 하지만 이러한 비전문가와의 인터뷰는 정확한 사실이라 확신할 수 없으므로 관련 정보 수집 시 참고자료로 사용하면 된다.

(3) 설문지 조사

설문지 조사는 정보 수집 목적에 맞는 설문지를 사전에 작성해서 사람들에게 설문지를 배포한 뒤 수합하는 방법이다. 직접방법은 조사자가 직접 질문하고 답변을 기록하는 방법으로 답변자의 보다 충실한 자료를 얻을 수 있다.

간접방법은 설문지를 주고 작성하면 설문지를 받는 방식으로 시간과 비용을 절약할 수는 있지만 직접방법보다는 답변에 대한 신뢰도가 부족하다고 할 수 있다.

3.2.2 관광자원 핵심 스토리 발굴

1. 스토리텔링의 개념

스토리텔링은 '이야기(story)'와 '이야기를 하다(telling)'라는 두 단어의 합성어로 '이야기를 나누다'라는 의미를 지닌다.

과거에는 단순히 이야기의 전달에 초점이 맞추어져 특정한 이야기의 줄거리나 의미를 누군가에게 전달하는 것을 뜻했다. 하지만 오늘날 스토리텔링은 '이야기 전달'이라는 1차원적 의미를 벗어나 이야기에 생명력을 불어넣어 대상의 상품화, 마케팅, 홍보 등을 함께하는 마케팅 커뮤니케이션의 복합적인 기술적 의미를 가지게 됐다.

또한 이야기 전달자는 청중의 감성을 자극해 상호작용을 하며 개인에게 특별한 의미와 가치를 전달해 잊지 못할 추억과 기억을 제공하게 된다.

성공적인 마케터들은 소비자들이 선택할 만한, 그리고 믿을 만한 스토리를 제공하는 사람이다. 스토리는 여러 가지 문맥을 통해 어떤 사실을 좀 더 이해하기 쉽게 해주기 때문에 인간의 감정에 호소하는 능력이다. 즉, 스토리텔링 마케팅은 이야기를 만들어 소비자에게 상품이나 브랜드, 또는 기업을 알리는 것이다.

2. 관광 스토리텔링의 개념

이러한 스토리텔링의 발전과 함께 관광자원이 부족한 우리나라에서는 스토리텔링이 관광자원 발굴의 중요한 요소로 조명되고 있다. 관광 스토리텔링은 일반적인 안내, 해설의 한계를 뛰어넘어 관광지와 관광객의 관계에서 다양한 상호작용을 자극하고 관광객에게 능동적인 체험과 추억을 제공할 수 있어야 한다.

즉, 관광 스토리텔링은 스토리 발굴, 체험, 공유의 전 과정을 통해 관광객과 관광지가 상호작용을 하면서 새로운 공감의 스토리를 만들어가는 과정이다.

스토리텔링을 관광자원에 적용하여 나타나는 효과는 다음과 같다. 첫째, 대상에 대한 관심과 흥미를 유발함으로써 대상에 대해 더 잘 알고자 하는 욕망을 불러일으킨다. 둘째, 관광객과 관광지 간에 공통 정서를 유발함으로써 친밀감과 공감대를 형성시킨다. 셋째, 지역의 특성을 지닌 관광자원 콘텐츠를 활용할 경우 해당 지역 주민의 정체성 형성에 기여할 수 있다.

넷째, 공동체의 형성과 유지에 기여하며, 그로 인해 공동체의 갈등 해결이 용이하다.[10]

3. 핵심 스토리

관광자원들을 보배로 만들려면 서로 연결해서 잘 꿰어야 한다. 그래야만 관광

10 이정은 외, 제2판 관광자원론, 한올출판사, 2017, 97-98쪽.

객들의 흥미를 유발하고 마음을 움직이게 할 수 있을 것이다. 핵심 스토리 발굴이란 지역사회의 자원에다 지역사회만이 가지는 독자적 의미를 부여하는 작업이라 할 수 있다.

예를 들면 대수롭지 않은 나무 한 그루, 밋밋한 돌, 반딧불이 한 마리, 나비 한 마리에 의미와 상징을 넣어 해설한다면, 어린이들의 정서를 풍부하게 할 수 있고, 어른들에게는 전원생활의 향수를 불러일으킬 수 있다.

결국 핵심 스토리는 관광객의 감수성을 자극하여 관광자원에 대한 특별한 관심과 애정을 가질 수 있도록 독특한 가치를 설득력 있게 부여할 수 있는 것을 말한다.

4. 핵심 스토리 발굴과정

관광 스토리텔링의 핵심 스토리는 여행객과의 상호작용을 통해 감성을 자극할 수 있는 것이어야 한다. 같은 관광지라고 해도 여행객에게 새로운 스토리를 전달한다면 새로운 경험과 기억을 제공할 수 있다.

1) 여행객 정보 파악

핵심 스토리 발굴의 첫 번째는 여행객의 정보를 파악하는 것이다. 여행의 참여형태, 참여의도, 자발성, 여행비용을 먼저 조사한다. 그리고 여행객의 인구통계학적 특징인 성별, 나이, 직업, 소득, 학력, 주거지역 등을 비롯해 개인적 특이사항, 문화적 취향 등을 꼼꼼하게 파악해야 한다.

이러한 특징들은 관광 스토리텔링을 위한 테마의 선택과 스토리 작성에 큰 방향과 흐름을 결정하기 때문이다.

2) 관광자원 검색

관광지를 중심으로 여행일정 동안 이동 가능한 지역의 모든 관광자원을 검색한다. 또한 먼저 조사한 여행객의 특성을 참고해 필요한 관광자원을 선정하면 더욱 효율적인 활동이 이루어질 수 있다.

3) 정보 수집

조사한 관광지 주변의 관광자원을 중심으로 관광자원과 관련된 정보를 수집한다. 정보 수집은 위에서 언급한 것과 같이 실내 · 실외 조사를 병행하는 것이 바람직하다. 또한 실내조사를 통해 확인된 사실도 실외조사를 통해 직접 눈으로 보고 느껴보는 것이 스토리를 작성하는 데 도움이 된다.

4) 스토리 테마 설정 및 작성

스토리의 테마는 관광 스토리텔링에서 여행객에게 전달하고자 하는 핵심 메시지이다. 테마를 설정할 때에는 아래 세 가지 요소가 반영되었는지 확인해야 한다.

- 여행객에게 새로운 정보를 제공해 지적 호기심을 자극하는가?
- 여행객과 상호작용하여 감성을 자극하는가?
- 여행객에게 잊지 못할 추억을 제공할 수 있는가?

5) 감동과 교훈

관광 스토리텔링의 목적은 여행객에게 관광자원에 대한 알거리 제공과 스토리를 통하여 잊지 못할 감동과 교훈을 주는 것에 있다.

3.2.3 관광자원에 대한 부가정보 고안

해설할 관광자원은 바라보는 시각과 관점에 따라 다양하게 해석될 수 있다. 문화관광해설사는 이러한 점에 유념하여 자연적 관점, 역사적 관점, 사건과 사람 중심 관점으로 관광자원을 바라볼 수 있도록 한다.

1. 자연적 관점

자연적 관점은 해설할 관광자원이 위치한 자연환경을 배경으로 관광자원을 바라보는 것을 말한다. 자연환경의 변화에 따른 관광자원의 색다른 매력을 알기 위해서는 오랜 시간과 노력을 투자해 관광자원을 관찰해야 한다.

계절 변화에 따른 매력, 야간의 조명과 어우러지는 모습, 저녁노을이 지는 모습 등과 같은 관광자원의 매력을 알기 위해서는 문화관광해설사의 정성과 수고가 필요하다. 즉, 관광자원이 가지고 있는 여러 매력을 여행객에게 알려줌으로써 여행객의 체재기간을 연장시킬 수 있고, 재방문을 유도할 수 있다.

2. 역사적 관점

해설할 관광자원과 연관된 역사적 사실들을 조사하는 방법이다. 외국인에게는 우리나라의 역사와 고유문화를 세계에 널리 알릴 수 있는 좋은 기회가 되고, 내국인에게는 잊혀져 가는 역사를 다시 한 번 되새기고, 애국심을 고취할 수 있는 계기가 된다. 관광자원의 역사적인 사실들을 중심으로 기록하고 여행객의 지적 호기심과 흥미를 유발할 수 있는 소재를 선택할 수 있도록 한다.

3. 사건과 사람 중심 관점

해설할 관광자원과 연관된 사건과 사람을 중심으로 부가정보를 찾는 방법이다. 오래된 유물일수록 관련된 사건들이 많을 수 있기 때문에 좋은 소재가 된다. 또한 시대나 역사적으로 널리 알려진 인물과 연관이 있다면 여행객에게 소개하는 데 더없이 좋은 자료가 될 수 있다.

3.3 차내에서 사전 안내하기

학습 목표

* 고객들에게 관광지에서의 활동시간을 안내할 수 있다.
* 차량에서 하차 전 고객들에게 차량정보에 대해 안내할 수 있다.
* 차량에서 해설하게 될 관광자원에 대한 기본 안내를 할 수 있다.

3.3.1 관광지에서의 활동시간 안내

1. 시간 안내의 중요성

단체가 행동하게 되므로 즐거운 여행 및 원활한 관광일정을 위해서는 해설사도 해설시간을 잘 지켜야 하며, 관광객도 시간 엄수를 해야 한다. 관광객이 집합시간 등에 늦어져서 관광일정에 차질을 빚지 않도록, 시간 엄수를 촉구해야 한다.

2. 관광지에서의 활동시간 안내

관광객들에게 사전에 일정표가 배부되었다 하더라도 차량에서 하차 후의 이동 경로와 대략적인 소요시간, 관광 진행방법 등을 안내하여 일정에 대한 예상이 가능하게 하는 것이 좋다.

3.3.2 관광지에서 하차 전 차량정보 안내

1. 고객 인원에 따른 차량의 종류

가이드가 동승한 투어 중에서 가장 흔한 것이 관광버스이다. 이것은 가이드를 활용하는 데 있어서도 가장 경제적인 방법이며 한번에 45명까지 참가할 수 있다는 점에서 가장 효율적이다. 관광버스는 크기, 모양, 시설에 따라 다양하다.

버스가 출발하기 전 가이드와 기사는 목적지 및 목적지까지 가는 이동 동선을 서로 협의해야 한다. 가이드가 멈추고 싶은 장소나 건물 또는 아주 천천히 지나가길 바라는 도시블록이 있는 경우 운전자는 처음부터 이를 알고 있어야 한다.

2. 차량정보 안내

1) 집합장소 및 시간 안내

해산과 집합의 장소는 누구나 쉽게 알 수 있는 장소를 선정하는 것이 좋다. 일단 이와 같은 곳에 모두 집합한 뒤에 버스 주차장까지 함께 걸어가는 방식이 가장 확실하고 바람직하다. 또한 집합시간에 늦게 오는 지각생이 있으면 다른 사람에게 폐를 끼치게 되므로 어떠한 형태로든 주의를 촉구하지 않으면 안 된다.

2) 안전사항 및 주의사항 안내

모든 가이드는 버스의 소화기, 응급처치도구, 비상탈출구 사용법을 알고 있어야 하며 모든 수하물이 안전하게 실린 것을 확인해야 한다. 또한 안전사고에 대비해 고객들에게 비상탈출에 대한 교육을 하고 버스 안에 서 있거나, 먹고 마시는 것 등에 관한 규칙을 알려주어야 한다.

3) 차량정보 안내

고객들에게 버스 회사명, 색깔, 번호, 구분할 수 있는 다른 특징들을 분명하게 알려서 언제나 버스를 쉽게 찾을 수 있도록 해야 한다.

3.3.3 해설할 관광자원에 대한 기본 안내

1. 관광자원해설의 목적

관광자원해설은 해당 지역을 방문한 관광객들의 이해와 감상, 체험기회를 제고하기 위하여 역사, 문화, 자연 등 관광자원 전반에 걸친 안내를 하는 것이다.

또한 관광현장에서 전문적 지식을 손쉽게, 관광객의 눈높이에 맞추어 전달해 주는 역할을 담당해야 한다.

관광자원해설의 목적은 첫째, 관광자원의 효율적 관리와 활용 둘째, 자원의 가치와 매력으로 유인된 관광객으로 하여금 관광자원에 대한 이해를 통한 만족도 배가 셋째, 관광객과의 긍정적인 관계 개선을 통한 지역 이미지 개선 등에 있다.

2. 차량에서의 안내 시 유의사항

차량 내에서 대부분의 관광객들은 바로 앞이나 옆밖에 볼 수 없다. 그러므로 버스 밖에 있는 것을 지적할 때에는 자기보다 관광객들을 기준으로 좌 · 우를 말하도록 주의해야 한다. 또한 안내장소의 한 블록 전에 그곳에 관하여 이야기하는 것이 좋으나, 많은 관광객은 실제 그곳을 지날 때 설명 듣는 것을 더 좋아한다.

3.4 현장에서 자원 안내하기

학습 목표

* 관광자원을 해설할 안내장소를 선정할 수 있다.
* 해설할 관광자원에 따라 고객들에게 핵심 스토리를 안내할 수 있다.
* 해설할 관광자원에 따라 전달할 부가정보를 안내할 수 있다.

3.4.1 해설할 안내장소 선정

1. 해설할 안내장소 선정의 중요성

관광자원해설은 보통 야외현장에서 이루어지기 때문에 관광자원을 해설할 적절한 안내장소를 선정하는 것은 매우 중요하다. 특히 자연관광자원 같은 경우에는 현장에 대한 지속적인 모니터링으로 시기별로 변하는 자연의 아름다운 모습과 감동을 관광객들에게 전할 수 있어야 한다. 이를 위해서는 대상 관광지를 철저히 분석하는 작업이 필요하다.

2. 해설할 안내장소 선정 시에 고려할 사항

1) 참가자 수에 적합한 공간(넓이, 경사) 선정

2) 해설내용에 적합한 배경을 가진 장소 선정

3) 위험요소가 있는 장소나 주변 소음이 심한 지역에서는 해설을 피한다. 또한 양지에서 해설하는 경우라면 햇빛을 등지는 것이 좋다.

3.4.2 해설의 핵심 스토리 안내

1. 기억에 남는 안내를 하는 방법

해설사는 표현의 예술가이다. 명백하고 즐겁고 기억에 남는 해설을 하는 데 확고한 규칙은 없으나 관광객의 흥미나 호기심에 적절하게 반응하는 순발력이 필요하다. 기억에 남는 안내를 위해 다음 사항에 유념하자.

1) 장소 또는 대상에 대한 열정

어떠한 장소나 특성을 생동감 있게 하기 위해서는 해설사 자신이 그 대상에 대하여 즐거워하고 사랑하는 마음을 가져야 한다.

2) 사람들에 대한 열정

관광객들은 해설사가 자신들을 좋아하는지를 금방 느낀다. 해설사가 자신들을 좋아하지 않는다고 느끼면 관광객도 해설사에 대하여 같은 반응을 나타낸다. 관광객에게 진정으로 관심을 갖는 해설사는 관광객에 대하여 더 많이 알려고 노력할 것이다.

3) 스토리 구성 및 전달 능력

관광객은 자신의 이야기 속으로 들어오도록 수식하고 강화할 수 있는 권한을 가지고 있다. 하지만 해설사는 진실을 전할 의무를 무시할 수 없기 때문에 사실과 허구를 구분해야 한다. 입증되지 않거나 의문시되는 전설에 대한 이야기를 시작할 때에는 "전하는 바에 의하면" 또는 "이야기는 이렇습니다." 등으로 시작하는 것도 좋다.

4) 유머 활용능력

적절히 사용하면 유머는 가장 효과적이고 널리 호소하는 의사소통 가운데 하나이다.

5) 침묵할 때와 멈출 때를 알기

상황에 따라 침묵이 힘 있는 해설이 될 때가 있다. 관광객에게 그들 스스로 그곳에 빠져들고 평가할 시간과 공간을 주기 때문이다. 또한 자신이 알고 있는 모든 지식을 관광객에게 알려주려고 노력한다. 하지만 그럴 경우 관광객은 정보 과부하에 처하게 된다.

2. 안내 시 유의사항

1) 민족적 긍지와 국민감정을 자극하는 설명은 피한다.

2) 이미 결정된 관광일정은 꼭 그대로 시행하는 것을 원칙으로 한다.

3) 한국의 지리, 역사는 물론 기후, 풍속, 문화, 미술 등 모든 분야에 대해 소상히 연구하고 특히 외국인 관광객에게 알맞게 정리해서 안내해야 한다.

4) 관광객에 대해서 선입관이나 고정관념을 가져서는 안 된다. 관광객마다 종교, 직업, 개성, 취미, 기타 모든 것을 충분히 고려해서 그들에게 알맞은 안내를 해야 한다.

5) 불필요한 다변은 삼가야 하지만, 설명을 게을리해서 관광객이 형식적인 설명이라는 인상을 받게 하면 안 된다.

6) 사적에 관한 안내를 할 때는 상대국의 연대와 비교해서 설명하고 관광객이 빨리 이해하도록 도와야 한다.

7) 안내 시 타이밍에 주의한다.

8) 질문이나 의뢰받은 사항은 조속한 시간 내에 그 결과를 알려주어야 한다.

9) 치안 및 보안 상태가 세계 어느 나라보다도 철저히 유지되고 있다는 것을 설명하고, 관광객이 가지고 있을지도 모르는 한국관광에 대한 불안감을 해소시키도록 한다.

10) 기타 유의사항(촬영 금지구역 및 출입 금지구역 등에 대한 주의)에 대해서 친절히 설명한다.

3. 관광자원의 주제별 안내요령

1) 자연 안내

자연주의자는 숲에서, 목장에서 심지어 도시 공원에서 열 발자국만 걸어도 훈련받지 못한 다른 사람이 알 수 없는 것을 발견할 수 있다. 예를 들어 새소리만으로 종을 알 수 있을 뿐만 아니라 행동에 관해서도 알 수 있다.

자연에 대해 많은 경험이 있는 사람들이 그것을 안내하는 것이 최고이긴 하지만 자연의 주제는 대부분의 안내에 포함될 수 있다는 것을 모든 문화관광해설사가 유념하는 것이 중요하다.

2) 역사 안내

역사 안내 시 과거의 사건들을 현대의 방문객들에게 재미있고 의미 있게 전달해야 한다. 사학자, 철학자 그리고 다른 학자들은 역사를 가르치는 일이 현재와 미래를 생산적으로 살게 하는 것이라고 믿어왔다.

역사에 열정이 있는 관광객들은 자기들의 삶과 관련 있는 역사적 인물이나 사건과의 만남으로 인하여 감격함으로써 자극을 받을 수 있다.

3) 미술 안내

어쩌면 미술은 특히 겁이 나는 주제일 수 있다. 문화관광해설사는 다른 사람의 감상에 영향을 미치려 하기보다 관광객들이 작품을 발견토록 하고 이유를 물어보도록 해야 한다.

4) 건축 안내

모르는 사람에게 건축물은 단순히 정적인 건물만으로 보일 수 있다. 건축은 예술이며 수년 동안 견뎌 온 한 시대의 거처이다. 따라서 그것은 문화와 번영, 그 시대정신의 단서이기도 하다. 또한 건축에 대해 해설할 때에는 단순히 여러 가지 건축 스타일을 그저 지적하기보다는 관광객들에게 도시의 여러 곳을 탐색하는 방법을 보여줌으로써 어떤 시기에 어느 지역이 가장 번창하였는가를 알게 할 수 있다. 아니면 어떤 스타일이 당시 발달한 시대의 성격을 반영하고 있는가에 대해 토론할 수도 있다.

3.4.3 해설의 부가정보 안내

관광자원해설을 보다 풍부하게 해줄 부가정보로서 전설, 에피소드, 비하인드 스토리 등을 들 수 있다. 이러한 요소들은 딱딱하고 지루하게 느껴질 수 있는 역사적인 해설 등을 더욱 부드럽고 재미있게 만들 수 있다.

1. 전설

전설의 사전적 의미는 옛날부터 전승되어 온 이야기의 총칭으로서 그중에서도 신화가 신격 중심이라면 전설은 인간과 그 행위를 주제로 이야기한 것이다.

2. 에피소드

에피소드란 어떤 일과 관련된 재미있는 이야기를 말한다. 관광자원과 관련된 에피소드를 통해 자원 해설을 더욱 풍부하게 할 수 있다. 이러한 에피소드는 그곳을 관광하던 개인에게 벌어진 재미있는 일화가 있다면 소개해도 좋다.

3. 비하인드 스토리

비하인드 스토리란 말 그대로 숨겨진 뒷이야기를 의미한다. 관광자원과 관련된 것으로 그 관광지가 개발되기까지의 이야기, 어떠한 이름을 얻게 된 이야기 등 무궁무진할 것이다. 이러한 비하인드 스토리는 비밀 이야기를 듣고 싶어 하는 사람의 심리를 자극하여 관광객들의 흥미를 사로잡게 해준다.

3.5 환송 · 마무리 인사하기

학습 목표

- 출국장 시설에 따라 마무리 인사장소를 미리 파악할 수 있다.
- 여행사 지침에 따라 고객들에게 필수 마무리 인사말을 전달할 수 있다.
- 고객 특성에 따라 개인별 마무리 인사를 할 수 있다.

3.5.1 마무리 인사장소 파악

1. 마무리 인사장소로 적합한 장소

여행을 마치고 출국을 앞둔 여행객들과의 마무리 인사장소는 여행에 대한 여행객들의 만족도를 마지막까지 확인하고 환송해야 하는 중요한 장소인 만큼 꼼꼼하게 살펴보고 정하는 것이 바람직하다.

여객 터미널에서 마무리 인사장소로 적합한 곳은 다음과 같다.

첫째, 단체 여행객 모두가 함께 모일 수 있는 넓은 곳이 좋다.

둘째, 안내사항 등을 효과적으로 전달하기 위해 소음이 적은 곳이 좋다.

셋째, 다른 여행객들이나 공항을 이용하는 사람들의 동선을 피할 수 있는 이동이 적은 곳이 좋다.

넷째, 여행객들의 출국수속을 안내하거나 마무리 인사를 하기 위해 여행객들이 짐을 놓고 편하게 쉴 수 있는 곳을 선정하는 것이 좋다.

다섯째, 여객 터미널의 사정과 보안 등 예기치 못한 문제로 장소 사용이 어려울 경우에 대비해 마무리 인사장소는 2곳 이상을 선정하도록 한다.

2. 마무리 인사장소를 정할 때 주의할 점

마무리 인사장소를 선정할 때 주의해야 할 점은 다음과 같다.

첫째, 여객 터미널을 사용하는 사람들이 많이 이용하는 장소는 피하는 것이 좋다. 출입국 수속과 관련된 장소, 시설물의 출입구, 화장실 인근은 사람들이 붐비기 때문에 마무리 인사장소로는 적합하지 않다.

둘째, 여객 터미널의 위치나 시설물의 위치가 익숙하지 않은 여행객도 찾기 쉬운 장소를 선정해야 정해진 시간에 모일 수 있기 때문에 찾기 어렵거나 외진 장소는 피하는 것이 좋다.

셋째, 여객 터미널 보안과 연관된 장소는 피하는 것이 좋다.

넷째, 여행객의 탑승수속 장소와 멀리 떨어진 곳을 마무리 인사장소로 선택하면 이동시간과 거리가 멀어져 여행객의 불만을 야기할 수 있으므로 주의해야 한다.

3.5.2 필수 마무리 인사말 전달

필수 마무리 인사는 여행사 차원에서 여행객에게 전달해야 하는 사항을 중심으로 준비하도록 한다.

1. 인사하기

- 여행객들에게 안내사항을 전달하기 전에 눈을 마주치면서 정중하게 인사한다.

- 정확하고 큰 목소리로 여행객보다 먼저 인사할 수 있도록 한다.
- "안녕하세요" 같은 단순한 인사말보다는 재치 있는 인사말을 준비한다.

2. 감사하기

- 자사의 여행상품을 이용해 준 것에 대해 감사의 뜻을 전달한다.
- 전체 여행일정이 완료되기까지 인솔에 협조해 준 것에 대해 깊은 감사의 인사를 전할 수 있도록 한다.
- 구체적으로 감사한 사항들에 대해 언급하고, 여행객의 이름을 기억해 이야기하면 진정성을 느낄 수 있다.

3. 소감 듣기

- 여행에 참가한 전체 여행객의 소감을 듣는 시간을 마련한다.
- 여행일정이나 과정 중 특별히 기억에 남는 시간이나 불만족했던 것들을 이야기할 수 있도록 안내한다.
- 여행상품에 추가로 편성할 만한 아이디어를 요청하는 것도 좋은 방법이다.

4. 회사 및 상품 소개

- 여행상품 이용을 기회로 자사에 대한 간략한 소개를 통해 홍보한다.
- 새로운 여행상품이나 주력하고 있는 경쟁력 있는 상품을 소개한다.
- 회사 소개 카탈로그와 여행상품 소개 리플릿을 준비한다면 더 좋은 효과를 얻을 수 있다.
- 향후에도 홈페이지나 다양한 방법으로 자사와 여행상품에 대한 이용을 부탁한다.

5. 개인정보 확인

- 다양한 이벤트 및 신상품 소개 등을 위한 개인정보를 다시 한 번 확인한다.
- 여행 중 구입한 상품 또는 사진 등을 책임지고 전달할 것을 약속한다.
- 여행과 관련된 여행자 보험, 영수증, 분실물 처리와 같은 후속조치에 대해서도 최선을 다할 것을 전달한다.

6. 작별인사

- 출국장 앞까지 인솔하고 안전하게 들어가는 모습을 확인한다.
- 여행객이 보이지 않을 때까지 자리를 떠나지 않도록 한다.
- 여행객이 떠난 후 약속한 업무를 이행하도록 한다.

3.5.3 개인별 마무리 인사말 전달

개인별 마무리 인사는 여행 인솔자로서 개인적인 의견이나 마지막으로 하고 싶은 이야기를 전달할 수 있는 시간이다. 여행객과 신뢰 및 유대감을 형성할 수 있는 좋은 기회가 된다. 여행객 개인의 특성을 파악하고 여행일정 동안 여행객을 관찰해 개인별 맞춤식 인사가 될 수 있도록 한다.

1. 인사하기

- 여행객의 연령, 성격, 특성 등을 파악해 맞춤형 인사를 한다.
- 명함을 준비하고 고객에게 전달한다.
- 여행객의 이름을 기억해 관심과 배려를 받고 있다는 생각이 들도록 한다.

2. 감사하기

- 여행일정을 통해 함께 여행할 수 있어서 즐거웠다고 말한다.
- 여행일정 동안 여행객과 있었던 일들을 돌이켜보고 개인적으로 고마운 마음을 전달한다.

3. 소감 듣기

- 다른 여행객들과 함께 있어서 하지 못했던 이야기나 건의사항에 대해 대화를 나눈다.
- 여행인솔자가 많은 이야기를 하기보다는 여행객의 이야기를 경청할 수 있도록 한다.

4. 관계 형성

- 여행 인솔자 명함을 준비해 연락처, 이메일, 홈페이지 등을 알려주고 여행에 대한 후기작성을 요청한다.
- 이후에도 다시 만날 것을 기약하며, 새로운 여행지나 여행 코스를 소개한다.

5. 작별인사

- 출국장 앞까지 인솔하고 안전하게 들어가는 모습을 확인한다.
- 여행객이 보이지 않을 때까지 자리를 떠나지 않도록 한다.
- 여행일정을 함께하면서 찍은 사진과 감사의 글을 이메일로 브낸다.

제 4 장

자연적 관광자원

제4장 자연적 관광자원

4.1 자연적 관광자원의 개념

4.1.1 자연적 관광자원의 개념

지구상에 분포하는 다양한 자연환경인 기후와 지형적인 요인에 의해 유기적으로 결합되어, 각 지역마다 독특한 경관을 형성하게 되는데 이런 자연현상의 지역차가 관광동기와 관광욕구를 유발하는 자연적 관광자원이 되는 것이다.

우리나라의 사계절의 변화와 같이 자연의 지역차 등이 관광욕구와 연결될 때 관광대상으로서의 자연적 자원이 되며, 그 존재는 교통 · 도로 · 숙박시설 등의 자원들과 결합되어 자원가치를 발휘하게 된다.[1]

즉, 자연적 관광자원은 자연상태 그대로의 모습을 간직한 것 또는 자연현상 그 자체인 것을 말하는 것으로 신비로움 · 아름다움 · 특이성 · 매력성을 가지고 있는 자원으로서 인위적인 노력이나 간섭이 거의 없는 것을 뜻한다.

1 김창곤 외, 제2판 관광학원론, 대왕사, 264쪽.

4.1.2 자연적 관광자원의 성격

- 신록과 단풍, 겨울의 백설 등 계절에 따라 그 특색이 뚜렷하다. 즉 계절성이 강하다.
- 구성 정도에 따라 모양의 형태가 모두 다른 다양성을 지니고 있다.
- 환경적, 역사적, 사회적 요인에 의해 훼손 · 파괴 및 조성 등이 변화될 수 있는 변동성을 지니고 있다.
- 자연적 관광자원은 저장불능성의 성격을 지니고 있다.[2]

4.2 국립공원

4.2.1 국립공원의 의의 및 기능

아름답고 신기한 자연경관과 소중한 자연자원 가운데 국가를 대표할 만한 지역을 국립공원으로 지정하여 가꾸게 된 유래는 다음과 같다고 한다.

1870년 8월 미국 몬타나주에서 워시번과 돈의 탐험대는 옐로스톤 지역에서 '놀랍고 신비로운 자연현상'을 발견하고 사람들과 이야기를 나누는 자리에서 한 시민이 이런 제안을 했다. "이곳이야말로 관광명소가 될 것이 틀림없다. 확실한 투자를 위한 공동소유를 논의해야 한다." 그러나 대원 중 한 사람인 법률가 헤지스(Comelius Hedges)가 이렇게 덧붙였다. "이처럼 신비한 곳을 개인의 사유지가 되게 해선 안 된다. 모든 국민의 즐거움이 되게 해야 한다." 모든 대원은 이 제의에 흔쾌히 동의했으므로 국가의 공원(National Park)으로 지정하자는 탐험보고서를 마련하게 되었다. 이렇게 해서 '놀랍고 신비로운 자연현황', '사유 아닌 공유', '모든 국민의 이

2 채예병, 관광자원론, 새로미, 50쪽.

용과 즐거움'이란 생각이 국립공원의 이념으로 정립된 것이었다.[3]

국립공원은 우리나라를 대표할 만한 자연생태계와 자연 · 문화 경관의 보전을 전제로 지속가능한 이용을 도모하고자 환경부장관이 지정, 국가가 직접 관리하는 보호지역이다. 1872년 옐로스톤(Yellowstone)이 세계 최초 국립공원으로 지정되면서 국립공원 제도가 전 세계로 확산되었으며, 현대에 와서는 파괴되어가는 자연생태계와 환경, 문화 · 역사 유산의 보전을 목적으로 공원관리가 이루어지고 있다.

우리나라에서는 지리산이 제1호 국립공원으로 지정되면서 제도 도입이 이루어져 현재 22개의 국립공원이 지정 · 관리되고 있다.

국립공원은 산업발전에 따라 자칫 소홀해질 수 있는 자연과 환경에 대한 보전을 전제로 국민의 보건 · 복지에 기여할 수 있는 밑거름이자 미래세대로 물려줄 소중한 유산이다.

- 풍부한 종의 다양성을 지닌 자연생태지역으로서 미래를 위한 유전자원의 보고
- 청정한 자연환경과 수려한 경관지를 공공에 개방하고 제공하는 국민의 휴식처
- 자연과 생명의 신비에 대한 조사 · 연구를 통해 공공의 이익에 기여
- 보전의 결과로 다양한 자연적 · 문화적 정서함양을 위한 교육의 장 제공

4.2.2 국립공원의 지정

국립공원은 우리나라의 자연생태계와 문화경관을 대표할 만한 자원의 보고로서 환경부장관이 지정한다. 국립공원의 지정은 자연공원법령의 규정에 따라 아래 다섯 가지의 필수요건을 만족해야 한다.

- 자연생태계 : 자연생태계의 보전상태가 양호하거나 멸종위기 야생 동식물, 천연기념물, 보호야생 동식물 등이 서식할 것

3 국립공원 홈페이지, 국립공원을 만든 사람들, http://www.knps.or.kr

- 자연경관 : 자연경관의 보전상태가 양호하여 훼손이나 오염이 적으며 경관이 수려할 것
- 문화경관 : 문화재 또는 역사적 유물이 있으며, 자연경관과 조화되어 보전의 가치가 있을 것
- 지형보존 : 각종 산업개발로 경관이 파괴될 우려가 없을 것
- 위치 및 이용편의 : 국토의 보전 · 관리 측면에서 자연공원을 균형 있게 배치할 수 있을 것

4.2.3 국립공원 지정현황

전국 22개 국립공원은 유형에 따라 산악형(18개), 해상 · 해안형(3개), 사적형(1개) 공원으로 관리 · 운영되고 있다.

우리나라 국립공원의 지정현황은 〈표 4-1〉과 같다.

표 4-1 국립공원 지정현황(2022년 2월 기준)

연번	공원명	위치	공원구역		비고
			지정연월일	면적	
계	22개소			6,726.298	육지 : 3,972.589 해면 : 2,753.709 ※ 국토면적의 3.9% (육상면적 기준)
1	지 리 산	전남 · 북, 경남	'67.12.29	483.022	
2	경 주	경북	'68.12.31	136.550	
3	계 룡 산	충남, 대전	'68.12.31	65.335	
4	한려해상	전남, 경남	'68.12.31	535.676	해상 408.488
5	설 악 산	강원	'70.03.24	398.237	
6	속 리 산	충북, 경북	'70.03.24	274.766	
7	한 라 산	제주	'70.03.24	153.332	

연번	공원명	위치	공원구역		비고
			지정연월일	면적	
8	내 장 산	전남 · 북	'71.11.17	80.708	
9	가 야 산	경남 · 북	'72.10.13	76.256	
10	덕 유 산	전북, 경남	'75.02.01	229.430	
11	오 대 산	강원	'75.02.01	326.348	
12	주 왕 산	경북	'76.03.30	105.595	
13	태안해안	충남	'78.10.20	377.019	해상 352.796
14	다도해상	전남	'81.12.23	2,266.221	해상 1,975.198
15	북 한 산	서울, 경기	'83.04.02	76.922	
16	치 악 산	강원	'84.12.31	175.668	
17	월 악 산	충북, 경북	'84.12.31	287.571	
18	소 백 산	충북, 경북	'87.12.14	322.011	
19	변산반도	전북	'88.06.11	153.934	해상 17.227
20	월 출 산	전남	'88.06.11	56.220	
21	무 등 산	광주, 전남	'13.03.04	75.425	
22	태 백 산	강원	'16.08.22	70.052	

자료 : 환경부 홈페이지, 자연공원 지정현황

전 국토대비(100,399km²) 국립공원 면적은 4.0%(해상면적 제외)에 해당하는 6,726km²이며, 국립공원 면적 중 59.1%인 3,972km²가 육상이며, 나머지 2,754km²(40.9%)가 해상 공원구역이다.

자연생태계의 보고인 국립공원은 국내 기록 생물종(45,295종)의 45%에 해당하는 20,568종이 서식 · 분포하며, 국내 멸종위기종(246종)에 한정하여 보았을 때는 65%에 달하는 160종이 국립공원 내에 서식하는 것으로 확인되었다.

또한 대표적인 문화경관인 명승지와 사찰 등 국보 41건을 비롯한 지정 문화재 733건이 소재하고 있다.

1. 지리산국립공원(국립공원 제1호)

1967년 12월 29일 우리나라 최초의 국립공원으로 지정된 지리산은 3개도(경상남도, 전라남 · 북도), 1개시, 4개군, 15개 읍 · 면의 행정구역이 속해 있으며, 그 면적이 483.022km^{2}로서 22개 국립공원 중 가장 넓은 면적의 산악형 국립공원이다.

지리산(智異山)을 글자 그대로 풀면 '지혜로운 이인(異人)의 산'이라 한다. 이 때문인지 지리산은 여느 산보다 많은 은자(隱者)들이 도를 닦으며 정진해 왔으며 지리산 골짜기에 꼭꼭 숨어든 은자는 그 수를 추정하기 어려웠다고 한다.

지리산은 예로부터 금강산, 한라산과 함께 삼신산(三神山)의 하나로 민족적 숭앙을 받아온 민족신앙의 영지(靈地)였다. 지리산의 영봉인 천왕봉에는 1000여 년 전에 성모사란 사당이 세워져 성모석상이 봉안되었으며, 노고단에는 신라시대부터 선도성모를 모시는 남악사가 있었다. 반야봉, 종석대, 영신대, 노고단과 같은 이름들도 신앙을 상징한다.

경남의 하동, 함양, 산청, 전남의 구례, 전북의 남원, 이렇게 3도 1시 4군에 걸쳐 있는 지리산은 풍부한 동식물만큼 그 문화는 동서 간을 이질적이면서도 다양한 문화권으로 만들기도 했다. 그래서 지리산은 단지 크고, 깊고, 넓은 것만으로는 설명이 안 되는 다른 매력이 있는 산이다.

그림 4-1 우리나라 국립공원

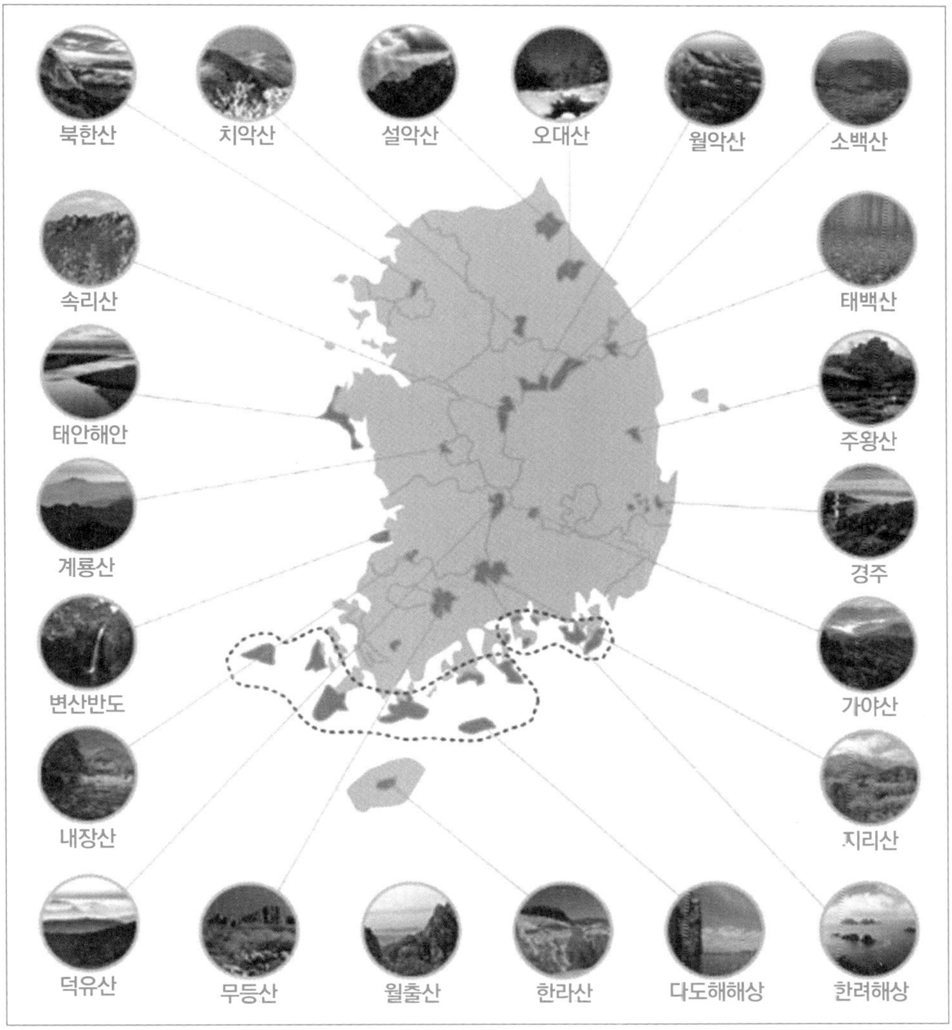

자료 : 국립공원공단 홈페이지

2. 경주국립공원

우리나라에서 유일한 사적형 공원인 경주국립공원은 지리산에 이어 두 번째로 1968년 12월 31일 국립공원으로 지정되었다. 불교문화의 백미(白眉)인 불국사, 석굴암을 품에 안은 토함산과 불교노천박물관으로 불리는 남산을 비롯해 8개 지구의 면적이 136.550km²에 달한다. 잘 보존된 신라문화 유적과 조화로운 자연경관 때문에 역사교육의 장으로 많은 사랑을 받고 있다. 또한 1979년 유네스코가 지정한 세계 10대 유적지 중 하나로 그 가치를 세계적으로 인정받고 있다.

국보 12점, 보물 25점, 사적 9개소, 지방문화재 22건 등 총 68건의 문화재와 2,279여 종의 동식물이 함께하는 경주국립공원은 다른 국립공원과 달리 가족, 단체 등이 많이 방문하여 가벼운 발걸음으로 옛 선조들의 숨결을 느끼고 우수한 문화자원을 바탕으로 역사공부를 병행할 수 있는 훌륭한 학습장이다.

3. 계룡산국립공원

계룡산이라는 산 이름이 갖는 의미는 조선시대 초기에 이태조가 신도안(계룡시 남선면 일대)에 도읍을 정하려고 이 지역을 답사하였을 당시 동행한 무학대사가 산의 형국이 금계포란형(金鷄抱卵形 : 금닭이 알을 품는 형국)이요, 비룡승천형(飛龍昇天形 : 용이 날아 하늘로 올라가는 형국)이라 일컬었는데, 여기서 두 주체인 계(鷄)와 용(龍)을 따서 계룡산이라 부르게 되었다고 전해진다.

지리산에 이어 1968년 12월 31일에 두 번째 국립공원으로 지정 · 관리되고 있으며, 행정구역상으로는 충남 공주시에 주로 위치하면서 일부가 대전광역시와 논산시, 계룡시에 있다. 다양한 야생 동식물과 국보, 보물, 지방문화재가 곳곳에 분포하고 있으며, 동학사, 갑사, 신원사 등의 고찰이 자리하고 있다.

4. 한려해상국립공원

한려해상국립공원은 1968년 우리나라에서 4번째이자 해상공원으로는 최초로 국립공원으로 지정되었다. 경남 거제시 지심도에서 전남 여수시 오동도까지 300리 뱃길을 따라 크고 작은 섬들과 천혜의 자연경관이 조화를 이루는 해양생태계의 보고이다. 상주 · 금산지구, 남해대교지구, 사천지구, 통영 · 한산지구, 거제 · 해금강지구, 여수 · 오동도지구 등 6개 지구로 이루어져 있으며 전체 면적은 535.676km² 이며 76%가 해상 면적이다. 가장 아름다운 바닷길로 이름난 한려수도는 71개의 무인도와 29개의 유인도가 보석을 점점이 흩어놓은 듯하다. 해양과 도서, 육지가 빚어내는 아기자기한 지형경관이 뛰어나 매년 300만 명 이상의 탐방객이 즐겨 찾고 있다.

5. 설악산국립공원

· 설악산

1970년 우리나라에서 다섯 번째 국립공원으로 지정되었고, 1965년 천연기념물로 지정되었다. 국제적으로도 그 보존가치가 인정되어 1982년 유네스코로부터 생물권보전지역으로 지정 · 관리되고 있는 지역이다. 설악산국립공원의 총면적은 398.237km²에 이르며 행정구역으로는 인제군과 고성군, 양양군과 속초시에 걸쳐 있는데 인제방면은 내설악, 한계령~오색방면은 남설악, 그리고 속초시와 양양군 일부, 고성군으로 이루어진 동쪽은 외설악이라 부른다. 설악산은 주봉인 대청봉을 비롯하여 소청봉, 중청봉, 화채봉 등 30여 개의 높은 산봉우리가 웅장하게 펼쳐져 있다.

6. 속리산국립공원

1970년 6번째 국립공원으로 지정되었으며 예로부터 제2금강 또는 소금강이라 불릴 만큼 경관이 빼어나다. 총면적 274.766km²에 달하는 속리산국립공원은 충북과 경북의 여러 지역에 걸쳐 바위로 이루어진 산으로, 주요 봉우리인 천왕봉과 비로봉,

문장대는 백두대간의 장엄한 산줄기를 잇고 있어 암봉과 암릉이 잘 발달되어 있다. 속리산에는 많은 산이 접해 있으며, 남쪽의 천왕봉(1,058m)을 중심으로 비로봉, 문장대, 관음봉 등 8개의 봉우리가 활처럼 휘어져 뻗어나간다.

·속리산

7. 한라산국립공원

남한 최고봉, 민족의 영산인 한라산은 1966년 한라산 천연보호구역으로, 1970년 국립공원으로 지정되었다. 그리고 2002년에는 유네스코 생물권보전지역으로 지정되었으며 2007년에는 유네스코 세계자연유산으로 등재되었다. 2008년에는 물장오리오름 산정화구호 습지가 람사르습지로 등록되어 보호 · 관리되고 있다.

제주도의 중심부에 우뚝 솟은 한라산은 남한에서 제일 높은 1,950m로서 산정상에 자리한 화구호인 백록담, 기암절벽으로 이루어진 영실기암 등은 사계절 아름다운 경관을 자랑하며 탐방객들을 맞이하고 있다.

표 4-2 한라산 탐방로 정보

탐방로	거리(km)	소요시간	코스
어리목 탐방로	6.8	3시간	어리목 〉 사제비동산 〉 윗세오름 〉 남벽분기점
영실 탐방로	5.8	2시간 30분	영실 〉 병풍바위 〉 윗세오름 〉 남벽분기점
성판악 탐방로	9.6	4시간 30분	성판악입구 〉 속밭 〉 사라악 〉 진달래밭 〉 정상
관음사 탐방로	8.7	5시간	관음사야영장 〉 탐라계곡 〉 삼각봉 〉 정상
돈내코 탐방로	7	3시간 30분	탐방안내소 〉 평궤대피소 〉 남벽분기점

주 : 1) 한라산국립공원에서는 훼손이 심한 서북벽과 남벽분기점에서 정상에 대한 자연휴식년제를 도입하여 탐방객을 통제하면서 훼손지역에 대한 복구 및 모니터링을 실시하고 있다. 이로 인해, 성판악과 관음사 탐방로에 한하여 정상탐방이 허용된다. 취사 및 야영은 관음사지구 야영장에서만 가능하다.

2) 한라산국립공원 탐방은 반드시 지정된 탐방로를 이용해야 하며 계절별로 탐방로 통제시간이 정해져 있으므로 탐방 전에 확인하기 바란다.

자료 : 국립공원공단 홈페이지, 2019.02.20.

그림 4-2 한라산국립공원 탐방로

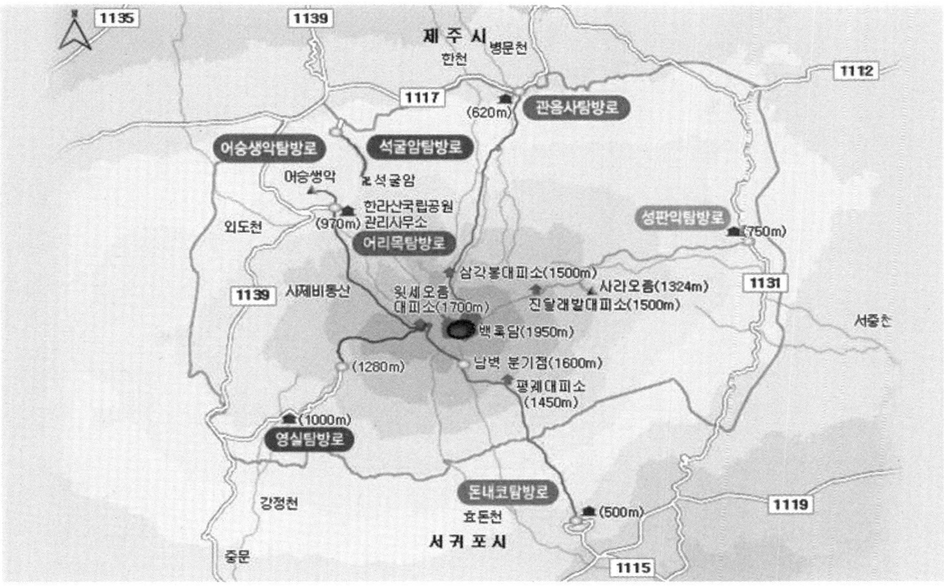

자료 : 국립공원공단 홈페이지

8. 내장산국립공원

호남의 5대 명산 중 하나이자 한국을 대표하는 8경 중 하나로 손꼽히는 곳으로 1971년 11월 17일 우리나라 8번째 국립공원으로 지정되었다. 총면적이 80.708km^{2}에 달하는 내장산국립공원은 전북에 속해 있는 면적이 46.889km^2, 전남 쪽이 33.818km^{2}로 정읍시와 순창군, 전남 장성군에 걸쳐 있다.

신선봉(763m)을 주봉으로 하는 내장산은 봉우리들의 높이가 700m 내외지만 봉우리 정상이 저마다 독특한 기암으로 이루어져 있어 예로부터 '호남의 금강'이라 불렸다. 내장산은 원래 본사인 영은사의 이름을 따서 영은산(靈隱山)으로 불리다가 산 안에 감춰진 것이 무궁무진하다고 하여 안 내(內), 감출 장(藏)자의 내장산으로 불리게 되었다.

9. 가야산국립공원

가야산국립공원은 전체면적 76.256km²로 경상남도와 경상북도가 서로 잇대어 있는 곳에 위치하고 있으며, 1972년 10월 13일 국립공원 제9호로 지정되었다. 가야산은 예부터 해동(海東)의 10승지 또는 조선 팔경의 하나로 이름이 높았다.

주봉인 상왕봉(1,430m)이 소의 머리를 닮았다고 해서 우두봉(牛頭峯)으로 불리기도 하며, 해발 1,430m의 위용을 자랑하고 있다. 불교의 성지인 가야산은 우리나라 화엄종의 근본 도량으로 해인사가 있는 곳이기도 하며, 뛰어난 명승고적과 자연경관으로 예로부터 뛰어난 지덕을 갖춘 산으로 여겨졌다.

1995년 12월 유네스코 세계문화유산으로 지정된 호국 불교의 상징인 팔만대장경과 경판전을 보유하고 있다.

10. 덕유산국립공원

· 덕유산

백두대간의 중심부에 위치한 덕유산(1,614m)은 1975년 10번째 국립공원으로 지정되었다. 덕유산은 전라북도 무주와 장수, 경상남도 거창과 함양군 등 2개도 4개군에 걸쳐 솟아 있으며, 해발 1,614m의 향적봉을 정상으로 하여 백두대간의 한 줄기를 이루고 있다. 기암절벽과 여울들이 굽이굽이 이어지는 구천동계곡은 예로부터 선인들이 이름 붙인 33경으로 덕유산의 아름다움을 대표하며, 총 229.43km²의 면적이 공원구역으로 지정되었다.

11. 오대산국립공원

오대산은 예로부터 삼신산(금강산, 지리산, 한라산)과 더불어 국내 제일의 명산으로 꼽던 성산으로써, 1975년 11번째 국립공원으로 지정되었으며 면적은

326.348km²이다. 해발 1,563m의 비로봉을 주봉으로 동대산(1,434m), 두로봉(1,422m), 상왕봉(1,491m), 호령봉(1,561m) 등 다섯 봉우리가 병풍처럼 늘어서 있고 동쪽으로 따로 떨어져 나온 노인봉(1,338m) 아래로는 천하의 절경 소금강이 자리하고 있다. 또한 서쪽에는 설경이 아름다운 계방산(1,577m)이 있다. 오대산국립공원은 우리나라 문수신앙의 성지이자 조선왕조실록을 보관하였던 오대산 사고가 있던 역사적 장소이자 백두대간의 중추로 생태적 가치가 높은 장소이다.

· 오대산

12. 주왕산국립공원

주왕산은 우리나라 중앙부에 해당하는 태백산맥의 지맥에 위치하고 경북의 청송군과 영덕군 지역에 걸쳐 있으며 1976년 3월 30일에 12번째 국립공원으로 지정되었고 지정면적은 총 105.595km²에 달한다.

이곳에는 뛰어난 자연경관 요소가 많은데 청학과 백학이 살았다는 학소대, 앞으로 넘어질 듯 솟아오른 급수대, 주왕과 마장군이 격전을 가졌던 기암, 주왕의 아들과 딸이 달구경을 하였다는 망월대, 멀리 동해가 보이는 험준한 지형의 왕거암, 주왕이 숨었다가 숨진 전설의 주왕굴, 그리고 폭포, 약수 등 탐방객을 매료시키는 곳이 많다.

13. 태안해안국립공원

태안해안국립공원은 1978년 13번째 국립공원으로 지정되었다. 태안반도와 안면도를 남북으로 아우른 230km의 해안선에 27개의 해변이 펼쳐지며, 전체면적은 서울면적의 약 1/2 정도인 377.019km²이다.

예로부터 큰 자연재해가 없고 온화한 기후와 풍부한 먹거리로 삶이 고단하지 않아 지명을 태안(泰安)이라고 하였다. 리아스식 해안을 따라 펼쳐진 갯벌과 사구, 기암괴석과 크고 작은 섬들이 서해 특유의 아름다운 경관을 자랑한다. 태안해안국립공원은 다양한 해안생태계가 공존하는 국내 유일의 해안형 공원으로 보전가치가 매우 크다.

학암포에서 남쪽으로 영목에 이르기까지 약 230km의 리아스식 해안선을 따라 억겁(億劫)을 통해 자연이 만들어낸 아름다운 갯벌, 해안사구(砂丘), 해넘이 등 빼어난 자연경관과 다양한 동식물이 함께 어우러져 독특한 해양생태계를 구성하며 살아가고 있다.

14. 다도해상국립공원

전라남도 신안군 홍도에서 여수시 돌산면에 이르는 바닷길을 따로 구분하여 놓았으니, 바로 다도해해상국립공원이다.

우리나라 최대면적의 국립공원으로 1981년 12월 23일 14번째 국립공원으로 지정되었으며 면적은 2,266.221km^2(육지 291.023km^2, 해상 1,975.198km^2)에 달한다. 따뜻한 해양성 기후의 영향으로 생태적 보존가치가 높은 상록수림이 존재하며 과거 화산활동으로 형성된 섬과 기암괴석들은 그 독특한 아름다움으로 보존의 가치가 높다.

이 공원 안에만 약 400여 개의 섬이 있으며, 구역에 따라 8개 지구(흑산/홍도지구, 비금/도초지구, 조도지구, 소안/청산지구, 거문/백도지구, 나로도지구, 금오도지구, 팔영산지구)로 대별해 놓았다.

15. 북한산국립공원

세계적으로 드문 도심 속 자연공원인 북한산국립공원은 수려한 자연경관과 문화자원을 온전히 보전하고 쾌적한 탐방 서비스 제공을 위하여 1983년에 15번째 국립공원으로 지정되었다.

그림 4-3 북한산국립공원 북한산 둘레길 탐방로

자료 : 국립공원공단 북한산 둘레길 홈페이지, 스탬프투어

면적은 서울특별시와 경기도에 걸쳐 76.922km^{2}로 우이령을 경계로 하여 북쪽으로는 도봉산 지역, 남쪽으로는 북한산 지역으로 나뉜다.

공원 전체가 도시지역으로 둘러싸여 있어 생태적으로는 고립된 '섬'이지만, 도시지역에 대한 '녹색허파'로서의 역할을 훌륭히 수행하고 있으며, 수도권 이천만 주민들의 자연휴식처로 크게 애용되고 있다.

북한산국립공원은 화강암 지반이 침식되고 오랜 세월 풍화되면서 곳곳에 깎아지른 바위봉우리와 그 사이로 흘러내리는 아름다운 계곡들을 이루고 있다. 또한, 2000년의 역사가 담긴 북한산성을 비롯한 수많은 역사, 문화유적과 100여 개의 사찰, 암자가 위치하여 다양한 볼거리를 제공함과 동시에 역사 문화 학습의 장이 되고 있다.

16. 치악산국립공원

한반도 중부지방 내륙산간에 위치한 치악산은 1984년 16번째 국립공원으로 지정되었다. 공원면적은 175.668km^{2}로, 주봉인 비로봉(1,288m)은 치악산국립공원의 최고봉으로 향로봉(1,042.9m)과 남대봉(1,181.5m)까지 해발 1,000m 이상의 준봉들로 연결되는 대표적인 경관지를 형성하고 있다.

비로봉(1,288m)을 중심으로 동쪽은 횡성군, 서쪽은 원주시와 접하고 있다. 치악산은 남쪽 남대봉과 북쪽의 매화산 등 1,000m가 넘는 고봉들 사이에 가파른 계곡들이 자리해 예로부터 산세가 뛰어나고 험난하기로 이름이 높다.

이렇게 수려한 경관을 보유한 치악산국립공원은 강원권의 교통요지인 원주시에 인접해 있을 뿐만 아니라 수도권으로부터 근거리에 위치하여 1일 탐방이 가능해 탐방활동이 연중 이루어지는 특성이 있다.

17. 월악산국립공원

1984년 12월 31일 17번째 국립공원으로 지정되었으며 면적은 287.571㎢이다. 행정구역상으로 제천시, 충주시, 단양군, 문경시 4개 시 · 군에 걸쳐 있으며 북으로 충주호반이 월악산을 휘감고, 동으로 단양8경과 소백산국립공원, 남으로 문경새재와 속리산국립공원과 같은 아름다운 자연경관으로 둘러싸여 있다.

월악산은 기암절벽이 치솟아 산세가 험준하고 예로부터 신령스러운 산으로 여겨져 주봉은 영봉(1,097m)으로 불리고 있다. 영봉은 예로부터 신령스러운 산으로 여겨지고 있으며, 양편으로 송계 8경과 용하 9곡이 쌍벽을 이루면서 자연경관의 극치를 자아내고 있다. 또한 선암계곡 내 도락산의 아기자기함과 충주호의 푸른 물과 조화를 이룬 구담봉, 옥순봉은 가히 선경(仙景)이라 불러도 손색이 없을 것이다.

주변에 충주호반을 비롯하여 문경새재 도립공원과 제천의 의림지, 단양적성의 선사유적지와 석회암지대에 형성된 많은 동굴, 청풍의 문화재단지 등 문화·경관자원이 산재해 있고 수안보·문경·단양 유황온천이 30~40분 거리에 있을 뿐 아니라 공원 내에 미륵리사지를 비롯하여 많은 문화자원과 자연이 어우러진 빼어난 국립공원이다.

18. 소백산국립공원

1987년 12월 14일 18번째 국립공원으로 지정되었으며 면적은 322.011km²로 지리산, 설악산, 오대산에 이어 산악형 국립공원 가운데 네 번째로 넓다.

소백산국립공원은 행정구역상으로 충청북도 단양군의 1개읍·3개면, 그리고 경상북도 영주시의 1개읍·4개면과 봉화군의 1개면에 걸쳐 있는 우리나라 12대 명산 중 하나이다. 소백산국립공원은 한반도의 등뼈와도 같은 백두대간의 즐기가 서남쪽으로 뻗어내려 강원도, 충청도, 전라도와 경상도를 갈라 영주 분지를 병풍처럼 둘러치고 있다.

해발 1,439.5m인 비로봉을 중심으로 국망봉(1,420.8m), 연화봉(1,383m), 도솔봉(1,314.2m) 등이 백두대간 마루금상에 솟아 있다. 퇴계 이황이 "울긋불긋한 것이 꼭 비단장막 속을 거니는 것 같고 호사스러운 잔치 자리에 왕림한 기분"이라며 소백산 철쭉의 아름다움을 묘사한 것처럼 수많은 탐방객이 봄철 소백산국립공원을 방문하고 있으며, 겨울이면 장중한 백두대간 위에 설화가 만발하는 절경을 이룬다.

주요 문화재는 국립공원 내인 경북 영주시 부석사지구와 이에 인접한 순흥 일대에 집중되어 있으며, 일부가 충청북도 단양읍에 분포하며, 국보 5점, 보물 8점, 명승 1개, 천연기념물 9개, 시도유형문화재 8점이 포함된다.

19. 변산반도국립공원

변산반도국립공원은 1971년 12월에 전북 부안군 변산면 일대 구릉지를 중심으로 도립공원으로 지정되었다가 수려한 자연경관, 다양한(육상 · 해상) 자연자원 및 역사문화자원의 보존가치를 인정받아 1988년 6월 11일에 19번째 국립공원으로 승격되었다.

변산반도국립공원은 육상의 대자연과 해상의 청정함을 아우르는 우리나라 유일의 반도형 국립공원이다. 내변산의 직소폭포, 의상봉, 쇠뿔바위와 외변산의 채석강, 적벽강, 고사포해변 등 산과 바다를 아우르는 아름다운 자연경관을 만끽할 수 있는 매력적인 곳이다. 산과 바다가 공존하는 국내 유일의 반도형 국립공원이다. 전체면적 153.934km^2 중 육상면적이 89%, 해상면적이 11%를 차지한다.

20. 월출산국립공원

월출산은 '달 뜨는 산'이라는 이름에 걸맞게 아름다운 자연경관과 유수한 문화자원, 그리고 남도의 향토적 정서가 골고루 조화를 이루는 한반도 최남단의 산악형 국립공원이다. 1988년 20번째 국립공원으로 지정되었다.

좁은 면적(56.220km^2)에 암석노출지와 수량이 적은 급경사계곡이 많아 자연생태계가 풍부하게 유지되기에는 어려운 조건이지만, 식물 약 700종, 동물 약 800종이 서식하고 있으며, 오랜 세월 동안 암석지형에 적응해 온 생태적인 독특성과 난대림 및 온대림이 혼생하는 위치 여건으로 그 보전 중요성은 매우 크다고 할 수 있다.

월출산의 정상은 천황봉(809m)이며 신라 때부터 하늘에 제사를 지낸 곳으로 알려져 있다. 천황봉을 중심으로 북쪽과 동쪽은 큰 바위가 굵직한 능선줄기 위에서 웅장한 풍경을 만들어내며, 남쪽과 서쪽 지역은 크고 작은 바위들이 마치 탑을 이룬 듯한 형상을 하고 있다.

21. 무등산국립공원

무등산은 1972년 5월 22일 도립공원으로 지정되었으며, 2013년 3월 4일 국립공원 제21호로 지정되었다. 무등산국립공원은 전체면적 75.425㎢로 광주광역시(북구, 동구)와 전라남도(담양 · 화순군)에 있다.

해발 1,187m의 무등산은 '비할 데 없이 높고 큰 산' 또는 '등급을 매길 수 없을 정도의 고귀한 산'이라는 의미가 있다.

해발 1,187m의 무등산 최고봉인 천왕봉을 중심으로 서석대 · 입석대 · 광석대 등 수직 절리상의 암석이 석책을 두른 듯 치솟아 장관을 이룬다. 봄에는 진달래, 여름에는 참나리, 가을에는 단풍과 억새, 겨울에는 설경 등 사계절 생태경관이 뚜렷하며, 멸종위기야생생물 수달 · 하늘다람쥐 · 으름난초 등이 서식하는 우수한 생태계를 자랑한다. 멸종위기야생생물을 포함하여 총 3,691종의 동식물이 서식하고 있으며 보물 2점 등 지정문화재 26점이 보유되어 있다.

22. 태백산국립공원

태백산은 1989년 5월 13일 도립공원으로 지정되었으며, 2016년 우리나라 22번째 국립공원으로 지정되었다. 전체면적은 70.052㎢이며 천제단이 있는 영봉(1,560m)을 중심으로 북쪽에 장군봉(1,567m), 동쪽에 문수봉(1,517m), 영봉과 문수봉 사이의 부쇠봉(1,546m) 등으로 이뤄져 있으며, 최고봉은 함백산(1,572m)이다.

태백산은 국내의 대표적 주목 군락지로 유명하며, 봄이면 산철쭉, 진달래의 군락지가 등산객을 맞이하고 여름에는 울창한 수목과 차고 깨끗한 계곡물이 한여름 더위를 잊기에 충분하며 가을은 형형색색의 단풍으로 수놓으며 겨울은 흰 눈으로 뒤덮인 주목 군락지의 설경을 보여주는 곳으로 남성다운 중후한 웅장함과 포용력을 지닌 육산으로 이루어져 있다.

또한 정상에서 바라보는 일출이 아름다우며, 맑은 날 멀리 동해 바다를 볼 수 있는 것도 태백산의 자랑거리이다. 이 밖에도 최고 높은 곳에 위치한 한국 명수 중 으뜸인 용정이 있다.

4.3 도립공원

4.3.1 도립공원의 지정

국립공원에 준하는 자연풍경을 보호하고 이용할 목적으로 「자연공원법」에 따라 지정한 자연공원이다. 도립공원 계획은 특별시장, 광역시장, 특별자치시장, 도지사 등 광역자치단체가 지정한다.

국내에서는 경상북도 구미시(당시 선산군)의 금오산이 1970년 처음 도립공원으로 지정되었다.

4.3.2 도립공원 지정현황

1. 금오산도립공원

금오산도립공원은 구미시, 칠곡군, 김천시의 경계인 동경 128.18°, 북위 36.05°에 위치하여 수려한 경관을 자랑하고 있으며 유적 대부분은 구미시에 있다. 총면적은 37.262km^{2}이고 구미시 20.815km^2(55.9%), 김천시 8.501km^2(22.8%), 칠곡군 7.946km^2(21.3%)에 있다.

1970년 6월 1일에 우리나라 최초의 도립공원으로 지정되었다. 산 자체의 관광성도 훌륭하지만 무엇보다도 경부 간의 철도와 고속도로의 이용으로 접근이 매우 쉽다. 그리고 공업도시인 구미시의 성장과 함께 관광개발에 더욱 활기를 띠며, 더욱이 등산, 휴양, 관광지로서 활기를 찾고 있다.

높이는 해발 976m 현월봉(懸月峯)이 최고봉이며, 시생대와 원생대에 속하는 화강편마암과 화강암으로 이루어져 있다. 암석이 노출된 화강암 부분이 많으며, 화강편마암이 약간 산재해 있다.

2. 남한산성도립공원

1971년 3월 17일에 도립공원으로 지정되었으며, 그 면적은 35.166km^{2}로 광주시 남한산성면 · 서부면 · 동부면 및 성남시 일부에 걸쳐 있다. 남한산은 준평원상(準

표 4-3 도립공원 지정현황

공원명	위 치	면 적(㎢)	지정일
합 계	30개소	1,147.547	
금 오 산	경북 구미, 칠곡, 김천	37.262	'70. 6. 1
남 한 산 성	경기 광주, 하남, 성남	35.166	'71. 3.17
모 악 산	전북 김제, 완주, 전주	43.309	'71.12. 2
덕 산	충남 예산	19.859	'73. 3. 6
칠 갑 산	충남 청양	31.068	'73. 3. 6
대 둔 산	전북 완주, 충남 논산, 금산	59.996	'77. 3.23
마 이 산	전북 진안	17.220	'79.10.16
가 지 산	울산, 경남 양산, 밀양	104.345	'79.11. 5
조 계 산	전남 순천	26.750	'79.12.26
두 륜 산	전남 해남	32.910	'79.12.26
선 운 산	전북 고창	43.683	'79.12.27
팔 공 산	대구, 경북 칠곡, 군위, 경산, 영천	125.607	'80. 5.13
문 경 새 재	경북 문경	5.478	'81. 6. 4
경 포	강원 강릉	1.689	'82. 6.26
청 량 산	경북 봉화	49.509	'82. 8.21
연 화 산	경남 고성	21.847	'83. 9.29
고복저수지	세종특별자치시	1.949	'91. 1.17
천 관 산	전남 장흥	7.940	'98.10.13
연 인 산	경기 가평	37.691	'05. 9.12
신 안 갯 벌	전남 신안	162.000	'08. 6. 5
무 안 갯 벌	전남 무안	37.123	'08. 6. 5
마라도해양	제주특별자치도 서귀포시	49.755	'08. 9.19

공 원 명	위 치	면 적(㎢)	지정일
성산일출해양	제주특별자치도 서귀포시	16.156	'08. 9.19
서귀포해양	제주특별자치도 서귀포시	19.540	'08. 9.19
추 자 해 양	제주특별자치도 제주시	95.292	'08. 9.19
우 도 해 양	제주특별자치도 제주시	25.863	'08. 9.19
수 리 산	경기 안양, 안산, 군포	7.035	'09. 7.16
제주곶자왈	제주특별자치도 서귀포시	1.547	'11.12.30
벌교갯벌	전남 보성	23.068	'16. 1.28
불갑산	전남 영광	6.89	'19. 1.10

자료 : 환경부 홈페이지, 도립공원 지정현황, 2022년 2월 4일

平原狀)의 잔구(殘丘)로, 정상부는 평균 해발고도 300~350m의 분지상(盆地狀) 지형을 이루어 최고점은 496m이고, 사방이 산지의 경사면으로 둘러싸여 있다.

남한산성은 조선시대의 산성으로 기원은 통일신라 문무왕 때 쌓은 주장성(672)의 옛터를 활용하여 조선 인조 4년(1626)에 대대적으로 구축하였다.

서울의 중심부에서 동남쪽으로 25km 떨어진 곳에 위치한 남한산성은 지형적으로 평균고도 해발 480m 이상의 험준한 산세를 이용하여 방어력을 극대화한 곳으로, 둘레가 12km에 이르며 산 위에 도시가 있을 수 있을 정도로 넓은 분지이기 때문에 백성과 함께 왕조가 대피할 수 있는 조선 왕실의 보장처(保障處, 전쟁 시 임금과 조정이 대피하는 곳)였다.

또한 남한산성은 성곽을 쌓는 축성술 면에서 16세기에서 18세기까지 계속된 전쟁을 통해 동아시아의 한국(조선), 일본(아즈치 · 모모야마시대), 중국(명나라, 청나라) 사이에 광범위한 상호 교류가 이루어진 결과이다. 이 기간 동안 유럽의 영향을 받은 화포의 도입이 이루어졌고, 이런 무기체계의 발달은 남한산성의 성곽 축성에 많은 영향을 미쳤다.

3. 모악산도립공원

면적은 43.309km^{2}이고 이 가운데 김제시가 28.22km^{2}를 차지한다. 모악산(793m)은 완주군 구이면(九耳面)과 김제시 금산면(金山面)의 경계에 솟은 산이다. 이 산을 중심으로 한 일대가 1971년 12월 2일 도립공원으로 지정되었다.

모악산은 4월이 되면 산 전체에 벚꽃이 만발하고 신록이 우거져 예로부터 모악춘경(母岳春景)이라 불리는데, 변산하경(邊山夏景)·내장추경(內藏秋景)·백양설경(白陽雪景)과 함께 호남사경으로 꼽힌다.

모악산은 한국의 곡창이라 불리는 김제와 만경 평야를 그 발 아래 두고 있다. 이 들 벌판에 공급할 농업용수가 바로 모악산으로부터 흘러들기 때문이다. 특히 삼국시대 이전부터 관개시설의 대명사로 꼽혀 온 벽골제의 물이 그 물의 근원을 모악산에 두고 있음에랴. '징게맹경'의 젖줄이 바로 모악산에 닿아 있다. '어머니'산은 양육(養育)을 뜻한다. 그 품 안에서 새 생명을 키워낸다.

불교의 미륵사상이 도입된 이래 호남지방에서 미륵사상은 모악산을 중심으로 개화했다. 금산사의 미륵전이 그 대표적인 표상이다. 그런가 하면 후삼국을 통일한 왕건도 금산사에 유폐된 견훤을 빌미로 후백제를 점령했다. 근세에 이르러 동학혁명의 기치를 든 전봉준도 모악산이 길러낸 인물이다. 모악산 일대를 신흥종교의 메카로 만든 강증산(姜甑山)도 이 산 저 산 헤매다가 모악산에 이르러 천지의 대도를 깨우쳤다고 한다.

4. 덕산도립공원

1973년 3월 6일 가야산(677m)을 주봉으로 수덕산(495m)·원효봉·석문봉(石門峰 : 653m) 일대의 경승지에 지정된 도립공원으로 면적 19.859km^{2}이다. 이곳에는 수덕사(修德寺)·덕산온천·보덕사(報德寺)·보원사지(普願寺址)·일락사(日樂寺) 등이 있고, 윤봉길 의사의 생가와 충의사(忠義祠)·기념탑이 있으며, 부근에는 개심사(開心寺)·서산마애삼존불 등이 있다. 수덕사는 덕숭산(德崇山) 남쪽 계곡에 있는데, 백제 말에 숭제법사(崇濟法師)가 창건하였다고도 하고 신라 문무왕 때 원효대사의 개창이라는 설도 있다. 수덕사 대웅전(국보 49)은 고려시대 말 건물로 중요시되고, 그 아래의 조인정사(祖印精舍)에는 신라 말기 또는 고려시대 초의 작품으로 여겨지는 3층석탑이 있다.

5. 칠갑산도립공원

칠갑산은 해발 561m의 높이로 크고 작은 봉우리와 계곡을 지닌 명산으로 자연 그대로의 울창한 숲을 지니고 있다.

1973년 3월 6일에 도립공원으로 지정되었고 면적은 31.068km²로 4개면에 걸쳐 있다. 주요 명소로는 정상, 아흔아홉골, 칠갑산장(최익현동상, 칠갑산노래조각품 등), 천장호, 장곡사, 정혜사, 자연휴양림, 도림사지, 두륭성 등이 있다.

특히 칠갑산은 계절의 변화가 뚜렷하여 봄에는 산철쭉과 벚꽃으로 단장하여 우아한 자태를 자랑하고 여름에는 울창한 천연림이 현대인의 심신을 안정시켜 준다. 또한 가을에는 울긋불긋한 단풍이 어우러지고, 겨울의 설경은 천상의 세계에 들어온 듯한 느낌으로 다가와 사시사철 등산객들에게 독특한 묘미를 전해주는 명산이다.

칠갑산 남쪽 산기슭에는 절벽 · 초원 · 백사장 · 여울이 한데 어우러진 지천구곡이 있다. 이곳에는 멸종위기 식물인 고란초가 자생한다. 그 밖에 대치면 장곡리 송골의 고찰 장곡사(長谷寺)를 비롯하여 공원 서쪽의 칠갑산 자연휴양림, 청양 장승공원 등 볼거리가 많다.

6. 대둔산도립공원

충청남도의 대둔산도립공원과 전라북도의 대둔산도립공원으로 나뉜다. 충청남도 대둔산도립공원의 면적은 24.54km²로 대전광역시 남쪽 약 50km 지점에 있으며, 1980년 5월에 도립공원으로 지정되었다. 동쪽에 오대산(569m), 서쪽에 월성봉(月城峰 : 649m)이 있으며, 남쪽은 전라북도 쪽의 대둔산도립공원과 접한다.

전라북도 대둔산도립공원의 면적은 38.1km²이다. 전주시 북동쪽 약 55km 지점에 위치하며, 1977년 3월 도립공원으로 지정되었다. 동쪽에는 오대산, 북서쪽에는 월성봉, 남쪽에는 천등산(天燈山 : 707m)이 솟아 있으며, 북쪽은 충청남도 대둔산 도립공원과 접한다. 남쪽으로는 금강의 지류인 장선천(長仙川) 상류가 협곡을 이루면서 흐른다.

대둔산은 한국 8경의 하나로 산림과 수석의 아름다움과 최고봉인 마천대를 중심으로 기암괴석들이 각기 위용을 자랑하며 늘어섰다.

·대둔산

남으로 전북 완주군 운주면, 서북으로 충남 논산시 벌곡면, 동으로 금산군 진산면 등에 걸쳐 있는 대둔산은 웅장한 산세로 많은 이에게 사랑받고 있다. 기암괴석과 폭포, 계곡과 유적, 옛 절 등 볼거리도 많다.

7. 마이산도립공원

마이산(馬耳山)은 진안읍 단양리와 마령면 동촌리의 경계면에 걸쳐 있다. 바위산의 서봉인 모봉(母峰[서봉] : 686.0m)과 동봉인 부봉(父峰[동봉] : 679.9m)으로 되어 있으며, 본디 속금산으로 불리다가 말의 귀 모습과 닮았다고 하여 마이산으로 불리게 되었다. 1979년 10월 16일 권역 17.22km²가 전라북도 도립공원으로 지정되었으며, 1983년 8월 24일에 전라북도 지방기념물 제66호로 지정되었다. 2003년 10월 31일에는 마이산 권역 160,159㎡가 명승 제12호 국가지정문화재로 승격 지정되었다.

마이산의 생성기원은 약 1억여 년 전 호수였던 진안 분지에 큰 홍수가 일면 근방에서 자갈과 모래 진흙이 밀려와 퇴적되었는데 약 6~7천만 년 전 지각 변동 시 서서히 융기되어 지금의 역암(수성암)이 되었으며 두께는 약 2,000m 정도로 알려져 있다. 암마이봉 정상에서 발견된 민물고기 쏘가리와 다슬기 등의 화석이 이곳이 호수였다는 사실을 증명한다.

8. 가지산도립공원

가지산은 영남알프스 내의 가장 높은 산으로 1979년 경상남도 도립공원으로 지정되었다. 울산 울주군, 경남 밀양시, 경북 청도군에 걸쳐 있으며, 해발 1,000m 이상의 9개 고산으로 이어진 영남알프스의 주봉이다. 주변의 귀바위, 무명봉인 1042봉, 1028봉, 1060봉 등이 가지산을 빙 둘러 대장처럼 호위하고 있다.

봄에는 진달래와 천연기념물 제462호인 철쭉군락지가 봄 정취를 한껏 자아내고 여름에는 석남사계곡, 심심이계곡, 학소대폭포가 있는 학심이골, 오천평반석이 있는 쇠점골계곡, 호박소가 있는 용수골에서 더위를 피할 수 있다. 시원한 계곡물에 발을 담그고 있으면 콧노래가 절로 나온다. 가을에는 단풍이 곱게 물든 석남사계곡을 찾는 이가 많은데, 가을 풍광에 마음을 빼앗긴 사람들은 석남사를 그냥 지나치지 못한다. 겨울에는 쌀바위 주변에 쌓인 설경이 아름답다. 나뭇가지에 핀 상고대를 본 사람들은 "가지산은 겨울이 가장 아름답다."고 입을 모은다. 가지산에서 발길을 돌리기 아쉽다면 가지산온천과 운문산 자연휴양림에서 온천과 산림욕을 즐길 수 있다.

가지산 동쪽 산기슭에는 신라 헌덕왕 16년(884년)에 도의국사가 창건하였다는 석남사가 자리 잡고 있다. 석남사에서 대웅전과 대웅전 탱화, 삼층석탑, 도의국사 부도, 월하집(月荷集), 수조, 엄나무구유 등 역사적 유물을 보면 감탄이 절로 나올 것이다.

9. 조계산도립공원

조계산은 전남 순천에 자리 잡은 해발 884m의 산으로 1979년 12월에 피아골 · 홍골 등의 깊은 계곡과 울창한 숲 · 폭포 · 약수 등 자연경관이 아름다워 도립공원으로 지정되었고, 1998년 12월에 사적 및 명승 제8호로 지정되었다.

산 동쪽에는 선암사, 서쪽으로는 송광사가 있다. 산속의 깊은 계곡에는 맑은 물이 흐르며, 만수봉과 모후산이 송광사 일대를 병풍처럼 둘러싸고 있다. 선암사 계곡의 맑은 물은 죽학천과 합류하여 이사천으로 흘러간다.

동쪽의 계곡물은 이사천(伊沙川), 서쪽의 계곡물은 송광천으로 흘러드는데, 특히 비룡폭포가 유명하다. 서쪽 기슭에는 삼보사찰 가운데 승보사찰인 송광사가 자리한다. 이곳에는 목조삼존불감(국보 42), 고려고종제서(국보 43), 국사전(국보 56) 등의 국보와 12점의 보물, 8점의 지방문화재가 있다.

동쪽 기슭에는 선암사(仙巖寺)가 있다. 선암사 삼층석탑(보물 395), 아치형 승선교(보물 400) 등 문화재가 많다. 그 밖에 송광사의 곱향나무(일명 쌍향수 : 천연기념물 88), 승주읍 평중리의 이팝나무(천연기념물 36) 등이 유명하다.

10. 두륜산도립공원

1979년 12월 26일에 지정된 도립공원으로 해남군 삼산면 구림리 산8-1에 위치한 산이다. 두륜산(703m)은 해남의 영봉이며 여덟 개의 높고 낮은 연봉으로 이루어진 규모 있는 산이다. 북서쪽으로 경사가 완만하고 빼어난 경관을 이루며 산행코스가 험하지 않아 2~3시간 정도면 가련봉 정상에 오를 수 있다.

8개 암봉이 연꽃형 산세를 이루고 있다. 두륜산은 가련봉(703m)을 비롯해 두륜봉(630m), 고계봉(638m), 노승봉(능허대 685m), 도솔봉(672m), 혈망봉(379m), 향로봉(469m), 연화봉(613m)의 8개 봉우리로 능선을 이루었다. 이 여덟 봉우리는 원형으로, 마치 거인이 남해를 향해 오른손을 모아든 듯한 형상이다. 오른손을 가지런히 펴고 엄지를 집게손가락에 붙인 다음 손가락 끝을 당겨 오목하게 물을 받을 듯 만들면 영락없는 두륜산의 지세가 된다.

11. 선운산도립공원

선운산은 호남의 내금강으로 불리는 명승지로서 1979년 12월 도립공원으로 지정되었다. 선운산은 도솔산이라고도 불리는데 선운이란 구름 속에서 참선한다는 뜻이고 도솔이란 미륵불이 있는 도솔천궁의 뜻으로 선운산이나 도솔산이나 모두 불도를 닦는 산이라는 뜻이다. 곳곳에 기암괴석이 봉우리를 이루고 있어 경관이 빼어나고 숲이 울창한 가운데 천년 고찰 선운사가 자리하고 있다.

문화재로는 금동보살좌상, 지장보살좌상, 선운사 대웅전, 참당암 대웅전, 도솔암 마애불 등이 보물이고, 동백나무숲, 장사송, 송악 등이 천연기념물이며 석씨원류 경판, 영산전목조삼존불상, 육층석탑, 범종, 약사여래불상, 만세루, 백파율사비, 참당암 동종, 선운사 사적기 등이 지방문화재로 백파율사비는 추사가 짓고 쓰고 한 추사 글씨 중에서도 대표작이다. 선운산의 경치를 살펴보면 큰절에서 개울을 따라 올라가면 물줄기가 갈라진 곳에 자연의 집이 있고, 우측으로 더 올라가면 여덟 가지로 소담하게 벌어진 장사송과 진흥왕이 수도했다는 진흥굴이 있다.

12. 팔공산도립공원

1980년 5월에 도립공원으로 지정되었으며, 면적 125.607km^2(대구 35.365km^2, 칠곡군 30.067km^2, 군위군 21.705km^2, 경산시 9.299km^2, 영천시 29.171km^2)이다.

팔공산은 대구 북쪽 끝에 위치하여 군위군 부계면 · 영천시 신녕면의 경계를 이루는 산으로, 최고봉인 비로봉(1,193m)을 중심으로 동봉(1,155m)과 서봉(1,041m)의 양 날개를 펴고 있다.

한반도의 척추인 태백산맥이 남으로 힘차게 뻗어 낙동강과 금호강이 만나는 곳에 우뚝 높이 솟아 병풍처럼 둘러쳐진 팔공산은 예부터 우리나라의 명산영악(名山靈岳)으로 꼽혀 왔으며, 옛사람들은 이 산세가 삼존불, 즉 세 부처님의 형상이라 하여 신령스러운 영산으로 믿어왔다.

팔공산의 상층부는 화강암이 기묘한 모습으로 노출되어 높고 웅장한 산세를 이루고 있으며 골짜기마다 절묘한 암벽과 어우러진 울창한 숲은 명산의 위세를 더해주고 있다.

13. 문경새재도립공원

경상북도 문경시 문경읍 상초리(上草里) 일원의 새재를 중심으로 지정된 도립공원이다. 면적은 5.478km^2이다. 1981년 6월 4일 경상북도 도립공원으로 지정되었다. 백두대간(白頭大幹)의 조령산(鳥嶺山) 마루를 넘는 이 재는 예로부터 한강과 낙동강 유역을 잇는 영남대로상의 가장 높고 험한 고개로 사회 · 문화 · 경제의 유통과 국방상의 요충지였다. 임진왜란 뒤에 이곳에 3개(주흘관, 조곡관, 조령관)의 관문(사적 제147호)을 설치하여 국방의 요새로 삼았다. 이곳은 자연경관이 빼어나고 유서 깊은 유적과 설화 · 민요 등으로 이름 높은 곳이다.

문경새재는 새도 날아서 넘기 힘든 고개라는 뜻으로, 조령(鳥嶺)이라고도 한다. 풀이 우거진 고개[草岾] 또는 하늘재와 이우리재[伊火峴] 사이에 있는 고개라는 뜻에서 '새재'로 했다는 설과 새로[新] 생긴 고개라는 뜻에서 '새재'로 지었다는 설도 전해진다.

문화유적으로는 조령 산불됴심표석(경북문화재자료 226), 옥소권섭영정(문화재자료 349), 조령원터, 동화원터, 해국사, 용화사지, 보제사지, 안정암지, 은선암지, 충렬사, 교귀정, 대궐터, 군막터 등이 있다. 그리고 역사에 얽힌 갖가지 전설을 비롯하여 임진왜란과 신립(申砬) 장군, 동학(東學)과 의병(義兵)이 남긴 사담(史談)이 골골이 서리어 있는 역사의 현장이다. 이 일대를 1974년 지방기념물(제18호)로 지정, 보호하고 있어 전국에서 관람객이 많이 찾는 곳이다.

14. 경포도립공원

1982년 6월 26일 경포도립공원으로 지정(면적 9.471km^2, 강원도 고시 제90호)되었으며, 강릉시 중심가에서 북쪽으로 약 6km 떨어진 경포대, 경포호, 경포해수욕장을 중심으로 많은 문화재와 기념물 등이 있는 지역이다. 특히, 수많은 풍류객이 탐방하였던 '제일강산(第一江山)' 경포대는 관동팔경의 하나로 이 공원의 핵심이다.

경포해수욕장은 약 6km에 이르는 백사장이 송림과 어우러져 도립공원의 백미(白眉)를 이루며, 이 밖에도 안목 · 송정 · 사천 · 연곡 등의 해수욕장이 가까이에 있다.

강원도 관찰사를 지냈던 정철(鄭澈)의 '관동별곡' 전문이 새겨진 관동별곡비와 신사임당(申師任堂)의 좌상, 충혼탑이 누대 옆에 있으며, 누대에서 내려다보이는 경포호수와 경포해수욕장의 송림, 흰 모래, 푸른 바다와 흰 파도는 저절로 시심을 솟게 하는 절경이다. 경포호에는 고니 · 청둥오리 · 재두루미 · 물오리 등의 철새가 날아온다.

15. 청량산도립공원

청량산은 수려한 자연경관과 기암괴석이 장관을 이루는 한국의 대표적인 명산으로 1982년 8월 21일 도립공원으로 지정 보존되고 있다. 특히 2007년 3월에는 국가지정문화재 명승 제23호로 지정되어 학술적 · 경관적 · 역사적 가치를 입증하였으며, 또한 2008년 5월에 준공된 청량산 하늘다리는 국내에서 가장 길고 가장 높은 곳에 자리한 산악형 현수교량으로서 현재까지도 많은 탐방객의 발길이 이어지고 있으며 청량산의 문화유산과 더불어 새로운 관광명소로 자리매김하였다.

청량산(淸凉山)은 경북 봉화군 명호면과 재산면, 안동시 도산면과 예안면에 있으며 자연경관이 수려하고 기암괴석이 장관을 이루어 예로부터 소금강으로 불린 명산이다.

청량산에는 지난날 연대사를 비롯한 20여 개의 암자가 있었으며 지금은 청량사 유리보전과 응진전이 남아 있다. 또한 퇴계 이황이 공부한 장소에 후학들이 세운 청량정사와 통일신라시대 서예가 서성 김생이 글씨공부를 한 곳으로 알려진 김생굴(金生窟), 대문장가 최치원이 수도한 풍혈대(風穴臺), 고려 공민왕이 홍건적의 난을 피해 와서 쌓았다는 산성 등이 있다.

16. 연화산도립공원

1983년 9월 29일 고성군 개천면 외 4개 면에 걸친 면적 28.72km^{2}가 도립공원으로 지정되었다. 경상남도 고성군 고성읍 서북쪽으로 12km 거리에 있는 연화산(524m)은 한려해상국립공원과 연결되는 관광지로서 옛날에는 이 산이 비슬(毘瑟)이라 불리었는데 이는 이 산의 동북쪽에 선유(仙遊), 옥녀(玉女), 탄금(彈琴)의 세 봉우리가 둘러 있어 마치 선인이 거문고를 타고, 옥녀가 비파를 다루는 형국이었기 때문이다. 이렇게 부르던 비슬산을 조선시대 인조 때 학명대사로부터 연화산으로 고쳐 부르기 시작하였는데, 연화산이라는 이름은 산의 형상이 연꽃을 닮았다 하여 붙여진 이름이라 전해진다.

신라 문무왕 16년(서기 676)에 의상조사에 의해 창건된 신라 천년의 고찰인 옥천사에는 보물 제495호인 임자명반자, 지방문화재인 대웅전, 자광루, 향로, 대종 등이 있고, 옥천사 소장품 등 불교유물 120여 점의 보관 관리를 위한 유물전시관(보장각)이 건립되어 연화산도립공원을 찾는 사람들에게 불교문화를 이해할 수 있는 공간으로 자리 잡고 있으며, 옥천사 뒤에 있는 옥천샘은 사시사철 마르지 않고 항상 수량과 수온이 일정하게 유지되고, 이 약수를 장기간 마시면 위장병에 효험이 있다고 전해진다.

17. 고복도립공원

2013년 1월 7일 군립공원에서 도립공원으로 승격되었다. 세종특별자치시 연서면 고복리 1.949km^2(고복리 1,949㎡, 용암리 805,864㎡)의 넓은 면적을 가진 고복저수지를 만나게 된다.

고복자연공원의 모태인 고복저수지는 면적 77만㎡의 대규모 농업용 저수지로 농업용수를 공급하기 위해 만들어졌으나, 가물치 · 붕어 · 잉어 · 메기 등 풍부한 어종이 살고 있어, 주말이면 전국에서 '붕어 손맛'을 보려는 많은 낚시꾼이 몰려드는 유명한 낚시터이기도 하다.

공원 지정면적은 184만㎡이며 오봉산의 자연림, 동굴(용굴), 사찰(신흥사), 야외조각 전시장 등이 있다. 주변 마을에는 포도, 복숭아, 배를 재배하는 과수 단지가 조성되어 있다.

18. 천관산도립공원

1998년 10월 13일 도립공원으로 지정되었다. 지리산(智異山) · 월출산(月出山) · 내장산(內藏山) · 내변산(內邊山)과 함께 호남지방의 5대 명산 가운데 하나이다.

천관산(해발 723m)은 관산읍과 대덕읍의 경계에 자리한, 온 산이 바위로 이루어진 곳이다. 하늘을 찌를 듯 높이 솟은 봉우리마다 봄에는 붉게 피는 동백꽃, 가을에는 억새가 장관을 이룬다. 특히 정상 부근의 바위들이 하늘을 찌를 듯이 비죽 비죽 솟아 있는데, 그 모습이 마치 주옥으로 장식한 '천자의 면류관' 같다 하여 천관산이라 불렀다고 한다. 산에 오르면 남해안 다도해가 한 폭의 동양화처럼 펼쳐지고, 북으로는 영암의 월출산, 장흥의 제암산, 광주의 무등산이 한눈에 들어오고, 날씨가 맑으면 바다 쪽으로 제주 한라산이 신비스럽게 나타난다. 능선 위로는 기암괴석이 자연 조형물의 전시장을 보는 듯하고, 정산 부근엔 억새밭 5만여 평이 장관을 이룬다.

천관산에는 신라 김유신과 사랑한 천관녀가 숨어 살았다는 전설이 전해온다. 삼림이 울창하고 천관사 · 보현사를 비롯해 89개의 암자가 있었지만, 지금은 석탑과 터만 남아 있다. 봄에는 진달래와 동백꽃이 붉게 물들고 가을에는 억새로 뒤덮이고 단풍이 들어 관광객이 많이 찾는다.

문화재로는 천관사오층석탑(전남유형문화재 135) · 천관사석등(전남유형문화재 134) · 천관사삼층석탑(보물 795) 등이 있다.

19. 연인산도립공원

이 산에 올라 사랑이 이루어지기를 소망하면 사랑이 이루어진다는 이야기가 전해지는 연인산(戀人山)은 2005년 9월 15일 도립공원으로 지정되었다.

연인산도립공원은 경기도 가평군 가평읍 승안리, 하면 상판리, 북면 백둔리 경계에 위치한 37.691km^2 넓이에 해발 1,068m의 천혜의 자연공원이다. 동으로 장수봉, 서로는 우정봉, 남으로 매봉 · 칼봉이 연인산에서 발원한 용추계곡을 감싸고 있다.

연인산은 연중 강수량이 풍부하고 토양이 비옥해 여러 종의 고산식물과 얼레지, 은방울, 투구꽃 등 많은 야생화가 서식하고 있으며 각 능선마다 원시림과 함께 잣나무, 참나무가 군락으로 자생하고 있다. 이런 천혜의 자연환경을 갖춘 연인산도립공원은 연간 수십만 명의 탐방객이 찾아오고 있으며, 자연환경 체험의 장으로 수도권에서 손꼽히는 관광명소이기도 하다.

20. 신안갯벌도립공원

2008년 6월 5일 증도면 증동리, 대초리 일원 총면적 12.824km²(육지 0.737, 해면 12.087)가 지정되었다. 지정 이유는 세계 5대 갯벌 중 하나인 우리나라 서남해안 갯벌의 생태적 우수성을 널리 알리고 체계적인 보존과 지속가능한 이용을 도모하고, 도시민에게는 갯벌의 소중함을 인식케 하는 갯벌체험 학습장을 제공하고, 주민에게는 갯벌의 특성을 이용한 관광사업으로 지역경제 활성화에 기여하기 위함이다.

2013년 12월 31일 면적 144.0km²(육지 0.737, 해면 143,263)로 확대 지정되었으며 명칭도 신안갯벌도립공원(증도갯벌도립공원)이라 칭하였다.

증도갯벌도립공원은 대형 저서동물이 100종 이상 출현하여 보전가치를 인정받아 2009년 5월에 유네스코 생물권보전지역으로 지정되었다. 2010년 1월 29일에 국토해양부 습지보호지역으로 선정되었으며, 2011년 9월 1일에 한국에서 17번째로 람사르습지에 등록되었다.

21. 무안갯벌도립공원

무안갯벌도립공원이 속한 무안군은 우리나라 서남단에 위치하여 3면이 바다로 둘러싸여 있어 갯벌이 아주 잘 발달되어 있다. 특히 무안갯벌이 위치한 함해만은 반폐쇄적인 만으로 만의 길이는 17km, 폭은 약 1.8km이며 만의 면적은 344km²에 달하며 입구는 칠산바다와 만난다. 갯벌도립공원은 109.2km의 해안선이 발달해 있어 해안선을 따라 걸으며 수려한 경관을 감상할 수 있다. 특히 원시의 자연적인 해안선이 펼쳐져 있고 자연 침식된 황토와 사구의 영향으로 형성된 특수한 지질의 무안갯벌은 세계 5대 갯벌 중 하나로 2008년 6월 5일에 도립공원으로 지정되었다.

환경부 지정 멸종위기 2급 생물인 흰발농게, 대추귀고둥을 비롯한 245종 저서생물, 칠면초 갯잔디 등 45종 염생식물, 혹부리오리, 알락꼬리마도요 등 약 52종의 철새 등 많은 생명체가 무안갯벌에 기대어 살고 있다.

전라남도 무안군 현경면과 해제면 일대에 있는 갯벌로서 2001년 해양수산부에서 지정한 첫 번째 습지보호구역이며, 2008년 1월에는 람사르습지로 등록되었다.

22. 마라해양도립공원

2008년 9월 19일 국토 최남단에 있는 천혜의 섬들과 짙푸른 해양 환경과 송악산 일대의 수려한 자연환경이 장관을 이루는 도립공원으로 지정되었다.

지정면적은 49.755km^2(공원자연환경지구 49.396km^2, 공원자연보전지구 0.171km^2, 공원집단 시설지구 0.188km^2)이다.

주요 자원으로는 국가지정 천연기념물 마라도 천연보호구역(천연기념물 제423호), 주요 식생은 녹조류, 갈조류, 홍조류 72종이며, 주요 동물은 해면동물, 극피동물, 히드라충류, 산호충류 태형동물, 피낭동물, 연체류, 갑각류 등 95종이다.

북위 33도 6분 33초, 동경 126도 11분 3초, 국토의 최남단에 떠 있는 섬이다. 세계 해도에 표시된 등대가 있으며, 섬 전체를 뒤덮다시피 한 천연잔디가 이색적인 느낌을 주는 섬이다. 면적 0.3km^{2}의 이 섬은 해안이 가파른 절벽으로 이루어져 있어 자연풍광이 수려하다. 30여 가구 80여 명의 주민들은 어업에 종사하며, 모슬포항과 산수이수동 선착장에서 정기여객선과 관광유람선이 수차례씩 왕복 운항한다. 또한 벵에돔, 감성돔 등이 잘 낚이는 바다낚시터로도 유명하다.

이 섬에 사람이 살기 시작한 것은 1883년으로 3세대가 이주하면서부터이다. 당시 식량이 부족해서 해산물로 연명하다가 농사를 짓기 위해 울창하던 산림에 불을 놓는 바람에 여태까지 뱀과 개구리가 살지 않는다고 한다.

23. 성산일출해양도립공원

1997년 8월 30일 서귀포시 성산읍 성산리, 고성리, 신양리 해상 일대를 중심으로 성산일출해양군립공원이 지정되었으며, 2008년 9월 19일 성산일출해양도립공원으로 지정되었다.

지정면적은 16.156km^{2}이고 주요 자원으로는 국가지정 천연기념물 성산일출봉 천연보호구역(천연기념물 제420호), 주요 식생은 녹조류, 갈조류, 홍조류 127종이며, 주요 동물은 해면동물, 극피동물, 자포동물, 히드라충류, 산호충류 태형동물, 피낭동물, 이매패류, 다판류, 복족류, 갑각류 등 177종이다.

동쪽 해안에 볼록 튀어나온 섭지코지는 바다를 향해 툭 튀어나온 자루처럼 생겼는데 끈으로 묶은 것처럼 목이 좁다. 섭지코지라는 지명도 협지(狹地)[좁은 땅]라는 뜻의 섭지와 곶(串)이라는 뜻의 코지가 합해진 제주 방언이다. 섭지코지는 봄철이면 노란 유채꽃과 성산일출봉을 배경으로 한 아름다운 해안 풍경이 일품으로, '단적비연수', '올인' 등 영화, 드라마 촬영장으로 유명해져 관광객이 즐겨 찾는 곳이다. 전설에 의하면, 옛날 이곳은 선녀들이 목욕하던 곳으로 선녀를 한번 본 용왕신의 막내아들은 용왕에게 선녀와 혼인하고 싶다고 간청하였고 용왕은 100일 동안 기다리면 선녀와 혼인시켜 줄 것을 약속했으나, 100일째 되던 날 갑자기 파도가 높고 바람이 거세어져 선녀가 내려오지 않자 이에 슬퍼한 막내는 이곳 섭지코지에서 선 채로 바위가 되었다고 한다.

24. 서귀포해양도립공원

1999년 1월 5일 서귀포 시립해양공원으로 지정되었고 2008년 9월 19일 서귀포해양도립공원으로 지정되었다.

지정면적은 19.54km²(공원자연보전지구 0.04km², 공원자연환경지구 19.5km²)이다.

주요 자원은 국가지정 천연기념물 섶섬(천연기념물 제18호), 패류화석층(천연기념물 195호)이며, 주요 식생은 녹조류, 갈조류, 홍조류 111종, 주요 동물은 해면동물, 극피동물, 히드라충류, 산호충류 태형동물, 피낭동물, 이매패류, 갑각류 등 87종이다.

'서귀포해양도립공원'은 서귀포시가 지정한 서귀포 70경 중 한 곳이다. 특히, 서귀포해양도립공원은 일출과 일몰이 아름다운 곳으로 알려졌다. 더구나 서귀포해양도립공원은 천지연폭포 입구에 있어, 폭포의 아름다움에 흠뻑 취해서 돌아온 사람들에게는 간이역의 역할을 한다. 서귀포항은 칠십 리를 에워싼 해안절벽의 웅장함과 파란 물결 위에 호위하는 듯 두둥실 떠 있는 섬들의 수려함으로 빼어난 미항의 모습을 보여주고 있다.

25. 추자도립공원

2008년 9월 19일 우두일출(牛頭日出), 직구낙조(直龜落照), 신대어유(神臺漁遊) 등 추자 10경을 비롯한 수려한 해안경관을 보유한 맑고 깨끗한 도립공원으로 지정되었다. 지정면적은 95.292km²(공원자연보전지구 0.811km², 공원자연환경지구 94.481km²)이다.

주요 자원은 국가지정 천연기념물 사수도 흑비둘기 · 슴새 번식지이고, 주요식생은 균류 등 400종이며, 주요 동물은 포유류, 조류, 어류 등 604종이다.

추자도는 제주특별자치도 제주시 북부 해상에 있는 섬으로 한반도 남서부와 제주특별자치도의 중간 지점에 위치하며, 상추자도 · 하추자도를 묶어 추자도라고 부른다. 1271년(고려 원종 13)까지 후풍도(候風島)라고 불렀다가 추자도라고 불렀는데 그 연유는 정확하지 않다. 1910년까지 전라남도에 속했다가 행정구역 개편으로 제주시로 편입되었다. 추자도 부근에는 횡간도 · 추포도 등 4개의 유인도가 있으며 그 주변에는 38개의 작은 섬(무인도)이 있다. 상추자도는 면적 1.5km²이며 하추자도는 3.5km²이다.

26. 우도해양도립공원

2000년 8월 31일 군립공원으로 지정되었으며 2008년 9월 19일 우도해양도립공원으로 지정되었다. 지정면적은 25.863km²(공원자연환경지구 25.849km², 공원집단시설지구 0.014km²)이다. 주요 자원은 국가지정 천연기념물인 제주 우도 홍조단괴 해빈 1종이고, 주요 식생은 동백나무, 돈나무, 담쟁이덩굴 등 389종이며 주요 동물은 가마우지, 된장잠자리 등 493종이다.

제주도 동쪽 끝, 성산포에서 북동쪽으로 약 3.8km 지점에 위치한 섬 속의 섬 우도는 소가 누운 모양을 닮았다고 해서 일찍부터 소섬 또는 쉐섬으로 불렸다. 섬의 길이는 3.8km에 둘레는 17km이며, 면적은 605ha 정도이다.

우도에 사람이 살기 시작한 것은 약 150년 전인 조선 숙종 23년(1679)에 국유목장이 설치된 뒤부터였다. 당시 국마(國馬)를 관리하고 사육하기 위해 육지사람들의 왕래가 시작되었고, 이후 헌종 10년(1844)에 김석린 진사 일행이 입도(入島)하여 정착했다.

우도에는 주민들이 어업과 농업에 종사하며 살고 있다. 우도는 완만한 경사의 옥토, 풍부한 어장, 우도팔경 등 천혜의 자연조건을 갖춘 관광지이다. 게다가 제주 해녀와 돌담길, 돌무덤 등 제주도만의 독특한 전통문화와 자연환경을 체험할 수 있어, 마치 제주도를 축소시켜 놓은 듯한 인상을 풍긴다. 특히, 자연절경 외에도 바다낚시, 자전거하이킹, 버스 관광, 잠수함과 유람선을 통한 바다관광 등 즐길거리가 많아서 여행의 재미를 더해준다.

27. 수리산도립공원

2009년에 7월 16일 경기도에서 도립공원으로 지정하여 도립공원 면적은 7.035km^2(군포시 4.3km^2, 안양시 안양동 관내 2.55km^2, 안산시 상록구 수암동 관내 0.12km^2)이다.

높이 489m이며 견불산(見佛山)이라고도 한다. 수리산은 한강 남쪽에서 서울을 감싸고 있으며 남북으로 능선이 길게 뻗어 있다. 정상에서 능선을 따라 독수리 모양의 수암봉(秀巖峰 : 395m)으로 연결되어 있다. 산으로 오르는 길은 바위가 많고 봄이 되면 진달래가 붉게 물들어 많은 산악인이 모여든다. 수리산 자락에는 맑은 물이 솟아나는 약수터가 많고 상연사, 용진사, 수리사 등의 사찰이 있다.

수리산 지형은 청계산(618m), 광교산(582m), 관악산(629m), 백운산(564m) 등 광주산맥을 구성하는 중요한 산지 중 하나로, 군포시 북서쪽에 위치한 가장 큰 산으로 태을봉(해발 489m)을 중심으로 남서쪽으로 슬기봉(해발 451.5m), 북쪽으로는 관모봉(해발 426.2m), 북서쪽으로는 수암봉(해발 395m) 등으로 구성되어 있다.

28. 제주곶자왈도립공원

곶자왈은 수풀이 우거져 원시림지대를 형성하며 빗물이 지하로 흘러들어 지하수를 만들기 때문에 제주 생태계의 '허파'로 불린다. 서귀포시 대정읍 4개 마을[무릉리 · 신평리 · 보성리 · 구억리]에 걸쳐 있는 약 154만 6,757㎡에 이르는 규모의 곶자왈을 제주특별자치도에서는 2011년 12월 30일 도립공원으로 지정하였다.

곶자왈은 화산활동 중 분출한 용암류가 만들어낸 불규칙한 암괴지대로 숲과 덤불 등 다양한 식생을 이루는 곳을 말하며, '곶'과 '자왈'의 합성어인 제주어이다. 즉 곶자왈이란 암괴들이 불규칙하게 널려 있는 지대에 형성된 숲으로, 다양한 동식물이 공존하며 독특한 생태계가 유지되는 지역을 말한다.

곶자왈은 한라산을 기준으로 동서로 길게 뻗어 있는 조천읍 교래리와 선흘리, 구좌읍 송당리를 비롯하여 안덕면 화순리, 한경면 저지리 등 중산간 지역을 중심으로 해안까지 광범위하게 분포하고 있다. 곶자왈 지대는 대부분 해발고도 200~400m 내외의 중산간지역에 분포하고 있다. 그러다 보니 사람이 주로 살던 해안지역과 목축 등으로 사용되던 산간지역을 자연스럽게 완충하는 역할을 하기도 했다.

곶자왈 지역은 주로 완만한 경사를 가진 제주의 동서방향을 따라 발달하였는데, 그중에서 특히 보전상태가 양호한 제주도 서부의 한경-안덕 곶자왈, 애월 곶자왈, 그리고 동부의 조천-함덕 곶자왈, 구좌-성산 곶자왈 지대를 제주의 4대 곶자왈이라 한다.

29. 벌교갯벌도립공원

흑두루미 등 철새 도래지인 전라남도 순천만의 갯벌과 수자원 보고인 보성군 벌교읍의 갯벌로, 2006년 1월 우리나라에서는 4번째로 국제습지조약(람사르조약 또는 람사르협약)에 의해 습지보호구역으로 등록되었다.

전라남도 순천시 별량면 · 해룡면과 도사동 일대의 순천만 갯벌(면적 28km²)과 보성군 벌교읍 해안가의 갯벌(면적 7.5km²)을 가리킨다. 이들 갯벌지역은 갈대숲과 칠면초, 어류 등 종다양성이 풍부하다. 순천만 갯벌은 특히 철새 가운데서도 희귀 조류인 멸종위기종 흑두루미의 국내 최대 월동지이며, 벌교 갯벌은 꼬막과 짱뚱어 등 다양한 수산자원의 보고이다.

이에 따라 보전할 필요성이 크다고 인정되어 2004년 1월 「습지보전법」에 따라 습지보호지역으로 지정 · 고시되었다. 이어 2006년 1월 국내에서는 4번째이며 세계에서 1594번째로 국제습지조약(람사르조약 또는 람사르협약)에 따른 습지보호구역으로 등록되었다. 연안습지(갯벌)로는 국내에서 처음으로 람사르조약에 등록되었다.

30. 불갑산 도립공원

불갑산은 노령산맥이 남으로 달려 내려와 그 기운을 모아 힘차게 밀어 올려 형성된 호남의 영산으로서, 영광 · 함평 양군의 경계에 위치하였으며, 영광을 두 팔을 벌려 감싸안은 형국을 취하여 예부터 영광의 진산(鎭山, 역사 도읍지나 각 고을에서 난리를 진압하고 나라를 지키는 산)이 되어 왔다. 또한 천연기념물 제112호인 참식나무와 전국 최대규모의 상사화(꽃무릇) 군락지가 형성되어 사계절 햇빛을 받지 않고 등산할 수 있는 명산으로도 널리 알려져 있다.

높이는 516m이고, 주봉은 연실봉이다. 원래는 아늑한 산의 형상이 어머니와 같아서 '산들의 어머니'라는 뜻으로 모악산(母岳山)이라 불렀는데, 백제시대에 불교의 '불(佛)'자와 육십갑자의 으뜸인 '갑(甲)'자를 딴 불갑사(佛甲寺)가 지어지면서 산 이름도 불갑산으로 바뀌었다고 한다. 2019년 1월 10일 불갑산 일대인 블갑면과 묘량면 일원이 도립공원으로 지정 · 고시되었다.

4.4 군립공원

4.4.1 군립공원의 지정

시 · 군 및 자치구에서 관내의 자연생태계나 경관을 대표할 만한 지역을 지정, 관리하는 공원이다. 국내에서는 전라북도 순창군 강천산이 1981년 처음으로 군립공원으로 지정되었다. 군립공원이라고 해서 반드시 군지역에 소재한 것만을 가리키진 않으며, 시 혹은 자치구에서 지정, 관리하는 공원 역시 군립공원으로 통칭된다.

국립공원, 도립공원에 비해 전국적인 인지도가 낮다 보니, 대부분 해당 지역 내지 인접 지역 주민들만 알고 있는 경우가 많다.

4.4.2 군립공원 지정현황

표 4-4 국립 · 도립 · 군립공원 지정현황

구분	국립공원	도립공원	군립공원	합계
관리주체	환경부장관 ※ 한라산국립공원 제외	광역지자체 (시 · 도)	기초지자체 (시 · 군 · 구)	
개수(수)	22	30	27	79
면적(km²)	6,726	1,147	238	8,111
총 국토면적 대비율(%)	6,726(83%) 육상 3,972(59.1%) 해상 2,754(40.9%)	1,147(14%) 육상 763 해상 384	238(2.9%) 육상 234 해상 4	

자료 : 환경부 홈페이지 참고하여 정리(2022년 2월 기준)

표 4-5 군립공원 지정현황

지정순위	공 원 명	위 치(시 · 군별)	면 적(㎢)	지정일
계	27개소		238.308	
1	강 천 산	전북 순창군 팔덕면	15.800	'81. 1. 7
2	천 마 산	경기 남양주시 화도읍, 진천면, 호평면	12.461	'83. 8.29
3	보 경 사	경북 포항시 송라면	8.510	'83.10. 1
4	덕 구 온 천	경북 울진군 북면	6.275	'83.10. 5
5	불 영 계 곡	경북 울진군 울진읍, 서면, 근남면	25.595	'83.10. 5
6	거 열 산 성	경남 거창군 거창읍, 마리면	3.271	'83.11.17
7	황 매 산	경남 합천군 대명면, 가회면	21.784	'83.11. 8
8	상 족 암	경남 고성군 하일면, 하이면	5.106	'83.11.10
9	호 구 산	경남 남해군 이동면	2.839	'83.11.12
10	고 소 성	경남 하동군 악양면, 화개면	3.035	'83.11.14

지정 순위	공 원 명	위 치(시 · 군별)	면 적(㎢)	지정일
11	봉 명 산	경남 사천시 곤양면, 곤명면	2.645	'83.11.14
12	웅 석 봉	경남 산청군 산청읍, 금서 · 삼장 · 단성	17.960	'83.11.23
13	신 불 산	울산 울주군 상북면, 삼남면	11.585	'83.12. 2
14	운 문 산	경북 청도군 운문면	16.173	'83.12.29
15	화 왕 산	경남 창녕군 창녕읍	31.300	'84.1.11
16	구 천 계 곡	경남 거제시 신현읍, 동부면	5.871	'84. 2. 4
17	기 백 산	경남 함양군 안의면	2.013	'84.11.18
18	입 곡	경남 함안군 산인면	0.961	'85. 3. 1
19	비 슬 산	대구 달성군 옥포면, 유가면	13.382	'86. 2.22
20	장 안 산	전북 장수군 장수읍	6.274	'86. 8.18
21	빙 계 계 곡	경북 의성군 춘산면	0.880	'87. 9.26
22	아 미 산	강원 인제군 인제읍	3.159	'90 3.22
23	명 지 산	경기 가평군 북면	14.027	'91.10. 9
24	방 어 산	경남 진주시 지수면	2.588	'93.12.16
25	대 이 리	강원 삼척시 신기면	3.664	'96.10.25
26	월 성 계 곡	경남 거창군 북상면	0.650	'02. 4.25
27	병 방 산	강원 정선군 정선읍	0.500	'11. 9.30

자료 : 환경부 홈페이지, 군립공원 지정현황(2022.2.4)

4.5 동굴

4.5.1 동굴의 개념

1883년 처음으로 한반도를 조사한 독일의 G. Gottsche가 "한반도는 지질박물관 같다"라고 말했을 정도로, 한반도에는 다양한 지질이 나타나고 있어 그 가치를 높여주고 있다. 2007년 6월 27일 자연유산으로는 우리나라 최초로 지질분야가 유네스코의 세계유산 목록에 등재되었다.

54건의 지질관련 천연기념물 중, 동굴은 16건으로 30%를 차지하여 화석과 더불어 가장 높은 비율이며 특히, 용암동굴은 세계자연유산 등재에 핵심적인 역할을 하였기 때문에 자연유산으로서의 동굴의 가치는 매우 크다. 일반적으로 동굴이란 '자연적으로 지하에 형성된 공동(空洞)으로서 사람이 들어갈 수 있는 규모'라고 정의하고 있으며, 인위적으로 만든 경우는 '갱도' 또는 '터널'이라 부른다.

동굴(洞窟)은 학술적 가치를 비롯하여 관광자원으로서의 가치, 탐험 · 체험 · 학습장으로서의 가치, 지하공간(저장고, 농산물 재배 등)으로의 이용 등 다양한 가치를 가진 중요한 자연유산이다. 19세기 말 프랑스에서 학문적 접근이 시작된 이후, 동굴은 단순한 탐험에서 학문적 연구의 대상이 되면서 '동굴학'이 발달하기 시작하였다.

동굴학은 단일 학문분야라고 하기보다는 지질학, 지형학, 생물학, 기상학, 화학, 물리학, 고고학 등의 기초 학문분야부터 관광학, 건축학, 토목학, 예술분야 등의 응용분야에 이르기까지 다양한 분야가 관련된 종합적인 학문분야라고 할 수 있다. 우리나라에는 강원도와 충청북도의 석회동굴, 제주도의 용암동굴, 해안이나 섬지방의 해식동굴 등이 무수히 발달해서 감히 '동굴박물관'의 나라라고 할 수 있는데, 이 중에서도 석회동굴과 용암동굴이 자연유산으로서의 가치가 가장 크다.[4]

표 4-6 우리나라 동굴의 성인상 분류

구분	동굴의 예
석회동굴 (종유굴)	고씨굴, 고수굴, 용담굴, 비룡굴, 대금굴, 관음굴, 환선굴, 활기굴, 초당굴, 노동굴, 냉천굴, 도당굴, 공이굴, 여천굴, 늘골굴, 광천선굴, 대야굴, 장암굴, 성류굴
용암동굴 (화산동굴)	빌레못굴, 만장굴, 김녕사굴, 협재굴, 쌍용굴, 황금굴, 미천굴, 수산굴, 와흘굴, 구린굴, 소천굴
해식동굴 (파식굴, 절리굴)	금산굴, 정방굴, 산방굴, 용굴, 가사굴, 청석다리굴, 오수자굴, 박쥐굴

자료 : 홍시환, 한국의 동굴, 대원사, 2003.

4 이광춘 교수, 자연유산으로서의 동굴이란? 월간문화재사랑, 문화재청, 2008.7.

·고수동굴

·고씨동굴

·만장굴

4.5.2 동굴의 종류

1. 용암동굴

1) 제주 만장굴

제주말로 '아주 깊다'는 의미에서 '만쟁이 거머리굴'로 불려온 만장굴은 약 700만 년 전에 형성된 것으로 추정되지만, 1958년에야 당시 김녕초등학교 교사였던 부종휴 씨에게 발견되어 세상에 알려지게 되었다.

만장굴은 총길이가 약 7.4km에 이르며, 부분적으로 다층구조를 지니는 용암동굴이다. 만장굴의 주 통로는 폭 18m, 높이 23m에 이르러, 세계적으로도 큰 규모의 용암동굴이다. 전 세계에는 많은 용암동굴이 분포하지만 만장굴과 같이 수십만 년 전에 형성된 동굴로서 내부의 형태와 지형이 잘 보존된 용암동굴은 드물어서 학술적, 보존적 가치가 매우 크다.

만장굴은 동굴 중간부분의 천장이 함몰되어 3개의 입구가 형성되어 있는데, 현재 일반인이 출입할 수 있는 입구는 제2입구이며, 1km만 탐방이 가능하다. 만장굴 내에는 용암종유, 용암석순, 용암유석, 용암유선, 용암선반, 용암표석 등의 다양한 용암동굴 생성물이 발달하며, 특히 개방구간 끝에서 볼 수 있는 약 7.6m 높이의 용암석주는 세계에서 가장 큰 규모로 알려져 있다.

2) 제주 협재, 쌍용굴

쌍용굴은 황금굴, 소천굴, 만장굴과 더불어 제주도의 대표적인 용암동굴이다. 동굴의 길이는 약 400m, 너비 6m, 높이는 3m 정도의 규모이며, 250만 년 전 한라산 일대의 화산이 폭발하면서 협재굴과 함께 생성되었다. 용암동굴이자 석회동굴의 특징이 복합된 2차원적인 동굴이라는 점이 특이하며, 그 일대가 모래와 조개껍질이 섞인 패사층으로 되어 있다.

동굴 내부에는 석회동굴의 특징인 석순과 종유석이 곳곳에 기둥처럼 즐비해서 신비한 광경을 연출한다. 동굴 벽면에는 석회분이 덮여 있어 마치 하나의 거대한 벽화가 새겨진 듯 웅장한 모습을 보인다. 동굴 내부의 온도는 연중 내내 17~18℃를 유지하여 한여름의 이색적인 피서지로 주목받고 있으며, 한겨울에는 따뜻한 온도로 추위를 피할 수 있어 주목받고 있다.

쌍용굴은 좌우 양쪽으로 나뉘어 있으며 마치 용 두 마리가 굴 내부에 있다가 밖으로 빠져나간 듯한 모양을 하고 있다 해서 쌍용굴이라고 이름 지어졌다. 쌍용굴의 제2입구와 협재굴의 끝부분이 인접해 있어 두 동굴은 원래 하나였다가 내부 함몰로 인해 나뉜 것으로 추정되고 있다. 협재굴과 마찬가지로 천연기념물로 지정되어 있다.

2. 석회동굴

1) 삼척 대이리 동굴지대

강원도 삼척시 도계읍에서 북쪽으로 약 12km 떨어진 두타산 부근에 위치한다. 동굴은 물이 석회암을 녹이는 용식작용에 의해 만들어졌다. 현재 10개의 동굴이 발견되었으며, 대표적인 동굴로 대금굴, 관음굴, 환선굴이 있다.

관음굴은 갈매굴이라고도 불리며, 동굴 길이가 1.2km로 장년기 석회동굴이다. 동굴 안에는 고드름처럼 생긴 종유석과 땅에서 돌출한 석순 등 동굴 생성물이 있다. 또한 깊이 1m가 넘는 물이 계속 흘러 수중굴을 연상시킨다. 동굴 깊숙한 곳에는 크고 작은 4개의 동굴폭포가 장관을 이룬다.

환선굴은 관음굴을 지나 782m 높이의 갈매산 봉우리에 위치한다. 동굴 길이는 3.5km이고, 여러 개의 텅빈 굴로 이어진 수굴(水窟)이다. 동굴 안에는 동굴의 함몰로 만들어진 골짜기와 높이 10m가 넘는 3개의 폭포가 있다.

삼척 대이리 동굴지대는 규모가 크고 환경조건이 좋아 환선좀딱정벌레를 비롯한 희귀한 동굴생물 등이 다수 서식하고 있다.

2) 울진 성류굴

울진 성류굴은 불영사 계곡 부근에 있으며 길이는 915m(수중동굴구간 프함) 정도이다. 동굴은 석회암으로 구성되어 있으며 색깔은 담홍색 · 회백색 및 흰색을 띠고 있다.

동굴 안에는 12곳의 광장(11, 12광장은 미개방 지역)과 수심 4~5m의 물웅덩이 5곳이 있으며, 고드름처럼 생긴 종유석(鐘乳石), 땅에서 돌출되어 올라온 석순(石筍), 종유석과 석순이 만나 기둥을 이룬 석주(石柱) 등 다양한 동굴 생성굴이 고루 분포되어 있다.

성류굴은 원래 신선들이 한가로이 놀던 곳이라는 뜻으로 선유굴이라 불렸으나 임진왜란(1592) 때 왜군을 피해 불상들을 굴 안에 피신시켰다는 데서 유래되어 성스러운 부처가 머물던 곳이라는 뜻의 성류굴이라 부르게 되었다. 또 임진왜란 때 주민 500여 명이 굴 속으로 피신하였는데 왜병이 굴 입구를 막아 모두 굶어 죽었다고 전해진다.

울진의 성류굴에서는 지하 궁전과 같이 화려한 종유석과 석순, 석주 등 석회동굴에서 볼 수 있는 매우 아름답고 다양한 생성물들을 볼 수 있다.

3. 해식동굴

해식동굴은 해안에서 끊임없이 일어나는 파도에 의하여 만들어진 동굴을 말한다. 특히 해안이 암석으로 형성되었을 경우 계속되는 파드는 암석을 침식하게 되고 또 절리나 균열이 생기면 이 부분은 다른 부분보다 빨리 파괴 · 침식되어 동굴을 형성하게 된다.

1) 제주 서귀포 외돌개

외돌개의 높이는 20여m, 폭은 7~10m로 화산이 폭발하여 분출된 용암지대에 파도의 침식작용으로 형성된 돌기둥으로, 수직의 해식절벽이 발달한 주변 해안과 해식동굴이 함께 어우러져 특이한 해안 절경을 연출하는 명승지이다.

바다에 나가 돌아오지 않는 할아버지를 기다리던 할머니가 돌이 되어 외돌개가 되었다는 할망바위 전설이 있다.

2) 소매물도 등대섬(경남 통영)

소매물도 등대섬은 깎아지른 해안절벽을 따라 암석들이 갈라지고 쪼개어진 수평 · 수직 절리들이 기하학적 암석경관을 이루며, 파도의 침식작용으로 형성된 해식애(절벽), 해식동굴 등이 곳곳에 발달하여 해안지형 경관이 절경을 이루고 있어 '통영 8경' 중 하나로도 잘 알려져 있다.

이 섬은 해양성 기후의 영향을 받아 초지가 발달하고 관목류의 식생이 섬 전체를 덮어 아름다운 초지경관을 형성하고 있으며, 해안절벽 위에 서 있는 백색 등대와 절묘한 조화를 이루어 이국적인 풍경을 연출하는 등 자연경관적 · 지질학적 가치가 뛰어나 명승으로 지정하였다.

3) 산방산(제주 서귀포)

산방산은 제주 서남부 지역의 평탄한 지형 위에 우뚝 솟은 타원형의 돔형(dome) 화산으로 한라산, 성산 일출봉과 함께 제주의 3대 산으로 불리며, 구름이 주위를 감싸 안으면 비가 내린다는 신비스러운 분위기의 영산으로 옥황상제가 한라산의 봉우리를 뽑아 던져 만들었다는 전설 등이 전해진다.

특히, 산방산 서남쪽 중턱에 암벽 속으로 깊이 파인 산방굴이 있는데 이 굴에서 바라보는 용머리해안 풍경과 해넘이 경관이 뛰어나다.

4.6 온천

4.6.1 온천의 개념

온천이라 함은 땅 표면에 자연 용출되거나 인공적으로 착정 시추하여 끌어올린 지하수로서 수온이 그 지역의 연평균 기온 또는 그 지역의 얕은 지층의 지하수 수온보다 높아야 한다.

우리나라는 25℃ 이상(일본, 남아공과 같음)으로 인체에 유해하지 않은 것으로 규정한다. 그러나 영국, 독일, 프랑스, 이탈리아 등은 20℃ 이상을, 미국은 21.1℃ 이상을 온천으로 간주한다.

「온천법」 제2조에 따르면 온천학상으로 좁은 뜻의 온천은 물리적, 화학적으로 보통의 물과는 성질이 다른 천연의 특수한 물이 땅속에서 지표로 나오는 현상을 의미한다. 온천수를 보통의 물과 구별할 때 물리적 성질로는 첫째가 온도이다. 일반적으로 보통 지하수의 온도는 그 지방의 연평균 기온보다 1~4℃ 높은 정도지만, 그 이상 온도의 물이 지표로 나올 경우 넓은 뜻의 온천이라 할 수 있다.[5]

온천에 대해서는 입욕에 의해서 얻어진 '물리적 효과'와 여러 온천의 질에 의해 다르게 나타난 '화학성분에 의한 효과', 그리고 신경계 등에 효과가 있는 '변조효과'의 세 가지가 있으며, 온천 이외의 효과요인으로 일상생활에서 벗어난 환경에서 경험하게 되는 '전지효과', 산책이나 운동에 의한 '운동효과', 그리고 균형 잡힌 식사를 통한 '식사효과', 마지막으로 입욕 또는 운동 후의 휴양으로 인한 '요양효과' 등이 있다.(타카하시 아유미,[6] 2010)

5 한국온천협회, http://www.hotspring.or.kr

6 타카하시 아유미, 온천을 통한 Wellness체험이 삶의 질에 미치는 영향 : 한 · 일 간 비교연구, 경희대학교 대학원 석사학위논문, 2010. 8.

4.6.2 온천의 종류

온천의 종류는 다음과 같다.[7]

1. 단순천

우리나라 온천 중 가장 많은 온천으로 수온은 25℃ 이상이고 단순한 온천으로 무색, 투명, 무미, 무취가 특징이다. 척산온천, 수안보온천, 동래온천, 덕산온천이 대표적이다.

2. 유황천

유황을 함유한 온천으로 삶은 달걀 썩는 냄새가 나고 비누를 사용해도 거품이 잘 일지 않는 것이 온천의 특징이다. 온양온천, 도고온천, 부곡온천, 백암온천 등이 있다.

3. 단순탄산천

수중에 유리탄산을 일정량 함유한 온천을 말하며 온도가 높으면 탄산이 쉽게 기화되기 때문에 낮은 온도의 온천이 단순탄산온천에 속한다. 이산화탄소가 미세한 포말이 되어 피부를 자극하고, 피부로 흡수되어 피부의 혈관을 확장하므로, 혈관 내의 저항이 줄어서 심장의 부담을 가볍게 해주기 때문에 심장병에 좋다.

4. 게르마늄천

게르마늄이 일정량 이상 함유되어 있는 온천을 말하며 산성화된 체질을 알칼리

7 채예병, 관광자원론, 새로미출판사, 60쪽.

성으로 변화시키고 각종 중금속 중화 또는 정화시키는 기능이 있다. 경기도 파주의 금강산 랜드온천이 있다.

5. 중조천(알칼리천 : 중탄산나트륨)

중탄산나트륨이 주성분인 온천을 말하며 마시면 만성위염에 도움이 된다고 알려져 있고 오색온천이 있다.

6. 식염천

소금과 같이 짠맛이 나며 중조나 망초를 함유한 것이 많으며 특히 중조를 함유한 것을 알칼리성 식염천이라 한다. 해운대 온천, 경남 창원 마금산 온천, 월출산 온천이 있다.

7. 라듐천

이 온천은 라듐, 라돈을 함유한 것을 말하며 라듐은 낮은 온도에 녹아 있으므로 라듐천은 비교적 온도가 높지 않으며 유성온천, 덕산온천, 해운대온천, 백암온천이 있다.

8. 철분천

철이온이 주성분인 온천이며 용출 직후의 탕은 무색 투명하나 철븐이 산화되어 곧 적갈색으로 변한다. 덕구온천, 동래온천, 마금산온천, 덕산온천이 있다.

·덕산온천지구

·부곡온천

4.7 해양관광자원

4.7.1 해양관광의 개념

해양은 지구 표면적의 71%를 점유하고 있어 인류의 경제 · 사회활동에 있어 해양이 미치는 영향은 매우 크다. 관광은 녹색자연을 대상으로 보호 · 보존하자는 취지하의 녹색관광시대(Green Tourism Age)에 이어 푸르른 바다를 대상으로 적극적이고 활동적인 관광활동을 도모하게 하는 청색관광시대(Blue Tourism Age)로 이어져 비로소 다양한 관광활동을 이루는 시대에 이르렀다.

해양관광은 사회경제적 영향에 있어서 일반관광과 동일한 특성을 갖는다고 할 수 있으나 자원이나 입지적 환경 등에서 일반관광과 구별되는 다음과 같은 몇 가지 전제조건이 수반되어야 한다.(곽인섭, 2002 : 103-104)

첫째, 해양관광은 '해양'이라는 자연환경에 대한 의존도가 절대적이다. 예컨대 해수욕은 일정수준의 수온과 완만한 경사 그리고 백사장과 청정한 해역을 필요로 하고, 요트나 보팅 등의 활동을 위해서는 넓고 안정된 수면이 필요하다.

둘째, 개발 시 자연환경이 훼손되지 않도록 유념해야 한다. 해양관광이 이루어지는 연안지역은 육지와 바다가 교차하는 지역으로서 환경변화에 민감한 생태계를 이루고 있으며, 육지의 폐기물 배출지로서 취약한 환경구조로 되어 있다.

셋째, 접근성에서도 상당한 제약이 뒤따른다. 연안은 도시지역으로부터 멀리 떨어져 있으므로 접근성이 열악한 경우가 많고, 특히 도서지역에 대한 접근성이 매우 제한되고 있다. 이러한 접근성은 환경수용능력과 함께 해양관광지의 개발규모가 좌우하는 요인이 되기도 한다.[8]

4.7.2 해양관광자원의 특성

해양관광자원은 대부분 관광적 성격이 강한 자원으로서 바다를 중심으로 해저 · 해변 · 해안 등에 매우 넓고 다양하게 분포되어 있다. 그런데 해양관광활동을 하는 데에는 관광자원적 조건 중에서 특히 자연자원적 조건이 양호해야 활성화될 수 있는 특징이 있다.

4.7.3 해양관광자원의 분류

1. 해수욕장

사전적 정의로는 해수욕을 할 수 있도록 환경과 시설이 되어 있는 곳을 해수욕장이라고 하였다. 오늘날의 해수욕장은 대중적인 해양관광지르서 매우 주독받고 있는데, 해수욕장에는 해수욕 외에 수상레저스포츠나 마리나 · 크루즈 · 관광잠수정 등의 다양한 해양관광활동과 시설이 자리하고 있어 휴양 · 휴식, 그리고 관광 · 레저 공간으로 인식되고 있다.

동해안은 남북길이 1,700km, 동서 최대너비 1,100km, 면적 107km²이다. 해저

8 정석중, 제2판 해양관광론, 대왕사, 2013, 52-53쪽.

지형은 해저가 복잡하고 급경사를 이루고 있으며, 동해안에는 대표적인 경포대해수욕장과 망상해수욕장을 포함해서 총 105개의 해수욕장이 있다.

서해안은 중국 동부해안과 한반도 사이에 있는 바다이다. 면적은 약 40만km^2 평균심도는 44m의 얕은 바다이다. 연안부의 투명도는 좋지 않으며 3~5m에 불과하다. 표면수온은 기상의 영향을 심하게 받으며 겨울철에는 2~8℃, 여름철에는 25℃ 정도이다. 서해안에는 대표적인 대천해수욕장과 변산해수욕장을 포함해서 총 87개의 해수욕장이 있다.

남해안의 면적은 약 7만 5,000km^{2}이다. 해안지형은 서해안보다 한층 굴곡이 심한 리아스식 해안을 이루고 있고, 해안선의 연장은 직선거리의 8.8배에 달한다.

남해안 해수욕장은 전국적으로 지명도가 가장 높은 해수욕장인 부산의 해운대해수욕장을 포함해서 144개의 해수욕장이 있다.

2. 마리나

마리나에 대한 통일적인 정의는 없으나 현재 일반적으로 통용되는 의미는 Marina가 라틴어에 그 어원을 두고 있으며 '해안의 산책로'라는 뜻이 있다.

마리나의 특성은 자연환경적 요인에 크게 좌우되고, 또한 자연환경과 인공시설물 간의 조화를 어떻게 이루어낼 것인지가 중요하며, 마리나 리조트 개발은 대단위 단지의 개발규모여서 초기 투자비용이 과다하게 소요되므로 계획을 수립할 때에는 정확하고 타당한 사업성 분석이 전제되어야 한다.

경남 통영시 도남동 미륵도에 자리한 충무 마리나 리조트는 도남관광단지 안에 자리한 우리나라 최초의 육해상 종합리조트이다.

3. 도서(섬)

도서(島嶼)의 개념은 사전적, 법적, 정책적 차원에서 정의할 수 있다. 우선 도서에 대한 사전적 정의는 만조(滿潮, high water 또는 high tide) 시 수면상에 노출되어 있으며, 수면에 둘러싸여 자연적으로 형성된 육지를 의미한다.

법적으로는 「헌법」 제3조에서 "대한민국의 영토는 한반도와 그 부속도서로 한다"라고 규정하여, 육지부 외의 모든 지역을 도서지역으로 보고 있다.

정책적으로는 '제3차 도서종합개발10개년 계획'에서 도서를 '대양(大洋), 내해(內海), 호소(湖沼), 대하(大河) 등의 수역에 완전히 둘러싸인 육지의 일부'라고 규정하고 있다.[9]

·덕적도

·마라도

·백령도

·오륙도

·외도

·울릉도

9 홍장원 외, 도서지역 해양관광 발전전략 연구 : 관광행태 분석을 통한 수요 대응을 중심으로, 한국해양수산개발원, 2018.12. p. 22.

표 4-7 도서의 개념

구분		합계
사전적 개념	해양용어 사전	만조(滿潮) 시 수면상에 노출되어 있으며, 수면에 둘러싸인 자연적으로 형성된 육지
법적 개념	헌법	육지부 외의 모든 지역
	도서개발 촉진법	만조(滿潮) 시에 바다로 둘러싸인 지역 단, 제주특별자치도 본도(本島)와 방파제 또는 교량 등으로 육지와 연결된 때부터 대통령령으로 정하는 기간(10년)이 지난 도서는 제외
법적 개념	자연 공원법	만조 시 4면이 바다로 둘러싸인 지역. 단, 방파제 또는 교량으로 육지와 연결된 경우는 제외
	UN 해양법	자연적으로 형성된 육지로서 물로 둘러싸이고 고조 시에도 수면 위에 있는 것

자료 : 한국해양수산개발원 홈페이지

우리나라에 분포하는 도서는 총 3,348개로, 무인도서 2,876개(85.9%) 와 유인도서 472개(14.1%)로 이루어져 있다. 전체 도서면적은 3,853km^{2}로 국토의 약 3.8%를 차지하며, 이 중 유인도서가 3,777km^{2}로 98.0%를 차지한다.

표 4-8 전국 도서현황

구분	전체 도서	유인도서	무인도서
도서 수(개)	3,348(100.0%)	472(14.1%)	2,876(85.9%)
도서 면적(km^2)	3,853(100.0%)	3,777(98.0%)	76(2.0%)

자료 : 한국해양수산개발원 홈페이지

시도별 도서현황을 살펴보면 전남지역에 위치한 도서의 수가 가장 많으며, 면적으로도 전체 도서면적의 절반을 차지한다. 전남지역의 도서면적은 1,829km^{2}로 전체 도서면적의 48.1%에 달해 약 절반에 이르며, 다음으로 경남지역의 도서면적이 931km^{2}로 24.5%를 차지한다.

한편 도서 수로도 전남지역과 경남지역의 도서 수는 각 2,011개(60.2%)와 564개(16.9%)로 전체의 77.1%를 차지해 전국의 도서 4개 중 3개가 전남과 경남에 자리 잡고 있다.

그림 4-4 전라남도 남도여행 길잡이

자료 : 가고 싶은 섬 홈페이지

국내 도서지역은 교통 접근성이 떨어지고 지리적으로도 한계를 가지고 있지만 육상과 다른 특이한 자연환경과 인문 · 문화자원을 보유하고 있어 관광 목적지로 주목받고 있다. 특히 국민 여가시간의 증가와 교통수단의 발달, 해양휴양에 대한 관심 증대 등 관광 트렌드가 변화함에 따라 도서지역 관광 수요는 매년 증가하고 있다. 최근 10년간 도서지역 방문자는 지속적인 증가추세를 보이고 있다.('06년 817만 명 → '12년 1,453만 명 → '17년 1,690만 명)

또한 해양관광활동 참여인구가 증가하면서 해양레저 · 스포츠, 경관감상, 생태탐방, 등대 · 유적답사 등 도서지역에서 이루어지는 관광활동형태가 점차 다양해지고 있다. 아울러 '해양수산에 대한 국민인식조사'에서도 향후 해양관광 목적지로서 도서관광에 대한 선호도가 높게 나타나는 등, 도서지역이 관광활동 목적지로서 성장 가능성이 높을 것으로 전망되고 있다.[10]

4. 갯벌

갯벌의 사전적 의미는 "고조 시에는 잠기고 저조 시에는 드러나는 연안의 평탄한 지역"을 말한다. 즉 갯벌이란 조류로 운반되어 온 미세한 흙들이 파도가 잔잔한 해

10 홍장원 외, 도서지역 해양관광 발전전략 연구 : 관광행태 분석을 통한 수요 대응을 중심으로, 한국해양수산개발원, 2018.12.

안에 오랫동안 쌓여서 생기는 평탄한 지형을 말하는 것이다. 다시 말해 갯벌은 주로 조류에 의해 운반되는 퇴적물이 쌓여 이루어지는 해안 퇴적지형이다.

어느 해안에서 하루 중 해수면이 높아졌을 때를 고조(만조), 낮아졌을 때를 저조(간조)라 하며, 고조와 저조 때의 해수면 높이의 차이를 조차(조석차)라고 한다. 그리고 조석에 의하여 변하는 해수면의 높이를 조위라고 한다.

조석은 달과 태양의 인력에 의해 해수면이 주기적으로 올라왔다 내려갔다 하는 것을 말하며, 바닷물이 해안으로 밀려들어오는 것을 밀물, 물이 다시 바다로 빠져나가는 것을 썰물이라 한다. 조류에 의해 운반되는 물질은 미세하기 때문에 일반적으로 파도가 약한 평탄한 해안에 퇴적된다.

갯벌의 중요성에 대하여 살펴보면 다음과 같다.[11]

첫째, 인류의 삶을 지탱하는 원동력이다.

갯벌은 유구한 세월 동안 한반도에 살아온 사람들의 삶과 밀접한 관계를 맺어왔다. 한반도 주변의 갯벌은 오천 년 정도의 역사를 가지고 있다. 지질사로 보면 오천 년이라는 시간은 그리 길지 않은 것이지만 현재 인류의 역사에서 바라보면 결코 짧은 시간이 아니다. 오천 년은 한반도에 거주하였던 사람들이 남겨 놓았던 가장 오래된 흔적과도 맞먹는 긴 시간이다.

둘째, 생물 다양성의 보고이다.

갯벌에 가면 그곳에서 의외로 많은 생물이 살고 있음을 우리는 쉽게 확인할 수 있다. 생물들은 서식지에 의존하여 살아가므로 다양한 모습의 서식지를 가진 갯벌에서 다양한 생물들이 살아가게 마련이다.

셋째, 물새의 서식처이다.

갯벌에서 서식이 확인되거나 관찰된 물새는 120여 종에 달한다.

우리나라에 기록된 물새류는 173종이고 이 중에는 희귀조류가 상당히 많이 포함되어 있어 우리의 연안습지는 이들 바다새의 소중한 산란지이며 서식지가 되고 있음을 알 수 있다. 서해안에서 관찰된 조류 중에 개체수가 10,000개체 이상인 종은 11

11 해양수산부, 바다생태정보나라 홈페이지

종으로 전체 출현종의 9%인 반면에 10개체 미만인 종은 37종으로 32%에 달한다.

넷째, 환경적 가치이다.

연암습지, 갯벌의 기능은 인간에게 직간접적으로 다양한 편익을 제공하고 있다. 갯벌은 육상에서 배출되는 각종 오염물질을 정화하는 기능이 있다.

5. 협곡(峽谷)

양쪽의 곡벽이 급경사를 이루어 곡폭이 좁고 깊은 골짜기를 말하며, 이와 같은 지형은 횡단하는 데 곤란하여 교통에 장애를 준다. 대륙에 있는 대고원의 가운데서 발달한 대규모의 절벽을 일컫는다.

한국관광공사에서 추천하는 '바다 위의 협곡을 즐기다-강원 삼척'은 해안이 조금 다르다. 초곡, 용화, 장호, 갈남 등 들쑥날쑥 이어지는 해변이 기다리고 있어 동해안이면서도 거친 파도를 피해 바다를 즐길 수 있는 여름 해변이 많다. 또한, 삼척시 근덕면 장호리는 모래사장과 항구, 갯바위 등이 어우러진 바닷가 마을이다. 육지를 향해 둥글게 파고 들어온 지형을 활용한 천혜의 항구가 일찍부터 발달됐다.

따라서 투명카누를 타고 바다생태탐험하기, 래프팅보트를 타고 바다래프팅 즐기기, 래프팅보트를 기차처럼 연결한 후 모터보트가 이끌고 다니는 바다기차체험하기 등이 가능하다.

짜릿한 손맛을 누릴 수 있는 바다낚시와 어부의 하루를 체험하는 어업생활체험도 할 수 있다. 이 중 많은 사람이 즐겨 찾는해양스포츠는투명카누생태탐험이다.[12]

한탄강 대협곡은 용암이 흘러서 만들어진 것으로 옛 문헌이나 그림에도 영평 8경이라 전할 정도로 경치가 뛰어난 곳이다. 세계적으로는 미국의 그랜드캐니언 등을 들 수 있다.

12 한국관광공사, 한국관광공사 추천 7월 여행지 강원 삼척-바다 위의 협곡을 즐기다.

·한탄강

·대협곡 급류 타기

6. 해협

해협은 육지 사이에 끼여 있는 좁고 긴 바다로 수도, 목, 도, 샛바다라고도 한다. 만과 외해가 연결되는 좁은 해협에서는 특히 조류가 빠르고 유향이나 유속이 변하기 쉬우며, 와류가 생기는 경우가 많다.

보물섬 남해에는 명량해협(울돌목), 지족해협과 노량해협이 있다. 물살이 빠르고 수심이 낮은 지족해협의 자연조건을 활용한 죽방렴어업은 우리 전통어업방식을 간직하고 있어 새로운 관광지원으로 주목받고 있다.

남해대교가 가로지른 노량해협의 거센 물살은 남해의 역사를 고스란히 간직한 산 증인이요, 역사의 마당이었다.[13]

또한 한국과 일본 사이에는 대한해협(쓰시마해협)이 있다. 세계적으로 유명한 도버해협은 영국의 남동쪽과 프랑스의 북서쪽에 있다.

13 정종원 기자, 뉴스웨이, pressdot@newsway.kr

·노량해협과 남해대교

7. 곶(串)

바다에 돌출한 육지로, 보다 규모가 크면 반도라 부른다. 육지가 침강하면 골짜기는 만(灣)이 되고 산줄기가 반도(半島)나 곶이 된다. 즉 만은 육지 쪽으로 쏙 들어간 해안을 말하고, 곶은 바다 쪽으로 튀어나온 육지의 끝부분을 말하며, 그 규모가 크면 반도라고 부른다.

삼면이 바다로 둘러싸인 호미곶은 지도상 호랑이 꼬리에 해당한다. 영일만의 끝부분(포항에서 38km)인 호미곶 앞바다는 한류와 난류가 교차하는 해역으로 각종 물고기의 회유지이다.

한국의 대표적인 곶으로 간절곶, 등산곶, 장산곶, 호미곶 등이 있으며, 곶과 같은 의미의 단(端)이 있는데, 여기에는 무수단(舞水端), 어랑단(漁郎端), 수원단(水原端) 등이 있다.

·호미곶

·상생의 손

간절곶은 동해안에서 맨 먼저 떠오르는 해를 볼 수 있는 곳으로 알려져 있다. 영일만의 호미곶보다 1분 빨리, 강릉의 정동진보다 5분 빨리 해돋이가 시작된다.

8. 폭포

강물이 수직으로 흐르는 상태로서, 유년곡에서 많이 볼 수 있다. 침식이 진행되면 폭포는 후퇴하여 결국 없어진다. 경암이 침식되지 않고 남아서 급사면이 되어 폭포를 이루거나, 본류와 지류의 합류점에서 형성되기도 하고, 지각 변동에 따른 경사의 변환부에 생기는 등 여러 형성원인이 있다.

세계에서 유명한 폭포로는 나이아가라폭포 외에 아르헨티나와 브라질의 국경에 있는 이구아수폭포, 아프리카의 빅토리아폭포 등이 있으며, 세계에서 가장 높은 베네수엘라의 앙헬(Angel)폭포는 약 970m, 미국의 요세미티폭포는 790m가량이다. 한국의 3대 폭포는 금강산의 구룡폭포(九龍瀑布), 개성의 박연폭포(朴淵瀑布), 설악산의 대승폭포(大乘瀑布)이다. 폭포의 웅장함과 경승미는 관광지로 개발되기 쉬우며, 에너지는 수력발전에 이용된다. 나이아가라폭포에서는 100만KW의 발전을 하고 있다.

·오련폭포

·용소폭포

·재인폭포

·천제연폭포

·천지연폭포

·정방폭포

9. 하천

육지 표면에서 대체로 일정한 유로를 가지는 유수의 계통을 말하며 우리나라에서는 큰 것을 강, 작은 것을 천 또는 수로 표현하지만 오늘날에는 섞어 쓰는 경우가 많다.

우리나라는 경동성 지형의 영향으로 대부분의 주요 하천이 서 · 남해로 흐르며, 이 하천들은 유역 면적이 넓고 유로가 길며, 유량이 풍부하다. 하천 중상류에는 곡저 평야와 침식분지가 발달했으며, 하류는 평야가 발달했다. 반면 동해로 유입되는 하천은 소규모 급류천을 형성하고 있으며, 유로가 짧고 유역 면적이 좁아 평야 발달이 미약하다.

우리나라 하천의 유출량은 여름철 홍수 시에 많으며, 이대 연유출량의 60% 이상을 차지하고 있다. 한국의 4대 강은 한강, 낙동강, 금강, 영산강을 말하며, 이외의 큰 강으로는 섬진강, 동진강, 동강, 남강, 한탄강 등이 있고, 북한지역에는 압록강, 두만강, 대동강을 비롯하여 청천강 등이 있다.

보통 발원지로부터 거리가 멀고 유량이 많은 곳을 강(江)이라 부르고, 강 본류에 유입되는 물줄기를 천(川)이라 지칭하고 있다.

·금강

·섬진강

4.8 관광지 · 관광단지 · 관광특구

4.8.1 관광지 지정현황

관광지란 "자연적 또는 문화적 관광자원을 갖추고 관광객을 위한 기본적인 편의시설을 설치하는 지역으로서 「관광진흥법」에 따라 지정된 곳"을 말한다.(「관광진흥법」 제2조 6항) 관광지 지정현황은 〈표 4-9〉와 같다.

표 4-9 관광지 지정현황(2021년 1월 기준)

관광지 : 228개소(국토면적 대비 0.13%)

시 · 도	지정개소	관 광 지 명
부 산	5	기장도예촌, 용호씨사이드, 금련산 청소년수련원, 태종대, 해운대
인 천	2	마니산, 서포리
대 구	2	비슬산, 화원('19 신규)
경 기	14	대성, 산장, 수동, 장흥, 용문산, 신륵사, 한탄강, 공릉, 임진각, 내리, 백운계곡, 산정호수, 소요산, 궁평

시 · 도	지정개소	관 광 지 명
강 원	41	호반, 구곡폭포, 청평사, 간현, 옥계, 주문진, 연곡, 등명, 대관령 어흘리, 무릉계곡, 망상, 추암, 구문소, 속초해수욕장, 척산온천, 장호, 맹방, 삼척해수욕장, 초당, 팔봉산, 홍천온천, 어답산, 유현문화, 고씨동굴, 영월온천, 마차탄광문화촌, 미탄마하생태, 화암, 아우라지, 고석정, 직탕, 광덕계곡, 후곡약수터, 내설악 용대, 방동약수터, 오토테마파크, 송지호, 삼포 문암, 화진포, 오색, 지경
충 북	22	세계무술공원, 충온온천, 능암온천, 충주호체험, 교리, 능강, 금월봉, 계산, 제천온천, 만남의 광장, KBS촬영장, 속리산레저, 구병산, 장계, 송호, 레인보우힐링, 수옥정, 괴강, 무극, 천동, 다리안, 온달
충 남	25	천안종합휴양, 태조산, 곰나루, 마곡사, 마곡온천, 공주문화, 대천해수욕장, 무창포해수욕장, 죽도, 신정호, 아산온천, 간월도, 삽교호, 왜목마을, 난지도, 구드레, 서동요역사, 금강하구둑, 춘장대해수욕장, 칠갑산도립온천, 남당, 예당, 덕산온천, 만리포해수욕장, 안면도
전 북	21	석정온천, 금강호, 은파, 김제온천, 벽골제, 남원, 모항, 변산해수욕장, 위도, 모악산, 금마, 미륵사지, 왕궁보석테마, 웅포, 사선대, 오수의견, 방화동, 내장산리조트, 백제가요정읍사, 마이산회봉온천, 운일암반일암
전 남	28	대구면도요지, 곡성 도림사, 지리산온천, 나주호, 담양호, 회산연꽃방죽, 율포해수욕장, 한국차소리 문화공원, 불갑사, 성기동, 마한문화, 영산호 쌀문화 테마공원, 영암바둑테마파크, 신지명사십리, 장성호, 홍길동테마파크, 정남진우산도, 녹진, 아리랑마을, 해신장보고, 회동, 사포, 땅끝, 우수영, 도곡온천, 운주사, 화순온천, 대광해수욕장
경 북	32	경산온천, 고령부례, 문경온천, 문경상리, 오전약수, 다덕약수, 경천대, 문장대온천, 회상나루, 안동하회, 예안현, 고래불, 장사해수욕장, 선바위, 문수, 부석사, 영주순흥, 풍기온천, 치산, 포리, 예천삼강, 개척사, 울릉도, 백암온천, 성류굴, 의성탑산온천, 신화랑, 청도온천, 청도용암온천, 주왕산, 가산산성, 호미곶
경 남	21	거가대교, 장목, 가조, 수승대, 당항포, 송정, 표충사, 실안, 곤서, 전통한방휴양, 중산, 벽계, 오목내, 부곡온천, 마금산온천, 도남, 묵계, 농월정, 미숭산, 합천보조댐, 합천호
제 주	15	제주남원, 돈내코, 수망, 미천굴, 토산, 표선, 곽지, 제주여성테마파크, 김녕해수욕장, 돌문화공원, 묘산봉, 봉개휴양림, 용머리, 함덕 해안, 협재 해안
합 계	228	전체 관광지 면적 합계 : 125,590,800㎡

4.8.2 관광단지 지정현황

관광단지란 "관광객의 다양한 관광 및 휴양을 위하여 각종 관광시설을 종합적으로 개발하는 관광 거점지역으로서 「관광진흥법」에 따라 지정된 곳"을 말한다.(「관광진흥법」 제2조 7항) 관광단지 지정현황은 〈표 4-10〉과 같다.

관광지 및 관광단지는 문화체육관광부령으로 정하는 바에 따라 시장 · 군수 · 구청장의 신청에 의하여 시 · 도지사가 지정한다. 다만, 특별자치시 및 특별자치도의 경우에는 특별자치시장 및 특별자치도지사가 지정한다.(「관광진흥법」 제52조 1항)

표 4-10 관광단지 지정현황(2021년 1월 기준)

관광단지 : 45개소(국토면적 대비 0.14%)

자치단체		명 칭	위 치	지정면적(㎡)	사업시행자	단지 지정	조성 계획
강원 (14)	고성군	고성 델피노골프앤리조트	강원도 고성군 토성면 원암리 403-1번지 일원	900,742	㈜대명레저산업	'12.05.	'12.05.
	속초시	속초 설악한화리조트	강원도 속초시 장사동 24-1번지 일원	1,314,100	㈜한화호텔앤드리조트	'10.08.	'10.08.
	양양군	양양 국제공항	강원도 양양군 손양면 동호리 510-28번지 일원	2,448,198	㈜새서울레저	'15.12.	'15.12.
	원주시 (3)	원주 오크밸리	강원도 원주시 지정면 월송리, 판대리 일원	11,349,665	HDC리조트(주)	'95.03.	'96.02.
		원주 더네이처	강원도 원주시 문막읍 궁촌리 산121번지 일원	1,444,086	㈜경안개발	'15.01.	'17.04. (실효)
		원주 루첸	강원도 원주시 문막읍 비두리 산239-1번지 일원	2,644,254	㈜지프러스	'17.04.	미수립
	춘천시 (2)	라비에벨 (무릉도원)	강원도 춘천시 동산면 조양리 /홍천군 북방면 전치곡리 일원	4,843,796	㈜코오롱글로벌	'09.09.	'09.09.
		춘천 신영	강원도 춘천시 동산면 군자리 산224번지 일원	1,694,696	(주)신영종합개발	'10.02.	'10.05.
	평창군 (3)	평창 휘닉스파크	강원도 평창군 봉평면 면온리, 무이리, 진조리 일원	4,233,039	㈜ 휘닉스중앙	'98.10.	'99.03.
		평창 용평	강원도 평창군 대관령면 용산리, 수하리 일원	16,219,204	㈜용평리조트	'01.02.	'04.03.
		평창 대관령 알펜시아	강원도 평창군 대관령면 용산리, 수하리 일원	4,837,015	강원도개발공사	'05.09.	'06.04.

자치단체		명 칭	위 치	지정면적(㎡)	사업시행자	단지 지정	조성 계획
	홍천군	홍천 비발디파크	강원도 홍천군 서면 팔봉리 1290-14번지 일원	7,052,490	㈜대명레저산업	'08.11.	'11.01.
	횡성군 (2)	횡성 웰리힐리파크	강원도 횡성군 둔내면 두원리, 우용리, 조항리 일원	4,830,709	(주)신안종합리조트	'05.06.	'12.07.
		횡성 드림마운틴	강원도 횡성군 서원면 석화리 산261-1번지 일원	1,796,574	㈜ 미지댄리조트	'16.03.	'17.06.
경기 (2)	안성시	안성죽산	안성시 죽산면 당목리 산53번지 일원	1,438,008	㈜송백개발 ㈜서해종합건설	'16.10.	조성계획 협의중
	평택시	평택호	평택시 현덕면 권관리, 기산리, 대안리, 신왕리 일원	2,743,000	평택시	'77.03.	'79.02.
경남 (2)	거제시	거제 남부	경남 거제시 남부면 탑포리, 동부면 율표리 일원	3,693,875	㈜경동건설	'19.05.	미수립
	창원시	창원 구산해양	창원시 마산합포구 구산면 구복리, 심리 일원	2,842,634	창원시장	'11.04.	'15.03.
경북 (5)	경주시 (3)	보문	경주시 신평동, 보문동, 북군동, 천군동, 손곡동 일원	8,515,243	경북관광공사	'75.04.	'73.05.
		감포	경주시 감포읍 나정리, 대본리 일원	4,019,200	경북관광공사	'93.12.	'97.03.
		마우나오션	경주시 양남면 신대리산 140-1번지 일원	6,419,256	㈜엠오디	'94.03.	'94.05.
	김천시	김천 온천	김천시 부항면 안간 · 파천리 일원	1,424,423	㈜우촌개발	'96.03.	'97.12.
	안동시	안동문화	안동시 성곡동 일원	1,655,181	경북관광공사	'03.12.	'05.04.
광주	광산구	광주 어등산	광주광역시 광산구 운수동 219번지 일원	2,736,219	광주광역시 도시공사	'06.01.	'07.04.
부산	기장군	오시리아 (동부산)	부산광역시 기장군 기장읍 시랑 · 대변리 일원	3,662,725	부산도시공사	'05.03.	'06.04.
울산	북구	강동	울산광역시 북구 산하동, 정자동, 무룡동 일원	1,368,939	울산 북구	'09.11.	'14.12.
인천	강화군	강화종합리조트	인천 강화군 길상면 선두리 산281-2번지 일원	645,225	㈜해강개발	'12.07.	'12.07.
전남 (6)	고흥군	고흥 우주해양	고흥군 영남면 남열리 일원	1,157,970	동호㈜	'09.02	'09.05.
	여수시 (3)	여수 화양	여수시 화양면 장수, 안포리 일원	9,989,691	㈜일상	'03.10.	'06.05.
		여수경도 해양	여수시 경호동 일원	2,127,189	전남개발공사	'09.12.	'09.12.
		여수챌린지파크	전남 여수시 화양면 나진리 산333-2번지 일원	510,000	여수챌린지파크관광(주)	'19.05.	'19.05.

자치단체		명 칭	위 치	지정면적(㎡)	사업시행자	단지 지정	조성 계획
전남 (6)	진도군	진도 대명리조트	진도군 의신면 초사리 산 274 일원	558,765	㈜대명레저산업	'16.12.	'16.12.
	해남군	해남 오시아노	해남군 화원면 주광, 화봉리 일원	5,073,325	한국관광공사	'92.09.	'94.06.
전북	남원시	드래곤	전북 남원시 대산면 옥율리 산131 일원	795,133	신한레저(주)	'18.09.	'18.09.
제주 (8)	서귀포시 (5)	중문	서귀포시 색달동 2864-36번지 일원	3,562,000	한국관광공사	'71.05.	'78.06.
		성산포해양관광단지	서귀포시 성산읍 고성리 127-2번지 일원	747,536	㈜휘닉스제주 중앙	'06.01.	'06.01.
		신화역사공원	서귀포시 안덕면 서광리 산 35-7번지 일원	3,985,601	제주국제자유도시개발센터	'06.12.	'06.12.
		제주헬스케어타운	서귀포시 동홍동 2032번지 일원	1,539,013	제주국제자유도시개발센터	'09.12.	'09.12.
		록인제주 체류형복합	서귀포시 표선면 가시리 622번지 일원	523,354	㈜록인제주	'13.12.	'13.12.
	제주시 (3)	애월국제문화복합단지	제주시 애월읍 어음리 산 70-11번지 일원	587,000	㈜애월국제문화복합단지	'18.05.	'18.05.
		프로젝트 ECO	제주 제주시 봉성리 산 35번지 일원	698,000	㈜제주 대동	'18.05.	'18.05.
		신화련금수산장	제주 제주시 한림읍 금악리 487번지 일원	866,000	신화련금수산장개발(주)	'19.03.	'19.03.
충남 (2)	부여군	백제문화	부여군 규암면 합정리 일원	3,026,227	㈜호텔롯데	'15.01.	'15.01.
	천안시	골드힐카운티리조트	천안시 입장면 기로리 일원	1,691,643	㈜골드힐	'11.12.	'13.06.
충북	증평군	증평 에듀팜 특구	충북 증평군 도안면 연촌리 산59-1번지 일원	2,622,825	증평군수, 농어촌공사, ㈜블랙스톤	'17.12.	'17.12.
합계		**45개**		**146,833,768**			

자료 : 문화체육관광부 홈페이지

4.8.3 관광특구 지정현황

관광특구란 "외국인 관광객의 유치 촉진 등을 위하여 관광활동과 관련된 관계 법령의 적용이 배제되거나 완화되고, 관광활동과 관련된 서비스 · 안내체계 및 홍보 등 관광여건을 집중적으로 조성할 필요가 있는 지역"으로 「관광진흥법」에 따라 지정된 곳을 말하며, 관광특구의 지정은 시장 · 군수 · 구청장의 신청(특별자치시 및 특별자치도의 경우는 제외한다)에 따라 시 · 도지사가 지정한다. 관광특구 지정현황은 〈표 4-11〉과 같다.

표 4-11 관광특구 지정현황(2021년 5월 기준)

지역	특구명	지정 지역(소재지)	면적(㎢)	지정일
서울(6)	명동 · 남대문 · 북창	명동, 회현동, 소공동, 무교동 · 다동 각 일부지역	0.87	2000.03.30
	이태원	용산구 이태원동 · 한남동 일원	0.38	1997.09.29
	동대문 패션타운	중구 광희동 · 을지로5~7가 · 신당1동 일원	0.58	2002.05.23
	종로 · 청계	종로구 종로1가~6가 · 서린동 · 관철동 · 관수동 · 예지동 일원, 창신동 일부 지역(광화문 빌딩~숭인동 4거리)	0.54	2006.03.30
	잠실	송파구 잠실동 · 신천동 · 석촌동 · 송파동 · 방이동	2.31	2012.03.15
	강남	강남구 삼성동 무역센터 일대	0.19	2014.12.18
부산(2)	해운대	해운대구 우동 · 중동 · 송정동 · 재송동 일원	6.22	1994.08.31
	용두산 · 자갈치	중구 부평동 · 광복동 · 남포동 전 지역, 중앙동 · 동광동 · 대청동 · 보수동 일부	1.08	2008.05.14
인천(1)	월미	중구 신포동 · 연안동 · 신흥동 · 북성동 · 동인천동 일원	3.00	2001.06.26
대전(1)	유성	유성구 봉명동 · 구암동 · 장대동 · 궁동 · 어은동 · 도룡동	5.86	1994.08.31

지역	특구명	지정 지역(소재지)	면적 (㎢)	지정일
경기 (5)	동두천	동두천시 중앙동 · 보산동 · 소요동 일원	0.40	1997.01.18
	평택시 송탄	평택시 서정동 · 신장1 · 2동 · 지산동 · 송북동 일원	0.49	1997.05.30
	고양	고양시 일산 서구, 동구 일부 지역	3.94	2015.08.06
	수원 화성	경기도 수원시 팔달구, 장안구 일대	1.83	2016.01.15
	통일동산	경기도 파주시 탄현면 성동리, 법흥리 일원	3.01	2019.04.30
강원 (2)	설악	속초시 · 고성군 및 양양군 일부 지역	138.2	1994.08.31
	대관령	강릉시 · 동해시 · 평창군 · 횡성군 일원	428.3	1997.01.18
충북 (3)	수안보온천	충주시 수안보면 온천리 · 안보리 일원	9.22	1997.01.18
	속리산	보은군 내속리면 사내리 · 상판리 · 중판리 · 갈목리 일원	43.75	1997.01.18
	단양	단양군 단양읍 · 매포읍 일원(2개읍 5개리)	4.45	2005.12.30
충남 (2)	아산시온천	아산시 음봉면 신수리 일원	3.71	1997.01.18
	보령해수욕장	보령시 신흑동, 응천읍 독산 · 관당리, 남포면 월전리 일원	2.52	1997.01.18
전북 (2)	무주 구천동	무주군 설천면 · 무풍면	7.61	1997.01.18
	정읍 내장산	정읍시 내장지구 · 용산지구	3.45	1997.01.18
전남 (2)	구례	구례군 토지면 · 마산면 · 광의면 · 산동면 일부	78.02	1997.01.18
	목포	북항 · 유달산 · 원도심 · 삼학도 · 갓바위 · 평화광장 일원	6.90	2007.09.28
경북 (4)	경주시	경주 시내지구 · 보문지구 · 불국지구	32.65	1994.08.31
	백암온천	울진군 온정면 소태리 일원	1.74	1997.01.18
	문경	문경시 문경읍 · 가은읍 · 마성면 · 농암면 일원	1.85	2010.01.18
	포항 영일만	영일대해수욕장, 해안도로, 환호공원, 송도해수욕장, 송도송림, 운하관, 포항운하, 죽도시장, 시내 실개천 일대	2.41	2019.08.12
경남 (2)	부곡온천	창녕군 부곡면 거문리 · 사창리 일원	4.82	1997.01.18
	미륵도	통영시 미수1 · 2동 · 봉평동 · 도남동 · 산양읍 일원	32.90	1997.01.18
제주 (1)	제주도	제주도 전역 (부속도서 제외)	1,809.56	1994.08.31
13개 시 · 도 33개소		–	2,642.76	

자료 : 문화체육관광부 홈페이지

4.9 명승지 · 경승지 · 천연기념물

4.9.1 명승지

명승(名勝)이란 예로부터 경치가 좋기로 이름난 경승지로서 역사적 · 예술적 · 경관적 가치가 크며, 자연미가 빼어나게 아름다울 뿐만 아니라 그 형성과정에서 비롯된 고유성 · 희귀성 · 특수성이 큰 곳이다. 명승을 경관적 요소로 구분하면 산악경관, 계곡 · 폭포경관, 하천경관, 호소경관, 도서경관, 해안경관, 수계경관, 고원 · 평원경관, 암벽경관, 식생경관, 온천경관 등 다양한 형태가 있다.

명승은 지방지정문화재에 속하는 국가지정문화재로, 문화재청에서 경치가 뛰어난 지역을 대상으로 지정한다. 「문화재보호법 시행규칙」에 따르면 유명한 건물이나 꽃 · 나무 · 새 · 짐승 · 물고기 · 벌레 등의 서식지, 유명한 경승지 · 산악 · 협곡 · 해협 · 곶 · 심연 · 폭포 · 호수 · 급류 등 특색 있는 하천 · 고원 · 평원 · 구릉 · 온천지 등을 '명승'으로 규정하고 있다.

명승 제1호 소금강은 산수의 경치가 금강산을 축소했다고 하여 소금강이라 부르고, 오대산국립공원의 명승지이며, 명승 제8호 백령도 두무진은 서해에서 가장 북쪽에 위치한 섬으로 북서쪽에 있는 포구이다.

·명승 제1호 소금강

·제8호 백령도 두무진

4.9.2 경승지

경치가 빼어난 지역으로 유사하게 쓰이는 명승지보다는 더욱 포괄적이고 넓은 의미를 가진다. 「문화재보호법」에는 명승지로 쓰이나 경승지와 같은 의미를 지닌다.

우리나라의 경승지는 산지가 중심이라고 해도 과언이 아니며, 금수강산으로 일컬을 만큼 경치가 빼어나 곳곳에 절경과 경승지가 많다. 우리 조상들은 제아무리 빼어난 경치라도 하나둘쯤으로는 거들떠보지도 않았던지 여럿을 한데 묶어 무슨 무슨 12경 · 10경 · 8경 · 5경 · 3경 등으로 부르는 것이 많았다. 요샛말로는 이것이 하나의 관광단지가 되는데, 이들 경승지의 묶음은 특히 8경이 많다. 자주 불리는 대한8경 · 관동8경 · 단양8경만을 소개하면 다음과 같다.

1. 대한팔경(大韓八景 : 일명 조선팔경)

우리나라 전역을 대표하는 명소 여덟 곳이며 금강산 일만이천봉, 한라산 고봉, 석굴암 해돋이, 해운대 저녁달, 백두산 천지, 압록강 뗏목, 부전고원(북한 함남), 평양 부벽루(모란봉)를 8경으로 꼽으며, 다섯 곳이 북한에 있다.

· 한라산

· 석굴암

2. 관동팔경(關東八景)

강원도 동해안에 있는 여덟 곳의 경승지로 통천의 총석정(叢石亭), 고성의 삼일포(三日浦), 간성의 청간정(淸澗亭), 양양의 낙산사(洛山寺), 강릉의 경포대(鏡浦臺), 삼척의 죽서루(竹西樓), 울진의 망양정(望洋亭), 평해의 월송정(越松亭)을 들어 관동팔경이라 이르나, 월송정 대신 흡곡의 시중대(侍中臺)를 넣기도 한다.

관동8경은 정철의 '관동별곡'으로 더욱 유명한데 관동지방, 즉 강원도를 중심으로 한 동해안 경승지들이다.

·낙산사

·망양정

·월송정

·경포대

3. 단양팔경(丹陽八景)

충주댐으로 8경 중 4경이 수몰 때문에 모양이 바뀌고 있으나 오히려 새로운 모습으로 그 진가를 나타내고 있으며, 단양과 충주의 선상관광(船上觀光)으로 관광객이 날로 증가하고 있다.

이 밖에 관서8경, 규모는 작으나 충청북도 영동군의 양산8경, 월악산 국립공원의 월악8경, 충청남도 금산8경, 한 지역의 사찰내8경 혹은 강동8경, 강서8경 등 여러 곳이 있다.

관광에는 인상이 중요하다. 관광단지나 국립공원 · 도립공원 · 군립공원 등으로 지정만 해도 인상은 달라지게 마련이다. 이를 보면 우리 조상들은 경승지를 그냥 보고 즐기는 것이 아니라 8경 · 10경 등으로 지정하여 그곳 관광지의 인상을 높여 나갔으니, 관광의 지혜와 선견지명이 매우 높았음을 알 수 있다.

이제는 경승지가 옛날의 점적인 것과 선적인 것에서 집단적인 것으로 바뀌었다. 이것은 과학기술의 발달로 인간의 관광활동 폭이 공간적으로 넓어졌고, 또 다양한 활동으로 관광의 모습이나 취향이 바뀌어가기 때문이다. 지금도 점적 · 선적인 경승지가 인기가 없는 것은 아니다. 이의 대표적인 것으로 최근에 여러 여행가들이 '한국의 10대 절경'을 공동으로 소개하였는데, 북한산의 능선, 설악산의 수렴동계곡, 설악산의 토왕성폭포, 한라산의 아열대숲, 북한산의 인수봉 기암, 마등령에서 외설악을 바라보는 전망, 한없이 펼쳐지는 만경평야, 영월 청랭포의 강 경치, 홍도의 섬 풍경, 삼척의 관음동굴을 들고 있다.

이들 10개 가운데 국립공원에 속하는 것이 7개 지역으로 역시 한국의 국립공원은 우리나라를 대표하는 빼어난 경승지임에 틀림없다. 이들 거대한 경승지는 자연적 경관이 원초적인 관광자원이 된다.[14]

대관령의 동쪽이라 하여 '관동'이라는 말이 붙여졌지만, 현재는 망양정과 월송정이 경상북도에 편입되었고, 삼일포 · 총석정 · 시중대는 북한지역에 들어 있다. 본래 강원도의 동해안 지방에는 명승지가 많기로 유명하지만, 특히 이들 팔경에는 정

14 경승지, 한국민족문화대백과사전, 한국학중앙연구원.

자나 누대가 있어 많은 사람이 여기에서 풍류를 즐기고 빼어난 경치를 노래로 읊었으며, 또 오랜 세월을 내려오면서 많은 전설이 얽히게 되었다.

고려 말의 문인 안축(安軸)은 경기체가인 '관동별곡'에서 총석정 · 삼일포 · 낙산사 등의 경치를 읊었고, 조선 선조 때의 문인이자 시인인 정철(鄭澈)은 가사인 '관동별곡'에서 금강산 일대의 산수미와 더불어 관동팔경의 경치를 노래하였다. 또, 신라시대에 영랑(永郎) · 술랑(述郎) · 남석랑(南石郎) · 안상랑(安祥郎)이 삼일포와 월송정에서 놀았다는 전설도 전한다.[15]

4.9.3 천연기념물

천연기념물은 동물, 식물, 광물, 동굴, 지질, 생물학적 생성물, 자연현상 중에서 민족의 역사성을 확인시켜 주는 역사적, 문화적, 과학적 가치가 있거나 경관이 특별히 아름다우면서 학술적 가치가 큰 것으로서 「문화재보호법」에 의거하여 지정한 것을 말한다. 천연기념물로 보호하는 동물은 서식지와 번식지, 도래지까지 포함한 개념이며, 식물에 대해서는 자생지까지 포함하고 있다. 현재 「문화재보호법」에 의해 지정된 천연기념물에는 동물 · 식물, 지질 · 광물(천연동굴 포함), 천연보호구역 등이 있다.

국가나 지방공공단체가 법률에 따라 지정하여 보존 · 관리하는, 학술상 가치가 높은 동물(서식지 · 번식지 · 도래지 포함) · 식물(자생지 포함) · 광물 · 지질과 그 밖의 천연물을 말하며, 지정된 천연기념물은 원칙적으로는 현상 변경이 허락되지 않는다.

천연기념물이라는 용어는 1800년 독일의 알렉산더 폰 훔볼트가 처음으로 'Naturdenkmal'이라는 말을 사용한 데서 유래했다고 한다. 이 말이 오늘날과 같은 의미의 용어로 정착된 것은 산업혁명이 진전되어 자연파괴가 누적되기 시작한

15 경승지, 한국민족문화대백과사전, 한국학중앙연구원.

그림 4-5 천연기념물

· 보은 속리의 정이품송(천연기념물 제103호)

· 제주 당처물동굴(천연기념물 제384호)

· 태안 난도 괭이갈매기 번식지(천연기념물 제334호)

자료 : 문화재청 국가문화유산포털 홈페이지

19세기 후반부터이며, 자연파괴를 걱정하여 자연보호를 외치게 된 것은 거의 같은 시기의 영국 · 미국 · 독일에서였다. 일본에서는 천연기념물에 대한 개념이 1906년에 소개되었고, 1919년에 사적 · 명승 · 천연기념물보전법이 제정 · 실시되었다.

천연기념물 지정현황을 유형별로 살펴보면 크게 4개 유형인 식물, 동물, 지질 · 광물, 천연보호구역으로 구분된다. 2021년 4월 기준으로 천연기념물은 총 463점이다.

식물은 노거수가 172점으로 제일 많고 마을숲 24점, 희귀종 19점, 자생지 27점, 수림지 24점 등이다.

동물 분야의 101점은 서식지 11점, 번식지 14점, 도래지 6점, 조류 46점, 포유류 7점, 어류 4점, 곤충 13점 등으로 되어 있다.

지질 및 광물 분야는 85점이 지정되어 있는데 지형 · 지질 35점, 천연동굴 21점, 화석 22점, 암석 7점 등이다.

금수강산의 제 모습을 보존하기 위하여 넓은 지역을 보존하고 있는 천연보호구역은 남쪽에서부터 한라산, 홍도, 설악산, 대암산 · 대우산 및 향로봉 · 건봉산 등 11개 지역이 선정되어 있다.

1. 동물

특정동물의 서식지로는 광릉(크낙새), 울릉도 사동(흑비둘기), 천지연폭포(무태장어), 강원도의 정암사(열목어), 경상북도 봉화 석포면(열목어), 전라북드 무주 설천면(반딧불이) 등 11곳, 조류의 번식지로는 여주 신접리, 무안 용월리, 양양 포매리(이상 백로 및 왜가리), 거제 학동리(팔색조), 전라남도 칠팔도(해조류인 바다제비 · 슴새 · 칼새), 제주도 사수도(해조류인 흑비둘기 · 슴새), 충청남도 난드(괭이갈매기), 경상남도 홍도(괭이갈매기), 경상북도 독도(해조류인 바다제비 · 슴새 · 괭이갈매기), 전라남도 구굴도(해조류인 뿔쇠오리 · 바다제비 · 슴새), 경기도 신도(노랑부리백로 · 괭이갈매기) 등 14곳, 조류의 도래지로는 진천(왜가리), 진도(백조), 낙동강 하류(철새), 거제도 연안(아비), 철원 천통리(철새), 한강 하류(재두루미) 등 6곳이 있다.

동물의 특정 종으로서 천연기념물에 지정된 것으로는 장수하늘소(전국 일원), 황쏘가리(한강), 어름치(금강, 전국 일원), 무태장어, 크낙새, 따오기, 황새, 먹황새, 백조(고니 · 큰고니 · 혹고니), 두루미, 재두루미, 팔색조, 저어새(저어새 및 노랑부리저어새), 느시, 흑비둘기, 흑두루미, 까막딱따구리, 수리류(독수리 · 검독수리 · 참수리 · 흰꼬리수리), 매류(참매 · 붉은배새매 · 개구리매 · 황조롱이 · 매), 올빼미와 부엉이류(수리부엉이 · 솔부엉이 · 칡부엉이 · 쇠부엉이 · 소쩍새 · 큰소쩍새), 기러기류(개리 · 흙기러기), 검은머리물떼새, 원앙, 노랑부리백로, 사향노루, 산양, 수달, 물범, 하늘다람쥐, 반달가슴곰(이상 전국 일원) 등 70점이 있다.

·산양

·중대백로와 새끼

·팔색조

·고니

·하늘다람쥐

반달가슴곰

2. 식물

·익산 신작리 곰솔

식물을 주체로 하는 것 중에서 가장 많은 것이 노거수로 172건이며 1그루씩 지정된 것이 대부분이다. 종류별로는 은행나무 19건, 소나무(처진소나무 · 반송 포함) 18건, 느티나무(긴잎느티나무 포함) 12건, 백송 · 이팝나무 · 향나무(뚝향나무 포함) 각 8건, 곰솔 6건이며, 기타 5건 이하의 것들로는 회화나무 · 왕버들(털왕버들 포함) · 비자나무 · 푸조나무 · 후박나무(왕후박나무 포함) · 음나무 · 탱자나무 · 팽나무 · 망개나무 · 측백 · 곱향나무 · 갈참나무 · 회향나무 · 올벚나무 · 중국주엽나무 · 물푸레나무 · 다래나무 · 느릅나무 · 소태나무 · 송악 · 등나무 · 배롱나무 · 감탕나무 · 생달나무 등이 있다.

특정식물의 자생지를 지정한 것에는 미선나무(충북 4곳) · 왕벚나무(제주 2곳, 전남 대둔산 1곳) · 향나무(경북 울릉도 2곳), 담팔수나무 · 녹나무 · 문주란 · 파초일엽(제주 각 1곳) · 망개나무(충북 괴산군 1곳) · 산닥나무(경남 남해도 1곳) · 팔손이나무(경남 비진도 1곳) · 측백나무(경북 안동시 1곳) · 철쭉나무와 분치류(강원 반론산 1곳) 등 24곳이 있다. 특정 식물의 북한지(北限地)로는 전라남도 함평(붉가시나무), 전라남도 영광(참식나무), 백양사(비자나무) 등 3곳이 있다. 마을숲(군락 포함)으로는 단일종인 경우 '달성의 측백나무수림'을 비롯한 24곳, 혼효림인 경우 전라남도 '주도의 상록수림', 울릉도 '태하동의 솔송나무 · 섬잣나무 · 너도밤나무 군락', 전라남도 '무안 청천리의 팽나무와 개서어나무의 줄나무'를 포함하는 24곳이 있다. 기타 '제주도의 한란'과 경상남도 '함안 법주면의 늪지식물'이 있다.

· 김해 신천리 이팝나무

· 고창 선운사 동백나무숲

· 청도 운문사 처진소나무

3. 지질 · 광물

동굴(洞窟)은 자연적으로 땅속에 생긴, 어느 정도의 크기가 있는 공간을 말한다. 보통 인간이 들어갈 수 있는 정도 이상을 뜻한다. 자연적으로 생긴 깊고 넓은 큰 굴을 말하며, 석회암층이 빗물에 녹아 형성된 석회암동굴, 파식작용에 의한 해식동, 용암이 빠져나간 자리인 용암굴, 높은 암벽 밑에서 내부 공기 대류에 의해 바람이 부는 풍혈, 특정 목적으로 만들어진 인공동굴이 있다.

한국의 유명동굴로는 삼척 대이리 동굴지대(환선굴), 영월 고씨굴, 단양 고수동굴, 노동동굴, 온달동굴, 울진의 성류굴, 제주도 만장굴, 협재굴 등이 있다.

·고수동굴

·고씨동굴

·만장굴

4. 천연보호구역

천연보호구역은 일정한 넓이를 지닌 희귀한 동 · 식물의 서식지, 번식지를 대상으로 하고 있으며, 대상지 내의 지질 및 지형, 동물상, 경관 등의 천연자원을 보호하기 위한 목적으로 지정하는 구역이라고 할 수 있다.

2018년을 기준으로 홍도, 설악산, 한라산 등 11개 구역이 천연보호구역으로 지정되어 있다.

① 홍도 천연보호구역('65.4.7/제170호) : 희귀 동식물(231종의 동물, 543종의 식물) 및 자연경관 보호 전남 신안군

② 설악산 천연보호구역('65.11.5/제171호) : 희귀 동식물(에델바이스, 금강초

롱, 산양, 사향노루) 및 자연경관 보호 강원 속초시

③ 한라산 천연보호구역('66.10.12/제182호) : 희귀 동식물(1,178종의 동물, 1,565종의 식물) 및 자연경관 보호 제주특별자치도

④ 대암산 · 대우산 천연보호구역('73.7.10/제246호) : 희귀 동식물 및 위고층 습지보호 강원 양구군

⑤ 향로봉 · 건봉산 천연보호구역('73.7.10/제247호) : 희귀 동식물(하늘다람쥐, 사향노루, 떡버들) 및 자연경관 보호 강원 인제군

⑥ 독도 천연보호구역('82.11.16/제336호) : 슴새, 괭이갈매기 등 해조류 번식지 보호 및 자연경관 보호 경북 울릉군

⑦ 성산일출봉 천연보호구역('00.7.18/제420호) : 희귀 연안 동식물(제주분홍풀, 제주 나룻말) 및 자연경관 보호 제주특별자치도

⑧ 문섬 · 범섬 천연보호구역('00.7.18/제421호) : 희귀 연안 동식물(흑비둘기, 연산호) 및 자연경관 보호 제주특별자치도

⑨ 차귀도 천연보호구역('00.7.18/제422호) : 희귀 연안 동식물(아열대성 해양 동식물) 및 자연경관 보호 제주특별자치도

⑩ 마라도 천연보호구역('00.7.18/제423호) : 희귀 연안 동식물(난대성 해양 동식물) 및 자연경관 보호 제주특별자치도

⑪ 창녕 우포늪 천연보호구역('11.1.13/제524호) : 경상남도 창녕군 유어면 대대리 · 세진리, 이방면 안리, 대합면 주매리 일원에 있는 자연 늪지

·독도

·성산일출봉

·설악산

북한에서는 '보물 · 고적 · 명승 · 천연기념물 보존령'(1949.4.29)에 의거, 1993년 말까지 조사된 천연기념물은 모두 467점이며, 식물 90종 230여 점, 동물 68종 103점, 그리고 나머지가 지질, 지리부문이다. 천연기념물과는 별도로 자연보호구(6곳) · 동물보호구(15곳) · 식물보호구(14곳) · 바다새번식보호구(6곳) · 수산자원보호구(10곳)가 지정되어 있다.

제 5 장

문화적 관광자원

제5장 문화적 관광자원

5.1 유형문화재

5.1.1 건조물(建造物)

1. 목조건조물

1) 당탑(堂塔, Tower)

당탑이란 전당(殿堂)과 탑묘(塔廟)를 아울러 이르는 말이다. 즉 높고 크게 지은 화려한 집이나 신불(神佛)을 모셔 놓은 집, 사당 또는 탑 등을 가리키는 말이다.[1]

·법주사 목탑

일반적으로 탑이라는 용어는 높이 솟은 건조물을 가리키는 말이며, 그 쓰임새도 매우 다양하다. 그러나 탑의 어원이 불교건축물인 탑파(塔婆)의 줄임말이라는 사실을 아는 사람은 그리 많지 않다. 즉 고대인도어인 범어(梵語)의 스투파(Stupa)와 팔리(Pali)어인 투우파(Thupa)가 중국으로 전해지는 과정에서 중국식 발음인 솔도파와 탑파라고 표기하게 되고, 이를 중국인들이 즐여서 '탑'이라고 부르게

1 동아출판사편집부, 동아원색세계대백과사전, 제8권, 동아출판사, 1986, 429쪽.

된 것이다.[2] 여기에는 종교 · 기념 · 군사 등 외에 종탑 · 시계탑과 전망 · 관광 · 관측 · 방송 · 통신 등의 목적으로 건조된 것도 있으며, 주로 돌 · 나무 · 콘크리트 · 철강 등이 그 재료가 된다.

일반적으로 높은 건조물을 통틀어 탑이라고 하는 경우도 있으나 북아메리카 · 캐나다 등에서 볼 수 있는 원주민의 토템을 새긴 기둥이나 이집트 · 터키 등의 오벨리스크 등 단층 축조물, 그리고 수십 층의 고층빌딩 등은 탑이라고 하지 않는다.

서양에서는 일찍부터 군사적 목적과 종교적 의미를 갖는 탑이 많이 세워졌다. 고대 그리스에서도 역시 종교와 관련되어 탑이 중시되었는데, 특히 세계 7대 불가사의 중 하나인 석조건축물 알렉산드리아의 등대(燈臺)가 유명하다.

동양에서는 종교적 의미를 벗어난 근대적인 탑이 건립되기까지 대부분 불탑으로 건립되었다. 불교에서의 탑파(塔婆), 즉 탑은 석가모니의 사리를 봉안하기 위한 건조물에서 비롯된 것으로 불교 발상지인 고대 인도어로는 스투파(Stupa)라 한다.

탑의 종류도 매우 다양해져서 재료에 따라 목탑 · 석탑 · 전탑(塼塔) · 토탑(土塔) · 옥탑(玉塔) · 금탑(金塔)과, 제작기법에 따라 화탑(畵塔) · 인탑(印塔) · 각탑(刻塔) · 조탑(彫塔), 형태에 따라 주탑(柱塔) · 상륜탑(相輪塔) · 3층탑 · 7층탑 · 오륜탑 등으로 나뉜다. 그중에서 특히 한국은 석탑, 중국은 전탑, 일본은 목탑이 특색 있게 발달하였다.

(1) 탑의 구조

일반적으로 탑은 기단부, 탑신부, 상륜부, 장엄조식으로 구성되어 있으며, 각각의 명칭은 〈그림 5-1〉과 같다.[3]

2 강우방 · 신용철, 탑, 솔출판사, 2003, 13쪽.
3 강우방 · 신용철, 탑, 솔출판사, 2003, 240-243쪽.

그림 5-1 탑의 구조와 명칭

기단부	탑의 가장 아랫면에 있는 부분으로 지면으로부터 높게 만든 단이다. 단층기단과 2층기단의 두 종류가 있다.
탑신부	기단부 위에 놓인 부재로 석탑의 몸통에 해당하는 탑신석과 지붕에 해당하는 옥개석을 말한다.
상륜부	탑의 가장 윗부분으로 옥개석 위에 놓인 부재들을 말한다. 각 부분마다 가진 뜻이 따로 있다.
장엄조식	기단과 탑신에 조각된 부조로 탑 안에 봉안된 사리의 수호와 공양이 근본 뜻이다. 사천왕, 인왕, 팔부신중, 사방불, 보살, 12지, 비천상, 감실 및 문비형, 안상 등이 있다.

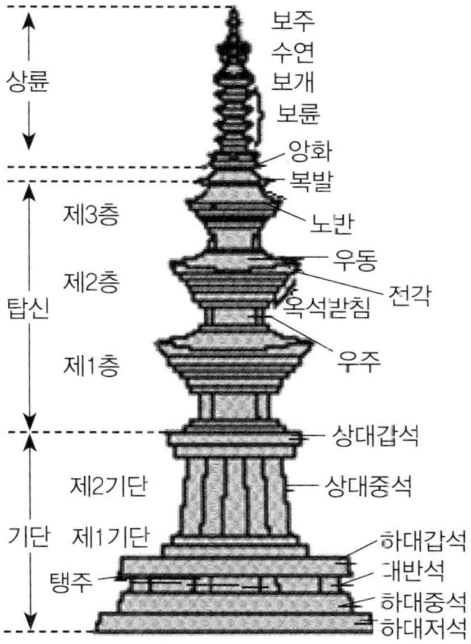

(2) 부도(浮屠)의 구조

부도는 부두(浮頭) 또는 포도(蒲圖) · 불도(佛圖) 등 여러 가지로 표기되는 불타(佛陀) 또는 솔도파(窣堵婆), 즉 탑파(塔婆)의 전음(轉音)이다. 어원으로 본다면 불타가 곧 부도이므로 외형적으로 나타낸 불상이나 불탑이 즉 부도인데, 더 나아가 승려의 것들까지도 부도(浮圖)라 일컬은 예가 있으니 부도란 실로 넓은 뜻을 가지고 있다. 대개는 승려의 유골(승사리)을 간직하고 그와 인연이 깊었던 사찰에 건립된 묘탑을 말한다. 또한 불탑과 부도는 형태와 건립된 장소에 따라 구별할 수 있다.[4]

불탑	부도
방형다층	8각 또는 특수형태
불사의 중심구역에서 법당과 대립	사찰의 경내 밖 또는 경내의 변두리

4 황수영, 불탑과 불상, 세종대왕기념사업회, 1999, 106쪽.

2) 궁궐 · 궁전(宮闕 · 宮殿, Palace)

임금과 왕족 거처하는 곳을 궁가(宮家), 궁방(宮房)의 뜻으로 궁(宮)이라 하고, 궐(闕)은 궁 앞에 세워지는 망대(望臺) 역할을 하는 시설을 말한다.

그러므로 궁궐은 단순히 권력의 상징으로서뿐만 아니라 영원성을 추구하는 인간의 기본적인 욕구를 반영하므로 왕이나 권력자들은 후대에도 결코 자신이 잊히지 않도록 요새나 궁전, 성이나 성당, 사찰 등을 건축하였다. 그러나 시대가 경과함에 따라 이전에는 왕이나 귀족 등 지배계급들의 권력의 상징이 돼왔던 성이나 궁전은 중요한 국민적 유산이 되어, 훌륭한 미술, 예술 공예의 보물창고로서의 역할을 하고 있다.[5]

세계의 대표적인 궁전건축으로는 프랑스의 베르사유(Versailles) 궁전, 중국의 자금성(紫禁城) 및 티베트의 포탈라궁(Potala Palace), 이란의 페르세폴리스(Persepolis), 러시아의 크렘린(Kremlin), 폴란드의 바벨성(Wawel Castle), 영국의 런던탑(London Tower), 그리스의 크노소스궁전(Palace at Knossos) 등을 들 수 있다.

·조선왕조의 주궁인 경복궁

왕조사회에서 한 국가의 중심역할을 하고, 권력이 집중되는 곳이 바로 왕성(王城)과 궁궐(宮闕)이다. 궁궐은 또한 왕이 국가를 통치하고 경영하는 정치와 행정의 중심지인 동시에 왕과 그의 가족 및 이들의 일상생활을 돌보는 사람들이 거처하는 생활공간이도 하다.[6]

우리나라 궁궐건축의 역사는 고구려시대로 거슬러 올라간다.

즉 고구려 국내성터(27년, 장수왕 15년)는 중국 지린성(吉林省) 지안(集安)을 시작으로 평양의 안학궁(安鶴宮)터(586년, 평원왕 28년)가 그 효시이다.

한편 백제는 풍납리토성(風納里土城), 몽촌토성(夢村土城), 아차산성(阿且山城)

5 世界の遺跡と名建築(1), 서문(序文), 講談社, 1983.

6 이상해, 궁궐 · 유교건축, 솔출판사, 2004, 17쪽.

등이 그 원류로 추측되며, 475년 문주왕 때 한성에서 천도한 웅진(현 공주)에 건축한 공산성(公山城), 538년 공주에서 부여로 천도한 사비성(泗沘城) 및 그 주위를 둘러싼 부소산성(扶蘇山城) 등에서 그 예를 찾아볼 수 있다.

신라는 박혁거세(BC 57~AD 4) 때인 금성(金城)에 궁궐을 지었다는 기록이 있고, 101년(파사니사금 22년)에 월성(月城)을 축조하여 왕이 그곳에 옮겨 살았다는 기록이 있다.

발해는 동모산(東牟山), 중경 현덕부(顯德府), 상경 용천부(龍泉府), 동경 용원부(龍原府) 등지에 궁궐을 건설하였으며, 그중 상경 용천부 유적지는 궁궐의 규모나 제도 등을 어느 정도 가늠할 수 있게 해준다.

표 5-1 국내의 연대별 궁궐현황

시대	궁궐이름
고구려	국내성(지안), 안학궁, 장안성(평양)
백제	위례성(서울), 공산성(공주), 사비성(부소산성, 부여)
신라	월성(경주)
발해	서고성(화룡), 상경성(둥징청)
고려	만월대, 대화궁, 수창궁(개성)
조선	경복궁, 창덕궁, 창경궁, 경운궁, 경희궁(서울)

(1) 고려시대의 궁궐

고려시대의 궁궐은 919년 철원에서 개성으로 수도를 옮기면서 만월대(滿月臺)의 유적으로 미루어 짐작할 수 있다. 이 궁전은 1126년(인종 4년)에 이자겸(李資謙, ?~1126)의 난[7] 때 척준경(拓俊京, ?~1144)의 방화로 소실되었다. 이후 1132~1138년 사이에 재건되었으나 1171년(명종 1년)에 다시 소실되었다. 1179년에 다시 건축하기 시작했으나 1225년(고종 12년)에 화재

7 고려 인종(仁宗, 1122~1146) 때 최고 권력자였던 척신(戚臣) 이자겸(李資謙) 등이 '십팔자(十八子)'가 왕이 될 것이라는 도참설(圖讖說)을 내세워 인종을 폐위시키고 스스로 왕위를 찬탈하고자 일으켰던 반란이다.

로 소실되어 1232년에 강화도로 도읍을 옮기면서 개성의 궁궐재건은 더는 없었다.[8]

개성의 궁궐은 1270년에 재건되나 1362년 홍건적의 난[9] 으로 소실되면서 영영 재건되지 못하였다.

그림 5-2 고려의 궁궐배치도

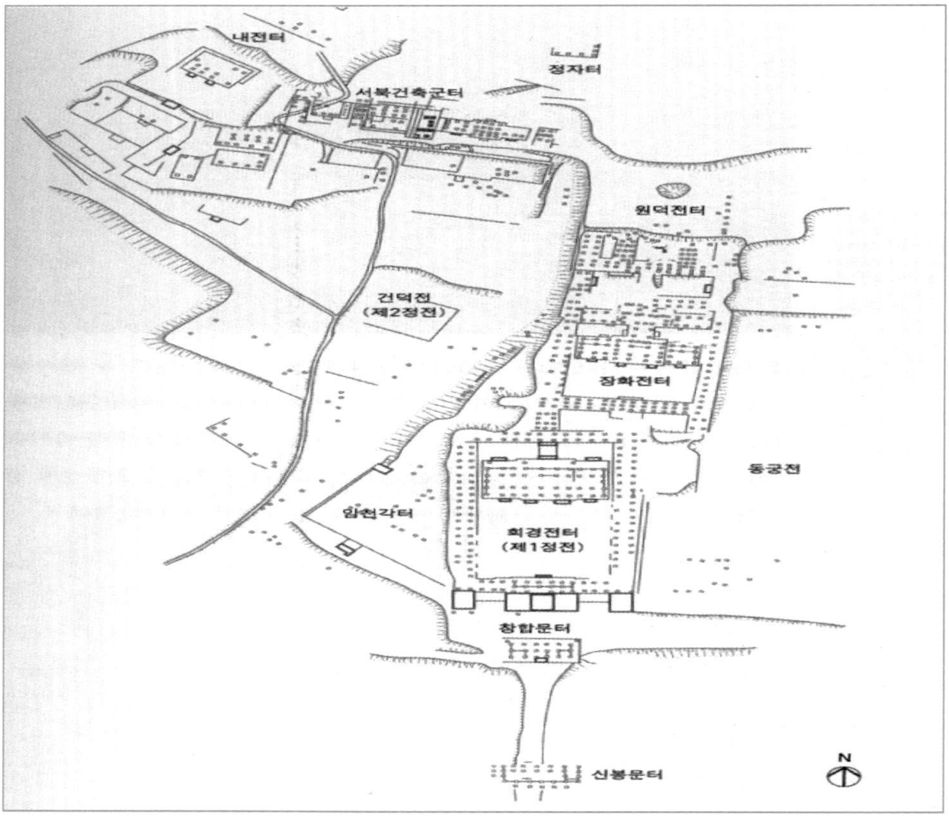

자료 : 이상해, 궁궐 · 유교건축, 솔출판사, 2004, 27쪽.

8 이상해, 앞의 책, 26쪽.

9 홍건의 난(紅巾之亂) 또는 홍건적의 난(紅巾賊之亂)은 원 말기에 한산동(韓山童)을 수장으로 뭉친 백련교도가 중심이 되어 봉기한 한족의 농민 반란군으로 머리에 붉은 수건을 둘렀기 때문에 홍건적이라는 이름이 붙었다. 홍건적은 홍적(紅賊) · 홍두적(紅豆賊) 등으로도 불렸다.

(2) 조선시대의 궁궐

조선시대의 궁궐은 조선왕조를 일으킨 태조 이성계(李成桂, 1335~1408)가 한양에 도읍을 정하고 지은 궁궐로 경복궁(景福宮)이 있다. 당시 한양도성에 세워진 궁궐로는 경복궁을 비롯하여 창덕궁(昌德宮), 창경궁(昌慶宮), 인경궁(仁慶宮), 경덕궁{慶德宮, 후에 경희궁(慶熙宮)으로 이름이 바뀜}, 경운궁{慶運宮, 현재의 덕수궁(德壽宮)} 등이 있다.

이와 같이 조선시대 한양에 지어진 궁궐은 여섯 곳인데, 이 가운데 오랜 기간 궁궐로 사용된 것은 임진왜란(壬辰倭亂 : 1592~1598) 이전에는 경복궁과 창덕궁, 창경궁이고, 임진왜란 이후에는 창덕궁, 경덕궁(경희궁), 창경궁이며, 조선 말기에는 경복궁, 경운궁, 창덕궁 등 다섯 궁궐이다. 창경궁은 일제시대(日帝時代)에 조선의 문화말살정책으로 인해 동물원(창경원으로 개명)으로 사용하기도 하였다.

그림 5-3 조선시대의 궁궐배치

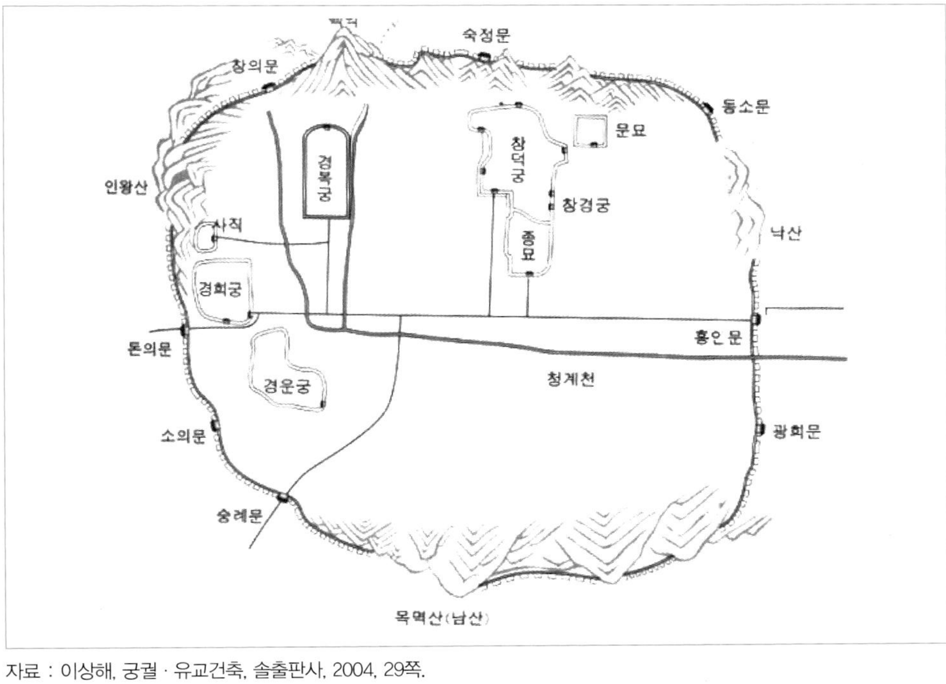

자료 : 이상해, 궁궐 · 유교건축, 솔출판사, 2004, 29쪽.

(3) 서울의 5대 궁

왕이나 왕족이 집무를 보고 생활하던 건축물을 말한다. 조선시대에 궁궐은 임금이 사는 집, 그리고 임금이 되기 전에 살던 집, 여행갈 때 머물렀던 집을 의미한다. 심지어 죽은 임금을 모신 사당을 '궁'이라고 부르는 경우도 있다. 조선시대에 임금이 평소에 거주하고 정치행위를 펼친 궁을 정식 궁궐로 볼 수 있는데, 경복궁, 창덕궁, 창경궁, 경희궁, 경운궁(덕수궁)의 다섯 궁궐이 남아 있다. 경운궁은 조선의 궁이기도 하고 대한제국의 궁이기도 하다. 조선의 궁궐은 성리학을 기반으로 하는 정치철학을 반영하여 규모가 작고 소박한 편이다. 궁궐이 크고 화려하다는 것은 백성들을 괴롭힌 흔적이기 때문에 바람직하지 않은 것으로 여겼다.[10]

1582년 임진왜란이 일어나서 선조가 의주까지 피난 갔다가 서울로 돌아와 보니 경복궁, 창덕궁, 창경궁이 모두 불타버려서 왕이 거처할 왕궁이 없었다. 그래서 왕족의 집 중에서 가장 규모가 크고 완전했던 월산대군(성종(9대)의 형)의 집을 행궁으로 삼게 되었다. 그 후 1608년 2월에 선조는 행궁의 침전에서 돌아가시고 광해군이 행궁의 서청에서 왕위에 즉위하였으며 이후 1611년(광해 3), 정릉동 행궁으로 불리던 이곳이 광해군에 의해 '경운궁(덕수궁)'이라는 정식 궁호를 붙이게 되었다.

그 후 광해군은 1615년(광해 7) 재건한 창덕궁으로 어가를 옮기고 경운궁은 별궁으로 남게 된다. 전성기 때의 경운궁은 현재 넓이의 3배에 달하는 큰 궁궐이었으며, 현재의 미국 대사관저 건너편 서쪽에는 중명전을 비롯해 황실생활을 위한 전각들이 있었고, 북쪽에는 역대 임금들을 제사지내는 선원전 일원이 있었으며, 동쪽에는 하늘에 제사지내는 환구단을 설치하여 황제국의 위세를 과시하였다.[11]

창덕궁은 1405년 태종 때 건립된 조선왕조의 왕궁이다. 처음에는 법궁인

10 문화재청, 문화재사랑, 2010년 7월호, 35쪽.

11 문화재보호재단, 궁이야기-덕수궁의 유래, http://blog.naver.com/fpcp2010/

경복궁에 이어 이궁으로 창건했지만 이후 임금들이 주로 창덕궁에 거주하면서 실질적인 법궁의 역할을 하였다. 임진왜란 때 한양의 궁궐들이 모두 불탄 후에 경복궁은 그 터가 불길하다는 이유로 재건되지 않았고, 1610년(광해군 2년)에 창덕궁이 재건된다. 그 후 창덕궁은 경복궁이 재건될 때까지 270여 년 동안 법궁으로 사용되었다.

창덕궁은 인위적인 구조를 따르지 않고 주변 지형과 조화를 이루도록 자연스럽게 건축하여 가장 한국적인 궁궐이라는 평가를 받고 있으며, 왕가의 생활에 편리하면서도 친근감을 주는 창덕궁의 공간구성은 경희궁이나 경운궁 등 다른 궁궐의 건축에도 영향을 주었다.

조선시대에는 창덕궁의 동쪽에 세워진 창경궁(昌慶宮)과 경계 없이 사용

·덕수궁

하였으며, 두 궁궐을 '동궐'이라는 별칭으로 불렀다. 또 남쪽에는 왕가의 사당인 종묘(宗廟)가, 북쪽에는 왕실의 정원인 후원(後苑)이 붙어 있어서 조선왕조 최대의 공간을 형성하였다.

그러나 왕조의 상징이었던 궁궐은 여러 차례의 화재로 소실과 재건을 거치면서 많은 변형을 가져왔고 1991년부터 본격적인 복원사업이 시작되어 현재에 이르렀다. 또한 1997년 12월에는 유네스코(UNESCO)에 세계문화유산

으로 등록되어 명실공히 한국을 대표하는 궁궐이 되었다.[12]

·창덕궁

·경복궁

·창경궁

·덕수궁

표 5-2 서울의 5대 궁전과 중요 건물명

궁전	중요 건물명
경복궁	근정전(勤政殿) : 조하(朝賀), 즉위, 사신 접견장소/ 경회루(慶會樓) : 연회장/ 교태전(交泰殿) : 왕비 침전/ 자경전(慈慶殿) : 대비 침전/ 사정전(思政殿) : 임금의 집무실/ 천추전(千秋殿) : 임금과 집현전 학사들의 연구소/ 수정전(修政殿) : 정책과제연구/ 집경당(緝敬堂) : 외국사신 접견/ 함화당(咸和堂) : 외국사신 접견/ 집옥재(集玉齊) : 서재/ 협길당(協吉堂) : 서재/ 팔우정(八偶亭) : 서재/ 제수합(齊壽閤) : 궁녀들의 거처와 일터/ 향원정(香遠亭) : 후원에 있는 누각/ 건춘문(建春門) : 동문/ 신무문(神武門) : 북문/ 광화문(光化門) : 남문 · 정문

12 문화재보호재단, 궁이야기(2)-자연과 조화 이룬 가장 한국적인 궁궐, 창덕궁, http://blog.naver. com/fpcp 2010/

궁전	중요 건물명
창덕궁	인정전(仁政殿) : 조하, 사신접견/ 선정전(宣政殿) : 임금의 거처/ 돈화문(敦化門) : 정문/ 인정문(仁政門) : 정전의 출입문/ 희정당(熙政堂) : 침전/ 대조전(大造殿) : 왕비의 거처/ 낙선재(樂善齋) : 상중(喪中)에 있는 왕후들이 소복(素服) 차림으로 기거하던 곳/ 부용정(芙蓉亭) : 후원의 누각/ 연경당(延慶堂) : 사대부생활의 체험장소/ 구선원전(舊璿源殿) : 역대 왕의 어진(御眞) 보관 및 차례(茶禮)
창경궁	명정전(明正殿) : 정전/ 문정전(文政殿) : 편전/ 수령전(壽寧殿), 환경전(歡慶殿), 경춘전(景春殿), 인양전(仁陽殿), 통명전(通明殿), 침전 및 연회용 건물/ 양화당(養和堂), 여휘당(麗暉堂), 사성각(思誠閣), 홍화문(弘化門) : 정문/ 숭문당(崇文堂) : 경연(經筵)장소
덕수궁 (경운궁)	중화전(中和殿) : 정전/ 선원전(璿源殿), 함녕전(咸寧殿) : 침실/ 보문각(普門閣), 사성당(思成堂), 즉조당(卽祚堂) : 원래의 정전/ 석어당(昔御堂), 가정당(嘉靖堂), 준명당(俊明堂) : 내전/ 돈덕전(惇德殿), 구성헌(九成軒), 대한문(大漢門) : 정문/ 덕흥전(德洪殿), 석조전(石造殿), 정관헌(靜觀軒), 중명전(重明殿) : 을사조약 체결장소
경희궁	숭정전(崇政殿) : 정전/ 흥정당(興政堂), 황학정(黃鶴亭), 태녕전(泰寧殿), 흥화문(興化門), 관사대(觀射臺), 자정전(資政殿), 장락전(長樂殿), 집경전(集慶殿), 만학정(萬鶴亭), 숭의문(崇義門), 개양문(開陽門), 무덕문(武德門), 정각원(正覺院)

(4) 궁궐의 종류

궁궐은 크게 정궁(正宮), 이궁(離宮), 행궁(行宮), 별관(別館), 시좌소(時座所), 시어소(時御所) 등으로 나뉜다.

정궁은 경복궁처럼 중앙의 기본 궁으로서 ▲정궁(正宮) : 왕의 침전(정침, 正寢), ▲중궁(中宮) : 왕비의 침전(곤전, 坤殿), ▲동궁(東宮) : 왕세자의 침전(춘궁, 春宮), ▲서궁(西宮) : 대비의 침전(자전, 慈殿), ▲빈궁(嬪宮) : 왕의 후궁의 침전(후전, 後殿), ▲빈궁 : 왕세자빈의 침전이 갖추어진 궁궐을 말한다.

이궁은 별장기능을 수행하는 궁으로 위에 열거한 6궁을 고루 갖추지 않아도 무방한 궁이며, 행궁은 왕이 일정기간 머무는 지방에 있는 궁이고, 별관은 성묘를 가거나 지방에 행차할 때 왕실에서 임시로 이용하는 건물을 말한다. 시좌소나 시어소는 임금이 비상시에 머무는 처소의 일종이다.[13]

전각의 명칭은 〈표 5-3〉처럼 다양하다.

13 신남주, 앞의 책, 149-150쪽.

표 5-3 전각의 명칭

명칭	내용
전(殿)	가장 격식이 높고 규모도 커서 으뜸인 건물
당(堂)	전보다는 한 등급 격식이 낮은 건물로서 전에 딸린 부속건물이거나 부속공간의 중심건물
합(閤)	많이 사용되는 용어가 아니며, 전이나 당에 부속되어 공공용도보다는 사적 용도의 다양한 용도를 가진 부속건물
헌(軒)	살림집 성격의 당의 형식을 갖는 것과 정의 성역을 갖는 특별한 용도의 건물
누(樓)	중층의 집 모양으로 1층 바닥은 자연상태, 상층은 마룻바닥이나 온돌바닥으로 만든 건물. 자연경관이 수려한 곳에 지어 누마루에 올라 자연경관을 관상하면서 쉬는 건물
정(亭)	사방이 확 트인 드러난 건물. 네모, 육모, 팔모 등의 평면에 기둥을 세워 사방에 벽채를 설치하지 않고 트이게 지은 건물. 작은 건물이라 하여 일명 정자라고도 한다.
각(閣)	누와 비슷하나 그 모양이 사모정(사각형)처럼 날렵하면서 누처럼 바닥이 높게 자리하고 있다.
사(榭)	무술을 익히고 수련하기 위해 지은 건물. 특히 궁술을 익히기 위한 건물
사(舍)	부속된 작은 건물
청(廳)	관청이나 손님을 영접하는 장소
재(齋)	당과 비슷하지만 제사를 드리거나 한적하고 조용한 곳에서 소박하게 학문을 연마하기 위해 지은 건물
관(館)	군사들이 지휘본부로 사용했던 곳으로, 많은 사람이 모일 수 있는 크고 개방된 관아 성격의 건물(예 : 여수 진남관, 통영 세병관)
낭(廊)	건물과 건물 사이를 연결하거나 감싸고 있는 좁고 긴 건물
무(廡)	당의 좌우에 부속된 건물. 당보다는 격식이 한 단계 낮다.
실(室)	독립된 건물을 나타내기도 하고, 건물 내부의 단위공간을 나타내기도 한다. 제사를 위해 특별히 마련된 재실이 한 예이다.
가(家)	집을 통칭하는 것으로 쓰임에 관계없이 사용함(예 : 민가, 반가 등)
택(宅)	가와 같이 집을 통칭하는 말. 집의 성격과 관계없이 단위주호를 일컬으며 현재는 살림집의 의미가 강하다.
옥(屋)	기능을 구분하지 않는 모든 유형의 건축물. 가 및 택에 비하면 물리적 성격이 강하다. 가끔은 지붕을 뜻하는 용어로도 사용된다.
방(房)	거실용도로 사용하는 실의 의미를 갖고 있다.
궁(宮)	왕이 기거하는 규모가 크고 격식 있는 집
단(檀)	건물이라기보다는 제사를 위해 설치된 높은 대
묘(廟)	조상이나 성현의 위패를 모셔두고 제향하는 건물

명칭	내용
사(祠)	성현이나 충신 등의 위패나 영정을 모셔 놓고 제사하는 건물
대(臺)	권위를 나타내기 위해 높은 대 위에 지은 건물
암(庵)	주전과 멀리 떨어져 한적한 곳에 작게 지은 초막

(5) 건축물의 해설

가) 건축구조

건축구조는 각종 건축재료를 사용하여 목적하는 바에 따라 건축물을 형성하는 일. 형식이나 재료에 따라 여러 종류가 있으며, 건물의 뼈대가 되는 축부(軸部)구조로부터 세부구조까지를 포함한다.

고대에는 자연 그대로의 재료가 건축의 재료로 선택되어 목재는 통나무, 석재는 자연석을 이용하였다. 석기시대에는 목(木)구조였고, 금속기가 나온 후로는 목재에 대한 가공이 용이해져서 못과 연결용 철물 등도 생겨났다. 돌의 가공도 쉬워져서 석조건축도 나왔고, 한편 흙은 오래전부터 이용되어 혈거(穴居)나 진흙으로 만든 벽, 햇볕에 말린 벽돌, 또는 불로 구운 벽돌을 쓰는 데까지 발전하였다.

건축구조는 결구(結構)방식에 따라 구분하는데 대개 목조는 이음과 맞춤에 의해 결구되는 방식을 택하므로 이를 가구(架構)식이라고 한다. 가구식은 부분적인 결구방법의 차이에 따라 보식, 천두식, 귀틀식으로 구분하고 있다.

건축구조	내용	예
보식	기둥과 보와 도리 등이 이음과 맞춤에 의해 결구된 건축구조법	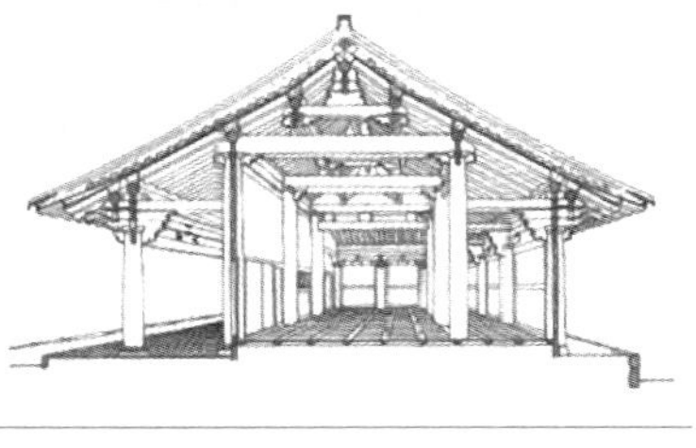

건축구조	내용	예
귀틀식	나무를 옆으로 포개서 쌓아 만든 건축구조법	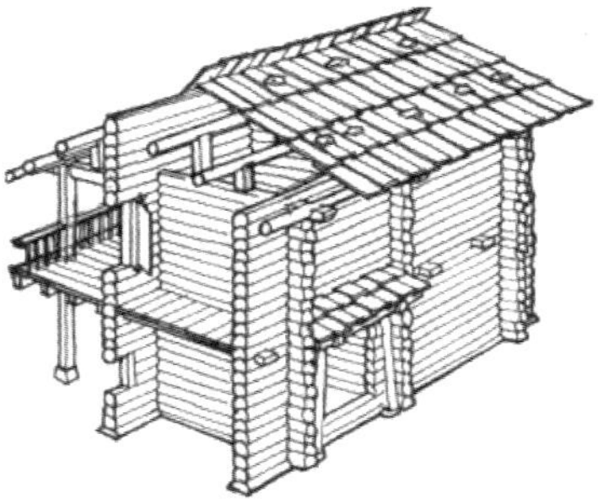
천두식	기둥에 구멍을 뚫어 인방재들을 길게 관통시켜 연결함으로써 기둥을 연결하는 구조법	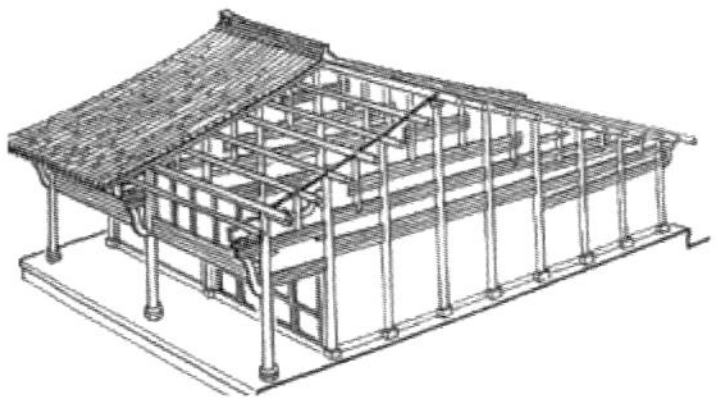
조적식	벽돌이나 블록과 같이 일정 크기의 재료를 모르타르와 같은 접착제로 붙여가면서 쌓아 만든 건축구조법	
일체식	콘크리트 구조처럼 이음이나 맞춤 없이 구조체가 하나의 덩어리로 이루어진 건축구조	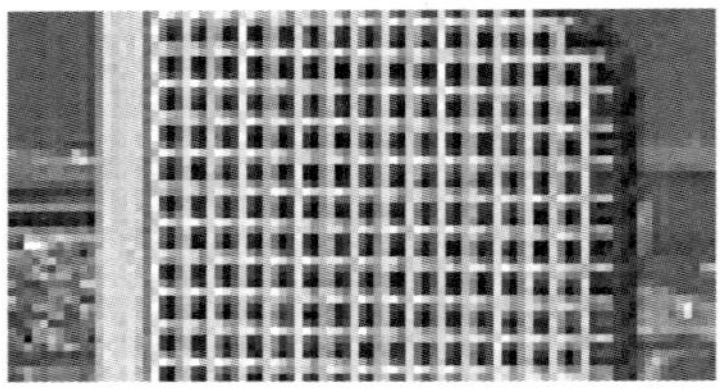

자료 : 김왕직, 알기 쉬운 한국건축용어사전, 동녘, 2007, 38-42쪽에 의거 재구성

나) 기단(基壇)

기단은 건물을 지하수로부터 격리시키고 지열(地熱)을 방지하는 데 그 기능적 효과가 있으며, 건물을 돋보이게 하는 부차적 목적으로도 쓰였다. 인공이 가해진 가공기단(加工基壇)과 자연적인 기단이 있는데 가공기단은 토축기단(土築基壇)·성토기단(盛土基壇)·축석기단(築石基壇)·전축기단(塼築

基壇)・석전병용기단(石塼併用基壇)・가구식석기단(架構式石基壇) 등 그 종류가 다양하다.

기단관련 용어는 다음과 같다.

용어	해설
토축기단	진흙을 다져 쌓아올려 만드는 기단
자연석기단	자연석으로 쌓은 기단
장대석기단	일정한 길이로 가공된 화강석 장대석을 층층이 쌓아 만든 기단
가구식기단	고급스러운 기단으로 화강석을 목가구 짜듯이 구성하는 기단
전축기단	벽돌로 만든 기단
와적기단	기와 조각을 쌓아 만든 기단
혼합식기단	두 종류 이상의 기단을 혼합한 기단
귀틀석	기단 모서리의 갑석. 일반적으로 ㄱ자 형태
월대(月臺)	건물 앞의 넓은 대
댓돌	기단을 구성하는 돌
방전(方塼)	기단 바닥을 까는 보도블록 형태의 재료
디딤돌	집채 앞뒤에 오르내리기 좋게 놓은 돌 또는 돌층계
계단	높이가 다른 두 바닥면을 연결하는 단형(段形)의 통로로 건축 디자인의 중요한 요소이기도 하다, 그 종류는 형태에 따라 곧은계단・굴절계단・중공(中空)계단・원형계단・나선계단(원형계단의 극단적인 형태) 등이 있다.

다) 초석(礎石)

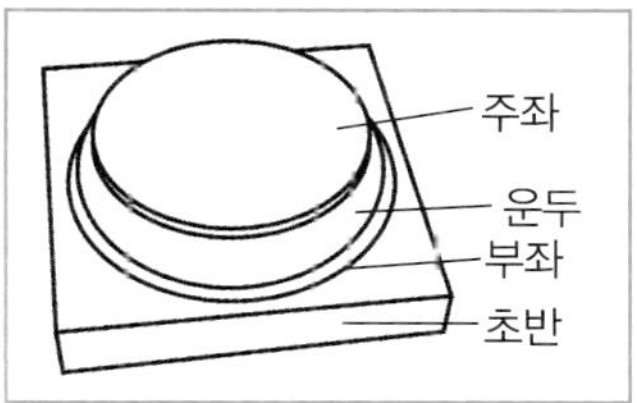

건축물의 기둥을 받쳐주는 돌. 주초(柱礎)・초석(礎石)・주추라고도 한다. 보통 목조건축의 기둥 밑에 놓는 돌을 가리킨다. 예전에는 주춧돌을 머릿돌이라고 불렀다. 주춧돌은 자연석을 그대로 쓰는 경우와 다듬어 쓰는 2가지 경우가 있으며, 자연석은 비교적 평평한 것을 골라서 쓴다. 다듬은 주춧들은 그 형상에 따라 방형・원형・다각형・특수형 초석으로 나뉜다.

라) 평면

평면은 건축을 구성하는 가장 기본적인 요소의 하나로 건축에서 요구하는 기능과 크기를 비롯하여 구조적 요인을 반영하여 만들어진다. 목조가구식인 한국의 건축에서는 기둥과 기둥 사이의 간격인 경간(徑間)을 무한정 크게 할 수 없기 때문에 일정한 간격으로 기둥을 세우게 되고, 이러한 구조적 특성으로 인해 평면에 칸(間)이라는 모듈을 도입하여 평면 크기를 결정한다.

평면형식에는 곱은자집, 홑집, 양통집, 3칸겹집, 전퇴집, 전후퇴집 등이 있으며, 이를 구체적으로 설명하면 다음과 같다.

표 5-4 한국건축의 평면형식

형식	내용	예
곱은자집	ㄱ자형 집	
홑집(외통집)	퇴 없이 측면이 단칸인 평면	

형식	내용	예
양통집	측면이 2칸인 겹집	
3칸겹집	측면이 3칸인 겹집	
전퇴집	퇴가 앞에만 있는 집. 뒤에 있는 것은 후퇴집	
전후퇴집	퇴가 앞뒤에 다 있는 집	

마) 기둥

기둥은 건물 지붕의 하중을 받아서 초석에 전달하는 구조물을 말한다. 기둥 높이는 건축물의 높이를 결정하는 데 커다란 역할을 하며, 입면(立面)의 크기를 형성하는 요소가 된다.

기둥의 형태는 수직선의 요소가 되어, 기단 · 도리 · 처마선 · 지붕마루선 등의 수평적 요소와 대조를 이룸으로써 입면에 아름다움을 준다.

기둥의 종류는 다음 표와 같다.

<table>
<tr><th>분류</th><th>재료</th><th colspan="2">단면형태</th><th colspan="2">입면형태</th></tr>
<tr><td rowspan="2">기둥 종류</td><td rowspan="2">나무기둥(목주, 木柱)
돌기둥(석주, 石柱)</td><td colspan="2">원기둥</td><td colspan="2">흘림 없는 기둥</td></tr>
<tr><td>각기둥</td><td>사모기둥
(방주, 方柱)
육모기둥
팔모기둥</td><td>흘림
기둥</td><td>민흘림기둥
배흘림기둥</td></tr>
</table>

이외에도 기둥 높이를 기준으로 외곽기둥을 평주(平柱), 내부의 기둥을 고주(高柱)로 부르기도 하고, 활주라 하여 팔작(八作)지붕의 건물 추녀 아랫몸을 끼워 세우는 기둥으로 추녀 길이가 길 때 처지는 것을 방지하는 기둥을 말하며, 도랑주라 하여 원목을 껍질 정도만 벗겨 가공 없이 자연목을 그대로 살려 만든 기둥도 있다.

서양의 기둥에는 크게 도리아식, 이오니아식, 코린트식 기둥이 있으며, 이는 다음 표와 같다.

양식	내용	예
도리아식	간소하나 장중미(莊重美)가 있으며, 기둥의 모양은 짧고 굵다. 만두형 기둥머리 장식이 있으며 기둥몸이 직접 기단 위에 서 있다. 올림피아에 있는 헤라 신전에 사용된 기둥이 대표적이다.	
이오니아식	우미(優美)하고 경쾌한 것이 특징이다. 아래쪽에 주춧돌이 있고 기둥머리에는 곡선으로 된 와형(渦形) 장식이 있다. 이 형식의 기둥으로는 아테네의 에렉테움(Erechtheum)이 있다.	
코린트식	기둥머리에 아칸서스 나뭇잎 장식이 있는 것이 특징이며, 기둥몸은 아래쪽 끝부분 지름의 약 10배나 되며 매우 화려하다.	

자료 : 김성곤, 서양건축양식론, 기문당, 1991, 98–100쪽.

바) 공포(栱包)

공포는 궁궐 · 사찰 · 기념적 건축 등의 전통목조 건축에 쓰이는 부재(部材)이다. 주두(柱頭) · 소루(小累) · 첨차 · 제공(諸工) · 살미(산미, 山彌) 등을 조합하여 처마 끝의 무게를 기둥에 전달하는 부재를 말한다. 공포는 구조적으로 안전한 완충적 기능을 하기도 하고, 그 구성과 공작이 섬세하고 화려하여 장식적(裝飾的) 기능도 가진다.

공포 형식은 크게 2종류로 나누어지며 세분하면 3종류로도 볼 수 있다. 크게는 주심포식(柱心包式) 공포와 다포식(多包式) 공포로, 더 세분하였을 때는 익공식(翼工式) 공포도 포함할 수 있다.

① 주심포식 공포

주심포식 공포는 기둥 위에만 공포를 배치하는 형식으로 가장 오래된 공포형식이며, 고구려시대의 고분벽화(古墳壁畵) 등에서 보이기 시작하여 조선시대 말기까지 이 형식의 공포를 갖춘 건물들이 많이 있다. 이 가운데 봉정사(鳳停寺) 극락전(極樂殿)은 가장 오래된 현존 건물로 알려져 있다. 주심포식 공포는 헛첨차나 살미첨차가 기둥머리와 주두를 동시에 물고 있지 않으며 출목이 있다.

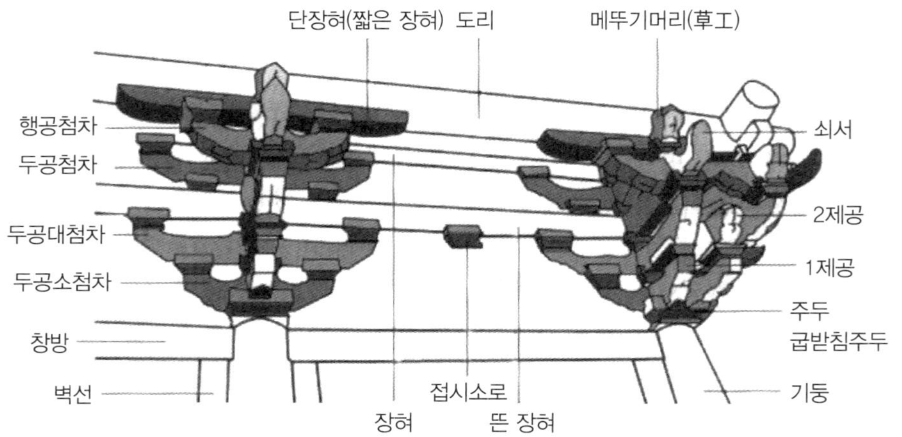

② 다포식 공포

주심포식 공포와는 달리 기둥 위는 물론이고 기둥과 기둥 사이의 주간(柱間)에도 공포를 배치한 형식으로, 고려시대의 것으로 북한에 있는 심원사 보광전(心源寺普光殿)의 다포식 공포가 가장 오래된 현존 건축이다.

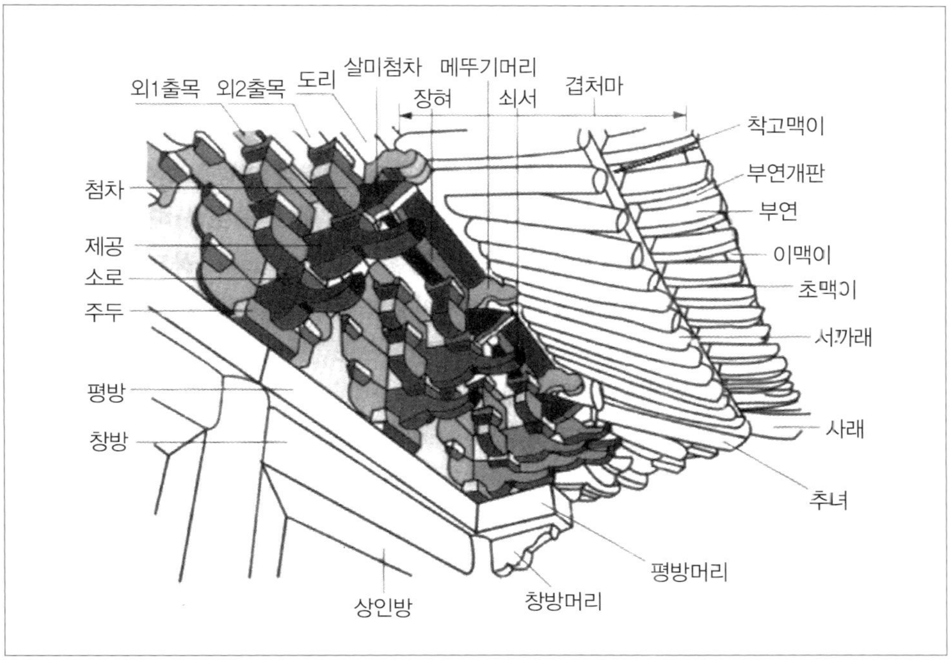

③ 익공식 공포

그 구성이 주심포식 공포와 같이 기둥 위에만 익공을 얹은 것이며 구조가 간결하고 견실하며 경제적이어서 조선 중기 이후에 많이 사용했다. 익공식 공포와 주심포식 공포의 기본적인 상위점(相違點)은 짜임새에 있다. 익공식 공포는 일반적으로 익공이 기둥머리와 주두를 동시에 물고 있는 짜임수법이며 원칙적으로 출목(出目)이 없다.

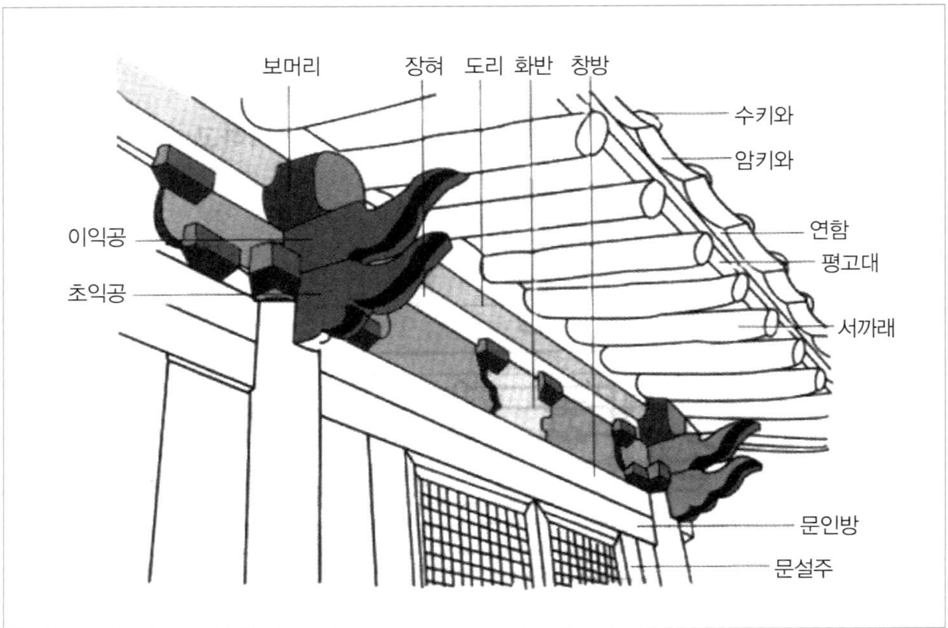

사) 지붕

지붕은 건물 벽 위에 설치하여 하늘과 거주공간을 칸막이하는 덮개이다. 좁은 뜻으로는 윗면 마무리재료(지붕이음재료)와 지붕 밑바탕 부분을 가리키고, 넓은 뜻으로는 지붕을 떠받치는 지붕틀을 말한다.

지붕은 크게 평지붕과 물매지붕으로 나눈다. 평지붕은 수평인 지붕(물흐름경사가 1/100~5/100 정도의 매우 완만한 경사는 물에 잠긴다)으로, 원래 강수량이 적은 지역에서 이용되는데, 중근동 등의 사막지대에서는 나뭇가지를 수평으로 걸쳐 놓고 그 위에 흙만 얹은 간단한 평지붕을 흔히 볼 수 있다. 평지붕은 흔히 옥상으로 불리는데, 그 위를 걸을 수 있도록 한 것을 보행상, 그렇지 않은 것을 비보행상이라고 한다. 지붕의 형태는 다음 그림과 같다.

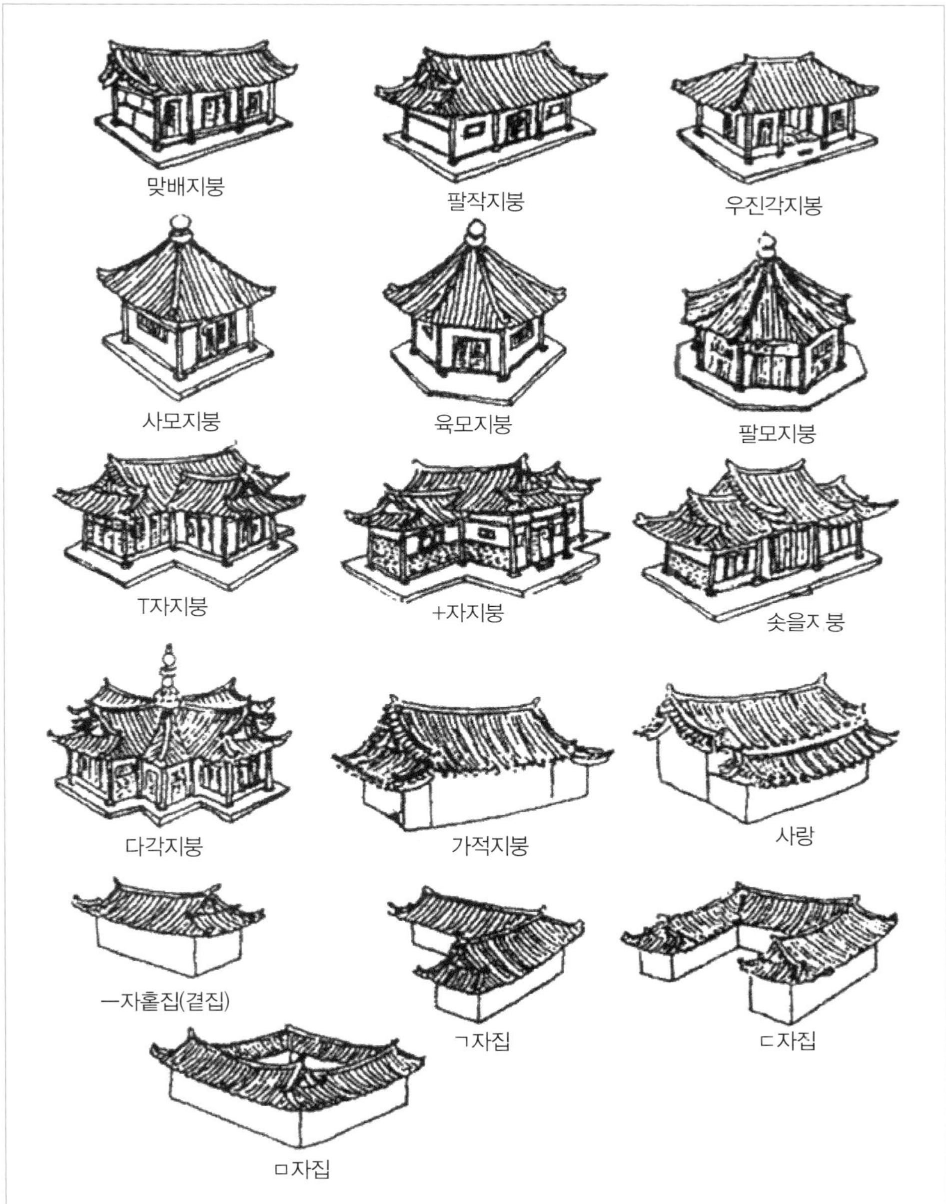

한국건축 지붕은 초가지붕, 기와지붕에 관계없이 일반적으로 곡선을 많이 사용한다. 이는 육중한 지붕 느낌을 가볍고 동적으로 보이기 위함이다. 기와지붕의 단면도는 다음과 같다.

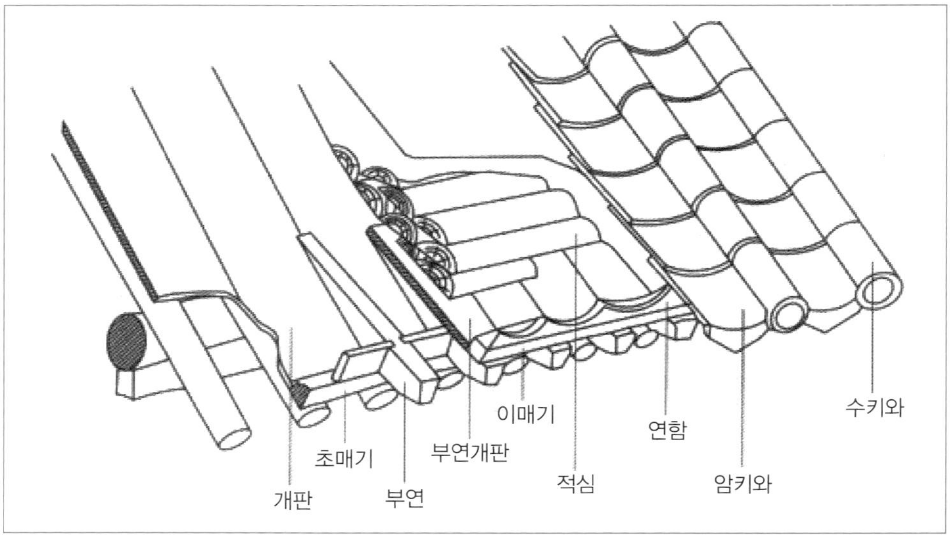

자료 : 김왕직, 앞의 책, 189쪽.

아) 기와의 종류

기와에 즐겨 사용한 무늬는 연꽃무늬, 당초무늬, 귀면문(도깨비)이다. 이외에도 구름무늬, 국화무늬, 모란무늬, 어골무늬 등이 시문되었고, 문자나 추상무늬 등도 사용되었다.

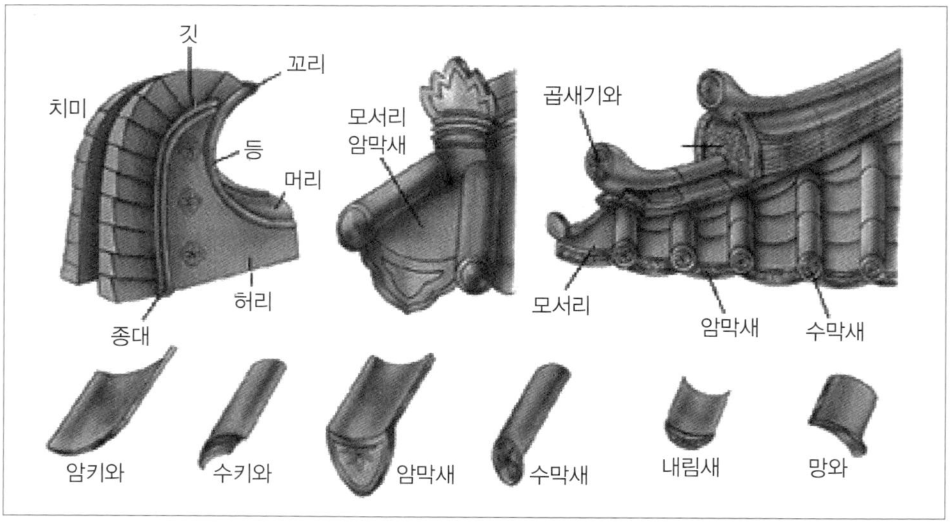

자) 문(門)과 창호(窓戶)

문은 출입을 위한 개구부(開口部)이고, 창은 일조나 환기를 위한 개구부이다. 문은 외부공간을 서로 연결해 주는 독립된 문과 건물 내외부 출입을 위한 건물에 다는 문으로 구분할 수 있다. 행랑채와 높이가 같은 문을 평대문, 행랑채보다 높이가 높은 문을 솟을대문이라고 한다.

창호는 쓰이는 재료에 따라 목제와 금속제로 나뉘고, 종류도 다양하다. 열고 닫는 데 따라 문에는 외여닫이문 · 쌍여닫이문 · 미닫이문 · 미세기문 · 자재문 · 회전문 · 접문 등의 종류가 있고, 창에는 붙박이창 · 외여닫이창 · 쌍여닫이창 · 미세기창 · 오르내리창 · 회전창 · 미들창 등이 있다.

분류		종류
개폐방식		여닫이, 미닫이, 미서기, 들어걸개, 벼락닫이, 접이문, 붙박이
성격	문	대문, 중문, 협문, 쪽문, 일각문, 삼문, 사주문, 일주문, 누문, 홍살문, 신문, 정려문, 효자문, 성문, 암문, 수문, 이문(里門)
	창호	분합, 쌍창, 독창, 영창, 흑창, 갑창, 광창, 바라지창, 장지, 연창(불발기창), 들창(걸창), 봉창, 사창, 눈꼽째기창, 살대, 거적문
살대유무	살창	세살, 만살, 아자살, 완자살, 숫대살, 용자살, 꽃살, 빗살, 도듬문, 쇄창(鎖窓)
	판문	통판문, 널판문, 우리판문, 빈지널문

자료 : 김왕직, 앞의 책, 219쪽.

그림 5-4 문의 각 부분별 명칭

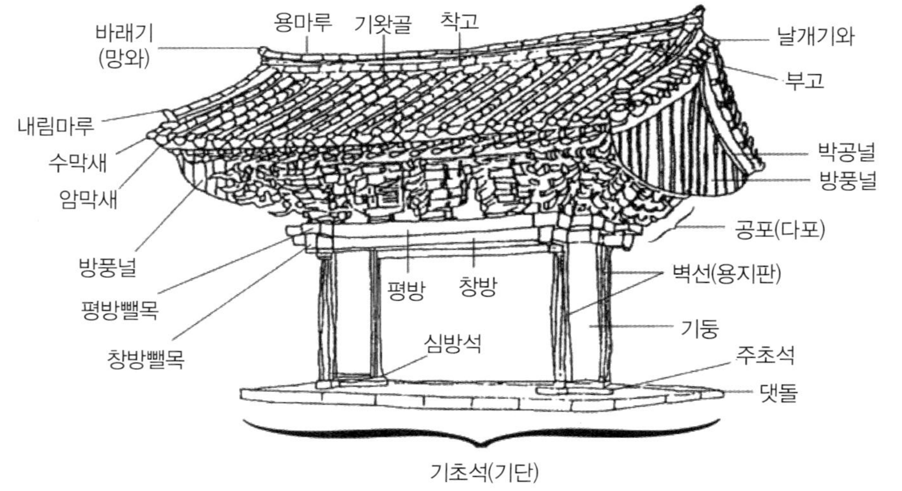

자료 : 신남주, 앞의 책, 112쪽.

그림 5-5 각종 창호 무늬

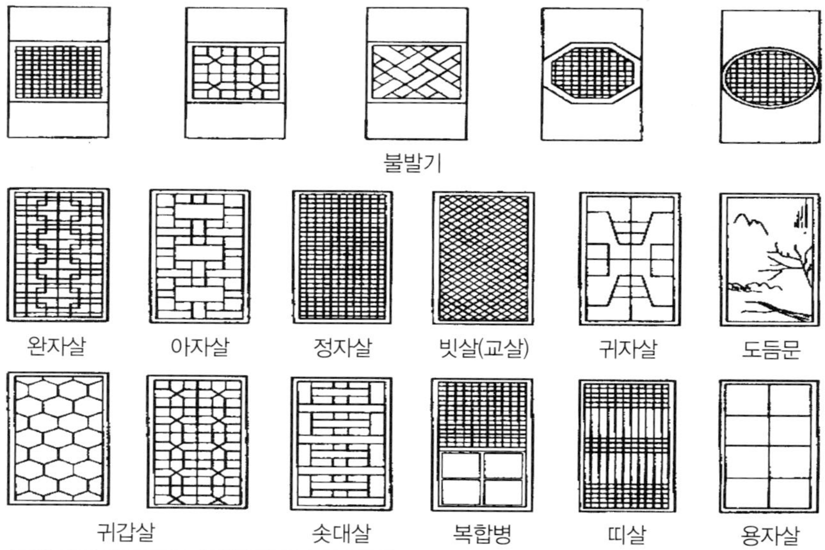

차) 단청

단청은 목조건축을 아름답게 장식하는 의장기법(意匠技法)으로서 청색·적색·황색·백색·흑색 등 다섯 가지 색을 기본으로 하여, 건축물에 여러 가지 무늬와 그림을 그려 구조물을 보호하는 동시에 외관상의 미(美)를 돋보이게 하려는 것이다. 단청하는 대상물은 목조건축뿐만 아니라 석조(石造)·전조(塼造)의 고분, 기명(器皿)·공예품·조상(造像) 등에도 채화(彩畵)하였으나 목조건물에 가장 많이 사용되었다.

표 5-5 음양오행사상에 따른 색채

색상	오행	방위	절기	의미
청(靑)	목(木)	동(東)	춘(春)	평화, 발전
적(赤)	화(火)	남(南)	하(夏)	행복, 희열
황(黃)	토(土)	중(中)	토용(土用)	권력, 황제
백(白)	금(金)	서(西)	추(秋)	평화, 비애
흑(黑)	수(水)	북(北)	동(冬)	파괴, 유연

① 무늬

단청의 무늬는 한 채의 건물에도 부재에 따라 서로 다르게 하므로 그 종류가 다양하다. 단청무늬의 체계는 무늬의 구성상 특징과 장식 구성에서 차지하는 위치에 따라 크게 모루초·별지화(別枝畵)·비단무늬·단독무늬로 나뉜다. 이 가운데 모루초는 머리초라고도 하며 평방·창방·도리·대들보 등 부재의 양쪽 끝과 기둥머리, 서까래 및 부연 끝 등 부재의 귀퉁이에 놓는 무늬이다. 모루초의 무늬는 시대와 건물에 따라 조금씩 다르기는 하지만 녹화무늬·연꽃무늬·석류무늬·방울무늬를 순서에 따라 배열한 다음 휘무늬를 붙인 것이 기본형식이다.

그림 5-6 무늬의 구성

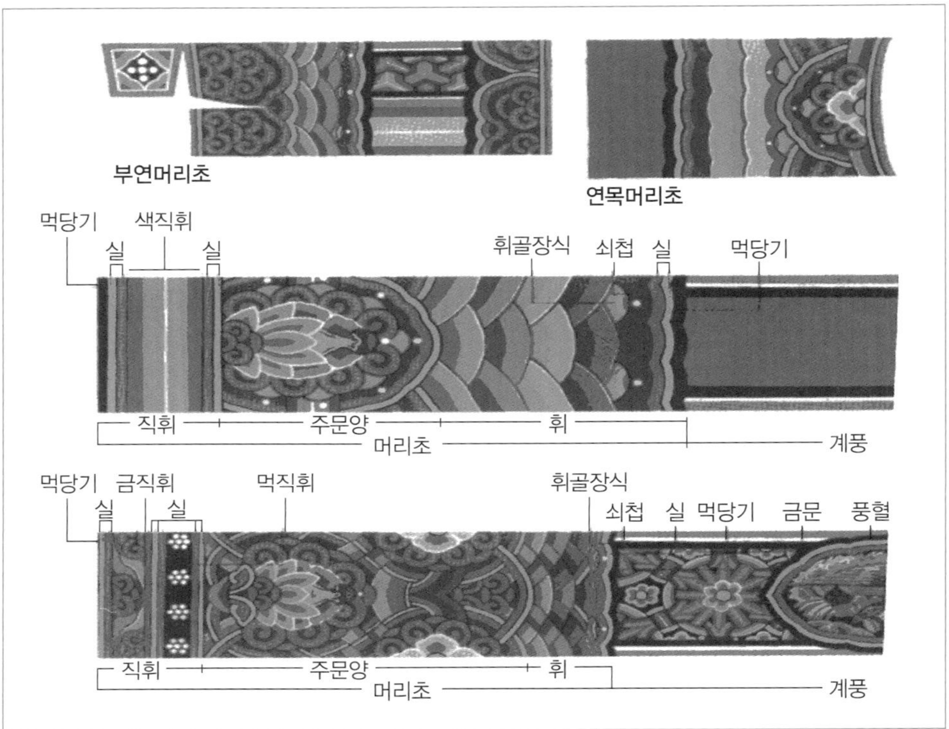

자료 : 김왕직, 앞의 책, 290쪽.

② 색조(色調)

단청의 색조는 시대성을 반영하여, 고려시대에는 외광(外光)을 강하게 받는 부재인 기둥과 같은 곳에는 붉은색을 칠하였고, 외광을 받지 않는 추녀나 천장부분에는 녹청색을 칠함으로써 장식의 명도를 높여 상록하단(上綠下丹)의 원칙을 지켰다. 조선시대의 경우 색조는 주로 장단(長丹) · 주홍(朱紅) · 양청(洋靑) · 황(黃) · 양록(洋綠) · 석간주 등을 많이 사용하였고, 이들 색채들을 흰색과 먹색 및 기타 색깔과 배합하여 여러 가지 다른 색깔을 만들어 썼는데, 색계열(색띠)과 색계열 사이에는 하나하나 백분으로 구획선을 그어 무늬의 윤곽과 색조를 두드러지게 하였다.

③ 안료(顔料)

단청에 쓰이는 착색제인 단청안료(丹靑顔料)는 색상이 선명하고 안정된 것이 쓰인다. 기존의 안료에는 좋은 빛깔의 천연산 희귀광석을 분쇄하여 얻는 암채(岩彩)와 자연산 색토분(色土粉)을 수비(水飛)하여 얻는 이채(泥彩), 그리고 광석이나 금속 또는 자연산물을 소성하거나 화학처리하여 얻는 무기질(無機質) 안료가 있다.

색 이름(色名) 가운데 석(石)자가 붙은 것, 즉 석황(石黃)·석청(石靑)·석록(石綠)·석간주 등은 암채이고, 토(土)자가 붙은 것, 즉 황토(黃土)·주토(朱土) 등은 이채이다. 그리고 중국에서 온 것은 당홍(唐紅)이나 당청(唐靑)처럼 시대에 관계없이 당(唐)자를 붙이고, 근래 서양에서 온 것은 양홍(洋紅)·양청(洋靑)처럼 양(洋)자를 붙여서 색명을 쓰게 되었다. 오늘날에는 암채가 너무 비싸고 구하기 어려워서 주로 화공처리(化工處理)하여 생산되는 합성무기질(合成無機質) 안료를 사용하고 있다.

카) 장엄장식(莊嚴裝飾)

장엄장식이란 치장하고 장식하는 것이다. 즉 건축물의 어떤 의미나 상징성을 갖도록 하기 위한 것이라고 할 수 있다. 여기에는 〈표 5-6〉처럼 여러 형태의 장엄장식이 있다.

표 5-6 장엄장식에 사용되는 것들

종류	내용
닫집	불전이나 궁전의 좌대 위에 지은 작은 집. 한자로는 당가(唐家)라고 한다.
어탑(御榻)	불단처럼 궁궐의 정전에 임금이 앉는 자리의 단을 높여 놓은 시설
사자(獅子)	부처 및 왕권의 권위를 상징하는 의미
용(龍)	상상의 동물로 불법을 수호하는 호법신, 임금을 상징하는 동물
해태와 사신	상상의 동물. 물을 상징함으로써 화재를 막는다는 의미
드무	궁궐 정전건물 네 모서리에 방화수를 담아놓는 그릇

종류	내용
풍경	풍탁(風鐸)이라고도 하며, 추녀 끝에 달린 경쇠
주련	기둥에 세로로 건 현판
편액	건물이름을 써붙인 현판
만(卍)자	태양을 상징하는 십자(十)로부터 나왔음. 태양신 숭배를 의미
태극	성리학에 뿌리를 둔 것으로 이태극, 삼태극 등 여러 문양이 있다.
귀면	물고기나 연꽃 등을 입에 문 형태로 화반이나 문, 청반, 보머리, 닫집 조각장식에 쓰임
십이지신상	잡귀의 침입을 막는 벽사(辟邪)의 의미로 사용
사물	목어, 운판, 법고, 범종을 말하는 것으로 중생을 제도하는 법성(法性)의 소리를 뜻함

타) 담장

담장은 집터 등의 경계선에 설치되는 연속된 벽으로서 틈새가 적고, 출입을 막는 것이 목적이다. 울 · 울타리라고도 한다. 담장의 기본조건은 외부와의 시각적 · 음향적 차단, 건물과 환경의 조화, 경계의 표시 등이다. 담장의 종류로는 돌담장을 비롯하여 토담 등 여러 형태가 있으며 구체적으로 설명하면 다음 표와 같다.

종류	내용
흙벽(토담)	기왓장을 평평하게 놓고 그 위에 점토(粘土)를 7~8cm 정도의 두께로 얹어서 구조체(構造體)를 형성한 것이다. 진흙에 지푸라기와 석회를 섞어서 쌓은 담으로서 틈새에 잔돌을 넣으며, 농촌주택에서 많이 쓰인다.
돌담	농 · 어촌 주택에 많다. 중 · 상류층의 주택이나 궁궐, 그 밖에 사찰 · 분묘 등의 건축에는 네모반듯한 돌{사고석, 四塊石(사괴석이라고도 함)}을 바로 쌓아 올리는 사고석담이 이용된다.
연와담	빨간 연와나 지나치게 타버린 연와로 쌓는다. 영국식 · 네덜란드식 · 프랑스식 등 여러 가지 형식이 있다.
콘크리트담	거푸집을 만들고 그 속에 콘크리트를 집어넣어서 만든다. 보통은 철근 콘크리트로 만든다.

종류	내용
생울/생원(生垣)	농촌 또는 산간지방의 주택에 널리 이용되는 생나무 울타리로 탱자나무 · 가시나무 · 개나리 · 찔레나무 · 대나무 등이 사용된다.
판장(板墻)	일정한 간격으로 세운 나무기둥 사이를 상 · 중 · 하 3곳에 인방(引枋)을 가로지른 다음 여기에 널빤지를 대어서 만든 담으로 서민주택에 사용된다.
벽돌담	벽돌을 쌓아서 만들며 중 · 상류 주택이나 궁궐에서 쓰인다. 윗면에는 암키와와 수키와로 지붕을 만들고 처마는 막새기와나 수키와로 마무리한다.
영롱담/영롱장(玲瓏牆)	벽돌을 쌓아올린 담의 중간중간에 벽돌을 빼내어 구멍을 낸 담이다
화초담/화초장(花草牆)	담벽에 꽃이나 여러 가지 장식무늬를 만든 것으로 화문담{또는 화문장(花文墻)}이라고 한다. 무늬는 주로 글씨나 사슴 · 학 등 상서로운 동물을 새겨 넣는다.

그림 5-7 창덕궁 인정전

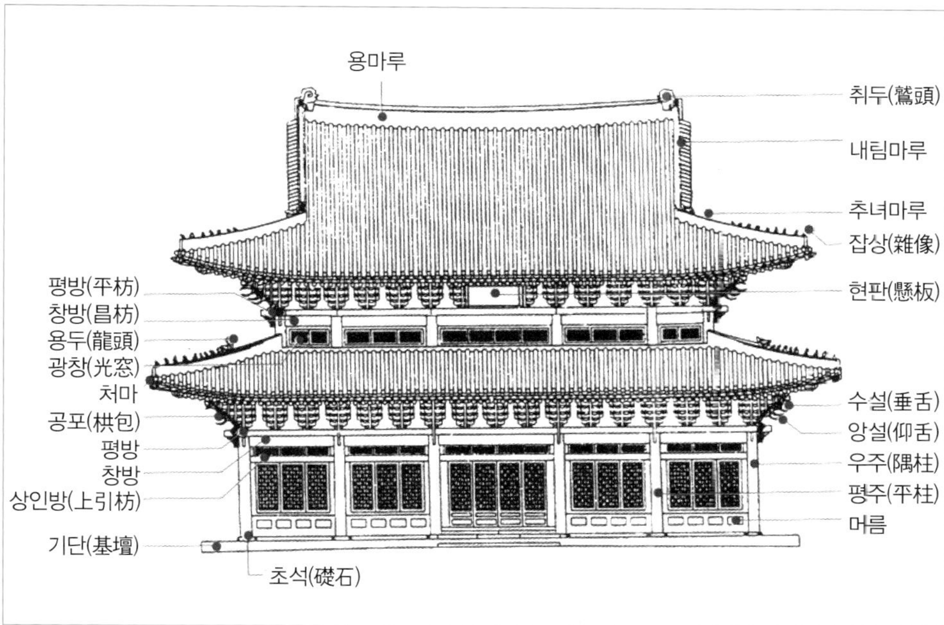

자료 : 김동현, 서울의 궁궐건축, 시공사, 2002, 294쪽.

3) 사찰(寺刹, Temple)

사찰이란 승려들이 거주하면서 불도(佛道)를 닦고 교법을 설하기 위해 세운 건축물이다. 절을 한자로 사(寺)라 하고 가람(伽藍)이라고도 하는데, 이는 범어의 상가라마(Saṅghārāma)를 한자로 음역한 것이다. 이는 중원(衆院) 또는 정사(精舍)라는 뜻으로 남자승려(비구, 比丘), 여자승려(비구니, 比丘尼), 남자신도(청신남, 淸信男), 여자신도(청신녀, 淸信女)와 같은 4중(四衆)이 모여 사는 집이라는 뜻이다.

한국 사찰을 알기 위해서는 불교의 일반적 기초지식을 쌓지 않으면 안 된다.

(1) 사찰의 문

일주문(一柱門)	사찰 영역의 입구에 있는 문이다. 기둥이 한 줄로 서 있다는 데서 일주문(一柱門)이란 이름이 유래하였는데, 한마음(一心)을 가다듬으라는 뜻도 담겨 있다. '○○산(山) ○○사(寺)'와 같은 사찰의 이름을 적은 현판이 걸려 있다.
금강문(金剛門)	금강역사가 서 있는 문으로 인왕문이라고도 한다. 인왕이라고도 불리는 금강역사는 부처님과 사찰을 수호하는 신으로 보통 둘이 서 있다. '아' 하고 입을 벌린 밀적역사(密迹力士)는 나쁜 세력을 공격하는 자세이고 '음' 하고 입을 다무는 나라 연역사는 적의 공격을 방어하는 자세이다.
천왕문(天王門)	사천왕을 모시는 문이다. 원래 동서남북의 세계를 주관하는 사천왕은 불교에 귀의하여 불법을 지키는 수호신이 되었다. 동쪽의 지국천왕(持國天王)은 비파, 남쪽의 증장천왕(增長天王)은 칼, 서쪽의 광목천왕(廣目天王)은 용과 여의주, 북쪽의 다문천왕(多聞天王)은 탑과 깃대를 들고 있다.
해탈문(解脫門)	사찰의 중심부인 법당 구역 입구에 있는 문이다. 앞의 문들을 거치며 번뇌를 잊고 깨달음의 세계에 들어왔음을 나타낸다. 깨달음의 세계에서는 부처의 세계와 중생의 세계가 둘이 아니라는 의미에서 '불이문(不二門)'이라고도 한다.

주 : 사찰의 구성요소를 모두 갖춘 절이라고 가정할 때 대웅전 앞마당에 이르기까지 차례로 통과해야 할 4개의 문을 순서대로 정리하면 일주문-금강문-천왕문-해탈문 순이다.

(2) 사찰의 전각

전각명칭	별칭	본존	전각명칭	별칭	본존
적멸보궁	금강계단	진신사리	정경각	법보전 대장전	경전 경판
대웅전	각황전	석가모니불	영산전		석가모니불
팔상전		석가모니불	천불전		과거칠불 현겁천불

전각명칭	별칭	본존	전각명칭	별칭	본존
비로전	대적광전 화엄전	비로자나불	극락전	무량수전 아미타전	무량수불 아미타불
미륵전	내원궁	미륵보살 미륵불	약사전	유리전	약사불
관음전	원통전 보타전	관음보살	명부전	지장전 시왕전	지장보살
나한전	응진전	16나한 500나한	조사당	영각 국사전	고승대덕
삼성각	산신각	산신	삼성각	독성각	나반존자
삼성각	칠성각	칠여래, 칠성			

자료 : 김봉렬, 불교건축, 솔출판사, 2004, 227-232쪽.

(3) 사물(四物)

범종(梵鐘)	범종의 소리는 땅속으로 가라앉기 때문에 땅속에 있는 동물과 지옥의 중생들에게 부처님의 가르침을 전한다. 아침에 28번, 저녁에 33번 타종한다.
법고(法鼓)	법고의 소리는 사방으로 울려 퍼지며 숲과 들판을 뛰어다니는 동물들에게 가르침을 전한다. 법고를 울릴 때에는 마음 '심(心)'자를 그리며 두드린다.
목어(木魚)	나무를 물고기 모양으로 깎아 만든 목어는 물속에 사는 여러 중생에게 가르침을 전한다.
운판(雲板)	구름 모양의 운판은 쇠로 만들며 소리가 공중으로 날아올라 가기 때문에 하늘을 날아다니는 새나 허공을 헤매는 영혼들에게 가르침을 전한다.

(4) 불상의 명칭

(5) 수인(手印) = 인상(印相)

수인이란 구체적인 표상을 상징적으로 나타내는 것으로 인계(印契) · 밀인(密印) · 인상(印相)이라고도 하며, 그냥 인(印)이라고도 한다. 즉 부처나 보살의 손 또는 손가락으로 이루는 특정한 동작을 말하는데, 두 손만으로 상징적인 모양을 나타내는 경우(手印)와 손에 연화(蓮華) · 검(劍) · 정병(淨瓶) · 보주(寶珠) · 석장(錫丈) 등의 지물을 잡은 모습, 즉 계인(契印)의 구별이 있다. 불교도상학(佛教圖像學)에서 이들 인상은 교리적인 의미나 특정한 일화를 상기시키므로 불의 신원(종류)을 밝히는 데 중요한 단서가 되기도 한다.[14]

주요 수인은 다음과 같다.

14 佐和隆研, 佛像案內, 古川弘文館, 1978, 15-16쪽.

선정인 (禪定印)	참선(선정)할 때 짓는 수인으로 결가부좌로 앉아 삼매(三昧)에 드는 경지를 말하므로 삼마지인(三摩地印)이라고도 하며, 석가가 수도할 때 지은 손가짐이다. 결가부좌한 다리 위로 왼손을, 그 위에 오른손을 포개어 놓고 양 엄지를 맞대는 모습이다.	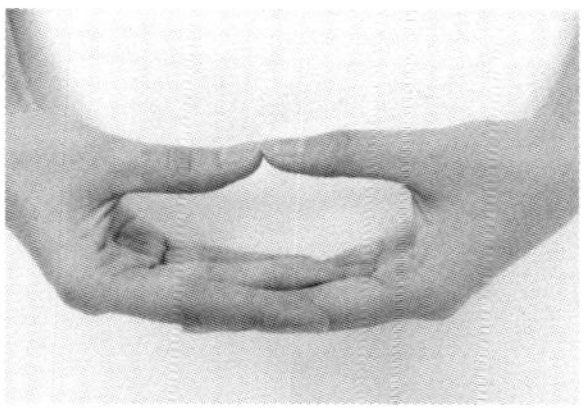
항마촉지인 (降魔觸地印)	정각(正覺)에 이르기 직전 악마의 유혹을 받음에 지신(地神)을 가리키며 깨달음을 증명하라고 했을 때 지은 동작이다. 오른손을 무릎 아래로 향하게 하여 손가락으로 땅을 가리키거나 손을 땅에 대는 모습에서 촉지인 또는 지지인(指地印)이라고도 한다.	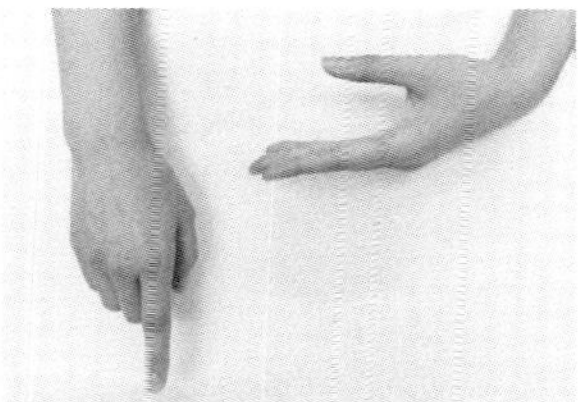
전법륜인 (轉法輪印)	불타가 설법할 때의 손가짐을 말한다. 양 엄지와 검지의 끝을 맞대어 2개의 원을 그리고 나머지 손가락을 펴는 동작인데, 이때의 2원이 불법의 수레바퀴, 즉 법륜을 상징하는 것이다. 이 법륜은 마치 우주의 수레바퀴처럼 세계를 두루 돌며 모든 악을 분쇄하고 무수히 존재하는 불법을 모든 중생에게 영원히 전파한다는 의미를 갖고 있다.	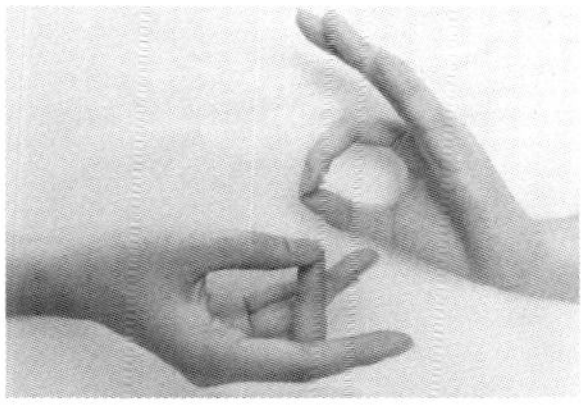
시무외인 · 여원인 (施無畏印 · 與願印)	시무외인(Abhayamudra)은 오른손을 위로 들어 손바닥을 펴서 밖으로 향한(外掌) 모습으로 모든 중생에게 두려움을 없애주고 평정을 주는 힘을 가진다는 것을 의미한다. 여원인은 시원인(施願印)이라고도 하는데, 왼손을 아래로 내려 손바닥을 밖으로 향한 모습으로 중생의 어떠한 소원이라도 모두 들어주는, 자비를 베푼다는 것을 상징한다.	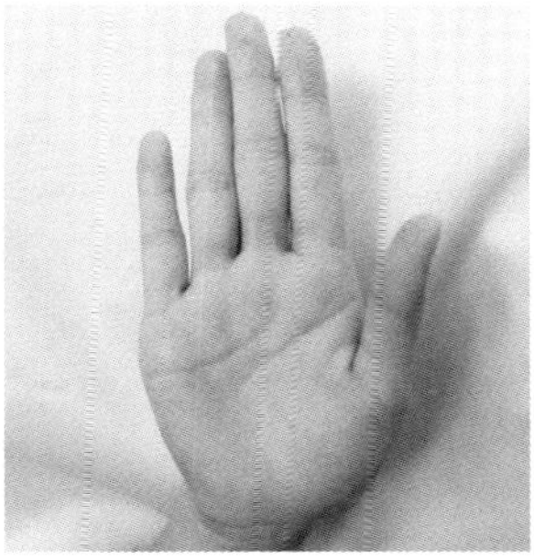
아미타정인 (定印) 9품인(九品印)	아미타불이 짓는 수인인데 아미타정인은 무릎 위에 놓고 양 엄지의 끝을 맞대고 다른 손가락들은 펴서 깍지를 낀 모습이다. 아미타 9품인은 설법의 이해 정도에 따라 중생을 3등급(三品)으로 나누고 이를 다시 3으로 세분하여 모두 9등급으로 나누어 각기 그에 알맞게 교화한다는 것을 의미한다. 9품인은 상품상생(上品上生) · 상품중생 · 상품하생 · 중품상생 · 중품중생 · 중품하생 · 하품상생 · 하품중생 · 하품하생인(印)이다.	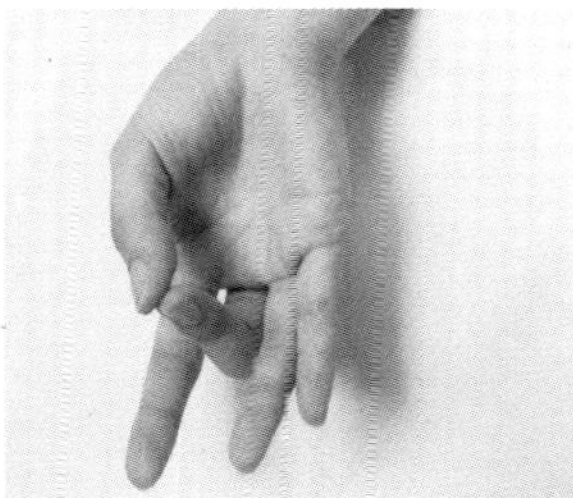

지권인 (智拳印)	두 손을 가슴 앞에 모아서 각 엄지를 손바닥으로 감추고 주먹을 쥔다. 이런 주먹 쥔 손을 아래위로 겹쳐놓고 왼손의 검지를 세워 오른손의 주먹 속으로 넣은 모습이다. 이것은 이(理)와 지(智), 중생과 불(佛), 미(迷)와 오(悟)가 원래는 하나라는 것을 상징하는데, 이 손 모양을 봄으로써 그런 진리를 깨우치게 하려는 것이다.	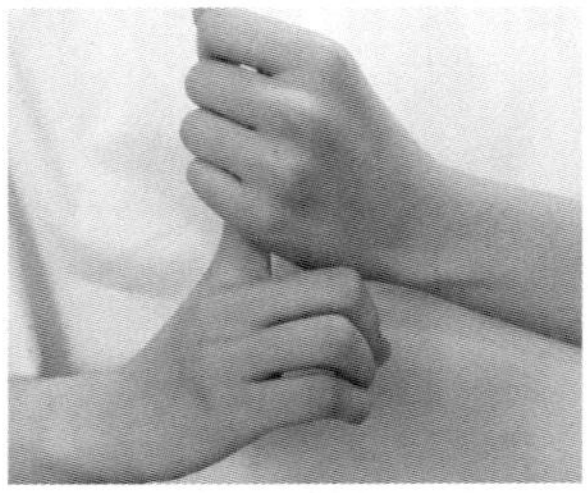

주 : 삼법인(三法印) : 세 가지 진실한 가르침으로 '① 제행무상(諸行無常) : 모든 것은 변화한다. ② 제법무아(諸法無我) : 모든 변화하는 것에는 '나'라는 실체가 없다. ③ 일체개고(一切皆苦) : 모든 변화하는 것은 괴로움을 발생시킨다'의 세 가지를 뜻한다. 여기에 '열반적정(涅槃寂靜) : 모든 괴로움의 불꽃이 꺼진 상태'를 포함시켜 '사법인'이라고도 한다.

(6) 사무량심(四無量心) : 남을 대할 때의 올바른 네 가지 마음가짐

① 자무량심(慈) : 남을 평등하게 사랑하여 언제나 밝은 모습으로 대하는 마음

② 비무량심(悲) : 남의 고통을 함께 슬퍼하며 그 고통을 덜어주고자 하는 마음

③ 희무량심(喜) : 남의 기쁨을 진정한 자신의 기쁨으로 생각하는 마음

④ 사무량심(捨) : 남을 대할 때 아무런 치우침 없이 평등하게 대하는 마음

- 보살(菩薩) : 보리살타(보제살타)의 준말. 범어로는 Bodhisattva. 상구보리 하화중생{上求菩提下化衆生 : 위로는 보리(깨달음)를 구하고 아래로는 중생을 교화}하는 자이며, 깨달음(菩)을 구하는 중생(薩)이다.
- 자비(慈悲) : 자(慈)–적극적으로 상대방에게 이익과 기쁨을 주는 것. 비(悲)–고통받는 이의 불이익과 고통을 덜어주는 것
- 바라밀(波羅密, Paramita) : 한자로는 도피안(到彼岸), 즉 피안(열반)에 이른 상태

(7) 불교에서 절(拜)을 하는 의미

① 삼보에 대한 예경과 상대방에 대한 존경을 표하고자

② 하심(下心 : 자신을 낮추는 마음)을 하고자

③ 참회하고자

④ 기도발원하고자

⑤ 무아(無我)의 경지에 들고자

가. 절의 공덕

① 절을 많이 하면 아름답고 건강한 신체를 얻는다.

② 남들로부터 신뢰를 받는다.

③ 스스로 두려움이 없어진다.

④ 불보살님이 항상 보호해 주신다.

⑤ 훌륭한 위엄을 갖추게 된다.

⑥ 모든 사람에게 호감을 주게 된다.

⑦ 죽어서는 극락에 태어난다.

⑧ 마침내는 깨달음을 얻는다.

나. 오체투지(五體投地) : 양 팔꿈치, 양 무릎, 이마의 5부분이 땅에 닿게 하여 자신을 무한히 낮추면서 상대방에게 최대의 존경을 표하는 가장 경건한 예법

다. 고두례(叩頭禮=유원반배) : 세 번째 절을 하고 일어서기 전에 한다. 부처님에 대해 무수히 예경하고픈 간절한 마음을 여기서 마치게 되는 아쉬움을 표현하는 방법으로, 이 순간 발원을 한다.

(8) 불상의 종류

석가모니불	탄생상	룸비니 동산에서 탄생 직후 사방으로 일곱 걸음을 옮긴 다음 한 손은 하늘을, 한 손은 땅을 가리키며 "이 우주에 나만이 존귀하다"라고 외치는 모습이다.
	반가사유상	10대 중반 태자시절의 어느 봄날, 밭갈이하는 것을 지켜보다가 살고 죽는 것이 괴로움임을 목격하고 깊이 고뇌하는 모습이다.
	성도상	5세 때 보리수 아래에서 악마의 유혹을 물리치고 깨달음을 이루는 모습이다. 오른손이 항마촉지인이다.
	설법상	35세에서 80세 사이 사방을 돌아다니며 대중을 상대로 설법하는 모습이다.
	열반상	80세에 사라쌍수 아래에서 입적하는 모습이다. 모로 누운 것은 등에 종기가 나서 똑바로 누울 수 없었기 때문이다.

우량수불 · 아미타불	서방정토를 주재하는 보신불이다. 협시로는 관음보살과 대세지(또는 지장)보살이 있다. 선정인 또는 구품인을 한다.	
비로자나불	여래형	화엄경의 주존불로서 진리 자체를 상징하는 법신불이다. 지권인을 한다.
	보살형	대일여해(마하비로자나불)라고도 한다. 금강계 밀교에서는 머리에 보관을 쓴 보살형에 지권인, 태장계 밀교에서는 보살형에 법계정인(선정인)을 한다.
약사불	대의왕불이라고도 한다. 동방 유리광세계를 주재하는 보신불이다. 질병과 무지까지 지켜 주는 부처이다. 손에 둥근 약단지나 약병을 들고 있다.	
미륵불	석가모니로부터 56억 7천만 년 후 이 땅에 내려와 용화수 아래에서 부처가 된 다음, 세 차례의 설법을 통해 중생을 구원한다는 미래의 부처이다.	

그림 5–8 사찰건물 내부

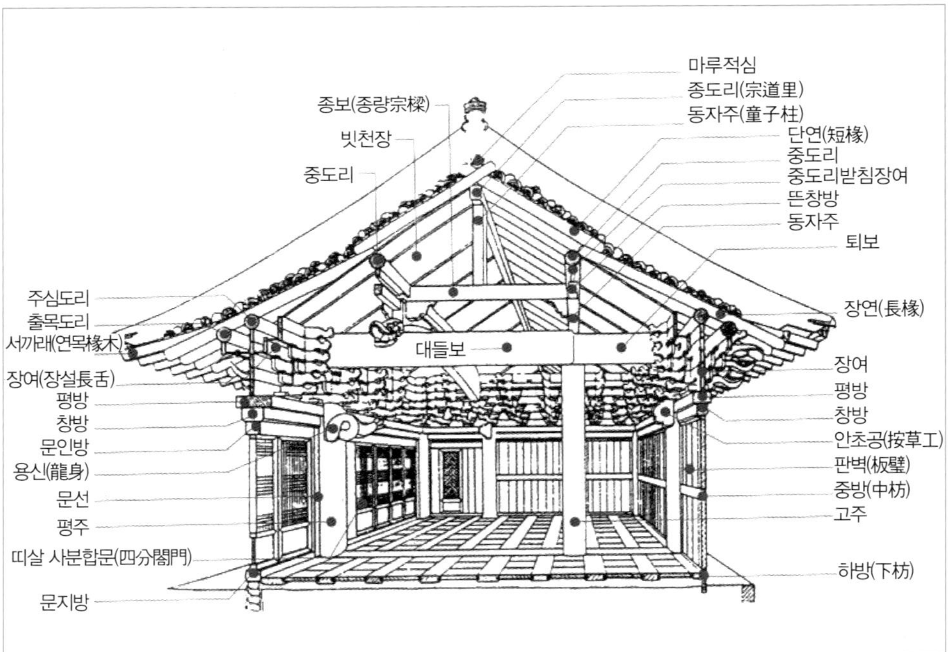

자료 : 김동현, 서울의 궁궐건축, 시공사, 2002, 294

4) 성(城, Castle)

·중국의 만리장성

성이란 보루(堡壘) · 토벽(土壁) · 석벽(石壁) · 목책(木柵) · 해자(垓子) 등 외적의 침입을 막기 위하여 만들어진 군사적 구축물을 말한다.[15]

성곽(城郭)이라는 말도 성과 같은 뜻으로 쓰인다. 그러나 화기가 발달된 근대에 와서 지어진 군사적 방위시설은 성이라 하지 않고 요새라 한다. 처음에는 자연적 지형을 이용하여 방위를 위해서만 성을 쌓았으나, 시대가 지남에 따라 군사목적만이 아니라 국왕 및 영주의 거주 · 권세표시 · 영내통치를 위하여 축조하게 되었다. 또한 중국의 대부분과 서양의 일부에서 볼 수 있듯이 도시 전체를 성벽으로 둘러싼 성곽도시도 나타났다. 성은 현재도 세계 여러 곳에 남아 있으며, 명소 · 고적지로서 중요한 관광자원이 되고 있다.[16]

서양에서는 선사시대부터 10세기 무렵까지 축성의 본질적 특색은 지역 주민 전체의 보호를 목적으로 한 것이었으며, 축성형식은 토성(土城) → 석성(石城) → 저택성(邸宅城) → 요새축성으로 발전하고 있다.

한편 성은 고대부터 근세에 이르기까지 동양에서도 널리 행해졌다. 중국어로 성(城)이라 하면, 넓은 뜻으로는 전원과 구별된 도시를 말하고, 좁은 뜻으로는 천자가 사는 왕궁을 뜻하는 때가 많다.

동양에서 성의 기원은 적어도 메소포타미아의 초기 왕조시대(BC 3000년대)까지 거슬러 올라간다. 당시의 도시는 시가의 바깥 둘레를 성벽(城壁 ; 市壁)으로 둘러싸고, 그 내부에 신전 · 궁전 및 부속시설을 포함하는 성역(聖域 ; 內城)을 마련하고 이를 내성벽(內城壁)으로 둘러싸는 것이 보통이었다.

15 동아출판사편집부, 동아원색세계대백과사전, 제17권, 동아출판사, 1986, 190쪽.

16 http://kr.dic.yahoo.com/search/enc/

표 5-7 성의 분류 및 내용

<table>
<tr><th>분류</th><th>명칭</th><th colspan="3">내용</th></tr>
<tr><td rowspan="4">지위 및 기능</td><td>도성(都城)</td><td colspan="3">수도를 둘러싼 것이다.{예 : 평양성(平壤城), 국내성(國內城), 풍납동토성(風納洞土城)·몽촌토성(夢村土城), 남산산성, 선도산성(仙桃山城)·명활산성(明活山城) 등}</td></tr>
<tr><td>읍성(邑城)</td><td colspan="3">지방 고을의 행정 중심지를 둘러싼 것이다.{예 : 순천(順天) 낙안읍성(樂安邑城), 서산(瑞山) 해미읍성(海美邑城), 경주읍성과 경남의 언양읍성(彦陽邑城) 등}</td></tr>
<tr><td>장성(長城)</td><td colspan="3">적군이 넘어오지 못하게 국경선을 따라 길게 쌓은 것이다.{예 : 중국 랴오둥(遼東) 지방의 천리장성(千里長城)}</td></tr>
<tr><td>관문성(關門城)</td><td colspan="3">주요한 교통로를 차단할 목적으로 쌓은 것이다.</td></tr>
<tr><td rowspan="2">지위 및 기능</td><td>진성(鎭城)</td><td colspan="3">군대 주둔지인 진을 둘러싼 것이다.</td></tr>
<tr><td>창성(倉城)</td><td colspan="3">주요한 창고를 보호할 목적으로 쌓은 것이다.</td></tr>
<tr><td rowspan="4">입지조건</td><td rowspan="2">산성</td><td rowspan="2">산 위에 쌓은 것</td><td>퇴메식</td><td>산꼭대기 주위를 둘러싼 것</td></tr>
<tr><td>포곡식</td><td>계곡을 낀 몇 개 봉우리를 둘러싼 것</td></tr>
<tr><td>평지성(平地城)</td><td colspan="3">평지에 쌓은 것이다.</td></tr>
<tr><td>평산성(平山城)</td><td colspan="3">배후에 산을 끼고 쌓은 것이다.</td></tr>
<tr><td rowspan="4">성벽재료</td><td>토성(土城)</td><td colspan="3">흙을 다져서 쌓은 것이다.{예 : 서울 풍납토성, 임진강의 적성면(積城面)에 있는 육계토성(六溪土城) 등}</td></tr>
<tr><td>석성(石城)</td><td colspan="3">돌로 쌓은 것이다.</td></tr>
<tr><td>토석혼축성</td><td colspan="3">흙과 돌을 섞어 쌓은 것이다.</td></tr>
<tr><td>전성(磚城)</td><td colspan="3">벽돌로 쌓은 것이다. 중국에는 많으나 우리나라에는 수원 화성의 일부 시설물에 벽돌을 사용한 것을 제외하면 없다.</td></tr>
</table>

자료 : http://kr.dictionary.search.yahoo.com/에 의거 재구성

한국의 성은 자연적인 지형을 이용하여 복잡한 평면을 이룬다. 평지의 경우는 물을 이용한 천연의 저지선을, 산의 경우는 산의 능선을 최대로 활용하여 축조하였고, 각종 재료도 부근 산의 돌을 이용하거나 돌이 없는 산은 흙으로 성벽을 구성하였다.

삼국시대 성은 대부분 간단한 목책(木柵)이었고, 본격적인 석축에 의한 성은 삼국이 고대국가로 발전하기 시작한 3세기 이후부터이며 차츰 토성 및 석성으로 발전해 갔다.

현존하는 이들 산성으로는 임진왜란 때의 행주산성(幸州山城), 병자호란 때의 백마산성(白馬山城) · 남한산성 등을 비롯하여 부여의 성흥산성(聖興山城) · 부소산성(扶蘇山城) · 청마산성(靑馬山城) · 청산성(靑山城) · 석성산성(石城山城) · 건지산성(乾芝山城), 공주 공산성(公山城), 경주 남산성 · 부산성(富山城) · 명활산성, 주산산성(主山山城), 물금증산성(勿禁甑山城), 화왕산성(火旺山城) · 목마산성(牧馬山城), 김해 분산성(盆山城), 함안 성산산성(城山山城), 성주 성산성(星山城), 양산 신기리산성(新基里山城) · 북부동산성(北部洞山城) 등을 들 수 있다.

성곽의 구성은 성문, 암문, 수문, 옹성, 체성, 적대, 현안, 여장, 치, 각루, 용도, 해자, 장대, 봉수대 등으로 구성되며, 각각의 용도는 다음 표와 같다.

표 5-8 성곽의 구성

이름	내용	예
성문(城門)	성내/외를 연결하는 통로로서 공격이나 방어에 필요한 시설을 갖춘다.	
암문(暗門)	눈에 잘 띄지 않는 은밀한 곳에 내는 작은 성문	
수문(水門)	배수를 위한 문	
옹성(甕城)	성문 앞에 설치되는 시설물로 모양이 마치 항아리와 같다고 해서 붙은 이름	

이름	내용	예
체성(體城)	원성(元城)이라고도 한다. 바닥에서 여장 아래 미석(楣石)까지의 성벽	
적대(敵臺)	성문 좌우에 설치하는 치(雉)를 체성에 설치하는 것과 특별히 구분하여 적대라고 한다.	
현안(懸眼)	성벽의 외벽 면을 수직에 가깝게 뚫어 성벽에 붙어 적을 공격하는 시설	
여장(女墻)	성벽 위에 설치하는 낮은 담장. 적으로부터 몸을 보호하고 적을 효과적으로 공격하기 위한 구조물	
치(鴙)	성벽의 일부를 돌출시켜 적의 접근을 조기에 관찰하고 성벽에 접근한 적을 정면이나 측면에서 공격할 수 있는 시설물	
각루(刻鏤)	성벽 모서리에 설치된 치	
용도(甬道)	양쪽에 담을 쌓은 길	

이름	내용	예
해자(垓字)	성벽 주변에 인공적으로 땅을 파서 고랑을 내거나 자연하천을 이용하여 적의 접근을 막는 성곽시설	
장대(將臺)	전쟁 시 군사지휘에 용이한 곳에 지은 장군의 지휘소	
봉수대 (烽燧臺)	봉(烽)은 밤에 봉화를 올려 연락하는 곳. 수(燧)는 낮에 연기를 올려 전달하는 것	

봉수의 봉은 밤에는 불로써, 수는 낮에는 연기로써 알리는 방법이다.

해상의 봉수	1개 거화	아무런 이상이 없을 때
	2개 거화	먼 바다에 외적이 나타났을 때
	3개 거화	외적이 해안가 가까이에 접근할 때
	4개 거화	해상에서 외적과 접전하여 싸울 때
	5개 거화	육지에 상륙하여 접전할 때
육상의 봉수	1개 거화	아무런 이상이 없을 때
	2개 거화	외적이 국경 멀리 나타났을 때
	3개 거화	외적이 국경 가까이 접근할 때
	4개 거화	외적이 국경을 침범하여 넘어올 떠
	5개 거화	침입한 외적과 전투가 벌어졌을 때

5) 전묘(殿廟, House of Tomb)

전묘란 조상의 신주(神主)를 모시고, 제사를 지내는 곳인 사당(祠堂)을 말한다.

즉 옛날부터 조상의 신주를 모시고 제사를 지내던 집이다.[17]

가묘라고도 하며, 왕실의 사당은 종묘라고 한다. 우리나라에서는 삼국시대에 들어와 고려시대에 보급된 뒤 조선시대에는 이를 철저히 지켰다. 하지만 지금은 드물어 이를 찾아보기 힘들다.

전묘는 고려 말기 정몽주(鄭夢周, 1337~1392)가 향교를 신설하고 『주자가례(朱子家禮)』에 따라 사서(士庶)로 하여금 가묘(家廟)를 세우게 한 데서 시작된다. 조선시대 주택에서는 가묘를 따로 건축하였으나, 서민은 대청에서 제사 때만 신위(神位)를 모셨고, 중인 주택 일부에서는 제실(祭室)로 사당을 삼았다. 물론 양반주택에서는 따로 사당을 건축하였다. 가묘(사당, 祠堂)는 주택 내의 가장 안쪽으로 담장을 따로 둘러싼 곳에 건축한다.

조선 초기에는 사당을 설치하지 않은 사대부는 문책을 당하기도 하고, 또 이것이 시빗거리가 되기도 하였다. 선조 이후부터는 사대부 양반층에 일반화되었고 서인(庶人)들도 이에 따랐으며, 가난한 사람들은 대청 모퉁이나 기타 적당한 곳에 부설하였다. 사당에는 삼년상을 마친 신주를 모시는데, 옛날에는 집을 지으려면 반드시 먼저 사당을 세워야 했다.[18]

6) 사우(祠宇, Shrine/사당, 祠堂)

사우는 조상의 신주(神主)를 모셔 놓은 집이다. 즉 사당과 같은 뜻이다. 조선시대 주택 안에 세워 조상의 위패를 모시고 제사를 지내던 집을 일컫는다.[19]

서민은 대청에서 제사 때만 신위(神位)를 모셨고, 중인 주택 일부에서는 제실(祭室)로 사당을 삼았다. 물론 양반주택에서는 따로 사당을 건축하였다.

사당의 정문은 일각대문이나 삼문으로 건축하고 대개 정면 3칸, 측면 1칸 또는 1칸 반의 직사각형 평면으로 단층맞배집으로 건축되는 것이 일반적이다.

---

17 동아출판사편집부, 동아원색세계대백과사전, 제24권, 동아출판사, 1986, 420쪽.

18 http://100.naver.com/에 의거 재구성.

19 동아출판사편집부, 동아원색세계대백과사전, 제15권, 동아출판사, 1986, 157쪽.

7) 서원(書院, Lecture Hall)

서원은 우리나라의 선현을 배향하고 유생들을 가르치던 조선의 대표적인 사학교육기관이다. 서원의 명칭은 중국 당나라 때 궁중에 설치되어 서적을 편찬하고 보관하던 집현전서원(集賢殿書院)에서 유래되었으나, 오늘날 서원의 개념인 '선현을 배향하고 유생들을 가르치던 사학교육기관'으로서의 서원은 송나라에서 시작되었다.[20] 우리나라에서는 1542년(중종 37년) 풍기군수 주세붕(周世鵬, 1495~1554)[21]이 고려 말에 처음으로 성리학을 소개한 안향(安珦, 1243~1306)[22]의 옛 집터에 설립한 백운동서원이 최초라고 알려져 있다.[23]

초기의 서원은 인재를 키우고 선현 · 향현에 제사지내며 유교적 향촌 질서를 유지, 시정(時政)을 비판하는 사림(士林)의 공론(公論)을 형성하는 구실을 하는 등 긍정적인 기능을 발휘하였으나 증설되어 감에 따라 혈연(血緣) · 지연(地緣)관계나 학벌(學閥) · 사제(師弟) · 당파(黨派)관계 등과 연결되어 지방 양반층의 이익집단화(利益集團化)하는 경향을 띠게 되어 1738년(영조 14년) 서원의 철폐 및 대대적인 서원 정비를 단행하기도 하였다.

교육은 원장 · 강장(講長) · 훈장 등 원임(院任)이 수행하였다. 입학자격은 일반적으로 생원 · 진사를 대상으로 하였다. 교육내용은 이황(李滉, 1501~1570)의 '이산서원원규(伊山書院院規)'에서 제시한 교재의 범위와 학습 순서가 정형이 되었다. 즉 성리학 · 도학적인 것이 중심을 이루는데, 사서오경(四書五經)[24]을 본원(本源)으로 삼고 '소학(小學)', '가례(家禮)'를 문호(門戶)로 삼았다.

---

20 동아출판사편집부, 동아원색세계대백과사전, 제17권, 동아출판사, 1986, 616쪽.

21 조선 중기의 문신 · 학자. 사림자제들의 교육기관으로 백운동서원을 세워 서원의 시초를 이루었다.

22 고려시대의 유학자로 좌부승지 · 판밀직사사 · 도첨의중찬 등을 지냈으며, 한국 성리학의 시조라고 불린다.

23 한국관광공사, 문화관광자원답사, 2005, 7쪽.

24 사서(四書)란 논어(論語), 맹자(孟子), 대학(大學), 중용(中庸)을 말하는데, 그중 대학, 중용은 원래 예기(禮記) 중의 두 편(編)을 각각 독립시켜 별책으로 한 것이다. 송학(宋學)에서는 모든 경서류에 앞서 배워야 하는 것으로 규정되다시피 하여, 주희(朱熹)의 사서집주(四書集注)에 의해 그 지위가 확정되었다. 오경(五經)이란 한대(漢代)에 중시된 시(詩), 서(書), 역(易), 예기(禮記), 춘추(春秋) 등 5서에서 기원된 것이다.

전통적 교수방법으로는 배운 글을 소리 높여 읽고 의리를 문답하는 강(講)이 있다. 조선왕조에서 서원의 성립은 일반적으로 서재(書齋), 정사(精舍)류의 사학(私學)과 사묘(祠廟)와의 전통 결합으로 파악하는 경향이 있기도 하다. 그러나 서원의 남설기(藍設期)에는 사우가 서원으로 발전하고 그에 따라 서원과 사우가 혼동되어 동일시되는 경향이 있어 서원의 개념설정에 있어 어려운 점이 있다.[25]

사액서원이란 왕의 친필로 쓴 액(현판)과 서적, 노비, 학전을 하사받은 서원을 말한다.

(1) 서원건축물의 구성

교육과 관련한 시설물로는 강당(講堂), 동 · 서 서재(書齋), 장판각(藏板閣), 경각(經閣) 부속서당 등이 있으며, 제향(祭享)과 관련한 시설물로는 사당, 전사청(典祀廳), 영정실 등이 있다. 이외에 부속건물로는 누각, 정자, 고사(庫舍), 비각 등이 있다.

표 5-9 건축물의 명칭과 용도

명칭	용도
강당	유생들이 모여 강(講)하는 곳. 원장이 거처하는 곳
재사(齋舍)	원생들이 숙식과 독서를 하던 곳
장판각(藏板閣)	선현들의 문집을 판각(板刻)하여 서적을 펴내는 곳. 판본이나 서적을 수장(受贓)한다.
사당	~사(祠), ~묘(廟), ~사우(祠宇), ~서원(書院) 등의 어미를 붙여 부른다. 제향공간의 중심으로서 선현 · 선조 등의 위패를 모시고 춘 · 추로 제향을 베푸는 건물이다.
전사청(典祀廳)	제기고(祭器庫), 전사고(典祀庫) 등으로 불리며, 제향(祭享)할 때 제를 마련하는 곳이다.
영정실	선현들의 영정을 보관하는 곳
누각/정자	유생들이 풍수를 즐기며, 시작(詩作), 사색, 여가를 보내는 곳이다.
고사(庫舍)	서원을 관리하는 원노(院奴)들이 거처하는 곳. 제향 시에는 제수 및 식사 준비를 하기도 한다.

25 김은중, 한국의 서원건축, 문운당, 1996, 10쪽.

(2) 서원건축물의 배치유형

서원건축물의 배치유형은 다양하게 나타나고 있으나, 그 기본골격은 중국의 공자(孔子, BC 551~BC 479)묘나 서원건축 등 유교 교육시설 등에서 유래한 것으로 보이며, 특히 성균관이나 향교건축 등을 통히 제도화된 기본개념을 토대로 지역별, 시대별로 변천 · 수정된 것으로 생각한다.

표 5-10 서원의 유형과 특징

명칭		용도
초기형		소수서원에 유일하게 나타난 형태. 평탄지에 가까우며, 사당구역이 다소 좁고 강학공간과 아주 약한 기울기의 경사를 이룸. 강당과 사당은 거의 직각축을 이루며, 동/서재가 분리 되지 않은 채 한 동으로서 강당 후면에 직각축을 이루어 배치되어 있다.
전학후묘형-1 (前學後廟型-1)	전재사후강당형 (前齋舍後講堂型)	서원건축 전성기의 대표적인 배치형태. 전저후고(前低後高)의 대지조건과 전학후묘(前學後廟)의 배치형태로서 사당이 가장 후변의 고지대에 위치하고, 전면 저지대에 강당과 재사가 위치하되 재사가 강당보다 전면에 위치하는 형태
전학후묘형-1 (前學後廟型-1)	전강당후재사형 (前講堂後齋舍型)	서원건축 전성기의 대표적인 배치형태로서 주로 호남지방에 많음. 전저후고(前低後高)의 대지조건 또는 평지에 주르 건축
병렬형	전재사후강당형 (前齋舍後講堂型)	강학공간과 제향공간이 서로 병렬로 배치된 형태로서 강당과 전면 좌우에 동/서재가 있는 형태. 경북지방의 서원에 많음
	전강당후재사형 (前講堂後齋舍型)	강학공간과 제향공간이 서로 병렬로 배치되되 강학공간의 형태는 강당과 강당 후면에 동/서재가 있는 형태. 전남지방에서 유일하게 발견됨
전학후묘형-2 (前學後廟型-2)	재사생략형 (齋舍省略型)	서원 남설기(藍設期)에 많이 나타나는 형식. 16세기 중기 이후~19세기 초에 많이 나타남
	강당생략형 (講堂省略型)	사당과 동/서재로 구성된 형태로서 강학공간의 주사(主舍)인 강당이 생략된 형태
기타형		위의 형태를 벗어난 형태. 16~19세기에 걸쳐 고르게 분포

자료 : 김은중, 한국의 서원건축, 문운당, 1996, 30-42쪽에 의거 재구성

그림 5-9 서원건축의 배치사례

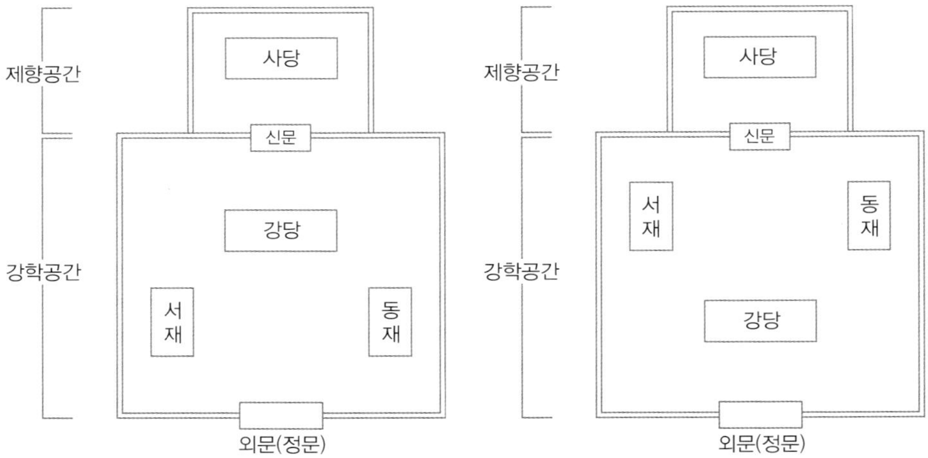

· 전재사후강당형(前齋舍後講堂型)　　· 전강당후재사형(前講堂後齋舍型)

(3) 서원건축물의 구조

서원건축은 익공(翼工)구조를 중심으로 주심포 또는 민도리 양식으로 되어 있으며, 부속건물 또한 전반적으로 사찰 또는 궁궐건축에 비하여 소박한 형태를 띠고 있다.

기단은 거의 석축기단으로서 대개 단층기단이다. 초석은 다듬돌초석에 비해 막돌초석이 2배 많고 다듬돌초석 중 원형(圓形)이 방형(方形)에 비해 많은 것이 특징이다.

기둥은 방주(方柱)보다 원주(圓柱)가 다소 많이 쓰였으며, 바닥은 온돌 및 마루구조가 병용되었으나, 온돌방 없이 마루구조로만 된 경우도 있다. 대청이 천장은 연등천장을 하였고, 온돌방은 종이반자를 댄 우물천장으로서 일부 서원에서는 장반자나 격자형(格子型) 우물반자를 대기도 하였다. 창호(窓戶)는 대개 띠살창호가 많이 사용되었으며, 외부는 띠살 내부는 용자(用字)창살, 아자(亞字)창살 등이 설치되는 경우가 종종 있고, 대청과 온돌방 사이에는 불발기[26] 나 들어열개문이 자주 사용되었다. 창호에는 그 외에도 판장문(板藏門), 띠살문[27] , 정자창살, 빗살창도 일부 나타난다.

(4) 서원의 발달

서원에는 도학을 기준으로 성리학 발달에 크게 기여한 인물을 배향하였다. 초기에는 안향(安珦, 1243~1306), 최충(崔沖, 984~1068), 정몽주(鄭夢周, 1337~1392) 등 거국적으로 명망 있는 인물들을 모셨다. 이 원칙은 17세기 전반까지 잘 지켜져, 사화기의 인물을 비롯하여 이황(李滉, 1501~1570), 조식(曺植, 1501~1572), 이이(李珥, 1536~1584) 등 성리학 발전에 크게 기여한 인물이 사액서원에 망라되었다.

그 후 붕당의 대립이 심해지면서 자기 당의 정치적 입장을 강화하기 위해 그 대표적 인물을 주로 배향하게 되었다. 남인계 서원에서는 이황 · 조식 · 류성룡(柳成龍, 1542~1607) 등을, 서인계 서원에는 이이 · 성혼(成渾, 1535~1598) · 송시열(宋時烈, 1607~1689) · 윤증(尹拯, 1629~1714) 등을 배향하였으며, 이와 함께 임진왜란[28] · 병자호란[29] 등 양난 때 순절한 지역에 집중되는 현상이 나타났다. 예컨대 이황과 정구(鄭逑, 1543~1620)의 경우 경상도에서, 이이는 황해도에서, 송시열은 충청도에서 집중적으로 배향하였다.

이후 서원은 국가의 공인을 받는 사액(賜額)으로 제도화되었고, 과거 준비 기구라는 성격을 벗어나 사족의 자율적 기구로서 조선의 서원이 성립하였다. 즉 사립대학이 생겨난 것이다.

26 문짝의 가운데 부분만을 살창으로 한 사분합(四分閤)을 말하는데, 보통 때에는 네 짝 가운데 두 개 문만 당길문으로 열어서 쓰나, 많은 사람이 드나들 때에는, 문 전체를 들어올려 긴 갈고리(들쇠)에 달아매어서 고정시켰다.

27 문 울거미에 가는 살을 똑같이 좁은 간격으로 수직으로 짜 넣고 수평 방향으로 5줄씩 상 · 중 · 하 3곳에 보낸 창호(窓戶)인데 세전문(細箭門)이라고도 한다.

28 1592년(선조 25)부터 1598년까지 2차에 걸친 왜군의 침략으로 일어난 전쟁.

29 1636년(인조 14) 12월~1637년 1월에 청나라의 제2차 침구(侵寇)로 일어난 조선 · 청나라의 싸움.

8) 누정(樓亭, Pavilion)

·경복궁 경회루

누정은 한국건축의 두드러진 양식 중 하나인 동시에 자연과의 융합을 잘 보여주는 건축물이다. 우리나라 누의 대표적인 건물은 경복궁의 경회루이다.

누정은 종류에 따라 누(樓), 정(亭), 각(閣), 대(臺), 당(堂), 헌(軒), 사(榭)로 나뉘며, 용도에 따라 관용과 민용으로 나뉜다. 관용에는 왕관용과 관청용이 있으며, 관청용은 다시 행정관서용과 군사용으로 나뉜다.

그 밖에도 궁궐의 전각에 누를 세워 휴식을 취하기도 하고, 절에도 누를 지어 종과 북, 목어, 운판 등의 사물을 매달아 예불을 인도하기도 하는데 이를 종루(鐘樓), 고루(鼓樓) 등으로 부르고 있다.[30]

표 5-11 누정의 개념

종류	개념
누	중층의 집 모양으로 1층 바닥은 자연상태, 상층은 마룻바닥이나 온돌바닥으로 만든 건물. 자연경관이 수려한 곳에 지어 누마루에 올라 자연경관을 감상하면서 쉬는 건물. 산꼭대기, 냇가, 강가, 계곡, 연못가 궁궐의 전각 등에 건립함
정	사방이 확 트인 드러난 건물. 네모, 육모, 팔모 등의 평면에 기둥을 세워 사방에 벽채를 설치하지 않고 트이게 지은 건물. 작은 건물이라 하여 일명 정자라고도 한다.
각	누와 비슷하나 그 모양이 사모정(사각형)처럼 날렵하면서 누처럼 바닥이 높게 자리하고 있다.
대	어떤 지면에 돌이나 흙으로 높고 평평한 바닥을 형성하여 누처럼 세운 건물. 누처럼 장방형 평면이 일반적이다.
당	흙을 높이 돋우고 그 위에 지은 집. 대개는 기단 위에 짓거나 지붕을 높이거나 하여 입면상으로는 높은 형태를 취하는 건물
헌	당처럼 주택, 궁궐, 관아, 향교, 서원 등에서 주 건축기능을 다하도록 건립하고 또한 정원 속에 지어 주변 경관을 관상하는 건물
사	높은 대 위에 지은 집. 물가나 꽃밭 주변 등 경관이 수려한 곳에 지음. 장방형이 일반적임

자료 : 신남주, 관광문화재의 탐구, 도서출판 신정, 2008, 142-145쪽에 의거 재구성

30 동아출판사편집부, 동아원색세계대백과사전, 제7권, 동아출판사, 1986, 634쪽.

그림 5-10 창덕궁 부용정

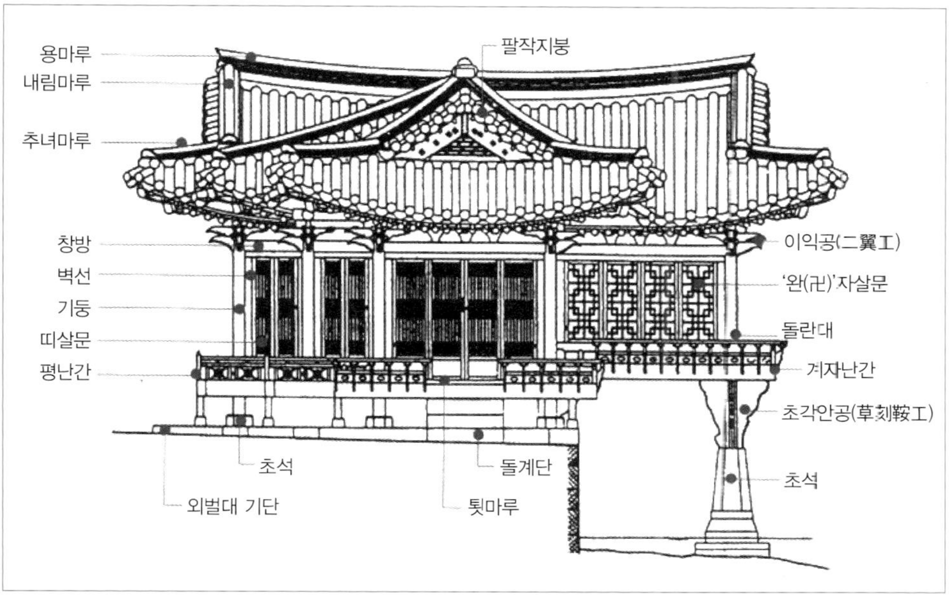

자료 : 김동현, 서울의 궁궐건축, 시공사, 2002.

9) 향교(鄕校, Confucian Temple)

지방 교육기관으로서 국립 교육기관이다. 일명 교궁(校宮) · 재궁(齋宮)이며, 고려시대에 처음 생겼을 때에는 향학이라 불렀다. 향교는 지방의 문묘와 그에 속한 학교로 구성된다.[31]

· 전주향교

국도(國都)를 제외한 각 지방에 관학이 설치된 것은 고려 이후로서 1127년(인종 5)에 인종이 여러 주(州)에 학교를 세우도록 조서를 내렸다는 기록으로 보아 이때부터 향교가 세워진 것으로 볼 수 있다.

31 동아출판사편집부, 동아원색세계대백과사전, 제30권, 동아출판사, 1986, 90쪽.

그림 5-11 향교배치도

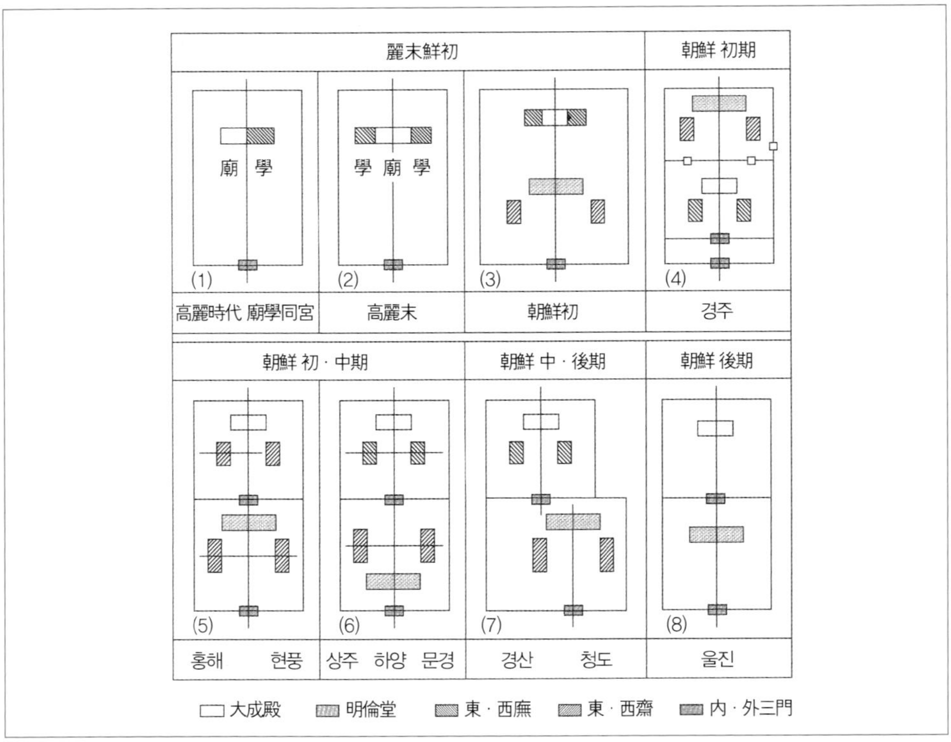

자료 : 김무섭, 향교건축의 공간구성에 관한 연구, 계명대학교 산업대학원 석사학위논문, 2000, 21쪽.

향교는 고려 · 조선시대 유교교육을 위해 지방에 설립한 관학교육기관으로 '교궁(校宮)' 또는 '재궁(齋宮)'이라고도 하였다. 따라서 향교는 공자(孔子)와 선현의 위패(位牌)를 봉안하고 제례를 위해 마련된 대성전(大成殿) · 동무 · 서무 등 문묘, 학생들이 공부하고 기숙하는 명륜당(明倫堂) · 동재(東齋) · 서재(西齋)가 기본구조로 되어 있다. 이는 향교의 두 기능인 제례와 교육을 나타내는 것이다.

그러나 향교는 과거시험의 준비장소가 되고, 서원(書院)이 발흥하게 되자 점차 쇠미하여졌다. 1894년(고종 31년) 말에 과거제도의 폐지와 함께 완전히 이름만이 남아 문묘를 향사(享祀)만 하는 처지가 되었다.

10) 관아(官衙, Government Office)

예전에, 벼슬아치들이 모여 나랏일을 처리하던 곳이다. 조선 지방행정기구의 청사가 위치한 마을로 읍치(邑治)라고도 불렀다.[32] 관아에는 수령의 정청인 동헌, 국왕의 위패를 모시는 객사, 고을 양반들의 대표자인 좌수와 별감이 있는 향청, 아전들의 근무처인 질청, 기생과 노비들이 사용하는 관노청, 그리고 군사를 관장하는 군기청이 포함되어 있었다.

일반적으로 관아는 공서(公署), 공아(公衙), 관부(官府), 공해(公廨) 등으로 불린다.

중앙 관아로는 의정부를 중심으로 승정원, 의금부, 삼사, 한성부가 있다. 이외에도 육조에 속한 각 속아문과 군영들을 합해 10여 개의 관아가 한성부 내에 있었다. 조선시대에는 팔도 아래에 부, 목, 군, 현으로 나누어 통치했으며, 팔도에는 중앙에서 관찰사를 파견하여 집무를 수행케 했는데, 이를 감영이라고 한다. 그리고 각 읍치에는 중앙에서 파견된 지방관이 집무를 보는 동헌이 있으며, 동헌은 객사가 결합된 형태로 나타나는 것이 보통이다.[33]

·충남 해미읍성

현재 읍성과 관아의 옛 모습을 보존하고 있는 곳은 강화, 수원, 해미, 청풍, 충주, 김제, 고창, 무장, 낙안, 경주, 부산 등이다.

조선시대에는 중앙관아와 지방관아로 나뉘어 있었으며, 관아의 건축물에는 향청, 질청, 교방 등이 있었다.

32 동아출판사편집부, 동아원색세계대백과사전, 제4권, 동아출판사, 1986, 78쪽.

33 김왕직, 알기 쉬운 한국건축용어사전, 동녘, 2007, 24쪽.

표 5-12 조선시대 관아와 건축물

종류		내용
중앙관아		의정부(議政府), 육조(六曹), 사헌부(司憲府), 한성부(漢城府), 중추부(中樞府)
지방관아		감영(監營), 아사(衙舍)
건축물	동헌	관아 안의 객사에 버금가는 규모의 건물로 수령이 다스리는 곳이다.
	향청	조선시대의 지방자치기관이다. 향소(혹은 留鄕所)는 수령 다음가는 관아라 하여 이아(貳衙)라고 하며, 그 임원이 향임(鄕任 · 鄕正 · 監官)이다. 고을의 수령은 외지 출신이었으므로 고을 사정을 속속들이 알기 어려웠기 때문에 한곳에 오래 살면서 지역 사정에 밝은 아전들을 장악해서 다스렸다.
	질청	고을마다 지방관이 내려오지 않던 고려에는 토호들의 자치기구로 사(司)가 있었다. 이를 주사, 현사, 읍사로 불렀는데 이 조직이 조선 초기에 지방제도에 편입되어 질청이 되었다. 질청에서 관아의 문서가 주로 기록되었고, 이두문자를 사용하여 왔다.
	교방	교방(教房)은 기생들의 처소로 객사나 군인들의 근무지였던 장청 옆에 자리 잡고 있었다. 교방에서는 글쓰기와 음악을 배우고 무용을 전수받았다.

자료 : http://ko.wikipedia.org를 토대로 재구성.

11) 객사(客舍, Inn)

·밀양 영남루

관사(館舍) · 객관(客館)이라고도 한다. 문자적인 의미로 객사는 여관이라는 뜻도 있지만 조선에서는 왕의 궐패를 모시는 시설을 가리키므로 역로에 있던 객관과는 다르다. 즉 객사는 관아 시설 중에서 규모가 제일 크고 화려하였다. 이것이 발전하여 오늘날 호텔이 된다.[34]

고려시대에는 외국사신이 객사에 묵으면서 연회를 가졌고, 조선시대에는 객사에 궐패(闕牌)를 모시고, 초하루와 보름날 향망궐배(向望闕拜)하는 한편, 사신의 숙소로도 사용하였다.

건축양식은 익공식(翼工式)이 주류를 이루고 있다. 주관아에는 임금이 계시다는 표시로 궐패를 두고, 양 익사에는 중앙에서 내려온 관원들이나 외국의 사신들

34 동아출판사편집부, 동아원색세계대백과사전, 제2권, 동아출판사, 1986, 40쪽.

이 머물렀다.

객사는 주로 전주(全州)객사처럼 도성의 중앙부나 밀양(密陽)객사처럼 경치 좋은 강변에 두었으며, 흔히 경치 좋은 곳에 자리 잡은 객사에는 누(樓)를 크게 지어 주위 경치를 감상하였다.

오늘날 남아 있는 객사로는 전주객사 · 다대포객사(多大浦各舍) · 흥덕객사(興德客舍) · 순창객사(淳昌客舍)가 있고 객사에 딸린 누(樓)로는 밀양객사 밀주관의 영남루(嶺南樓)와 제천객사의 한벽루(寒碧樓)가 있다. 객사는 관아 내의 다른 건물보다 중요한 건물이었기 때문에 위치나 거리를 나타낼 때 기준점이었다.

2. 석조건조물

석조물은 돌로 만든 것으로 건물에 부수되거나 독립된 조형믈로 만들어진 것이다. 여기에는 석탑, 석등, 부도, 당간, 부도비(浮屠碑), 하마비(河馬碑), 석조, 석누조(石漏槽), 노둣돌, 품계석(品階石), 정료대(庭燎臺/불우리)[35], 망료위(望燎位)[36], 관세위(盥洗位)[37], 봉발대(奉鉢臺)[38], 계단 등이 있다.

1) 석굴(石窟, Stone Cave)

석굴은 바위에 뚫린 굴이며, 비슷한 말로는 석동(石洞) · 암굴(巖窟) · 암수(巖岫) · 암학(巖壑) · 암혈(巖穴) 등의 용어가 있다. 본래는 수행자가 은둔하는 간단한 동굴에서 발전한 것이다. 주로 인도의 3대 종교인 불교 · 힌두교 · 자이나교에서 비롯되었으며 중앙아시아 · 중국 · 한국에도 전래되었다. 중국에서는 둔황막고굴(敦煌莫高窟) 제17호 굴을 장경동(藏經洞)이라 하는 것과 같이 개개의 굴을 동(洞)으로 부르는 경우도 있다. 연대를 알 수 있는 가장 오래된 석굴은 인도 비하르주(州)

35 서원이나 향교의사당이나 강당에 관솔불을 피우기 위해 설치하는 석조물.
36 제향을 지내고 축문을 불사르는 곳.
37 향사 때 헌관이 사당에 들어가 제향의식을 행하기 위해 손 씻을 대야를 받쳐놓은 대.
38 승려가 사용하는 발우(鉢盂/밥그릇)를 받치는 대.

에 있는 아지비카파(派) 승려의 굴로 BC 3세기에 만들어진 것이다. 한국에는 군위 삼존석굴(軍威三尊石窟)과 경주의 석굴암이 있다.

2) 석탑(石塔)

한 · 중 · 일이 모두 초기에는 누각식 목탑을 지었으나, 목탑은 수명이 길지 않기 때문에 중국에서는 주변에서 쉽게 구할 수 있는 전탑으로 바뀌었고 한국은 석탑으로 바뀌었다.

석탑은 원래 석조탑파(石造塔婆)를 줄여서 일컫는 말이다. 한국에는 목탑(木塔) · 전탑(塼塔) · 석탑 · 모전석탑(模塼石塔) · 청동탑(青銅塔) · 금동탑(金銅塔) 등이 있으며, 이 가운데 1,300기가 넘는 대부분의 불탑이 석탑으로서, 한국 불탑의 중심을 이룬다. 이렇듯 석탑이 그 주류를 이루게 된 까닭은 질 좋은 화강암이 풍부한 자연적 조건과 일찍부터 돌을 다루는 기술이 발달했기 때문이다. 그러므로 인도나 중국을 '전탑의 나라', 일본을 '목탑의 나라'라고 한다면 한국은 '석탑의 나라'라고 할 수 있다.

원래는 탑 속에 부처님의 사리를 봉안하였으나, 이후에는 경전, 다라니를 넣어 경배하게 되었고, 함 · 탑은 홀수 층으로만 형성하는 것이 특징이다.

한국의 석탑 발생기는 삼국시대 말기인 600년 무렵으로 추정된다. 불교를 받아들인 4세기 후반부터 약 200년간은 목탑의 건립시기로서, 목탑의 건조에서 오랫동안 축적된 기술과 전통의 연마가 석탑을 발생하게 하였다.

부처님의 사리를 봉안하는 것을 탑이라고 하며, 일반 스님들의 사리와 유골을 봉안하는 구조물을 부도(浮屠)라고 한다. 따라서 불교 조형물은 대부분이 부처와 관련된 내용임에 비해 부도는 불교 조형물이지만 승려의 묘탑으로서의 성격을 갖고 있어 석탑이나 불상이 부처님의 공양을 위해 건립되는 것과는 차이가 있다.

표 5-13 탑의 시대별 특징

시대	특징	예
신라	삼국통일을 계기로 마침내 한국석탑의 전형이 성립됨. 새로운 계기를 맞아 집약 · 정돈된 형식으로 건조된 석탑 가운데 가장 시원적인 양식의 표본을 보임	
백제	가장 먼저 석탑이 건조되었으며, 그 양식은 당시 유행하던 목탑을 본뜬 것이다. 미륵사지석탑은 그 양식이 목탑과 가장 흡사하다는 점에서 한국석탑의 시원으로 보고 있다.	
고려	신라시대의 전통성을 계승하면서도 세부적으로 변형된 지방적 특색을 잘 나타내어 다양한 조형을 이루었고, 특히 11세기에 이르러 양식상으로 현저한 변화를 보이고 있는데, 전대에 비해 부분적으로 간략화되고 둔중해진 것이 특징	
조선	조선 초기에는 고려시대의 여운이 남아 있어 불교미술의 조형양식이나 수법에서 고려적 색채를 간직한 작품이 다소 출현하였으나, 후기에는 전혀 다른 모습으로 나타난다.	

3) 부도(浮屠)

부도는 승려의 사리를 안치한 묘탑(墓塔)으로, 부도(浮圖) · 부두(浮頭) · 포도(浮圖) · 불도(佛圖)라고도 한다. 부도는 원래 붓다(Buddha)의 음역으로 불(佛) 또는 불교를 의미하였고, 뒤에 가람탑이나 승려의 묘탑이라는 뜻으로 쓰였다. 부도는 사리를 안치하는 곳이므로 탑신을 받치는 기단부와 탑신을 얹고 있는 옥개석(屋蓋石), 그리고 상륜부(上輪部)로 이루어져 있다.[39]

부도와 관련하여 부도비도 있는데, 부도비는 부조와 한 조로 놓여 부도 주인의 행적과 업적을 기록하나 비석을 말한다. 일병 탑비(塔碑)라고도 한다.

비석에 따라 공덕비, 위령비(慰靈碑), 대첩비, 하마비(河馬碑) 등 다양한 형태가 있다. 불탑은 대개 가람의 중심에 위치하여 법당과 대치하고 있다. 그러나 부도는 그 승려와 인연이 깊은 사찰에 건립하게 되는데, 그 위치는 경내이거나 그 변두리 아니면 멀리 떨어진 곳에 세워지게 된다.

4) 석조(石槽)

석조는 돌로 만든 물통을 말한다. 주로 사찰에서 물을 받아 놓고 사용할 때 쓰였다. 때로는 목욕을 위한 욕조로도 쓰였으나 공양이나 찻물을 받아놓고 사용하기도 하였다.

5) 비각(碑閣)

비각이란 비(碑)를 안치하기 위해 지은 건축물이다.[40]

비의 보존을 위한 비각이 세워지기 시작한 것은 중국 송(宋)나라 이후라고 짐작된다. 한국에서는 신라 이후 조선시대까지 많은 비가 세워졌으나 비각을 세우지는 않았다.

가장 일반적인 석비의 형태는, 대좌 · 비신 · 뚜껑돌의 세 부분으로 짜여진다. 대좌는 비석을 받치는 부분으로, 거북모양을 조각한 귀부와 네모지게 깎은 방부가 있다. 비신은 비문을 새기는 부분이고, 뚜껑돌은 비신을 덮는 부분으로 그 형상에 따라 이수 · 가첨석 · 화관석 등으로 분류한다.

영조에 이르러 선왕의 능표(陵表)가 일시에 세워졌고, 정자각(丁字閣) 등 능묘의

39 동아출판사편집부, 동아원색세계대백과사전, 제14권, 동아출판사, 1986, 534쪽.

40 위의 책, 제15권, 193쪽.

부속건축물과 함께 비각이 세워졌다. 비각은 보존의 기능뿐만 아니라 능묘 부속건축물과 조화를 이루는 형태로 발전하였다.

6) 석등(石燈)

등불을 밝히기 위한 석조 등기(燈器)를 석등이라 하는데 주로 사찰의 법당이나 불탑 앞에 설치하여 부처님의 광명을 상징하는 뜻에서 광명등(光明燈)이라 부르기도 한다. 즉 돌로 만든 등기(燈器)이다. 사원이나 궁궐, 사가(私家)의 정원, 능묘(陵墓) 등을 장식하는 간결한 조명시설물로서 다분히 건축적인 성격을 띤다. 돌로 만든 등이지만 기능보다는 부처에게 불을 공양한다는 의미가 강하다. 대개 불전(佛殿)이나 부도전, 부도 앞에 놓인다.[41]

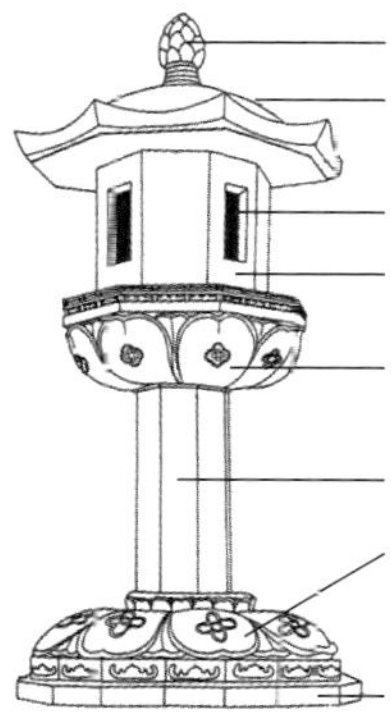

이에 비해 능묘(임금 또는 정승의 무덤) 앞이나 불교가 쇠퇴한 조선시대에는 무덤 앞에 주로 석등을 세워 장명등(長明燈)이라고 했다.

7) 석교(石橋) · 석계(石階) · 석단(石壇)

석교는 돌다리, 돌계단, 돌로 쌓은 단을 말한다. 다리는 강이나 내를 건널 수 있는 구조물로서 다음과 같은 형태가 있다.

재료 및 형식	종류
재료	나무다리(목교, 木橋), 돌다리(석교, 石橋), 쇠다리(철교, 鐵橋)
형식	징검다리(도강, 徒杠), 평교(平橋), 홍예교(虹霓橋), 배다리(주교, 舟橋), 누교(樓橋)

돌계단은 불국사 국보로 지정된 청운교, 백운교가 대표적이다. 불교의 금강계단(金剛戒壇)처럼 계단의 의미가 달리 사용되기도 하는데, 통도사의 계단처럼 고

41 위의 책, 제17권, 31쪽.

려 · 조선시대에 여러 차례 중수를 거친 것이나, 불사리를 봉안한 중앙의 석종형(石鐘形) 부도와 사방 평면에 2단의 석단(石壇)을 형성하고 있어서 전통적인 금강계단의 형태를 그대로 간직한 구조이다.

널리 알려진 금강계단(金剛戒壇 : 수계의식을 집행하는 장소)으로는 고려시대에 만들어진 금산사(金山寺)의 방등계단(方等戒壇)과 개성 불일사(佛日寺)의 계단, 조선시대에 만들어진 비슬산(琵瑟山) 용연사(龍淵寺)의 계단 등이 있다.

·용연사 석조계단

그림 5-12 경복궁 근정전의 돌계단

자료 : 김동현, 서울의 궁궐건축, 시공사, 2002, 294쪽.

8) 석빙고

석빙고는 얼음을 저장하기 위하여 만든 석조창고이다.[42] 기록에 의하면 얼음을 채취하여 저장하는 일은 신라 때부터 있었고, 이 일을 맡아보는 관직은 빙고전(氷庫典)이라 하였다. 조선시대에는 건국 초기부터 장빙제도(藏氷制度)가 있어 고종

42 앞의 책, 제17권, 35쪽.

때까지 지속되었으며, 빙고(氷庫)라는 직제를 두어 5품제조(提調) 이하의 많은 관원을 두어 관리하였다. 현재 남아 있는 석빙고는 경주 석빙고를 비롯하여 안동 석빙고, 창녕 석빙고, 청도 석빙고, 현풍 석빙고, 영산 석빙고 등이다.

·현풍 석빙고

9) 첨성대(瞻星臺)

첨성대는 별자리를 관측하는 구조물이다. 경주 첨성대는 동아시아에서 현존하는 가장 오래된 천문대로 여겨진다. 지대석과 기단(基壇)은 사각형으로 8석과 12석(1년 12개월을 의미)으로 되어 있고, 그 위에 석재(石材) 362(일 년의 태음력 날수를 의미)개가 사용된 27단(신라 27대 왕을 의미)의 술병모양 주체부가 있다.[43]

1단의 높이는 약 30cm이며 최하단의 원둘레는 16m, 최상부인 제27단의 원둘레는 9.2m이다. 제13단에서 15단에 걸쳐서 1변이 약 95cm인 정사각형의 창구(窓口)가 있는데 그 하부 양쪽에 사다리를 걸었으리라고 추정되는 흔적이 남아 있다.

10) 당간지주(幢竿支柱)

당간지주는 사찰 입구의 당간(幢竿)을 세우는 기둥으로, 당이라는 좁고 긴 깃발을 걸어서 사찰의 행사를 알렸다. 오늘날의 플래카드인 셈이다. 일명 찰간(刹竿)이라고도 한다.[44]

본래 당은 보당(寶幢) 또는 천당(天幢)이라 하는 깃발의 일종이다. 그 형태는 깃발을 사용하여 간두(竿頭)에 용머리 모양을 놓고 그 아래에는 비단이나 천에 불 · 보살을 수놓

·강릉 수문리 당간지주

43 앞의 책, 제26권, 358쪽.
44 앞의 책, 제8권, 387쪽.

거나 그림을 그리고 가장자리에는 여러 개의 가닥을 늘어뜨린다.

당간은 파사현정(破邪顯正)의 의미를 지니고 있으며, 때로는 불교 종파를 나타내는 기치(旗幟)로서 사찰의 문전에 세워진다. 보통 당(幢)은 없고, 드물게는 당간이 있으나 현존하는 것은 대부분 당간을 세웠던 지주뿐이다.

당간의 재료로는 철재 또는 석재가 전해지고 있으나 대부분의 경우 목재를 사용하였다. 거대한 당간 아래 보통 연화문을 새긴 받침돌을 놓고 그 좌우에 양쪽의 지주가 기둥을 받치는 형태로 되어 있다.

11) 석표(石標)

다른 마을과의 경계를 표시하기 위하여 마을의 사방에 세우던 돌로 만든 팻말이다. 처음엔 나무를 쓰다가 17세기 말부터 돌을 사용하였다. 국내에서는 양산 통도사 국장생 석표가 유명하다.

12) 석정(石井)

석정이란 돌로 만든 우물을 말한다. 우리나라에서는 예로부터 맨땅을 얕게 또는 깊게 파서 물이 괴게 한 토정(土井)과 바위틈 사이로 솟거나 흐르는 물을 괴게 한 석정(石井)이 있었다.

· 정산의 돌우물

넓은 의미의 우물이라 하면, 땅속에서 구하고자 하는 자원에 따라 물우물 · 온천정 · 유정(油井) · 천연가스정 등과 사용 목적에 따라 생산정 · 주수정(注水井) · 관측정 등을 포괄하지만, 일반적으로 우물이라 할 때는 물우물을 가리킨다.

3. 분묘(墳墓)건조물

1) 유구(遺構)

유구란 과거의 건축물, 공작물(工作物), 토목구조물 등이 후세에 남겨진 상태, 다시 말하면 과거 인류의 활동 흔적 중 부동산적인 것을 가리킨다. 현재까지 잔존하는 부분만을 말하거나, 이전 건조물 구조의 흔적이 확인된 전체를 칭하기도 한다.

고고학에서 말하는 유구에는 다음과 같은 것이 있다.[45]

종류	내용
생활에 관련된 유구	수혈(竪穴)주거흔적, 건물흔적, 주혈(柱穴)/초석(礎石), 초판(礎板), 우물흔적, 취사장흔적, 화로흔적, 가마흔적, 화장실흔적 등
생업에 관련된 유구	수렵의 함정, 어로(漁撈)의 어구 등
생산에 관련된 유구	벼 재배지 흔적, 토기/석기 제작흔적, 철제유구, 제강유구, 제염유구, 요업유구 등
정치/군사에 관련된 유구	궁도(宮都)유적, 관아흔적, 성책흔적, 누각흔적, 성곽흔적 및 그와 관련된 수로(水路), 토루(土壘), 요새흔적, 마장(馬場)흔적
교역/교통에 관련된 유구	도로흔적, 항만흔적, 다리흔적, 이정표흔적
신앙에 관련된 유구	사원흔적, 신전흔적, 경총(經冢)[46]흔적, 제사유구, 신앙과 관련된 무덤이나 사우, 석비, 판비(板碑) 등
장송(葬送)에 관련된 유구	토갱묘(土坑墓), 배석묘(配石墓), 환상열석(環狀列石), 고분, 화장묘 등
구획시설에 관련된 유구	울타리흔적, 도랑흔적 등
기타	학교흔적, 각종 기념비 등

그러나 고고학 대상이 되지 않는 주로 근현대에 속하는 가까운 과거의 건축물, 공작물, 토목구조물 등의 잔존부분이나 종종 그 건축물, 공작물, 토목구조물의 구조 전체를 유구라고 부르는 경우도 있다.

45 http://ja.wikipedia.org/wikI

46 필사한 경문을 경통(經筒)에 넣어 땅속에 묻은 흙무더기.

2) 고분(古墳)

무덤은 죽은 사람의 시체를 묻은 곳으로 한자로는 묘(墓), 혹은 분묘(墳墓)라고 하며, 옛 무덤을 고분이라고 한다.[47]

무덤 또는 뫼를 나타내는 한자어(漢字語)로는 묘(墓) · 총(塚) · 영(塋) · 분(墳) 등이 있다. 묘의 주인을 알 수 있을 때 능, 원, 묘로 나누고, 주인을 알 수 없을 때는 총이나 분으로 구별한다. '능'은 왕이나 왕비, '원'은 세자와 세자비 · 왕의 부모, '묘'는 그 외 모든 이들의 무덤을 뜻한다. '총'은 다른 유적에서는 발견되지 않은 특이한 유물이 발견된다든지 다른 무덤과 차별화되는 점이 있을 때 붙이는 이름이며, 당시 지배세력의 무덤일 가능성이 높다. '분'은 특징이 없는 평범한 무덤을 말한다. 보통 이런 무덤의 경우 고분군을 형성하는 경우가 많아서 대체로 노동동 몇 호분, 복천동 몇 호분 하는 식으로 무덤이 위치한 동네와 고유번호로 이름을 정한다.

고분은 흙을 높이 쌓아올린 고대의 묘(墓)로 고총(高塚)이라고도 한다. 일반적으로 고분이라 부를 수 있는 분묘는 세계 각국의 국가적 통일기 초에 나타난다. 중국에서는 고분이라는 말을 사용하지 않고 고묘(古墓 : 오래된 무덤)라고 하여, 연대에 따라 은묘(殷墓) · 전국묘(戰國墓) · 한묘(漢墓) · 당묘(唐墓) 등으로 부른다.

침향은 시체의 방향을 말한다. 시체를 묻을 때, 머리를 어느 방향으로 두느냐 하는 것은 매우 중요한 일로서 민족 · 지방 · 종교 등에 따라 각각 다르다.

선사시대에는 머리를 동쪽으로 동침(東枕)과 남침(南枕)이 기본이었으나, 동침이 압도적이었는데, 이는 해가 뜨는 방향과 햇볕이 뜨겁게 비춰주는 방향이 생명을 부활시킨다는 사상에서 비롯된 것이다.

그 후 7세기경 백제에서 일시적으로 서침(西枕)이 있었으나, 중국의 한(漢)나라에서 시작되는 북침의 영향을 받아 북침(北枕)으로 바뀌기 시작하여 고려, 조선을 거쳐 오늘날까지 이어져 내려오고 있다.

무덤의 종류는 시대에 따라 다음 표와 같이 정리할 수 있다.

---

47 김원룡, 한국의 고분, 세종대왕기념사업회, 1999, 41쪽.

시대	무덤	내용
선사	토장묘 (土葬墓 : 구덩무덤)	물가나 동굴 속에 땅을 약간 판 후 시신의 발을 뻗게 하여 몸을 수평으로 눕힌 채 묻은 무덤
	지석묘(支石墓)	고인돌이라 불리는 무덤
	석관묘 (石棺墓 : 돌널무덤)	판석(板石)과 괴석(塊石)으로 관을 만들어 흙 속에 묻은 무덤
	석관총 (積石塚 : 돌무지무덤)	판석으로 만든 관 위에 흙 대신 돌을 쌓아올린 무덤
	토광묘 (土壙墓 : 널무덤)	지하에 수직으로 직사각형의 구덩이를 파고 시체를 묻은 무덤
	옹관묘 (甕棺墓 : 독무덤)	2개의 항아리를 맞붙여 관을 만든 무덤
삼국	석총(石塚)	땅 위에 냇가의 돌을 네모지게 깔고 그 중심부를 평편하게 만든 뒤 판석으로 돌방(석곽, 石槨)을 만들어 널을 안에 넣고, 다시 그 위에 단을 만들어 피라미드 모양으로 돌을 쌓아올린 형식의 분묘{예 : 평안남도 용강군의 쌍영총(雙楹塚)}
	토총(土塚)	돌로 널방을 만든 후에 흙을 덮어서 산봉우리와 같은 봉분을 만든 무덤{예 : 중국 지린성 퉁거우(通溝)의 장군총(將軍塚)}
	토광묘(土壙墓)	토광목관묘(土壙木棺墓)와 토광목곽묘(土壙木槨墓)가 있다.
삼국	석실분(石室墳)	석관묘보다 규모가 크고 묘실에 출입할 수 있는 입구가 있다. 출입시설 형태에 따라 횡구식(橫口式)과 횡혈식(橫穴式)이 있다.
	봉토석실분(封土石室墳 : 봉토돌방무덤)	석실 위에 흙으로 덮은 무덤
	굴식돌무지덧널무덤	목관(木棺)을 넣은 목곽의 주위에 돌을 채우고 다시 진흙으로 덮은 다음 흙과 자갈을 교대로 쌓아서 커다란 봉분을 만든 무덤{예 : 금관총(金冠塚) · 금령총(金鈴塚) · 천마총(天馬塚) 등}
고려	신라의 묘제 계승	풍수설(風水說)을 중시하여 방위(方位)를 엄격히 가려서 묘지를 정하였다. 능묘 앞에 문무(文武)의 석상 또는 망석(望石) · 석등(石燈) · 정자각(丁字閣)을 두거나 묘지(墓誌)를 새겨넣었다.
조선	고려의 묘제 계승	유교의 영향으로 승려 외에는 화장을 하지 않고, 모두 토장(土葬)한 것이 고려시대와 다르다.
현대	조선의 묘제 계승	대부분의 서민들은 시(市) · 도(道)에서 관리하는 공동묘지와 단체 · 개인이 운영하는 공원묘지(公園墓地)를 이용한다.

5.1.2 전적(典籍) · 서적(書籍) · 고문서(古文書)

1. 전적류

「문화재보호법」상 동산문화재로 분류되는 전적(典籍)문화재란 '문자나 기호 등에 의해 전달되는 모든 기록정보'를 말하며, 좁게는 기록정보 가운데 각 학문분야의 학술적 · 예술적 가치가 있는 기록자료를 말한다.

우리나라에는 삼국시대 이래 역사적 가치를 지닌 많은 전적문화재들이 전해 내려오고 있으며, 이것은 전적, 고문서, 서적 등으로 구분된다.

그중 적(籍)은 책을 의미하는데, 직접 붓으로 써서 엮은 사본(寫本)과 목판 및 활자로 찍어서 만든 인쇄본(印刷本)의 두 가지로 분류한다. 일반적으로 사본은 고본(稿本)과 전사본(傳寫本), 사경(寫經), 일기 등으로 나누어지며, 인쇄본은 목판본(木版本)과 활자본(活字本) 등으로 구분한다. 목판본은 다시 관판본(官版本), 사찰본, 국왕 및 왕실판본, 서원판본, 사가판본, 방각본(傍刻本)으로 나뉜다. 판본 각각에 대한 구체적인 설명은 다음 표와 같다.

종류	내용
관판본	관판본은 중앙이나 지방의 관청에서 간행한 책으로 중앙관본, 지방관본으로 구분하기도 하고 기관명에 따라 비서성본, 대장도감본으로 구분하기도 한다. 조선 전기에 관판본은 목판인쇄를 담당한 중앙관서, 즉 교서관 및 전교서를 비롯하여 주자소, 언문청, 책방, 간경도감 등에서 인출하였는데 판각이 정교하고 깨끗하다.
사찰본	사찰본은 사찰(절)에서 간행한 책을 총칭하며, 사원판, 사철판본, 사찰판이라고도 한다. 조선시대의 사찰본은 고려시대와 달리 크게 위축되었는데, 인쇄기술 또한 관판본에 못 미치지만 민중의 시주에 의한 사찰본 간행은 끊이지 않는다.
국왕 및 왕실판본	조선시대는 유교를 국시로 하였으나 국왕이나 왕실에서 불서를 간행하는 사례가 많았다. 이를 국왕 및 왕실판본이라 하며 주로 15세기에 많이 이루어졌다.
서원판본	유학의 교육기관 중 사학인 서원에서 간행한 책. 서원판의 출현은 서원이 생겨나기 시작한 16세기 중기 이후부터이며, 초기에는 종수가 극히 적었으나 서원의 발달과 더불어 판종도 점차로 증가하였다.
사가판본	사가판본을 개인이 자비로 간행하여 대가를 받지 않고 기증한 책을 말한다. 고려시대에는 불서와 문집류가 많았고, 조선시대에는 시문집, 전기, 족보류가 많았다.

종류	내용
방각본	민간의 서사에서 영리를 목적으로 목판에 새겨 찍어낸 책을 말한다. 조선시대 후기에는 목판 외에 목활자와 주자로 인쇄하는 경우도 있었다. 이를 각각 방각자본, 방주자본이라고 한다.

한편 서적은 필자가 직접 쓴 글로서 예술과 사상을 표현한 것으로 서화(書畵), 시문(詩文), 서간(書簡) 등이 포함되며, 고문서는 일정한 목적을 표현하기 위해 전달한 글과 도장, 수결(手決, Sign)이 담긴 것을 말하며, 사료로서의 가치를 지니고 있다. 여기에는 공문서, 사문서, 외교문서 등이 있다.

2. 서적류(書籍類)

1) 사경(寫經)

사경이란 불교 경전(經典)의 내용을 필사(筆寫)하는 것을 말한다. 석가의 입멸 후 제자들이 모여 결집한 불교 경전은 처음에는 구송(口誦)으로 전해지다가 문자화되었는데, 사경은 경전이 문자화된 이후에 시작된 것이다.[48]

처음에는 경전의 내용을 배우거나 널리 전파하거나 보존하는 등의 현실적인 목적에서 시작되었을 것이나 뒤에는 그 공덕을 중요시하게 되었다. 사경을 하는 행위가 신앙심과 정진력이 없으면 안 되는 것이기 때문이다.

2) 어필(御筆)

어필이란 임금이 손수 글씨를 쓰거나 쓴 글씨를 뜻한다. 왕의 글씨인 어필(御筆)은 왕실에서 민간에 이르기까지 비장(秘藏)의 진보(眞寶)로 여겨졌다. 더욱이 유교적 체제(體制)와 이념(理念)이 국가의 기틀과 생활의 근간을 점유하던 조선왕조시대에 있어서 어필의 의미는 어느 시대 못지않게 컸다.[49]

48 동아출판사편집부, 동아원색세계대백과사전, 제15권, 동아출판사, 1986, 470쪽.
49 이완우, 조선왕조의 열성어필, 간행, 출처 및 연도 불명, 2쪽.

어필은 오랜 세월과 전란 등으로 인하여 많은 수가 없어졌고, 더욱이 임진왜란(1592~1598) 이후에는 임진왜란 이전의 어필진적이 매우 드물게 되었다.

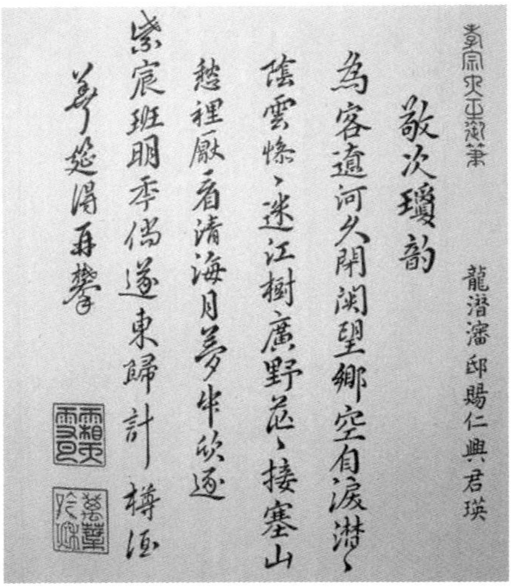
·효종의 어필

서적류에는 이외에도 명가필적(名家筆跡)이라 해서 유명한 가문에서 전해 내려오는 필적이라든지, 고필(古筆)이라 해서 옛사람의 필적, 묵적(墨跡)이라 해서 먹으로 쓴 흔적(痕跡 · 痕迹), 건물이나 문루 중앙 윗부분에 거는 액자(편액이라고도 함) 등이 있는데, 편(扁)은 서(署)의 뜻으로 문호 위에 제목을 붙인다는 말이며, 액(額)은 이마 또는 형태를 뜻한다. 즉 건물 정면의 문과 처마 사이에 붙여서 건물에 관련된 사항을 알려주는 것이다. 중국 진(秦)나라 때 건물 명칭을 표시한 것을 서서(署書)라고 한 것이 편액에 대한 최초의 기록이며, 우리나라에서는 삼국시대부터 쓰기 시작하여 조선시대에는 사찰 건물은 물론 도성과 문루, 궁궐 전각, 지방관아와 향교 · 서원 · 일반주택에까지 붙여졌다. 한편 주련(柱聯)은 기둥이나 바람벽 같은 데 장식으로 써서 붙이는 글씨를 뜻하는 것으로 사찰의 대웅전 등에서 많이 볼 수 있다.

3. 고문서(古文書)

고문서란 인간생활의 관계에서 해결해야 될 일 및 인간의 사고와 의식 등이 문자로 정리되어 전해지는 오래된 문헌자료를 말한다. 즉 고문서는 발급자(갑)와 수취자(을) 간에 일정한 목적을 달성하기 위하여 주고받은 글로서 옛날 것을 의미한다. 문서를 주고받는 목적이 되는 것은 명령 · 훈유(訓諭) · 임명 · 건의 · 청원 · 소송 · 통지 · 계약 · 증여 · 공증(公證) 등등 사람이 살면서 일어날 수 있는 다양한 것들이 된다.

연도는 대개 대한제국이 망한 1910년까지로 보는 것이 적당하다. 고문서의 종류로는 ▲원본(原本)과 원본을 작성하기 위하여 초를 잡은 ▲초본(草本)과 뒤에 참고하기 위하여 원본에서 베낀 ▲사본(寫本)이 있다.

그러나 문서라고 할 때는 원본 문서를 의미한다. 원본 문서는 대부분의 경우 1통만 작성되는 단문서(單文書)이지만 중외(中外)에 내리는 교서(敎書)·윤음(綸音), 대중에게 알리는 방(榜)·격문(檄文), 형제자매들이 재산을 나누는 화회문기(和會文記) 등은 2통 이상을 작성하는 복문서(複文書)이다.

또한 원종공신(原從功臣)에게 내리는 녹권(錄券)은 공신의 수효에 따라 몇 백 부에서 많으면 수천 부까지 인간(印刊)하여 발급해 주기도 했다. 또한 중국에 보내는 외교문서인 표문(表文)과 전문(箋文)은 정본(正本)과 부본(副本)이 있다.

현재 전해지는 고문서는 단문서·복문서·정본문서·부본문서로 남아 있는 것들이다. 그러나 원본은 없어지고 초본이나 사본이 전해지는 경우도 있고, 문서는 작성했으나 목적을 달성하지 못한 불발문서(不發文書)도 있다.

초본·사본·불발문서는 엄밀한 의미에서 문서가 아니며, 자료가치 또한 원본에 미치지 못하지만 원본이 없는 경우에는 원본에 다음가는 준고문서(準古文書)로 취급될 수 있다.

5.1.3 과학·문화

1. 천문

천문학은 우주 전체에 관한 연구 및 우주 안에 있는 여러 천체에 관한 연구를 하는 자연과학의 한 분야를 말한다. 천체의 관측으로 지구 위에서의 위치가 알려지는 원리는 항해하는 데 이용되었기에 이런 목적 때문에 천문학은 크게 발달되어 17세기에 망원경이 발명된 후 프랑스의 파리천문대, 영국의 그리니치천문대 등의 큰 천문대가 창설되었다.

우리나라에서도 일찍이 하늘은 길흉화복(吉凶禍福)을 관장하는 신적인 존재로서

숭배의 대상인 동시에 관측의 대상이기도 하였다.[50]

고구려 고분에 나타난 별자리 모양을 비롯하여 신라시대의 경주 첨성대나 고려시대에 세워진 개성 만월대는 대표적인 천문관측시설이다. 그 구조와 형태가 당시의 우주관과 천문역법의 수준을 잘 보여줄 뿐 아니라 붕괴에 대비한 구조 · 역학적 측면까지 고려하여 설계한 점이 높이 평가된다.

문헌에 전하는 관측시설로는 조선시대의 관상감관천대 및 창경궁 안에 있는 관천대가 있다.

경주 첨성대의 건립은 신라의 천문학 발전을 상징한다. 『삼국유사』의 기록에 의하면 360여 개의 돌을 정성 들여 쌓아 만든 첨성대는 높이가 9미터 정도로 병 모양을 하고 있다. 지대석과 기단은 4각형(동서남북을 의미)으로 8석과 12석(12달을 의미)으로 되어 있고, 그 위에 27단(신라 27대 선덕여왕을 의미)의 아래가 넓은 원통형 주체부가 있는데, 여기에 쓰인 돌은 362개(1년을 의미)이고, 1단의 높이는 약 30cm이다. 제13단에서 제15단에 걸쳐 남쪽으로 면한 곳에 조그마한 출입구가 나 있는데, 그 아랫부분 양쪽에 사다리를 걸었으리라고 추정되는 흔적이 있다. 천문과 관련된 자료를 정리하면 다음과 같다.

자료명	시기	내용
천상열차분야지도각석 (天象列次分野之圖刻石)	조선 태조 4년 (1395)	천체(天體)의 현상을 차(次)와 분야(分野)에 따라 배열하여 그린 그림을 새긴 돌(서울특별시 중구 정동 5-1 궁중유물전시관 소장. 국보 제228호)
보루각자격루 (報漏閣自擊漏)	조선 중종 31년 (1536년)	물의 증가량 또는 감소량으로 시간을 측정하는 장치(서울 중구 정동 5-1 궁중유물전시관 소장. 국보 제229호)
혼천의 (渾天儀)	조선 세종 15년 (1433)	천체의 운행과 그 위치를 측정하여 천문시계의 구실을 하였던 기구로 선기옥형, 혼의, 혼의기라고도 한다.
앙부일구 (仰釜日晷)	조선 세종 16년 (1434)	일구(日晷)는 해시계란 뜻이고, 솥과 같은 모양이므로 앙부(仰俯)라고 수식어를 붙인 것이다. 오목판 해시계를 뜻하는 이름이다.

50 김인덕, 과학문화, 솔출판사, 2005, 22쪽.

2. 지도

지도는 지구 표면의 일부나 전부의 상태를 기호나 문자를 사용하여 실제보다 축소해서 평면상에 나타낸 것이다. 우리나라 지도 제작의 역사는 삼국시대로 거슬러 올라간다. 즉 고구려 고분벽화의 요동성(遼東城)을 비롯하여 조선의 건국 초기(1402년)에 제작된 세계지도인 혼일강리역대국도지도(混一疆理歷代國都之圖), 정척(鄭陟, 1390~1475)이 1415년에 함경도와 평안도 지방을 그린 양계(兩界)지도, 양성지(梁誠之, 1414~1482)의 동국지도(東國地圖), 국가적 사업으로 제작한 신증동국여지승람(新增東國輿地勝覽)이 대표적인 것들이다.

지도명	제작자	내용
혼일강리역대국도지도 (混一疆理歷代國都之圖)	김사형(金士衡) · 이무(李茂) · 이회(李薈) 등	이 지도는 조선시대의 학자들에 의하여 제작된 거의 유일한 세계지도로서 조선 전기 세계지리학의 지식을 결집한 것이라 할 수 있으며, 17세기에 마테오 리치의 '곤여만국전도(坤輿萬國全圖)'가 한국에 들어오기 전까지는 가장 훌륭하고 사실상 유일한 세계지도였다.
동국지도 (東國地圖)	양성지(梁誠之)	1463년(세조 9) 정척과 양성지가 만들어 조정에 바친 지도이다. 당시의 원도는 전하지 않으나 조선 전기 지도 제작기술 발달의 성과를 종합한 지도로서 의의가 있다. 정척은 1451년(문종 1)에 양계 지방을 그린 대도(大圖)와 소도(小圖)를 바쳤다.
신증동국여지승람 (新增東國輿地勝覽)	이행 · 홍언필	조선시대의 인문지리서(人文地理書). 내용은 권1~2는 경도(京都), 권3은 한성(漢城), 권4~5는 개성(開城), 권6~13은 경기도, 권14~20은 충청도, 권21~32는 경상도, 권33~40은 전라도, 권41~43은 황해도, 권44~47은 강원도, 권48~50은 함경도, 권51~55는 평안도로 되어 있다.
요계관방지도 (遼薊關防地圖)	이이명(李頤命)	요동에서 북경 지방까지의 군사형세도를 그린 지도이다. 이이명(李頤命)이 비단에 그린 채색필사 관방도로, 가로 600cm, 세로 135cm 크기의 10첩 병풍으로 제작되었다.
서북피아양계만리일람지도 (西北彼我兩界萬里一覽之圖)	미상	2007년 12월 31일 보물 제1537호로 지정되었다. 조선시대 우리나라와 청나라의 양쪽 경계 만 리를 한눈에 볼 수 있는 지도로, 18세기 중기인 영조 때 제작된 것으로 알려져 있다. 채색필사본으로, 크기는 세로 91.5cm, 가로 130cm이다.

지도명	제작자	내용
대동여지도 (大東輿地圖)	김정호(金正浩)	조선 후기 김정호(金正浩)가 제작한 한국지도. 대동여지도는 우리나라에서 가장 큰 전국지도이면서도 보기 쉽고 가지고 다니기 쉽게 만든 지도이다. 전체를 펼쳐 이으면 세로 6.6m, 가로 4.0m나 된다. 현재 남아 전하는 것 가운데 성신여대박물관 소장본이 1985년 8월 9일 보물 제850호로 지정되었다.

3. 인쇄

인쇄는 문자 · 그림 · 사진 등을 종이나 기타 물체의 표면에 일정한 방법으로 옮겨 찍어서 여러 벌의 복제물을 만드는 일이다. 다시 말해서 인쇄물을 만들기 위한 복제기술 및 행위를 말한다.

인쇄물 본래의 기능은 시각적 전달매체이므로 인쇄는 커뮤니케이션 수단의 하나이며, 최근에는 감각 · 정서의 반응을 목적으로 하는 장식의 수단으로도 이용되고 있다. 인쇄물을 생산하는 데는 인쇄술, 즉 인쇄물을 만들어내기 위한 복제기술이 사용된다.

우리나라의 인쇄문화는 세계적으로도 일찍 발달하였다. 즉 751년경 세계 최초로 목판으로 인쇄된 무구정광대다라니경(無垢淨光大陀羅尼經)이 그것이다.[51]

인쇄는 등사판인쇄부터 신문 등의 제작 시에 사용되는 고속윤전인쇄에 이르기까지 그 범위가 매우 넓다. 인쇄술 또한 발달하여 예전에는 일정한 판면(版面)에 잉크를 묻혀서 그 잉크를 다른 재료(주로 종이가 사용되지만, 최근에는 셀로판 · 폴리에틸렌 · 비닐 · 목재 · 유리 · 도자기 · 알루미늄 · 함석판 등)에 옮겨 문자나 그림 등을 다수 복제하는 기술에 이르기까지 매우 다양하다.

또한 비닐이나 옷감의 프린트무늬, 식기나 가구의 표면장식 등 생활용품에 이르기까지 인쇄물이 진출하였다. 인쇄방식으로는 종래의 볼록판[凸版] · 평판(平版) · 오목판[凹版] 등 세 가지 판식이 이용되는 외에 공판인쇄의 이용이 증대되고 있다.

51 김인덕, 앞의 책, 229쪽.

또 누르는 힘이 없어도 인쇄되는 정전인쇄(靜電印刷) 방법이 발명되어 활발히 실용화되고 있다. 역사적으로 중요한 인쇄물은 다음 표와 같다.

인쇄물명	제작연도	내용
무구정광대다라니경(無垢淨光大陀羅尼經)	751년	경주 불국사 삼층석탑(석가탑) 탑신부에서 발견된 세계 최고(最古)의 통일신라 때 불경인쇄본(佛經印刷本). 두루마리 1축(軸)으로 너비 약 8cm, 전체길이 약 620cm이다. 불교중앙박물관에 소장되어 있다. 국보 제126호
보협인다라니경(寶篋印陀羅尼經)	1007년	총지사(摠持寺)에서 간행한 목판으로 찍은 경전으로, 32×45cm 크기의 23장이다. 또 범서총지집은 산스크리트어 진언집으로, 1150년 평양 광제포에서 선사 사원(思遠)이 교정하여 개판한 것이다. 이 유물들은 서지학 · 밀교사상 · 다라니 연구에 중요한 가치가 있을 뿐 아니라 고려 인쇄문화의 특징을 보여주는 자료이다. 보물 제1571호
초조대장경(初雕大藏經)	1087년	고려 현종 때 판각한 고려 최초의 대장경이다. 거란의 침입을 불력으로 물리치고자 만들어졌으며, 또한 목판인쇄술의 발전에 기여하였다.
교장(敎藏)	1090년	초조대장경이 완간된 뒤 대각국사 의천이 중심이 되어 만든 소위 속장경(續藏經)을 말한다. 속장경은 경(經) · 율(律) · 론(論) 삼장(三藏)이 아니라 그 주석서인 장소(章疏)를 모아 간행한 것이다.
삼국사기(三國史記)	1145년	고려시대 김부식(金富軾) 등이 기전체(紀傳體)로 편찬한 삼국의 역사서
남명천화상송증도가(南明泉和尙頌證道歌)	1239년	고려 고종 때 남명선사 법천(法泉)이 편저한 증도가를 복각(覆刻)한 책
직지심체요절(直指心體要節)	1372년	1372년(공민왕 21) 경한(景閑, 1299~1374)이 부처와 조사(祖師)의 게송(偈頌) · 법어(法語) 등에서 선(禪)의 요체를 깨닫는 데 필요한 내용을 뽑아 엮은 책
심지백개국원종공신녹권(沈之伯開國原從功臣錄券)	1397년	1397년(태조 6) 10월 왕명에 따라 공신도감(功臣都監)에서 개국원종공신 사재부령(司宰副令) 심지백(沈之伯)에게 발행한 녹권(錄券). 국보 제69호
조선왕조실록(朝鮮王朝實錄)	1413년	조선 태조에서 철종까지 472년간의 역사적 사실을 각 왕별로 기록한 편년체사서(編年體史書). 국보 제151호
성리대전서절요(性理大典書節要)	1538년	송나라의 성리대전(性理大典)을 요약하여 간행한 고문서. 보물 제1157호

인쇄물명	제작연도	내용
고금상정예문(古今詳定禮文)	1234년	고려시대에 고금의 예문을 모아 편찬한 책. 고려 인종(仁宗) 때의 학자로 문하시랑평장사(門下侍郎平章事)를 지낸 최윤의(崔允儀)가 왕명을 받아 고금(古今)의 예문을 모아 편찬하였다. 모두 50권으로 되었다고 하나 지금은 전하지 않는다.
고려대장경(高麗大藏經)	1236년	고려시대에 불경(佛經)과 장소(章疏)를 집대성하여 인간(印刊)한 불경. 불교를 흥왕(興旺)시키려는 목적도 있었지만 문화국으로서의 위력을 이웃나라에 선양하고, 불력(佛力)으로 국난을 타개함으로써 호국(護國)하겠다는 대발원(大發願)에서 이룩된 것이다.

4. 의학

의학은 인류의 역사와 더불어 경험의료로서 존재해 왔으며, 일반과학이 진보함에 따라 독자성을 지닌 과학으로 발전하여 인체에 관한 연구와 질병의 예방 및 치료를 연구하는 학문이다.

의학과 관련된 관광문화재로는 『신주무원록(新註無寃錄)』을 비롯하여 『약연(藥硯)』, 너무나도 유명한 『동의보감』, 『태산요록』, 『언해태산집요』, 『우두신설』, 『의방유취』, 『향약집성방』 등을 들 수 있다.

문화재명	제작연도	내용
신주무원록(新註無寃錄)	1419년	조선시대 최치운(崔致雲) 등이 원나라의 왕여(王與)가 쓴 무원록(無寃錄)을 저본으로 하여 편찬한 의학서. 상, 하 2권 1책. 목활자본. 규장각 도서. 세종의 명으로 편찬한 전문적인 검험서(檢驗書)이다.
동의보감(東醫寶鑑)	1610년	허준(許浚)이 저술한 의학서적으로 동아시아 의학을 집대성한 것으로 평가받는다. 2009년 7월 31일 세계기록유산으로 등재되었다.
태산요록(胎産要錄)	1434년	노중례(盧重禮)가 편찬한 태산(胎産)과 영아의 질병치료에 관한 의서(醫書). 보물 1179호
의방유취(醫方類聚)	1445년	조선 세종 때 왕명으로 편찬된 동양 최대의 의학사전
언해태산집요(諺解胎産集要)	1608년	허준(許浚)이 왕명을 받아 내의원(內醫院)에서 편찬한 책. 보물 제1088호

문화재명	제작연도	내용
우두신설(牛痘新說)	1885년	지석영(池錫永, 1855~1935)이 쓴 한국 최초의 우두종서(牛痘種書). 활자본으로서 2권 1책. 지석영이 일본인 기쿠치 고안(菊池康庵) 등으로부터 종두법을 익혀 오랫동안 경험해 온 지식을 종합하여 간행하였다.
향약집성방(鄕藥集成方)	1433년	향약(鄕藥)과 한방(韓方)에 관한 책. 활자본이며 85권 30책으로, 국립중앙도서관에 소장되어 있다. 1431년(세종 13)에 권채(權採)·유효통(兪孝通)·노중례(盧重禮)·박윤덕(朴允德) 등이 재래의 여러 의서를 참고하여 편찬하였다.

5. 무기

무기는 사용목적에 따라 전략무기·전술무기·대공무기·대잠두기·대전차무기 등으로 나누어지고, 사용장소에 따라 육전·해전·항공전·수중전·해저·우주무기 등으로 분류된다. 이용하는 에너지나 형상에 따라서는 광학무기·전자무기·전기무기·음향무기·자기무기·음파무기·통신무기·핵무기·방사능무기·화학무기·생물무기 등으로 구분된다.

관광문화재로서의 무기에는 망우당칼, 운검, 환도, 당파, 승자총통, 조총, 삼안총, 가정을묘명천자총통, 지자총통, 불랑기포, 대완구, 비격진천뢰, 화차, 응원필비, 신기비결, 화포식언해 등이 있다.

문화재명	내용
망우당칼	의병장 곽재우(1552~1617)의 장검(長劍)으로 운검이라고도 한다.
운검(雲劒)	정식명칭은 별운검(別雲劍)이다. 임금을 호위하던 운검무사들이 차던 칼을 말한다.
환도(還刀)	조선시대에 사용하던 전통 무기로 고리를 사용하여 패용(佩用)하였던 도검(刀劍)을 일컫는다.
당파	일명 삼지창이다.
승자총통(勝字銃筒)	조선시대에 만들어진 휴대용 소화기(小火器). 선조 초기에 김지(金遲)가 전라좌수사로 재임 시 창안하여 만든 것으로 세종 때 만들어진 우리나라의 독창적인 소총의 단점을 개량하여 발전시킨 총통이다.
조총(鳥銃)	조선시대의 휴대용 소화기(小火器). 후에 화승식(火繩式) 점화법을 이용하게 되면서 화승총이라고 하였다.

문화재명	내용
삼안총 (三眼銃)	조선 중기에 제조된 화기(火器). 1986년 11월 29일 보물 제884호로 지정되었다. 삼혈총(三穴銃)이라고도 한다.
가정을묘명천자총통 (嘉靖乙卯銘天字銃筒)	전체 길이 131cm, 통 길이 121.3cm, 총구지름 17.5cm이다. 죽절수(竹節數) 8개의 화포이다.
지자총통 (地字銃筒)	조선시대에 사용되었던 유통식(有筒式) 화포(火砲). 1986년 보물 제863호로 지정되었다.
불랑기포 (佛郎機砲)	중국 명나라 시대에 도입한 서양식 박격포이다. 마카오의 포르투갈인들에 의해 전해져, 이후 일본과 조선에서도 사용되었다.
대완구 (大碗口)	조선 후기에 사용된 불씨를 손으로 선혈(線穴)에 점화하여 발사하는 유통식 청동제 화기. 1986년 3월 14일 보물 제857호로 지정되었다.
비격진천뢰 (飛擊震天雷)	조선 중기에 사용되었던 화기(火器). 1986년 3월 14일 보물 제860호로 지정되었다. 진천뢰라고도 한다.
화차 (火車)	1409년(태종 9) 1월 군기소감(軍器少監) 이도(李韜)와 군기감승(軍器監丞) 최해산(崔海山) 등에 의하여 제작 · 시험되어 성공을 거두었다. 이 화차는 '철령전(鐵翎箭) 수십 개를 장탄한 동통을 소차(小車)에 싣고 달리면서 화약을 사용하여 발사'하는 일종의 장갑차라고 태종실록(太宗實錄)에 전하고 있다.
융원필비 (戎垣必備)	조선 후기에 편찬된 군사교범(軍事敎範). 활자본. 1권 1책. 연세대학교 도서관 소장. 1813년(순조 13) 박종경(朴宗慶)이 편찬하여 간행된 군사기술에 관한 것으로 각종 무기를 도해(圖解)하고 그 규격과 용법(用法) 등의 설명을 붙인 책이다.
신기비결 (神器秘訣)	1603년(선조 36) 한효순(韓孝純, 1543~1621)이 함경도순찰사(咸鏡道巡察使)로 재임 중일 때 각종 화약병기의 제작 및 사용법과 고금의 여러 병가(兵家)의 요어(要語)를 수록한 책
화포식언해 (火砲式諺解)	1635년(인조 13) 이서(李曙)가 화포식(火砲式)이란 책을 한글로 번역한 것. 활자본. 2권 1책. 신전자취염초방언해(新傳煮取焰硝方諺解)와 함께 1책으로 되어 있다.

5.2 무형문화재

무형문화재(無形文化財)는 일정한 형태가 없는 문화재를 말한다. 예컨대 역사적으로나 예술적으로 높은 가치와 문화적 기능을 지닌 사람을 인간문화재로 지정하여, 그 기능을 후계자에게 전수할 수 있도록 하며, 그 비용은 국가가 부담한다. 무형문화재의 종류로는 전통공연 · 예술, 전통기술, 전통지식, 구전 전통 및 표현, 전통 생활관습, 의례 · 의식, 전통놀이 · 무예 등이 있다.

무형문화재	종류
전통공연 · 예술	음악, 춤, 연희, 종합예술, 그 밖의 공연 · 예술
전통기술	공예, 건축, 미술
전통지식	민간의약지식, 생산지식, 자연 · 우주지식, 그 밖의 전통지식
구전 전통 및 표현	언어표현, 구비전승, 그 밖의 구전표현
전통 생활관습	절기풍속, 의생활, 식생활, 주생활, 그 밖의 생활관습
의례 · 의식	민간신앙의례, 일생의례, 종교의례, 그 밖의 의식 · 의례
전통놀이 · 무예	놀이, 축제, 기예, 무예

전통공연 · 예술

전통기술

구전 전통 및 표현

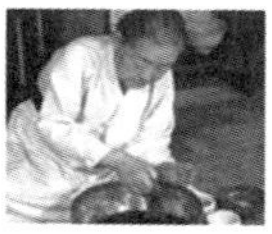
전통 생활관습

의식 · 의례

전통놀이 · 무예

중요무형문화재의 지정은 문화재를 지정할 때 그 문화재의 보유자를 인정해야 하며 추가로 인정할 수도 있다.[52]

즉 보존가치가 크다고 인정되는 문화적 소산 가운데 국가에서 문화재로서 지정한 것을 말한다. 2019년 현재 139호까지가 지정되어 있으며, 1호는 종모제례악, 2호는 양주별산대놀이, 3호는 남사당놀이(꼭두각시놀음) 등이다.

중요무형문화재의 지정기준은 인형극, 가면극, 음악, 탈춤, 바라춤, 도자기공예, 금속공예 등 역사상 · 예술상 · 학술상 가치가 크고 향토색이 현저한 것이다.[53]

52 「문화재보호법」, 제5조.

53 채예병, 관광자원론, 새로미, 2010, 84쪽.

5.2.1 연극

연극에는 인형극인 꼭두각시놀음과 가면극이 지정되어 있다. 가면극은 양주별산대놀이 · 송파산대놀이 · 하회별신굿탈놀이 · 봉산탈춤 · 강령탈춤 · 북청사자놀음 · 통영오광대 등이다.[54]

1. 인형극

인형극(人形劇)은 넓게는 살아 있는 배우가 아닌 물체를 이용하는 모든 공연형태를, 좁게는 꼭두를 사람이 직접 조종하여 연출하는 공연형태를 일컫는다. 인형극인 꼭두각시놀음은 1964년 12월 7일 중요무형문화재 제3호로 지정되었다. 지방에 따라서 '박첨지(朴僉知)놀음' 또는 '홍동지(洪同知)놀음'이라고도 한다. 이 명칭은 이 극에 나오는 주요 등장인물들이며, 모두 인형의 이름에서 나온 것이다.[55]

·인형극

2. 가면극

가면극은 출현하는 연기자의 일부 또는 전원이 얼굴에 가면을 쓰고 등장하여 연

54 동아출판사편집부, 동아원색세계대백과사전, 제20권, 1986, 594쪽.

55 꼭두각시놀음, 두산백과사전, http://www.doopedia.co.kr

출하는 극으로, '가면희(假面戲)', '탈놀음'이라고도 한다. 가면극 중 유명한 강릉의 관노가면극은 관노들이 가면을 쓰고 추는 성황신제 계통의 탈춤을 중심으로 강릉단오제 때 행하는 민속극이다.[56]

·관노가면놀이

강릉관노가면극은 연희자들이 구한말까지 강릉부에 속했던 관노들에 의해 전승되었다. 매년 단오 때마다 관노들이 놀이판에 직접 참가하여 탈놀이를 하였다. 무언극의 형식으로 진행되는 이 '강릉관노가면극'은 조선시대의 다른 가면극처럼 풍자가 혹독하지 않고 춤과 동작 위주로 이루어져 있다.

내용은 양반광대와 소매각시를 통한 화해와 사랑, 시시딱딱이를 통한 벽사의식, 장자마리의 풍요추구 등 성황신제 계통극의 전형성을 갖추고 있다.

3. 탈춤

탈춤은 한국의 각 지방에서 전해지는 탈을 쓰고 벌이는 전통 가면극을 말한다. 고구려의 무악, 백제의 기악, 신라의 처용무와 5기 등 삼국시대 이래로 대륙 전래의 산악백희(散樂百戲)와 고려의 산대잡극 등 조선시대 전기까지의 각종 가면희가 선행예능(先行藝能)으로서 참여하여 조선시대 후기에 산대도감극(山臺都監劇)이 정립되기에 이르렀다.[57]

이 산대도감극 계통의 놀이로서 현전하는 것에는 중부지방의 양주별산대놀이와 송파산대놀이, 서북지방의 봉산탈춤과 강령탈춤, 영남지방의 통영오광대와 고성오

56 강릉시, 디지털강릉문화대전, http://gangneung.grandculture.net/Contents/Index?contents_id=GC 00300080

57 동아출판사편집부, 동아원색세계대백과사전, 제28권, 1986, 29쪽.

광대, 그리고 수영야유와 동래야유가 있다. 이 밖에 하회별신굿탈놀이와 북청사자놀음은 계통을 달리하는 탈놀이이다.

·탈춤

5.2.2 음악

우리 민족은 예로부터 가무(歌舞)라 하여 음악과 무용이 같이 존재한다고 보았다. 음악으로는 종묘제례악을 비롯하여 판소리 · 가곡 · 가사 · 범패 · 대취타 · 산조 등이 있고, 무용으로는 진주검무를 비롯하여 처용무 · 승무 · 승전무 · 학무 · 살풀이춤 등이 무형문화재로 지정되어 있다.[58]

1. 제례악(祭禮樂)

천신(天神) · 인신(人神) · 지신(地神)의 제향(祭享)에 쓰이는 음악으로 조선 후기까지 원구제(圜丘祭) · 사직제(社稷祭) · 종묘제(宗廟祭) · 문묘제(文廟祭) · 선농(先農) · 선잠(先蠶) 등의 제향이 있어 거기에 따른 음악이 연주되었으나 지금 전해지는 것은 문묘제례악(文廟祭禮樂)과 종묘제례악(宗廟祭禮樂) 두 가지뿐이다.

58 동아출판사편집부, 동아원색세계대백과사전, 제22권, 1986, 611쪽.

종묘제례악은 조선시대 왕과 왕비의 신위를 모신 종묘를 지낼 때 무용과 노래 및 악기를 사용하여 연주하는 음악을 말하며, '종묘악'이라고도 한다. 세계문화유산으로 지정되어 관광객들의 주목을 받고 있다.

· 제례악

2. 연례악(宴禮樂)

조선 전기에 정비 제정되어 궁중의 조회 및 연회 때 연주되던 음악. 가곡 · 가사 · 시조 등 정악(正樂)을 궁중무에 맞춰 연주하였는데, 여기에는 고려시대의 향악정재(鄕樂呈才) · 속악 등도 포함되었다. 연회음악은 ① 국왕이 사신(使臣)을 위하여 베푸는 연회음악, ② 국왕이 종친(宗親) 형제를 위하여 베푸는 연회음악, ③ 국왕이 군신을 위하여 베푸는 연회음악, ④ 의정부가 조정사신을 위하여 베푸는 연회음악 등으로 구분되고, 이 밖에 일품(一品) 이하 대부(大夫) · 사(士)의 공사(公私) 연회음악, 서인들이 부모 형제를 위하여 베푸는 연회음악도 정하여 이를 연주하도록 권장했다. 여민락(與民樂), 영산회상(靈山會上), 만년장탄지곡(萬年長嘆之曲) 등 193곡과 처용무(處容舞), 가인전목단(佳人剪牧丹), 포구악(抛毬樂) 등 54종이 전해지고 있다.

· 연례악

3. 대취타(大吹打)

대취타는 호적(胡笛) · 나발(喇叭) · 소라(螺角) · 태평소(太平簫) 등 관악기와 징 · 북[龍鼓] · 바라 · 장고 같은 타악기로 편성되어 왕의 거둥이나 귀인의 행차, 그리고 군대행진에서 선전관청(宣傳官廳)과 영문(營門)에 소속된 취타수(吹打手)에 의하여 연주되던 행진곡풍 군례악(軍禮樂)이다.[59]

아명(雅名)으로는 무령지곡(武寧之曲), 속명으로는 대취타, 세칭 구군악(舊軍樂)이라고도 한다. 취타와 세악으로 구성된 대취타와 악수 중 황의초립(黃衣草笠) 차림의 취악내취는 호적 · 나발 · 나각 · 대각 · 발라(鈸鑼) · 장고 · 용고(龍鼓) · 징(鉦) · 나(鑼) 등의 악기로 한 조(組)를 이루어 군중(軍中)의 행진곡 · 승전곡의 취타를 주로 연주하고 세악수 연주에도 합주하였다.

중요무형문화재 제46호로 1971년 6월 10일 지정되었으며, 보유자는 정재국(鄭在國), 피리정악 및 대취타보존회 소속으로 전승지는 서울특별시이다.

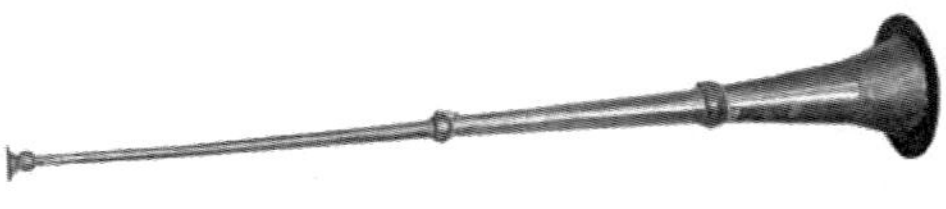
·나발

·용고

4. 가곡(歌曲)

가곡은 국가무형문화재 제30호로 1969년 11월 10일에 지정되었다. 시조시(우리나라 고유의 정형시)에 곡을 붙여서 관현악 반주에 맞추어 부르는 우리나라 전통음악으로, '삭대엽(數大葉)' 또는 '노래'라고도 한다. 현재 전승되고 있는 가곡은 우

59 동아출판사편집부, 동아원색세계대백과사전, 제8권, 1986, 618쪽.

조, 계면조를 포함하여 남창 26곡, 여창 15곡 등 모두 41곡이다. 형식을 보면 시조시 한 편을 5장으로 구분하여 부르는데 전주곡인 대여음과 간주곡인 중여음을 넣어서 대여음, 1장, 2장, 3장, 중여음, 4장, 5장 순으로 반복한다. 매우 조직적이며 짜임새가 잘 되어 있는 연주는 거문고와 가야금, 해금, 대금, 단소, 장구 등으로 이루어진다.

가곡은 변화 없이 오랜 세월 명맥을 유지해 왔으며, 다른 음악들이 대중적인 데 비하여 전문가들에 의해 전승되어온 예술적 가치가 높은 음악이다.[60]

5. 가사(歌辭)

가사는 고려 말기에서 조선 초기에 걸쳐 발생한 시가 형식으로 가사(歌詞)와 가사(歌辭)라는 2가지 명칭이 있으며, 조선 전기에 지어진 100행 내외의 것을 가사(歌詞)라 하고, 조선 후기에 지어진 장편의 것을 가사(歌辭)라 하여 그 둘을 구별하자는 견해도 있으나, 보통 구별하지 않으며, 그중 가사(歌辭)라는 용어가 보편적으로 사용된다.[61]

형식은 4음보 연속체로 된 율문(律文)으로 한 음보를 이루는 음절의 수는 3 · 4음절이 많고, 행수에는 제한이 없다. 마지막 행이 시조의 종장처럼 되어 있는 것을 정격(正格)이라 하고, 그렇지 않은 것을 변격(變格)이라 하기도 하는데, 정격은 조선 전기에, 변격은 조선 후기에 많이 나타났다.

6. 산조(散調)

산조는 한국의 전통음악에 속하는 기악독주곡의 하나이며, 느린 장단으로부터 빠른 장단으로 연주하는 기악독주의 민속음악이다. 장구 반주가 따르며 무속음악과 시나위에 기교가 확대되어 19세기 무렵에 만들어졌다.

60 문화재청, 문화유산포털

61 동아출판사편집부, 동아원색세계대백과사전, 제1권, 1986, 138쪽.

산조에는 가야금산조가 가장 많이 연주되며, 바디[流]가 그 다음으로 많다. 그 다음은 거문고 산조와 대금 산조가 흔히 연주되고, 그 밖에 해금 산조와 피리 산조는 매우 드물게 연주되며, 아쟁 산조는 최근에 짜인 것이다. 호적이나 퉁소는 시나위 가락을 연주하지만 산조를 연주하는 경우는 별로 없고, 양금과 같이 미분음을 낼 수 없는 악기는 원칙적으로 산조형 가락을 연주할 수 없다.

· 가야금산조

7. 농악(農樂)

농악은 농촌에서 집단노동이나 명절 때 등에 흥을 돋우기 위해서 연주되는 음악으로, 풍물놀이 혹은 풍물굿{간단히 풍물(風物), 풍악(風樂)}으로 불리며, 꽹과리, 장고, 북, 징의 네 가지 악기(사물)와 나발, 태평소, 소고(버꾸라고도 함) 등의 악기를 기본 구성으로 하여 악기 연주와 몸동작 그리고 진을 구성하며 하는 놀이와 연희를 모두 가리키는 말이다.

가장 대표적인 풍물놀이로는 예전에 농촌뿐만 아니라 마을에서 하던 마당놀이를 꼽을 수 있다. 한국 농촌의 가장 대표적이고 보편적 놀이인 풍물놀이는 전국적인 분포를 보이고 있으나 특히 중부 이남이 성하다. 풍물놀이는 제초 · 이앙 등의 노역 시에 베풀어질 뿐 아니라 정초 · 단오 · 백중 · 추석, 기타의 명절날에도 거행되었으며, 풍물에 사용되는 악기에는 주로 4물(四物)인 꽹과리 · 징 · 장고 · 북과 소고(법고) · 호적(태평소, 날라리) 등이 있고, 악곡으로는 진군악(행진악) · 무용악 · 답중악(畓中樂) · 축악(祝樂) · 제신악(祭神樂) 등이 있으며, 가락은 주로 자진모리를 쓴다.[62]

62 동아출판사편집부, 동아원색세계대백과사전, 제7권, 1986, 554쪽.

·농악

8. 잡가(雜歌)

잡가는 조선 후기 서민층에서 불리던 민속악으로 가사체의 긴 사설을 엮어 부르는 민속적인 성악곡의 하나이다. 가곡 · 가사와 같은 노래에 대한 말로 속요(俗謠)라는 뜻에서 잡가라 부르게 되었으며, 잡가 · 선소리[立唱] · 긴요 등을 총칭하기도 하나, 현재 민요는 후렴이 붙는 짧은 사설의 장절(章節)형식이 많고, 잡가는 긴 사설의 통장(通章)형식이 많아 이를 구분하는 것이 통례이다.

긴 사설을 엮어 부르는 노래로는 가사 · 잡가 · 선소리 · 단가 · 화청(和請) 등이 있는데, 가사는 정악(正樂)에 속하여 우아하고 유장(悠長)한 가락이고, 선소리는 씩씩한 가락에 무용이 따르며, 단가는 가락이 판소리조로 판소리를 부르기 전에 창자(唱者)가 목을 풀기 위하여 부르며, 화청은 민속적인 가락이지만 범패(梵唄)와 아울러 불교음악이라는 점에서 잡가와 각각 구별된다. 사설은 대개 4 · 4조가 주가 되나 파격이 심한 것이 특징이다.

잡가는 그것이 불리는 지역과 지방적인 가락토리[鄕調]에 따라 경기잡가 · 남도잡가 · 서도잡가로 구분되며, 경기잡가는 다시 십이잡가(十二雜歌)와 휘몰이잡가로 나뉜다.

9. 민요(民謠)

·판소리

민요는 민족적 감정이나 기호를 자연발생적인 멜로디로써 나타낸 것이다. 음악을 직업으로 하지 않는 서민이 만들어내는 것이므로 최초의 멜로디는 목소리에 의존하며, 악기로 연주되는 것은 아니다. 따라서 가락의 원형은 악보에 기재돼 있지 않으며, 뒤에 음악적 지식이 있는 사람이 기보한 것이다. 악보에 기재되어 있지 않은 가락은 구전되는 동안 다듬어진다. 따라서 민요는 작사자도 작곡자도 불명인 것이 대부분이며, 작가가 분명한 것은 극히 일부에 지나지 않는다.[63]

원시적인 민요는 단순한 악상이나 짧은 악구(樂句)를 단조롭게 반복하는 것이 많으나, 문화가 향상됨에 따라 음악의 구성은 복잡해지고 악구는 길어져 악곡 전체의 형이 정돈되고 악구와 악구가 대조적으로 배치되어 스스로 예술적 작품의 향상을 나타낸다. 또한 원시적인 민요는 무반주로 부르는 것이었으나, 지금 우리가 노래하는 외국민요에는 반주가 붙어 있고, 때로는 그 가락을 기악곡으로 연주하기도 한다. 이와 같이 민요는 여러 가지 변화를 겪었고, 각 민족의 장점과 특색을 나타내고 있다.

10. 무악(巫樂)

무악은 일반적으로 '굿'이라고 하는 무속의식(巫俗儀式)에 쓰이는 음악으로 무속의식에서 빼놓을 수 없는 요소이며, 세계 각처에 이와 유사한 음악이 산재해 있다. 한국의 무악은 넓은 의미로는 무당의 굿음악, 판수의 독경소리, 걸립패와 초라니패의 고사소리 등이 포함된다. 하지만 좁은 의미로는 무당의 '굿'에 쓰이는 음악

63 동아원색세계대백과사전, 제12권, 1986, 313쪽.

만을 가리킨다.

좀 더 구체적으로 말하면, 한강을 중심으로 하여 중부 이남지방에서는 세습무(世襲巫)인 '단골무당'의 음악을 가리킨다. 그리고 중부 이북에서는 '강신무(降神巫)'의 음악을 가리킨다.

즉 무악은 무가가 중심이 되며, 여기에 사설의 내용 · 선율(가락) · 반주음악 등이 따른다. 그 밖에 무무(巫舞)의 반주음악 및 기타 의식의 반주음악도 구악에 포함된다. 이 무악의 성격은 굿의 성격에 따라 달라지지만 지방에 따라서도 차이를 보인다.

·승무

·씻김굿

·무당굿

11. 범패(梵唄)

범패는 절에서 주로 재(齋)를 올릴 때 부르는 노래로 중요무형문화재 제50호로 지정되어 있으며, 부처님의 공덕을 찬양하는 노래이다.[64]

범패는 '인도[梵]의 소리[唄]'라는 뜻이며, 범음(梵音) · 어산(魚山)이라고도 한다. 즉 부처님의 공덕을 찬양하는 노래로서 불교 이전의 브라만교에서 비롯되었다고 한다.

한국의 범패에 관해서는 830년(太和 4) 당나라에서 돌아온 진감선사(眞鑑禪師)

64 동아출판사편집부, 동아원색세계대백과사전, 동아출판사, 제14권, 1986, 54쪽.

가 많은 제자에게 범패를 가르쳤다는 기록이 있고, 『삼국유사』 권5의 『월명사(月明師) 도솔가조(兜率歌條)』에는 이보다 앞선 시기인 760년(경덕왕 19년)에 범패를 언급한 내용이 보인다. 또 진감선사와 동시대 일본 승려가 쓴 『입당구법순례행기(入唐求法巡禮行記)』에 중국 범패를 당풍(唐風), 신라 범패를 향풍(鄕風), 중국에서 우리나라를 거쳐 일본으로 건너간 범패를 고풍(古風)으로 언급한 것으로 미루어 8세기 무렵 이미 한국에 범패가 존재하였음을 알 수 있다.

·범패

절에서 각종 재(齋)를 올릴 때 써왔으며, 가곡 · 판소리와 함께 오늘날 전해지고 있는 불가는 절에서 재를 올릴 때 부르는 노래와 절 밖에서 시주를 걷으며 축원하는 노래로 나뉘는데, 재를 올릴 때 부르는 노래는 다시 안채비소리와 겉채비소리로 나뉜다. 안채비소리는 절 안의 병법(秉法)이나 법주(法主)와 같은 학식이 많은 승려가 부르는 노래로, 유치(由致)나 청사(請詞) 같은 축원문을 요령(搖鈴)을 흔들며 낭송한다. 흔히 염불이라고도 하며 착어성(着語聲), 창혼(唱魂), 유치성(由致聲), 청문성(請文聲), 편계성(徧界聲), 소성(疏聲), 축원성(祝願聲) 등이 있다.

5.2.3 무용(舞踊)

무용은 시간과 공간 속에 존재하는 육체의 율동적인 예술활동이다.[65]

부여 · 고구려 · 예(濊) · 마한 등의 부족국가에서는 봄 · 가을에 신에게 제사지내고 가무음주(歌舞飮酒)하면서 며칠을 지냈다는 옛 기록에서 부족국가시대의 춤을 연상할 수 있다.

65 동아출판사편집부, 동아원색세계대백과사전, 제12권, 1986, 325쪽.

왕권정치가 확립되면서부터는 오늘날과 같은 무용 본래의 개념으로 인식되기 시작, 궁중에서는 전문 무용가를 두어 국가적 행사와 의식 경축 때 춤을 추게 하였으며 이를 궁궐의 연례용(宴禮用)으로 사용하였다.

특히 삼국~조선시대에 외국과의 교류에 따라 이입(移入)된 수십 종에 이르는 외국 무용은 한국에 맞도록 재구성(再構成)되어, 궁궐에서 추는 궁중무용과 민간에서 즐겨 추는 민속무용 등으로 분파되었다.

1900년 이후 밀려온 서양 모던댄스의 영향을 받은 우리의 전통무용은, 한편에서는 새로운 무용의 자연주의적 사상을 흡수하여 이를 한국 춤에 도입하기도 하였다. 한국의 무용이 현대적 의미의 무대무용으로 발전하기 시작한 것도 1900년 이후 서울에 원각사(圓覺社)라는 현대식 극장이 생기면서부터이며, 이것을 효시로 한국의 춤도 세계적인 흐름과 맥을 같이하면서 발전, 오늘에 이르게 되었다.

· 화관무

1. 의식무(儀式舞)

의식무는 모든 의식(儀式)에 따르는 무용을 말한다. 즉 불교 · 기독교 · 회교 등의 종교의식에 수반되는 무용이나 고대(古代)의 전쟁 · 수렵 · 농경 전후에 있었던 의식행사에 포함되는 무용, 그리고 국가가 주관하는 모든 행사에 따르는 무용이 이에 포함된다.

개별적인 개념으로는 삼국시대 전후(前後)의 각 왕조가 궁중에서 벌였던 의식에 수반하는 궁중무용과 고구려 이후 조선에 이르기까지 각 왕조가 환구단(圜丘壇 : 天神) · 사직단(社稷壇 : 地神)을 세우고 제사지낼 때 추게 했던 무용이 포함된다. 또한 우리나라 불교무용인 나비춤 · 바라춤 · 법고춤 · 목어 · 타주(打柱)가 의식무용에 속한다.

신라시대 이전의 제천의식에 들어 있던 무용과 가무백희(歌舞百戲)가 신라 의식무(儀式舞)의 원형이라고 볼 수 있다. 검무(劍舞) · 무애무(無㝵舞) · 처용무(處容舞) · 도솔가무(兜率歌舞) 등이 있는데 고려 · 조선의 궁중무용에 그대로 이어져 내려왔다.

· 의식무

고려시대의 궁중무용은 향악무(鄕樂舞)와 당악무(唐樂舞)의 두 계통으로 나눌 수 있다. 향악무[俗樂呈才]는 우리나라에서 비롯된 우리의 춤이고 당악무[唐樂呈才]는 외국(당나라 포함)에서 수입된 춤이다. 향악무로는 무고(舞鼓) · 무애무(無㝵舞) · 동동무(動動舞) · 향발무(鄕鈸舞) · 아박무(牙拍舞) · 학무(鶴舞) 등의 6종류가 『고려사』와 『악학궤범』에 기록되어 있다. 당악무로는 수연장무(壽延長舞) · 포구락(拋毬樂) · 헌선도무(獻仙桃舞) · 오양선(五洋仙) · 육화대무(六花隊舞) · 연화대무(蓮花臺舞) 등의 6종류가 있는데, 이것도 『고려사』와 『악학궤범』에 기록되어 있다.

조선시대에는 신라 · 고려의 무용을 그대로 수용했으며, 36종에 달하는 궁중무를 창작해 낸 전성기였다. 금척무(金尺舞) · 수보록무(受寶籙舞) · 근천정무(覲天庭舞) · 수명명무(受明命舞) · 하황은무(荷皇恩舞) · 하성명무(賀聖明舞) · 성택무(聖澤舞) · 곡파무(曲破舞) · 보상무(寶相舞) · 만수무(萬壽舞) · 헌천화무(獻天花舞) · 박접무(撲蝶舞) · 심향춘(沈香春) · 춘앵전(春鶯轉) · 연백복지무(演百福之舞) 등 53종이 있다. 그리고 문묘제례(文廟祭禮 : 공자를 비롯하여 우리나라와 중국의 뛰어난 유학자를 모신 문묘에 드리는 제사)와 종묘제례(宗廟祭禮 : 왕조의 선대에 드리는 제사)에 포함되는 문묘일무(文廟佾舞) · 종묘일무(宗廟佾班)도 의식무(儀式舞)에 속한다.[66]

66 http://terms.naver.com/entry.nhn?docid=453177

2. 민속무

민속무는 민간에 전하여 내려오는 춤으로 백성들의 소박한 감정과 각 지방의 생활과 풍속이 잘 나타나 있다.[67]

·민속무

5.2.4 공예기술

공예기술은 우리 문화의 생활양식이라든가 독특한 면을 보여주는 민속공예품들로서 중요무형문화재로 지정되어 있다. 나전칠기장을 비롯하여 한산 도시짜기 · 옹기장 등이 있다.

1. 도자공예(陶瓷工藝)

도자기를 본래의 기능을 살리거나 향상시키고 거기에 조형미를 가미하는 것을 말한다. 즉 도자기를 가공한 공예품이다.[68]

67 동아출판사편집부, 동아원색세계대백과사전, 제13권, 1986, 33쪽.
68 동아출판사편집부, 동아원색세계대백과사전, 제9권, 1986, 356쪽.

도자기란 질그릇 · 오지그릇 · 사기그릇의 통칭이며, 양질의 흙을 성형하여 불에 구워 만든 생활용기나 장식기물을 말한다. 남원 지역의 도자공예에 관한 역사는 멀리는 가야시대로 거슬러 올라갈 수 있으며, 조선 초기에 이르러서는 지금의 남원시 왕정동 만복사지(萬福寺址) 뒤 기린산록에 있던 백자 가마가 유명하였던 것으로 보인다.[69]

한반도에서는 기원전 5000년경부터 인간이 음식을 만들어 담아 먹을 수 있는 토기가 만들어졌다. 최초의 토기는 흙으로 빚은 단순한 것에서 출발하였으나, 고구려 4세기, 백제 6세기경 유약을 입힌 도자기가 발견되듯이 도자기의 역사는 토기→저화도 도기→고화도 자기로 발전하고 있다.[70]

도기(陶器, earthernware/pottery)와 자기(磁器, porcelain)는 일반적으로 소성(燒成) 온도에 따라 분류한다. 즉 도기는 1,200~1,300℃에서 일단 소지(素地)를 소결시킨 다음, 다시 1,050~1,100℃에서 숙성하는 프릿 유약을 시유하고, 자기는 배합한 소지를 1,300~1,500℃의 높은 온도로 소성하여 소결시킨다. 즉 도기는 자기에 비하여 경도와 기계적 강도가 낮으며, 소지는 다공질이고 흡수성이 있어 두드리면 탁음을 내며 투광성도 거의 없다. 이에 반해 자기의 소지는 대개 백색이고 유리질이어서 흡수성이 거의 없고 투광성이 있으며, 두드리면 금속성을 내며 기계적 강도가 크고 파단면은 조개껍데기 모양이 된다.

1) 도자기 이름 짓는 법

종류+문양방법+문양+형태로 짓는다.(예 : 청자상감운학문매병)

69 남원시, 디지털남원문화대전, http://namwon.grandculture.net/Contents/Index?contents_id=GC00601805

70 강대규 · 김영원, 도자공예, 저자의 말 중, 솔출판사, 1990.

2) 청자의 종류

<table>
<tr><th>종류</th><th colspan="2">내용</th></tr>
<tr><td>순청자</td><td colspan="2">채색이나 상감을 하지 않은 청자이다.</td></tr>
<tr><td>상감청자</td><td colspan="2">그릇이 마르기 전에 문양을 음각하고 초벌구이를 한 다음 거기에 백토(白土), 흑토(黑土)를 메우고 청자유약을 발라서 구워낸 청자이다.</td></tr>
<tr><td rowspan="4">화(畵)청자</td><td colspan="2">태토 위에 안료로 문양을 그린 다음 청자 유약을 발라서 구워낸 청자이다.</td></tr>
<tr><td>철화(鐵畵)청자</td><td>철분이 많은 자토를 물에 개어 태토 위에 문양을 그린 청자이다. 흑색이나 적갈색을 띤다.</td></tr>
<tr><td>동화(銅畵)청자</td><td>적색계통의 산화동으로 문양을 그리거나 양각, 음각, 상감문양 등에 일부 칠한 청자이다.</td></tr>
<tr><td>화금(畵金)청자</td><td>상감된 문양 일부에 금을 칠한 청자이다.</td></tr>
<tr><td>퇴화(堆花)청자</td><td colspan="2">백토 또는 자토로 그릇 표면에 점을 찍거나 선을 그려 문양을 나타낸 것으로 문양부분이 약간 도드라지는 것이 특색이다.</td></tr>
</table>

3) 백자의 종류

종류	내용
순백자	문양을 넣지 않은 순백의 백자이다.
청화(靑華)백자	그릇 표면에 코발트계의 청색 안료로 그림을 그리고 구워낸 백자이다.
상감백자	표면에 음각으로 문양을 새기고 자토로 메워 검은색으로 나타낸 백자이다.
철화백자	철분 안료로 문양을 그려 다갈색으로 나타낸 백자이다.
진사(辰砂)백자	산화동으로 문양을 그려 붉은색으로 나타낸 백자이다.

4) 분청사기

조선시대 전기를 대표하는 자기. 회색 또는 회흑색의 바탕흙(태토, 胎土) 위에 정선(精選)된 백토(白土)로 표면을 입힌 뒤 유약(釉藥)을 씌워 환원염(還元焰)에서 구워낸 도자기이다.

5) 분청사기의 종류

종류	내용
상감분청사기	문양의 음각선에 백토와 자토를 메워 넣고 유약을 발라서 구워낸 분청사기이다.
인화(印花)분청사기	원하는 문양을 양각한 도장 같은 도구로 그릇 표면을 찍은 후 백토를 메워 넣는 기법을 사용한 분청사기이다.
박지(剝地)분청사기	회색의 태토로 된 그릇 표면에 백토를 바르고 문양을 그린 다음 문양 이외 여백의 백토를 모두 다시 긁어내어 문양은 백토색이 되고 여백은 회색의 태토색으로 나타나 대비를 이루는 분청사기이다.
선각(線刻)분청사기	그릇을 백토로 분장한 다음에 원하는 문양을 새겨 넣은 분청사기이다.
철화(鐵畵)분청사기	철분 안료로 자유분방한 문양을 빠른 운필로 나타내고 엷게 유약을 바른 분청사기이다.
귀얄분청사기	돼지털 또는 말총을 넓적하게 묶어 만든 귀얄이라는 붓으로 백토를 묻혀 그릇 표면에 칠한 분청사기이다.
분장(粉粧)분청사기	백토물에 그릇을 덤벙 담갔다가 꺼내어 표면이 백토로 분장된 분청사기이다.

2. 금속공예

· 금제관식

금속공예는 금, 은, 동, 철 등의 금속을 주재료로 하여 생활용품이나 장식품을 만드는 공예를 가리키며, 재료에 따라 귀금속공예와 보통금속공예로 나눈다. 금 · 은 또는 백금과 같은 것을 사용하는 귀금속공예는 주로 장식품을 만드는 공예이고, 구리나 철을 쓰는 보통금속공예는 일용품이나 도구, 기계류를 만드는 공예로 금속공예의 주종을 이룬다.

이들 재료에 열을 가하여 용해된 쇳물을 틀에 부어 빼낸 것이 주물(鑄物)이고, 쇠의 신축성을 이용하여 두드려서 성형한 것은 단조물(鍛造物)이라 한다.

종, 솥, 쟁기, 삽 등은 주물에 속하고 낫, 칼, 꽹과리, 담뱃대 등은 단조물에 속한다. 남원 지역에는 전통적으로 전승되는 금속공예가 많은데, 그중 담뱃대와 유기그릇 그리고 부엌칼의 제조는 금속공예의 대표적인 물품들이다.

금속공예품을 제작하는 데 사용되는 여러 가지 기법 중 가장 기본적인 것으로 주금(鑄金)기법, 단금(鍛金)기법, 조금(彫金)기법이 있다. 즉 주금기법은 금 · 은 · 철 · 동 · 주석 등의 금속이나 그것의 합금을 가열하여 녹인 후, 어떤 종류의 흙이나 모래, 돌 등 불연성(不燃性) 물질로 만든 틀에 주입하여 불상이나 불구류(佛具類), 청동거울, 꽃병 등의 여러 가지 작품을 만드는 방법이고, 단금기법은 금, 은, 동, 철 등의 합금의 소성을 이용하여 두들겨서 늘이거나, 축소시켜 항아리, 접시, 꽃병 등의 작품을 만드는 방법이고, 조금기법은 여러 종류의 끌을 사용하여 금속에 문자나 문양을 조각하여 만드는 기법을 말한다.[71]

1) 범음구(梵音具)

범음이란 범자(梵字)의 음(音) 또는 맑고 깨끗한 음성이란 뜻으로 불보살(佛菩薩)의 음성을 말하며, 범음구란 범음을 만들어내는 불교용구이다. 여기에는 범종(梵鐘)을 비롯하여 큰북, 목어(木魚), 운판(雲版), 장판{長板 또는 판종(板鐘)으로 부름} 등이 있는데 불가에서는 이를 사물(四物)로 부르고 있다. 또한 사찰의 법당이나 식당에서 불교의식이나 공양 때 치는 금고(金鼓 : 쇠북)도 범음구의 일종이다.

2) 공양 · 의식구

공양 · 의식구에는 사찰의 불단 앞에 놓이는 공양물을 담는 정병(淨甁), 발우(鉢盂), 항아리(壺), 합(盒) 등의 식기류와 향로, 화병, 촛대 등 의식구가 있다.

3) 장엄구

장엄구란 부처님의 숭고한 정신, 지극한 덕을 중생들에게 보다 효과적으로 알리기 위한 방편으로 불상 주위를 아름답게 장식하는 것들을 말한다.[72]

71 최응천 · 김연수, 금속공예, 솔출판사, 1990, 2003, 17쪽.
72 최응천 · 김연수, 금속공예, 솔출판사, 2003, 193쪽.

여기에는 불·보살상을 장식하는 각종 장신구와 광배(光背)를 비롯하여 수미단(須彌壇)에 설치하는 보개(寶蓋), 불전(佛殿) 안에 놓이는 금속제불탑, 사리함 등이 있다.

4) 유기(鍮器)

유기(鍮器)란 유석으로 만든 모든 그릇이나 도구를 말한다. 유석(鍮石)이란 향로감석, 황동 또는 진유라고도 하는데, 자연적으로 출토된 광물질이 아니고 구리에 여러 가지를 합금하여 인위적으로 만든 것이다. 유기의 종류로는 밥그릇과 국그릇 등의 식기류와 요강·세숫대야 등의 혼사용구, 향로·촛대 등의 제사용구, 바라·범종 등의 불기류(佛器類), 청동화로, 부삽 등의 난방용구, 나비촛대·유경 등잔 등의 등잔류(燈盞類) 등이 있다.

조선시대에는 각 지방의 시장에 유기점이 따로 설치되어 각종 식기와 풍물류의 유기물을 서민들에게 판매하였다. 유기공예는 8·15해방 뒤까지 각 지역에서 성행하였는데, 특히 경기도 안성을 비롯하여 경상도 금천, 전라도 남원, 특히 운봉 등지에서 계속 제작되었다.

운봉유기가 전국적으로 이름이 나게 된 것은 조선 중기부터로 보인다. 이곳에서 제작된 유기는 색채가 뛰어나 마치 황금과 같고 질이 매우 우수하여 한국적인 고전미를 느낄 수 있었다고 한다.

3. 화각공예

화각공예는 쇠뿔을 이용하여 목질 세공품을 곱게 하는 장식공예로 채색 그림 위에 쇠뿔 종이를 붙이는 방식이다.

즉 채색 그림이 은은하게 비쳐 보이며 부드럽고 고상한 장식적 효과를 나타내는 공예방법이다.[73]

화각(華角)은 쇠뿔을 얇게 갈아 투명하게 만든 판을 말하며, 이러한 화각을 이

73 네이버국어사전, http://krdic.naver.com/detail.nhn?docid=42931200

용해서 공예품을 만드는 사람을 '화각장'이라 한다.

화각공예는 재료가 귀하고 공정이 까다로워 생산이 많지 않았으므로, 특수 귀족층들의 기호품이나 애장품으로 이용되었고 일반 대중에게는 별로 알려지지 않은 분야이다. 따라서 이 화각공예는 나전칠기와 더불어 우리나라 고유의 왕실공예일 뿐 아니라 다른 나라에서는 찾아보기 어려운 민족적인 독특한 공예이다.[74]

4. 장식공예

장식공예는 수공으로 제작되며, 실용성을 거의 띠지 않고 감상이나 치레를 목적으로 하는 공예를 일컫는다.

5. 나전칠공예

나전칠공예는 고려시대에 만들어진 나전칠기(螺鈿漆器) 즉 나전을 자개에 붙여서 장식하는 공예이다. 나전이란 자개를 무늬대로 잘라 목심(木心)이나 칠면(漆面)에 박아 넣거나 붙이는 칠을 말하며, 칠기는 옻나무의 수액(樹液)을 써서 가공 · 도장된 제품을 일컫는다.

· 나전칠기

한국에 나전칠기가 언제부터 있었는지는 확실하지 않지만, 칠공예(漆工藝)가 삼국시대에 있었던 것은 고분에서 출토된 유물을 보아 알 수 있다.

74 성남시, 디지털성남문화대전, http://seongnam.grandculture.net/Contents/Index?contents_id=GC00102341

낙랑에서 이미 뛰어난 칠공예품을 사용하였으므로 삼국시대에도 그 영향을 받아 나전이 발달하였을 가능성이 높다.

· 나전칠기

6. 제지공예

제지공예는 한지공예라고도 하며, 닥나무에서 추출한 식물성 섬유를 곱게 찧어서 물에 풀어 놓은 섬유질 점액으로 만들어 대나무를 정교하게 쪼개어 만든 대발로 얇게 떠서 종이를 가공해 내는 공예를 말한다.

전통적인 제지공예는 닥나무 껍질을 이용하여 한지를 만들고, 이 한지를 이용하여 기물을 만드는 것이다. 한지는 일명 조선지라고도 부르는데 우리나라 고유의 종이이다. 우리나라의 전통적인 한지는 특히 호남지역에서 가장 활발히 제작되었으며, 그중 전주, 남원, 순창, 장성이 특산지였다. 지금도 전주, 완주, 남원 등지에서는 닥나무 껍질로 한지를 만들고 있다.

· 전통한지

중요무형문화재 제117호인 한지장(韓紙匠)[75]은 전통한지를 제작하는 장인을 일컫는다.

75 한국문화재보호재단, http://blog.naver.com/fpcp2010?Redirect=Log&logNo=110099222953

7. 목공예

목재로 여러 가지 생활기물을 만드는 공예를 목공예라 한다. 나무로 기물을 만드는 소목장은 장롱, 책상, 탁자, 반닫이, 경상, 소반 등을 만들어낸다. 중요무형문화재 목공예 분야 지정종목으로는 악기장, 소목장, 각자장, 목조각장, 윤도장, 화각장 등이 있다. 나무로 만든 기물을 오래 보관하기 위해 옻칠로 마감하는 것이 칠공예이다. 옻나무에서 채취한 진액은 방습, 방부, 방충에 뛰어난 효과가 있으며, 여기에는 죽공예도 포함된다.[76]

1) 목칠공예(木漆工藝)

목칠공예란 목물(木物)에 수액으로 다양한 칠(漆)을 하여 사용한다고 해서 붙여진 이름이다. 목칠공예는 크게 목각공예와 가구공예로 나누어진다. 이러한 의미의 목칠공예는 도자공예와 더불어 우리나라 공예사상 가장 두드러진 부분이다.

남원 지역의 대표적인 목칠공예로는 운봉읍의 목기와 남원시 일원의 소반(小盤)이 전국적으로 유명하다. 운봉목기와 남원소반은 지리산 주변의 풍부한 산림자원을 바탕으로 5백 년 동안 그 명맥을 유지해 온 남원 유일의 특산품이다.

운봉목기와 남원소반은 제작과정이 섬세할 뿐만 아니라 원자재가 지리산의 고산지대에서 나와 특유의 향기와 함께 그 재질이 단단해 조선 초기부터 전국에 명성을 떨쳐왔다.

이 밖에 각종 목기나 화병, 주병, 항아리 등 기타 소품의 목공예품도 생산하고 있다. 원자재는 주로 오리목, 들뿌리, 물뿌리나무를 이용하며, 신축성이 있고 질긴 야막나무나 노각나무를 이용하기도 한다. 특히 향나무와 같은 특유의 향기를 내뿜는 박달나무는 고급 원자재로 주목받고 있다.

76 한국문화재보호재단, http://blog.naver.com/fpcp2010?Redirect=Log&logNo=110099222953

·문갑

·과기

목칠가구는 일반 생활에 널리 사용되는 것들이다. 남원목공예사업협동조합을 구성하여 남원목기를 만들어온 장인들이 현대화 시설의 공장을 건립하여 생산능률을 높이고 품질의 고급화를 선도하기 위해 1992년 4월 남원목공예사업협동조합 설립 인가를 받아 1994년 1월 목공예단지 조성사업을 마무리하였다. 1994년 8월 목공예기술연구소와 조합전시판매장을 건립한 데 이어 2002년 3월 남원옻칠연구소를 개소하였으며 2004년 12월 남원옻칠공예관을 건립하였다.

표 5-14 시대별 목칠공예 품목 내용

시대	품목 내용
삼국 · 통일신라	평상(枰床), 소반(小盤), 칠반, 왕의 밑받침, 도깨비 얼굴 화살통장식, 새모양 칠기잔, 목제인물상과 목인형, 금은평탈 보상화문(寶相華文)경, 연꽃장식
고려	대장경판, 경패(經牌), 하회가면(河回假面)승, 나전국화문경함(螺鈿菊花文經函), 나전국당초문경함(螺鈿菊唐草文經函), 나전대모국당초문봉(螺鈿玳瑁菊唐草文棒), 나전대모국당초문합(螺鈿玳瑁菊唐草文盒)
조선	안방가구, 사랑방가구, 궤, 부엌가구, 제례용품, 일상용품, 고비, 연상(硯箱 : 벼룻집), 평상, 서안(書案), 농, 장, 좌경(座鏡 : 앉은뱅이거울), 좌등, 시전지판(詩箋紙板), 보판(褓板), 선추(扇錘), 인궤(印櫃), 영정함, 찬탁(饌卓), 함지, 약장, 목안(木雁 : 기러기), 반닫이, 감실(龕室), 교의(交椅), 초롱, 필통, 지통, 붓걸이, 경상(經床), 탁상, 문갑, 목침, 탁자, 책상, 책궤, 서류함 등

자료 : 박영규 · 김동우, 목칠공예, 솔출판사, 2005를 토대로 재구성.

2) 죽공예(竹工藝)

죽공예란 목공예의 하나로 대나무를 이용하여 생활용품을 만드는 공예를 말한다. 죽공예는 통대나무를 그대로 이용하여 평상(平床), 탁자(卓子), 의자(椅子) 등의 생활용구를 만드는 경우와 큰 대나무를 정교하게 쪼개어 부엌살림에 요긴한 바구니, 소쿠리, 용수, 조리, 키 등을 만들거나 부채, 죽침(대나무베개), 죽립(대나무갓) 등의 장신구를 만들기도 한다.

대나무 표피에 낙죽(烙竹)을 하거나 오색 물감을 들여 부녀자용 가방, 반짇고리 등 화사한 무늬의 치장 용구를 만들기도 하며 담배설대나 단소, 퉁소 등의 악기를 만들기도 한다.

아주 가늘고 얇게 쪼갠 대오리를 가지고 발, 채상(彩箱), 부채, 갓양태 등 매우 공력이 들고 세련된 솜씨를 필요로 하는 죽세공품들이 만들어졌는데 이러한 작품들은 우리나라만의 특유한 것들이다.

·부채

죽공예로는 부채, 우산, 등(燈)이 대표적이다. 부채는 대부분 전주에서 생산되고 있지만 남원 지역에서도 상당량이 생산되고 있다. 전주와 남원에서 부채가 생산되기 시작한 시기는 고려 초기로 알려져 있다. 당시 인근 지역인 운봉에서 한지의 원료인 닥나무가 다량으로 생산되어 좋은 품질의 한지가 많이 생산되었기 때문이라고 하며, 조선시대에 들어와서는 전주감영에 선자청(扇子廳)까지 두었다고 한다.

특히 합죽선(合竹扇)은 양반들의 의례용구나 그 위에 그려진 시화의 그윽한 묵향을 음미하는 필수적인 장신구로 등장한 소품으로, 특산지는 전라북도 전주이다.

부채 제작업체에서는 순수 수공과정으로 연간 2,000~3,000개에서 많게는 수만개를 생산하고 있으나 모두가 가족의 생계유지에 지나지 않는 극히 영세한 가업상

태를 벗어나지 못하여 대부분 폐업하고 현재는 몇 집만 남아 있다.[77]

8. 건축공예

건축공예의 대표적인 것은 단청으로 주로 목조건물에 여러 가지 색으로 무늬를 그려 아름답게 장식하는 것을 말한다. 이렇게 건축물에 단청을 하는 이유는 여러 가지가 있지만, 건축물의 표면과 세부 구조물에 칠, 도장을 함으로써 목재의 부식을 방지하는 목적이 가장 크다고 할 수 있으며, 더불어 표면을 아름답게 장식하는 효과를 지닌다고 할 수 있다.

특히 단청이 발달된 가장 큰 요인은 동양 건축양식의 경우 주로 목조를 많이 이용하기 때문이다. 건축재로 많이 사용되었던 소나무는 특성상 건축재로는 매우 적합하지만, 표면이 거칠고 건조되면서 열상이 크게 나타난다는 단점이 있어서 이런 목재의 표면을 감추기 위해 표면을 도장하는 방법이 발달하게 되었다고 할 수 있다.

단청은 궁궐 건축, 사찰, 유교건축물에서 볼 수 있으며, 특히 궁궐의 단청은 독특한 권위적인 상징무늬와 색채가 호화로우면서도 은근히 기품을 주는 것이 사찰 건축과는 다른 분위기를 나타낸다.[78]

· 단청

77 남원시, 디지털남원문화대전, http://namwon.grandculture.net/Contents/Index?contents_id=GC00601805

78 한국문화재보호재단, http://blog.naver.com/fpcp2010?Redirect=Log&logNo=110099222953

9. 피혁(피모)공예

피혁공예는 주로 동물의 가죽을 이용하여 수공으로 생산하는 공예기술 또는 그 제품이다. 피모공예는 쇠가죽, 말총, 초서피 등 동물의 가죽이나 털을 활용하여 만드는 공예기술을 말한다.

대표적인 것은 말총과 대나무를 이용한 망건, 탕건, 갓 등 조선시대 선비들의 모자를 만들기도 하며 쇠가죽으로 만드는 북메우기 등이 있다. 망건은 상트를 튼 남자들의 머리카락이 흘러내리지 않도록 이마에 두른 머리띠의 일종이며 편자를 짠 후 촘촘하기를 달리해 말총을 한 올 한 올 떠서 망건의 앞, 뒤 당까지 짜고, 편자는 명주천으로 감싸 당줄을 꿰고 관자를 달아매서 완성한다. 중요무형문화재 피모공예 분야 지정종목으로는 갓일, 망건장, 탕건장이 있다.[79]

『삼국지 위지동이전』에 의하면 "부여에서는 가죽신을 신고 담비가즉으로 옷을 만들어 입었다"라고 하며, "동예는 반어피(斑魚皮)와 문표(紋豹)가 특산품이었다"라고 한다.

당서(唐書)에 의하면 "고구려에서 동진에 담비가죽 · 갈계가죽 · 곰가죽 등을 수출했다"라고 하므로 우리나라에서 일찍부터 피혁공예가 발달했음을 알 수 있다.

용도에 따라 복식 · 악기 · 장신구 · 수장구 등으로 구분되며, 복식으로는 부드러운 가죽인 담비나 사슴가죽으로 만든 겉저고리(貂鹿裘), 양반과 사대부들의 신발인 태사혜나 부녀자들의 운혜 · 당혜, 두텁고 탄탄한 소 · 말 · 개 가죽으로 만든 진신 등이 있다.

악기로는 나무통을 가죽으로 메워 소리를 내는 북과 장고가 있는데, 특히 북메우기는 가죽의 유화처리가 중요하다.

그 기술은 생가죽을 석회수에 넣고 7, 8일간 담가두었다가 표면이 뿌옇게 되면 맑은 물에 헹구고 가죽의 안쪽을 대패로 깎은 후 닭똥가루를 픈 물에 30시간 정도 담가 부드럽게 한 다음 헹구어 응달에 펼쳐서 말리는 것이다.

그 밖에도 안경집 · 담배쌈지 · 주머니 · 장도끈 · 도장집과 같은 남성용 장신구

79 한국문화재보호재단, http://blog.naver.com/fpcp2010?Redirect=Log&logNo=110099222953

를 비롯하여 문서함 · 망건통 · 안롱(鞍籠) · 예물함 등의 가구 표면에 가죽을 씌워 만들기도 했다.[80]

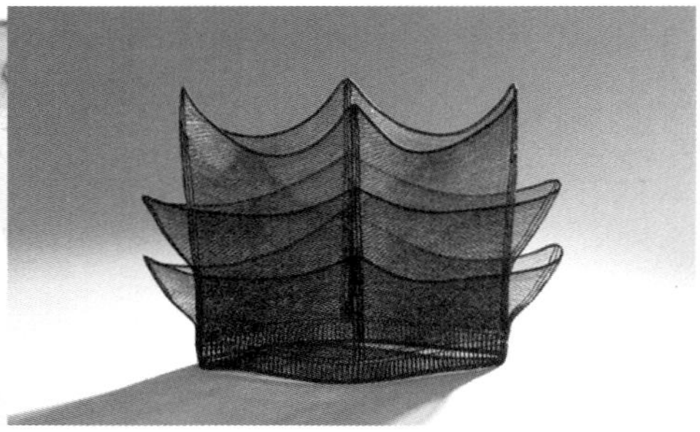

·정자관(중요무형문화재 제67호)

10. 지물(채묵)공예

지물공예는 종이를 이용하여 기물을 만들거나 장식하는 기예 및 그 제품의 총칭을 말한다. 즉 얇고 부드럽고 질기며 물들기 쉬운 종이를 이용하여 오리고 잘라 붙이고 꼬고 엮는 등 다양한 방법으로 행해졌다. 장, 농, 함, 연상, 방석과 같은 가정용품과 안경집, 표주박, 화살통과 같은 휴대품, 지의, 갓모 등의 복식류, 지화, 연등과 같은 연희, 의례용품 전반에 고루 이용되었다. 중요무형문화재 지물공예 분야 지정종목으로는 배첩장이 있다.

채묵공예는 단청과 같이 칠을 하거나 그림을 그리는 분야를 아울러 말한다. 단청은 나무로 지은 건물을 오래 보존하기 위해 칠을 한 위에 전통문양과 오방색으로 칠하고 화려하게 장식하는 것이다. 탱화, 민화도 채묵공예로 분류할 수 있는데 탱화는 철저히 불교 교리대로 도상에 따라 불화를 그리는 것이다. 채묵공예분야 지정종목에는 단청장이 있다.[81]

80 http://kr.blog.yahoo.com/jyonjyon@ymail.com/11

81 한국문화재보호재단, http://blog.naver.com/fpcp2010?Redirect=Log&logNo=110099222953

11. 직물공예

직물공예는 목화풀이나 삼풀 및 모시풀에서 솜을 따고 줄기를 갈라 실을 잣고 무명베, 삼베, 모시베와 같은 옷감을 짜는 것이다.[82] 그리고 만들어낸 옷감을 재고 마르고 바느질하여 옷으로 만드는 것이 침선공예이다. 남정네의 두루마기나 철릭이며 시집 갈 아이의 치마, 저고리와 함께 입을 속속곳이며 어린 아기의 타래버선까지 만들어내었다.

또한 옷감 위에 오색으로 물들인 색실로 그림이나 글씨를 장식하여 치레거리를 만드는 것이 자수공예이다. 작게는 주머니, 수저집, 모자, 돌띠부터 크게는 사찰의 수불, 가리개, 병풍까지 영역을 넓혀갔다. 실이나 천을 자연의 꽃이나 풀을 사용해서 색색으로 물들이는 것이 염색공예이다. 쪽, 홍화, 치자, 황벽, 울금 등 자연에서 나고 자란 식물들은 잿물, 명반, 석회 등을 만나 우리의 옷 위에 아름다운 색깔을 내었다.

중요무형문화재 직물공예 분야 지정종목으로는 실을 합치고 엮어내며 자연의 형상을 맺어내는 매듭장, 자수장, 침선장, 나주의 샛골나이, 한산, 모시짜기 등이 있다.[83]

·쪽염색원단

·고전의상

82 동아출판사편집부, 동아원색세계대백과사전, 제26권, 1986, 92쪽.

83 한국문화재보호재단, http://blog.naver.com/fpcp2010?Redirect=Log&logNo=110099222953

12. 옥석공예

옥석공예는 옥이나 여러 종류의 돌로 공예품을 만드는 것이다. 중요무형문화재 옥장, 석장이 여기에 속한다.[84]

13. 죽 · 초고(草藁)공예

대나무는 원통형의 모양에 속이 비어 있으나 표면이 매끈하고 가늘게 쪼개지는 성질이 있어 이러한 특성을 이용하여 생활용품을 만드는 것이 죽공예이다. 대나무 통이 굵은 것은 필통, 전통 등을, 얇은 것으로는 붓대, 담뱃대, 화살 등을 만드는 데 활용한다.

중요무형문화재 죽공예 분야 지정종목으로는 대올을 이용하는 갓일, 대나무의 표면을 인두로 지져 무늬를 그리는 낙죽장, 대나무로 활과 화살을 만드는 궁시장, 얇게 떠낸 대오리로 색색의 무늬를 놓아가며 고리를 엮는 채상장, 대죽으로 화살통을 만드는 전통장 등이 있다. 초고공예는 우리 주위에서 쉽게 재료를 구할 수 있는 식물의 줄기를 이용하여 공예품을 만드는 것을 말한다. 중요무형문화재 완초장이 여기에 속한다.[85]

·전통장

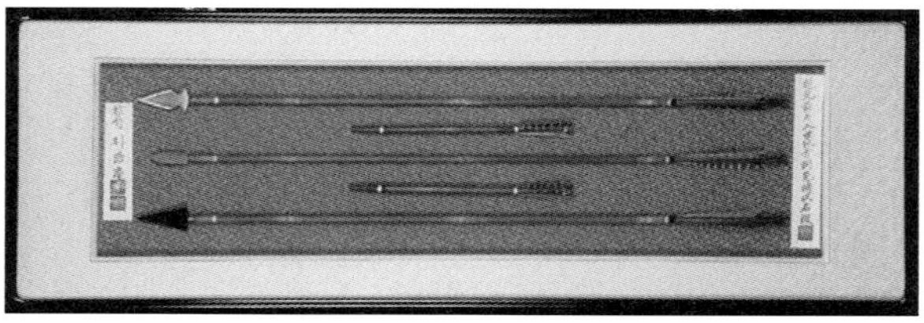

·화살액자

84 한국문화재보호재단, http://blog.naver.com/fpcp2010?Redirect=Log&logNo=110099222953

85 한국문화재보호재단, http://blog.naver.com/fpcp2010?Redirect=Log&logNo=110099222953

5.3 사적(史蹟)

'사적'은 문화재 중 선사유적, 성곽, 고분, 도요지, 지석묘, 사지, 패총 등과 역사적으로 특별히 기념될 만한 지역과 시설물을 함께 일컫는 것으로서 역사적 · 학술적 가치가 큰 문화재를 가리킨다.

즉, 문화재 가운데 역사상 · 학술상 가치가 큰 유적지로 국가가 법적으로 특별히 지정한 것을 사적이라고 한다.[86]

우리나라에서 역사적 기념물, 즉 사적으로 지정된 것은 관광자원으로서 가치가 큰 것으로 사적 제1호인 경주 포석정지, 제2호 김해 봉황동 유정, 제3호 수원화성, 제4호 부여 성흥산성, 제5호 부여 부소산성, 제6호 황룡사지, 제7호 망덕사지, 제8호 사천와사지, 제9호 서울 성곽 등이다.[87]

사적은 다시 크게 인류가 문명을 가지고 생활하기 전의 시대인 유사(有史) 이전의 유적, 제사 및 신앙에 관한 유적, 정치 · 국방에 관한 유적, 산업교통 · 토목에 관한 유적, 교육 · 사회 사업에 관한 유적, 분묘 · 비 등의 6가지로 나뉜다.

유적명	내용
유사 이전의 유적	조개더미유적 · 유물포함층 · 집자리유적 · 고인돌 · 선돌 · 고분 등
제사 및 신앙에 관한 유적	절터 · 제단 · 사고(史庫)터 · 전묘(典廟) · 향교터 등
정치 · 국방에 관한 유적	성곽 · 성터 · 수영(水營)터 · 봉수대(烽燧臺) · 궁터 · 고궁 등
산업교통 · 토목에 관한 유적	옛 길과 둑 · 제방 · 가마터 · 장터 · 식물재배지 등
교육 · 사회 사업에 관한 유적	서원(書院) · 사숙(私塾) · 석각(石刻) 등 교육과 학예에 관한 것
분묘 · 비	옛 집과 무덤 · 비 · 정원 · 중요 전설터 등

이들 유적지 가운데 학술상 · 역사상 가치가 큰 것은 문화체육관광부 장관이 문화재위원회의 심의를 거쳐 사적으로 지정할 수 있다. 사적은 일본강점기에 '조선보

86 동아출판사편집부, 동아원색세계대백과사전, 제15권, 동아출판사, 1936, 637쪽.
87 채예병, 관광자원론, 새로미, 2010, 112-115쪽.

물고적명승천연기념물보존령'에 따라 고적(古蹟)으로 지정되기 시작했는데, 해방 이후 남한에서는 1955년 국보고적명승천연기념물보존회에서 145점의 고적을 지정했고, 1962년 「문화재보호법」이 제정되면서 1963년에 사적으로 이름을 바꾸어 120점을 지정하기 시작하여 2017년 10월 기준으로 남한의 사적은 540건(사적 제1호~제540건)에 이른다.

·토성

·성덕왕릉

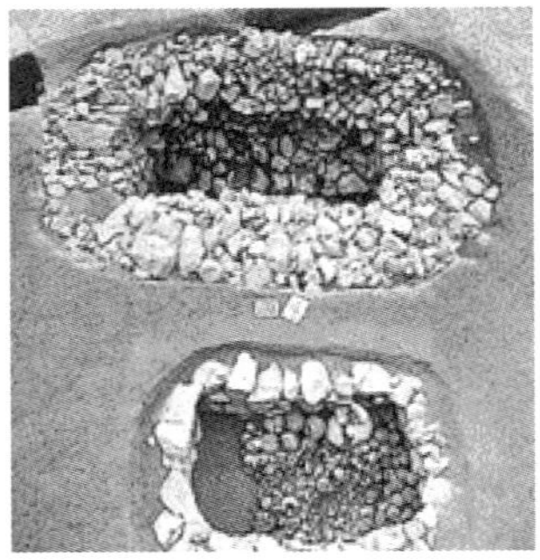
·고분군

「문화재보호법」[시행 2019.4.17.] [법률 제15827호, 2018.10.16., 일부 개정] 제13조(역사문화환경보존지역의 보호) 3항에 의거 지정문화재의 역사적 · 예술적 · 학문적 · 경관적 가치와 그 주변 환경 및 그 밖에 문화재 보호에 필요한 사항 등을 고려하여 그 외곽 경계로부터 500미터 안으로 보존지역 범위로 한다.

또한 제27조(보호물 또는 보호구역의 지정) 문화재청장은 제23조 · 제25조 또는 제26조에 따른 지정을 할 때 문화재 보호를 위하여 특히 필요하면 이를 위한 보호물 또는 보호구역을 지정할 수 있다. 즉 해당 문화재의 보존가치, 보호물 또는 보호구역의 지정이 재산권 행사에 미치는 영향, 보호물 또는 보호구역의 주변 환경 등을 감안하여 보호구역을 지정할 수 있다.

5.3.1 패총(貝塚)

해안 · 강변 등에 살던 선사시대 사람들이 버린 조개 · 굴 등의 껍데기가 쌓여서 무덤처럼 이루어진 유적을 말한다. 조개껍질이 지닌 석회질(石灰質)로 해서 그 안에 있는 토기(土器) · 석기 및 짐승의 뼈 · 뿔 등이 잘 보전되어 고고학상 귀중한 연구자료가 된다. 조개무지가 이루어진 것은 농경(農耕)이 이루어지기 이전, 또는 원시농업의 단계나 수렵 · 어로 등 일종의 채집경제(採集經濟)의 단계이기 때문에 유럽에서는 농목(農牧)을 영위한 신석기시대의 것은 드물고, 이에 앞서 수렵 · 어로를 영위한 중석기시대의 것이 많으며, 한국에서는 신석기시대에 이루어졌다고 한다. 유럽의 경우 북해 연안 등의 조개무지가 유명한데, 그 가운데 특히 덴마크의 유틀란트반도에는 큰 조개무지가 많다.

현재까지 발견된 것으로는 1907년 일본인 학자 이마니시 류(今西龍)가 최초로 조사 발굴한 김해조개무지를 위시하여 함북 웅기, 함남 북청(北靑), 황해도 몽금포(夢金浦), 경기도 덕적도(德積島), 경남 웅천(熊川) · 고성(固城) · 양산(梁山) · 마산(馬山) · 동래(東萊) · 부산 동삼동(東三洞), 경기도 옹진군(甕津郡) 시도(矢島) 등의 조개무지가 대표적이다.

이들 한국의 조개무지는 신석기시대에 형성되었다가 농경생활이 본격화된 청동기(靑銅期)시대에는 거의 형성되지 못한 것 같으며, 어업기술이 비약적으로 발달하기 시작한 철기시대에 들어와 김해 · 웅천 · 양산 등 경남지방에 그 유적을 남겼다.

이 가운데 김해에서는 왕망(王莽)의 화천(貨泉)과 유리로 만든 조옥(棗玉)이 발굴되어 대륙과 교역한 사실을 알려주었고, 탄화미(炭化米)가 출토되어 벼농사의 역사적 연구에 중요한 자료를 제공하기도 하였다. 또한 웅기조개무지에서는 온돌지(溫突址)가 발굴되어 고대인들의 난방시설 형태를 알려주었으며, 매장된 인골(人骨)의 위치로 동침앙와신전장(東枕仰臥伸展葬)의 매장풍속을 알

· 패총

게 되었다.

경기도 시흥시 정왕동 오이도에서 발견된 패총은 선사시대의 인류가 수렵, 어로 등을 채집하여 식료로 먹은 조개껍데기가 쌓여 이루어진 퇴적층 유적이다.

웅천조개무지와 양산조개무지는 바닷가에서 멀리 떨어진 곳에 형성되어 있어 당시 이 지역이 해안이었음을 알게 해주는데, 특히 양산조개무지는 현재의 해안선과 40km나 떨어져 있다. 이 밖에 마산의 산성(山城)조개무지에서는 야철지(冶鐵址)도 발견되어 철기시대에도 조개무지가 형성되었음을 알려주고 있다.

5.3.2 고분

고대의 무덤으로 과거 및 현재의 무덤 중에서 역사적 또는 고고학적 자료가 될 수 있는 분묘를 일컫는다. 고분은 어의 그대로는 단순히 옛날 무덤 전체를 가리키는 것일 수도 있으나, 우리나라에서는 대체로 고대국가가 형성될 무렵을 전후하여 만들어진 지배계층의 무덤을 가리킨다. 과거 인간사회의 여러 측면을 밝히려는 고고학에서 무덤이 중시되는 이유는 인골과 무덤 구조 · 껴묻거리(副葬品) 속에 묻힌 사람의 성(性) · 연령 · 사회적 신분과 관계 등 각종 사회적 인성들이 잘 반영되어 있어 당시의 시대상과 사회상 등을 파악하는 데 좋은 자료를 제공해 주기 때문이다.

·무령왕릉

이러한 무덤을 지칭하는 포괄적 개념으로는 보통 분묘(墳墓)가 사용되는데, 이를 나누어 지상 위에 높이 솟은 것을 '분', 편평한 것을 '묘'로 구분하거나 지상에 무덤의 표식적 시설이 있는 것을 '분'으로, 시신이나 관을 안치하는 매장주체시설을 '묘'로 구분하기도 한다. 이에 의하면, 고분은 일단 묘를 보호하면서 그 존재를 보이기 위해 봉토와 같은 표식적인 시설이 있어야 함을 알 수 있다.

이와 함께 고분의 전제조건으로서 다른 무덤들에 비해 입지가 우월하고, 매장 주체부가 훨씬 크며, 무기가 특정 개인에게 집중되어 있거나, 혹은 순장(殉葬)이 이루어진 점 등이 거론된다. 한편 고분보다 봉토가 높고 크며, 확정된 일정 구모의 묘역을 가지고 일정한 간격으로 배치되어 있고, 귀금속의 장신구와 무기 · 마구 등이 보다 많이 출토되는 것을 고총(高塚)고분이라 구분하기도 한다.

· 미추왕릉

그런데 무덤의 규모가 크고 복잡할수록 그 축조를 위해 더 많은 노동력을 동원해야 하고, 껴묻거리의 양과 질이 풍부한 것은 묻힌 사람과 그 사람이 속한 집단의 우월한 정치 · 경제 · 사회적 지위를 반영하는 것이므로 고분은 당시 지배계층의 무덤이라 할 수 있다.

· 고분군

이들은 그 포괄하는 내용에 의해 분묘→고분→고총고분 순으로 될 수 있으며, 사회 발전단계에 따라 역시 후자가 늦게 발생되었다고 할 수 있다. 실제 고분의 모습은 지역에 따라 매우 다양하여 위의 조건들을 모두 만족시키는 것은 아니며, 그 발생시기에도 차이가 있다. 그 시기를 보면 고구려에서는 대략 기원 전후 무렵에, 백제와 신라 · 가야 지역에서는 2세기 후반~3세기 무렵에 고분이 출현한 것으로 생각하고 있다.

우리나라의 고분은 이러한 여러 요소들이 복합되어 지역에 따라 다양한 모습을 하고 있으며, 여러 속성들이 결집되어 정형화된 것을 묘제(墓制)라고 한다.[88]

88 한국사기초사전, 한국학중앙연구원, 2011.

5.3.3 성지

종교적 또는 전승적(傳承的)으로 신성시되는 구역으로 성역(聖域) · 성소(聖所)라고도 하며, 불교에서는 영장(靈場) 또는 영지(靈地)라고도 한다. 격리 또는 금기(禁忌)를 수반한다는 점에서 단순한 자연숭배 대상과는 구별된다. 성지는 자연의 산 · 숲 · 총림(叢林)인 경우도 있으며, 토지의 한 구획을 설정하여 인공적으로 무덤 · 토단(土壇) · 비석 등을 설치한 곳인 경우도 있다.

우리나라 기독교의 대표적인 건물은 정동교회이며, 불교의 대표적인 성지로는 조계종 제22교구본사인 대흥사를 들 수 있고, 천주교의 14개 지역 교구 중 서울에는 명동성당 등이 있다. 또한 서울 용산구 청파동 71-3번지에는 통일교의 발상지가 있다.

·명동성당

·마라도교회

·대흥사

5.4 민속문화재

민속문화재는 의식주 · 생업 · 신앙 · 연중행사 등에 관한 풍속이나 관습, 이에 사용되는 의복 · 기구 · 가옥 등으로 한국 민족의 기본적인 생활문화의 특색을 나타내

는 전형적인 것을 가리킨다.(「문화재보호법」 2조)

즉 민속문화재란 우리 민족의 기본적인 생활문화를 특징적으로 나타내는 것이다. 즉 의식주에 관한 것, 생업(生業)에 관한 것, 신앙의례에 관한 것, 교통 · 운수 · 통신에 관한 것, 교역에 관한 것, 사회생활에 관한 것, 연희 · 놀이에 관한 것, 민속예능 · 오락 · 유희에 관한 것 등의 8개 분야로 나뉘어 지정된다.

1962년 「문화재보호법」이 제정, 동법 제2조 1항 4호에 "의식주, 생업, 신앙, 연중행사 등에 관한 풍속, 관습과 이에 사용되는 의복, 가구, 가옥 등으로서 국민생활의 추이를 이해함에 불가결한 것"으로 민속자료를 규정하였으며, 중요민속자료는 문화대위원회의 심의를 거쳐 문화재청장이 지정한다.[89]

이상의 설명과 같이 민속자료의 자세한 종류로는 ① 생업에 관한 것, ② 사회생활에 관한 것, ③ 신앙의례에 관한 것, ④ 의식주에 관한 것, ⑤ 연희 · 놀이에 관한 것, ⑥ 교통 · 운반에 관한 것, ⑦ 중요민속자료에 관한 것, ⑧ 지역별 중요 문화시설자원에 관한 것 등이 있다.

5.4.1 의식주

1. 의복(衣服)

의복은 생활공예 중 복식공예에 속하는 민속자료이다.

중요민속문화재 제37-3호로 지정된 난봉화문단겹장옷(鸞鳳花紋緞겹장옷)은 학성이씨 이천기의 셋째 아들인 이지영과 그의 부인 평해황씨의 부부합장묘에서 출토된 복식으로 장옷의 조형적 특징을 지니고 있다.

·난봉화문단겹장옷

89 채예병, 관광자원론, 새로미, 2010, 116쪽.

색상은 갈변되어 원래의 색을 알 수 없으나 문양 구성이 특징적인데 5매 수자직으로 화려한 문양을 이루고 있다. 난봉문은 꼬리가 화려한 봉황문의 일종인데 『악학궤범』[90]의 '비난삼(緋鸞衫)'에 그려진 흉배에서 대략적인 형태를 짐작할 수 있다. 두 마리가 마주보고 있는데 꼬리가 길고 여러 갈래로 갈라졌음을 알 수 있다.

2004년 6월 18일 중요민속자료 제37-3호 운문단직령포에서 난봉화문단겹장옷으로 개별유물의 명칭이 변경되었고, 황갈색(黃褐色)의 운문단포(雲紋緞袍)인데 목판(木板)깃이고 쌍섶이 특이(特異)하며 양쪽의 무도 넓은 편이다. 포(袍) 길이 122.5cm, 뒤품 22cm, 화장 55cm, 섶넓이(길쪽 15cm, 바깥쪽 20cm), 소매통 30cm, 깃넓이 10.8cm, 겉깃길이 35.5cm이다.[91]

·덕온공주당의

중요민속문화재 제1호인 덕온공주당의(德溫公主唐衣)는 조선시대 순조(재위 1800~1834)의 셋째 공주인 덕온공주가 입었던 것이다. 이 옷은 그녀의 손녀인 윤백영이 저고리, 노리개, 원삼 등과 함께 아버지인 윤용구에게 물려받은 것으로, 7세 되던 해 대궐에 입궐하면서 자신의 몸에 맞게 고쳐 입으면서 개조하였다.

당의란 조선시대 궁중과 사대부 여인들이 저고리 위에 입던 예복으로, 모양은 저고리와 비슷하지만 앞과 뒤의 길이가 길고 옆이 터진 옷이다. 자주색 비단에 옷 전체에 수(壽)·복(福)이라는 글자를 금실로 새겼다. 이 옷은 착용자 신분이 뚜렷하고 연대가 확실한 왕실의 유물로서 조선 후기 상류층의 복식제도를 파악할 수 있는 귀중한 자료가 되고 있다.

중요민속문화재 제113호인 고대박물관(高大博物館) 소장(所藏) 홍진종의복(洪鎭宗衣服)은 조선시대 문신 홍진종(1649~1702)의 의복으로 1968년 경기도 오산

90 1493년(성종 24)에 편찬된 음악이론서. 9권 3책. 당시 장악원(掌樂院)에 있는 의궤(儀軌)와 악보가 오래되어 헐었고, 제대로 남아 있는 것들도 모두 소략(疏略)하고 틀려서 그것을 교정하기 위해 편찬했다.

91 문화재청, 중요민속자료, http://search.cha.go.kr/srch/jsp/search_top.jsp#

읍에서 출토되었다. 그는 숙종 3년(1677) 진사에 급제하여 평강 현감을 지낸 적이 있으며 출토된 유물에는 중치막 8점, 소창의 2점, 심의 1점, 답호 1점, 바지 3점 등이 있는데 그 내용은 다음과 같다.

"창의는 평상시 외출용으로 입거나 중치막을 입고 안에 밑받침 옷으로 입었다. 명주에 솜을 두고 얇게 누볐으며 옆에 덧대는 천인 무가 없고 겨드랑이부터 트여 있다. 중치막은 사대부들이 관복 속이나 겉옷으로 평소에 입는 옷인 창의의 일종으로 지금의 두루마기와 비슷한 모습이지만 동정이 없고 소매가 길고 넓으며 옆이 터진 옷이다. 명주에 솜을 두고 누볐으며 깃은 반달깃이고, 옷자락 끝이 뾰족하다. 소매는 길며 둥글려진 형태인데 소매통이 좁은 것이 특징이다.

·홍진종의복(고대박물관 소장)

심의는 조선시대 유학자들이 입던 옷으로 옷깃, 소매끝, 옷단 등에는 검정 선을 두른 소매가 넓은 옷이다. 이 옷은 현존하는 옷 중 가장 오래된 것으로 허리에 두르던 대(帶)까지 보존되어 있다.

답호는 뒤가 앞보다 30cm 정도 짧은 누비옷이다. 일반적으로 답호란 소매가 없고 길이가 길며 옆과 앞에 덧대는 천인 무와 섶이 없고 뒷솔기가 허리 아래브터 트인 옷을 말한다. 바지에는 겉과 속이 모두 명주로 안에 얇은 솜을 두고 1.5cm로 누빈 것과 명주에 솜을 두껍게 두고 6cm 간격으로 누빈 겨울용 그리고 목면을 누벼서 만든 것 등이 있다.

이 유물들은 17세기의 형태를 그대로 지니고 있어 당시의 복식을 연구하는 데 중요한 자료가 되고 있다.

중요민속문화재 제62호인 적초의(赤綃衣)는 지정(등록)일이 1979년 01월 23일이며, 제복이다. 제복이란 왕이 종묘사직 등에 제사지낼 때 입던 옷으로 나라에 경사가 있을 때 입는 조복과 모양이 비슷하지만 머리에 쓰는 금관인 양관에 금칠이 훨씬 적고 붉은 옷의 적초의가 아닌 푸른색의 청초의를 입었다. 그러나 이와는 다르게 이 옷은 붉은 갑사로 지어졌으며 깃과 옷 둘레에는 검은 선을 두르고 선 사이에 0.3cm 정도의 흰색 선을 두었다.

『경국대전』에 의하면 이 옷은 대한제국 말의 조복과 같은 모습을 하고 있으며 왕의 조복에 해당하는 강사포나 제복인 구장복과는 차이가 난다. 따라서 이 옷은 왕이 아닌 문무의 신하들이 입던 조복이었을 가능성이 크다.

창덕궁에 보관되어 있는 20여 점의 다른 옷들에 비해 제작과 보존상태가 양호하여 중요민속자료로 지정되었으나 착용자에 대한 연구가 좀 더 필요해 보인다. 2006년 4월 21일 지정명칭이 고종사제복(高宗紗祭服)에서 적초의(赤綃衣)로 변경되었다.

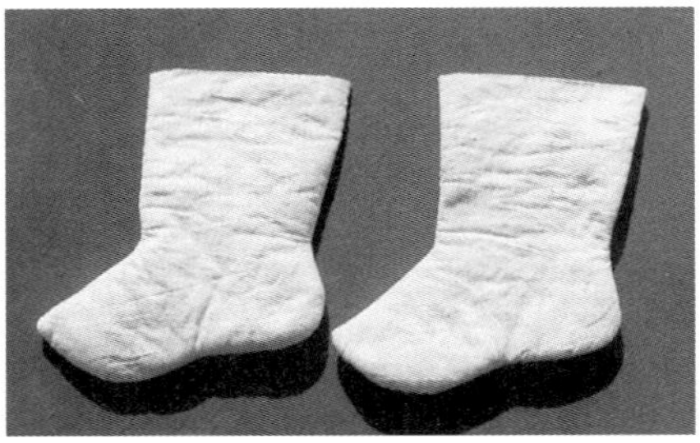

· 면포솜버선

중요민속문화재 제37-7호인 면포솜버선(綿布솜버선)은 학성이씨 월진문회 소유이며, 국립경주박물관에서 관리하고 있다.

학성이씨 이천기의 셋째 아들인 이지영과 그의 부인 평해황씨의 부부 합장묘에서 출토된 면포로 만들어진 솜버선이다. 버선은 좌우 1쌍으로 보존상태는 양호한 편이다. 안팎 모두 면포이며 솜을 얇게 두었는데 수눅이 곧게 꺾여 있어서 비교적 고식의 형태를 보여주고 있다. 발길이 24cm, 높이 27cm, 버선목은 17cm이다. 2004년 6월 18일 중요민속자료 제37-7호 버선에서 면포솜버선으로 개별유물의 명칭이 변경되었다.

중요민속문화재 제37-4호인 면포솜장옷(綿布솜장옷)은 조선시대 학성이씨 이천기의 부인 흥려박씨의 묘에서 출토된 짙은 아청색(鴉青色) 면포로 만들어진 두터운 솜장옷이다. 뒷길이는 124cm, 뒤품은 57cm, 화장은 90cm이며, 좌우 섶 안으로 들여 달린 목판깃과 좌우 양 섶이 모두 두 조각으로 구성되어 있다.

·면포솜장옷

·면포 솜소모자

·광다회대

·명주솜누비치마

중요민속문화재 제37-6호 명주솜누비치마(明紬솜누비치마)는 이천기의 셋째 아들인 이지영과 그의 부인 평해황씨의 부부 합장묘에서 출토된 명주로 만들어진 솜누비치마이다. 말기 부분이 없이 치맛자락만 남아 있는데, 치마길이는 86~89cm이고 치마폭은 10폭으로 전체 310cm 정도의 직사각형이다. 겉감은 명주이고 안감은 면포이다. 치마 안쪽으로 선단에는 별포(別布)의 이색(異色) 선장식을 붙여서 장식성을 더하고 있다. 좌우 선단과 밑단의 선장식 나비는 1.2~1.5cm 정도이다. 치마의 안쪽 좌우 모두 선단부터 처리한 후 밑단 선장식을 올려 마무리하였다.

2. 장신구

몸치장을 하는 데 쓰는 도구로 짐승의 뼈 · 뿔 등으로 만든 간단한 머리꽂이라든가 가슴걸이 등이었는데, 후기 구석기시대부터 신석기시대에 이르러서는 몸의 각 부분을 치레하는 여러 가지 장신구가 발달하였다. 이 시기에 이르러 장신구가 발달한 것은 몸치레를 하여 자기를 돋보이게 하기 위한 욕구에서뿐만 아니라 다분히 주술적(呪術的)인 의도도 있다고 할 수 있다. 한편 사회의 형성 및 발전과 더불어 장신구는 사회적 지위를 나타내는 신분의 표상으로 한층 더 증가, 발달하였다.

신석기시대의 유적에서 옥석을 갈아 만든 관옥(冠玉)이나 짐승뼈로 만든 목걸이 장식이 발견되며, 청동기시대에 이르러서는 한층 더 다양해졌다. 삼국시대에는 공예기술이 고도로 발달하여 화려한 금, 은, 금동제의 장신구가 제작되어 널리 쓰이게 되었는데, 특히 신라에서는 금속 세공기술이 크게 발달하여 가락지[指環], 귀고리, 목걸이 등이 훌륭한 예술품을 창조해 냈다. 조선시대에도 금은, 보석류의 세공기술이 장신구를 중심으로 발달했다.

장신구의 종류로는 관모, 과대, 노리개, 목걸이, 귀고리, 가락지, 비녀, 첩지와 떨잠, 동곳, 뒤꽂이, 주머니 등이 있으며 장도(粧刀), 침통, 바늘집, 빗치개 등 실용성을 겸한 것도 있다. 이러한 것들이 여성들의 품위와 멋을 더해 오다가 개화기 후에는 향낭(香囊), 장도 등의 장신구는 점차 소멸되어 갔고 노리개는 성장할 때 사용되었다.[92]

중요민속문화재 제42호인 일월수다라니주머니(日月繡陀羅尼주머니)는 의복이라고 보기에는 화려하고 수려하여 장신구로 분류한다. 현재 허동화 씨 개인이 소장한 주머니로 크기는 가로 11.5cm, 세로 19cm이며 그 위 매듭의 크기는 7.2×6cm이다. 위의 끈은 9.5cm이고 아래로는 17cm의 줄 3개가 늘어져 있다.

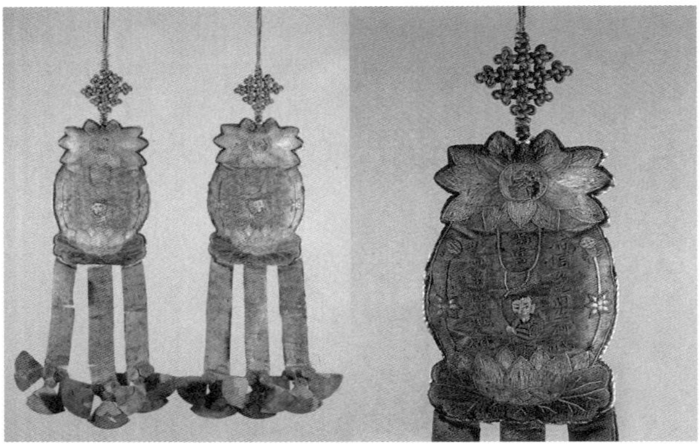

·일월수다라니주머니

92 장신구, 한국민족문화대백과사전, 한국학중앙연구원, http://terms.naver.com/entry.nhn?docId=538420

중요민속문화재 제121-11호인 대(帶)도 의복보다는 장신구로 분류하고자 한다. 조선 말기의 왕족 흥완군 이정응(1815~1848)이 입던 의복 중 대 23점이다. 대(帶)란 관복을 입고 허리에 차던 허리띠의 일종이다. 흥완군은 남연군의 둘째 아들이며, 흥선대원군 이하응의 형으로 이 유물은 그의 양자인 완순군 이재완이 보관하여 전해져 오다가 후손인 이철주가 숙명여자대학교박물관에 기증한 것이다.

대 중에는 저포대 2개가 있는데, 이는 띠를 모시로 싸서 만들고 그 위에 사각형과 나뭇잎모양으로 띠돈을 만들어 붙였다. 띠돈이란 칼 등을 찰 수 있도록 만들어 붙인 갈고리모양의 쇠를 말하며, 대의 다양한 형태와 색상 등을 한눈에 볼 수 있어 중요민속자료로서 가치가 있다.

· 대(帶)

· 은칠보장도 삼작노리개

· 금관총 금제허리띠

3. 음식용구[93]

음식용구는 사발 · 대접 · 접시 · 종발 · 숟가락 · 국자 · 젓가락 · 독 · 항아리 · 뒤주 · 두멍 · 단지 · 두루미 · 채반 · 소쿠리 · 광주리 · 솥 · 냄비 · 도마 · 칼 · 강판 · 조리 · 깔때기 · 번철 · 석쇠 · 양념절구 · 신선로 · 전골틀 · 화덕 · 시루 · 시룻방석 · 떡판 · 떡메 · 떡쌀 · 떡칼 · 다식판 · 약과판 · 소줏고리 · 용수 · 기름틀 · 메밀묵틀 · 국수틀 · 밀대 · 풍로 · 삼발이 · 바가지 · 두레박 · 물동이 · 물통 · 물지게 · 똬리 · 개수통 · 설거지솥 · 수세미 · 밥상 · 돌상 · 공고상 · 교자상 · 약상 · 전골상 등이며, 실생활과 직결되는 중요한 가치를 지닌다.

·장화리 쌀뒤주

전라북도 민속문화재 제11호인 장화리쌀뒤주(長華里쌀뒤주)는 생업기술용구 중 농경음식용구로 분류하며, 쌀을 담기 위해 만든 대형 뒤주이다. 보통의 뒤주가 통나무나 널빤지를 짜서 궤짝의 형태로 만드는 데 비해, 이 뒤주는 크고 외형도 독특하다. 크기는 너비 2.1m, 높이 1.8m로, 널빤지를 짜 맞추어 벽체를 구성하고 볏짚으로 지붕처럼 뚜껑을 만들어 씌웠다.

이 고장 출신인 정준섭은 당시의 큰 부자로, 이 집을 찾는 사람들이 매일 수백 명에 이르자 작은 궤짝으로는 감당할 수 없어 결국 안마당에 이러한 초대형 쌀뒤주를 만들었다고 한다. 조선 고종 초에 제작된 이 뒤주는 70가마 정도가 들어갈 수 있을 만큼 크고 독특한 건조물로서, 집을 찾는 사람들을 소홀하게 대접하지 않았던 당시의 훈훈한 인심을 느낄 수 있는 소중한 민속자료이다.

경기도 민속문화재 제1호인 회암사지맷돌(檜岩寺址맷돌)은 경기도 양주시 회암동 산14-1에 있으며, 회암사터에 남북으로 나란히 남아 있는 2기의 화강암 맷돌로

93 장신구, 한국민족문화대백과사전, 한국학중앙연구원, http://terms.naver.com/entry.nhn?docId=538420

곡식을 가는 데 쓰이며, 위 · 아래 두 쪽으로 구성되어 있다. 주둥이가 길어 타원형에 가까워서 주둥이가 짧았던 조선시대 맷돌과는 차이가 있다. 아래쪽을 고정시키기 위한 매함지와 맷돌을 함께 만들고, 맷돌을 돌리는 맷손을 중심부에 박아 놓은 모습 또한 특이하다.

· 회암사지 맷돌

강원도 민속문화재 제6호인 정선백전리물레방아(旌善栢田里물레방아)는 물이 떨어지는 힘을 이용하는 동채방아와 흘러가는 힘을 이용하는 밀채방아의 두 종류가 있는데, 이 방아는 동채방아이다. 물이 잠시 고였다 떨어지는 구유가 56개로 구성되어 있고, 물레는 지름 250cm, 폭 37cm의 크기이다. 50m쯤 떨어진 보(둑을 쌓아 흐르는 냇물을 가두어 두는 곳)에서 물을 끌어 사용하는데, 보의 위쪽으로 용소(龍沼 : 지하수가 솟아나오는 곳)가 마련되어 있어 풍부한 물을 공급받을 수 있는 좋은 조건을 갖추고 있다. 대부분의 물레방아는 방아틀(눌림대)을 한 대만 거는 데 비해, 이곳은 물이 넉넉하여 좌우 양쪽으로 두 대를 설치해 놓았다. 이 방아틀이 서로 다른 방향을 취하고 있어 방앗간 내부에 설치된 방앗공이가 서로 번갈아 오르내리며 곡식을 찧게 된다. 방앗간은 앞면 2칸 · 옆면 1칸의 규모로, 벽채는 나무판자로 되어 있고, 대마(大麻)의 속대공으로 엮은 지붕을 씌웠다.

· 정선백전리 물레방아

4. 가구

한국전통가구의 기본형태에는 이층장, 투각이층장, 삼층장, 머릿장, 의거리장, 자수이층농, 자개이층농, 이층농, 삼층농, 죽장농, 반닫이, 문서반닫이가 있다.

전통가구 장식은 장, 농, 반닫이 등의 문짝과 옆널에 부착되어 문짝을 개폐할 수 있는 경첩이다. 경첩은 대칭이 되는 두 개의 금속판 기둥축을 중심으로 서로 맞물려 돌아갈 수 있도록 만든 장치이다. 들쇠는 가구를 들어 올리거나 서랍, 문짝을 열 수 있도록 만든 손잡이이다. 또한 감잡이, 귀장식, 뻗침대, 자물쇠, 고리, 앞바탕, 광두정, 새발장식, 꾸밈장식으로 이루어져 있다.

·의거리장

·머릿장 1

·머릿장 2

5. 주거용구

국보 제164호인 무령왕비 베개(武寧王妃頭枕)는 충청남도 공주시 관광단지길 34 국립공주박물관에 보관 중이며, 백제시대의 유물로 무령왕릉 목관 안에서 발견되어, 왕비의 머리를 받치기 위한 장의용 나무 베개로 위가 넓은 사다리꼴의 나무토막 가운데를 U자형으로 파내어 머리를 받치도록 하였다. 표면에는 붉은색 칠을 하고 금박을 붙여 거북등무늬를 만든 다음, 칸마다 흑색 · 백색 · 적색 금선을 사용하여 비천상과 날개를 펴고 날아가는 봉황 · 어룡(魚龍) · 연꽃 · 덩굴무늬를 그려 넣었다. 베개의 양옆 윗면에는 암수 한 쌍으로 보이는 목제 봉황머리가 놓여 있는데, 발굴 당시에는 두침 앞에 떨어져 있었다고 한다.

왕의 머리 받침은 거의 부식되어 두 토막만 남아 있을 뿐이어서 형체를 알 수 없다.

·보문사 맷돌

·옹기

·다듬이질

6. 관혼상제용구

경상남도 문화재자료 제135호인 신계서원제기(新溪書院祭器)는 의례용구이며, 경남 산청군 신안면 문대리 726의 밀양박씨 문중에서 소유하고 관리 중이다. 조선 헌종 5년(1839)경에 박익 선생의 제사에 사용하기 위하여 제작된 그릇들이며, 제작 당시에는 모두 32점이 제작되었으나 현재는 술잔 6개, 술통 2개, 사각형 밥그릇 4개, 원형 밥그릇 2개, 촛대 2개, 향을 담는 그릇인 향합 1개 등 18점이 남아 있다. 이 그릇들은 제기로서는 드물게 청동으로 만들었다. 매년 3월 신계서원에서 박익 선생의 제사에 사용하고 있다.

제주특별자치도 민속문화재 제6호인 제구[喪輿]는 초상을 치를 때 묘소까지 시신을 운반하던 기구이다. 간략하면서도 화려한 색채가 눈에 띄는 이 상여는 오색 천을 띠 모양으로 잘라 몸체를 감싸고 쇠붙이장식을 매달았다. 네 귀에는 '요령'이라는 방울을 달아 상여가 움직일 때마다 저절로 울리게 하였고 지붕에는 민화풍의 화려한 그림을 그려 넣었다.

옛 문서의 기록에 의하면, 조선 영조 39년(1763)에 이 상여를 만들었다고 한다. 서귀포시의 신효·하효 마을에서 공동으로 자금을 모아 어렵게 마련한 것으로, 두 마을에서 사용하다가 지금은 제주도민속자연사박물관에 소장, 전시하고 있다.

·신계서원제기

·제구

5.4.2 생산·생업

생업에 관한 것은 ① 농기구 : 쟁기·가래·삽·괭이·쇠스랑·써래·호미·두레·맞두레·용두레·무자위·두레박·홈통·거름장군·거름통·거름바가지·귀때동이·삼태기·낫·전기·개상·벼훑이·도리깨·홀태·호롱기(탈곡기)·갈퀴·넉가래·물레방아·물방아·연자방아·디딜방아·절구·매통·멍석·발·도래방석·섬·멱서리·채독·나락두지 등, ② 수렵기구 : 활·창·틀·덫·그물·올무, ③ 수산기구 : 주낙배·돛배·뗏목·투망·낚시·작살·대창·물치

창 · 반두 · 사내끼 · 통발 · 이끼수 · 쏙가래 · 수경 · 그랭이(바지락 채집용) · 새꼬막 채묘기(採苗器) · 굴 채묘상(採苗床), ④ 광산용구, ⑤ 각종 공장용구(工匠用具), ⑥ 축산기구 : 닭등우리 · 구유 · 길마 · 착도, ⑦ 양잠기구 : 잠박 · 잠박틀 · 잠섶 · 잠망 · 회전섶 · 말연섶 · 견면채취기 · 뽕칼, ⑧ 양봉기구이다.

1. 농기구

강원도 민속문화재 제6-2호인 방아실은 생업기술용구 중 농경용구로 분류되며, 조선시대에 사용되었고, 강원도 정선군 백전리 마을에 남아 있는 물레방앗간이다.

·방아실

앞면 2칸 · 옆면 1칸 규모에, 대마(大麻)라는 식물의 속대공으로 엮은 지붕을 올린 저릅집이다. 벽체는 나무판자로 되어 있고 건물 밖에는 물레가 설치되어 있다. 물이 떨어지는 힘으로 물레(바퀴)가 돌아가고 이 회전운동에서 성긴 힘이 방앗간 내부의 방아시설로 전달되어 곡식을 빻게 된다.

2. 어렵구

어렵구란 물고기 잡는 도구를 총칭한 용어이다. 여기에는 어살과 독살이 있는데 어살이란 함정을 만들어 물고기를 잡는 어구류(漁具類)를 말하고, 독살이란 어살 가운데 하나로 해안가에서 고기를 잡는 방법으로 돌을 이용한 것이다. 즉 독살을 이용하여 고기 잡는 것은 밀물이 될 때 고기가 조수와 함께 해안 깊숙이 들어왔다가 썰물이 되면서 수위가 낮아질 때, 미처 빠져나가지 못하고 독살 안에 갇혀 잡히는 것이다.

3. 방직용구

경상북도 무형문화재 제16호인 무명짜기는 고려 후기 문익점이 중국 원나라에서 들여온 것(무명의 원료가 되는 목화)으로 고려 후기부터 조선 후기에 이르기까지 면이 의류의 대부분을 차지했다. 조선 전기부터는 쌀과 함께 화폐구실을 할 정도로 급속히 보급되었으며, 일본으로 보내는 주요 교역품 가운데 하나였다. 무명은 광목, 옥양목, 서양목 등으로 나뉘는 우리나라의 전통직물로, 의복의 재료 외에도 이불 재료나 기타 생활용구를 만드는 재료로 가장 많이 이용되었다.

제작과정은 목화재배와 수확, 씨앗기와 솜타기, 고치말기, 실잣기, 무명날기, 베매기, 무명짜기 순으로 나뉜다. 씨앗기와 솜타기는 목화에서 씨를 빼내고 솜활이라는 기구를 이용해 솜을 부드럽게 만드는 과정이다. 고치말기는 솜을 말판 위에 펴 놓고 말대로 비비는 과정이며, 실잣기는 물레를 이용해 실을 뽑고, 뽑은 실을 가락에 감는 단계이다. 무명날기는 실의 굵기에 의해 한 폭에 몇 올이 들어갈지 결정하는 것이다. 무명날기가 끝난 날실을 팽팽하게 하는 베매기와 풀먹이기 과정을 거친 후 베틀을 이용하여 무명을 짠다.

무명짜기는 한민족의 옷을 풍요롭게 하고 한민족의 애환을 담고 있는 역사적인 전통기법으로 보호하고 전승하기 위해 무형문화재로 지정하였다. 수직기에 의한 전통적인 무명짜기는 1990년 기능보유자로 지정된 백문기(白文基)에 의해 전승되고 있다.

·베틀

·자수

5.4.3 교통 · 운수 · 통신

교통 · 운반에 관한 것은 ① 교통구 : 쌍가마 · 명차 · 보교 · 사인교 · 득교 · 삿갓가마 · 남여, ② 운반구 : 걸채 및 발채 · 옹구 · 거지게 · 발구 · 달구지 · 지게 · 바소거리 · 망태기 · 주루막 · 다루깨 · 바구니 · 광주리 · 다래끼 · 종다래끼 등이다.

1. 운반용 배

·돛단배

삼면이 바다인 한반도에서 살아온 우리 민족은 일찍부터 배를 만들어 이용해 왔다. 삼국을 통일한 신라는 견당선(遣唐船)을 당나라에 파견하여 문물을 교환하였으며, 진도에는 청해진을 설치하고 동북아시아에 위세를 널리 시위하여 우리 민족의 기상을 선양하였다.[94] 고려는 초기부터 대형 세곡(稅穀)운반선인 조운선(漕運船)을 사용하였으며, 몽골과 더불어 각종 군선을 동원하여 일본 원정에도 나섰다.

조선왕조는 개국 초기부터 판옥선(板屋船)과 거북선[龜船]을 개발하여 임진왜란 등과 같은 국난을 타개하기도 하였다.

돛단배는 선체 위에 세운 돛에 바람을 받게 하여 풍력을 이용하여 진행하는 배로서 돛배라고도 한다. 그러나 범선이라고 해서 반드시 돛만을 가지는 것은 아니고 돛과 기관을 함께 갖춘 것도 있는데, 이와 같은 선박을 기범선(機帆船)이라 하며, 이러한 기범선도 돛으로 바람에 의해 항진할 경우에는 항법상 범선과 동일한 취급을 받는다. 오늘날 소형어선 · 요트 등을 제외한 대부분의 범선은 돛과 보조용 동력기관을 갖춘 기범선이며, 순풍에만 돛을 이용하고, 그 외는 동력으로 항주(航走)한다.

2. 수레

·세조대왕연

충청남도 민속문화재 제14호인 세조대왕연(世祖大王輦)은 이동운송기술용구로, 연(輦)은 임금이 거둥할 때 타는 가마를 일컫는 것이고, 이 가마는 조선 세조가 마곡사에 올 때 타고 온 것이다. 4명

94 김인덕, 과학문화, 솔출판사, 2005, 19쪽.

이 들 수 있도록 한 긴 멜대 위에 화려한 조각으로 장식된 사각형의 몸체를 올리고 지붕을 덮은 모습이다. 오랜 세월이 지나면서 보관상태가 좋지 않아 파손된 부분도 있고 채색도 희미한데, 세월의 흐름을 고스란히 담고 있는 듯하다.

5.4.4 교역 · 사회생활

사회생활에 관한 것은 ① 상역구(商易具) : 되 · 말 · 저울 · 산판 · 자, ② 문방구 : 붓 · 먹 · 벼루 · 연적 · 문진 · 필통 · 지통이며, 신앙의례에 관한 것은 ① 무구(巫具) : 무복 · 무악기 · 무굿 의기(儀器) · 무신도, ② 점복구(占卜具), ③ 불구(佛具), ④ 혼례용구 : 함 · 목안, ⑤ 상구(喪具) : 상여 · 요여 · 요령 · 관, ⑥ 제례용구 : 신주함 · 감실 · 제상 · 향로 · 향상 · 향합 · 제기이다.

1. 계산용구

보물 제845호 앙부일구(仰釜日晷)는 계측교역기술용구로 세종 16년(1434)에 장영실, 이천, 김조 등이 만들었던 해시계로 시계판이 가마솥같이 오목하고, 이 솥이 하늘을 우러르고 있다고 해서 이런 이름을 붙였다. 이것은 둥근 지구모양을 표현한 것이고 작은 크기로도 시각선, 계절선을 나타내는 데 효과적이다. 큰 것은 시계의 지름이 35.2cm, 높이가 14cm이고, 17세기 후반에 제작된 것이며, 작은 것은 시계의 지름이 24.3cm이며 18세기 전반에 제작되었다. 오목한 시계판에 세로선 7줄과 가로선 13줄을 그었는데 세로선은 시각선이고 가로선은 계절선이다. 해가 동쪽에서 떠서 서쪽으로 지면서 생기는 그림자가 시각선에 비추어 시간을 알 수 있다. 또 절기마다 태양의 고도가 달라지기 때문에 계절선에 나타나는 그림자 길이가 다른 것을 보고 24절기를 알 수 있다. 2개의 해시계는 작고 오목한 가마솥 모양에 네 발이 있는 우아한 모습을 한 것으로 작풍과 제작기법이 같다. 청동으로 몸통을 만든 뒤, 검은 칠을 하고 글자와 선을 은상감으로 새겨 예술품으로도 손색이 없으며 정확한 수평을 잡기 위한 십자형의 다리가 있다. 조선시대의 대표적인 해시계이며, 과학문화재로서도 가치가 큰 유물이다.

·앙부일구

2. 계량구

·수표

보물 제838호 서울 청계천 수표(서울 淸溪川 水標)는 계측교역기술용구이며, 조선 세종 때 강우량을 측정하기 위해 측우기를 만들고, 이 방법으로 하천의 수위를 측정기 위해 설치한 것이다. 한강변과 청계천 2곳에 설치하였는데 한강변의 것은 바윗돌에 직접 눈금을 새긴 것이고, 청계천의 것은 낮은 돌기둥 위에 나무기둥을 세운 형태였다.

그중 지금까지 남아 있는 청계천의 수표는 성종(재위 1469～1494) 때 돌기둥으로 개량한 것으로 높이 3m, 폭 20cm의 화강암 사각기둥으로 만들었다. 위에는 연꽃무늬가 새겨진 삿갓 모양의 머릿돌이 올려져 있고, 밑에는 직육면체의 초석이 땅속 깊이 박혀 있다. 돌기둥 양면에는 1척(21cm)마다 1척에서 10척까지 눈금을 새기고 3 · 6 · 9척에는 ○표시를 하여 각각 갈수(渴水) · 평수(平水) · 대수(大水)라고 표시하였다. 6척 안팎의 물이 흐를 때가 보통 수위이고, 9척이 넘으면 위험 수위로 보아 하천의 범람을 예고하였다.

세종 때 나무 수표와 비교하면 촌 · 푼까지 정확하게 측정할 수 없는 점이 아쉽지만, 가뭄과 홍수를 미리 알 수 있어 실생활에 직접 이용된 한층 더 발전된 형태의 것이다.

보물 제1652호 통영측우대(統營測雨臺)는 계측교역기술용구로 수군통제영이 통영에 있을 때 설치했던 것으로 측우대 앞면 중앙에 '측우대(測雨臺)'라는 글자와 '신미 2월(辛未 二月)'이라고 명문(銘文)이 새겨져 있어서 1811년(조선 순조 11년) 또는 1871년(조선 고종 8년)에 만든 것으로 해석되고 있다. 명칭뿐만 아니라 제작연대가 확실하게 명기되어 있는 역사적 가치가 높은 귀한 과학유물 중 하나로 평가되었다.

·통영측우대

둥근 받침돌 위에 사각기둥형 측우대가 설치되어 있으며 받침돌에는 금이 가 있으나 원형을 유지하고 있다. 현재 측우대 혹은 측우기가 실물로 남아 있는 것은 5개(측우대 4, 측우기 1)뿐이며, 이 측우대는 그 가운데 하나이다. 또한 받침돌까지 남아 있는 것은 이 측우대가 유일하다.

보물 제847호 경복궁풍기대(景福宮風旗臺)는 조선시대 바람의 세기와 방향을 재는 데 사용했던 것으로 풍기와 풍기대에 대한 내용을 '증보문헌비고'에서 찾아보면 화강암을 다듬어 아래에 상을 조각한 대를 놓고, 그 위에 구름무늬를 새긴 8각기둥을 세운 모습이다. 8각형 기둥 맨 위의 중앙에는 깃대를 꽂는 구멍이 있고, 그 아래 기둥 옆으로 물이 고이지 않게 배수구멍을 뚫었다. 깃대 길이는 확실치 않고 깃대 끝에는 좁고 긴 깃발을 매어 그것이 날리는 방향으로 풍향을 재고 나부끼는 정도로 바람의 세기를 알 수 있었다.

·경복궁풍기대(景福宮風旗臺)

3. 현판

·벽오당현판

경상남도 문화재자료 제311호인 벽오당현판(碧梧堂懸板)은 진주 향사당 내에 있던 벽오당 건물의 현판으로, 벽오당은 조선 초 하륜(1347~1416)에게 태종이 직접 내린 교서를 봉안하기 위해 마련한 건물이다.

이 현판은 가로 220cm, 세로 100cm의 크기이며, 송판 아홉 장을 연결하여 그 위에 돋을새김으로 오른쪽에서 왼쪽으로 '벽오당(碧梧堂)'이라 쓰여 있다. 이 현판을 달기 위하여 위쪽으로 3개의 구멍과 중간쯤에 2개의 구멍을 뚫어두었다. 이로써 이 현판이 원래는 약간 숙이는 모양으로 달려 있었음을 알 수 있다. 이 현판의 글씨는 해서(楷書)로 되어 있다. 그리고 그 결구(結構)가 균형이 완벽할 정도로 빈틈이 없으며, 운필이 엄정하고 야무지면서도 전체적으로 넉넉한 여유가 느껴진다.

현판에 아무런 기록이 없으므로 이 현판이 얼마나 오래된 것인지를 정확히 알 수는 없다. 그러나 옻칠을 하여 잘 보관된 이 현판은, 그 서체와 함께 역사적 정황으로 미루어보아 그 제작시기가 적어도 1578년과 1642년 사이일 것으로 추정된다.

이 현판은 진주 향사당 내의 '벽오당'이라는 건물의 존재를 확인해 주는 것일 뿐만 아니라, 현재 뚫려 있는 현판의 구멍을 통해서 현판이 어떻게 달려 있었는지도 알 수 있게 해주는 등 우리의 현판문화를 이해할 수 있는 중요한 자료로 평가된다.

·이심원충신정려현판

충청남도 문화재자료 제338호인 이심원충신정려현판(李深源忠臣旌閭懸板)은 조선 성종 때의 문신이자 세종의 둘째 아들인 효령대군의 증손자 이심원(1454~1504)

의 충절을 기리는 정려문(旌閭門)[95] 에 내린 현판이다.

이심원은 김종직의 문인으로, 성질이 엄정하고 학문과 의술에 정통하였다. 성종 9년(1478) 주계부정에 제수된 후 성종 18년(1487) 과거에 장원으로 급제하여 정의대부에 임명되었다. 고모부인 임사홍 부자의 간사한 사실을 알고 성종임금에게 임사홍을 중요한 자리에 쓰지 말 것을 다섯 차례나 상소로 올리기도 하였다. 하지만 이로 인해 연산군 10년(1504) 갑자사화 때 임사홍의 모함으로 두 아들과 함께 죽임을 당하였다.

중종 14년(1519) 조광조 · 정광필 등의 상소로 죄를 면하고, 주계군으로 증직되었다. 이후 홍록대부로 추증되어 그의 충절을 기리는 정려문이 세워졌다. 그의 이러한 행적을 『명신록』, 『삼강행실』, 『국고보감』 등의 책에 기록하여 학문과 충절을 돋보이도록 하였다. 저서로는 『성광유고』가 있다.

4. 점포

충청남도 유형문화재 제97호인 홍산객사(鴻山客舍)는 조선 헌종 2년(1836) 홍산군에 세운 객사 건물이다. 객사는 국왕의 전패를 모시고 초하루와 보름에 망궐례를 올리는 한편 왕명을 받들고 내려오는 중앙관리를 접대하고 유숙시키던 곳이다.

· 홍산객사

중앙에 정당이 있고 양쪽에 익실이 있다. 정당은 앞면 3칸 · 옆면 3칸의 규모이며, 지붕 옆면이 사람 인(人)자 모양인 맞배지붕집이다. 앞면은 문짝 없이 트였고 옆면과 뒷면은 벽을 둘러막았다. 내부는 통 칸으로 트인 넓은 대청마루이다.

95 충신, 효자, 열녀 등을 표창하기 위하여 붉은색으로 단장하고 그 액자에 충(忠) 또는 효(孝), 열(烈)과 함께 직함을 새겨 마을 입구나 그 집 문 앞에 세우는 문을 말한다.

조선(朝鮮) 헌종(憲宗) 2년(1836) 당시 군수(郡守) 김용근(金龍根)이 건립(建立)한 것으로 관청의 손님, 사신이 유숙(留宿)하던 건물이다. 객사건물로는 규모가 큰 편인데 중앙에 있는 정면 3칸, 측면 3칸의 정당(正堂)을 중심으로 정면 5칸, 측면 2칸의 동쪽 익실(翼室), 그리고 정면 3칸, 측면 2칸의 서쪽 익실이 붙어 있다. 정당은 앞에 문짝을 달지 않은 채 우물마루를 만들어 개방(開放)하였고, 옆과 뒷면은 회벽(灰壁)으로 막았다. 동익실도 앞을 개방하고 오른쪽 3칸은 대청(大廳)으로 만들었으나 왼쪽은 온돌방으로 꾸몄다. 서익실도 동쪽과 같은 구조인데 온돌방 대신 마루방을 만들었다. 객사기에 보면 인부(人夫) 4,000여 명에 목수(木手) 20여 명이 5개월에 걸쳐 완성했으며, 민간인(民間人)의 기부금(寄附金)과 공금(公金)으로 충당하였다고 한다.

5. 감찰

보물 제574호 박만정 해서암행일기(朴萬鼎 海西暗行日記)는 조선시대 문신인 박만정(1648~1717)이 숙종 22년(1696) 3월에 황해도 암행어사의 명을 받고 현지를 직접 돌아다니며 시찰한 65일간의 사실을 적은 기록이다.

·박문수 초상

박만정은 문과에 급제한 후 영광군수 등의 벼슬을 지낸 인물로 내용은 전문 61장 가운데 일기부분이 32장이고 임금에게 올리는 보고서인 서계단자가 19장, 박만정이 명을 따를 것에 대한 비변사의 의견을 기록한 것이 4장, 그 밖에 암행어사와 관계없는 신상에 관한 것을 기록한 부분이 6장으로 되어 있다.

이것은 당시 국민생활의 빈곤, 관료들의 일선행정 실태 등을 서술한 것으로 조선 후기 사회 및 행정사료로 귀중할 뿐만 아니라, 조선의 특수제도인 암행어사의 활동상 실태를 이해하는 데 매우 귀중한 자료이다.

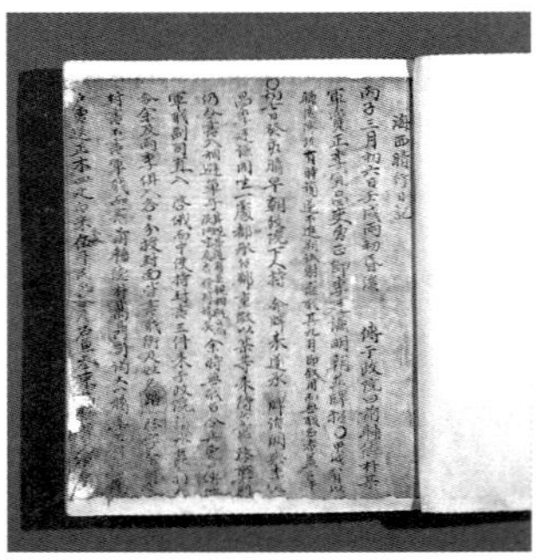
·해서암행일기

6. 화폐

엽전(葉錢)문양은 좋은 징조, 악귀 막이를 의미한다. 조선시대에는 길조를 뜻하는 말을 새긴 별전이라는 엽전을 만들었다. 또한 상평통보(常平通寶)는 동전에 항상 평화롭다는 뜻의 상평(常平)을 새겼기 때문에 붙여진 이름이다.

'엽전'은 우리나라에서만 사용하는 한자어로 놋쇠로 만든 옛날 돈을 가리킨다. 잎(葉)같이 둥글고 납작한 돈(錢)이라 하여 엽전(葉錢)이라 한다. 엽전은 둥글납작하며 가운데 네모진 구멍이 있는데, 이로 인해 '공방형(孔方兄)' 또는 '공방'이라 한다.

고려 성종 15년에 만들어진 건원중보(乾元重寶)가 최초의 동전인데, 널리 이용되지는 않았다. 숙종 2년에 대각국사 의천이 동전의 모양을 "밖의 둥근 것은 하늘을 본뜨고, 안의 네모난 것은 땅을 본뜬 것으로, 만물을 하늘이 덮고 땅이 받쳐 사라지지 않는 원리를 구현한다"고 하며 왕에게 청하여 해동통보(海東通寶)를 만들게 했다.[96]

5.4.5 신앙

신앙의례에 관한 것으로 ① 무구(巫具) : 무복 · 무악기 · 무굿의기(儀器) · 무신도, ② 점복구(占卜具), ③ 불구(佛具), ④ 혼례용구 : 함 · 목안, ⑤ 상구(喪具) : 상여 · 요여 · 요령 · 관, ⑥ 제례용구 : 신주함 · 감실 · 제상 · 향로 · 향상 · 향합 · 제기 등이 있다.

장승의 기원은 남근숭배(男根崇拜)에서 유래되었다는 설과, 사찰의 경계표에서 나온 것이라는 장생고표지설(長生庫標識說), 솟대 · 선돌 · 서낭당에서 유래된것이라는 고유민속기원설이 있으며 또한 퉁구스기원설 · 남방벼농사기원설 · 환태평양기원설 등과 같은 비교민속기원설 등이 있다.

96 엽전, 장영도, 경북문화신문.

1. 장승

장승은 마을의 대표적인 공동체 신앙물로서 마을 입구에서 마을로 들어오는 온갖 것들을 감시하고 검열하여서 나쁜 것, 사한 것들의 출입을 막는 역할을 한다. 즉 민간신앙의 한 형태로 마을 입구나 길가에 세운 목상이나 석상이다. 마을의 수문신 · 수호신 · 경계표 · 이정표 등의 구실을 하며, 전국적으로 분포되어 있다.

장승은 동제(洞祭)의 주신 또는 하위 신으로서 신앙의 대상이며, 솟대 · 돌무더기 · 신목(神木) · 서낭당 · 선돌 등과 함께 동제복합문화를 이루고 있다. 신라시대 이후 고려 · 조선시대에 걸쳐 장승의 다양한 명칭이 문헌에 전하고 있으며 지역에 따라 다르게 전승되고 있다. 그러나 일반적으로 장승 · 장성 · 장신으로 부르는 곳이 많고 그 다음은 벅수 · 벅시 등으로 불린다.

사용된 재료에 따라 목장승과 석장승, 그리고 복합장승으로 분류된다. 또한 위치에 따라 동제당(洞祭堂)에 세워진 마을장승과 사찰 입구에 세워진 사찰장승, 그리고 경계나 성문 · 병영 · 해창(海倉) · 관로(官路) 등에 있는 공공장승으로 구분된다.

2. 솟대

신앙의 대상으로 세우는 장간(長竿)을 솟대라고 한다. 지역이나 목적에 따라 소줏대 · 표줏대 · 솔대 · 거릿대 · 수살목 · 서낭대 등 여러 가지 명칭이 있다. 형태도 다양하여 일시적인 것이나 영구적인 것, 가정이나 개인신앙의 대상에서 촌락 또는 지역을 위한 것이 있다.

1) 솟대의 유형

1유형	대개 풍년을 빌기 위해 정월에 세우는 것으로, 흔히 '볏가릿대(禾竿)'라 불리는 것과 바람신을 모시는 의미에서 부엌에 신간을 세워두었다가 신이 승천함과 동시에 없애는 풍속인 '영동할머니'의 신체인 신간이 있다.

2유형	특별히 관직에 있는 사람이거나 마을에서 공동으로 세우는 것이다. 일단 세운 다음에는 영구성을 가지는 것으로 썩어서 쓰러지면 새로운 것을 세운다. 세울 때는 물론이고 마을에서는 매년 동제를 지낸다. 이는 마을수호신의 하나이고 마을을 수호하여 주는 신체이기도 하겨, 또 성역의 상징이기도 하다.
3유형	과거에 급제한 사람이 자기의 과시와 가문의 행운을 빌기 위하여 세우는 것이다. 이를 화주라고 하는데 예로는 돌기둥으로 만들어 세우기 때문에 화주라 하지만, 이것을 솟대라고 부르는 지역도 있다. 형태를 보면 농기(農旗)모양으로 꿩털이나 볏짚을 꼭대기에 장식하고 헝겊을 둘러 만든 것이나, 꼭대기에 용을 그리거나 새겨서 붉은 칠을 한 것이 있다.

2) 솟대와 장승의 공통점

솟대가 수호신의 상징이라는 점과 성역의 상징 또는 경계나 이정표 표시 등의 기능이 있는 것은 장승과 마찬가지이다. 독살은 어살 가운데 하나로 해안가에서 고기를 잡는 방법으로 돌을 이용한 것이다.

3. 제사구

· 강진김해김씨가상여

광주광역시 민속문화재 제4호인 강진김해김씨가상여(康津金海金氏家喪輿)는 의례용구로 분류된다. 강진김씨 김용현의 시신을 장지까지 운반하기 위해 제작된 기구로, 당시 2,000석 지기였던 그의 아들이 서울에서 목재를 사오고, 중국에서 공단과 실을 수입하여 만든 것이라 전한다. 가문에서 3대째 대물림하여 사용하던 것을 그의 증손자인 김현장이 1971년 광주시립박물관에 기증함으로써 이곳에서 보존하고 있다.

개화기 이후 서민층에 대한 문화적 규제가 사라지면서 제작된 문화유산 중 하나로, 부유층의 화려하고도 호화로운 장례문화의 한 면을 엿볼 수 있다. 부속자료로는 위패(혼백과 죽은 이의 이름을 적은 패)를 모셔 나르는 요여(腰輿), 운삽(발인할 때 상여 앞뒤로 배치되는 구름무늬를 그린 부채모양의 널빤지), 불삽(발인할 때 상여 앞뒤로 배치되는 '亞'자가 서로 등진 모양을 그린 널빤지)이 남아 있다.

경상남도 문화재자료 제474호인 함양 하륜 부조묘 소장 향로 및 향합(咸陽 河崙 不祧廟 所藏 香爐 및 香盒)은 조선시대에 사용된 것으로 파악된다.

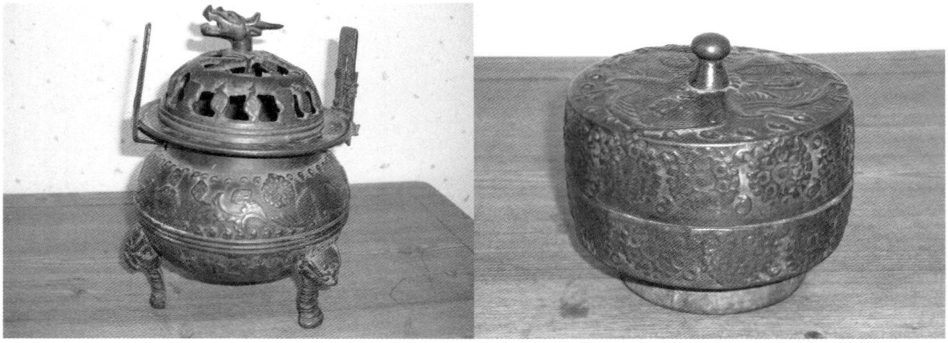

·함양 하륜 부조묘 소장 향로 및 향합

4. 법회구(法會具)

법회구는 불경 또는 불교의 교리를 설하는 종교의식 행사에서 사용되는 도구를 일컫는다. 승려와 신도가 한곳에 모여 불사(佛事)를 하는 모임에 사용되는 모든 것을 말하며 불법(佛法)에 관계되는 법사(法事) · 불사(佛事) · 재회(齋會) · 법요(法要) 등을 행할 때 필요한 물품을 뜻한다.[97]

보물 제11-6호 통도사 동종(通度寺 銅鍾)은 조선 숙종 12년(1686) 경기도와 경상도 지역에서 활동한 승려인 사인비구에 의해 만들어진 조선시대 종이다.

사인비구는 18세기의 뛰어난 승려이자 장인으로 전통적인 신라 종의 제조기법에 독창성을 합친 종을 만들었다. 현재 그의 작품 8구가 서로 다른 특징을 보이며 전해지고 있다.

·통도사 동종

97 법회, 한국민족문화대백과사전, 한국학중앙연구원.

경상남도 유형문화재 제362호 산청대원사강희신사명반자(山淸大源寺康熙辛巳銘飯子)를 설명하자면, 반자란 절에서 사용하는 금속으로 만든 일종의 타악기이다. 금고 또는 금구라고도 하며 절에서 대중을 불러 모으거나, 급한 일을 알리는 데 사용한 도구이다.

이 반자는 바깥지름 62cm, 안지름 37cm, 너비 15cm로, 둘레 가장자리 일부분이 결실되었으나 지금도 사용되고 있다.

·산청대원사강희신사경반자

표면에 문양은 없으며 세 개의 돌출된 선이 동심원을 그리고 있다. 속은 비어 있는 통식(通式)을 따랐으며, 옆면 역시 세 개의 돌출된 선이 둘려 있다. 중앙의 선 위로는 고리가 2개 있어 매달 수 있게 되어 있다.

안쪽 면에 있는 글로 미루어보아 조선 숙종 27년(1701)에 제작되었음을 알 수 있는 가치 있는 자료이다.

부산광역시 문화재자료 제26호인 범어사 바라(梵魚寺 바라)는 불교의식구의 하나로 바라춤을 출 때, 향을 공양할 때, 불경을 열람할 때, 설법이나 큰 집회를 행할 때, 장례의식을 할 때, 새 주지를 맞이할 때 등 불교의식 시에 사용하는 타악기의 일종이다.

·범어사 바라

범어사 바라는 놋쇠를 두들겨 제작한 방자유기(方字鍮器)인데, 전체적인 형태는 외반(外反)된 입이 다시 만곡(彎曲)되다가 가운데를 움푹 들어가게 하여 그곳에 끈을 달기 위한 구멍이 나 있으며, 마치 접시모양으로 생겼다.

한쪽 바라의 내면에 "을해연월일 ㅁㅁ70량(乙亥年月日 ㅁㅁ七十兩)"이라는 조성연도의 간지(干支)와 시주자로 추정되는 묵서(墨書) 명문(銘文)이 있다. 조성연대가 조선 후기로 추정되며 방자유기의 제작기법이 그대로 살아 있는 중요한 자료이다.

국보 제36호 상원사 동종(上院寺銅鍾)은 오대산 상원사에 있는 동종으로 신라 성덕왕 24년(725)에 만들어졌다. 경주 성덕대왕신종(국보 제29호)과 더불어 우리나라에 남아 있는 완형의 통일신라시대 범종 3구 중 하나이며, 크기는 높이 167cm, 입지름 91cm이다.

이 종의 맨 위에는 큰 머리에 굳센 발톱의 용이 고리를 이루고 있고, 소리의 울림을 도와주는 음통(音筒)이 연꽃과 덩굴무늬로 장식되어 있다. 종 몸체의 아래위에 있는 넓은 띠와 사각형의 유곽은 구슬장식으로 테두리를 하고 그 안쪽에 덩굴을 새긴 다음 드문드문 1~4구의 악기를 연주하는 주악상(奏樂像)을 두었다. 네 곳의 유곽 안에는 연꽃 모양의 유두를 9개씩 두었다. 그 밑으로 마주보는 2곳에 구름 위에서 무릎 꿇고 하늘을 날며 악기를 연주하는 비천상(飛天像)을 새겼다. 비천상 사이에는 종을 치는 부분인 당좌(撞座)를 구슬과 연꽃무늬로 장식하였다.

이 종은 조각수법이 뛰어나며 종 몸체의 아래와 위의 끝부분이 안으로 좁혀지는 고풍스러운 모습을 하고 있다. 또한, 우리나라에 현존하는 종 가운데 가장 오래되고 아름다운 것으로 한국 종의 고유한 특색을 모두 갖추고 있다.

현존(現存)하는 한국 종(韓國鍾) 중에서 가장 오래되고 아름다운 이 종은 신라(新羅) 성덕왕(聖德王) 24년(725)에 조성(造成)되어 조선(朝鮮) 예종(睿宗) 원년(元年, 1469)에 상원사(上院寺)에 옮겨진 것으로, 한국 종의 고유한 특색을 모두 갖춘 대표적인 범종(梵鍾)이다.

상원사 종에 보이는 음통, 안으로 오므라든 종신형, 상대 · 하대, 네 곳에 있는 유곽의 구조적인 특징은 한국 종의 전형(典型)이 되어, 양식적인 변천과정을 거치면서 이후의 모든 종에 계승된다.

그림 5-13 한국 범종의 구조와 명칭

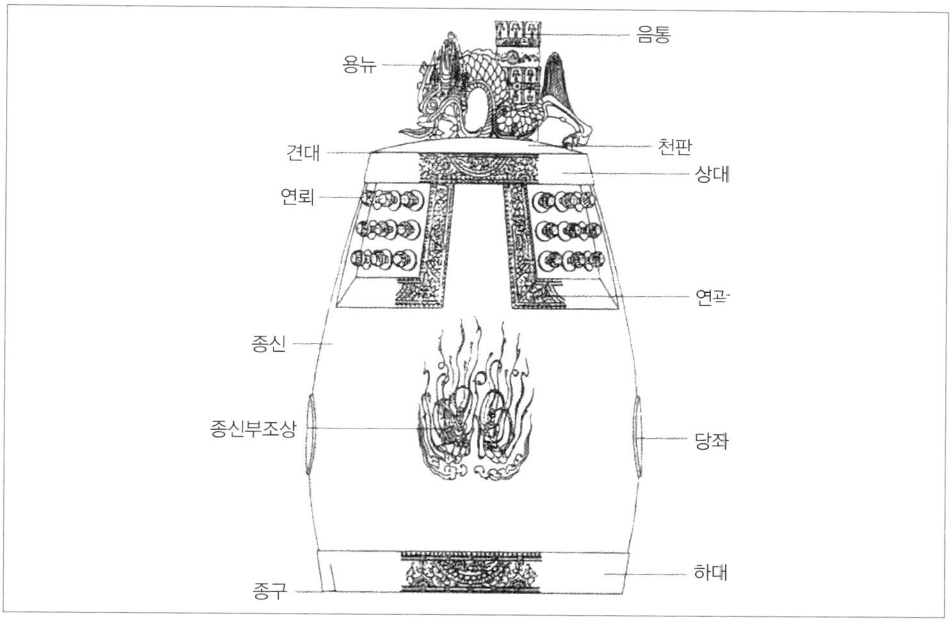

5.4.6 민속예능 · 오락 · 유희

연희 · 놀이에 관한 것은 ① 연희구 : 탈 · 탈놀이 의상 · 꼭두각시놀음 인형, ② 악기 : 대금 · 퉁소 · 단소 · 피리 · 호적 · 나팔 · 소라 · 가야금 · 거문고 · 해금 · 아쟁 · 양금 · 비파 · 북 · 장고 · 징 · 꽹과리 · 제금, ③ 놀이기구 : 바둑 · 장기 · 쌍륙 · 윷 · 윷판 · 승경도 · 유객환(留客環) · 윤목 · 팽이 · 제기 · 연 · 얼레 · 줄다리기줄 · 목우(木牛) · 고싸움놀이고 · 차점놀이차 · 투전 · 마작 · 골패 등이다.

5.4.7 중요민속문화재

민속문화재 가운데 중요한 것을 중요민속문화재로 지정할 수 있는데, 이것은 문화체육부장관이 문화재위원회의 심의를 거쳐 지정한다. 이렇게 지정된 문화재인 중요민속문화재는 국가지정문화재에 해당하는데 덕온공주당의, 안동 하회마을 등이 이에 속한다. 이외에도 민속문화재에는 지방자치단체가 보존가치를 인정하여 문화재로 인정한 시도민속문화재가 있다.

5.5 유네스코 등재유산

5.5.1 세계유산

World Heritage in the Republic of Korea

세계유산은 1972년 유네스코(UNESCO, 국제연합교육과학문화기구) 세계 문화 및 자연유산의 보호에 관한 협약(Convention Concerning the Protection of the World Cultural and Natural Heritage)에 의거하여 세계유산목록에 등재된 유산을 지칭한다. 인류의 보편적이고 뛰어난 가치를 지닌 각국의 부동산 유산이 등재되는 세계유산의 종류에는 문화유산, 자연유산 그리고 문화와 자연의 가치를 함께 담고 있는 복합유산이 있다.

세계유산으로 등재되는 것의 이점은 해당유산의 보호에 대한 국내외의 관심과 지원을 높일 수 있는 데 있다. 한 국가의 문화수준을 가늠하는 척도로서도 작용하기 때문에 유산 소재 지역 및 국가의 자긍심과 자부심을 고취시키며 유산 보호를 위한 책임감을 형성한다.

또한 세계유산목록에 오른 유산들은 국제적 협력의 대상이 되기 때문에 유산 보호에 대한 사업들에 국제기구 및 단체들의 기술적, 재정적 지원을 받을 수 있고 해당 정부의 추가적인 관심과 지원으로 보존계획 및 관리의 수준이 향상되며 인지도가 높아짐에 따라 방문객이 증가되어 이에 따른 고용기회 및 수입이 늘어날 수 있다.

그림 5-14 한국의 세계유산목록

석굴암 · 불국사(1995년)

해인사 장경판전(1995년)

종묘(1995년)

창덕궁(1997년)

화성(1997년)

경주역사유적지구(2000년)

고창 · 화순 · 강화 고인돌 유적(2000년)

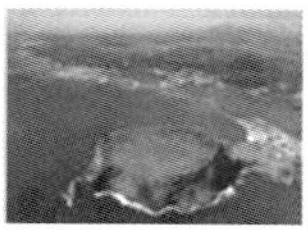
제주화산섬과 용암동굴(2007년)

조선왕릉(2009년)

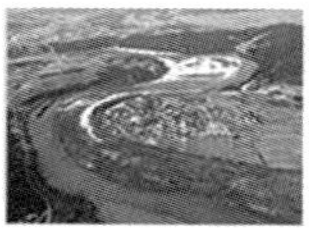
한국의 역사마을 : 하회와 양동(2010년)

남한산성(2014년)

백제역사유적지구(2015년)

산사, 한국의 산지승원(2018년)

한국의 서원(2019년)

한국의 갯벌(2021년)

자료 : 문화재청 국가문화유산포털 홈페이지(2021.07.26)

표 5-15 세계유산 잠정목록

• 강진 도요지	• 울산 대곡천 암각화군	• 중부내륙 산성군
• 순천 낙안읍성	• 창녕 우포늪	• 화순 운주사 석불석탑군
• 김해 · 함안 가야고분군	• 고령 대가야 고분군	• 한양도성
• 염전(전남 신안)	• 아산 외암마을	
• 설악산 천연보호구역	• 남해안일대 공룡화석지	

자료 : 문화재청 국가문화유산포털 홈페이지(2022.04.18)

5.5.2 인류무형문화유산

2003년 유네스코 무형문화유산 보호협약(Convention for the Safeguarding of Intangible Cultural Heritage)에 의거하여 문화적 다양성과 창의성이 유지될 수 있도록 대표목록 또는 긴급목록에 각국의 무형유산을 등재하는 제도이다. 2005년까지 인류구전 및 무형유산걸작이라는 명칭으로 진행된 유네스코 프로그램 사업이었으나 지금은 세계유산과 마찬가지로 정부 간 협약으로 발전되었다.

인류무형유산 등재 시 첫째, 무형유산의 국내적, 국제적 가시성 제고를 통한 무형유산의 이해를 증진 둘째, 무형유산 보호를 위한 유네스코의 지원가능 셋째, 국제적 차원에서의 정보 및 경험 교환 지원 넷째, 무형유산 보전의 다양한 측면과 관련된 연구, 전문가 및 활동가 지원 다섯째, 필요한 인력에 대한 훈련 및 규범마련 지원 및 보호를 위한 재정 및 기술 지원을 받게 된다.

그림 5-15 한국의 인류무형문화유산 목록

종묘제례 및 종묘 제례악(2001/2008)

판소리(2003/2008)

강릉단오제(2005/2008)

강강술래(2009)

남사당놀이(2009)

영산재(2009)

제주칠머리당 영등굿(2009)

처용무(2009)

가곡(2010)

대목장(2010)

매사냥(2010)

줄타기(2011)

택견(2011)

한산모시짜기(2011)

아리랑(2012)

김장문화(2013)

농악(2014)

줄다리기(2015)

제주해녀문화(2016)

씨름(2018)

연등회(2020)

자료 : 문화재청 국가문화유산포털 홈페이지(2022.03.21)

5.5.3 세계기록유산

Memory of the World

유네스코가 고문서 등 전 세계의 귀중한 기록물을 보존하고 활용하기 위하여 1997년부터 2년마다 세계적 가치가 있는 기록유산을 선정하는 사업으로 유산의 종류에는 서적(책)이나 문서, 편지 등 여러 종류의 동산 유산이 포함된다.

세계기록유산의 등재 시 첫째, 보존관리에 대한 유네스코의 보조금 및 기술적 지원 둘째, 홍보와 인식 제고를 의한 세계기록유산 로고 사용 및 유네스코를 통한 지속적 홍보 가능 셋째, CD-ROM, 디지털 테이프와 오디오 CD 같은 디지털기술을 활용하여 세계기록유산을 가능한 많은 대중에게 제공할 수 있다.

그림 5-16 한국의 세계기록유산목록

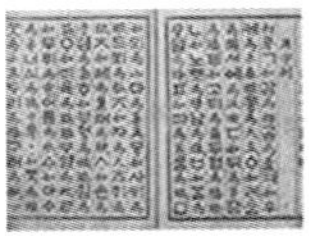
훈민정음(1997년)

조선왕조실록(1997년)

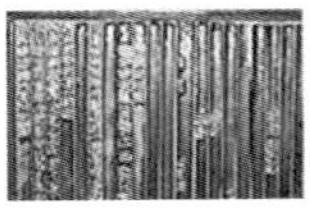
직지심체요절(2001년)

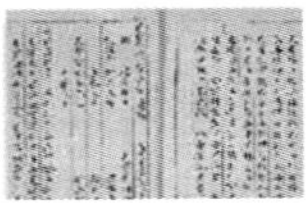
승정원일기(2001년)

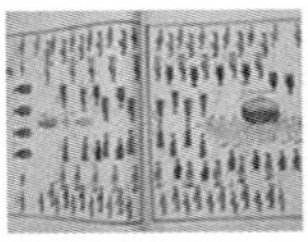
조선왕조 의궤(2007년)

해인사 대장경판 및 제경판(2007년)

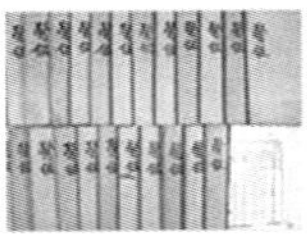
동의보감(2009년)

일성록(2011년)

5.18 민주화운동 기록물(2011년)

난중일기(2013년)

새마을운동기록물(2013년)

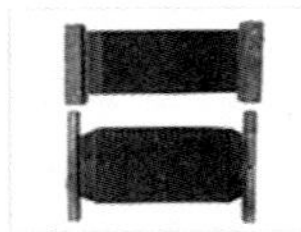
한국의 유교책판(2015년)

KBS특별생방송 '이산가족을 찾습니다' 기록물(2015년)

조선왕실 어보와 어책(2017년)

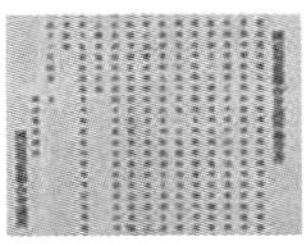
국채보상운동 기록물(2017년)

조선통신사 기록물(2017년)

자료 : 문화재청 국가문화유산포털 홈페이지, 2019.06.27

5.5.4 세계지질공원

1. 지질공원(Geopark)이란

지질공원이란 개념은 1990년대 중반 유럽에서 지구역사에 있어 지질학적 중요성을 가진 지역의 가치를 보존하고 증대시키고자 하는 필요 때문에 대두되었고, 2000년 유럽지질공원 네트워크가 결성된 후 2004년에 유네스코가 지원하는 세계지질공원네트워크가 출범하면서 차츰 일반인에게 알려지기 시작하였다.

유네스코의 정의에 따르면 지질공원은 "단일의 통합된 지리적 영역으로서, 국제적인 지질학적 가치를 지는 명소경관이 보호, 교육, 연구, 지속가능한 발전의 전인적인 개념을 가지고 자연자원 및 문화자연과 연계하여 이용하는 곳"을 의미한다. 즉 ① 지구과학적으로 중요하고 경관이 우수한 지역, ② 생태학적 · 역사적 · 문화적 가치를 지닌 지역, ③ 우수 가치를 보유한 지역을 활용하여 교육과 관광을 활성화하고 지역사회의 경제적 발전을 추가하고자 만든 프로그램이다.

제주도 지질공원 명소 중 고산 수월봉에 비유하여 설명해 보면, 수월봉의 독특한 화산재 지층을 배경으로 그 속에 생태 · 역사 · 전설 · 문화 등을 탐방 프로그램으로 만들어 제공하고, 많은 탐방객이 찾아오면서 지역경제 발전에 기여하고자 하는 것이다.

즉, 지질공원은 지역주민의 행위제한을 최소화하고 혜택은 극대화하면서 자연의 보호와 이용을 조화시킨 새로운 관광 프로그램이라 할 수 있다. 또한 지질공원은 중앙정부나 지자체의 주도로 이루어지는 것이 아니라 지역주민의 자발적이고 적극적인 참여에 의해 발전 가능성이 더욱 높아진다. 다시 말해, 지질공원의 진정한 의미는 그 땅에 살고 있는 사람들이 자신의 고장에 대한 가치를 제대로 알고, 그 가치를 스스로 활용해 지속적으로 발전할 수 있도록 만들어가는 프로그램이라 할 수 있는데, 2010년 그리스 레스보스섬에서 열린 유럽지질공원 총회에서 지질공원을 다음과 같이 정의하였다.

"지질공원이란 과거로부터 배우고 익혀서, 지속가능한 미래를 만들어 나가는 것이다.(Geopark ; Learning from the past, Building a sustainable future[98])"

98 제주도, 세계지질공원 홈페이지, 세계지질공원이란?

2. 국가지질공원(National Geopark)이란?

지구과학적으로 중요하고 경관이 우수한 지역으로서 이를 보전하고 교육 · 관광사업 등에 활용하기 위하여 환경부장관이 인증한 공원{※ 법적 근거 : 「자연공원법」 제2조(정의), 제36조의3(지질공원의 인증 등)}을 말한다.

지질공원은 "단순히 지질을 다루는 것이 아니며, 사람[주민] 중심의 활동이 핵심"이고, 지질공원은 지질유산을 보전, 교육 및 관광에 활용하여 지역의 지속가능한 발전을 도모하는 것으로 일정한 경계와 면적이 있으며, 생물, 고고, 역사, 문화를 모두 포함하여 사람(지역주민)들이 관리하는 것이라 할 수 있다. 국가지질공원 목록은 〈표 5-16〉과 같다.

그림 5-17 국가지질공원 13개소

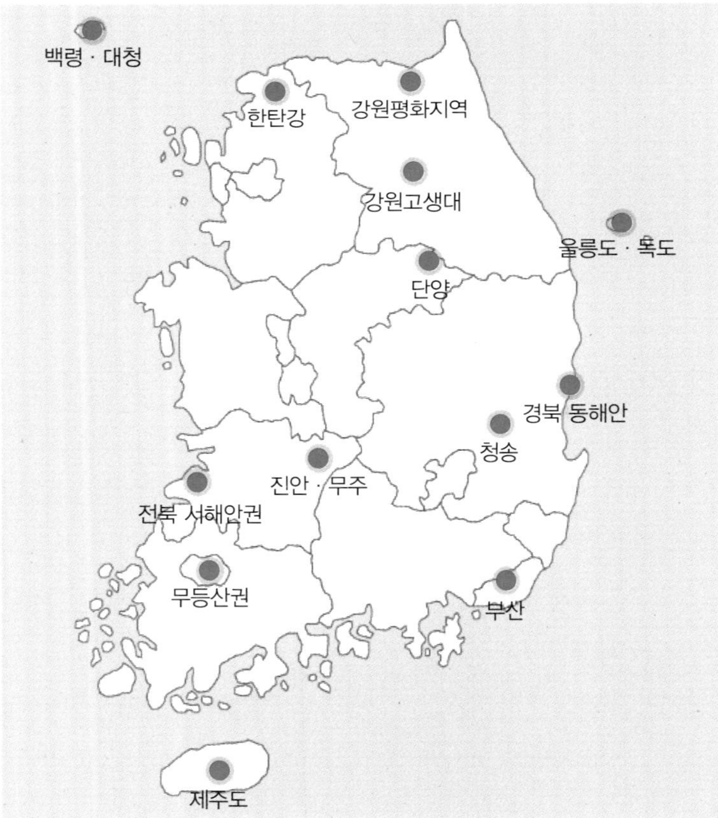

자료 : 국가지질공원 홈페이지

표 5-16 국가지질공원 목록

연번	공 원 명	유네스코 지질공원	위 치	면 적 (km²)	인증일
계	13개소				
1	울릉도 · 독도		경북 울릉군	127.90	2012.12.27
2	제주도	O	제주도	1,864.40	2012.12.27
3	부산		부산 7개 자치구(금정구, 영도구, 진구, 서구, 사하구, 남구, 해운대구)	296.98	2013.12.06
4	강원평화지역		강원도 5개군(철원군, 화천군, 양구군, 인제군, 고성군)	2,067.07	2014.04.11
5	청송	O	경북 청송군	845.71	2014.04.11
6	무등산권역	O	광주 2개 자치구(동구, 북구), 전남 2개군(화순군, 담양군)	246.31	2014.12.10
7	한탄강	O	경기도(포천, 연천군), 강원도(철원)	766.68	2015.12.31
8	강원고생대		강원도 4개 시군(영월군, 정선군, 평창군, 태백시)	1,999.01	2017.01.05
9	경북동해안		경상북도 19개소(경주, 포항, 영덕, 울진)	2,261.0	2017.09.13
10	전북서해안		전라북도 12개소 (고창, 부안)	520.3	2017.09.13
11	백령 · 대청		인천광역시 옹진군 백령면 및 대청면	66.86	2019.07.10
12	진안 · 무주		전라북도 진안군 및 무주군 일부	1,154.62	2019.07.10
13	단양		충청북도 단양군 전 지역	781.06	2020.07.27

자료 : 국가지질공원 홈페이지 참고하여 정리(2022년 3월 21일)

1) 울릉도 · 독도

지질학적 가치로서 신생대 화산활동(독도는 460만 년 전~250만 년 전 화산활동, 울릉도는 250만 년 전~5천 년 전 화산활동)으로 인해 생성되었으며, 대표암석으로는 현무암, 조면암, 화산쇄설암, 부석 등이 있다.

울릉도 · 독도 지질공원의 지질명소는 23개소(울릉도 19, 독도 4)이다.

- 울릉읍(4) : 도동 해안산책로, 저동 해안산책로, 봉래폭포, 죽도
- 서 면(6) : 거북바위 및 향나무자생지, 국수바위, 버섯바위, 학포해안, 황

토굴, 태하 해안산책로 및 대풍감

- 북 면(9) : 노인봉, 송곳봉, 코끼리바위, 삼선암, 관음도, 성인봉 원시림, 죽암몽돌해안, 용출소, 알봉
- 독 도(4) : 숫돌바위, 천장굴, 삼형제굴바위, 독립문바위

2) 제주도

다양한 화산지형과 지질자원을 지닌 제주도는 2010년 10월 유네스코 세계지질공원으로 인증되었다. 지질공원의 대표 명소는 한라산, 성산일출봉, 만장굴, 산방산, 용머리해안, 중문 대포 주상절리대, 수월봉, 천지연폭포, 서귀포 패류화석층이다. 제주도는 한반도 서남단에서 남쪽으로 약 90km 떨어진 대륙붕 위의 화산섬으로, 제주도의 동쪽은 한반도 남해와 동중국해를 사이에 두고 일본의 쓰시마 및 나가사키현과, 서쪽은 동중국해를 사이에 두고 중국 상해와 마주보고 있다. 서울과는 약 450km, 부산과는 약 268km, 일본 후쿠오카와는 약 330km, 중국 상하이와는 약 500km 떨어져 있다.

제주도는 한반도 남서쪽의 황해대륙붕에 있는 화산섬으로, 약 200만 년 전부터 역사시대까지 발생한 화산활동에 의해 형성되었다. 제주도는 동–서 길이가 73km이고, 남–북은 31km로 면적은 1,847km^2이다. 제주도는 전반적으로 완만한 지형과 동북동 방향으로 신장된 타원형의 형태를 보이는 전형적인 순상화산이다.

3) 부산

부산은 인구 350만 내외의 우리나라 제2의 대도시임에도 불구하고, 강하구, 해안, 산지에 뛰어난 경관을 지니고 있으며, 다양하고도 독특한 풍광과 지질 및 지형유산을 보유함과 동시에 이와 연계하여 활용할 수 있는 생태, 역사, 문화자원이 풍부하게 분포하고 있다. 이들 곳곳에는 교육적 가치가 뛰어난 다양한 특성의 지질유산들이 자연 그대로 보존되어 있을 뿐만 아니라, 접근성과 기반시설 등 교육 및 관광 인프라가 잘 갖추어진 지질탐방로가 개발되어 있어, 다수의 시민과 관광객들에

게 지질유산의 자연사적 가치와 유용성을 효과적으로 전달할 수 있는 국내 유일의 도시형 지질공원이다.

강과 바다가 어우러진 천연의 국내 최대의 현생 삼각주인 낙동강 하구, 고대 박물관으로 가는 바닷길 몰운대, 공룡의 낙원을 뒤흔든 지진을 보여주는 두송반도, 불의 신이 사는 호수 송도반도와 두도, 호수에서 태어나 바다와 맞선 바위들의 향연 태종대, 부산의 상징인 오륙도와 이기대, 불타는 대지 장산, 신화가 잠든 바위산 금정산, 마그마가 빚어낸 천연 공예품 구상반려암, 다양한 암석들의 하모니 백양산 등 총 12개의 지질명소가 있다.

4) 강원평화지역

'강원평화지역 국가지질공원'은 한반도 중부 DMZ(Demilitarized Zone) 인접지역의 지질 · 지형적 유산을 중심으로 지질공원이 지닌 기본 이념들을 바탕으로 '충돌'의 지역을 '평화'의 지역으로 조성하기 위해 만들어진 명칭이다. 평화지역은 강원도의 접경지역을 새롭게 지칭하는 용어이다. 강원평화지역 국가지질공원의 지질학적 주제는 임진강대와 관련된 한반도 남 · 북 지판의 '충돌'이다. 한반도의 남 · 북 대륙충돌을 뒷받침하는 화천백립암복합체와 같은 다양한 지질유산을 보유한 지역으로 한반도 형성과정 및 지체구조의 규명을 위한 연구에 있어서 매우 중요한 위치를 차지하고 있다.

DMZ는 1953년 7월 27일 '한국 군사정전에 관한 협정(이하 '정전협정')에 의해 설정된 "군사적 비무장지대"로 본 지질공원의 인문적 배경이 된다. 강원평화지역 국가지질공원은 일제강점기, 남북분단과 남북분단 이후 60여 년 동안 대치 등 근현대 한반도의 특수성이 모두 내재된 공간이다

5) 청송

2017년 5월 5일부터 2021년 5월 4일까지 총 4년간 세계지질공원으로서의 지위를 인정받게 된다. 국내에선 제주도(2010년 10월)에 이어 2번째다.

청송에는 5억 4천만 년 이전 선캄브리아기부터 중생대, 신생대에 이르기까지 다

양한 지질시대를 보여주는 암석이 두루 분포하고 있다. 특히 청송을 대표하는 주왕산에는 거대한 바위 7개가 산을 감싸 쥐듯 병풍처럼 늘어선 기암 단애를 비롯해 지질명소가 다수 밀집해 있으며, 청송군 전체를 포함하는 845.71km²의 지역으로 기암 단애, 주산지, 구과상 유문암 등 지질 명소 24곳이 해당된다.

- 총 면 적 : 845.71km²(청송군 전체)
- 지질명소 : 24개소

① 퇴적명소 : 청송자연휴양림 퇴적암층, 방호정 감입곡류천, 만안자암 단애

② 화성명소 : 기암 단애, 주방천 페퍼라이트, 급수대 주상절리, 병암 화강암 단애, 나실 마그마 혼합대, 면봉산 칼데라, 수락리 주상절리, 파천 구상 화강암, 청송 구과상 유문암

③ 수리명소 : 주산지, 청송 얼음골, 달기약수탕

④ 고생물명소 : 신성리 공룡발자국

⑤ 지형명소 : 연화굴, 용추협곡, 용연폭포, 절골협곡, 백석탄 포트홀, 송강리 습곡구조, 노루용추계곡

6) 무등산권역

2014년 12월 10일 환경부로부터 무등산권역이 가진 지질학적 · 역사 · 문화적 가치를 인정받아 국내 6번째로 인증받은 국가지질공원이다.

광주시와 담양군 전역, 화순군 일부를 포함한 1,051.36km² 규모이며, 지질명소는 무등산 정상 3봉(천 · 지 · 인왕봉), 서석대, 입석대, 화순 서유리 공룡화석지, 적벽 등 20개소이며, 역사문화명소로는 아시아문화전당, 죽녹원 등 42개소가 있다.

광주 · 전남의 진산(鎭山)이자 호남정맥의 중심 산줄기로 무등산은 8700만 년전 화산이 폭발해 만들어졌다고 한다. 용암이 식으면서 만들어진 세로 기둥 모양의 암석들이 무등산에 산재하고 있다. 서석대, 입석대, 광석대 등은 모두 '바위가(기둥 모양으로) 서 있다'는 뜻을 여러 한자로 표기했다는 공통점이 있다. 이 암석들을 주상절리(柱狀節理)라고 부른다.

7) 한탄강

한탄강 지질공원은 우리나라 최초로 강을 중심으로 형성된 지질공원으로서 북한의 강원도 평강군에서 발원한 한탄강과 그 하류에 위치한 임진강 합수부를 포함하고 있다. 지금의 한탄강과 임진강 일부 지역은 약 50~13만 년 전 화산 폭발로 인해 형성되었으며, 그 당시 흐른 용암으로 인해 절벽, 주상절리와 폭포 등 다양하고 아름다운 지형과 경관을 갖게 되었다.

지질 · 지형학 특징을 보면 신생대 제4기에 일어난 화산활동으로 화산지형[현무암] 발달 우세, 한탄강을 따라 화강암 및 현무암 침식지형 발달, 열하 분출형 화산활동으로 인한 용암대지 형성과 이를 이용한 선사시대 문화 발달, 용암 분출로 인한 하천의 유로 변경 등 하천의 변화와 발달과정 특징이 우세하다는 점 등을 들 수 있다.

8) 강원고생대

영월, 정선, 태백, 평창 일대로 우리나라의 대표적인 고생대 퇴적암류를 보여주는 장소(지질명소 21개소)이며, 국내에서 가장 뛰어난 하천지형 및 카르스트지형이 발달하여 학술적으로도 중요한 곳이다. 면적은 총 1,990.01km^{2}이며 구역은 강원도 태백시, 영월군, 평창군, 정선군이다.

지질명소의 특징은 고생대 퇴적암류의 표식지로서 지질학적 · 학술적으로 중요한 가치를 지니고, 국내의 대표적인 카르스트지형과 동굴이며, 국내에서 가장 뛰어난 감입곡류 하천지형이다.

- 암석 및 화석 : 선돌, 건열구조 및 스트로마톨라이트, 쥐라기 역암, 금천골 석탄층, 장성 전기고생대 화석산지, 구문소 전기고생대 지층 및 하식지형
- 카르스트지형 : 고씨굴, 백복령 카르스트지대, 화암동굴, 용연동굴, 고마루 카르스트지형, 백룡동굴
- 하천 및 습지 : 요선암 돌개구멍, 한반도지형, 어라연, 물무리골 습지, 청령포, 화암약수, 소금강, 동강, 검룡소

9) 경북 동해안

경상북도 동해안을 따라 위치한 경주, 포항, 영덕, 울진의 아름답고 희소성 있는 지질 · 지형 유산을 보존 및 활용하고자 조성된 경북 동해안 지질공원은 동해의 발달과 연관되어 나타나는 다양한 지질 · 지형 명소들을 보유하고 있다.

경북 동해안지질공원의 지역별 명소로 지질공원의 가장 북쪽에 있는 울진군의 경우 주로 오래된 연령(약 20억 년~약 5억 년)의 암석과 관련된 4개소의 지질명소(덕구계곡, 불영계곡, 성류굴, 왕피천)가 있다. 태백산맥 인근에 위치한 울진은 서쪽으로 험준한 산악지형과 맞닿아 있기 때문에 사람의 손길이 닿지 않고 보존된 다양한 자연 · 생태자원을 보유하고 있으며, 생태관광과 지질관광을 함께 즐기기에 적합한 환경을 가지고 있다.

울진의 남쪽에 있는 영덕군에는 가장 넓은 연령분포(약 20억 년~약 2300만 년)를 보여주는 암석과 관련된 7개소의 지질명소(철암산 화석산지, 고래불 해안, 원생대 변성암, 영덕 대부정합, 죽도산 퇴적암, 경정리 백악기 퇴적암, 영덕 화강섬록암 해안)가 있다. 영덕군의 지질명소들은 대부분 해안과 접해 있어 동해안에서 나타나는 여러 지형을 잘 드러낸다.

영덕의 남쪽에 있는 포항시에는 대부분 영덕보다 젊은 연령(약 6700만 년~약 1400만 년)의 암석과 관련된 5개소의 지질 · 지형 명소(내연산 12폭포, 두호동 화석산지, 달전리 주상절리, 구룡소 돌개구멍, 호미곶 해안단구)가 있다. 포항은 산업화가 급속히 이루어진 도시이지만 근 · 현대 문화와 지질 · 지형 유산 간의 공존을 모색하고 있다.

포항의 남쪽에 있는 경주시도 젊은 연령분포(약 5400만 년~약 2000만 년)를 보이는 암석과 관련된 3개소의 지질 · 지형 명소(남산 화강암, 골굴암 타포니, 양남 주상절리군)가 있다. 경주는 신라의 천년고도로서 수많은 역사문화유산을 지닌 도시이며, 지질 · 지형 유산과 조화를 이룬 신라인의 문화를 발견할 수 있다.

10) 전북 서해안권

면적은 총 520.3km^{2}이고 구역은 전라북도 고창군, 부안군에 속해 있으며, 2017

년 9월 13일 국가지질공원으로 인증되었다.

지질명소는 고창군에 운곡습지 및 고인돌군, 병바위, 선운산, 소요산, 고창 갯벌, 명사십리 및 구시포의 6개소이며, 부안군에 직소폭포, 적벽강, 채석강, 솔섬, 모항, 위도 6개소로 총 12개소이다.

고창-부안 지역은 자연환경의 우수성을 국내뿐 아니라 세계적으로 인정받아 보호지구로 지정되었고 많은 관광객이 찾는 지역이다.

11) 백령 · 대청

북한 황해도와 12km 떨어진 섬들로 우리나라 서해 수호의 최전방에 위치하였다. 백령도와 대청도, 소청도는 우리나라에서 관찰할 수 없는 북한의 지질 특성을 가지고 한반도에서 거의 관찰되지 않는 약 10억에서 7억 년 전 신원생대의 암석들이 보고되었으며, 우리나라에서 가장 오래된 남조류의 활동으로 생성된 화석인 스트로마톨라이트가 나타나는 지역이다.

국가지질공원으로 인증된 백령 · 대청 지질명소 10곳은 ▲백령도 두무진(명승) ▲진촌리 감람암 포획 현무암(천연기념물) ▲사곶해변(천연기념물) ▲콩돌해안(천연기념물) ▲용틀임바위 ▲대청도 옥죽동 해안사구 ▲농여해변과 미아해변 ▲서풍받이 ▲검은낭 ▲소청도 분바위와 스트로마톨라이트(천연기념물)다.

12) 진안 · 무주

약 9천만 년 전부터 일어난 분지의 형성과정을 잘 보여주는 지역으로 특히 당시의 퇴적 및 화산활동으로 생성된 많은 지질 명소들이 분포하고 있다. 이들 지질명소는 풍화와 침식에 의해 현재와 같은 수려한 경관을 자랑하며 타포니, 감입곡류, 포트홀과 같은 지질, 지형 구조에 대한 학습 자료로써 매우 높은 가치를 지니고 있다.

면적은 1154.62㎢로 마이산, 운일암반일암, 외구천동, 적상산 천일폭포 등 총 10곳의 지질명소를 보유하게 됐다.

진안이 5곳으로 마이산과 운일암반일암, 구봉산, 천반산, 운교리 삼각주 퇴적층 등이고, 무주가 역시 5곳으로 외구천동지구를 비롯해 적상산 천일폭포, 오산리 구상화강편마암, 용추폭포, 금강벼룻길 등이다.

13) 단양

단양군 전 지역(면적 781.06㎢)이 지질공원 대상으로서, 2020년 7월 국내 13번째이자, 충청권 최초로 국가지질공원에 지정됐다. 이 지역에는 도담삼봉과 석문, 선암계곡(상선암, 중선암, 하선암), 사인암, 구담봉 등 단양팔경, 고수동굴과 노동동굴, 온달동굴 등 석회동굴, 단양 여행의 핫 플레이스 만천하 스카이워크와 두산활공장, 다리안 선캠브리아시대 / 캠브리아기 부정합, 여천리 카르스트지형, 삼태산 등 지질 명소 12곳이 포함되어 있다.

그림 5-18 단양지질공원

자료 : https://www.danyang.go.kr/geopark/1400

3. 세계지질공원(Global Geoparks)이란?

지질공원으로서의 면모와 그 가치를 유네스코 세계지질공원위원회(UNESCO Global Geoparks Network)에서 인증받은 지질공원을 말한다.

첫째, 지구과학적으로 중요하고 아름다운 경관을 지닌 장소로서

둘째, 적당한 크기와 범위를 가지고 있으며

셋째, 자연 · 인문 · 사회 · 역사 · 문화 · 전통 등이 결합되어 있으며

넷째, 지역주민의 경제적 이익과 지속가능한 발전을 추구하는 공원이다.[99]

즉, 유네스코가 지질학적으로 뛰어나고 자연유산적으로 가치를 지닌 지역을 보전하고 관광을 활성화함으로써 주민소득을 증대시키기 위해 지정하는 구역을 말한다.

유네스코가 인증하는 지질공원으로 미적 가치, 과학적 중요성 및 고고학적 · 문화적 · 생태학 · 역사적 가치를 가지고 있다. 세계유산(World Heritage), 생물권보전지역(Biosphere Reserve)과 함께 유네스코 3대 보호제도에 해당하지만 세계유산, 생물권보전지역과 달리 행위 제한이 적고 보호뿐만 아니라 관광자원으로서의 활용을 통해 지역경제 활성화에 이바지하는 것을 주요 목표로 한다.

그림 5-19 Global Geoparks Network 홈페이지

자료 : http://www.globalgeopark.org

99 제주도 지질공원 홈페이지(https://www.jeju.go.kr/geopark/park/world.htm)

표 5-17 유네스코 글로벌 지질공원 분포현황(2022년 4월 4일)

보유개수	국가별
41	중국
15	스페인
11	이탈리아
9	일본
8	영국
7	프랑스, 독일
6	그리스, 인도네시아
5	캐나다, 포르투갈
4	한국
3	오스트리아, 핀란드, 아일랜드, 노르웨이, 베트남
2	아이슬란드, 멕시코, 슬로베니아, 크로아티아, 덴마크, 헝가리, 폴란드
1	벨기에, 브라질, 키프로스, 체코, 슬로바키아, 이란, 말레이시아, 모로코, 네덜란드, 루마니아, 탄자니아, 태국, 터키, 우루과이, 칠레, 에콰도르, 니카라과, 페루, 러시아, 세르비아

자료 : International Geoscience and Geoparks programme (IGGP) Homepage 참고하여 정리(https://en.unesco.org/international-geoscience-and-geoparks-programme)

2022년 4월 기준으로 전 세계 44개국 169개소의 지질공원이 유네스코 글로벌 지질공원으로 인증되었다.

제주도는 2002년 생물권 보전지역, 2007년 세계자연유산 등재에 이어 2010년 10월 제주도 전체가 유네스코 글로벌 지질공원 인증까지 획득함으로써 유네스코 자연환경 분야 3관왕에 등극하였다.

2017년 5월에는 경북 청송군이 유네스코 글로벌 지질공원으로 지정되었으며, 2018년 4월 무등산권, 2020년 7월 한탄강 국가지질공원까지 유네스코 글로벌 지질공원으로 인증받았다.

제 6 장

사회적 관광자원

제6장 사회적 관광자원

6.1 사회적 관광자원의 개념

문화적 관광자원이 시각적으로 감상할 수 있는 유형적 용구문화의 속성을 가지고 있다면 사회적 관광자원은 이 용구문화를 창조하게 된 배경, 즉 사회규범적인 무형의 생활양식을 말한다. 그러므로 유형문화재인 용구(用具)문화는 사회규범적인 생활양식의 결과적 소산이 되는 셈이다.[1]

이와 같이 사회적 관광자원은 한 나라의 역사와 전통을 비롯하여 집락(集落), 사회제도, 국민성, 민족성 등 사회형태와 인정, 풍속, 예절, 관습, 생활양식, 음식, 의복, 주거형태 등의 생활형태로 구성된 자원을 말한다.[2]

최근 다양화된 관광행동의 지향에 따라 인정 · 풍속 · 생활양식 등도 재평가를 받는데 여기에는 ① 도시의 문화환경, ② 생활문화, ③ 지역의 역사 · 풍속 · 행사, ④ 사람들의 소박한 인정, ⑤ 국민성 · 민족성과 생활양식, ⑥ 교육 · 사회 · 문화시설, ⑦ 예술 · 예능, ⑧ 각종 제도와 사회공공시설 등이 포함된다.

사회적 관광자원의 주요 내용은 다음과 같다.

1 서태양, 앞의 책, 297쪽.

2 김태영, 현대관광학개론, 백산출판사, 1997, 125쪽.

구분	내용
국민성	한 국가의 구성원에게 공통적으로 나타나는 가치관, 행동양식, 사고방식, 기질 따위의 특징
민족성	문화적 상호작용의 결과로서, 어떤 민족이 생성 발전하는 과정 중에 그 민족에게 고유한 특징으로 나타나는 것
인 정	사람이 본래 가지고 있는 감정이나 심정, 남을 동정하는 따뜻한 마음
풍 속	옛날부터 그 사회에 전해 오는 생활 전반에 걸친 습관 따위를 이르는 말 또는 그 시대의 유행과 습관 따위를 이르는 말
예 절	예의에 관한 모든 절차나 질서
관 습	예로부터 되풀이되어 온 집단적 행동양식 관습은 사회의 유대를 강화하고 동료의식을 심어주며, 환경에 적응하는 방법으로서 도움이 된다.

6.2 세시풍속

6.2.1 세시풍속의 의미

예로부터 전해지는 농경사회의 풍속이며, 한 해의 절기나 달, 계절에 따라 관습적으로 반복되는 한 지역의 생활관습을 말한다. 이는 자연적 조건인 풍토성과 그 지역의 사회성 및 생업에 따라 형성된다. 설날 · 정월 대보름 · 단오 · 추석과 같은 명절이 되면 오랜 관습에 의해서 새 옷으로 갈아입고 술과 음식을 장만하여 제사를 지내는 등 여러 가지 행사가 있다. 이러한 행사는 오랜 생활 문화를 이루며 매년 되풀이되는 관습이어서 이를 세시풍속이라 부른다.

우리의 세시풍속에는 한 해 농사의 풍년을 기원하고 추수에 감사하는 주술적인 요소와 제사의례가 짙게 깔려 있다.

6.2.2 세시풍속별 특징

- 농경사회의 영향으로 농경이 시작되는 정월에 대부분의 세시풍속과 놀이가 밀집되어 있다.
- 농사의 풍년기원과 조상에 대한 감사 및 숭배, 잡귀를 쫓고 건강과 집안의 평안을 비는 의식과 행위로 짜여 있다.
- 농경생활을 원활히 하기 위한 협동성 및 한 해의 풍 · 흉작 여부를 점쳐보는 점복적 요소가 두드러지게 나타난다. 풍년을 기원하는 줄다리기와 고싸움 등의 세시놀이가 대표적이다.

남사당패라 불리는 전문적인 유랑 연예인들이 농어촌 등지를 돌아다니며 놀던 남사당놀이, 추석을 전후로 달밤에 부녀자들이 뛰노는 강강술래, 안동 차전놀이, 고싸움놀이, 밀양 백중놀이, 줄타기, 김제의 쌍용놀이 등이 있다.

·김제 쌍용놀이

·밀양 백중놀이

6.2.3 전통 세시풍속

1. 설날

'설'은 신정, 설날이라고 하며 새해를 시작하는 첫날로서 주위와 자신을 깨끗이 하고, 제례의식을 갖추며 다양한 풍속과 놀이를 함께하는 명절이다.

설날 아침에는 조상에게 차례를 지낸다. 차례는 종손이 중심이 되어 지내는데

4대조까지 모시고 5대조 이상은 시제 때 산소에서 모신다. 차례를 마치고 가까운 집안끼리 모여 성묘를 하는데 근래에는 설을 전후하여 성묘를 한다.

설날의 떡국은 아무것도 묻지 않은 흰색으로 정초에는 조심하자는 금기의 의미에서 먹었다고 한다. 음력 1월 1일에는 어른들에게 세배를 하고 덕담을 들은 다음 떡국을 먹는다.

설날의 놀이로서 남녀가 모이면 다 같이 '윷놀이'를 하고, 젊은 부녀자들은 '널뛰기'를, 남자들은 '연날리기'를 한다. 또 각 가정에서는 설날 이른 아침에 '조리'를 사서 벽에 걸어두는데 이를 '복조리'라 하며, 그해의 신수를 알기 위하여 '토정비결(土亭秘訣)'을 보기도 한다.

2. 정월 대보름

음력 정월 대보름날(1월 15일) 아침 식사를 하기 전에 '귀밝이술'이라 하여 귀가 밝아지라고 술을 마시기도 하며, 한자어로는 이명주(耳明酒) · 명이주(明耳酒) · 유롱주(牖聾酒) · 치롱주(治聾酒) · 이총주(耳聰酒) 등으로 부른다.

부럼이라 하여 정월 대보름날 아침에 까먹는 잣 · 날밤 · 호두 · 은행 · 땅콩 등의 견과류를 먹는 풍속을 일컫는 말이다. 여러 번 깨물지 말고 한번에 깨무는 것이 좋다고 하며 한번 깨문 것은 껍질을 벗겨 먹거나 첫 번째 것은 마당에 버리기도 한다.

깨물면서 1년 동안 무사태평하고 만사가 뜻대로 되며 부스럼이 나지 말라고 기원한다. 이렇게 하면 1년 동안 부스럼이 나지 않으며, 이가 단단해진다고 한다.

또한 절식으로서 약밥 · 오곡밥, 묵은 나물과 복쌈 등을 먹으며, 제의와 놀이로는 지신밟기 · 별신굿 · 안택고사 · 용궁맞이 · 기세배(旗歲拜) · 쥐불놀이 · 사자놀이 · 관원놀음 · 들놀음과 오광대탈놀음 등이 있다.

3. 단옷날

음력 5월 5일에는 모내기를 끝내고 풍년을 기원하는 제사이기도 한 단오에는 두통과 불운을 막고 머리를 윤기있게 만들기 위해 부녀자들은 창포(菖蒲) 삶은 물에 머리와 얼굴을 씻고 창포뿌리를 깎아 비녀를 만들어 머리에 꽂고 그네뛰기를 하며, 남자들은 씨름을 즐겼다.

· 강릉단오제

4. 칠석날

음력 7월 7일은 견우와 직녀가 만나는 칠석날로 비가 내리면 견우와 직녀의 눈물이라 여기고 풍년을 예상하였다고 한다. 저녁에 처녀들은 견우(牽牛) · 직녀(織女) 두 별을 보고 절하며 바느질이 늘기를 빈다. 15일은 '백중(百中)'이라 하여 절에서는 중들이 100가지 과일과 나물을 갖추어 부처에게 공양을 한다. 백중날 복숭아에 벌레가 있는 채로 먹으면 얼굴이 예뻐진다고 믿었다.

5. 추석(한가위)

음력 팔월 보름을 일컫는 말. 가을의 한가운데 달이며 또한 팔월의 한가운데 날이라는 뜻을 지닌 연중 으뜸 명절이다. 가배(嘉俳), 가배일(嘉俳日), 가위, 한가위, 중추(仲秋), 중추절(仲秋節), 중추가절(仲秋佳節)이라고도 한다. 가위나 한가위는

순수한 우리말이며 가배는 가위를 이두식의 한자로 쓰는 말이다.[3]

특히 추석과 같은 보름 명절에는 강강술래와 같은 원무(圓舞)가 중심을 이룬다. 추석놀이들은 단순한 놀이일 뿐만 아니라 풍농을 기원하고 예축하는 신앙적인 의미도 내포하고 있다.

6. 동짓날

24절후의 스물두 번째 절기. 일 년 중에서 밤이 가장 길고 낮이 가장 짧은 날이다. 동지에는 동지팥죽을 먹는다. 팥을 고아 죽을 만들고 여기에 찹쌀로 단자를 만들어 넣어 끓이는데, 단자는 새알만 한 크기로 하기 때문에 새알심이라 부른다. 이것은 팥의 붉은색이 양색(陽色)이므로 음귀를 쫓는 데 효과가 있다고 믿었기 때문이다.

6.3 도시 관광자원(지역별)

1. 서울특별시

1) 남산

서울의 중심부를 넓은 가슴으로 껴안고 있는 남산(南山, 262m)은 정겨운 서울 시민의 산이다. 남산에는 맑게 갠 날 인천 앞바다까지 볼 수 있는 N서울타워 전망대를 비롯하여 팔각정과 놀이터, 식물원, 케이블카, 서울천년타임캡슐광장, 봉수대 그리고 최근에 조성된 남산골한옥마을 등이 있어 자연탐구와 휴식 · 운동 등으로 서울시민에게 활력을 불어넣어 주는 도심 속의 정원 역할을 하고 있다.

3 한국민속대백과사전

2) 한강

"파리에 센강이 있다면 서울에는 한강이 있다"는 말이 있다. 한강은 서울사람들의 삶과 떼려야 뗄 수 없는 소중한 강이다. 북한강과 남한강의 두 줄기 물이 하나로 흘러들어 서울의 남쪽과 북쪽을 가르는 한강은 시원한 강바람과 더불어 스포츠와 여가의 즐거움도 제공해 준다. 광나루, 잠실, 뚝섬, 잠원, 반포, 이촌, 여의도, 양화, 망원 등 지역별 특성을 간직한 한강시민공원에서 각종 스포츠와 연예행사를 접할 수 있고, 유람선을 타고 서울의 야경을 즐길 수도 있다.

3) 북촌 한옥마을

북촌은 조선시대에 조성된 양반층 주거지로서 1920년대까지 그다지 큰 변화가 없었는데, 1930년대에 서울의 행정구역이 확장되고, 도시구조드 근대적으로 변형되면서 변화가 일어났다. 주택경영회사들이 북촌의 대형 필지와 임야를 대입하여, 그 자리에 중소 규모의 한옥들을 집단적으로 건설하였는데, 현재 한옥들이 밀집되어 있는 가회동 11번지와 31번지, 삼청동 35번지, 계동 135번지의 한옥주거지들이 모두 이 시기에 형성되었다.

4) 남산골한옥마을

중구 필동 남산골의 한옥마을. 조선시대에는 계곡과 천우각이 있어 여름 휴양지로도 애용됐다고 한다. 1989년 남산골의 제 모습 찾기 사업에 의해 조성, 1998년에 개관했다.

옥인동 윤씨 가옥, 해풍부원군 윤택영댁 재실, 관훈동 민씨가옥, 도편수 이승업, 오위장 김영춘의 가옥을 볼 수 있다. 1994년 서울 정도 600년을 맞아 '서울 1000년 타임캡슐'을 매장한 곳이기도 하다.[4]

4 서울시 홈페이지, 전통문화

5) 고궁 · 유적지

강동구 암사동의 신석기시대 유적은 지금부터 7000~3000년 전의 것으로 추정되며 신석기인들이 살던 움집터가 보존되어 있다. 조선시대, 한일병합, 6 · 25 등 근세에 이르기까지 오래된 역사의 깊이만큼이나 수많은 사연을 간직한 유적지가 많다. 600년 역사를 자랑하는 고궁에는 조선왕조 역사의 숨결이 서려 있고, 한국적 건축물의 진수도 맛볼 수 있다. 각 궁의 볼거리로는 경복궁의 경우 근정전 · 경회루 · 자경전이, 창덕궁의 경우 인정전 · 돈화문 · 선정전 · 희정당 · 대조전이, 창경궁의 경우 명정전 · 홍화문 · 옥천교 · 통명전 · 관천대가, 덕수궁의 경우 중화전 · 보루각 자격루 · 중화문 · 함녕전 등이 있다.

숭례문(남대문, 중구 남대문로 4가), 종묘정전(종로구 훈정동), 흥인지문(동대문, 종로구 종로 6가), 서울동묘(종로구 숭인동), 장의사지 당간지주(종로구 신영동), 북한산 구기리 마애석가여래 좌상(도봉구), 승가사 석조 승가대사상(은평구 구파발동) 등도 볼 만한 유적들이다.

2. 부산광역시

1) APEC나루공원

부산전시컨벤션센터(BEXCO)에서 수영로터리 방향으로 가는 길 오른편, 수영강 옆에 있는 APEC나루공원. 예전에 이곳이 강나루였다고 해서 나루공원이라는 이름이 붙여졌다. 수목으로 잘 정돈된 공원 안에는 산책로가 나 있고 연녹색 잔디밭에는 중간중간 돌길이 놓여 있다.

밤이 되면 하나둘 켜지는 가로등 조명 아래로 산책을 즐기거나 자전거를 타는 사람들을 볼 수 있다. 부산비엔날레 당시 전시해 놓은 조각들이 군데군데 놓여 있어 문화공간으로도 애용된다.

2) UN기념공원

이곳 유엔기념공원은 세계 유일의 유엔군 묘지로서, 세계평화와 자유의 대의를 위해 생명을 바친 유엔군 전몰장병들이 잠들어 있는 곳이다. 이곳 묘지는 한국전쟁이 일어난 이듬해인 1951년 1월, 전사자 매장을 위하여 유엔군 사령부가 조성하였으며, 같은 해 4월 묘지가 완공됨에 따라 개성, 인천, 대전, 대구, 밀양, 마산 등지에 가매장되어 있던 유엔군 전몰장병들의 유해가 안장되기 시작하였다.

1955년 11월 대한민국 국회는, 유엔군의 희생에 보답하기 위해 이곳 토지를 유엔에 영구히 기증하고, 아울러 묘지를 성지로 지정할 것을 결의하였다. 1955년 12월 15일, 한국정부로부터 국회의 결의사항을 전달받은 유엔은, 유엔총회에서 결의문 제977(X)호를 채택하여 이 묘지를 유엔이 영구적으로 관리하기로 했다. 이에 따라 1959년 11월 유엔과 대한민국 간에 '유엔 기념묘지 설치 및 관리 유지를 위한 대한민국과 유엔 간의 협정'이 체결됨으로써 지금의 유엔 기념묘지로 사용하게 되었다.

3) 국제시장

부산 중구, 부산의 중심지에 위치한 국제시장은 부산의 대표적인 전통시장이다. 1945년 광복 이후 일본인들이 남긴 물건과 해외동포들이 가져온 물건들을 거래하기 위해 현재의 자리를 장터로 삼으며 국제시장의 역사는 시작된다. 많은 사람으로 시끌벅적했던 이 공터는 처음엔 도떼기시장이라 불리다가 1948년에 건물을 세우고 자유시장으로, 1950년 미군 부대에서 흘러나온 물건까지 취급하게 되면서 국제시장이라는 이름을 갖추게 되었다.

그렇게 50년대부터 90년대까지 해외양품, 미군부대 군수물자, 수입 밀수품, 전자제품 등 여러 가지 상품판매로 호황을 누렸고 5차례의 크고 작은 화재를 겪기도 했으나 그때마다 국제시장은 강인한 생명력으로 그 자리를 지키며 새롭게 거듭났다. 태어난 순간부터 한생을 살아가는 동안의 필요한 모든 것이 다 있었다는 곳. 어느덧 70여 년, 오늘날 먹자골목과 아리랑거리, 젊음의 거리, 구제골목과 함께 부산의 관광상품으로 자리한 이곳은 한국 근현대사의 숱한 사연을 고스란히 담고 있는 부산의 국제시장이다.

4) 40계단문화관광테마거리

40계단문화관광테마거리는 국민은행 중앙동지점에서부터 40계단을 거쳐 40계단문화관과 팔성관광에 이르는 거리로, 50~60년대 시절의 특색을 살린 문화거리이다. 부산지하철 1호선 중앙동역에서 올라오면 바로 보이는 이 거리는 50~60년대 어려웠던 시절 피난민의 애환과 향수가 짙게 드리워져 있다.

한국전쟁 당시 40계단 일대에는 많은 피난민이 주위에 밀집하여 사는 판자촌으로, 바로 앞으로 보이는 부두에서 들어오는 구호물자를 내다파는 장터로, 또한 헤어진 가족들의 상봉장소로 유명한 그 시대 그 시절의 상징물이라고 할 수 있다. 대화재 전의 옛 부산역을 주제로 한 기찻길과 피난민을 실어나르던 부산항을 주제로 한 바닷길로 조성되어 있으며, 또한 테마거리 곳곳에는 옛 생활상을 재현한 조형물들이 설치되어 있다.

5) 감천문화마을

감천동 문화마을은 산자락 아래 계단식으로 형성된 집들이 한 폭의 그림처럼 형성되어 있어 '부산의 마추픽추'라고도 불린다. 골목 곳곳에 조성된 지역예술가들의 조형작품, '미로미로 골목길 프로젝트'로 조성된 '어둠의 집', '사진갤러리', '빛의 집' 등 테마가 있는 다양한 영화 촬영장소로 '영화 속 감천동', '미로처럼 얽힌 골목길' 걸어보기 등 마을 전체가 하나의 예술작품이며 관광지이다. 또한 도자기, 천연염색 체험프로그램, 아트센터 등을 운영하고 있어 보고 즐기는 체험관광지로서 관광객들로부터 호응을 받고 있다.

6) 자갈치시장

부산의 대명사로 불리며, 전국적으로 알려진 시장이다. 억척스러운 '경상도아지매'들의 생활현장이다. 매년 10월 초에 '부산자갈치축제'가 열린다.

3. 대구광역시

1) 서문시장

조선 중기부터 형성된 시장으로 옛 이름은 대구장이다. 대구장은 조선시대에 평양장, 강경장과 함께 전국 3대 장터 중 한 곳이었다. 현재 대구에서 제일 큰 규모의 시장으로 다양한 먹을거리와 볼거리를 경험할 수 있는 전통시장의 메카이다.

2) 청라언덕, 3·1만세운동길

계명대학교 동산의료원 내에 위치한 언덕으로 옛 선교사들이 거주하던 주택이 남아 있는 곳이다. 현재 선교사 주택이 복원되어 선교, 의료, 교육·역사박물관으로 이용되고 있으며, 당시 사용하였던 각종 유물들이 함께 전시되고 있다. 근대로의 여행 골목투어 2코스의 출발지이기도 하다.

3·1만세운동길은 동산에서 계산성당으로 내려가는 내리막 계단으로서 1919년 3·1운동 당시 집결지로 향하던 학생들이 경찰의 감시를 피하기 위해 이용했던 길이다.

3) 봉산 문화거리

서울 인사동에 비견되는 대구의 대표적인 문화예술거리로 화랑, 화방, 표구사 등 수많은 미술관련 업체들이 밀집한 미술 전문거리이다. 유명 화가들의 다양한 작품전이 열리며 매년 봉산미술제가 개최되어 다양한 문화예술 체험도 할 수 있다.

4) 김광석길

방천시장 동편에 김광석을 스토리텔링 콘텐츠로 조성한 벽화거리로서, '이등병의 편지', '서른 즈음에' 등 그의 대표곡을 주제로 한 이색적인 벽화들이 가득하다.

5) 국채보상운동기념공원

1907년 대구에서 시작된 국채보상운동을 기념하는 공원으로서 구한말 '일본에 진 빚을 갚자'며 벌인 국채보상운동의 정신을 기리고, IMF 외환위기 극복과 도심지 내 녹지공간 확보 및 휴식공간 제공을 위하여 조성되었다. 달구벌대종을 비롯해 국채보상운동기념관, 중앙도서관 등이 자리하고 있다.

4. 인천광역시

1) 월미문화의거리

1989년 7월에 조성된 월미문화의거리는 휴일엔 각지에서 수십만 명의 인파가 찾는 곳으로, 카페, 놀이공원, 회센터 등이 조화를 이루며 늘어서 있고 시원한 바다를 바라보며 구미에 맞는 음식을 골라 즐길 수도 있다. 상설공연장에서는 주말 동안 각종 공연이 펼쳐지며, 거리의 화가들은 여행객들의 모습을 화폭의 작품으로 그려내고 있다.

산책로 삼거리에서 계단을 이용해 월미문화의거리로 바로 접근할 수 있다. 바다, 노을, 유람선, 그리고 깔끔한 횟집과 전망 좋은 카페들, 월미도는 젊음과 낭만이 살아 숨쉬는 수도권 관광명소 중 하나다.

오른쪽으로는 가슴 넓은 바다, 왼쪽으로는 이국풍의 멋진 카페를 끼고 1km가량 뻗은 '바다의 대학로' 문화의 거리에는 해변을 따라 분수대와 높이 10m의 조명탑인 '빛의 열주'가 세워져 있다.

울퉁불퉁한 바윗덩어리와 빨간 꼬마 등대가 서 있는 친수공간으로 내려가면 바다를 가깝게 느낄 수 있다.

2) 화도진지

인천시 동구 화수동에 있는 화도진지는 6,252평의 규모로, 주요 시설로 병영 11동, 조미수호기념물, 유물전시관 등이 있다. 이곳에 진을 치게 된 것은 한양으로 들어

가는 배가 이곳을 경유하게 되는 요충지이므로 외침을 막기 위해 고종 16년(1879)에 설치 운영되다가 1894년 군제 개편으로 폐지되었고 그 뒤 불에 타서 없어졌던 것을 복원한 것이다.

이곳은 고종 19년(1882) 5월 22일 조미수호조약이 체결된 장소이고, 우리나라 최초의 천주교 영세자 이승훈 선생의 증손자인 이연귀 · 이균귀 형제가 신미양요 때 처형된 천주교 순교지이다. 동구에서는 매년 정월 대보름날 '화도진축제'를 벌여 지역의 문화명소로 자리 잡고 있다.

3) 송도유원지

연수구 옥련동에 있는 송도유원지는 사계절유원지로서 해수욕장, 보트장, 방갈로, 동물원, 사계절 썰매장, 간이골프장 등 각종 시설을 갖추고 있으며 청량산을 뒤에 두고 있어 주위환경이 좋고, 수문개폐식으로 수량을 조절할 수 있어, 수질이 깨끗하다. 인근에 흥륜사, 인천상륙작전기념관, 시립박물관, 각종 고급음식점 등이 있어 많은 사람이 찾고 있다.

4) 인천종합어시장

서해에서 잡힌 다양한 수산물을 판매하는 대형 어시장. 국내 최대의 수산물 유통시장으로 손꼽히는 곳이다. 싱싱한 횟감을 저렴하게 구입할 수 있고, 어시장 내 식당에서 조리비용을 내고 식사도 할 수 있다. 해산물 외에 건어물, 젓갈 등도 판매한다.

5. 광주광역시

1) 충장로 · 예술의 거리

충장로 일대는 광주의 상징이자 심장부로서 광주 지역 특유의 전통을 고집하는 거리이다. 광주민주항쟁의 상징적 장소인 5 · 18 민주광장(도청 앞), 치열한 접전지역이었던 민주화의 거리 금남로, 5 · 18 희생자의 넋이 깃든 상무관, 광주시민의 휴식처 사직공원, 만남의 광장으로 알려진 광주우체국 네거리, 350년 된 천연기념물 학동 느티나무, 광주향교, 명당자리를 차지하고 있는 이장우 가옥, 광주에서 가장 오래된 양옥 우일선 선교사 사택 등이 이 지역의 볼거리들이다. 광주의 몽마르트로 불리는 예술의 거리는 광주를 포함한 호남예술의 중심지로서 서화 · 공예품 · 도자기 등을 전시 · 판매하는 광주의 명물이다.

2) 시가문화의 산실

무등산 서쪽 자락에는 70여 개의 정자가 있다. 선비정신과 예술혼이 깃들어 있어 풍류의 멋을 즐기기에 이곳보다 더 좋은 곳은 없을 것이다. 대표적인 것을 들면 다음과 같다. 송강 정철이 후학 양성에 힘을 쏟았던 환벽당{김윤제(1501~1572)가 지음}, '성산별곡'의 산실 식영정(김성원이 1560년에 지음), 조선시대 정원문화의 백미 소쇄원{양산보(1503~1557)가 지음}, 두 임금을 섬길 수 없다 하여 지은 독수정(고려 말 서은 전신민이 지음), '면앙정가'의 산실 면앙정(송순이 1533년에 지음), 정철문학의 산실 송강정(송강 정철이 1586년에 지음) 등이 있다.

3) 국립 5 · 18 민주묘지

광주광역시 북구 운정동에 있는 국립 5 · 18 민주묘지는 1980년 5월 18일 광주민주항쟁 시에 희생당한 영령들을 모신 민주화의 성지이다. 1997년부터 새롭게 단장하여 성역화하였다. 묘지 역내에는 민주의 문, 추념문, 역사의 문, 숭모루, 유영봉안소, 휴게실 등을 갖추고 참배객을 맞고 있다.

4) 중외공원문화벨트

서광주 인터체인지를 중심으로 중외공원과 어린이대공원 일대에 문화벨트가 있다. 예향의 어제와 오늘을 한자리에서 살펴볼 수 있는 국립광주박물관을 비롯하여 광주비엔날레 행사장이 되기도 하는 광주시립민속박물관, 광주학생운동기념탑, 어린이대공원에는 놀이동산과 3 · 1기념탑 등이 있다.

5) 공원 및 유원지

광주공원, 사직공원, 중외공원, 우치공원, 송정공원, 광주호, 무등산장, 지산유원지 등이 있다.

6. 대전광역시

1) 뿌리공원

모든 사람에게 자신의 뿌리를 알게 하여 경로효친사상을 함양시키고 한겨레의 자손임을 일깨우기 위하여 세계 최초로 성씨를 상징하는 조형물을 세운 충효의 산교육장이다. 자신의 뿌리를 되찾을 수 있는 성씨별 조형물과 사신도 및 12지지를 형상화한 뿌리 깊은 샘물, 각종 행사를 할 수 있는 수변무대, 잔디광장과 공원을 한눈에 바라볼 수 있는 전망대, 팔각정자뿐만 아니라 산림욕장, 자연관찰원 등 다양한 시설이 갖추어져 있다.

2) 대전문화예술단지

대전예술의 전당, 시립미술관, 이응노미술관으로 이어지는 문화벨트 지역 예술의 전당 아트홀은 1,546석의 객석과 300명이 동시출연 가능한 대규모 공연장으로 그랜드오페라 · 발레 · 뮤지컬 등 종합문화예술공간이며, 시립미술관은 여유롭고 깊이 있는 삶을 공유하는 데 품격을 더해 주는 곳이다. 이응노미술관은 지역이 낳은 세계적인 작가 고암 이응노(1904~1969) 화백의 예술을 연구하고 전시하는 예술공간이다.

3) 으능정이 문화의거리

60년대부터 80년대까지 한때 중부권의 행정과 상권 · 전통문화의 메카로 불리었던 이곳이 지금은 문화예술 거리로 새롭게 떠오르고 있다. 화랑 · 공연장 · 소극장 · 전시 및 공연시설 · 화랑 · 표구사 · 화실 · 도예점 · 골동품점 등 문화예술 관련

업종 150여 개의 업소가 성업 중이며, 으능정이 페스티벌, 청소년 마임페스티벌, 문화예술거리축제 등 다양한 축제가 열린다.

또한 2013년에 개장한 스카이로는 아케이드형 LED 스크린 시설로 길이 214m, 폭 13.3m, 높이 20m 규모로 건립되었으며 메인 스크린과 미디어허브등을 활용해 오락성과 공공성을 갖춘 다양한 컨텐츠를 보여주는 대전의 대표 관광명소이다.

7. 울산광역시

1) 울산 큰애기 야시장

울산 지역 최초의 상설 야시장으로 원도심 중앙 전통시장 일대에 국내 최장 및 최대 규모로 조성되었다. 젊은층이 좋아하는 다양한 먹거리와 간단한 식사를 겸할 수 있는 먹거리로 구성되어 있으며, 중앙전통시장의 특화음식인 곰장어, 옛날 통닭도 함께 즐길 수 있다. 그리고 어릴 적 향수를 느끼게 하는 기존 포장마차 거리가 있어 좋아하는 음식을 찾아다니며 즐기는 재미가 있다.

야시장의 안쪽 만남의 광장에서는 다양한 장르의 문화공연과 버스킹 공연이 이루어지고 있어 가족, 친구, 연인, 직장동료 등 남녀노소 모두가 함께 즐기며 어우러질 수 있는 문화가 있는 야시장이다.

2) 태화강 지방공원과 십리대숲

황하의 중국문명, 인더스강의 인도문명, 티그리스강의 메소포타미아문명, 나일강의 이집트문명 등의 인류 4대 발상지 모두가 강 하류지역이었으며, 20세기 산업사회를 이룩한 라인강, 한강, 태화강의 기적 역시 강변의 업적이다. 그렇기 때문에 강물은 인류의 젖줄이었으며, 문화의 원천이었다. 울산시민을 길러 준 한없이 포근한 어머니의 품속이었으며, 서정과 낭만을 일깨워주고 정한을 달래준 인자한 모정이기도 했던 태화강은 울산의 중심을 가르며 흐르는 강이다.

태화강은 울산의 중심을 가르며 흐르는 강으로, 화룡연을 굽이 돌아 학성을 지나면서 이수삼산의 이름을 남기고 울산만에서 동해로 들어간다. 동서로 약 36km^2,

남북 28km²의 유역은 그 대부분이 산악지대를 형성하나 강의 양쪽과 하류에는 기름진 평야가 펼쳐져 있으며, 오늘날에는 울산시민의 중요한 식수원이 되어주고 있다. 태화강은 울산의 생명을 유지시켜 주는 혈관이기도 하다.

3) 울산대교 전망대

울산대교와 똑같은 높이로 만들었다는 울산대교 전망대는 지상 4층, 높이 63m로 건립되었다. 울산대교 전망대는 화정산 정상 해발 203m 높이여서 꼭대기에 서면 울산대교뿐 아니라 울산항과 석유화학단지, 조선소 등이 눈앞에 펼쳐진다.

이런 독특한 광경 때문에 개관 후 하루 평균 400~700명이 찾아와 울산의 관광명소 중 하나로 자리 잡고 있다.

4) 신화예술인촌

신화마을은 1960년대 석유화학단지가 조성되면서 당시 매암동에 거주하던 주민들이 이주하여 정착한 집단 이주민 마을이다. 이곳은 '고래를 찾는 자전거' 영화의 벽화마을 촬영지로 선정되면서 골목벽화 조성을 시작하였고 '2010 마을 미술 프로젝트'로 아름다운 벽화마을을 완성하였다. 마을에 상주하는 미술해설사는 골목마다 테마별 벽화이야기를 알기 쉽게 전달해 준다.

8. 경기도

1) 오두산 통일전망대(파주)

한강과 임진강이 만나는 어귀에 불쑥 산이 솟았다. 파주시 탄현면에 있는 해발 110m 오두산. 임진강 너머 북녘땅이 훤히 보이는 산에 통일전망대가 있다. 멀리 개성 송악산과 북한 주민들이 농사짓는 모습을 볼 수 있는 곳이다. 전망대에는 지하 1층 어린이체험관을 비롯한 각층에 상설전시관, 극장, 전망실 및 통일 안보와 관련된 사진전 등이 열리는 기획전시실이 있다. 이 밖에도 설과 추석 등의 명절에 북한에 있는 조상들께 추모하는 망배단, 거대한 통일기원북, 평화의 상징탑, 독립운동

가인 고당 조만식 선생 동상 등을 둘러볼 수 있다.

2) 궁평항(화성)

섬 너머 지는 노을이 아름다워 궁평 낙조라는 이름이 붙은 항구. 긴 방파제 사이로 어선이 들어오면 어시장은 바빠진다. 방파제 끝에 고기를 낚고 노을을 볼 수 있는 '피싱피어'가 설치되어 있어 대물을 꿈꾸는 낚시꾼들이 찾는다. 항구 옆 궁평해변이 펼쳐져 있는데 썰물 때 광활한 갯벌이 드러나 조개잡기 등 갯벌체험이 가능하다. 해변 뒤를 두른 솔숲은 테이블과 벤치가 곳곳에 있어 캠핑을 하기에 좋다. 궁평항 수산물직판장은 싱싱한 회는 물론 조개, 활어 등 제철 해산물과 다양한 젓갈을 구입할 수 있는 곳이다.

3) 헤이리 예술마을(파주)

헤이리는 마을 속으로 들어가 어느 건물이든 테라스에 앉아 커피를 마실 때 비로소 느낌이 온다. 바깥 멀리서 보면 야산 언덕에 창고같이 보이는 건물들이 여기저기 두서없이 보일 뿐이다. 예술가들이 모여 작업장 겸 전시공간 그리고 아트숍을 차렸는데 세월이 흐르며 찾는 사람이 나날이 늘고 있다. 커피와 차(茶), 음악과 미술이 만나는 공간으로 길거리의 나무상자, 화장실의 흰 벽에도 문화가 담겼다. 북하우스와 음악감상실 카메라타, 영화박물관 시네팰리스, 세계민속악기박물관 등 다양한 전시공간이 있으며 어디를 가나 자연 속의 카페, 레스토랑이 많다. 함께도 좋지만 혼자만의 여행지로도 추천할 만한 곳이다.

4) 프로방스 마을(파주)

프로방스는 고흐를 비롯하여 피카소, 르누아르, 세잔 등 많은 예술가의 자취가 남아 있는 프랑스의 작은 마을이다. 그 이름을 딴 파주 프로방스는 딱히 뭐라고 정의하기 어려운 곳이다. 연둣빛이나 핑크빛 등 파스텔 톤으로 칠해 유럽의 느낌이 나는 건물들은 레스토랑과 허브숍, 카페, 옷 가게와 빵집들이다. 어찌 보면 이름 그대로 이국의 작은 마을처럼 보이기도 한다. 사람들은 프로방스를 찾아 거리를 거닐며 아기자기한 물품을 사고 사진을 찍으며 한때를 보낸다. 음악 공연과 전시, 축제도 벌어진다.

5) 쁘띠프랑스(가평)

국내 유일의 프랑스 테마파크다. 마을에 들어서면 이국적인 건물들이 먼저 시선을 사로잡는다. 또한 샹송이 흐르는 마을 곳곳에 보아뱀, 사막여우, 어린왕자 등 소설 속 조형물이 다양한 모습으로 설치돼 있어 즐거움을 더한다.

전통주택 전시관은 150년 된 프랑스의 실제 고택을 통째로 옮겨다 놓았다. 18세기에 사용하던 각종 가구와 생활용품까지 역사 속 프랑스의 실생활을 만날 수 있는 곳이다. 오랜 세월 손때가 묻은 책과 소품들이 더 진한 감흥을 불러일으킨다. 소설 『어린왕자』를 즐겨 읽었다면 생텍쥐페리 기념관도 빼놓을 수 없다. 기념관에는 어린왕자가 완성되기까지의 친필 원고와 삽화를 전시하고 있으며, 그의 성장기와 죽음, 가족이야기 등 생텍쥐페리의 일생과 작품세계를 세세히 들여다볼 수 있다. 프랑스에 있는 생텍쥐페리 재단과 정식으로 라이선스 계약을 맺어서 이 모든 것이 가능하다고 한다.

좁은 골목을 따라 들어가면 잠시 쉬어갈 수 있는 분수광장이 나온다. 프랑스풍의 건물에 둘러싸인 광장에 앉으면, 유럽의 작은 마을로 휴가를 온 듯한 착각에 빠져든다. 광장 모퉁이에 자리한 오르골하우스에는 수백 년의 시간이 깃든 대형 오르골과 다양한 모양의 오르골이 전시되어 있다. 유럽의 귀족들이 즐겨 듣던 아름다운 멜로디가 잔잔하게 흐르며 감성을 자극한다. 이외에도 골동품전시관, 갤러리, 벼룩시장 등 유럽 문화를 경험할 수 있는 다양한 볼거리가 준비되어 있으며, 북한강이 내려다보이는 전망대와 '쁘띠끌로슈'가 있는 사랑의 종탑도 인기 만점이다. 호명산 자락을 병풍처럼 두르고, 앞으로는 청평호수가 펼쳐진 쁘띠프랑스 풍경은 프랑스의 작은 마을을 그대로 옮겨 놓은 듯 이국적인 정취가 아름답기 그지없다.

9. 강원도

1) 동해바다를 굽어보는 강릉7번 국도

코스 : 통일공원 → 하슬라아트월드 → 정동진해변 → 모래시계공원 → 썬크루즈리조트 → 헌화로 드라이브

① 통일공원 : 강릉은 푸른 동해바다를 끼고 있어 아름다운 해변이 일품인 고장이며, 정동진은 최고의 해맞이 명소이자 각종 드라마 촬영지로 아직까지도 많은 사랑을 받고 있다. 통일공원을 기점으로 아름다운 동해의 풍광을 감상하며 동해바다를 좀 더 입체적으로 즐길 수 있는 코스이다.

② 하슬라아트월드 : 정동진 가는 길 언덕에 위치한 하슬라아트월드이다. 복합문화예술공간인 이곳은 독특하고도 섬세한 미술작품들에 마니아 층이 두텁다고 한다. 쉽게 볼 수 없는 재미난 조각들이 곳곳에 전시되어 있다. 절벽 위 공원에서 예술작품과 함께 바다풍경을 바라보니, 하늘을 둥둥 떠다니는 느낌이다! 그뿐 아니라, 카페와 레스토랑, 미술관까지 겸비하고 있어 볼거리가 정말 풍성하다. 영화 '내 아내의 모든 것' 촬영지로도 유명하다.

③ 정동진해변 : 해돋이 명소로 유명하며, 각종 드라마나 영화의 촬영지로 주목받는 곳이다.

특히 정동진역은 세계에서 바다와 제일 가까이에 있는 간이역으로, 매년 새해가 되면 동해의 푸른 바다에서 아름답게 솟아오르는 해를 보기 위해 많은 관광객이 찾는 곳이다.

④ 모래시계공원 : 동해 바다와 산, 마을을 배경으로 아담하게 꾸며져 있다. 공원 가운데에는 모래시계가 있고, 바다 쪽으로는 벤치가 자리 잡고 있으며, 앞으로는 정동진해수욕장과 이어져 있다.

장승공원도 개원되어 장승도 세워져 있고, 열차를 개조한 기차카페에서의 커피 한 잔도 빼놓을 수 없다.

⑤ 썬크루즈리조트 : 특별 주문 제작한 실제 유람선으로 만든 썬크루즈리조

트는 바닷가 해발 60m 절벽 위에 세워져 있으며, 전 객실에서 아름다운 정동진 앞바다를 감상할 수 있다.

썬크루즈리조트에는 1시간에 한 바퀴씩 도는 회전식 스카이라운지와 전망대가 있는 스낵코너, European 등의 다양한 시설을 갖추고 있다.

⑥ 헌화로 : 정동진 7번 국도를 따라 달리다 보면 심곡과 금진 사이를 잇는 2.3km의 짧은 바닷가 길, 헌화로가 나온다.

헌화로는 우리나라에서 바다와 가장 가까운 해안도로로 깎아지른 듯한 해안절벽을 따라 구불구불 휘돌아 가는 도로로, 기암괴석들과 어우러져 아름다운 풍광을 감상할 수 있는 도로이다.

2) 춘천 자전거길

사계절 즐길 수 있는 춘천 자전거길은 강원도의 아름다운 강을 따라 달리다 보면 나오는 춘천에 있다. 계절별로 온 가족이 사계절 어느 때나 편안한 휴식을 즐길 수 있는 공간이다. 인근에 금병산, 춘천레포츠타운, 공지천 등 관광명소가 많아 일상의 스트레스를 털고 재충전할 수 있는 휴양지로 적합한 곳이다.

3) 춘천 낭만골목

춘천시 효자동의 낙후된 마을을 예술과 문화가 깃든 공간으로 변화시키는 '낭만골목 프로젝트'라는 이름 아래 효자동 주민과 지역 예술가들이 마을 환경 개선작업을 함께 진행하여, 낭만골목 프로젝트 1호, 효자마을 낭만골목이 탄생했다. 춘천 곳곳에 숨어 있는 요소들로 춘천을 더욱 낭만적인 공간으로 만들어주는 곳이다.

4) 해파랑길(강릉시)

'해파랑길'은 총 10개 구간 50개 코스로 약 770km 정도 되는 거리의 길이 마련되어 있으며, 이 길은 '오륙도해맞이공원'에서 '통일전망대'까지 이어져 있다. '해파랑길'은 관광객에게 동해의 푸른 바다와 산을 길동무 삼아 함께 걸어볼 수 있는 트레킹 코스를 제공한다.

5) 설악 해맞이공원

강원도 속초시 대포동에 있는 공원이다. 앞에는 동해를, 뒤로는 설악산의 아름다운 경관을 감상할 수 있는 가족공원이다. 이곳은 본래 '내물치'라고 불렸으며 예로부터 해돋이 관람 장소로 유명하다. 조각공원, 잼버리기념탑, 야외공연장, 희망의 광장 등이 들어서 있으며 소원로, 연인의 길, 사랑의 길 등이 조성되어 있다.

6) 삼척 수로부인공원

수로부인공원은 예부터 전해오는 수로부인 해가사 설화를 토대로 복원된 터인 임해정 주변으로 조성되었다. 실제 임해정은 군사보호시설지구로서 개발이 불가능하여 그 근방의 볼거리가 많고 주변 경관도 뛰어난 현재의 위치에 자리 잡게 되었다.

7) 펀치볼지구 전투전적비

펀치볼이라 불리는 해안분지를 확보하기 위해 벌인 전투에서 죽어간 장병들의 넋을 위로하고자 세웠다. 1958년 펀치볼지구 전투를 기념하기 위해 제3군단에서 건립하였다. 전적비는 기단 1.75m, 비산 2.1m로, 영용무쌍한 투혼과 조국애, 대의를 위한 희생이 무엇인지 느낄 수 있는 기념비가 될 것이다.

8) 남대천연어생태공원(갈대숲)

남대천연어생태공원은 남대천강 하류에 위치한 공원이다. 양양군이 지역주민 및 관광객들에게 휴식공간과 다양한 볼거리를 제공하기 위해 2012년 송이공원 인근에 남대천연어생태공원을 조성했다. 남대천연어생태공원은 총 7만 6,447㎡의 부지에 남대천의 생태환경을 관찰할 수 있다. 폭 2m, 길이 658m의 데크로드와 전망대 8개소가 설치됐으며 데크로드 인근에는 갈대, 물억새, 달뿌리 등이 있다.

10. 충청북도

1) 문광저수지 은행나무길(괴산군)

1970년 양곡저수지 준공과 더불어 묘목장사를 하던 동네주민께서 양곡마을 진입로에 은행나무 300여 그루를 기증해 마을분들의 노력으로 조성된 괴산은행나무길은 가을철 양곡저수지와 은행나무 단풍으로 전국적인 풍경사진 촬영명소로 자리매김하였다. 이와 더불어 2015년 괴산군에서 시골절임배추 생산 시 발생한 폐염수를 활용, 농촌환경을 개선하고 자원 재활용을 통한 환경과 생태교육의 휴식·레저 공간인 '빛과 소금테마파크'가 있어 가을철 관광객들의 발걸음을 붙잡아왔다.

2) 제천 한방엑스포공원

제천은 조선시대 때부터 내려온 3대 약령시장의 하나로 전국 약초 생산의 30%, 황기 유통의 80%를 점하는 한약재 생산과 유통의 중심도시이다. 뿐만 아니라 청풍명월의 산자수려한 자연환경과 더불어 산학연 한방산업 클러스터 구축, 생태치료와 휴양관광의 한방명의촌 등 산재한 한방자원을 통해 'WHO 건강도시'로 선정되는 등 세계가 주목하는 한방산업의 메카로 부상하고 있다.

이에 제천시에서는 2010국제한방엑스포의 시너지를 창출하고 한방산업의 지속적인 발전을 위해 '제천한방엑스포공원'을 조성하였으며, 한방생명과학관, 발효박물관, 약초판매전시장, 한우프라자 등 다양한 볼거리와 먹거리, 한방세계에 대한 체험 등 오감을 만족할 수 있는 프로그램을 체험할 수 있다.

3) 영화 '박하사탕' 촬영지

제천시 백운면에 있는 진소마을은 영화 '박하사탕'의 촬영지로 유명한 곳이다. 많은 사람이 기억하는 명장면인 영화의 처음과 마지막에 선보인 기찻길 장면을 촬영한 곳이다. 남한강의 지류가 흐르는 곳으로 여름철 피서지로 많은 사람이 찾고 있다. 영화 속 주인공 영호가 20년 전 첫사랑과 함께 소풍 갔던 철교, 충청북도의 동강인 제천천, 고즈넉한 산자락 등 자연상태 그대로인 진소마을이다. 진소마을은 제천에서도 오지에 속하는 곳으로 대중교통을 이용한 접근은 어렵고 승용차를 이용하여 찾아갈 수 있다. 가까운 곳에 오탁번 시인의 원서문학관과 박달재, 덕동계곡 등이 있다.

11. 충청남도

1) 공주한옥마을

공주한옥마을은 한국 전통난방으로 구들장 체험이 가능한 시설로 설계되었고, 친환경 건축양식인 소나무 · 삼나무 집성재 사용, 도시 · 현대인들이 머무는 데 편리하도록 설계된 신한옥으로, 가족여행, 수학여행, 기관 · 단체의 워크숍 등 관광과 휴양으로 아주 훌륭한 곳이다.

공주한옥마을에서는 백제문화를 체험할 수 있는 전통문화체험이 있다. 한옥마을 곳곳의 휴식공간과 한옥마을 둘레길을 걸어도 좋고, 무인자전거를 빌려 타고 작은 도시 · 옛 도시(古都) 문화유적을 만나도 좋다.

2) 당진 왜목마을

서해에서 유일하게 일출 · 일몰을 한곳에서 감상할 수 있는 장소로 동해의 일출이 정렬적이라면 왜목마을의 일출은 서정적이라 할 수 있다. 해안선을 따라 1.2km의 수변데크가 설치되어 있으며 해변을 맨발로 산책하며 해산물체험을 할 수 있다. 해가 노적봉(남근바위)에 걸리는 11월부터 3월까지의 일출은 마치 한 폭의 동양화처럼 아름다워 매년 1월 1일 일출행사에 10만여 명의 관광객이 몰려 한 해의 소원을 기원한다.

3) 삽교호

당진군 신평면과 아산시 인주면을 잇는 3,360m의 삽교천방조제로 이룩된 인공호수로서 삽교호 관광지는 삽교천 유역 농업종합 개발사업으로 당진시 신평면과 아산시 인주면 사이의 바다(3.4km)를 막은 방조제가 준공되면서 많은 관광객이 찾게 되었고, 1983년 10월 10일 관광지로 지정되었다.

잘 가꾸어진 해안공원의 아름다운 쉼터에서는 서해대교의 장관과 바다를 한눈에 감상할 수 있으며, 관광 편의시설이 잘 갖추어져 있다.

삽교호관광지에는 동양 최초의 군함테마공원인 함상공원과 체육공원, 놀이동산, 해양테마과학관, 유람선이 있으며, 싱싱한 생선회와 조개구이를 맛볼 수 있는 횟집들과, 각종 건어물 및 생선을 구입할 수 있는 수산물시장도 있다.

12. 전라북도

1) 부안 원숭이학교

원숭이학교는 산, 들, 바다와 유서 깊은 역사, 문화가 함께 어우러진 변산반도의 또 하나의 자랑거리다. 국내 유일한 원숭이 학생들의 단체 수업현장! 1,2교시로 구성되어 있으며, 20여 마리의 원숭이 학생들이 선보이는 코믹한 수업현장, 야생의 살아 있는 악어의 생태를 현장에서 직접 체험할 수 있는 악어등물원, 세계적으로 희귀하고 문화, 예술적으로 보전 가치가 있는 화석, 보석이 전시된 자연사박물관, 도심에서 느낄 수 없는 여러 가지 자연체험을 준비하여 아이들에게 다양한 볼거리와 자연체험학습의 기회를 제공한다.

2) 군산 근대 골목길

1호길(신흥동 일본식 가옥~고우당) : 비석치기
2호길(동국사) : 희망 망줍기, 바닥놀이 등
3호길(초원사진관) : 바닥놀이 등(세계의 놀이)
4호길(경암동 철길마을) : 무인놀이터 미션 수행

3) 삼례 문화예술촌(전북 완주군)

1920년 신축되어 2010년까지 양곡창고로 사용되다가 저장기술의 발달과 전라선 복선화 등의 환경 변화로 그 기능을 잃게 된 삼례양곡창고. 옛 삼례역에서 10여미터 떨어진 곳에 삼례 문화예술촌으로 통하는 길이 있고 끝에 삼례양곡창고의 새로운 이름, '삼삼예예미미'가 노란 이름표를 달고 맞아준다. 1920년대에 지은 5동의 창고와 1970~80년대에 지은 2동의 건물은 마음의 양식을 쌓고 영혼을 배부르게 할 문화와 예술의 풍성한 곳간이 되었다.

가장 먼저 발걸음을 한 곳은 책박물관. 천장 높이까지 한쪽 벽면을 가득 메운 책들이 보는 이를 압도한다. 책박물관은 책의 시대별, 주제별로 4개 전시공간으로 구성되어 있는데, 옛 교과서, 교과서 삽화 등 흥미로운 전시물이 가득하다. 국내 최초의 무인서점인 '정직한 서점'을 둘러보는 것도 놓칠 수 없는 즐거움이다. 이곳에서는 종종 고서, 헌책, 문방구를 사고파는 재활용 벼룩시장이 열리기도 한단다.

4) 임실치즈테마파크

초록 지붕을 가진(엄밀히 말하자면 청록색에 가깝다) 치즈캐슬은 귀족들이 살던 유럽의 성을 그대로 재현한 듯한 건축물. 잘 손질된 정원의 한가운데로 나 있는 길을 통과해 치즈캐슬을 향해 걷는다. 1층에는 레스토랑이 달큼한 치즈 향을 퍼트리며 사람들을 기다리고 있다.

1년 내내 하루에 한 가지 종류씩만 먹어도 모두 맛볼 수 없다는 프랑스 치즈를 의미하는 프로마주(fromage). 이 이름을 딴 레스토랑에서는 치즈 커틀릿과 치즈 스파게티, 여러 종류의 피자 등 임실N치즈를 활용한 치즈 요리들을 맛볼 수 있다. 조미료 등을 사용하지 않고 치즈 본연의 맛을 최대한 살려 조리하는 착한 식당이라는 것이 또 하나의 매력.

입맛을 자극하는 치즈 요리의 향을 맡으며 2층으로 향하는 계단을 오르면 또 다른 치즈 세상이 펼쳐진다.

13. 전라남도

1) 영화 서편제 촬영지(완도군 청산면)

이곳은 우리나라 영화사상 최초로 100만 관객을 돌파했던 영화 서편제가 촬영된 곳이다. 남도의 여러 곳이 촬영지였지만 이곳이 유명한 것은 유봉 일가가 황톳길을 내려오며 진도아리랑을 부르는 장면이 촬영된 곳으로 우리나라 영화역사상 가장 아름다운 명장면으로 꼽히는 5분 30초에 걸친 롱 테이크 기법이 사용된 곳이기 때문이다.

바로 옆에는 송화가 득음을 위하여 피눈물 나는 소리공부를 하던 초가가 복원되어 있다. 원래 영화에서는 당리마을의 초가집을 이용했으나 현재는 군에서 관광객의 편의를 위해 복원해 놓았다.

2) 섬진강기차마을

1960년대 우리나라에서 실제로 운행했던 모습 그대로를 담은 섬진강기차마을 관광 증기기관차는 일제강점기 어려웠던 시절의 애환과 추억이 함께 깃들어 있어 기차를 타면 옛 정취를 느낄 수 있다. 운행시간은 약 1시간가량(약 10km) 소요되며 승차권은 인터넷 예매 또는 현장 매표소에서 구매할 수 있다.

3) 목포근대역사관

목포근대역사관은 전라남도 목포시 유달동에 위치한 근대역사 전용 박물관이다. 건물은 구 목포 일본영사관이 본관으로 쓰이고 있으며, 동양척식주식회사 목포지점의 건물도 같이 쓰고 있다.

박물관 내부에는 목포의 개항과 당시 조선의 역사, 일제의 야욕과 수탈의 상징적 사진들, 당시 동척이 쓰던 금고 등이 있으며 2층까지 전시실로 활용되고 있다. 대개 근대자료사진전을 기획 전시하고 있다.

4) 담양 메타세쿼이아 가로수길

영화 '와니와 준하'에서 와니가 아버지와 함께 차를 타고 지나가는 장면이 촬영된 곳이 바로 순창에서 담양으로 이어지는 메타세쿼이아 가로수길이다. 원래는 24번 국도였는데 이 국도 바로 옆으로 새롭게 국도가 뚫리면서 이 길은 산책을 하거나 자전거를 탈 수 있는 도로로 조성되었다. 가로수길의 총 길이는 약 8.5km로 도로를 사이에 두고 양쪽 길가에 높이 10~20m의 메타세쿼이아가 심어져 있다. 이 길이 조성된 시기는 1970년대 초반으로 전국적인 가로수 조성사업 때 담양군이 3~4년생 메타세쿼이아 묘목을 심은 것이 현재의 울창한 가로수 터널길이 되었다.

5) 충무공 유적지

서해안과 남해안은 임진왜란 때의 전적지와 사적이 많으며, 당시 전라좌수영이 자리했던 여수에는 진남관 · 대첩비 · 선소(거북선 제조소) · 무실목대첩비 · 영당 · 충민사와 충무공 자당의 피난처 등 충무공과 인연이 깊은 유적들이 많다.

14. 경상북도

1) 강구장(3일, 8일)

대게의 집산지로 유명한 경상북도 영덕군 강구면에서 열리는 5일장이다. 옛날에는 대게가 주거래 품목이었지만 강구항과 축산면의 대게마을을 중심으로 주로 농산품과 생필품 · 해산물들이 거래되고 있다. 장날은 3 · 8 · 13 · 18 · 23 · 28일이며, 50여 개의 점포가 있다. 강구장은 강구항, 삼사공원과 인접한 곳으로 공원과 청정해역을 찾는 관광객들이 많다.

2) 구룡포 근대문화역사거리

구룡포 근대문화역사거리는 1883년 조선과 일본이 체결한 '조일통산장정' 이후 일본인이 조선으로 와서 살았던 곳으로 '일본인 가옥거리'로 가옥 몇 채만 남아 있던 곳을 포항시가 '근대문화역사거리'로 조성한 곳이다.

3) 백두대간협곡열차(V-트레인)

중부내륙지역의 가장 아름다운 구간을 왕복하는 백두대간협곡열차 'V-train'은 흰 바탕에 검은색 줄무늬를 한 백두대간의 아기 호랑이를 닮은 열차로, V는 'valley(협곡)'의 약자이며, 동시에 협곡의 모양을 의미한다.

분천, 양원, 승부, 철암 구간(27.7km)을 하루에 3번 왕복하며, 특히 가장 아름다운 분천에서 승부에 이르는 구간은 시속 30km로 천천히 이동하며, 태백준령의 비경을 충분히 감상할 수 있도록 배려하는 관광전용열차다.

4) 삼국유사 화본마을

경북 군위에는 대한민국에서 아름답기로 손꼽히는 작은 기차역이 하나 있다. 그 이름마저 아름다운 화본역이다. 1936년에 지어진 화본역의 옛 모습을 그대로 살리면서 여행객들이 이용하기 편리하게 꾸민 관광지이다.

5) 고령 대가야유적지

고령군 지산리 일대에 대가야시대의 고분 200여 기가 산재해 있으며, 고분 발굴로 밝혀지기 시작한 대가야의 역사를 알리고 보존하기 위한 대가야왕릉전시관이 건립되었다.

6) 가산산성 및 가산바위

칠곡군의 팔공산 정상에서 서쪽으로 10여km 떨어진 가산(902m)은 7개의 봉우리로 이루어진 일명 칠봉산이다. 임진왜란과 병자호란의 양란을 겪고 난 뒤 전략적 방어를 위해 약 100년에 걸쳐 축성한 성이다. 성내의 정상에 100여 명이 설 수 있는 가산바위가 있다.

7) 안동하회마을

안동하회마을(중요민속자료 제122호)은 풍산류씨가 600여 년간 대대로 살아온 한국의 대표적인 동성마을이며, 와가(瓦家 : 기와집)와 초가(草家)가 오랜 역사 속에서도 잘 보존된 곳이다. 특히 조선시대 대유학자인 겸암 류운룡과 임진왜란 때 영의정을 지낸 서애 류성룡 형제가 태어난 곳으로도 유명하다.

마을 이름을 하회(河回)라 한 것은 낙동강이 'S'자 모양으로 마을을 감싸 안고 흐르는 데서 유래되었다. 하회마을은 풍수지리적으로 태극형 · 연화부수형 · 행주형에 해당하며, 이미 조선시대부터 사람이 살기에 가장 좋은 곳으로도 유명했다.

15. 경상남도

1) 거가대교(거제시)

국내 최대, 세계 최초, 세계 최고 토목기술의 집합체인 거가대교가 2004년 12월에 착공하여 6년간의 공사기간으로 2010년 12월 13일에 개통했다. 거가대교는 경남 거제시 장목면 유호리에서 부산광역시 강서구 천성동 가덕도를 잇는 다리로 총 길이 8.2km의 왕복 4차선 도로로 2개의 사장교와 1개의 해저침매터널로 나뉘어 있다. 거가대교로 인해 거제~부산 간 거리는 140km에서 60km로 줄고 시간은 2시간 10분에서 50분으로 단축됐다. 또한 대전~통영, 대구~부산 간 고속도로가 U-Type형으로 연결되어 물류비용을 획기적으로 절감하고 남해안관광벨트의 핵심인프라 구축에 기여하고 있다.

2) 가고파꼬부랑길벽화마을(창원)

가고파꼬부랑길벽화마을은 2013년 12월 추산동과 성호동 일대 30여 가구를 잇는 골목에 조성됐다. 여행은 벽화마을 안내도가 설치된 성호서10길과 성호서2길이 만나는 지점에서 시작한다. 미국 러시모어산의 큰바위얼굴에 조각가 문신과 천상병 시인 등 창원시와 인연이 있는 예술가의 얼굴을 그려 넣은 벽화가 있어 쉽게 찾을 수 있다. 450m 남짓한 골목과 계단에 다양한 그림이 가득하다. 무지개 색깔로 칠한 짧은 돌계단 끝에는 마을 주민이 1910년부터 사용하던 백년우물이 있다. 마산항이 바라보이는 백년우물 옆 물지게 벽화는 가고파꼬부랑길벽화마을 최고의 포토존이다. 이외에도 몬드리안의 작품을 연상케 하는 벽화와 등용문을 의미하는 물고기 벽화, 담벼락을 카페 입구처럼 꾸민 벽화 등 좁은 골목 곳곳에 예쁜 그림이 가득해 걷는 내내 마음이 즐겁다. 가고파꼬부랑길벽화마을을 돌아볼 때는 마을 주민이 생활하는 공간이라는 사실을 명심하고 사생활을 침해하는 행동은 삼가야 한다.

3) 화개장터(하동군)

화개장터는 화개면 탑리에 있으며 5일장이 활발하게 이루어졌던 곳이다.

지리산 맑은 물이 흘러내려 와 섬진강과 만나는 곳에 자리한 화개, 경상남도와 전라남도를 이어주는 화개장터는 해방 전까지만 해도 우리나라 5대 시장 중 하나로 전국의 어느 시장보다 많은 사람이 붐볐던 곳이다. 이곳엔 5일장이 섰으며, 지리산 화전민들은 고사리, 더덕, 감자 등을 가져와서 팔고, 전라도 구례, 경남 함양 등 내륙지방 사람들은 쌀보리를 가져와 팔았다.

옛날 시골장터의 정취를 물씬 느낄 수 있는 화개장터에는 국밥집, 도토리묵, 재첩국집, 주막, 엿장수, 산나물, 녹차 등의 특산품 등이 있어 훈훈한 인심을 주고받는 만남과 화합의 명소로 자리매김하고 있다.

4) 남해독일마을

1960년대 어려운 시기에 조국 근대화와 경제발전에 헌신한 독일 거주 교포들의 정착생활 지원과 조국의 따뜻한 정을 느낄 수 있는 삶의 터전을 마련해 주고 독일의 이국문화와 전통문화예술촌을 연계한 특색 있는 관광지 개발을 위하여 지난 2001년부터 천연기념물 제150호가 있는 남해군 삼동면 물건리 일원 30,000여 평의 부지에 남해군에서 30여 억 원을 들여 기반을 조성하여 70여 동을 지을 수 있는 택지를 분양하였다. 건축은 교포들이 독일의 재료를 직접 수입하여 전통적인 독일식 주택을 건립하였는데 현재 29동이 완공되었다. 이곳은 독일교포들의 주거지 및 휴양지로 이용되고 있으며 관광객을 위한 민박으로도 운영되고 있다.

5) 우포늪 생명길(창녕)

1억 4천만 년 전에 생성된 것으로 알려진 국내 최대의 자연 늪지, 창녕 우포늪. 우포늪은 2008년 람사르총회가 열리면서 전 세계의 이목이 집중됐던 곳이기도 하다. 총 70만 평에 이르는 드넓은 우포늪 안에서도, 사지포제방 아래 숲탐방로에서 시작되는 '우포늪 숲길'은, 걷기도 편안하고, 가까이에서 태고적 자연도 만날 수 있는 일석이조의 코스이다. 우포늪은 '살아 있는 자연사 박물관'답게 인근 자연에선 흔히 볼 수 없는 특별한 동식물 1천여 종이 어우러져 살고 있다. 늪을 가득 메운 왕버들, 창포와 갈대가 운치를 더하고, 운이 좋으면 노랑부리저어새나 큰고니 같은 천연기념물도 종종 만날 수 있어, 산책의 묘미를 더해준다. 국내 유일의 자연내륙습지가 궁금하다면, 자연과 호흡하며 걷는 길이 그리웠다면, 특별한 자연을 만날 수 있는 창녕 우포늪 숲길을 지금 걸어볼 것을 추천한다.

16. 제주도

제주도는 특징적인 화산지형과 지질을 갖고 있어 화산의 보고라 일컬어지고 있으며, 수려한 자연경관과 온난한 기후, 남국적인 식생 등 독특한 자연환경과 문화전통 등 관광자원이 풍부한 곳이다. 육지와의 해상 · 항공 교통이 편리하여 우리나라 제1의 관광지이며 국제적인 관광지로 주목받는 곳이다.

1) 이중섭거리

40세의 젊은 나이에 요절한 천재화가 이중섭을 기리기 위해 피난 당시 거주했던 초가를 중심으로 조성된 거리이다. 1996년에 사업체가 창단되어 1997년 9월에 복원되었다.

주변에는 이중섭의 삽화가 들어간 기념품이나 각종 수공예품, 편집숍 등이 즐비하며, 수제버거, 피쉬앤칩스 음식점 등 젊은이들에게 인기 있는 맛집도 어렵지 않게 찾아볼 수 있다. 서귀포에 머물며 명작을 남긴 예술가들의 삶의 자취를 더듬어 보는 작가의 산책길도 조성되어 있다.

2) 알뜨르비행장

알뜨르비행장은 중일전쟁, 남경 폭격을 준비하기 위해 만들어졌다.

약 10년간 모슬포 지역의 주민들을 강제 징용하여 만든 것으로 알려져 무고한 제주도민들이 희생된 아픔이 서린 곳이다. 일본의 극단적 전술인 가미카제를 위한 조종훈련이 이곳에서 시행됐다고 한다.

넓은 들판 가운데 곳곳에 20개의 격납고가 있으며 19개가 원형의 모습대로 보존되어 있다. 격납고가 있는 이 섯알오름은 제주 4 · 3사건의 학살 터이기도 한 가슴 아픈 장소이다. 일제가 만든 폭탄 창고에서 폭발로 인해 커다란 웅덩이가 생겼는데 해방 후 그곳에서 예비검속으로 수감되었던 일반인들이 학살되었다고 한다.

3) 하멜기념비

우리나라를 서방세계에 최초로 알린 유럽인들은 1653년 8월 16일 제주 부근 해역에서 태풍으로 난파당하여 제주로 표류한 네덜란드 동인도회사의 선원들이었다. 핸드릭 하멜을 포함한 64명의 선원을 태운 상선 스페로호크는 대만에서 일본 나가사키로 항해 도중, 대만해협에서 치명적인 태풍을 만나 그 당시 대정현이었던 모슬포 부근에 상륙한 것으로 전해진다.

4) 가마오름진지동굴

제주시 한경면 청수리 평화동 가마오름 기슭에 위치한 가마오름진지동굴은 땅굴로 된 일본군 군사기지를 재활용한 특수 박물관이다. 가마오름은 산방산과 모슬포, 알뜨르비행장, 고산해안가 등을 한눈에 조망할 수 있어 공격과 방어가 유리했기 때문에 일제가 미군의 상륙에 대비한 최전방 방어선으로 요새를 구축한 것이다. 총 길이 2km 규모로 추정되는 땅굴진지는 일본군이 1945년 3월 제주도에 제58군사령부를 창설한 뒤 최후의 일전을 위해 구축한 제주 지역 진지 가운데 최대 규모로 모두 17곳으로 이루어져 있으며 출입구는 33곳에 이른다.

5) 사려니숲길

사려니숲길은 '제주시 숨은 비경 31곳' 중 하나로, 비자림로를 시작으로 물찻오름을 지나 사려니오름까지 이어지는 삼나무가 우거진 숲길이다. 총 길이는 약 15km이며 청정한 공기를 마시며 이 숲길을 걸으면 스트레스 해소에 좋고 장과 심폐기능이 향상된다고 알려져 많은 사람이 찾는 명소이다.

'사려니'는 '신성한 숲' 혹은 '실 따위를 흩어지지 않게 동그랗게 포개어 감다'라는 뜻으로 숲길을 거닐면 상쾌한 삼나무 향에 포개진 듯한 느낌을 받을 수 있다. 빽빽한 삼나무뿐만 아니라 졸참나무, 서어나무, 때죽나무, 편백나무 등 다양한 수종이 서식하기 때문에 오소리와 제주족제비를 비롯한 포유류, 팔색조와 참매를 비롯한 조류, 쇠살모사를 비롯한 파충류 등의 보금자리가 되기도 한다.

6) 곶자왈

곶자왈은 제주의 용암지대에 만들어진 특이한 숲이다. 추사유배길이 지나는 구억마을을 비롯해 인근에 있는 무릉, 신평, 저지마을에 이르기까지 넓은 지대에 걸쳐 곶자왈이 형성되어 있다. 제주의 허파라고 불리는 곶자왈은 여러 식물이 함께 자라고 있어 독특한 생태계를 이룬다.

추사는 이 지역의 곶자왈을 지나면서 밀림의 그늘 속에 하늘빛이 실낱만큼 보였다고 했다. 그리고 겨울에도 시들지 않는 나무들과 사랑스러운 단풍의 모습을 보았다고도 했다. 육지와는 다른 제주의 숲을 보며 추사는 이국적인 정취를 한껏 느꼈을 것이다.

7) 올레길

'올레'는 제주 방언으로 좁은 골목을 뜻하며, 통상 큰길에서 집의 대문까지 이어지는 좁은 길이다. 도보여행 코스로 주목받는 제주 올레길은 언론인 서명숙 씨를 중심으로 구성된 사단법인 제주올레에서 개발한 것이다.

2007년 9월 8일 제1코스(시흥초등학교에서 광치기 해변, 총 15km)가 개발된 이래 21코스까지 개장되었다. 제주올레는 걷는 사람이 행복한 길, 길 위에 사는 지역민이 행복한 길, 길을 내어준 자연이 행복한 길을 목표로 '놀멍 쉬멍 걸으멍 고치 가는 길'(놀면서 쉬면서 걸으면서 함께 가는 길)이다.

자료 : 제주올레 홈페이지

6.4 생활민속 · 향토음식 · 축제(지역별)

1. 서울특별시

1) 전통생활민속

서울시 용산구의 특징적인 축제로는 용산구의 남이장군대제와 백송문화제 등이 있다. 성동구에는 중요무형문화재가 많은 것이 특징이다. 특히, 황해도에서 연희되던 탈춤의 하나로 해서탈춤의 대표적 탈춤인 봉산탈춤은 중요무형문화재 제17호로 지정되어 있다. 또한 서울 지역의 전통적인 망자천도굿으로 유교와 불교적 내용이 특징인 서울새남굿은 중요무형문화재 제104호로 지정되어 있다. 음력 3월 3일과 6월 1일 두 차례 지내는 봉화산 도당제는 마을의 안녕과 평안을 기원하는 400여 년의 전통을 이어오는 대동제로 지금도 행해지고 있다. 이 밖에도 매년 10월 1일에는 조선시대 통신수단의 하나였던 은평구 구파발에서 파발의식을 재현하는 통일로 파발제 축제, 중구 명동축제 등이 행해지고 있다.

2) 구전설화

서울시에는 옛날 아홉 명의 장수한 노인이 살았다고 해서 구로(九老)라는 이름이 붙여졌다는 명칭 유래와 조선 정조가 왕위에 오른 뒤 아버지 사도세자의 묘소인 현륭원에 자주 참배 다니던 중 장승백이에는 인가도 없고 통행인도 드물어 장승을 세우라고 명했다는 장승백이 이야기가 있다.

3) 지역의 별미음식

별미음식으로 강동구는 북한식 손만두전골과 녹두지짐, 홍어회가 일품이고, 중구는 함흥냉면과 족발, 명동칼국수가 유명하고, 강서구는 아바이왕순대와 순대탕이 별미이다. 양천구는 낙지볶음과 양구이로 유명하며, 창전동의 복어탕과 대편동의 설렁탕도 서울시의 별미음식으로 이름나 있다.

4) 지역의 토산품과 특산품

서울시에는 회춘이 된다 하여 일명 춘주라고도 하는 삼해주가 노원구에 있는데, 멥쌀 · 찹쌀 · 누룩과 자연의 맑은 물로 저온에서 오랫동안 발효시켜 만든 민속 명주이다. 또한 중랑구의 토산품으로 1930년대 봉화산 기슭에서 재배되기 시작한 먹골배가 있는데 유달리 달고 수분이 많아 맛이 좋다.

5) 지역문화예술행사

(1) 서울 시민의 날

서울 정도 600년을 기념하여 1994년부터 매년 10월에 열린 '서울 시민의 날' 행사가 2002년 월드컵 기간에 시청광장과 광화문 일대에서 시민이 스스로 거리 응원을 펼치며 축제 분위기를 만든 것에 착안해 2003년부터 이름을 바꾸고 10월에서 5월로 옮겨 열렸다.

매년 5월에 개최되던 하이서울페스티벌은 2008년을 기점으로 4계절 축제로 변경되고 도시 전체를 테마로 축제를 개최하게 되었다. '하이서울페스티벌 2008'은 특히 봄, 여름, 가을, 겨울마다 변신하는 서울의 다채로운 문화와 다양한 풍경들을 세계에 알리는 특별한 도약의 기회로 자리 잡았다.

2016년 행사명을 '서울거리예술축제'로 변경하고 매년 가을 9~10월에 열리고 있다.

(2) 정월대보름 민속놀이

1989년 서울특별시가 남산 제 모습 찾기 운동의 일환으로 군사보호구역에서 해제되면서 서울특별시 민속자료 및 한옥 5개동을 복원하여 1998년 공식 개장하였다. 뒤편에는 서울천년타임캡슐광장과 남산 국악당 등이 있다. 매년 음력 1월 15일, 남산골 한옥마을에서 달집태우기 · 지신밟기 · 소원촛불행진 · 부럼깨기 · 강강수월래 · 지게짐 져보기 등이 펼쳐진다.

(3) 영등포 여의도 봄꽃축제

2005년부터 시작하여 올해로 15회를 맞이하는 '영등포 여의도 봄꽃축제'는 도시 속에서 한강과 벚꽃, 그리고 사람의 아름다운 몸짓이 조화를 이루어 매년 많은 상춘객의 사랑을 받고 있으며 국제적인 문화축제로 발전하고 있다.

아름다운 봄꽃과 젊은 문화예술이 살아 숨쉬는 영등포 여의도 봄꽃축제는 개막을 알리는 축하공연을 포함한 '새봄맞이식'을 시작으로 재즈, 인디밴드, 클래식, 전통국악으로 구성된 기획공연과 시민자유참가 공연, 핸드메이드 제품을 구매, 체험할 수 있는 봄꽃예술상단, 그림책 원화전, 봄꽃사진 그림 전시회, 백일장 등 다양한 공연, 전시, 홍보, 체험행사들로 설레는 상춘객의 마음을 가득 채울 것이다.

(4) 서울빛초롱축제

서울시 청계광장 및 청계천 일대에서 매년 11월 약 17일 동안 수백 개의 등불을 밝히는 빛축제가 개최된다. 청계광장에서 수표교까지 약 1.2km의 거리에서 매년 특정 테마를 선정하여 축제를 연다. 서울빛초롱축제조직위원회가 주최하고 서울관광재단이 주관하여 개최한다.

2009년 '한국 방문의 해'를 기념하여 '서울 등 축제'라는 이름으로 제1회 축제가 개최됐다. 2015년에는 '빛으로 보는 서울관광', 2016년에는 '역사가 흐르는 한강, 빛으로 밝히다'라는 주제를 가지고 축제를 열었으며 한강을 둘러싼 다양한 이야기를 빛으로 표현했다. 2017년에는 '서울에서 빛으로 보는 평창동계올림픽'이라는 주제로 11개의 동계올림픽 정식 종목을 메인으로 하여 다양한 빛의 조화를 선보였다. 2018년은 '서울의 꿈, 빛으로 흐르다'라는 주제하에 '미래를 꿈꾸는 서울', '추억이 빛나는 서울', '전통이 흐르는 서울'이라는 하위 테마를 구성하여 축제를 개최했다. 축제 프로그램으로는 시민참여 프로그램인 소망등 띄우기, 전통 좌등 만들기, LED 램프 가습기 만들기, 달 모양 램프 만들기 등이 있었다.

(5) 고종 · 명성황후 가례

매년 4월 22일과 10월 28일(2회), 운현궁에서 가례행사가 재현된다. 대원군의 사저인 운현궁에서 1866년(고종 3) 고종과 명성황후의 가례가 진행되었다. 절차는 납채(納采) · 납징(納徵) · 고기(告期) · 책비(冊妃) · 친영(親迎) · 동뢰(同牢)의 육례로 진행된다.

자료 : 운현궁 홈페이지

2. 부산광역시

1) 전통생활민속

부산광역시는 한국 제일의 항구도시로 아주 오랜 역사를 지닌 곳이다. 이곳은 바닷가에 인접해 있어 다양한 풍어제가 행해지는데, 특히 하리방파제에서 열리는 풍어제가 유명하다. 또한 동래야류와 같은 민속극과 구포 지역의 장터놀이, 지신밟기 등이 있다. 부산시의 향토축제로는 서면한마당축제, 자갈치시장축제, 사하구구민대축제, 최영장군 향사, 부산국제영화제 축제, 동래충렬제 등이 있다.

2) 구전설화

이 지역의 구전설화로는 동래온천과 인생문 같은 지명전설이 많이 전해져 온다. 그 밖에도 신선대 이야기, 구포동 유래담, 신평동 망후촌, 신선암과 같은 이야기들도 전해지고 있다.

3) 지역의 별미음식

부산광역시의 별미음식으로는 추어탕, 소갈비, 재첩국, 복국, 다양한 해산물, 염소불고기, 오리탕, 곱창요리, 기장미역 등이 있다.

4) 지역의 토산품과 특산품

부산광역시의 특산품으로는 부전시장의 부전인삼, 조내기 고구마 등과 일명 '쫄쫄이'라 불리는 송정 지역의 미역이 유명하다.

5) 지역문화예술행사

(1) 부산국제영화제

부산국제영화제는 1996년 제1회를 시작으로 2018년 제23회를 맞이한, 부산 지역을 넘어 한국 영화계의 최대 축제이다. 현재는 도쿄국제영화제, 상하이국제영화제와 함께 어깨를 나란히 하는 아시아권의 중요한 영화제로 자리 잡았다. 부산광역시 해운대구 우동 센텀시티 일원에서 매년 10월 초에 개최되어 10일간 진행한다.

초청영화들은 장르에 구애되지 않고 다양하게 선정한다는 것이 BIFF가 내세우는 상징성이다. 즉 할리우드 제작 영화에서부터 칸 · 베를린 · 선댄스 영화제 수상작, 애니메이션 외에 독립영화, 예술영화, 단편영화 등의 영화들도 초청의 대상이다.

(2) 부산국제록페스티벌

부산국제록페스티벌은 2000년에 처음 개최된 이래 2019년 제20회를 맞는 국내 최장수 록페스티벌로 부산에서 펼쳐지는 역동적인 아시아 대표 록페스티벌로 자리매김하고 있다. 부산을 비롯한 전국의 인디밴드들과 국내외 최정상 밴드 공연으로 사상구 삼락생태공원에서 개최되고 있으며, 국내 최고 수준의 라인업을 자랑하고 있다. 부산국제록페스티벌은 국제교류 활성화를 통한 아티스트 교류사업을 진행하고 있다.

(3) 부산바다축제

여름은 역시 부산! 부산은 사계절 사랑받는 관광도시지만 특히, 여름이 되면 부산, 그중에서도 부산의 바다를 찾는 사람들이 어느 대보다 많다. 부산 시내 5개 해수욕장에서는 여름이 되면 부산바다축제가 열린다. 해운대, 광안리, 다대포, 송도, 송정해수욕장은 각 해수욕장의 색깔을 담은 여러 프로그램을 마련하고 있다. 부산바다축제는 부산시민 그리고 부산의 바다를 찾은 많은 사람에게 대한민국 대표 여름축제로 사랑받고 있다.

(4) 기타 지역축제

국제무용제, 센텀맥주축제, 국제매직페스티벌, 불꽃축제, 해운대모래축제, 금정산성축제, 동래민속예술축제, 기장멸치축제, 감천문화마을글목축제, 기장미역다시마축제, 송도달집축제, 해운대북극곰축제, 부산어묵축제, 예술제, 자갈치축제, 영도다리축제, 해운대달맞이온천축제 등이 있다.

3. 대구광역시

1) 전통생활민속

대구광역시는 미인과 사과로 유명한 곳이다. 이곳에는 칠곡동 농악과 지신밟기, 검단동 풍계, 비슬산 산신제와 그 밖에 정월대보름에 행해지는 다양한 민속들이 전해지고 있다. 이 지역은 특히 단청장(丹靑匠) · 대고장(大鼓匠)과 같은 인물들이 남아 있는 고장이다. 대구광역시의 향토축제에는 두류축제, 비슬산참꽃축제, 침산동 줄다리기, 날뫼축제, 팔공축제, 달구벌축제, 섬유축제 등이 있다.

2) 구전설화

이 지역의 구전설화로는 달성공원과 잉어샘 이야기, 내당동 지명 유래담, 소가 된 스님 이야기, 팔달교 지명담, 배자못 이야기, 사효자굴과 땀나는 신도비 이야기 등이 있다.

3) 지역의 별미음식

대구광역시의 별미음식은 따로국밥과 막창이다. 또한 동인동갈비, 자연산 송이버섯요리, 달성 서씨의 종가음식, 참갈비, 덕암청둥오리불고기, 선짓국, 현풍할매곰탕, 복어불고기, 헛제사밥, 해물냉채, 곰탕, 매운탕, 하향주 등이 있다.

4) 지역토산품과 특산품

대구광역시의 특산품으로는 천명약수, 하양주, 둔산동 복숭아와 팔공산 일대의 천연송이버섯, 장미 · 국화 같은 원예작물이 있다.

5) 지역문화예술행사

(1) **달구벌축제** : 매년 10월 대구 중심가 동성로 일대에서 열린다.

(2) **약령시 한방문화축제** : 약령시 축제는 조선시대의 한약재료 시장인 약령시의 전통을 계승해 열리는 한방문화축제이며 대구광역시 중구에서 해마다 5월에 열리는 전통문화축제이다.

(3) **기타 축제** : 치맥페스티벌(달서구), 대구문화제 야행(중구), 동성로축제(중구), 팔공산 벚꽃축제(동구), 국제패션문화페스티벌(북구), 달구벌 목민관축제(서구)

4. 인천광역시

1) 전통생활민속

인천광역시는 서해안시대의 중심 항구로서 다양한 문화가 있는 곳이다. 이곳은 민속신앙으로 도당굿과 안관당제, 그리고 외포리도당굿, 서해안 풍어제가 있는 지역이다. 또한 소금밭일놀이와 시선뱃노래, 용두레질노래 등도 있다. 인천광역시의 향토축제에는 강화고인돌문화축제, 참성단축제, 월미축제, 용유도해양축제, 수봉산벚꽃축제, 학산대동제, 2030거리축제, 남동제 등이 있다.

2) 구전설화

이 지역의 구전설화로는 오닭이의 곧은 딸 이야기, 논고개와 청량산의 지명담, 청학동마을에 관한 이야기, 원통이 고개 이야기, 벌대총 이야기, 임경업 장군에 관한 이야기가 있다.

3) 지역의 별미음식

인천광역시의 별미음식으로는 약돼지, 생갈비, 한진물텀벙이, 복매운탕, 순대골목의 순대, 대하찜, 새우튀김, 장어구이, 꽃게탕, 양념갈비, 메밀냉면, 굴순두부, 곱창, 짠지두부 등이 있다.

4) 지역의 토산품 및 특산품

이곳의 특산품으로는 옹진섬포도, 해삼, 화문석, 인삼, 밴댕이, 소금, 무의도 청정김과 오리농법으로 재배한 쌀 등이 유명하다.

5) 지역문화예술행사

(1) 인천시민의 날 행사

매년 10월 15일 시민의 날을 맞이하여 전야제(14일) 행사인 길놀이 한마당을 비롯하여 시민위안 공연, 민요 경창, 개화불꽃놀이, 국제자매도시 초청 등 문화행사와 시민생활체육대회를 개최한다.

(2) 제물포예술제

(사)한국예술문화단체총연합회 인천광역시연합회(인천예총) 주최로 개최한다. 행사는 미술대전, 사진대전, 국악의 향연, 주부벽일장, 관악제, 청소년 교향악단 연주회, 생활비디오 한마당, 인천상생굿, 문화가족음악향연 등으로 꾸며진다.

(3) 인천소래포구축제

수도권 유일의 재래어항이라는 기본 콘셉트를 바탕으로 열리는 축제이다.

'인천소래포구축제'는 여러 가지 경연행사를 비롯하여 다양한 볼거리는 물론 행사장 앞 도로까지 '차 없는 거리'를 조성하여 관광객 중심의 축제가 되도록 하고 있다. 특히 축제에는 다양하고 풍성한 참여행사가 준비되어 있어 관광객과 주민이 하나가 되는 체험을 할 수 있다. 축제기간 중 소래포구의 특산물 홍보를 위한 각종 젓갈과 지역 농수산물의 할인판매, 그리고 깜짝 경매행사, 어죽시식회 등도 관광객에게 좋은 반응을 얻고 있으며, 소래포구의 관광 이미지를 제고하는 데 크게 기여하고 있다.

(4) 강화 고려인삼축제

강화 지역은 전통과 맥을 이어온 고려인삼의 원산지로서 고려 고종(1231년) 때부터 재배가 시작되었으며, 이번 축제는 6년근 강화인삼의 품질을 인증하고 소비자들이 믿고 살 수 있는 여건을 조성하여 6년근 인삼판매, 체험행사, 인삼경매, 각종 문화예술공연 등 다양한 프로그램이 펼쳐지는 강화군 대표축제이다.

(5) 기타 축제

부평풍물대축제, 아라뱃길 카약축제, 강화도 송어빙어축제, 인천송도불빛축제, 강화도 새우젓축제, 송도맥주축제, 을왕리 락 페스티벌 등이 있다.

5. 광주광역시

1) 전통생활민속

광주광역시는 유명한 무등산이 있는 곳이다. 이곳의 민속에는 덕흥마을의 당산제, 광산의 고싸움놀이, 용전들노래, 남도판소리, 광산농악 지신밟기, 옥동의 탑돌이 등이 전해져 온다. 향토축제는 광주비엔날레, 자미축제, 광주김치축제, 서창동 만도리행사, 무등산 춘설다향제 등이 있다. 그리고 입석과 같은 중요민속자료들도 전해지는 곳이다.

2) 구전설화

이 지역 구전설화로는 양동의 유래담, 광천동의 지세 이야기, 후백제를 세운 견훤의 탄생설화, 무정산이라 불렀던 무등산 이야기, 용소에 얽힌 이야기, 풍영제 애화 등 매우 다양한 지명전설들이 있다.

3) 지역의 별미음식

별미음식으로는 전복죽이나 잣죽 등이 있다. 또한 애저찜, 연포탕, 궁중전골, 흑염소탕, 오리요리, 홍어탕, 개두보체, 우삼탕, 낙삼탕 등이 있다.

4) 지역의 토산품과 특산품

광주광역시의 특산품으로는 도자기, 배추김치, 광산 가을향토무, 두등산수박, 진다리붓, 멜론, 춘설차 등이 유명하다.

5) 지역문화예술행사

예술 · 문화의 중심도시로서 학덕이 높은 선비와 시인 · 묵객을 많이 배출했고 남종화와 판소리의 고장이기도 하다.

(1) 광주비엔날레

1995년에 창설된 광주비엔날레는 2년마다 열리는 국제현대미술제로서 1995년, 광복 50주년과 '미술의 해'를 기념하고 한국 미술문화를 새롭게 도약시키는 한편 광주의 문화예술 전통과 5 · 18광주민중항쟁 이후 국제사회 속에 널리 알려지기 시작한 광주 민주정신을 새로운 문화적 가치로 승화시키기 위하여 창설되었다. 창설 취지문에서 밝히고 있듯이 "광주비엔날레는 광주의 민주적 시민정신과 예술적 전통을 바탕으로 건강한 민족정신을 존중하며 지구촌시대 세계화의 일원으로 문화생산의 중심축"으로서 역할을 모색해 왔다. 아울러 "동/서양의 평등한 역사 창조와 21세기 아시아 문화의 능동적 발아를 위하여, 그리고 태평양시대 문화공동체를 위하여…" 미술이라는 표현형식을 빌려 여러 민족, 국가, 문화권 간의 문화적 소통의 폭을 넓혀가고 있다. 따라서 광주비엔날레는 문화도시, 민주도시 광주가 문화 발신지가 되어 한국–아시아–세계와 교류를 넓혀 나가는 국제 현대미술의 장이다.

(2) 고싸움놀이

매년 음력 1월 15일, 광주광역시 남구 칠석동에서 개최된다. 고싸움놀이(중요무형문화재 제33호)는 우리 민속놀이 가운데서 가장 격렬하고 남성적인 놀이로서 일사불란한 통제력과 협동심이 필요하다.

(3) 광주세계김치축제

한국 고유의 김치문화를 만끽할 수 있는 이색적인 체험과 신명나는 놀이마당이 펼쳐진다. 광주광역시에서 매년 10월경에 열리는 문화관광축제이다. 김치의 우수성을 세계에 널리 알려 국내외 관광객을 유치하고 김치산업을 육성하기 위해 광주시립민속박물관 일대에서 열린다.

6. 대전광역시

1) 전통생활민속

대전의 가장 큰 특징은 다른 지역에 비해 민속놀이가 많이 남아 있는 것이다. 농사와 관련된 놀이로는 가락리 두레농악놀이, 도안동 농요, 우명동 두레농악, 평촌지경다지기놀이 등이 서구에서, 대덕구에서는 목상동 들말두레놀이가 전해오고 있으며, 중구에서는 부사칠석놀이, 목달미 디딜방아 액막이놀이, 문창동 엿장수놀이가 전해온다. 그 밖에 유성구에서는 온천동 착정놀이가, 동구에서는 추동지구 대보름제와 산내 들돌놀이가 전해온다.

2) 구전설화

구전설화는 주로 산 · 방죽 · 바위 등 자연물에 관한 이야기가 많이 전해오는데, 소제동의 장자정 이야기와 같이 장자못 설화류의 이야기나 유등천 아들바위 이야기 등이 대표적인 이야기들이다. 한편 민요는 상대적으로 적은 수가 전해지나 이제는 잘 불리지 않으며, '모내기노래', '시집살이노래', '나물노래', '파랑새노래', '흥타령' 등이 전해지는 정도이다.

3) 지역의 토산품과 특산품

공예품 닥종이인형, 목기(제기), 전통국악기(북 · 장구), 농산물 동구 산내동 일대에서 재배되는 산내포도가 유명하다.

4) 지역문화예술행사

(1) 사이언스페스티벌

대덕특구 인프라를 바탕으로 과학과 문화가 융합된 혁신기술을 통해 미래의 창조적인 상상력을 키우고 배우면서 체험하는 축제이다. 페스티벌의 테마는 쌍방향 소통형으로 직접 만들어보는 참여형 축제로 기술에 대한 열정이 있는 사람, 교육자, 취미를 즐기는 사람, 엔지니어, 싸이언스 클럽, 작가, 학생들, 기업들 모두가 아마추어든 프로든, 직업과 나이에 상관없이 무언가를 만드는 사람을 키워드로 시민과 과학계 종사자들이 함께 어우러지며 과학과 예술이 어우러진 Sci-Art형 프로그램으로 구성되었다.

(2) 유성온천문화축제

유성온천문화축제는 1989년 유성온천과 과학도시 유성의 소중함을 현대적 감각에 맞게 계승시킨 축제로 지난 1989년 처음 개최돼 올해(2019년) 26회째를 맞고 있다. 유성온천의 유래와 효능을 바탕으로 '온천'을 주제로 한 축제가 시작되었으며, 과학의 도시 유성을 알릴 수 있도록 과학과 온천을 접목시켜 축제 프로그램을 운영하고 있다. 유성온천문화축제는 순수 주민참여형 · 주도형 축제로 주민이 만들어가는 축제라는 데 큰 의미가 있다.

(3) 기타 축제

대청호 대덕 뮤직페스티벌, 효 문화뿌리축제, 계족산 맨발축제, 견우직녀축제, 서구 힐링아트페스티벌 등이 있다.

7. 울산광역시

1) 전통생활민속

울산광역시는 예로부터 농경과 해양활동을 통해 풍요로운 문화를 꽃피운 살기 좋은 고장이다. 이곳은 석전제와 전통관례, 달집살이, 울산매귀악 지신밟기, 쇠부리놀이, 별신굿, 제넘자놀이 같은 민속이 전해져 온다. 특히 처용과 관련된 곳이기도 하다. 이 지역 향토축제로는 울산태화강축제, 장생포고래축제, 처용문화제, 방어진축제, 강동해변 해맞이축제, 해변영화제 등이 있다.

2) 구전설화

이 지역 구전설화로는 계변천신전설, 치술신모와 망부석 이야기, 대마도주 전설과 유명한 처용전설, 헐수정과 무고동 전설 등이 전해지고 있다.

3) 지역의 별미음식

울산광역시의 별미음식으로는 대구볼찜, 양곱창구이, 고래고기, 암소생고기와 소금구이, 다양한 종류의 회가 유명하다.

4) 지역의 토산품 및 특산품

울산광역시의 특산품에는 온양면의 옹기, 강동멸치젓갈과 돌미역, 고래고기와 우리나라에서 몇 개 안 되는 먹의 하나인 태화먹이 있다.

5) 지역문화예술행사

(1) 처용문화제

울산광역시에서 매년 9월에서 10월 사이에 개최되는 지역문화축제. 처용문화제(處容文化祭)는 1967년 4월 20일 울산시 승격 기념일에 맞추어 개최된 울산공업축제로부터 시작되었으며, 1995년에 열린 제29회부터 처용문화제로 명칭이 변경되었다. 처용문화제는 개막식과 거리퍼레이드, 처용맞이,

처용을 찾아라와 같은 주요 행사와 각종 공연행사 그리고 처용 얼굴 만들기와 그리기, 처용민속놀이, 처용 관련자료 전시 등으로 이루어진 체험, 전시행사 및 경연대회로 구성된다.

(2) 장생포 고래축제

고래의 도시 울산에서 '2019 울산고래축제'가 6월 7일부터 6월 9일까지 72시간 동안 남구 장생포 고래문화특구 일원에서 펼쳐진다. 고래박물관, 고래바다여행선, 고래생태체험관 등 기존의 고래인프라를 비롯해 고래문화마을이 새롭게 개장하였으며 '고래의 꿈! 바다의 꿈! 울산의 꿈!'을 주제로 고래와 바다환경을 보호하며 자연과 인간이 공존하는 축제를 만들기 위해 준비한 다양한 볼거리와 즐길거리로 관광객들에게 즐거움을 선사한다.

(3) 간절곶 해맞이

간절곶은 새해 한반도 육지부에서 해가 가장 먼저 뜨는 곳으로, 간절이라는 이름은 먼 바다를 항해하는 어부들이 '멀리서 이곳을 바라보면 꼭 긴 대나무 장대처럼 보인다'고 한 것에서 유래한다. 이름과 같이 이곳의 지형은 육지가 바다 쪽으로 뾰족이 돌출되어 있다. 새해가 되면 관광객이 전국에서 몰려와 매년 축제 때마다 10만 명 이상의 관람기록을 세우며, 간절곶 수평선 너머로 일부가 가린 붉은 태양이 떠오르면 탄성을 지르거나 조용히 두 손을 모아 새해의 소원을 비는 모습을 볼 수 있다.

(4) 고복수가요제

고(故) 고복수 선생은 민족 항일기부터 1960년대 초까지 활약한 대중가요 가수이다. 망향의 한(恨)을 달래주던 국민가수이자 한국가요사에 큰 발자취를 남기신 고(故) 고복수 선생의 가요업적을 기리고 한국 대중가요 발전을 위해 참신하고 유능한 신인가수 및 창작곡 발굴과 육성을 목적으로 함과 동시에 가요, 무대공연예술의 발전에 이바지하고자 고복수가요제를 개최한다.

8. 경기도

1) 전통생활민속

경기도는 한반도의 중심부로서 오래전부터 사람이 거주해 온 곳이다. 이곳에는 평동마을고사, 격구놀이, 줄다리기, 장말도당굿, 엄미리 장승제, 석전대제와, 양주의 소놀이굿 같은 농경에 기반을 둔 다양한 민속이 전해오고 있다. 경기도의 대표적인 향토축제로는 이천도자기축제, 과천인형극축제, 수원의 화성문화제, 다산문화제, 율곡문화제, 안성민속투우대회, 남한산성문화제 등이 있다.

2) 구전설화

경기도의 구전설화로는 재인폭포 이야기, 가평군의 사모바위에 얽힌 이야기, 아산이 무너지나 평택이 깨지나 이야기, 뺏골이야기 등 다양한 이야기가 있다.

3) 지역의 별미음식

경기도의 별미음식으로는 바지락칼국수, 돌솥밥, 굴소스볶음밥, 수원의 갈비, 설렁탕, 해물탕, 굴회덮밥, 아구찜, 복탕, 이천쌀밥, 영양밥, 장국밥, 원골순대, 진서리막국수 등이 있으며 그 밖에 먹을거리가 다양하고 풍부하다.

4) 지역의 토산품 및 특산품

경기도의 특산품은 도자기, 참외, 고구마, 솔부추, 문배주, 쌀눈, 안성유기와 포도, 이천쌀, 황기, 산수유, 복숭아, 한과 등으로 매우 다양하다.

5) 지역문화예술행사

(1) 시군별 대표축제

화성문화제(수원시, 10월)/ 성남문화예술제(성남시, 10월)/ 회룡문화제(의정부시, 10월 10일)/ 만안문화제(안양시, 10월 1일)/ 복사골예술제(부천시, 4월 말)/ 오리문화제(광명시, 5월)/ 소사벌단오민속놀이(평택시, 음력 5월 5

일)/ 소요산문화제(동두천시 10월 6일)/ 성호문화제(안산시, 5월 셋째 주)/ 행주대첩제(고양시, 3월 14일)/ 과천축제(과천시, 시민의 날)/ 구리문화예술제(구리시, 10월)/ 다산문화제(남양주시, 10월 초)/ 독산성문화예술제(오산시, 9월 15일)/ 연성문화제(시흥시, 10월 5일)/ 옷내골둔화제(군포시, 시민의 날)/ 의왕시민의 날 축제(의왕시, 10월)/ 이성문화제(하남시, 9월 말)/ 용구문화예술제(용인시, 10~11월)/ 율곡문화제(파주시, 가을)/ 이천도자기축제(이천시, 9월)/ 안성포도 · 배축제(안성시, 10월)/ 금파문화축제(김포시, 9월)/ 양주별산대놀이(양주시, 5월 5일)/ 여주도자기축제(여주시, 5월)/ 매홀문화제(화성시, 9월 28일)/ 남한산성문화제(광주시, 10월)/ 정월대보름맞이 민속놀이(연천군, 음 1월 15일)/ 반월문화제(포천시, 5월)/ 가평군민의 날(가평군, 10월 9일)/ 백운문화제(양평군, 9월 20일) 등이 있다.

(2) 경기도의 국제문화행사

고양국제꽃박람회(4~5월 중)/ 수원화성국제연극제(6월)/ 이천국제조각심포지엄(8월)/ 부천국제판타스틱영화제(PIFAN, 7월)/ 부천국제애니메이션페스티벌(PISAF, 12월) 등이 있다.

9. 강원도

1) 전통생활민속

강원도는 순박하면서도 독특한 멋을 지닌 곳이다. 이 고을에는 다양한 산신제를 비롯하여 강릉농악과 오리현농악, 속초뱃소리, 만천광대놀이, 삼척 기줄다리기와 같은 민속이 전해오는 곳이다. 강원도의 대표적인 향토축제로는 강릉단오제가 있으며, 그 밖에 양록제, 죽서문화제, 영월단종제, 태풍문화제, 동강뗏목축제, 정선아리랑제, 눈꽃축제, 태백산제, 경포 여름바다 축제, 치악제, 한치문화제 등이 있다.

2) 구전설화

이 지역의 구전설화로는 치악산전설, 범일국사신화, 대관령산신 이야기, 형제의 혼이 변한 형제봉 이야기, 검룡소 이무기, 거북바위와 같은 인물과 지명에 관련된 이야기가 많이 전해지고 있다.

3) 지역의 별미음식

강원도는 예전부터 독특한 먹을거리가 풍부한 곳으로 이름나 있다. 다양한 생선회는 물론 산에서 나는 각종 산나물, 밭에서 나는 감자는 일품이다. 그 밖에도 도루묵찜, 안흥찐빵, 강림토종순대, 더덕술, 메밀막국수, 향어백숙 등이 있다.

4) 지역의 토산품 및 특산품

강원도의 특산품으로는 황기, 고랭지 여름배추, 영지버섯, 삼지구엽초, 철원오대쌀, 양구쌀, 향어, 조롱박공예, 주루목, 황태, 오징어 등 헤아릴 수 없을 정도로 많다.

5) 지역문화예술행사

춘천국제마임축제(춘천시, 봄)/ 춘천인형극제(춘천시, 10월)/ 강원감영제(원주시, 10월)/ 강릉단오제(강릉시, 단오절)/ 동해무릉제(동해시, 10월 초)/ 태백제(태백시, 10월 3일)/ 설악문화제(속초시, 10월)/ 죽서문화제(삼척시, 정월보름)/ 한서문화제(홍천군, 10월 초)/ 태풍문화제(횡성군, 10월)/ 단종문화제(영월군, 4월 5일)/ 노성제 및 군민의 날(평창군, 10월)/ 정선아리랑제(정선군, 10월 초)/ 태봉문화제(철원군, 10월)/ 용화축전(화천군, 10월 6일)/ 양록제(양구군, 10월 10일)/ 합강문화제(인제군, 10월)/ 수성문화제(고성군, 9월 21일)/ 현산문화제(양양군, 음 5월 5일) 등이 있다.

6) 기타 축제

DMZ P.O.P 콘서트, 춘천 막국수닭갈비축제, 평창 세계태권도한마당, 영월 동강축제, 평창 효석문화제, 횡성 한우축제, 강릉 커피축제, 정선 아리랑제, 원주 한

지문화제, 영월 단종문화제, 삼척 대게축제, 태백산 눈축제, 인제 빙어축제, 평창 송어축제, 화천 산천어축제, 대관령 눈꽃축제, 정동진 해맞이축제, 양양 연어축제 등이 있다.

10. 충청북도

1) 전통생활민속

괴산에서는 괴산문화제, 전국가족등산대회가 열리고 청천면 강평리에서 산신제인 동제가 행해지며, 정월에 볼 수 있는 횃불싸움 · 쥐불놀이가 있다. 그 밖에 백중날에는 백중놀이를 하는데 지금은 농악놀이로 대체되었다. 음성 지역에는 설성문화제, 농민문학가 이무영의 업적을 기리기 위한 무영제, 감곡복숭아축제, 맹동수박축제, 대소수박축제, 생극참외축제 등 특산물 생산과 판매를 진작하기 위한 축제가 열린다. 또 충청북도 및 경기도 지방에서 행해지던 거북놀이가 설성문화제 행사 시에 시범공연을 하고 있다.

2) 구전설화

이곳에는 음성 지역의 '자기 생업에 대한 비방은 부자지간이라도 말하지 않는다'는 속담에서 유래한 짚신장수 부자간의 비화 전설과 수정산 산마루의 공기바위 전설이 전해지고 있다. 또한 거북바위 전설과 아들을 낳게 하고 과거 급제하게 한다는 살구우물 전설이 진천군에 전해져 오며, 보은에는 검단산에 얽힌 전설로 금돼지와 부녀자 사이에서 태어난 최치원의 이야기가 전해지고 있다.

3) 지역의 별미음식

충북의 청주는 올갱이국, 오골계탕, 밤묵 등이 있다. 충주시는 산채백반, 꿩전통요리, 손두부회, 오리백숙, 올갱이국밥, 송어 · 향어 비빔회가 유명하다. 옥천읍의 삼양리 올갱이국밥과 금강유원지 부근 도리뱅뱅이집이 별미이며, 영동감식초, 영동포도식초, 영동오징어 등도 꼭 맛보아야 할 음식이다.

4) 지역의 토산품과 특산품

충청북도는 세계 최고 수준의 청주 도자기와 상당산성 한옥마을에서 생산하는 청주 대추술이 유명하다. 충주사과가 유명하며, 황기, 석회암질에 재배하는 홍화씨, 월악산과 금수산에서 생산되는 약초향기주머니, 고산지대에서 자생하는 회향, 오미자 등으로 한약재를 숙성시켜 만든 고본주가 대표적이다. 음성의 청결고추, 미백복숭아, 참외, 인삼 등도 유명하다.

5) 지역문화예술행사

음성 청결고추축제, 괴산 고추축제, 영동 포도축제, 음성 인삼축제, 증평 인삼골축제, 보은 대추축제, 영동 곶감축제, 음성 품바축제, 단양 소백산 철쭉제, 제천 청풍호벚꽃축제, 단양 온달문화축제, 제천 의병제, 우륵문화제, 천등산 고구마축제, 박달가요제, 세계택견대회 등이 있다.

11. 충청남도

1) 전통생활민속

백제의 도읍인 공주는 공주 달공소리와 탄천면 송학리 소라실 마을에 장승제가 전해져 온다. 향토축제로는 백제문화제와 탄천장승제가 있으며, 문화시설로는 국립공주박물관과 민속극박물관이 있다. 경기도와 인접해 있는 천안의 천안삼거리문화제, 입장거봉포도축제, 성환배축제, 병천봉화제가 있으며, 아산시의 온양문화제, 맹정승기념축제, 설화축제 등이 있다.

2) 구전설화

충남지역은 절개와 충효의 고장으로 이와 관련된 설화들이 많이 전한다. 천안 삼거리와 만인사에 얽힌 전설, 어사 박문수와 산신령 이야기, 절개를 지킨 도미부인 이야기, 무학대사와 무춘산 옥녀봉 전설 등이 그것이다.

3) 지역의 별미음식

이곳의 별미음식으로는 천안의 아우내장터 일원의 순대와 서산의 꽃게장이 일품이다. 논산에는 닭뼈가 검다는 오골계 백숙이 이름나 있으며, 인삼으로 유명한 금산에는 인삼어죽과 삼계탕이 알려져 있다. 이외에도 금강 하구에서 잡히는 우어회(논산시 강경읍)와 태안의 대하구이도 먹어볼 만하다.

4) 지역의 토산품 및 특산품

충청남도의 신선주라 불리는 계룡백일주와 누에가루는 공주 지역의 특산품이며, 송악농협의 사슴육골즙과 서산의 어리굴젓은 전국적으로 유명하다. 그 밖에 조치원의 복숭아와 신고배, 부여군의 토종홍화씨도 건강식품으로 주목받고 있으며, 광천토굴의 새우젓은 김장철에 인기가 많다.

5) 지역문화예술행사

천안 흥타령춤축제(천안시)/ 태안 빛축제(태안군)/ 보령 머드축제(보령시)/ 논산 토마토페스티벌(논산시)/ 금산 인삼축제(금산군)/ 백제문화제(부여군)/ 계룡세계 군 문화축제(계룡시)/ 서산 해미읍성축제(서산시)/ 논산 강경젓갈축제(논산시)/ 한산 모시축제(서천군)/ 태안 세계튤립축제(태안군)/ 윤봉길평화축제(예산군)/ 아산 성웅이순신축제(아산시)/ 무창포 신비의 바닷길축제(보령시)/ 한산 소곡주 축제(서천군) 등이 있다.

12. 전라북도

1) 전통생활민속

전라북도는 예향의 도시인 전주에 전주 기접놀이와 장승세우기 같은 정월 대보름놀이가 있다. 또한 향토축제로 풍남제와 전주대사습놀이, 전주종이축제, 완산골 연꽃축제 등이 있다. 서해안의 대표적 항구도시인 군산에는 채원병 고가와 단소장과 같은 민속이 전해 내려오며, 오성문화제전과 최호장군추모제 등의 축제가 있다. 도작문화가 발달한 김제는 농사와 관련된 전통이 많이 남아 있는데, 입석 줄다리기나 쌍룡줄다리기, 우도농악 등이 대표적이다. 여기에 남원의 춘향제와 흥부전축제는 전국에서도 이름난 축제이다.

2) 구전설화

이곳에는 정읍시의 의오비[義獒石, 개비석]전설과 각시다리 이야기 등이 있다. 그리고 마이산이 생긴 내력과 무주 안국사 극락전과 학대사에 관한 이야기가 전한다. 이 밖에 고창 지역에는 늘아홉골이라는 명당자리에 얽힌 이야기가 있으며, 부안군의 거석리 여장사 이야기와 왜몰치와 팔장사 이야기가 있다.

3) 지역의 별미음식

익산의 별미음식으로는 가물치 십전대보탕과 메기탕이 있으며, 김제의 산채백반과 백합죽도 먹을 만하다. 남원의 미꾸라지 숙회와 춘향주는 전국적으로 이름난 별미음식이다.

4) 지역의 토산품과 특산품

이 지역의 특산품으로는 무주의 머루와 순창 고추장, 고창의 산딸기술이 있으며, 전주의 특산품으로는 닥나무로 만든 전주 한지와 전통소주인 이강주가 있다. 군산은 보리고추장과 울외장아찌로 유명하다.

5) 지역문화예술행사

전주 한옥마을 경기전 '왕과의 산책'(전주시)/ 고창 복분자 수박축제(고창군)/ 무주 반딧불축제(무주군)/ 전주 문화재야행(전주시)/ 김제 지평선축제(김제시)/ 임실 N치즈축제(임실군)/ 순창 장류축제(순창군)/ 고창 갯벌축제(고창군)/ 전주 대사습놀이(전주시)/ 남원 춘향제(남원시)/ 전주 한지문화축제(전주시)/ 전주 비빔밥축제(전주시)/ 전주 국제영화제 등이 있다.

13. 전라남도

1) 전통생활민속

전라남도는 목포를 비롯한 많은 항구도시들이 있어 해양과 관련된 문화들이 많이 나타나고 있다. 한려해상국립공원과 다도해국립공원이 교차하는 남해안 최남단의 여수시에는 거문도 뱃노래와 각종 어업요들이 전하며, 400여 년의 역사를 자랑하는 영당풍어굿이 있다. 순천시에는 송천의 달집태우기와 구산의 용수제 같은 다양한 전통생활문화가 이어져 오고 있다. 호남 곡창의 상징인 나주지역에는 봉추들 노래를 비롯해 나주배축제가 유명하다.

2) 구전설화

순천 지역에서 전해지는 낙안읍성 축성에 관한 전설에 따르면 낙안읍성은 인조 4년(1626) 낙안군수로 부임한 임경업 장군이 큰 칼로 낙안마을 뒤에 있는 금전산의 바위들을 내리쳐 하루 만에 쌓았다고 한다. 이는 임경업 장군이 벌인 개축공사가 그의 공적과 뒤섞여 백성들에게 과장되게 전해진 것으로 보인다. 어쨌든 당시 낙안읍성에 살던 인구가 불과 1,000명 남짓이었다는 점을 생각한다면 그 적은 인원이 어디서 수만 개의 돌을 날라와서 어떻게 이만한 규모의 성을 쌓을 수 있었을까 자못 놀랍고 기이하기만 하다. 마을 한가운데는 지금도 임경업 장군의 선정비가 남아 있으며, 마을사람들은 임 장군을 마을의 수호신으로 삼아 해마다 정월 보름에 마을의 안녕을 기원하는 마을제를 지낸다.

3) 지역의 별미음식

보성군에는 양을 이용한 양탕과 짱뚱이탕이 유명하며, 무안군의 황가오리찜, 완도군의 전복죽, 목포의 세발낙지, 신안군의 홍어회와 홍어찜 등은 전라남도 지역에서만 맛볼 수 있는 별미음식이다.

4) 지역의 토산품과 특산품

전라남도의 특산품 영지버섯과 더덕으로 담는 사삼주, 나주 배술과 배와인 등이 유명하다. 담양의 죽제품과 지리산의 산수유차, 보성녹차도 그 수요가 전국적인 규모이다.

5) 지역문화예술행사

무안 황토갯벌축제(무안군)/ 명량대첩축제(해남군)/ 목포항구축제(목포시)/ 강진 청자축제(강진군)/ 순천만 국가정원 봄꽃축제(순천시)/ 청산도 슬로걷기축제(완도군)/ 함평 나비대축제(함평군)/ 담양 대나무축제(담양군)/ 보성 다향대축제(보성군)/ 서편제 보성소리축제(보성군)/ 진돗개 페스티벌(진도군)/ 강진 영랑문학제(강진군)/ 목포 유달산 봄축제(목포시)/ 영암 왕인문화축제(영암군)/ 진도 신비의 바닷길축제(진도군)/ 광양 매화축제(광양시)/ 땅끝 해넘이 · 해맞이 축제(해남군)/ 순천만 갈대축제(순천시)/ 낙안읍성 민속문화축제(순천시)/ 목포세계마당페스티벌(목포시) 등이 있다.

14. 경상북도

1) 전통생활민속

경상북도는 신라의 고도인 경주시와 경북 내륙지방에 위치한 전통문화의 메카인 안동시가 있어, 그 역사와 찬란한 문화유산으로 이름 높은 지역이다. 구미 역시 신라시대 불교가 처음으로 전해진 곳이며, 수점동제와 진가지 용왕제 등 바다축제도 다양하다. 문경새재로 유명한 문경 지역은 소야기 동신제와 내화리 성화제, 교귀정 경상감사 교인행사 같은 민속이 전해져 온다.

2) 구전설화

경상북도의 구전설화로는 울릉도의 태하동 성황신당 이야기와 풍미녀 이야기가 있으며, 성주군의 새월태자바위 지명 전설, 감응사의 약수설화가 구전되고 있다.

청도군의 이무기 이야기와 고령군의 대가야국 건국설화는 비교적 널리 알려진 이야기들이다.

3) 지역의 별미음식

이곳에는 영덕군의 영덕게와 청도군의 추어탕, 봉화군의 봉성 돼지숯불갈비요리는 이름난 별미이며, 경주시의 교동법주와 팔우정 해장국 또한 그 맛이 일품이다. 안동시의 헛제사밥과 식해, 낙동강에서 잡히는 잉어찜과 금오산의 닭백숙은 이 지역만의 독특한 음식이다.

4) 지역의 토산품과 특산품

안동의 토산품인 안동포는 그 품질을 전국적으로 알아주며, 풍기 일대에서 나는 인삼은 세계적 명성을 가지고 있다. 영천시는 전통 목공예로 유명하며, 특히 황금배와 양파는 그 맛과 영양이 좋다.

5) 지역문화예술행사

경주 세계문화엑스포(경주시)/ 청도 프로방스 빛축제(청도군)/ 경주 세계문화유산 등 축제(경주시)/ 안동 국제탈춤페스티벌(안동시)/ 신라문화제(경주시)/ 포항 해병대 문화축제/ 경주 벚꽃축제(경주시)/ 영덕 대게축제(영덕군)/ 포함 구룡포 대게축제(포항시)/ 호미곶 한민족 해맞이 축전(포항시)/ 대한민국 곶감축제(상주시)/ 청송 사과축제(청송군)/ 풍기인삼축제(영주시)/ 청도 세계코미디아트페스티벌(청도군)/ 봉화송이축제(봉화군)/ 안동 한지축제(안동시)/ 소백예술제(영주시)/ 안동 드론 페스티벌(안동시)/ 울릉도 오징어축제(울릉군)/ 경주 세계피리축제(경주시) 등이 있다.

15. 경상남도

1) 전통생활민속

경상남도는 삼한시대 '두레'의 유흥에서 전래되어 오는 풍물로 마산농청놀이가 있다. 예로부터 우리 민족문화의 진원지라고 할 만한 진주시는 개천예술제가 열리며 이 기간 동안 소싸움이 열리고, 진주검무 등이 전해져 온다. 이외에도 한산대첩의 성지로 유명한 통영에서는 매년 정월 초하루에 삼덕리동제를 지낸다.

2) 구전설화

이 지역에 전해 내려오는 전설로는 무학대사와 진주의 지리에 대한 이야기가 있고, 이성계와 주원장의 탄생에 관한 천자봉 이야기와 김수로왕과 허황후에 대한 신화가 전해지고 있다.

3) 지역의 별미음식

경상남도의 대표적인 별미음식에는 마산시의 미더덕찜과 진해시의 싱싱한 회, 통영시의 복국과 장어탕이 있으며, 그 맛이 일품이다. 사천시의 백합죽이나 김해시의 민물장어구이는 이 지역에서만 맛볼 수 있는 음식이며, 거제시의 두텁떡도 다른 지역에서는 맛볼 수 없는 독특한 음식이다.

4) 지역의 토산품과 특산품

이 지역의 특산품에는 의령군의 전통한지와 남해군의 알로에, 고성군의 밤호박과 갯장어 등이 이름을 날리고 있다.

5) 지역문화예술행사

지리산 산청 곶감축제(산청군)/ 거제도 국제 펭귄수영축제(거제시)/ 화개장터 벚꽃축제(하동군)/ 통영 국제음악제(통영시)/ 와룡문화제(사천시)/ 당항포대첩축제(고성군)/ 가야문화축제(김해시)/ 부곡온천축제(창녕군)/ 진해군항제(창원시)/ 진주

논개제(진주시)/ 밀양 아리랑대축제(밀양시)/ 하동 야생차 문화축제(하동군)/ 바다로 세계로(거제시)/ 통영 한산대첩축제(통영시)/ 창녕 우포누리축제(창녕군)/ 독일마을 맥주축제(남해군)/ 진주 남강 유등축제(진주시)/ 김해 세계크리스마스 문화축제(김해시) 등이 있다.

16. 제주도

1) 전통생활민속

제주시는 매년 양력 2월 초 제주 관아에서 목사를 비롯한 관리들과 무당들이 같이 연행하던 세시의례의 하나인 입춘춘경(입춘굿)이 전해지며, 매년 10월 초에 한라문화제가 열린다. 서귀포시의 칠선녀축제와 칠십리축제, 북제주군의 마을 포제는 전통적인 향토축제이고, 남제주군의 성산일출제는 매년 1월에 열려 전국 각지에서 관광객들이 몰려들고 있다. 또한 남제주군에는 농악의 일종으로 육지의 걸립에 해당하는 걸궁이 남아 있으며, 제주도 지역 여러 곳에서는 동제가 행해진다.

2) 구전설화

제주도에서 큰 인물이 나지 않는 이유가 얽혀 있는 아흔아홉골 이야기가 전해지며, 말머리 전설도 전한다. 서귀포 지역의 전설로는 서귀포 지명전설과 진시황의 불로초와 서불 이야기가 전한다. 북제주군의 절부암에는 제주 고씨 여인의 한이 담겨 전하며, 남제주군에는 설문대할망 이야기가 있다.

3) 지역의 별미음식

제주시는 메밀을 이용한 음식으로 빙떡과 옥돔미역국, 갈치호박국, 자리물회 그리고 말고기와 쇠고기 샤브샤브가 유명하다. 서귀포시의 차좁쌀로 만든 토속주 오메기술과 모자반국(몸국)이 유명하다. 북제주군을 찾는 사람이면 꿩요리와 빙떡은 꼭 먹어보아야 하며, 남제주군은 전복죽과 꿩불고기가 이름이 높다.

4) 지역의 토산품과 특산품

제주시에서는 감귤, 레몬, 파인애플 등 각종 열대 및 아열대 실과류를 재배하고 있다. 서귀포는 방목을 하기에 좋아 조랑말이 유명하며, 감귤의 이미지를 살려 만든 북제주군의 수지공예품과 전복 진주를 이용한 특산품이 관광상품으로 인기가 좋다. 특히 남제주의 으뜸 도야지는 신토불이의 모든 요소를 갖춘 토산물 중에 토산물이다.

5) 지역문화예술행사

(1) 탐라문화제

탐라문화제는 지난 1962년 문화예술인들이 참여한 순수예술단체인 제주예총이 주최하여 '제주예술제'라는 이름으로 탄생되었다.

제주예술제는 1965년 4회 때부터 한라문화제로 이름이 바뀌면서 전통문화와 현대예술이 조화를 이룬 종합적인 향토문화축제로 전환되면서 더욱 다채로워져서 제주를 대표하는 문화축전으로 그 위상을 한껏 드높였다. 이처럼 성장해 온 한라문화제는 2002년 제41회부터 '탐라문화제'로 개칭하고 '제주의 유구한 역사와 고유한 문화전통'을 되살리는 문화축제로 그 성격과 내용을 재정립했다.

탐라문화제에서 발굴된 방앗돌굴리는노래와 귀리겉보리농사일소리, 멸치후리는소리와 해녀노래, 불미공예를 비롯한 여러 민요 종목들이 제주도무형문화재로 지정되어 보배로운 문화유산으로 보존 전승되고 있다. 탐라문화제는 제주의 축제 발전에도 크게 공헌했다. 조랑말경주는 제주마축제로 성장했고 남제주군의 특성행사로 열렸던 성읍민속마을의 정의골 한마당축제와 덕수리 전통민속재현행사는 지역문화축제로 발전하면서 그 우수성을 널리 떨치고 있으며 도내 수협들이 주관했던 바다축제는 제주해녀문화축제로 승화되어 세계화를 도모하고 있다.

(2) 기타 축제

국제관악제 · 국제관악콩쿠르/ 탐라문화제/ 설문대할망 페스티벌/ 유채꽃축제/ 들불축제/ 올레길걷기 축제/ 서귀포 칠십리축제/ 해녀축제/ 거문오름 국제트레킹 등이 있다.

제 7 장

산업적 관광자원

제7장 산업적 관광자원

7.1 산업적 관광자원의 개념

산업관광이란 자국의 각종 산업 및 그 시설을 관광대상으로 삼아 자국의 산업·기술 수준을 외국인 관광객에게 소개 내지는 견학시켜 여러 나라와의 경지·무역 및 기술교류에 직접·간접적으로 기여하며, 내국인에게는 자국의 산업시설과 기술수준을 확인시킴으로써 민족적 자긍심을 고취시킬 수 있는 관광의 형태이다. 이와 같은 관광형태는 자국의 기술수준·상품수준과 그 제작과정을 직접 보여줌으로써 수출증대에 기여하고 있다. 따라서 세계 각국은 공장과 그 밖의 산업시설의 수용태세를 정비하고 기술 및 생산 공정을 관광코스에 편성하여 견학을 권장하고 있는데 이는 관광산업의 새로운 분야로서 주목받고 있다.

또한 자국의 1차 산업을 내국인이 새로운 휴식공간으로 활용할 수 있도록 하여 도시민들에게는 건전한 여가공간으로, 그리고 지역민들에게는 지역 이미지의 홍보와 지역 토산품 매출에 따른 부수적인 소득을 올릴 수 있게 하는 관광자원이다.[1]

1 김창곤 외, 제2판 관광학원론, 대왕사, 2013, 281쪽.

7.2 산업적 관광자원의 분류

7.2.1 공업자원의 개발과 유형

공장이나 공단지대를 대상으로 내외국인에게 산업시찰이라는 형식으로 관광대상지화한 형태이다. 이는 내국인에게는 자국의 공업시설이나 기술수준에 대한 자부심과 신뢰심을 심어줄 수 있고, 외국인에게는 우리의 기술과 상품수준에 대한 확인과 선전의 방법에 해당되며, 궁극적으로는 국가 간 무역거래의 기틀을 마련할 수 있기 때문에 공업지대를 산업관광 코스에 반드시 포함시켜야 할 필요가 있다.

1. 포스코

포스코는 1968년 4월 1일 산업화라는 국가적 사명을 안고 출범했다.

한국의 제선, 제강 및 압연재 생산 및 판매업체로서 1968년 4월 포항종합제철(주)로 설립한 뒤 2000년 9월 정부 지분을 매각하여 민영화되었으며, 2002년 3월 지금의 상호로 변경하였다. 대한민국 최초의 일관제철소로 연간 4,100만 톤의 조강생산체제를 갖추었고 세계 53개국에서 생산과 판매 등 다양한 글로벌 사업을 추진하고 있다.

끊임없는 혁신과 기술 개발로 인류발전에 기여하며, 세계에서 가장 경쟁력 있는 철강회사로 자리 잡은 포스코는 앞으로도 '더불어 함께 발전하는 기업시민' 이라는 경영이념을 바탕으로 신뢰와 존경받는 영속기업으로 발전해 나갈 것이다.

2. 울산 현대자동차

현대자동차의 세 공장 중 핵심기지이자 단일 공장으로 세계 최대의 규모를 자랑하는 곳이 울산공장이다. 500㏊의 공장부지는 서울 여의도 면적의 2.5배에 이른다.

5개의 독립된 공장을 운영하고 있으며, 하루 평균 5,000대가 넘는 자동차를 생산한다고 하니 대강 20초에 한 대꼴로 자동차가 생산되는 셈이다. 이곳에서 근무하는 노동자가 3만 명이 넘으며 공장 안에는 배가 접안할 수 있는 부두가 갖추어져 있다.

식당을 비롯하여 은행, 축구경기장 등 사람이 모이는 곳에 필요한 모든 시설이 다 있다고 해도 과언이 아니다. 울산공장은 월요일에서 금요일까지 오후 1시 30분에 견학이 시작되는데 공장에서 마련한 버스를 타고 함께 이동하며 설명을 듣게 된다. 차례로 공장과 부두를 견학하면 약 1시간에서 1시간 30분 정도의 시간이 소요된다. 방문 전 예약은 필수이다.

3. 삼성전자

삼성그룹의 대표 기업이자 세계 100대 기업 중 하나. 1969년 삼성전자공업으로 창립한 후, 1984년 지금의 삼성전자로 이름을 변경했다. 주력 사업은 반도체, 디스플레이, 정보모바일 기기, 소비자가전 분야이다. 2019년 현재 삼성전자는 반도체(D램과 낸드플래시), 스마트폰, OLED(유기발광다이오드) 패널, QLED TV, 냉장고 품목에서 세계 1위 기업이며, 인공지능(AI), 사물인터넷(IoT), 자동차 전장산업 등 미래사업에 주력하고 있다.

삼성전자의 모태는 1969년 1월에 창립한 삼성전자공업이다. 당시 가전업계는 금성사(현, LG전자)와 대한전선(대우그룹에 매각)이 이끌고 있었고, 삼성은 이 중 후발주자였다. 1970년에 내놓은 첫 번째 제품은 흑백TV와 선풍기였다. 1983년 반도체 산업에 진출했고, 1984년 상호를 삼성전자공업에서 지금의 삼성전자로 변경했다.

삼성전자가 세계 최대 전자회사로 처음 등극한 것은 매출 153조 원을 돌파한 2010년이다. 2017년 12월 말에는 매출액 239조 5,753억 7,600만 원을 기록했다. 이는 같은 해 우리나라 정부예산 400.7조 원의 절반을 훨씬 웃도는 수치다.

4. 현대중공업

전 세계 선박 건조량의 15%를 생산하는 현대중공업은 세계 최대 100만 톤급 도크와 900톤급 골리앗 크레인 등 최고의 시설과 규모를 자랑한다. 또한 2004년에는 '배는 도크에서 짓는다'는 기존 상식을 뒤엎고 세계 최초로 육상건조공법을 선보여 세계를 놀라게 하였다. 현재 현대중공업은 세계적인 조선해운 경기 불황과 더욱 치열해지는 경영환경 속에서 조선, 해양플랜트 위주로 사업을 재편해 본원 경쟁력 강화에 박차를 가하고 있다. 품질과 기술을 고도화하는 한편, 오는 2020년부터 발효되는 국제해사기구(IMO) 환경규제에 대비해 친환경기술 연구개발을 확대함으로써 LNG연료 추진선 및 친환경 엔진설비 등 시장에서도 선도적인 위치를 다져 나가고 있다.

5. LG전자

1958년 10월, 부산 연지동에 금성사라는 이름으로 전자회사를 설립하여 1년 뒤 금성사는 최초의 국산 진공관식 9구 라디오 'A-501'을 개발 · 생산했으며, 1960년에 최초로 6석 트랜지스터 라디오를 만들고 선풍기를 생산했다. 뒤이어 1961년에 최초로 국산 자동전화기도 생산했다. 그 후 여러 차례의 상호변경이 있었으며 2002년 4월에 ㈜LG전자로 변경하였다.

전자는 전자제품, 모바일 통신기기 및 가전제품 분야의 기술혁신을 선도하는 글로벌 리더로 전 세계 100여 개 사업장에서 비즈니스를 전개해 2017년 매출 61조 3,963억 원을 기록했다. LG전자는 홈 어플라이언스&에어 솔루션(H&A), 홈 엔터테인먼트(HE), 모바일 커뮤니케이션즈(MC), 비이클 콤포넌트 솔루션(VS), 비즈니스 솔루션(BS)의 5개 사업본부로 구성되어 있으며 TV, 세탁기, 냉장고, 휴대폰, 자동차 부품 등에서 시장을 선도하고 있다.

7.2.2 농어촌 · 축산업 자원의 개발과 유형

농촌지역의 풍부한 자연환경자원과 농촌생활, 농촌의 전통문화 등을 관광 소재로 삼아, 국민의 여가수요를 농촌공간으로 유치함으로써 도시와 농촌 간 교류를 촉진하고 농업인의 소득증대와 지역개발을 도모하기 위해 추진하는 형태의 관광자원화 사업이다.

농촌관광의 개발 목표는 다음과 같다.

첫째, 도시민들에게는 틀에 박힌 일상생활에서 벗어나 휴식과 다양한 생활체험의 기회를 제공하고, 농촌주민들에게는 농촌지역의 전통성과 정체성을 확보하여 농촌생활에의 만족감을 증대시키는 데 기여해야 한다.

둘째, 지역 농산물, 특산품, 지역문화 등의 관광자원화를 통한 농촌주민 및 농촌지역사회의 소득증대에 기여하게 한다.

셋째, 농촌과 농업에 대한 가치와 이미지를 새롭게 하고 도시민과 농촌주민 간의 상호신뢰를 기반으로 한 도, 농 교류 활성화에 기여한다.

넷째, 농촌 · 농업의 문화적, 교육적, 오락적 기능과 효과를 최대한으로 활용한다.

1. '농촌여행의 모든 것' 웰촌이란?

"Well-being 농촌, Welcome to 농촌, Well Know 농촌"을 의미하는 것으로 낙후되고 살기 어려운 지역으로 인식되고 있는 농촌을 가고 싶고, 살고 싶고, 살기 좋은 농촌으로 승화시키는 브랜드로서 농촌의 새로운 가치 창출 기여 및 다양한 이미지를 내포하고 있다.

농촌체험휴양마을이란 마을의 자연환경, 전통문화 등 부존자원(賦存資源)을 활용하여 도시민에게 생활체험 · 휴양공간 프로그램을 제공하고 이와 함께 지역 농림수산물 등을 판매하거나 숙박 또는 음식 등을 제공하는 마을을 말한다.

웰촌에서는 전국 농촌체험휴양마을이 등록되어 마을에 대한 정보를 제공 중이며, 전국 최대 규모의 농촌관광정보량을 자랑하고 있다. 농촌체험마을에서는 해당

마을 소개 및 이용안내, 찾아오시는 길, 체험프로그램, 숙박/캠핑, 음식/특산물 등을 소개하고 마을 주변 관광지, 먹을거리, 잠자리 정보 등 지역여행 정보도 제공하고 있다.[2]

2. 팜스테이

농협이 주관하는 농촌체험브랜드 팜스테이(Farmstay)는 농가에서 숙식하면서 농사, 생활, 문화체험과 주변 관광지 관광 및 마을축제 등에 참여할 수 있는 농촌 · 문화 · 관광이 결합된 농촌체험여행을 의미한다.

주5일제에 따른 여가 수요가 증가하고 도시민들이 안전한 먹거리 및 가족단위 체험관광에 대한 관심이 높아짐에 따라 농업인들의 농외소득 창출과 농업 · 농촌에 대한 도시민들의 이해를 도모하기 위함이다. 가족 여행은 물론 다양한 형태로 활용되면서 농촌에는 활력을 불어넣고 도시민에게는 고향의 향수와 정을 느끼게 함으로써 도농상생의 장을 제공한다.

요즈음 우리 세대는 흙을 밟을 수 있는 기회가 좀처럼 없다. 도시 대부분의 길이 우레탄과 아스팔트 등으로 포장되어 있기 때문이다. 편리함을 얻은 대신 편안함을 잃었다고나 할까. 우리는 발전과 발달에 의해 얻게 된 편리함에 만족하다가도 결국 예전의 것을 그리워하고 있다. 현대인들이 주말이면 산으로 강으로 떠나는 것이 바로 그 예이다. 그래서 농협은 국민들의 건강과 추억을 위해 농촌체험과 아웃도어 그리고 학습을 겸비한 농촌여행을 준비했다. 모든 것이 빠르게 변하는 세상 속, 그 안에 차갑게 변해버린 사람들의 온도와 각종 스트레스성 질병에서 벗어나 '살아가고 있음'이 아닌 '살아 있음'을 느낄 수 있는 흙 위로 나가보는 건 어떨까?[3]

2 농림축산식품부, 한국농어촌공사 농촌여행 웰촌 홈페이지, http://www.welchon.com

3 농협중앙회, 팜스테이 홈페이지, https://www.farmstay.co.kr

3. 대관령 양떼목장

대관령 양떼목장의 부드러운 능선과 야생 식물로 가득 찬 습지대는 자연 그대로의 모습을 간직하고 있기에 더욱 아름답고 신기하기만 하다.

푸른 초지가 바람에 흔들리는 아름다운 목장의 능선에서 양들이 한가로이 풀을 뜯는 모습을 보고 있노라면 마치 알프스에 와 있는 듯한 착각을 불러일으킨다. 귀여운 양들이 초지 위에서 뛰어노는 모습을 보면서 목장 둘레를 다라 만들어진 1.2km의 산책로를 걸어보자. 시원하게 탁 트인 대관령 정상의 웅장한 모습과 목장의 아기자기한 초지 능선을 바라보고 있노라면, 일상의 잡념은 불어오는 바람과 함께 저 멀리 사라지고 나는 이미 대자연의 품속에 동화되어 진정한 호연지기(浩然之氣)를 경험하게 될 것이다.

또한 먹이주기 체험을 하는 동안 양들의 큰 눈망울을 바라보며 무언의 대화도 나누어보기 바란다. 양들의 순수한 눈빛과 아름다운 목소리로 전하는 그들의 이야기도 꼭 들어보자.[4]

4. 성이시돌목장

성이시돌목장은 제주시 한림읍 금악리에 있는 목장으로 아름다운 경관과 독특한 건축물인 테쉬폰을 볼 수 있는 곳이다. 성이시돌목장 내 테쉬폰은 이라크 바그다드 지역 인근 테쉬폰(Cteshphon)이라 불리는 곳에서 처음 건축양식이 시작되어 건축물 이름이 테쉬폰이 되었다. 우리나라에서는 유일하게 성이시돌목장에만 있는 귀한 건축물이다. 테쉬폰과 성이시돌목장은 스냅 및 웨딩촬영의 명소이기도 하다.

성이시돌목장은 1954년 성 골롬반 외방선교회 선교사로 제주에 온 맥그린치 신부가 황무지였던 목장 주변을 개간해 경작하고 새로운 농업기술을 소개하며 생겨났다. 맥그린치 신부는 제주의 가난을 타개하기 위해 한라산 중산간을 개간하여 목축업을 활성화하기 위해 성이시돌목장을 설립하였다. 성이시돌목장 안에는 우유부

4 대관령 양떼목장 홈페이지, http://www.yangtte.co.kr/index.php

단 카페가 있으며 기념품 숍도 운영되고 있다. 기념품 숍에서는 미니어처 테쉬폰 제품과 목장에서 직접 만든 우유와 치즈 등을 구입할 수 있다.[5]

표 7-1 농촌관광명소 으뜸촌 선정 현황

구분	연번	시도	시군	마을명	상세주소	선정연도
농촌체험휴양마을	1	인천	강화	도래미마을	선원면 해안동로 1129-19	2018
	2	대전	중구	무수천하마을	운남로 85번길 5	2018
	3	경기	연천	새둥지마을	백학면 노아로 491번길 86	2018
	4	경기	가평	별바라기마을	조종면 명지산로 325	2018
	5	강원	횡성	고라데이마을	청일면 봉명로 375-1	2018
	6	강원	정선	개미들마을	남면 광락로 354	2018
	7	강원	양구	오미마을	방산면 평화로 4818	2018
	8	강원	인제	백담마을	북면 만해로 410-17	2018
	9	강원	인제	하추리산촌마을	인제읍 하추로 187	2018
	10	강원	양양	해담마을	서면 구룡령로 2110-17	2018
	11	충북	보은	잘산대대박마을	산외면 내북산외로 661	2018
	12	충북	옥천	한두레권역	청성면 한두레로 387	2018
	13	충북	괴산	백마권역마을	사리면 사리로 517	2018
	14	충북	단양	한드미마을	가곡면 한드미길 30-12	2018
	15	충남	아산	외암마을	송악면 외암민속길9번길 13-2	2018
	16	충남	금산	닥실마을	제원면 닥실길 27	2018
	17	충남	금산	수통1리마을	부리면 수통1길 17	2018
	18	충남	청양	가파마을	대치면 가파로 506-8	2018
	19	충남	청양	알프스마을	정산면 천장호길 223-35	2018
	20	충남	홍성	거북이마을	구항면 거북로 422-41	2018
	21	충남	태안	매화둠벙마을	원북면 동해길 301-41	2018
	22	전북	익산	산들강웅포마을	웅포면 강변로 284	2018

5 제주관광공사 Visit JEJU 홈페이지, https://www.visitjeju.net

구분	연번	시도	시군	마을명	상세주소	선정연도
농촌체험휴양마을	23	전북	익산	성당포구마을	성당면 성당로 762	2018
	24	전북	남원	달오름마을	인월면 인월서길 42	2018
	25	전북	완주	오복마을	경천면 오복대석길 45	2018
	26	전북	무주	물숲(명천)	안성면 원통사로 294	2018
	27	전북	무주	죽장마을(솔다박마을)	안성면 죽천리 1486-3	2018
	28	전북	순창	순창 고추장익는 마을	구림면 산내길 38	2018
	29	전남	광양	도선국사마을	옥룡면 상산길 48	2018
	30	전남	강진	녹향월촌마을	성전면 백운로 95-5	2018
	31	경북	상주	밤원마을	내서면 서원3길 29-80	2018
	32	경북	상주	승곡마을	낙동면 승곡1길 34	2018
	33	경북	고령	개실마을	쌍림면 개실1길 29	2018
	34	경북	봉화	청량산비나리마을	명호면 비나리길 141	2018
	35	경남	고성	청광새들녘마을	개천면 영회로 1296	2018
	36	경남	남해	두모마을	상주면 양아로 533번길 18	2018
	37	경남	남해	해바리마을	창선면 서부로 257	2018
	38	경남	하동	의신 베어빌리지	화개면 화개로 1405-4	2018
	39	경남	산청	마근담마을	시천면 마근담길 600	2018
	40	경남	거창	수승대마을	위천면 강천리 99-1	2018
	41	경남	거창	숲옛마을(갈계)	북상면 송계로 738	2018
	42	제주	제주	아홉굿마을	한경면 낙수로 97	2018
	43	제주	서귀포	신흥2리마을	남원읍 중산간동로 5807	2018
관광농원	44	강원	평창	정강원 관광농원	용평면 금당계곡로 2010-13	2018
	45	제주	서귀포	제주허브동산 관광농원	표선면 돈오름로 170	2018

자료 : 농림축산식품부, 2019.11.28 보도자료

5. 대관령 하늘목장

하늘목장은 1974년에 조성된 대관령의 대표목장이다. 월드컵경기장 500개에 달하는 약 1,000만 제곱미터 규모로 조성되었으며, V자 형태로 이웃 삼양목장을 가볍게 감싸면서 해발 1,157미터 대관령 최고봉인 선자령과 붙어 있다.

2014년 9월에 개방된 하늘목장은 말, 염소, 양 등과 자연을 직접 체험하는 국내 최초의 '자연순응형' 체험목장이자, 400여 마리 젖소, 100여 마리 면양, 40여 마리 말들이 '자연생태 순환시스템'에서 살아가는 대한민국 대표 기업목장이기도 하다.

하늘목장은 자연 그대로의 모습을 추구한다.

목장체험은 울타리 안에서 자연을 직접 느낄 수 있도록 설계되었고, 비좁은 축사 안에서 사육되는 방식 대신 방목과 현대식 로봇 시스템을 활용해 자연섭리 그대로 생육되도록 조성되었다.[6]

6. 어촌체험마을

바다여행(seantour.kr)이란 바다에서 생활하는 어업인들은 물론, 바다에 관심이 많고 여행을 즐기는 국민이 직접 정보제공자가 되어 온라인상에서 정보를 주고받는 해양관광 누리집 바다여행 사이트이다.

해양관광 누리집 바다여행은 전국 어촌체험마을 소개 및 체험프로그램, 먹거리, 잠자리, 특산물 등 관련 정보를 종합 제공하는 등 어업인의 어촌관광 홍보창구 역할을 하고 있다.

해수욕장, 해양레저체험, 유람선, 바닷길 여행정보, 바다낚시, 섬, 등대 등 다양한 해양관광정보를 신뢰도 높게 제공하여 국민의 휴식공간으로서 바다를 재조명하고 어촌과 바다로의 여행을 활성화하고자 한다.

매월 테마별 추천여행정보와 바닷가 놀거리, 먹거리, 잠자리 등 지역정보를 제공하여 바다로의 여행을 쉽고 편리하게 계획하고, 재미있고 안전하게 즐길 수 있도록 안내하고 있다.[7]

6 대관령 하늘목장 홈페이지, http://skyranch.co.kr/kr

7 해양수산부 산하기관 한국어촌어항공단 해양관광포털 바다여행 홈페이지, https://www.seantour.kr

참고 문헌

• 국내

강대규 · 김영원, 도자공예, 솔출판사, 1990.

강우방 · 곽동석 · 민병찬, 불교조각(1), 솔출판사, 2004.

강우방 · 곽동석 · 민병찬, 불교조각(2), 솔출판사, 2004.

강우방 · 신용철, 탑, 솔출판사, 2003.

권오문, "문화재의 효율적 보존관리를 위한 정책적 방향에 관한 연구", 중앙대학교 사회개발대학원 석사학위논문, 1987.

김동현, 서울의 궁궐건축, 시공사, 2002.

김무섭, "향교건축의 공간구성에 관한 연구", 계명대학교 산업대학원 석사학위논문, 2000.

김미옥 · 김민주, "왕릉자원해설 요소에 대한 지각과 방문만족 간의 관계", 관광학연구, 34권 제4호, 한국관광학회, 2010.

김병문, 관광자원학, 백산출판사, 1993.

김봉렬, 불교건축, 솔출판사, 2004.

김사영 · 김홍운, 관광문화재해설, 영설출판사, 1998.

김성곤, 서양건축양식론, 기문당, 1991.

김원룡, 한국의 고분, 세종대왕기념사업회, 1999.

김은중, 한국의 서원건축, 문운당, 1996.

김인덕, 과학문화, 솔출판사, 2005.

김창곤 외, 제2판 관광학원론, 대왕사, 2013.02.

김형미, 문화관광 해설사의 역할, 세계여행신문, 2008.

동아출판사편집부, 동아원색세계대백과사전, 동아출판사, 1986.

문화관광연구원, 문화관광해설사 제도 운영실태 및 개선방안, 2008.

문화재관리국 문화재연구소, 한국의 고건축, 1994.

박경식, 우리나라의 석탑, 역민사, 1999.

박도화, 사찰벽화, 미술문화, 1999.

박영규 · 김동우, 목칠공예, 솔출판사, 2005.

서철현 · 김영경 · 장경수, 관광자원해설론, 대왕사, 2005.

신준호, 한국민속대사전(1), 민족문화사, 1993.

신준호, 한국민속대사전(2), 민족문화사, 1993.

신준호, 한국민속대사전, 민족문화사, 1992.

우 나, 온천관광지 선택 속성이 관광객 만족 및 행동의도에 미치는 영향, 세명대학교 대학원 석사학위논문, 2015.

이건무 · 조현종, 선사유물과 유적, 솔출판사, 2003.

이광춘, 자연유산으로서의 동굴이란? 월간문화재사랑, 2008.07.

이상해, 궁궐 · 유교건축, 솔출판사, 2004.

이순자, "문화관광해설사의 역할이 관광객 만족과 재방문 의도 및 추천의도에 미치는 영향", 관광정보연구, 2010.

이영훈 · 신광섭, 고분미술(1), 솔출판사, 2004.

이영훈 · 신광섭, 고분미술(2), 솔출판사, 2004.

이장춘, 관광자원론, 대왕사, 1983.

이정은 외, 제2판 관광자원론, 한올, 2017.07.

이진형, "생태관광 자원해설 요소의 중요도와 실행도 : 충남 서산 천수만 탐조관광객", 한국관광학회 제66차 학술발표심포지엄 자료집, 2009.

이혁진 · 이춘호, 문화재와 관광, 형설출판사, 2003.

전국문화원연합회, 한국의 향토문화자원, 2000(CD-ROM).

정석중, 제2판 해양관광론, 대왕사, 2013.08.

정찬종 · 강인호 · 신동숙, 관광학원론, 형설출판사, 2008.

정찬종 · 곽영대, 관광문화재 해설, 백산출판사, 2012.

정희천, 최신관광법규, 대왕사, 2015.09.

지희진, 글로벌 매너와 이미지 스타일링, 한올, 2016.03.

채예병, 관광자원론, 새로미, 2014.03.

최영진, 동양과 서양의 세계의 사상 · 문화적 거리, 지식산업사, 1998.

최응천 · 김연수, 금속공예, 솔출판사, 2003.

한국관광공사, 문화관광자원답사, 2005.

한국관광공사, 한국문화유산 관광상품화방안, 1996.

한국관광사진집, 한국관광공사, 1994(CD-ROM).

허 균, 사찰장식과 그 빛나는 장식의 세계, 돌베개, 2000.

허만성, 문화재해설, 백산출판사, 1998.

홍시환, 한국의 동굴, 대원사, 2003.12.

홍장원 외, 도서지역 해양관광 발전전략 연구 : 관광행태 분석을 통한 수요 대응을 중심으로, 한국해양수산개발원, 2018.12.

황수영, 불탑과 불상, 세종대왕기념사업회, 1999.

• 국외

講談社インターナショナル編, 世界の遺跡と名建築(1), 講談社, 1983.

日本建築學會, 西洋建築史圖集, 彰國社, 1984.

田中喜一, 觀光事業論, 財團法人 觀光事業研究會, 1950.

井上萬壽藏, 觀光と觀光事業, 國際觀光年記念行事協力會, 1967.

足羽洋保, 觀光資源論, 中央經濟社, 1997.

佐和隆研, 佛像案內, 古川弘文館, 1978.

津田昇, 國際觀光論, 東洋經濟新報社, 1969.

• 인터넷 포털사이트

NCS 학습모듈 관광자원 해설 LM1203010305_16v2

NCS 학습모듈 국내여행안내 행사준비 LM1203010302_13v1

NCS 학습모듈 환송(Sending) LM1203010309_13v1

관광지식정보시스템 https://www.tour.go.kr

국립공원공단 http://www.knps.or.kr

농림축산식품부 http://www.mafra.go.kr

농림축산식품부 보도자료(2016.04.28)

농림축산식품부 보도자료(2017.11.01)

농림축산식품부 한국농어촌공사 농촌여행웰촌 http://www.welchon.com

농협 팜스테이 https://www.farmstay.co.kr

대관령 양떼목장 홈페이지 http://www.yangtte.co.kr/

대관령 하늘목장 홈페이지 http://www.skyranch.co.kr/

문화재청 http://www.cha.go.kr

문화재청 국가문화유산포털 https://www.heritage.go.kr/heri/html/HtmlPage.do? pg =/cul/cultureEasySub02_01.jsp&pageNo=1_9_2_0)

문화체육관광부 분야별정책(관광) https://www.mcst.go.kr/kor/main.jsp

문화체육관광부 홈페이지 www.mcst.go.kr

부산관광공사 홈페이지 https://bto.or.kr

전라남도 남도여행길잡이 가고싶은섬 http://www.jndadohae.com

제주관광공사 https://ijto.or.kr/korean

제주올레 홈페이지 http://www.jejuolle.org/

제주도 지질공원 홈페이지 https://www.jeju.go.kr/geopark/park/world.htm

포스코 역사박물관 http://museum.posco.co.kr

한국관광공사 대한민국 구석구석 https://korean.visitkorea.or.kr

한국온천협회 www.hotspring.or.kr

한국해양수산개발원 https://www.kmi.re.kr

해양수산부 해양관광 누리집 바다여행 https://www.seantour.com

해양수산부 해양환경공단 바다생태정보나라 http://www.ecosea.go.kr

환경부 보도자료(2017.03.14)

환경부 자연공원 지정현황 http://www.me.go.kr

· 도립공원 자료

경기도 남한산성 세계유산센터 https://www.gg.go.kr/namhansansung-2

경기도 홈페이지 https://www.gg.go.kr/nongchuk-tour-couple_mountain

경상북도 http://www.gb.go.kr/Main/open_contents/section/palgong

고창군 선운산도립공원 http://www.gochang.go.kr/seonpark

구미시 문화관광 http://www.gumi.go.kr/tour

남도여행길잡이 http://www.namdokorea.com/kr2/index.jsp

두산백과사전

마라해양도립공원 http://www.jeju.go.kr/dorip/mara.htm

마이산도립공원 http://maisan.jinan.go.kr

무안생태갯벌사업소 http://getbol.muan.go.kr

문경시 문화관광 https://www.gbmg.go.kr/tour

서귀포해양도립공원 http://www.jeju.go.kr/dorip/seogwipo.htm

성산일출해양도립공원 http://www.jeju.go.kr/dorip/seongsan.htm

세종특별자치시 고복자연공원 https://www.sejong.go.kr/tour/sub01_1C.do

신안군 홈페이지 https://www.shinan.go.kr/home/www/about/about_12

완주군 문화관광 http://www.wanju.go.kr/tour/index.wanju

우도해양도립공원 http://www.jeju.go.kr/dorip/udo.htm

울산 문화관광 http://tour.ulsan.go.kr/index.ulsan

제주의 곶자왈 http://www.jejugotjawal.or.kr

천관산 자연휴양림 http://www.huyang.go.kr/comforestmain.action

청량산 도립공원 http://www.bonghwa.go.kr/open.content/mt

청양군 문화관광 http://tour.cheongyang.go.kr/tour

추자해양도립공원 http://www.jeju.go.kr/dorip/chuja.htm

칠갑산 자연휴양림 http://chilgap.cheongyang.go.kr

한국관광공사 대한민국 구석구석 https://korean.visitkorea.or.kr

환경부 홈페이지 me.go.kr

- **지질공원 자료**

Global Geoparks Network http://www.globalgeopark.org

강원도 고생대 지질공원 http://www.paleozoicgp.com/

강원평화지역 지질공원 https://koreadmz.kr

경북동해안 지질공원 https://www.geotourism.or.kr

국가지질공원 http://www.koreageoparks.kr

무등산권 유네스코 세계지질공원 http://geopark.gwangju.go.kr

부산지질공원 http://www.busan.go.kr/geopark

울릉도 독도 지질공원 http://ulleung.go.kr/geo/kr

전북 서해안권 지질공원 http://www.jbgeopark.kr/

제주도 유네스코 세계지질공원 http://geopark.jeju.go.kr

청송 유네스코 세계지질공원 http://csgeop.cs.go.kr

한탄강 · 임진강 지질공원 http://www.hantangeopark.kr/

http://100.naver.com/

http://blog.naver.com/fpcp2010?Redirect=Log&logNo=110099222953

http://gangneung.grandculture.net/Contents/Index?contents_id=GC00300080

http://ja.wikipedia.org/wikI

http://ko.wikipedia.org

http://kr.blog.yahoo.com/jyonjyon@ymail.com/11

http://kr.dic.yahoo.com/search/enc/

http://kr.dictionary.search.yahoo.com/

http://namwon.grandculture.net/Contents/Index?contents_id=GC00601805

http://search.moleg.go.kr/Search_SE.html

http://seongnam.grandculture.net/Contents/Index?contents_id= GC00102341

http://terms.naver.com/entry.nhn?docId=453177

http://www.doopedia.co.kr

https://en.unesco.org/international-geoscience-and-geoparks-programme

저자약력

정찬종

경기대학교 관광대학 관광경영학과 졸업(경영학사)
경희대학교 경영대학원 관광경영학과 졸업(경영학석사)
경기대학교 대학원 관광경영학과 졸업(경영학박사)
계명문화대학교 호텔항공외식관광학부 명예교수

곽영대

용인대학교 산업정보대학 관광경영학과 졸업(경영학사)
경기대학교 대학원 관광경영학과 졸업(관광학석사)
경기대학교 대학원 관광경영학과 졸업(관광학박사)
서영대학교 호텔관광과 교수

전영철

경기대학교 관광대학원 관광경영학과 졸업(관광학석사)
경기대학교 관광대학원 관광경영학과 박사과정 수료
(주)넷츠투어 법인영업 이사
서영대학교 호텔관광과 겸임교수

저자와의
합의하에
인지첩부
생략

관광자원해설

2019년 8월 20일 초 판 1쇄 발행
2022년 10월 30일 개정판 1쇄 발행

지은이 정찬종·곽영대·전영철
펴낸이 진욱상
펴낸곳 (주)백산출판사
교 정 성인숙
본문디자인 신화정
표지디자인 오정은

등 록 2017년 5월 29일 제406-2017-000058호
주 소 경기도 파주시 회동길 370(백산빌딩 3층)
전 화 02-914-1621(代)
팩 스 031-955-9911
이메일 edit@ibaeksan.kr
홈페이지 www.ibaeksan.kr

ISBN 979-11-6567-524-0 93980
값 29,500원